全国高职高专药学类专业规划教材（第二轮）

药物制剂技术

（第2版）

（供药学类、中药学类专业使用）

主　编　张炳盛　王　峰

副主编　刘黎红　梁伟玲　王琼珺　陈蔚蔚

编　者（以姓氏笔画为序）

马思提（山东中医药高等专科学校）
王　峰（辽宁医药职业学院）
王琼珺（漳州卫生职业学院）
刘　洋（长春职业技术学院）
刘黎红（长春职业技术学院）
李思阳（江苏食品药品职业技术学院）
张炳盛（山东中医药高等专科学校）
陈蔚蔚（山东医药技师学院）
莫颖华（惠州卫生职业技术学院）
夏　清（四川中医药高等专科学校）
梁伟玲（山东中医药高等专科学校）
翟　莲（山东医药技师学院）

中国健康传媒集团
中国医药科技出版社

内容提要

本教材是“全国高职高专药学类专业规划教材（第二轮）”之一，全书共20章，在“绪论”之后，分为三部分，第一部分为药物制剂技术所涉及到的“各种技术”（第二至第三章）；第二部分为“药物剂型的制备”，基本按照“固体、半固体、液体、气体”剂型顺序编排（第四至第十七章）；第三部分为“药物制剂的稳定性、有效性和安全性研究方法”（第十八章至二十章）。此种编排顺序便于学生学习和掌握，并与药品生产实际紧密结合。本教材为书网融合教材，即纸质教材有机融合电子教材、教学配套资源（PPT、图片等）、题库系统、数字化教学服务（在线教学、在线作业、在线考试），使教学资源更加多样化、立体化。

本教材可供全国高职高专院校药学类、中药学类专业师生使用，也可作为药品生产、药品经营与管理、药学服务等岗位相关人员的参考书。

图书在版编目（CIP）数据

药物制剂技术／张炳盛，王峰主编. —2 版. —北京：中国医药科技出版社，2019. 7

全国高职高专药学类专业规划教材（第二轮）

ISBN 978-7-5214-0928-4

Ⅰ. ①药… Ⅱ. ①张… ②王… Ⅲ. ①药物-制剂-技术-高等职业教育-教材 Ⅳ. ①TQ460. 6

中国版本图书馆 CIP 数据核字（2019）第 115893 号

美术编辑 陈君杞

版式设计 易维鑫

出版 **中国健康传媒集团** | 中国医药科技出版社

地址 北京市海淀区文慧园北路甲 22 号

邮编 100082

电话 发行：010-62227427 邮购：010-62236938

网址 www.cmstp.com

规格 889×1194mm 1/16

印张 27

字数 584 千字

初版 2015 年 7 月第 1 版

版次 2019 年 7 月第 2 版

印次 2022 年 1 月第 2 次印刷

印刷 三河市万龙印装有限公司

经销 全国各地新华书店

书号 ISBN 978-7-5214-0928-4

定价 68.00 元

数字化教材编委会

主　编　张炳盛　王　峰

副主编　刘黎红　梁伟玲　王琼珺　陈蔚蔚

编　者（以姓氏笔画为序）

马思提（山东中医药高等专科学校）

王　峰（辽宁医药职业学院）

王琼珺（漳州卫生职业学院）

刘　洋（长春职业技术学院）

刘黎红（长春职业技术学院）

李思阳（江苏食品药品职业技术学院）

张炳盛（山东中医药高等专科学校）

陈蔚蔚（山东医药技师学院）

莫颖华（惠州卫生职业技术学院）

夏　清（四川中医药高等专科学校）

梁伟玲（山东中医药高等专科学校）

翟　莲（山东医药技师学院）

出版说明

“全国高职高专药学类专业规划教材”于2015年8月由中国医药科技出版社出版，自出版以来得到了各院校的广泛好评。为了进一步提升教材质量、优化教材品种，使教材更好地服务于院校教学，同时为了更好地贯彻落实《国务院关于加快发展现代职业教育的决定》及《现代职业教育体系建设规划（2014—2020年）》等文件精神，在教育部、国家药品监督管理局的领导下，在上一版教材的基础上，中国医药科技出版社组织修订编写“全国高职高专药学类专业规划教材（第二轮）”。

本轮教材编写，坚持以药学类专业人才培养目标为依据，以岗位需求为导向，以技能培养为核心，以职业能力培养为根本，体现高职高专教育特色，力求满足专业岗位需要、教学需要和社会需要，着力提高药学类专业学生的实践操作能力。在坚持“三基、五性”原则基础上，强调教材的针对性、实用性、先进性和条理性。坚持理论知识“必需、够用”为度，强调基本技能的培养；体现教考结合，密切联系药学卫生专业技术资格考试（药士、药师、主管药师）和执业药师资格考试的要求；重视吸收行业发展的新知识、新技术、新方法，体现学科发展前沿，并适当拓展知识面，为学生后续发展奠定必要的基础。本轮教材建设对课程体系进行科学设计，整体优化；对上版教材中不合理的内容框架进行适当调整，内容上吐故纳新；建设书网融合教材，配套丰富的数字化教学资源。

本套规划教材（27种），其中24种为新修订教材（第2版），适合全国高职高专药学类、中药学类及其相关专业使用，也可供医药行业从业人员继续教育和培训使用。本轮教材的主要特色如下。

1. 理论适度，强化技能 教材体现高等教育的属性，使学生需要有一定的理论基础和可持续发展能力。教材内容做到理论知识“必需、够用”，强化技能培养。给学生学习和掌握技能奠定必要的、足够的理论基础，不过分强调理论知识的系统性和完整性。教材中融入足够的实训内容，将实验实训类内容与主干教材贯穿一起，体现“理实”一体。

2. 对接岗位，教考融合 本套教材体现专业培养目标，同时吸取高职教育改革成果，满足岗位需求，内容对接岗位，注重实践技能的培养。充分结合学生考取相关职业（药士、药师）资格证书和参加国家执业药师资格考试的需要，教材内容和实训项目的选取涵盖了相关的考试内容，满足考试的要求，做到教考、课证融合。

3. 工学结合，突出案例 每门教材尤其是专业技能课教材，在由教学一线经验丰富的老师组成编写团队的基础上，吸纳了部分具有丰富实践经验的企业人员参与编写，确保工作岗位上先进技术和实际案例操作内容写入教材，更加体现职业教育的职业性、实践性和开放性。本套教材通过从药品生产到药品流通、使用等各环节引入的实际案例，使其内容更加贴近岗位，让学生了解实际岗位的知识和技能需求，做到学以致用。

4. 优化模块，易教易学 教材编写模块生动、活泼，在保持教材主体框架的基础上，通过模块设计增加教材的信息量和可读性、趣味性。其中，既包含有利于教学的互动内容，也有便于学生了解相关知识背景和应用的知识链接。适当介绍新技术、新设备以及科技发展新趋势，为学生后续发展奠定必要的基础。将现代职业发展相关知识，作为知识拓展内容。

5. 书网融合，增值服务 全套教材为书网融合教材，即纸质教材与数字教材、配套教学资源、题库系统、数字化教学服务有机融合。通过“一书一码”的强关联，为读者提供全免费增值服务。按教材封底的提示激活教材后，读者可通过 PC、手机阅读电子教材和配套课程资源（PPT、微课、视频、动画、图片、文本等），并可在线进行同步练习，实时反馈答案和解析。同时，读者也可以直接扫描书中二维码，阅读与教材内容关联的课程资源（“扫码学一学”，轻松学习 PPT 课件；“扫码看一看”，即刻浏览微课、视频等教学资源；“扫码练一练”，随时做题检测学习效果），从而丰富学习体验，使学习更便捷。教师可通过 PC 在线创建课程，与学生互动，开展在线课程内容定制、布置和批改作业、在线组织考试、讨论与答疑等教学活动，学生通过 PC、手机均可实现在线作业、在线考试，提升学习效率，使教与学更轻松。此外，平台尚有数据分析、教学诊断等功能，可为教学研究与管理提供技术和数据支撑。

编写出版本套高质量的规划教材，得到了药学专家的精心指导，以及全国各有关院校领导和编者的大力支持，在此一并表示衷心感谢。希望本套教材的出版，对促进我国高职高专药学类专业教育教学改革和药学类专业人才培养做出积极贡献。希望广大师生在教学中积极使用本套教材，并提出宝贵意见，以便修订完善，共同打造精品教材。

中国医药科技出版社

2019 年 6 月

杨元娟（重庆医药高等专科学校）
杨文章（山东医药技师学院）
杨丽珠（漳州卫生职业学院）
何　丹（四川中医药高等专科学校）
张　虹（长春医学高等专科学校）
张　清（山东医药技师学院）
张　晶（山东医药技师学院）
张　瑜（山东医药技师学院）
张建海（重庆三峡医药高等专科学校）
张承玉（天津医学高等专科学校）
张炳盛（山东中医药高等专科学校）
张淑芳（长春医学高等专科学校）
张琳琳（山东中医药高等专科学校）
陈　文（惠州卫生职业技术学院）
陈育青（漳州卫生职业学院）
陈美燕（漳州卫生职业学院）
林美珍（漳州卫生职业学院）
郑小吉（广东江门中医药职业学院）
单松波（漳州卫生职业学院）
侯　沧（山东医药技师学院）
贾　雷（淄博职业学院）
徐传庚（山东中医药高等专科学校）
黄金敏（荆州职业技术学院）
商传宝（淄博职业学院）
彭裕红（雅安职业技术学院）
靳丹虹（长春医学高等专科学校）
魏启玉（四川中医药高等专科学校）
魏国栋（山东中医药高等专科学校）

前　言 / PREFACE

药物制剂技术是高等职业教育药学类专业的主干专业课之一。本教材是“全国高职高专药学类专业规划教材（第二轮）”之一，按照教育部提出的“以全面素质为基础，以能力为本位”的职业教育指导思想，在坚持“三基、五性”原则的基础上，力求思想性与特色性的结合、科学性与先进性的结合、理论性与实用性的结合、知识性与实效性的结合、教学性与自学性的结合，以基本知识“必需够用”为原则，突出对学生实践能力和动手能力的培养，重点论述药品生产、临床及经营管理第一线岗位上的职业技术和基本理论。因此，本教材在编排体系和内容上均有所创新，形成具有高职教育特色且较实用的教材，具体特点如下。

1. 在编排体系上力求新颖。全书共20章，在“绪论”之后，共分为三部分，第一部分为药物制剂技术所涉及的“各种技术”（第二至第三章）；第二部分为“药物剂型的制备”，基本按照“固体、半固体、液体、气体”剂型顺序编排（第四至第十七章）；第三部分为“药物制剂的稳定性、有效性和安全性研究方法”（第十八章至二十章）。此种编排顺序便于学生学习和掌握，并与药品生产实际紧密结合。

2. 在编写内容上进行整合。按照高职教育“以理论够用，注重实践”的要求，删减理论性较强的内容，切实讲述药物制药岗位上所需的知识。另外，把以往包含在一些具体剂型中的技术单列一章具体讲述，便于学生在掌握各种技术的基础上，再去学习各种剂型。

3. 在内容上体现时代性和实用性。作者在编写此书过程中，以2015年版《中国药典》为依据，以适应执业药师资格考试大纲新变化为要求，以最新出版教材为参考，以药品生产第一线上常用剂型为主体，力求在内容上体现时代性和实用性。

4. 在编写逻辑上由浅入深、由简到繁。在叙述语言上力求精练、易懂，并尽量附图表加以说明，便于学生理解。

5. 本教材每章前均设置“学习目标”模块，每章后加入内容检测题或实训内容，使学生便于掌握所学知识。

本次修订是由来自全国8所高职高专院校的一线教师共同完成，主要做的工作如下：对上版教材中不合理的内容框架进行调整或完善补充，以及更新陈旧内容，使教材内容更加科学合理、全面完整。同时将教材建设为书网融合教材，即纸质教材有机融合电子教材、教学配套资源（PPT、图片等）、题库系统、数字化教学服务（在线教学、在线作业、在线考试），使教学资源更加多样化、立体化。具体分工如下：张炳盛编写第一、二、四章，王峰编写第六章，王琼珺编写第三、八章，梁伟玲编写第七、十一章，刘黎红编写第十二章，翟莲编写第五、二十章，莫颖华编写第九章，刘洋编写第十章，马思提编写第十三章，李思阳编写第十四、十五、十六章，夏清编写第十七章，陈蔚蔚编写第十八、十九章。

本教材在编写过程中得到各参编院校的大力支持，在此表示诚挚谢意。另外本书引用了一些教材的内容，由于体例所限未注明，在此一并表示感谢。由于编者水平所限，以及时间仓促，书中难免有不妥和错误之处，殷切希望读者提出宝贵意见。

编　者

2019 年 4 月

目　录 / CONTENTS

扫码“学一学”

第一章

绪 论

学习目标

知识目标

1. 掌握药物制剂技术课程的性质及常用术语；药典的概念。
2. 熟悉制剂的剂型分类；《中国药典》的体例与内容；制剂生产管理中的相关药事法规。
3. 了解药物制剂技术的发展及任务。

能力目标

1. 通过本章的学习能够自主查阅相关图书资料或从网络学习的过程中，学会自主学习和获取信息的方法和途径。
2. 具有分析判断的能力。

素质目标

1. 具有良好的职业道德。
2. 具有科学的思维方法、观察分析问题的能力。
3. 具有团结协作能力。
4. 具有沟通交流的能力。

第一节 概 述

一、药物制剂技术的概念

药物制剂技术是研究药物制剂的基本理论、处方设计、制备工艺、质量控制和合理使用等内容的综合性应用技术科学。

一般来说，用于防病、治病及诊断的任何一种药物(如化学药品、生物制品、中药或天然药物)的原料药的粉末或结晶是不能直接供患者使用的，必须制备成具有一定形状和性质的剂型如颗粒剂、片剂、胶囊剂、注射剂、软膏剂等才能给患者使用，否则不能充分发挥药物的疗效，无法使用、保存，并有可能带来一定的毒副作用。这些为适应治疗或预防的需要而制备的不同给药形式，称为药物剂型，简称剂型。

每一种药物都必须以一定形式的剂型存在，如散剂、颗粒剂、片剂、胶囊剂、注射剂、溶液剂、乳剂、混悬剂、软膏剂、栓剂、气雾剂等；同时每一种药物又可以一种或多种剂型存在，以满足患者、临床不同程度、形式的要求，如红霉素可制成红霉素片剂供口服给药，也可制成红霉素粉针剂用于静脉注射给药；同一种剂型可以有不同的药物，如片剂中有阿司匹林片、对乙酰氨基酚片、麦迪霉素片、尼莫地平片等。根据药物的使用目的和药物的不同性质，可制备适宜的剂型。药物不同剂型的给药方式不同，药物在体内的行为也不同。各种剂型中的具体药品称为药物制剂简称制剂，如青霉素粉针、葡萄糖注射液、氢化可的松软膏等，它们就是药物制剂技术所研究的对象。制剂的研制过程也称制剂，研究制剂的理论和制备工艺的科学称为制剂学。

药物制剂技术的宗旨是制备安全、有效、稳定、可控、使用方便的药物制剂。随着药学科学的不断发展，人们对药物在体内的吸收、分布、代谢、排泄等特征以及药物的作用机制有了进一步的认识，从而为制备安全、有效的制剂和选择合理的给药途径提供了理论依据。

药物制剂技术的研究涉及许多相关学科，如数学、化学、物理学、生物化学、微生物学、药理学、物理化学和机械设备以及临床医学等，而且研究成果与临床治疗效果、患者安全密切相关，因此需要扎实的理论基础与严格的科学作风。药物制剂技术是综合性应用技术学科，是药学、制剂学、中药制剂学等专业的主要专业课，而且也是与药物的实际应用最接近的研究领域。

二、药物制剂技术常用术语

1. 药物与药品　药物系指用于预防、治疗、诊断疾病的物质的总称，包括原料药与药品。药品是指用于预防、治疗、诊断人的疾病，有目的地调节人的生理机能并规定有适应证或者功能主治、用法和用量的物质，包括中药材、中药饮片、中成药、化学原料药及其制剂、抗生素、生化药品、放射性药品、血清、疫苗、血液制品和诊断药品等。

2. 方剂　根据医师处方，专为某一患者，将饮片或制剂进行调配而成，并标明用法和用量的制品。

3. 剂型　系指将原料药加工制成适合于医疗或预防疾病需要的应用形式，称为药物剂型，简称剂型。如复方丹参片即为“片剂”剂型，六味地黄丸即为“丸剂”剂型。目前常用的药物剂型有胶囊剂、汤剂、胶剂、丹剂、散剂、丸剂、片剂、煎膏剂、注射剂、气雾剂等几十余种。

4. 制剂　系指根据国家药品标准、制剂规范等规定的处方，将原料药物加工制成具有一定规格的药剂。它可以直接用于临床，如双黄连注射剂。制剂主要在药厂生产，医院制剂室也生产部分。凡研究制剂的生产工艺和理论的学科，称为制剂学。以中药材为原料制成的制剂称为中药制剂。

5. 调剂　系指根据医师处方，专为某一患者配制，并规定有用法和用量的操作过程。调剂一般在医院的药房中进行。凡研究药剂调配、服用等有关理论、原则和技术的学科称为调剂学。

6. 中成药　系指在中医药理论指导下，以中药材为原料，根据疗效确切、应用广泛的处方而大量生产的制剂。中成药一般具有特有的名称，并标明功能主治、用法和用量以及规格。

7. 辅料 系指生产药品和调配处方时所用的赋形剂和附加剂。

8. 新药 新药是指未曾在中国境内外上市销售的药。

9. 标准操作规程 又称标准作业程序，是指将某一操作过程的标准操作步骤和要求以统一的格式描述出来，用于指导和规范日常生产的操作。

10. 有效期 药品可使用的常温贮存有效期限。

三、药物制剂技术的任务

药物制剂技术的基本任务是将药物制成适于临床应用的剂型，并能批量生产的安全、有效、稳定的制剂。综合科研、生产、临床三个方面，药物制剂技术的具体任务可以归纳如下。

1. 药物制剂技术基本理论的研究 药物制剂技术的基本理论系指药物制剂的配制理论，包括处方设计、制备、质量控制、合理应用等方面的基本理论。为了提高制剂的生产水平和技术含量，制成安全、有效、稳定的制剂，必须对药物制剂技术的基本理论进行不断地研究。例如，把物理化学的动力学理论与药物制剂技术的制剂稳定性相结合，进行药物的化学稳定性和物理稳定性的理论研究，可以预测药物制剂的有效期，对提高药物制剂的安全性具有重要意义；以表面活性剂形成胶束的理论来增加药物溶解度，以提高难溶性药物的溶解度和药物的生物利用度的研究在药物制剂技术中有着广泛的应用；对表面活性剂在药剂中的重要作用的认识促进了对表面活性剂的深入研究，从而对新剂型、新技术、新产品的开发和提高产品质量起到了重要的指导意义；粉体性质对固体物料的处理过程和制剂质量的影响；片剂压缩成形理论的研究；流变学性质对乳剂、混悬剂、软膏剂质量的影响；微粒分散理论在非均相液体制剂中的应用等。因此，更加深入地研究药物制剂技术的基本理论是药物制剂技术的重要任务之一。

2. 新剂型的研究与开发 积极研究与开发新的剂型是药物制剂技术的一项首要任务。剂型是药物应用的具体形式，除了药物本身的性质和药理作用外，某个药物的具体剂型也直接影响该药的临床效果。常用的片剂、注射剂、丸剂、胶囊剂、溶液剂等普通制剂很难完全满足高效、速效、低毒(低副作用)、控制药物释放和发挥定向给药作用等多方面的要求，因而，要积极研究和开发药物的新剂型、新制剂，如缓释、控释和靶向制剂等。如多柔比星对肿瘤细胞的杀伤力很强，但它对心肌细胞的毒性也很大，会使患者无法坚持用药，若制成多柔比星脂质体新剂型，可增加多柔比星对肿瘤细胞的选择性靶向作用，减轻其心肌毒性，从而达到提高疗效、降低毒性的双重作用。

3. 医药新技术和新设备的研究和开发 新剂型的开发离不开新技术的应用。药物制剂技术发展史已经证明，把医药新技术应用于药物制剂技术，会大大促进药物制剂技术的发展，近几年来蓬勃发展的微囊化技术、固体分散技术、包合技术、脂质体技术、球晶制粒技术、包衣技术、纳米技术等使制剂的质量显著提高，为新剂型的开发奠定了技术基础。制药机械和设备是制剂生产的重要工具，研究符合我国国情的新制药机械与设备，对于提高制剂生产效率，保证制剂的高科技含量，使之成为有竞争性产品进入国际市场意义重大。但有些技术和设备还不够完善，应用于批量生产还有待于进一步发展。因此，医药新技术和新设备的研究与开发也是今后药物制剂技术的重要任务。

4. 新辅料的研究与开发 辅料有天然的、合成的和半合成的，无论来源如何，必须是药用辅料。伴随着新剂型的研究与开发，制剂的种类不断增加，对辅料种类和性能的要求也越来越高，特别是缓、控释制剂及靶向制剂的不断涌现，对辅料种类和性能的要求越来越高。目前现有的药用辅料已经满足不了新剂型的需要和制剂工业的迅速发展。如乙基纤维素（EC）、丙烯酸树脂系列（Eu RS100、Eu RL100 等）、醋酸纤维素等 pH 非依赖性高分子的出现发展了缓、控释制剂；近年来开发的聚乳酸（PLA）、聚乳酸聚乙醇酸共聚物（PLGA）等体内可降解辅料促进了长时间缓释微球注射剂的发展；微晶纤维素（MCC）、可压性淀粉、低取代羟丙基纤维素（L-HPC）等辅料的开发使粉末直接压片技术实现了工业化。为了适应现代药物剂型和制剂的发展，辅料将继续向安全性、功能性、适应性、高效性的方向发展。因此，研究与开发新辅料对提高制剂整体水平、开发新剂型具有十分重要意义。

5. 中药新剂型的研究与开发 中医药是中华民族的瑰宝，在继承、整理、发展和提高中医药理论和中药传统剂型的同时，运用现代科学技术和方法研制开发现代化的中药新剂型，实现中药制剂现代化，是中医药走向世界的必由之路。目前我国已研制开发了中药注射剂、中药颗粒剂、中药片剂、中药胶囊剂、中药滴丸剂、中药栓剂、中药软膏剂、中药气雾剂等 20 多个新的中药剂型，丰富和发展了中药的剂型和品种，提高了中药的疗效，中药制剂已经从传统的丸、丹、膏、散等剂型迈进了现代剂型的行列。近年来中药缓释制剂和中药靶向给药的微球制剂等也在开发或研究中，丰富和发展了中药的新剂型和新品种，但中药新剂型的研究与开发仍然是我国药剂工作者的一项长期而艰巨的重要任务。

6. 生物技术药物制剂的研究与开发 生物技术是当今世界科学技术活动中最活跃、最具有前途的新技术，从中派生出来的医药生物技术，为新药的研制开创了一条崭新的道路，如预防乙肝的基因重组疫苗、治疗严重贫血症的红细胞生长素、治疗糖尿病的人胰岛素、治疗侏儒症的人生长激素、治疗血友病的凝血因子等特效药都是现代生物技术医药新产品，它们正在改变医药科技界的面貌，为人类解决疑难病症提供了最有希望的途径。基因、核糖核酸、酶、蛋白质、多肽、多糖等生物技术药物普遍具有活性强、剂量小、治疗各种疑难病症的优点，但同时具有分子量大、稳定性差、吸收性差、半衰期短等问题，要将它们用于临床治疗，必须将其制成安全稳定的制剂和使用方便的新剂型，因此寻找和发现适合于这类药物的长效、安全、稳定、使用方便的新剂型是摆在我们药剂工作者面前的艰巨任务。

第二节　药物剂型的重要性与分类

一、药物剂型的重要性

剂型是药物使用的最终形式，是药物的传递体，将药物输送到体内发挥疗效。一般来说一种药物可以制备多种剂型，但给药途径不同可能使其产生不同疗效，药物剂型与给药途径、临床治疗效果有着十分密切的关系。药物的剂型和规格也会成为影响患者依从性的重要因素，比如药片太小或太大，不利于患者的分辨或吞咽；给药次数过多或具有不良气味及有颜色的药物制剂，会引起患者尤其是患儿的不依从。因此应根据药物的性质、不同的治疗目的选择合理的剂型与给药方式。

（一）药物剂型与给药途径

药物剂型的选择与给药途径密切相关。人体可以找到十余种给药途径，如口腔、舌下、颊部、胃肠道、直肠、子宫、阴道、尿道、耳道、鼻腔、咽喉、支气管、肺部、皮内、皮下、肌肉、静脉、动脉、皮肤、眼等。例如，眼黏膜给药途径以液体、半固体剂型最为方便；直肠给药应选择栓剂；口服给药可以选择多种剂型，如溶液剂、片剂、胶囊剂、乳剂、混悬剂等；皮肤给药多用软膏剂、贴剂、液体制剂；注射给药必须选择液体制剂，包括溶液剂、乳剂、混悬剂等。总之，药物剂型必须与给药途径相适应。

（二）药物剂型的重要性

适宜的药物剂型可以发挥出良好的药效，剂型的重要性如下。

1. 不同剂型能改变药物的作用性质 多数药物改变剂型后药理作用不变，但有些药物改变剂型后能改变其药理作用，如硫酸镁做成溶液剂型时口服给药用作泻下药，外用局部热敷可减轻伤口肿胀，但做成5%注射液时静脉滴注能抑制大脑中枢神经，有镇静、镇痉作用；又如1%依沙吖啶注射液用于中期引产，但0.1%～0.2%溶液局部涂抹有杀菌作用。

2. 不同剂型能改变药物的作用速度 例如静脉注射剂、吸入气雾剂、口腔速崩片等制剂起效快、作用迅速，可用于临床急救及其他需要立即给药的情况；丸剂、缓控释制剂、皮下植入剂等作用缓慢，属长效制剂。

3. 药物剂型可影响疗效，不同剂型能改变药物的毒副作用 固体剂型如片剂、颗粒剂、丸剂的制备工艺不同会对药效产生显著的影响，特别是药物的晶型、粒子的大小发生变化时直接影响药物的释放，从而影响药物的治疗效果。同时药物做成不同的剂型也能改变其毒副作用，如氨茶碱治疗哮喘病效果很好，但有引起心跳加快的毒副作用，若制成栓剂或控释制剂则释药缓慢，血药浓度波动范围较小，可消除这种毒副作用；抗高血压药、抗癫痫药做成缓、控释制剂能保持血药浓度平稳，避免血药浓度的峰谷现象，从而提高药物治疗效果、降低药物毒副作用。

4. 有些新型制剂或给药系统可产生靶向治疗作用 如脂质体、微粒、毫微粒、微囊等新型制剂或给药系统静脉注射进入血液循环系统后，被网状内皮系统的巨噬细胞所吞噬，增加了药物对淋巴系统的定向性、靶组织的滞留性、对组织和细胞膜的渗透性，从而使药物浓集于肝、脾等器官，在靶组织中维持较高的浓度，提高了药物的治疗作用，常称之为靶向治疗作用，尤其对于提高抗癌药物的治疗作用来说具有特别重要的意义。

二、药物剂型的分类

常用剂型有四十余种，有必要将其按适当方法进行分类，以便于学习和掌握。其分类方法有多种。

（一）按给药途径分类

这种分类方法将给药途径相同的剂型分为一类，与临床使用密切结合。反映给药途径与应用方法对剂型制备的特殊要求。缺点是同一种制剂，由于给药途径和应用方法的不同，可能在不同给药途径的剂型中出现。

1. 经胃肠道给药剂型 这类剂型是指药物制剂经口服用、进入胃肠道，或经胃肠道吸收而发挥药效的剂型，其给药方法比较简单。常用的散剂、片剂、颗粒剂、胶囊剂、溶液剂、乳剂、混悬剂等均是经胃肠道给药剂型。但容易受胃肠道中的酸或酶破坏的药物一般不能简单的采用这类剂型。口腔黏膜吸收的剂型不属于胃肠道给药剂型。

2. 非经胃肠道给药剂型 是指除口服给药途径以外的所有其他剂型，这些剂型可在给药部位起局部作用或被吸收后发挥全身作用。

（1）注射给药剂型 如注射剂，包括静脉注射、肌内注射、皮下注射、皮内注射及腔内注射等多种注射途径。

（2）呼吸道给药剂型 如喷雾剂、气雾剂、粉雾剂等。

（3）皮肤给药剂型 如外用溶液剂、洗剂、搽剂、软膏剂、硬膏剂、糊剂、贴剂等。

（4）黏膜给药剂型 如滴眼剂、滴鼻剂、眼用软膏剂、含漱剂、舌下片剂、粘贴片及贴膜剂等。

（5）腔道给药剂型 如栓剂、气雾剂、泡腾片、滴剂及滴丸剂等，用于直肠、阴道、尿道、鼻腔、耳道等。

（二）按分散系统分类

这种分类方法便于应用物理化学的原理来阐明各类制剂特征，但不能反映用药部位与用药方法对剂型的要求，甚至一种剂型由于分散介质和制法不同，可以分到几个分散体系中。

1. 溶液型 这类剂型是药物以分子或离子状态（质点的直径小于1nm）分散于分散介质中所形成的均匀分散体系，也称为低分子溶液，如芳香水剂、溶液剂、糖浆剂、甘油剂、醑剂、注射剂等。

2. 胶体溶液型 这类剂型是药物主要以高分子形式（质点的直径在1~100nm）分散在分散介质中所形成的均匀分散体系，也称高分子溶液，如胶浆剂、火棉胶剂、涂膜剂等。

3. 乳剂型 这类剂型是油类药物或药物油溶液以液滴状态分散在分散介质中所形成的非均匀分散体系，如口服乳剂、静脉注射乳剂、部分搽剂等。

4. 混悬型 这类剂型是固体药物以微粒状态分散在分散介质中所形成的非均匀分散体系，如合剂、洗剂、混悬剂等。

5. 气体分散型 这类剂型是液体或固体药物以微粒状态分散在气体分散介质中所形成的分散体系，如气雾剂、粉雾剂等。

6. 微粒分散型 这类剂型通常是药物以不同大小微粒呈液体或固体状态分散，如微球制剂、微囊制剂、纳米囊制剂等。

7. 固体分散型 这类剂型是固体药物以聚集体状态存在的分散体系，如片剂、散剂、颗粒剂、胶囊剂、丸剂等。

（三）按制法分类

这种分类法不能包含全部剂型，故不常用。

1. 浸出制剂 是用浸出方法制成的剂型（流浸膏剂、酊剂等）。

2. 无菌制剂 是用灭菌方法或无菌技术制成的剂型（注射剂等）。

（四）按形态分类

这种分类法将药物剂型按物质形态分类。

1. 液体剂型 如芳香水剂、溶液剂、注射剂、合剂、洗剂、搽剂等。

2. 气体剂型 如气雾剂、喷雾剂等。

3. 固体剂型 如散剂、丸剂、片剂、膜剂等。

4. 半固体剂型 如软膏剂、栓剂、糊剂等。

形态相同的剂型，其制备工艺也比较相近，例如制备液体剂型时多采用溶解、分散等方法；制备固体剂型多采用粉碎、混合等方法；半固体剂型多采用熔化、研和等方法。

剂型分类方法各有特点，但均不完善，或不全面，其各有优缺点。医疗、生产实践、教学等方面长期习惯采用综合分类的方法。

第三节 药物制剂技术的沿革和发展

一、国外药物制剂技术的发展

国外药物制剂技术发展最早的是埃及与巴比伦王国（今伊拉克地区），《伊伯氏纸草本》是约公元前1552年的著作，记载有散剂、硬膏剂、丸剂、软膏剂等许多剂型，并有药物的处方和制备方法等。被西方各国认为是药物制剂技术鼻祖的格林（Galen，公元131~201年）是罗马籍希腊人（与我国汉代张仲景同期），在格林的著作中记述了散剂、丸剂、浸膏剂、溶液剂、酒剂等多种剂型，人们称之为“格林制剂”，至今还在一些国家应用。

15世纪印刷术的进步促进了欧洲近代药典编纂的发展。许多国家都相继制订各自的药典。1498年由佛罗伦萨学院出版的《佛罗伦萨处方集》，一般视为欧洲第一部法定药典。其后有不少城市纷纷编订具有法律约束力的药典。其中纽伦堡的瓦莱利乌斯医生编著的《药方书》赢得了很高的声誉，被纽伦堡当局承认，被认定为第一本《纽伦堡药典》，于1546年出版。

在格林制剂等基础之上发展起来的现代药物制剂技术已有150余年的历史。1843年William Brockedon首次发明压片机，开始了机械压片的历史；1847年Murdock发明了硬胶囊剂；1876年Remington等发明了压片机，使压制片剂得到迅速发展；1886年Limousin发明了安瓿，使注射剂也得到了迅速发展。

19世纪西方科学和工业技术蓬勃发展，制药机械的发明使药剂生产的机械化、自动化得到了迅猛发展。进入20世纪以后，由于各基础学科的迅速发展，学科划分越来越细，从而使以剂型和制备为中心的药物制剂技术也成了一门独立学科。1947年有人研制成缓释制剂并于20世纪70年代以后应用于临床。20世纪50年代，物理化学的一些理论应用于药物制剂技术，产生了药物制剂技术的基本理论，如药物稳定性、溶解理论、流变学、粉体学等，促进了药物制剂技术的发展。随着与医药科学相关的各种基础理论科学的发展，药物制剂技术的发展首先表现在对基础理论方面的研究有了较大的提高。

20世纪60~80年代，药物在体内过程的研究表明，药物在体内经历吸收、分布、代谢和排泄过程；体内血药浓度的经时过程、生物利用度以及药效的研究结果表明，药效不仅与药物本身的化学结构有关，而且与药物的剂型有关，甚至在一定条件下剂型对药效具有决定性影响，从而改变了过去认为只有药物本身的化学结构才决定药效的片面看法，认识到剂型因素在一定条件下对药物的药效具有决定性影响，使药物制剂的生物利用度测定成为新药研究的不可缺少的重要内容。生物药物制剂技术与药物动力学的发展为新剂型的开发提供了理论依据。

新辅料、新工艺和新设备的不断出现，也为新剂型的制备、制剂质量的提高奠定了十分重要的物质基础。高速压片机的出现，使片剂的生产实现了自动化，大幅度提高了片剂的生产效率和产品质量，同时也对片剂的辅料和制粒方法提出更高要求。经皮吸收制剂的发展也十分迅速，新型促渗剂的使用，大大提高了药物的透皮吸收效果，离子导入法经皮吸收的研究，已成为重点研究课题之一。可使药物按一定规律缓慢或恒速地释放、在体内较长时间保持有效药物浓度的缓控释制剂，近年来发展较快，并在临床达到了提高药效、延长药物作用时间和减少副作用的目的。具有给药方便、吸收快、无首过效应、生物利用度高等特点的黏膜给药制剂近年来已引起高度重视，包括鼻黏膜、眼黏膜、口腔黏膜（舌下、口含）、阴道黏膜、子宫黏膜等。靶向给药制剂也取得重要成果，静脉乳剂、复合乳剂、微球制剂、纳米粒制剂、脂质体制剂等都有很大发展，其中多柔比星脂质体等三个脂质体已上市。

现代药物制剂的发展可分为四个时代，虽然各个时代不是截然不同的，但基本反映了制剂发展的阶段性和层次特点。

第一代：传统的片剂、胶囊、注射剂等，约在 1960 年前建立。

第二代：缓释制剂、控释制剂、肠溶制剂等，以控制释放速度为目的的第一代药物传递系统（DDS）。

第三代：利用单克隆抗体、脂质体、微球等药物载体制备的，使药物浓集于靶器官、靶组织、靶细胞，提高疗效并降低全身毒副作用的靶向给药制剂，为第二代 DDS。

第四代：根据所接受的体内反馈信息自动调节释放药量的自调式给药系统，为第三代 DDS。

二、国内药物制剂技术的发展

祖国医药遗产极为丰富，在学习、继承和发扬医药遗产的同时，学习西方药物制剂技术的理论、技术和方法，结合我国药学的实际，创造了我国药物制剂技术的辉煌成就。

我国历史悠久，对世界文明包括医药发展做出了伟大的贡献。早在夏禹时代就制成了至今仍为常用的剂型——药酒。据历史记载，公元前 1766 年已有汤剂这一剂型出现，是应用最早的中药剂型之一。在《黄帝内经》、夏商周时期的医书《五十二病方》《甲乙经》《山海经》中已有汤剂、丸剂、散剂、膏剂及药酒等剂型的记载；在东汉张仲景（公元 142~219 年）的《伤寒论》和《金匮要略》中又增加了栓剂、洗剂、软膏剂、糖浆剂等剂型，并记载了可以用动物胶、炼制的蜂蜜和淀粉糊为黏合剂制成丸剂。唐代颁布了我国第一部，也是世界上最早的国家药典——《新修本草》。后来编制的《太平惠民和剂局方》是我国最早的一部国家制剂规范，比英国最早的药局方早 500 多年。明代著名药学家李时珍（1518~1593 年）编著了《本草纲目》，其中收载了药物 1892 种，剂型 61 种，附方 11 096 则。这充分体现了中华民族在药物制剂技术的漫长发展过程中曾经做出过重大的贡献。

从 19 世纪初到 1949 年之前，国外医药技术对我国药物制剂技术的发展产生了一定影响，如引进了一些技术并建立了一些药厂，将进口的原料药加工生产成注射剂、片剂等制剂，但规模较小、水平较低、产品质量较差。新中国成立后，我国的医药事业有了飞速发展。1950 年全国制药工业会议确定，在优先发展原料药以解决“无米之炊”的基础上发展制剂工业。为了适应医药工业的发展，1956 年上海医药工业研究院药物制剂研究室成立，全国多次召开过注射剂和片剂等生产经验交流会，促进了我国的医药制剂工业的迅速发展。

改革开放以来，在药用辅料的研究方面，开发了若干新材料。例如，已先后开发出粉末直接压片用辅料——稀释剂微晶纤维素、可压性淀粉、黏合剂聚维酮(PVP)；崩解剂有羧甲基淀粉钠(CMS-Na)、低取代羟丙基纤维素(L-HPC)，薄膜包衣材料有丙烯酸树脂系列产品、优良的表面活性剂泊罗沙姆、蔗糖脂肪酸酯，栓剂基质半合成脂肪酸酯等。

在生产技术和设备方面的进步也很大。例如，新型辅料的研制成功和高速旋转压片机的应用使粉末直接压片技术得到广泛的应用；在制粒技术方面广泛应用流化制粒、高速搅拌制粒、喷雾制粒技术等提高了固体制剂的产量和质量；空气净化技术与GMP的实施使注射剂的质量大大提高；研制成功微孔滤膜及与之配套的聚碳酸酯过滤器用于控制注射剂中的微粒性异物，显著提高了注射剂的质量；设计制造了多效蒸馏水生产设备，节约能源并提高了注射用水的质量；生产并应用了更先进的灭菌设备和技术，使灭菌效果更为可靠。在口服固体制剂的生产中，广泛地推广应用新辅料，采用微粉化技术及其他提高药物溶出度的新技术，提高了产品质量；在片剂等生产中采用了流化喷雾制粒和高速搅拌制粒技术，使产品质量得以提高；采用薄膜包衣技术，既节约工时、材料，又提高产品质量。

在新剂型的研究方面，逐渐缩小了与国际水平的差距。如在缓控释制剂方面，已有一些品种获得新药证书和生产批文；透皮吸收给药系统已有几个产品被批准生产；脂质体、微球、纳米粒等靶向、定位给药系统的研究也取得很大进展；多肽类、蛋白质等生物技术制剂的不同给药剂型的研究正在深入发展。

第四节 药物制剂技术的工作依据

一、药品标准

我国药品标准包括《中华人民共和国药典》(简称《中国药典》)以及《中华人民共和国卫生部药品标准》(简称《部颁药品标准》)。1998年《部颁药品标准》更名为国家药品监督管理局药品标准(简称《局颁药品标准》)。

中药药剂工作必须遵从各种药品管理法规、《中国药典》和《局颁药品标准》，也应遵从制剂规范与处方等文件，以保证药剂工作质量，使临床用药有效、安全。

(一) 药典

1. 药典的概念 药典是一个国家规定药品质量规格、标准的法典。由国家组织药典委员会编纂，并由政府颁布施行，具有法律约束力。药典中收载药效确切、毒副作用小、质量稳定的常用药物及其制剂，规定其质量标准、制备要求、鉴别、杂质检查及含量测定，并注明适应证或功能主治、用法用量等，作为药品研究、生产、检验、供应与使用的依据。药典在一定程度上反映了这个国家药品生产、医疗和科学技术水平，同时在保证人民用药安全有效、促进药物研究和生产上发挥了重要作用。

2.《中国药典》发展简况 早在唐显庆四年(公元659年)我国就颁布了《新修本草》，又称《唐本草》，这是我国最早的药典，也是世界上最早出现的一部全国性药典，比欧洲

1498 年出版的地方性药典《佛洛伦萨药典》早 800 多年，比欧洲第一部全国性药典《法国药典》早 1100 年。《太平惠民合剂局方》是我国第一部官方颁布的制剂规范，也具有药典的性质。

1930 年国民党政府卫生署编纂了《中华药典》，此版药典完全参考英、美国家药典，规定的药品标准不适合当时的国情。药学工作者无法遵守，而且该药典出版后一直未修订过。

中华人民共和国成立后即开展了《中华人民共和国药典》（简称《中国药典》）的编纂工作，至今已颁布了十版，即 1953 年版、1963 年版、1977 年版、1985 年版、1990 年版、1995 年版、2000 年版、2005 年版、2010 年版以及 2015 年版，其中 1953 年版只有一部；从 1963 年版开始至 2000 年版均分为两部，一部收载药材、中药成方及单味制剂，二部收载化学药品、抗生素、生化药品、放射性药品、生物制品及药用辅料等；从 2005 年版至 2010 年版分为三部，一部收载中药材及饮片、植物油脂和提取物、成方制剂和单味制剂等，二部收载化学药品、抗生素、生化药品、放射性药品及药用辅料等，三部收载生物制品，首次将《中国生物制品规程》并入药典。2015 年版起分为四部，一部收载中药材及饮片、植物油脂和提取物、成方制剂和单味制剂等，二部收载化学药品、抗生素、生化药品、放射性药品及药用辅料等，三部收载生物制品，四部收载通则和药用辅料，首次将上版药典附录整合为通则，并与药用辅料单独成卷。每版药典均在前一版药典的基础上，对内容和标准有所修改和提高。

从总体情况看，《中国药典》（2015 年版）收载品种的安全性、有效性以及质量控制水平又有了新的提高，基本实现了“化学药、生物药达到或接近国际标准，中药主导国际标准”的总目标。

《中国药典》（2015 年版）主要特点：

①收载品种显著增加。共收载品种 5068 种，其中新增 1082 种。一部收载 2598 种，其中新增 440 种，修订 517 种，不收载 7 种；二部收载 2603 种，其中新增 492 种，修订 415 种，不收载 28 种；三部收载 137 种，其中新增 13 种，修订 105 种，不收载 6 种；四部收载通则 317 个，药用辅料 270 种，其中新增 137 种，修订 97 种，不收载 2 种。②药典标准体系更加完善。将过去药典各部附录进行整合，形成药典四部。③现代分析技术的扩大应用。④药品安全性保障进一步提高。⑤药品有效性控制进一步完善。⑥药用辅料标准水平显著提高。总之，2015 年版《中国药典》在保持药典科学性、先进性和规范性的基础上，重点加强药品安全性和有效性的控制要求，充分借鉴国际先进的质量控制技术和经验，整体提升药典的水平，全面反映了我国当前医药发展和检测技术的现状，并将在推动我国药品质量提高、加快企业技术进步和产品升级换代，促进我国医药产业健康发展，提升《中国药典》权威性和国际影响力等方面继续发挥重要作用。

3. 其他国家药典 世界上许多国家颁布了自己的药典，此外还有国际和区域性药典，常用的国家药典如下。

（1）《美国药典》（简称 U. S. P）。

（2）《英国药典》（简称 B. P）。

（3）《日本药局方》（简称 J. P）。

（4）《国际药典》（简称 Ph. Int），是世界卫生组织（WHO）为了统一世界各国药品质量标准和质量控制方法而编纂的药典。第1版于1951年和1955年分两卷用英文、法文、西班牙文出版；第2版于1967年出版；第3版于1979年出版；第4版于2006年出版；第5版于2015年出版。

（二）其他药品标准

其他药品标准主要为《局颁药品标准》。由国家药典委员会编纂，国家药品监督管理局颁布施行，其性质与《中国药典》相似，也具有法律的约束力。《局颁药品标准》收载范围如下。

1. 国家药品监督管理局审批的国内创新的品种，国内生产的新药以及放射性药品、麻醉药品、中药人工合成品、避孕药品等。

2. 前版药典收载，而现行版未列入的，疗效肯定、国内几省仍在生产、使用并需要修订标准的药品。

3. 疗效肯定，但质量标准需进一步改进的新药。

二、药事法规

药事法规是有关药品生产、经营、管理及应用的国家政策法令、条例、管理规定等的统称。制定和实施药事法规，对促进药品生产、提高药品质量、保证用药安全和维护人民健康具有重要意义。因而所有从事药学专业工作的人员，必须在严格遵守国家药品标准的同时，切实贯彻执行药事法规的各项内容。

（一）中华人民共和国药品管理法

1984年9月20日第六届全国人民代表大会常务委员会第七次会议审议通过了我国第一部《中华人民共和国药品管理法》（简称《药品管理法》），自1985年7月1日起施行。《药品管理法》实施后，在加强药品监督管理、打击制售假劣药品行为、保证人民用药安全有效方面发挥了十分重要的作用。现行版为2015年4月24日十二届全国人大常委会第十四次会议修改。

（二）药品生产质量管理规范

药品生产质量管理规范（Good Manufacturing Practice for Drugs，GMP）系指在药品生产全过程中，以科学、合理、规范化的条件和方法来保证生产优良药品的一整套系统的、科学的管理办法。是药品生产和质量全面管理监控的通用准则。

我国自1988年第一次颁布GMP至今已有20多年，其间经历1992年和1998年两次修订，截至2004年6月30日，实现了全部原料药和制剂均在符合GMP条件下生产的目标。为了进一步强化药品生产企业的质量意识，建立药品质量管理体系，2011年1月17日，卫生部以第79号令发布了《药品生产质量管理规范（2010年修订）》，自2011年3月1日起施行。

新版GMP包括总则、质量管理、机构与人员、厂房与设施、设备、物料与产品、确认与验证、文件管理、质量控制与质量保证、委托生产与委托检验、产品发运与召回、自检及附则，共计14章、313条。“现行GMP附录”包括无菌药品、原料药、生物制品、血液制品及中药制剂等5个方面内容。

知识链接

相关药事法规

1. 药物非临床研究质量管理规范(GLP)
2. 药物临床试验管理规范(GCP)
3. 中药材生产质量管理规范(GAP)
4. 药品经营质量管理规范(GSP)
5. 药品包装用材料、容器管理办法(暂行)
6. 药品说明书和标签管理规定
7. 药包材国家标准
8. 药品注册管理办法

第五节 处方药与非处方药

一、处方

处方系指医疗和生产部门用于药剂调制的一种重要书面文件。一般而言，处方是医师为某一患者预防或治疗疾病需要而开写的。在药物制剂技术领域中，凡是制备任何一种药剂的书面文件，皆可称为处方。实际工作中，处方有以下几种类型。

1. 法定处方 主要指国家药品标准如药典、局颁标准收载的处方。它具有法律的约束力，在制备或医师开写法定制剂时，均需遵照法定处方规定。

2. 医师处方 医师对患者进行诊断后，对特定患者的特定疾病而开写给药学部门专业人员的有关药品、给药量、给药方式、给药天数以及制备等的书面凭证，是医师对患者用药的书面文件，也是药剂人员调配药品的依据，具有法律、技术、经济责任。

3. 协定处方 通常是由医院药学部门或某一地区根据日常需要，与医师协商制订的处方。协定处方适用于大量配制与贮备，便于控制药品种类与质量，提高工作效率。

4. 单方、秘方和验方 单方一般是比较简单的验方，多由口头传授。验方是民间积累的有效经验处方，常简单有效。还有所谓的秘方。有些单方、秘方和验方确有特殊疗效，如能加以科学研究与发掘，对保障人民身体健康有重要作用。

二、处方药与非处方药

《中华人民共和国药品管理法》规定了“国家对药品实行处方药与非处方药的分类管理制度”，这也是国际上通用的药品管理模式。

1. 处方药(prescription drug 或 ethical drug) 是指必须凭执业医师或助理执业医师的处方才能从药房或药店得到并要在医师监控或指导下使用的药物，简称 Rx。处方药一般包括：国家管制的特殊药品(麻醉药品、精神药品、医疗用毒性药品)；新上市的新药：对其活性、副作用还要进一步观察；药物本身毒性较大：如抗癌药物等；治疗借助于诊断手段来确诊的疾病，并由医师开具处方，用于专属性强、病情严重而又需要医护人员监督指导使用的药品，如治疗心血管疾病的药品等；非肠道给药的制剂，主要是粉针剂、大输液及各类注射剂。处方药可以在国务院卫生行政部门和药品监督管理部门共同指定的医学、药学专业刊物上介绍，但不得在大众传播媒介发布广告宣传。

2. 非处方药(nonprescription drug) 不需凭执业医师或助理执业医师的处方，消费者可以自行判断购买和使用的药品。经专家遴选，由国家药品监督管理局批准并公布。非处方药在国外又称之为“可在柜台上买到的药物”（Over The Counter，OTC）。目前，OTC 已成为全球通用的非处方药的简称。在非处方药的包装上，必须印有国家指定的非处方药专有标识——OTC。我国的非处方药分为甲、乙两类。

处方药和非处方药不是药品本质的属性，而是管理上的界定。处方药和非处方药是可以互相转化的。无论是处方药，还是非处方药都是经过国家药品监督管理部门批准，其安全性和有效性都是有保障的。

扫码“练一练”

思考题

1. 药物制剂技术、制剂学、剂型、制剂、药物传递系统的概念是什么？互相有什么区别？

2. 药物制剂技术的任务是什么？

3. 药物剂型有什么重要性？

4. GMP、GSP、GCP、GLP、GAP 的概念与意义是什么？

实训 《中国药典》查阅方法

一、实训目的

1. 通过查阅 2015 年版《中国药典》中的一个项目和内容，熟悉《中国药典》的查阅和使用方法。

2. 了解《中国药典》的主要内容。

二、实训条件

1. 实训场地 实训室、图书馆、阅览室。

2. 实训材料 2015 年版《中国药典》，记录本等。

三、实训内容

从《中国药典》查阅溶出度与释放度、粉末分等、相对密度测定法、重量差异限度检查、人参鉴别、六味地黄丸的制备方法、微生物限度检查法、10% 葡萄糖注射液的制备方法等内容，并详细记录各项内容的出处。

（张炳盛）

扫码“学一学”

第二章

药剂卫生

学习目标

知识目标

1. 掌握药剂卫生的含义及药物制剂的卫生标准。
2. 熟悉药物制剂常用的灭菌方法。
3. 了解药剂卫生的环境管理。

能力目标

能对各类药物制剂进行恰当的灭菌和采取适宜的防腐剂进行防腐。

素质目标

1. 具有团结协作、沟通交流的能力。
2. 具有独立学习、获取新知识的能力。

第一节　概　述

一、药剂卫生的重要性

药剂卫生主要论述药剂微生物学方面的要求及达到要求所采取的措施与方法。

药剂卫生是药品生产管理的一项重要内容，涉及药品生产的全过程，在药品生产的各个环节中，强化制药卫生管理、落实各项制药卫生措施是确保药品质量的重要手段，也是实施 GMP 制度的要求。

药品是直接用于预防、诊断、治疗疾病，恢复、调整机体功能的特殊制品，其质量的优劣直接关系到人体的健康和生命的安危。因此，药品不仅要有确切的疗效，而且还必须安全可靠、质量稳定。药品一旦受到微生物的污染，在适宜的条件下微生物就会大量生长繁殖，从而导致药品变质、腐败、疗效降低或失效，甚至可能产生对人体有害的物质。因此，药品卫生标准是判断药品质量优劣的重要依据，而采取有效的制药卫生措施则是确保药品优质的重要手段。

社会的发展与进步，使得人们更加重视药品卫生标准，制药卫生的现代化也对制药卫生提出了更高的要求，强化制药卫生意识，使得在药品生产过程中的每一个环节都应十分注意制药卫生的问题。不同的药物、不同的剂型、不同的给药途径，其相应的卫生标准也有差别，如直接注入机体或用于烧伤或严重创伤、眼部或外科手术的制剂，注射剂、植入剂、冲洗剂、眼用溶液剂、止血剂等，应该不含微生物，至少不得含有活的微生物；口服给药的制剂如合剂、糖浆剂、颗粒剂、丸剂、片剂和完整皮肤给药的软膏剂、擦剂、糊剂、洗剂等，虽然不一定要求达到完全没有微生物，但要求不得含有致病的微生物，对微生物的数量也有一定的要求。因此，在药品生产过程中，必须根据药物和剂型的种类、卫生标准的具体要求，有针对性的采取制药卫生措施，以确保药品质量。

药品生产过程的复杂性，要求生产者面对药品生产的现状，通过研究药品的卫生标准和达到该标准可采取的措施与方法，进一步明确如何结合实际，采取适当的技术与措施，并不断研究开发新技术和新手段，以达到防止生产过程中微生物的污染、抑制微生物在成品中的生长繁殖、杀灭或除去药品中微生物的目的，这对于提高药品质量，保证药品疗效和促进制药工业的发展非常重要。

二、药物制剂的卫生标准

制剂中的微生物包括活螨、细菌和霉菌、酵母菌、致病菌。控制菌又称致病菌，包括大肠埃希菌、大肠菌群、沙门菌、铜绿假单胞菌、金黄色葡萄球菌、梭菌、白色念珠菌。根据人体对微生物的耐受程度，2015 年版《中国药典》对不同给药途径的药物制剂大体分为：无菌制剂和非无菌制剂(限菌制剂)。限菌制剂是指允许一定限度的微生物存在，但不得有规定致病菌存在的药物制剂。限菌制剂的微生物限度标准是基于药品的给药途径和对患者健康潜在危害以及药物的特殊性而制订的。药品的生产、贮存、销售过程中的检验，药材提取物及辅料的检验，新药标准制订，进口药品标准复核，考察药品质量及仲裁等，除另有规定外，其微生物限度均以本标准为依据。

1. 无菌制剂 注射剂、手术、烧伤或严重创伤的局部给药制剂、眼用制剂应符合无菌要求。

2. 控制菌 口服制剂每 1ml 或 1g 不得检出大肠埃希菌，含动物脏器(包括提取物)及动物类原药材粉(蜂蜜、王浆、动物角、阿胶除外)的口服给药制剂同时不得检出沙门菌。局部给药制剂每 1g、1ml 或 $10cm^2$不得检出金黄色葡萄球菌、铜绿假单胞菌；耳、鼻及呼吸道吸入给药的制剂同时还不得检出大肠埃希菌；阴道、尿道给药制剂同时还不得检出大肠埃希菌、白色念珠菌、梭菌。

各类致病菌均按一次检出结果为准，不再另行抽样复检，否则该产品则以不合格处理。

3. 活螨 螨属于节肢动物，种类繁多，分布甚广。螨的存在不仅可蛀蚀药品，使其变质失效，也可直接危害人体健康或传播疾病。因此，用于口服、创伤、黏膜和腔道的药品不得检出活螨。

4. 细菌数、霉菌数与酵母菌数 不同剂型有不同要求，2015 年版《中国药典》制剂通则 1107“非无菌药品微生物限度标准”规定见表 2-1~表 2-4。

表 2-1　非无菌化学药品制剂、生物制品制剂、不含药材原粉的中药制剂的微生物限度标准

给药途径	需氧菌总数（cfu/g、cfu/ml 或 cfu/10cm²）	霉菌和酵母菌总数（cfu/g、cfu/ml 或 cfu/10cm²）	控制菌
口服给药① 固体制剂 液体制剂	 10^3 10^2	 10^2 10^1	不得检出大肠埃希菌（1g 或 1ml）；含脏器提取物的制剂还不得检出沙门菌（10g 或 10ml）
口腔黏膜给药制剂 齿龈给药制剂 鼻用制剂	10^2	10^1	不得检出大肠埃希菌、金黄色葡萄球菌、铜绿假单胞菌（1g、1ml 或 10cm²）
耳用制剂 皮肤给药制剂	10^2	10^1	不得检出金黄色葡萄球菌、铜绿假单胞菌（1g、1ml 或 10cm²）
呼吸道吸入给药制剂	10^2	10^1	不得检出大肠埃希菌、金黄色葡萄球菌、铜绿假单胞菌、耐胆盐革兰阴性菌（1g 或 1ml）
阴道、尿道给药制剂	10^2	10^1	不得检出金黄色葡萄球菌、铜绿假单胞菌、白色念珠菌（1g、1ml 或 10cm²）；中药制剂还不得检出梭菌（1g、1ml 或 10cm²）
直肠给药 固体制剂 液体制剂	 10^3 10^2	 10^2 10^2	不得检出金黄色葡萄球菌、铜绿假单胞菌（1g 或 1ml）
其他局部给药制剂	10^2	10^2	不得检出金黄色葡萄球菌、铜绿假单胞菌（1g、1ml 或 10cm²）

①：化学药品制剂和生物制品制剂若含有未经提取的动植物来源的成分及矿物质，还不得检出沙门菌（10g 或 10ml）。

表 2-2　非无菌含药材原粉的中药制剂的微生物限度标准

给药途径	需氧菌总数（cfu/g、cfu/ml 或 cfu/10cm²）	霉菌和酵母菌总数（cfu/g、cfu/ml 或 cfu/10cm²）	控制菌
固体口服给药制剂 不含豆豉、神曲等发酵原粉 含豆豉、神曲等发酵原粉	 10^4（丸剂 3×10^4） 10^5	 10^2 5×10^2	不得检出大肠埃希菌（1g）；不得检出沙门菌（10g）；耐胆盐革兰阴性菌应小于 10^2cfu（1g）
液体口服给药制剂 不含豆豉、神曲等发酵原粉 含豆豉、神曲等发酵原粉	 5×10^2 10^3	 10^2 10^2	不得检出大肠埃希菌（1ml）；不得检出沙门菌（10ml）；耐胆盐革兰阴性菌应小于 10^1cfu（1ml）

续表

给药途径	需氧菌总数（cfu/g、cfu/ml 或 cfu/10cm²）	霉菌和酵母菌总数（cfu/g、cfu/ml 或 cfu/10cm²）	控制菌
固体局部给药制剂			
用于表皮或黏膜不完整	10^3	10^2	不得检出金黄色葡萄球菌、铜绿假单胞菌（1g 或 10cm²）；阴道、尿道给药制剂还不得检出白色念珠菌、梭菌（1g 或 10cm²）
用于表皮或黏膜完整	10^4	10^2	
液体局部给药制剂			
用于表皮或黏膜不完整	10^2	10^2	不得检出金黄色葡萄球菌、铜绿假单胞菌（1ml）；阴道、尿道给药制剂还不得检出白色念珠菌、梭菌（1ml）
用于表皮或黏膜完整	10^2	10^2	

表 2-3　非无菌药用原料及辅料的微生物限度标准

	需氧菌总数（cfu/g 或 cfu/ml）	霉菌和酵母菌总数（cfu/g 或 cfu/ml）	控制菌
药用原料及辅料	10^3	10^2	*

*：未做统一规定。

表 2-4　中药提取物及中药饮片的微生物限度标准

	需氧菌总数（cfu/g 或 cfu/ml）	霉菌和酵母菌总数（cfu/g 或 cfu/ml）	控制菌
中药提取物	10^3	10^2	*
研粉口服用贵细饮片、直接口服及泡服饮片	*	*	不得检出沙门菌（10g）；耐胆盐革兰阴性菌应小于 10^4cfu（1g）

*：未做统一规定。

非无菌药品的需氧菌总数、霉菌和酵母菌总数照“非无菌产品微生物限度检查：微生物计数法”（通则 1105）检查；非无菌药品的控制菌照“非无菌产品微生物限度检查：控制菌检查法”（通则 1106）检查。各品种项下规定的需氧菌总数、霉菌和酵母菌总数标准解释如下：

10^1cfu：可接受的最大菌数为 20；

10^2cfu：可接受的最大菌数为 200；

10^3cfu：可接受的最大菌数为 2000；依此类推。

本限度标准所列的控制菌对于控制某些药品的微生物数量可能并不全面，因此，对于原料、辅料及某些特定的制剂，根据原辅料及其制剂的特性和用途、制剂的生产工艺等因素，可能还需检查其他具有潜在危害的微生物。

除了本限度标准所列的控制菌外，药品中若检出其他可能具有潜在危害性的微生物，应从以下方面进行评估：

（1）药品的给药途径：给药途径不同，其危害不同。

（2）药品的特性：药品是否促进微生物生长，或者药品是否有足够的抑制微生物生长能力。

（3）药品的使用方法。

（4）用药人群：用药人群不同，如新生儿、婴幼儿及体弱者，风险可能不同。

（5）患者使用免疫抑制剂和甾体类固醇激素等药品的情况。

（6）存在疾病、伤残和器官损伤；等等。

当进行上述相关因素的风险评估时，评估人员应经过微生物学和微生物数据分析等方面的专业知识培训。评估原辅料微生物质量时，应考虑相应制剂的生产工艺、现有的检测技术及原辅料符合该标准的必要性。

知识链接

cfu：菌落形成单位（colony-forming unit）

细菌（可见）和真菌的测量单位：将稀释后的一定量的菌液通过浇注或涂布的方法，让其内的微生物单细胞一一分散在琼脂平板上，待培养后，每一活细胞就形成一个菌落。与常规利用显微镜对微生物数量进行测量不同，主要是对可见（即多数情况下形成菌落）的细菌数量进行测量的单位。

三、微生物污染药剂的途径及预防措施

药品生产过程中被微生物污染的途径较多，为预防微生物的污染，确保制剂符合《药品卫生标准》的要求，必须针对微生物污染的途径，采取相应的、积极的防菌及灭菌措施。下面简要论述一下微生物污染药剂的途径及防治措施。

1. 药物原料　尤其是植物性药材和动物性药材，包括植物的根、茎、叶、花、果实和动物及其脏器等，不仅本身带有大量的微生物、虫卵及杂质，而且在采集、贮藏、运输过程中还会受到各种污染，并且含有大量蛋白质、糖类、油脂及盐类等营养成分的药材在保存过程中，微生物还可能继续生长和繁殖。因此，药物原料本身带菌是使药剂被微生物污染的主要原因之一，在制剂生产过程中，首先应对药材原料作必要的前期处理，尽量减少或杀灭微生物，以确保制剂的质量。

2. 辅料　制剂制备过程中常使用各种辅料。如用作洗涤或溶剂的水有饮用水、纯化水、注射用水，都应有相应的质量标准。饮用水应符合卫健委生活饮用水标准，纯化水、注射用水应符合《中国药典》（2015 年版）中的有关规定，其他来源的天然水因含有各种微生物或杂质，不经处理不能作为制剂用水使用。再如常用的赋形剂和附加剂，如淀粉、蔗糖等一般都带有微生物，配料使用前应严格选择和进行适当处理，以减少或防止将微生物带入药剂中。

3. 制药器械　制药设备与用具，如粉碎机、搅拌机、颗粒机、压片机、填装机以及盛装容器等，一般直接同药物接触，其表面带有的微生物，会直接污染药品。因此，制药设备和用具，必须采用适当的方法及时进行洁净与灭菌处理。制药设备和用具使用后也应尽快清洗干净，保持洁净和干燥状态。必要时，临用前还应消毒灭菌。

4. 环境条件　空气中的微生物来自土壤、人和动物的体表及排泄物，不洁的环境使空气中含有大量的微生物，从而污染药物原辅料、制药用具和设备，最终导致制剂的污染。因此，药品生产车间的环境卫生和空气净化必须引起重视，生产区周围应无露土地面等污染源，对不同制剂的生产厂房应根据《药品生产质量管理规范》所规定的要求，达到相应的洁净级别，尘埃粒数和菌落数应控制在限度范围内。

5. 操作人员　药品生产过程中，操作人员是最主要的微生物污染源。人体的外表皮肤、毛发、手及鞋、帽和衣物都带有一定量的微生物，给药品生产造成污染。因此，必须按各生产区域的要求对工作人员的个人卫生做出具体规定。操作人员应严格执行卫生管理制度，穿专用工作服和定期健康检查。

6. 包装材料　制剂的包装材料种类众多，材料的性质各异，包括容器、盖子、塞子以及容器内的填充物，分别由金属、橡胶、塑料、玻璃、棉花及纸质材料构成，它们一般与药品直接接触，如果包装材料本身的质量不佳或者保管不当，均有污染微生物的可能，也会造成制剂的污染。故直接接触药品的内包装应根据其不同性质和要求，可采用清洗、洁净、灭菌等方法杜绝微生物的污染。

7. 贮藏条件　药品贮藏过程中，除了在搬运和贮藏时应注意防止由于包装材料的破损而引起二次污染外，主要是控制微生物在制剂中的生长繁殖。因为，除灭菌和无菌制剂外，各种口服制剂或外用制剂往往带有一定数量的微生物。外界的温度、湿度等条件适宜时，微生物就容易滋长和增殖。为保证制剂在贮藏过程中不变质，应重视各项防腐措施的落实，并注意将药品贮藏于阴凉、干燥处。

四、空气洁净技术及应用

空气洁净技术是指能创造洁净空气环境（洁净空气室、洁净工作台），以保证产品纯度，提高成品率的一门新技术。

大气中悬浮着大量的灰尘、纤维、煤烟、毛发、花粉、霉菌、孢子、细菌等微粒，它们很轻，能长时间悬浮于大气中。中药制药生产场所采取空气洁净技术，能有效控制空气中的含尘浓度，降低细菌污染水平，以防止由于大气的原因而引起药品被微生物污染的情况发生。目前，常用的空气洁净技术一般可分为：非层流型空调系统和层流洁净技术。

（一）非层流型空调系统

非层流型空调系统的气流运动形式是乱流，或称紊流，这是使用高度净化的空气将操作室内产生的尘粒稀释的空气净化方式。

非层流型空调系统如图 2-1 所示。空气在乱流洁净室中的流动特点是：从送风口到回风口之间空气的流动断面是变化的。洁净室的断面比送风口的断面大得多，因此不能在整个洁净室或工作区的断面形成均匀气流。送风口以后的流线彼此有很大的夹角，并且夹角不断增大，气流不可能在室内以单一方向流动，室内存在回流和涡流。当干净的空气从送风口送入室内后，它将迅速向四周扩散混合，同时将同样数量的空气从回风口排走。即送风的目的是稀释室内受污染的空气，把原来含尘浓度高的空气冲淡，满足规定的含尘浓度。

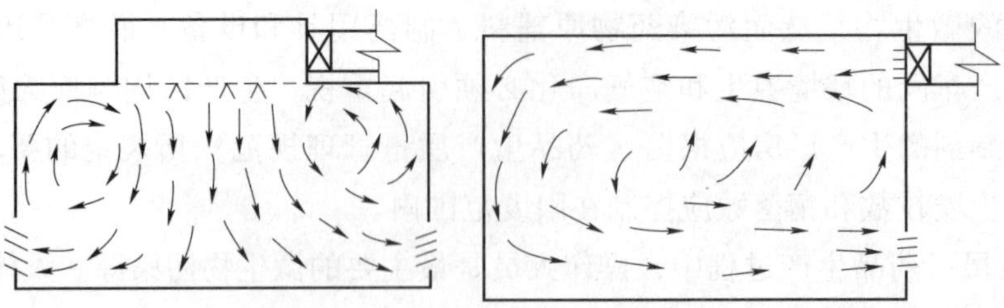

图 2-1 非层流型空调系统示意图

非层流型空调系统的设备费用低，安装简单，但使用时不易将空气中的尘粒除净，只能达到稀释空气中尘粒浓度的效果。据报道，设计较好的装置可使操作室内的洁净度达到 D 级或 C 级标准。若要求更高的空气洁净度，应采用层流洁净技术。

（二）层流洁净技术

层流洁净技术自 20 世纪 60 年代以来发展很快，它的气流运动形式是层流，是用高度净化的气流作载体，将操作室内产生的尘粒排出的空气净化方式。洁净室的洁净度可达 A 级，能够满足无菌操作的需要。

1. 特点

（1）层流是一种粒子流体连续稳定的运动形式，是一切粒子保持在层流层中的运动。这样，粒子不易聚结，空气流速相对提高，粒子在空气中浮动，不会聚积和沉降。

（2）室内空气不会出现停滞状态。

（3）外界空气已经过净化，无尘埃粒子带入室内，可提高洁净度。

（4）新脱落的微粒很快被经过的空气带走，粒子很快就被排除，故有自行除尘能力。

（5）可避免不同药物粉末交叉污染，提高产品质量及安全性，降低废品率。

2. 分类 层流洁净室根据气流方向还可分为水平层流与垂直层流。

（1）水平层流洁净室 室内的空气净化是由若干台净化单元组成的一面墙体来实现，每台净化单元由送风机、静压箱体、高效空气滤过器组成。净化单元机组将套间内空气经新风滤过器吸入一部分，再吸入洁净室内循环空气，经高效空气滤过器送入洁净室内，以较高的速度从一面墙(壁)向对面墙(壁)层流流去，当流速≥0.25m/s 时，室内尘粒被气流带走，0.3μm 以上的尘粒可除去 99.97%，达到无菌要求。一部分由余压阀排出室外，大部分经回风夹层风道吸到净化单元循环使用。这样在洁净室内形成空气横向水平层流，达到净化空气的目的。洁净室工作时室内必须保持正压。水平层流洁净室的构造如图 2-2 所示。

（2）垂直层流洁净室 其构造和工作原理如图 2-3 所示。由图可知，垂直层流洁净室的工作原理与水平层流洁净室相同。洁净空气从天棚沿垂直方向均匀地流向地面回风格栅，房间断面风速≥0.35m/s。

(3)层流净化工作台 在药品生产或实验研究过程中，有些小规模的操作，在局部区域要求具备较高的空气洁净度。此时可用层流洁净工作台。洁净工作台的气流方向也可分为水平层流和垂直层流。垂直层流洁净工作台应用较多，效果也较好。其工作原理是使通过高效过滤器的洁净空气在操作台内形成层流气流，直接覆盖整个操作台面以获得局部洁净环境。洁净效果均可达到 A 级洁净度要求，能够满足无菌操作的需要。目前，层流净化工作台国内均有定型产品生产。图 2-4 为层流净化工作台。

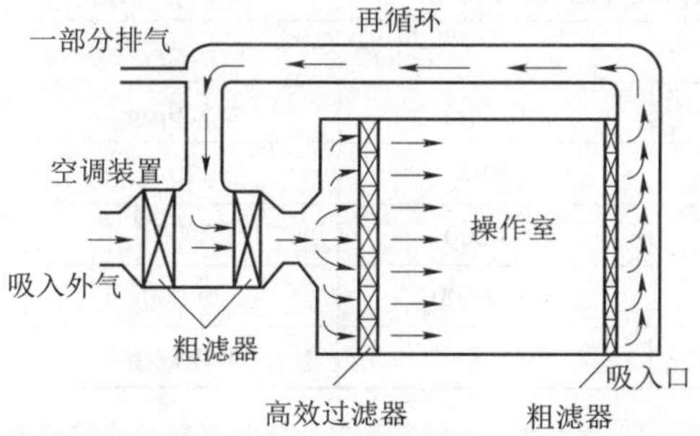

图 2-2　水平层流洁净室构造示意图

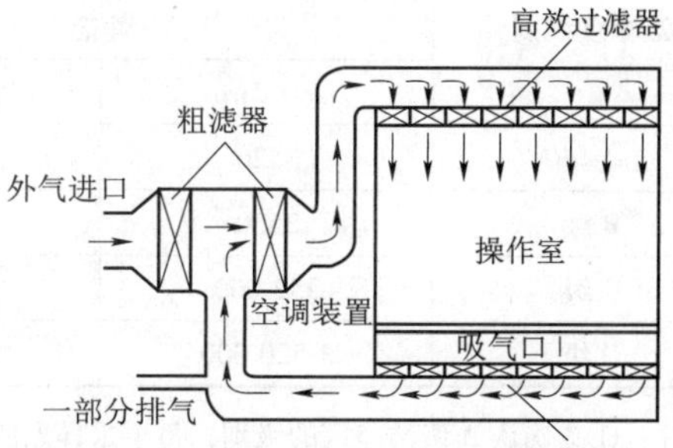

图 2-3　垂直层流洁净室构造示意图

图 2-4　层流净化工作台

（三）洁净室的卫生与管理

采用空气洁净技术，能使洁净室达到一定的洁净度，可满足各类药剂的需要。洁净室的设计必须符合相应的洁净度要求，包括达到“静态”和“动态”的标准。无菌药品生产所需的洁净区可分为 A 级、B 级、C 级、D 级 4 个级别(表 2-5)。

1. 洁净室空气洁净度级别说明

（1）A 级　高风险操作区，如灌装区、放置胶塞桶和与无菌制剂直接接触的敞口包装容器的区域及无菌装配或连接操作的区域，应当用单向流操作台(罩)维持该区的环境状态。单向流系统在其工作区域必须均匀送风，风速为 0.36~0.54m/s(指导值)。应当有数据证明单向流的状态并经过验证。在密闭的隔离操作器或手套箱内，可使用较低的风速。

（2）B 级　指无菌配制和灌装等高风险操作 A 级洁净区所处的背景区域。

（3）C 级和 D 级　指无菌药品生产过程中重要程度较低操作步骤的洁净区。

2. 无菌药品的生产操作环境示例　如表 2-6、表 2-7 所示。

表 2-5　洁净室空气洁净度级别表(GMP2010 年修订版)

洁净度级别	悬浮粒子最大允许数/立方米			
	静态		动态[③]	
	≥0.5μm	≥5.0μm[②]	≥0.5μm	≥5.0μm
A 级[①]	3520	20	3520	20
B 级	3520	29	352 000	2900
C 级	352 000	2900	3 520 000	29 000
D 级	3 520 000	29 000	不作规定	不作规定

注：①为确认 A 级洁净区的级别，每个采样点的采样量不得少于 1 立方米。A 级洁净区空气悬浮粒子的级别为 ISO 4.8，以≥5.0μm 的悬浮粒子为限度标准。B 级洁净区(静态)的空气悬浮粒子的级别为 ISO 5，同时包括表中两种粒径的悬浮粒子。对于 C 级洁净区(静态和动态)而言，空气悬浮粒子的级别分别为 ISO 7 和 ISO 8。对于 D 级洁净区(静态)空气悬浮粒子的级别为 ISO 8。测试方法可参照 ISO14644-1。

②在确认级别时，应当使用采样管较短的便携式尘埃粒子计数器，避免≥5.0μm 悬浮粒子在远程采样系统的长采样管中沉降。在单向流系统中，应当采用等动力学的取样头。

③动态测试可在常规操作、培养基模拟灌装过程中进行，证明达到动态的洁净度级别，但培养基模拟灌装试验要求在“最差状况”下进行动态测试。

表 2-6　无菌药品的生产操作环境（一）

洁净度级别	最终灭菌产品生产操作示例
C 级背景下的局部 A 级	高污染风险[①]的产品灌装(或灌封)
C 级	1. 产品灌装(或灌封)； 2. 高污染风险[②]产品的配制和过滤； 3. 眼用制剂、无菌软膏剂、无菌混悬剂等的配制、灌装(或灌封)； 4. 直接接触药品的包装材料和器具最终清洗后的处理
D 级	1. 轧盖； 2. 灌装前物料的准备； 3. 产品配制(指浓配或采用密闭系统的配制)和过滤直接接触药品的包装材料和器具的最终清洗

注：①此处的高污染风险是指产品容易长菌、灌装速度慢、灌装用容器为广口瓶、容器须暴露数秒后方可密封等状况。

②此处的高污染风险是指产品容易长菌、配制后需等待较长时间方可灭菌或不在密闭系统中配制等状况。

表 2-7　无菌药品的生产操作环境（二）

洁净度级别	非最终灭菌产品的无菌生产操作示例
B 级背景下的 A 级	1. 处于未完全密封[①]状态下产品的操作和转运，如产品灌装(或灌封)、分装、压塞、轧盖[②]等； 2. 灌装前无法除菌过滤的药液或产品的配制； 3. 直接接触药品的包装材料、器具灭菌后的装配以及处于未完全密封状态下的转运和存放； 4. 无菌原料药的粉碎、过筛、混合、分装
B 级	1. 处于未完全密封[①]状态下的产品置于完全密封容器内的转运； 2. 直接接触药品的包装材料、器具灭菌后处于密闭容器内的转运和存放

续表

洁净度级别	非最终灭菌产品的无菌生产操作示例
C级	1. 灌装前可除菌过滤的药液或产品的配制； 2. 产品的过滤
D级	直接接触药品的包装材料、器具的最终清洗、装配或包装、灭菌

注：①轧盖前产品视为处于未完全密封状态。

②根据已压塞产品的密封性、轧盖设备的设计、铝盖的特性等因素，轧盖操作可选择在C级或D级背景下的A级送风环境中进行。A级送风环境应当至少符合A级区的静态要求。

3. 洁净室管理　无菌药品按生产工艺可分为两类：采用最终灭菌工艺的为最终灭菌产品；部分或全部工序采用无菌生产工艺的为非最终灭菌产品。

无菌药品生产的人员、设备和物料应通过气锁间进入洁净区，采用机械连续传输物料的，应当用正压气流保护并监测压差。物料准备、产品配制和灌装或分装等操作必须在洁净区内分区域(室)进行。应当根据产品特性、工艺和设备等因素，确定无菌药品生产用洁净区的级别。每一步生产操作的环境都应当达到适当的动态洁净度标准，尽可能降低产品或所处理的物料被微粒或微生物污染的风险。

第二节　灭菌方法与灭菌操作

一、常用术语

灭菌方法系指用适当的物理或化学手段将物品中活的微生物杀灭或除去，从而使物品残存活微生物的概率下降至预期的无菌保证水平的方法。本法适用于制剂、原料、辅料及医疗器械等物品的灭菌。

与灭菌方法相关的操作包括：①无菌：系指物体或任一特定的介质中，没有任何活的微生物存在。②灭菌：系指采用物理或化学等方法把物体上或介质中所有致病和非致病的微生物及芽孢全部杀死的操作。③消毒：系指用物理或化学等方法杀灭物体上或介质中的病原性微生物。④防腐：系指用物理或化学等方法防止和抑制微生物的生长、繁殖的操作，亦称抑菌。

二、F与F_0值在灭菌中的应用

无菌物品是指物品中不含任何活的微生物。对于任何一批灭菌物品而言，绝对无菌既无法保证也无法用试验来证实。一批物品的无菌特性只能相对地通过物品中活的微生物的概率低至某个可接受的水平来表述，即无菌保证水平(sterility assurance level，SAL)。

最终灭菌的物品微生物存活概率，即无菌保证水平不得高于10^{-6}。已灭菌物品达到的无菌保证水平可通过验证确定。

灭菌物品的无菌保证不能依赖于最终产品的无菌检查，而是取决于生产过程中采用合格的灭菌工艺、严格的GMP管理和良好的无菌保证体系。灭菌程序的验证是无菌保证的必要条件，灭菌程序经验证后，方可交付正式使用。验证内容包括以下几个方面。

（一）确认

灭菌设备的运行符合设计要求。

（二）验证

产品灭菌程序的有效性和重现性。

（三）评估

灭菌时产品可能发生的变化给灭菌效果带来的影响。

（四）再验证

设备、产品、工艺有重大改变时应进行再验证。

《中国药典》（2015 年版）和 GMP 2010 年修订版均以 F_0 值作为灭菌参考值。

F_0 值即标准灭菌时间，系指灭菌过程赋予被灭菌物品 121℃下的等效灭菌时间。F_0 值用于评价热（湿/干热）灭菌工艺对微生物的杀灭效果，其可用于比较不同温度下的灭菌效果。《中国药典》（2015 年版）规定：对热稳定的物品，灭菌工艺可首先过度杀灭法，F_0 值不低于 12 分钟；对热不稳定的物品的 F_0 值一般不低于 8 分钟。

三、物理灭菌法

物理灭菌法指利用物理因素（温度、声波、电磁波、辐射等）对微生物的化学成分和新陈代谢的影响，达到灭菌目的的方法。

（一）湿热灭菌法

湿热灭菌法是指将物品置于灭菌柜内利用高压饱和蒸气、过热水喷淋等手段使微生物菌体中的蛋白质、核酸发生变性而杀死微生物的方法。包括热压灭菌、流通蒸气灭菌、煮沸灭菌和低温间歇灭菌等。该法灭菌能力强，为热力灭菌中最有效、应用最广泛的灭菌方法。

1. 影响湿热灭菌的因素 影响湿热灭菌效果的因素较多，主要应考虑以下几个方面。

（1）微生物的种类和密度 各种微生物的抗热能力相差很大，同一种微生物处于不同发育阶段，对热的抵抗能力也有很大的差别，抗热能力一般为：芽孢>繁殖期>衰老期。由于微生物受湿热死亡，遵循化学动力学一级反应规律，所以湿热灭菌的效果与菌体密度有关，被灭菌物品中微生物数量多，达到完全灭菌的时间也长，而且其中耐热菌株出现的概率也增加。即使微生物全部被杀灭，药液中微生物尸体也会多，亦会引起临床上的不良反应，因此整个药品生产过程中应尽可能避免微生物污染，并缩短生产周期。

（2）药物与介质的性质 制剂中含有营养物质，如糖类、蛋白质等，对微生物有一定的保护作用，能增强其抗热性。介质的 pH 对微生物的活性也有影响。耐热性一般为：中性环境>碱性环境>酸性环境。如 pH 较低的生物碱盐类，用流通蒸气灭菌即可。

（3）蒸气的性质 热压灭菌效果与蒸气的性质有关。饱和蒸气为蒸气的沸点与其压力相当的蒸气，故热含量高，潜热大，穿透力强，灭菌效果高；湿饱和蒸气为热量部分散失而含有雾沫和水滴的蒸气，故热含量低，穿透力弱，灭菌效果差；过热蒸气相当于干热蒸气，温度虽高，穿透力弱，灭菌效果也不好；不饱和蒸气为蒸气中含有不同比例的空气的蒸气，压力虽高但温度不高，故灭菌效果差。因此热压灭菌应采用饱和蒸气。

（4）灭菌时间 灭菌时间与灭菌温度成反比，考虑到药物成分的稳定性，在达到灭菌要求的前提下，尽可能的缩短时间或降低温度。实践证明，只要严格控制生产过程中微生物的污染，一般中药注射剂用流通蒸气100℃加热30~45分钟即可达到灭菌要求。

2. 热压灭菌法 在高压灭菌器内，利用高压水蒸气加热杀灭微生物的方法。本法是公认的最可靠的湿热灭菌法，经热压灭菌处理，能杀灭被灭菌物品中的所有细菌增殖体和芽孢，故药品、容器、培养基、无菌衣、橡胶塞以及其他遇高温和潮湿不发生变化或损坏的物品，均可采用本法灭菌。一般热压灭菌器所需的温度和与温度相对应的压力与时间见表2-8。

表2-8 热压灭菌所需的温度、压力与时间

温度(℃)	压力 kPa(kg/cm^2)	时间(min)
115	68.6(0.7)	30
121.5	98.0(1.0)	20
125.5	137.2(1.4)	15

热压灭菌器的种类很多，但其基本结构相似。热压灭菌器应密闭耐压，有排气口、安全阀、压力表和温度计等部件。大多直接通入高压饱和蒸气加热，也有在灭菌器内加水，用煤气、电等加热者。目前常用的有手提式热压灭菌器、立式热压灭菌器和卧式热压灭菌柜等。另国内还有新型的手动脉动真空灭菌器(适于耐高温的物料及器具的灭菌)、安瓿灭菌器(适于安瓿的灭菌)、冷水喷淋热压灭菌器(适于输液剂的灭菌，能加速降温)。

热压灭菌器是一种高压设备，使用时必须严格按照操作规程操作，并注意以下问题。

(1) 用前检查 使用前认真检查灭菌器的主要部件(压力表、排气阀等)是否正常完好。

(2) 自身产生蒸气者，加水应适量，避免产生过热蒸气。

(3) 妥善放置待灭菌物品，防止影响蒸气的流通，影响灭菌效果。

(4) 灭菌时，应首先打开排气阀排尽冷空气，待有蒸气冒出时才能关闭排气阀，防止造成不饱和蒸气。

(5) 灭菌时间的计算 应从全部待灭菌物品达到预定的温度时算起，并维持规定的时间。现国内有采用灭菌温度和时间自动控制自动记录装置，整个过程计算机系统监控，更加合理可靠。

(6) 灭菌完毕，应正确开启灭菌器 待压力表逐渐下降至零时，才能放出锅内蒸气；锅内外压力相等时，开启灭菌器，被灭菌物品温度降至约80℃时，灭菌器的门才能全部打开，这样可有效避免内外压差太大或冷空气突然进入而造成锅内玻璃瓶炸裂、药液冲出锅外等伤人事故的发生。

3. 流通蒸气灭菌法与煮沸灭菌法 流通蒸气灭菌是在不密闭的容器内，也可在灭菌器中进行，打开排气阀门让蒸气不断排出，保持器内压强与大气压相等，即为100℃的蒸气灭菌。1~2ml注射剂、不耐高热的药品及不耐高压的橡胶制品均可采用本法。煮沸灭菌就是把安瓿或其他待灭菌物品放在水中浸没加热煮沸进行灭菌。流通蒸气灭菌与煮沸灭菌的参数通常为100℃，30分钟或60分钟。此参数不能保证杀灭所有的细菌芽孢，故应尽量减少细菌污染以减少物品中微生物的数量，也可添加适宜的抑菌剂，如三氯叔丁醇、甲酚、氯甲酚等以确保灭菌效果。

4. 低温间歇灭菌方法 此法是将待灭菌物品在60~80℃加热1小时，杀死其中的细菌繁殖体，然后在室温或37℃恒温箱中放置24小时，让其中的芽孢发育成繁殖体，再进行第二次加热灭菌。这样循环操作三次以上，至杀死全部细菌的繁殖体和芽孢为止。本法适于必须用加热灭菌但又不耐较高温度的热敏感药品或制剂。由于灭菌过程时间较长，杀灭芽孢不够完全，故采用本法灭菌的制剂，除本身具有抑菌的作用外，须加适量的抑菌剂，以增强灭菌效果。

（二）干热灭菌法

干热灭菌法是利用火焰或干热空气进行灭菌的方法。通过加热可使蛋白质变性或凝固，核酸破坏，酶失去活性，导致微生物死亡。

1. 火焰灭菌法 被灭菌物品置于火焰上直接灼烧达到灭菌目的的方法。该方法简便，灭菌效果可靠，适宜于不易被火焰损伤的瓷器、玻璃和金属制品如镊子、玻璃棒、搪瓷桶等器具的灭菌。一些金属或搪瓷的容器，加入少量的高浓度乙醇，点燃燃烧，也可达到灭菌目的。不能用于药品的灭菌。

2. 干热空气灭菌法 系指将物品置于干热灭菌柜、隧道灭菌器等设备中，利用干热空气达到杀灭微生物或消除热原物质的方法。适于耐高温但不宜被湿热蒸气穿透或易被湿热蒸气所破坏的物品灭菌，如玻璃器具、金属制容器、纤维制品、固体试药、液状石蜡等。由于干热空气穿透力弱，温度不均匀，而且灭菌温度较高，故不适用于大部分药品及橡胶、塑料制品的灭菌。

干热灭菌条件一般为160～170℃/120min以上，170～180℃/60min以上或250℃/45min以上，也可采用其他温度和时间参数。无论采用何种灭菌条件，均应保证灭菌后的物品的SAL≤10^{-6}。250℃/45min的干热灭菌也可除去热原物质。

采用干热灭菌时，被灭菌物品应有适当的装载方式，不能排列过密，以保证灭菌的有效性和均一性。

（三）滤过除菌法

滤过除菌法是以物理阻留的方法，让药液或气体通过无菌的特定滤器，去除介质中活的和死的微生物，达到除菌的目的。主要用于不耐热的低黏度药物溶液和相关气体物质的洁净除菌处理。

繁殖型微生物大小约1μm，芽孢大小约为0.5μm或更小。滤过除菌使用的滤器，其滤材可由多种材料制成，这些滤材均具有网状微孔结构，通过毛细管阻留、筛孔阻留和静电吸附等方式，能有效地除去液态或气体介质中的微生物及其他杂质微粒。各种滤器的除菌都不是某一种方式的单一作用，尤其是高效能的薄膜滤器更具有多因素的阻留机制。因而，要提高滤过除菌的质量，选择合适的滤材极其重要，必须综合考虑滤材的密度、厚度、孔径大小及是否具有静电作用等因素对滤过除菌效能的影响。

目前常用的滤过除菌器主要有微孔滤膜滤器、垂熔玻璃滤器和砂滤棒。

1. 微孔滤膜滤器 以不同性质不同孔径的高分子微孔薄膜为滤材的滤过装置称为微孔滤膜滤器，是目前应用最广泛的滤过除菌器。高分子微孔滤膜的种类很多，常见的有醋酸纤维膜、硝酸纤维膜、醋酸纤维与硝酸纤维混合酯膜、聚酰胺膜、聚四氟乙烯膜及聚氯乙烯膜。膜的孔径也可分成多种规格，从0.025μm到14μm，滤过除菌器一般应选用0.22μm以下孔径的滤膜作滤材。

2. 垂熔玻璃滤器 用硬质中性玻璃细粉经高温加热至接近熔点，融合制成均匀孔径的滤材，再黏结于不同形状的玻璃器内制成的滤器称为垂熔玻璃滤器，也包括直接由硬质中性玻璃烧制而成的玻璃滤棒。常见的有垂熔玻璃滤球、垂熔玻璃漏斗、垂熔玻璃滤棒三种。

垂熔玻璃滤器主要特点是化学性质稳定，除强酸强碱外，一般不受药液的影响，对药物溶液不吸附，不影响药液的 pH，故制剂生产时常用于滤除杂质和细菌。

垂熔玻璃滤器的滤板按孔径分为 1~6 号 6 种规格，一般情况下，1 号、2 号用于粗滤，除去较大较多杂质，同时 2 号还用于油针剂的滤过；3 号、4 号用于精滤，除去水溶液中较小、较少的杂质；5 号用于除去较大的细菌、酵母菌；垂熔玻璃滤器中，6 号最常用于滤过除菌。

3. 砂滤棒　在实际生产中，砂滤棒作为除菌目的使用的现已不多，常作为注射剂生产中的预滤器。国内生产的砂滤棒主要有两种，一种是硅藻土滤棒：由糠灰、黏土、白陶土等材料经 1200℃高温烧制而成，有三种规格，细号孔径为 3~4μm，可滤除介质中颗粒杂质及一部分细菌。另一种是多孔素瓷滤棒：由白陶土、细砂等材料混合烧结而成，按孔径大小有 8 种规格，孔径在 1.3μm 以下的滤棒可用作滤除细菌使用。

应用滤过除菌法除菌操作时，为提高除菌效果，保证成品质量，应注意下列问题：①药液应预处理：先用粗滤器滤除较大颗粒杂质，再用砂滤棒或 4、5 号垂熔玻璃滤器滤除细微沉淀物或较大杆菌、酵母菌，最后再用微孔薄膜滤器或 6 号垂熔玻璃滤器滤过。并收集滤液及时分装；②应配合无菌操作技术进行，必要时在滤液中添加适当的防腐剂；③新使用或已多次重复使用的滤器，须进行灭菌处理，检查滤除效果，必要时可测定滤器的孔径或采样作细菌学检查。

（四）紫外线灭菌法

紫外线属于电磁波非电离辐射，其波长为 200~300nm，对微生物具有极强的杀伤力，其中灭菌力最强的是波长为 254nm 的紫外线，对肠道病菌、黄曲霉菌等病菌能在较短时间内杀灭。紫外线灭菌机制是紫外线照射到微生物上，引起其核酸蛋白变性，同时紫外线照射后，空气产生微量的臭氧，共同发挥杀菌作用。

紫外线以直线进行传播，其强度与距离的平方成比例的减弱。故紫外线的穿透力较弱，不能穿透固体物质深部，故不能用于药液的灭菌和固体物质深部的灭菌如蜜丸、片剂的灭菌；但紫外线可以穿透清洁的空气和纯净的水，因而可以广泛地用于纯净水、空气灭菌和表面灭菌。

紫外线灭菌的适宜温度在 10~55℃，相对湿度为 45%~60%，一般在 6~15m^3的空间可装 30 瓦的紫外线灯一只，距离地面应为 1.8~2.0m。各种规格的紫外灯管均规定了有效使用期限，一般为 3000 小时，故每次使用应做好记录，并定期检查灭菌效果。

知识拓展

紫外线的使用注意事项如下。

1. 紫外线对人体照射太久会引起结膜炎和皮肤烧伤，故一般在操作前开启紫外灯 0.5~1 小时，操作时关闭。

2. 紫外灯必须保持无尘无油垢，否则降低辐射强度。

3. 普通玻璃可吸收紫外线，故玻璃容器中的药物如安瓿不能采用此法灭菌。

4. 紫外线能促使易氧化药物或油脂等氧化变质，故生产此类药物时不宜与紫外线接触。

（五）辐射灭菌法

辐射灭菌又称电离辐射灭菌，利用γ-射线或β-射线进行照射，穿透物品，杀灭其中的微生物而达到灭菌目的的灭菌方法。γ-射线是高能射线，绝大多数微生物对该射线敏感，且穿透力强，故适于较厚物品，特别是已包装密封物品的灭菌，灭菌效果可靠，并可有效地防止“二次污染”。灭菌过程中，被灭菌物品温度变化小，一般温度只升高2~3℃，故特别适于不耐热药品的灭菌。β-射线穿透力弱，故通常只适于非常薄和密度低的物质灭菌，尤其适于芳香性药材的消毒，效果不及γ-射线，但辐射分解反应小，易于防护。

辐射灭菌的缺点是设备费用高，有些药物灭菌后疗效可能降低，对液态药剂的稳定性也有影响。同时在使用过程中安全防护要求高。

用辐射灭菌法对中药进行灭菌处理，是解决中成药微生物污染问题的有效途径，随着科学技术的发展，辐射灭菌必将受到重视并得到更加广泛的研究与应用。

（六）微波灭菌法

微波通常是指频率在300MHz到300kMHz之间的电磁波。极性物质在外加电场中产生分子极化现象，并随着高频电场的方向变化而剧烈的转动，结果使电场能转变成分子热运动的能量，从而产生具有杀菌作用的热效应。同时，微生物中的活性分子构型遭受到微波高频电场的破坏，影响其自身代谢，导致微生物死亡。两者结合达到微波灭菌的目的。该法适用于液体和固体物料的灭菌，且对固体物料具有干燥作用。

由于微波能穿透到介质的深部，故热的产生来自于被加热物质的内部，具有升温迅速、均匀的特点，灭菌效果可靠，灭菌时间也仅需几秒钟到数分钟。研究报道，微波的热效应灭菌作用必须在有一定含水量的条件下才能显示，含水量越多的物质，灭菌效果越好。

四、化学灭菌法

化学灭菌法是使用化学药品直接作用于微生物而将其杀死同时不应损害制品的质量，达到灭菌目的的方法。化学药品因品种和用量不同，有些可用于灭菌，有些只能用于抑菌。化学药品灭菌或抑菌的机制也因品种不同而异：有的使病原体蛋白质变性，发生沉淀；有的与细菌的酶系统结合，影响其代谢功能；有的降低细菌的表面张力，增加菌体胞浆膜的通透性，使细胞破裂或溶解。

理想的化学灭菌剂应具备的条件：①杀菌谱广；②有效杀菌浓度低；③作用速度快；④性质稳定，不易受有机物、酸、碱及其他物理、化学因素的影响；⑤毒性低，对药品无腐蚀性，不易燃烧爆炸；⑥易溶于水，可在低温下使用，无色、无味、无臭，灭菌后易于从被灭菌物品上除去，无残留；⑦价格低廉，来源丰富，便于运输。

化学灭菌法一般包括气体灭菌法和表面消毒法。

（一）气体灭菌法

气体灭菌法是通过使用化学药品的气体或蒸气对灭菌的物品、材料进行熏蒸，杀死微生物的方法。药物制剂制备时，需灭菌处理的固体药物或辅助材料耐热性差，既不能加热灭菌，又不能滤过除菌时，可采用气体灭菌法进行灭菌。选用气体灭菌剂应当考虑除了符合一般化学灭菌剂的要求外，还应注意其形成气体或蒸气的温度。

1. 环氧乙烷灭菌法 制药工业上常用环氧乙烷作为灭菌气体。环氧乙烷的结构式为$(CH_2)_2O$，沸点为10.9℃，室温下为无色气体。环氧乙烷具有较强的穿透力，易穿透塑料、纸板及固体粉末等物质，并易从被灭菌物品中消散。环氧乙烷的杀菌力强，不仅可杀死微生物的繁殖体，对细菌芽孢、真菌和病毒等均具有杀灭作用。该气体对大多数固体呈惰性，故可用于塑料容器、对热敏感的固体药物、纸或塑料包装的药物、塑料制品、橡胶制品、衣物、敷料及器械的灭菌。

环氧乙烷具有可燃性，与空气混合时，当空气的含量达 3.0%（*V/V*）即可爆炸，应用时需用二氧化碳或氟利昂稀释，常用的混合气体是环氧乙烷 10%、二氧化碳90%，或环氧乙烷 12%、氟利昂88%。

环氧乙烷对神经系统有麻醉作用，人与大剂量的环氧乙烷接触，可发生极性中毒，并能损害皮肤及眼黏膜，产生水疱或结膜炎，应用时须注意防护。

环氧乙烷灭菌时，一般先将待灭菌的物品放置于灭菌器内，密闭减压排除空气，预热55~65℃，在减压条件下输入环氧乙烷混合气体，保持一定的浓度、温度和湿度，经一定时间后，残余的环氧乙烷气体排入水中或抽真空排除环氧乙烷气体，然后送入无菌空气，直至将残余气体全部驱除。操作时控制的灭菌条件一般为：环氧乙烷浓度为 850~900mg/L，3小时，45℃或 450mg/L，3 小时，45℃，相对湿度 40%~60%，温度55~65℃。

2. 甲醛蒸气熏蒸灭菌法 甲醛是杀菌力很强的广谱杀菌剂。纯的甲醛在室温下是气体，沸点是-19℃，但本品很容易聚合，通常以白色固体聚合物存在。甲醛蒸气可由固体聚合物或以液体状态存在的甲醛溶液产生。

甲醛蒸气与环氧乙烷相比，杀菌力更强，杀菌谱更广，但由于穿透力差，故只能用于空气杀菌。应用甲醛蒸气加热熏蒸灭菌时，一般采用气体发生装置，每立方米空间用 40%甲醛溶液 30ml，加热产生甲醛蒸气，室内相对湿度以 75% 为宜，密闭熏蒸12~14 小时，残余蒸气用氨气吸收（氨醛缩合反应），或通入经处理的无菌空气排除。

3. 其他蒸气熏蒸灭菌法 加热熏蒸法还可用丙二醇，灭菌用量为 $1ml/m^3$；乳酸灭菌用量为 $2ml/m^3$。丙二醇和乳酸的杀菌力不如甲醛，但对人体无害。此外，β-丙内酯、过氧醋酸、戊二醛、三甘醇也可以蒸气熏蒸的形式用于室内灭菌。

（二）表面消毒法

表面消毒法是杀死物体上病原微生物的方法。本法是以化学药品作为消毒剂，配成有效浓度的液体，采用喷雾、涂抹或浸泡的方法到达消毒的目的。

多数化学消毒剂仅对细菌繁殖体有效，不能杀死芽孢，应用消毒剂的目的在于减少微生物的数量。

具体应用时应根据药物作用特点及消毒对象选择药物。

1. 皮肤消毒 宜选用广谱、高效、速效、刺激性小的药物，如碘伏、过氧乙酸、碘酊、乙醇等。

2. 黏膜消毒 宜选用刺激性小、吸收少、受脓液及分泌物影响小的药物，如高锰酸钾、碘伏、表面活性剂、过氧化氢、甲紫等。

3. 器械消毒 宜选用广谱、高效、速效及对金属无腐蚀性的药物，如甲醛、过氧乙酸等。

4. 排泄物消毒 可选用价廉、不受有机物影响的药物，如漂白粉、洗消净、酚类等。

5. 环境消毒 使用便于喷洒或熏蒸的药物，如过氧乙酸、甲醛、酚类等。

目前常用的消毒剂有以下几类。

1. 醇类 有乙醇、异丙醇、氯丙醇等，能使菌体蛋白变性，但杀菌力较弱，能杀灭细菌繁殖体，但不能杀死芽孢。常用于皮肤和物体表面的消毒。

2. 酚类 有苯酚、甲酚、甲酚皂溶液、氯甲酚等。苯酚又名石炭酸，3%～5%的苯酚溶液用于手术器械和房屋的消毒；甲酚又名煤酚，抗菌作用较苯酚强3倍，腐蚀性及毒性均较小；甲酚皂溶液(Lysol，来苏儿)是由甲酚500ml、植物油300g和氢氧化铝43g配成的皂液，是常用的消毒剂，可用于皮肤、橡胶手套、器械、金属、地面、门窗、墙壁、空气、环境等的消毒，不能用于食具及厨房的消毒。

3. 表面活性剂 洁尔灭(苯扎氯铵)、新洁尔灭(苯扎溴铵)、度米芬、洗必泰(氯己定)等阳离子表面活性剂。本类消毒剂抗菌谱广，作用快而强，毒性小，无刺激性。常用于皮肤、内外环境和器械的消毒。

4. 氧化剂 有过氧乙酸、过氧化氢、臭氧、高锰酸钾等。本类杀菌剂遇有机物释放出新生态的氧，使菌体内活性基团氧化而杀菌。常用于塑料、玻璃、人造纤维等器具的浸泡消毒。

5. 含氯消毒剂 有漂白粉、洗消净、氯胺等。漂白粉为含有效氯25%～35%的灰白粉末，受潮易分解失效，应临用时配制。本品杀菌谱广，杀菌力强，但对皮肤有刺激性，对金属有腐蚀性，故常用于非金属用具和无色衣物的消毒。洗消净是由次氯酸钠溶液(含氯量不得低于5%)和40%十二烷基磺酸钠溶液等量混合配制而成，是一种新型的含氯消毒洗涤剂，为广谱、高效、快速的杀菌剂，可用于医疗器械及各种用具如茶具、餐具、食品、厨房用品、地面、家具等的消毒。注意本品不宜在高温和强光下存放。氯胺又名氯亚明，含有效氯12%，杀菌作用缓和、持久，可用于皮肤、黏膜、食具、器皿的消毒。

6. 其他 醛类如甲醛、戊二醛；酸类如过氧乙酸；含碘消毒药如碘伏、碘酊等；染料类如甲紫等，可根据具体情况选择应用。

五、无菌操作法

无菌操作法是整个过程控制在无菌条件下进行的一种操作方法。在制剂生产中，对于不能用加热灭菌或不宜采用其他方法灭菌的无菌制剂的制备，如一些不耐热的药物，需要制成注射剂、眼用溶液、眼用软膏、皮试液等，均需采用无菌操作法。无菌操作必须在无菌操作室或无菌操作柜内进行，目前无菌操作室(柜)多利用层流洁净技术，确保无菌环境，所用的一切用具、材料以及操作空间应严格灭菌，操作人员的卫生应严格按照GMP的有关规定执行。按无菌操作制备的产品，最后一般不再灭菌，直接使用，故无菌操作法对保证不耐热产品的质量至关重要。无菌操作室的灭菌是关键。

（一）无菌操作室的灭菌

无菌操作室的空气应定期灭菌，常用甲醛、戊二醛、乳酸或丙二醇等蒸气熏蒸。室内的空间、用具、地面、墙壁等用甲酚、来苏儿、新洁尔灭等消毒剂喷洒或擦拭。其他用具尽量用热压灭菌法或干热灭菌法处理。每天工作前开启紫外线灯1小时，以保证操作环境的无菌状态。

（二）无菌操作

操作人员进入无菌操作室前应按规定沐浴风淋和换上无菌的工作衣、帽、口罩和鞋子，内衣和头发不得暴露，双手应按规定洗净并消毒后方可进行操作，以免造成污染。操作过程中所有的容器、用具、器械均要经过灭菌。

（三）无菌检查法

制剂经无菌操作法处理后，须经无菌检查法验证已无微生物存在，才能使用。

1. 无菌检查法　法定的无菌检查法，包括直接接种法和薄膜滤过法，可按《中国药典》（2015 年版）通则中的无菌检查法项下的具体规定和方法检查。薄膜滤过法用于无菌检查的突出优点，在于可滤过较大量的样品，滤过后的薄膜，既可直接接种于培养基中，也可直接用显微镜观察检验。故此法灵敏度高，操作简单，并不易产生假阳性结果。无菌检查法应在层流洁净工作台上操作。

2. 中成药的微生物学检查与活螨检查　为确保中成药的质量，根据规定，中成药的微生物学检查应包括以下项目：①细菌总数的测定；②霉菌总数的测定；③大肠埃希菌的检验；④沙门菌、痢疾杆菌的检验；⑤铜绿假单胞菌的检验；⑥金黄色葡萄球菌的检验；⑦厌氧菌的检验；⑧活螨的检验。

以上项目的检验方法和具体判定标准，按《中国药典》和《药品卫生检验方法》等执行。

扫码“练一练”

思考题

1. 简述微生物污染中药制剂的途径及预防污染的措施。
2. 简述物理灭菌法的种类及适用范围。
3. 简述热压灭菌器的使用注意事项。
4. 简述影响湿热灭菌的因素。

实训　参观药厂

一、实训目的

1. 了解药厂净化设备、洁净室的等级标准及卫生管理、人员和物流进入生产区的各种洁净方法。

2. 熟悉各种灭菌方法所常用的设备构造、性能、使用方法和注意事项。

二、实训条件

1. 实训场地　药厂。

2. 实训材料　无菌操作车间，热压灭菌柜等。

三、实训内容

1. 听取药厂负责人介绍药厂的基本情况。

2. 参观学习制药企业无菌操作室的主要任务及设备构造、性能、操作方法。

四、总结报告

参观学习后写一份参观总结报告，内容包括参观制药企业的目的及参观的内容、结果、所感所想。

（张炳盛）

第三章

药物制剂的基本操作

学习目标

知识目标

1. 掌握粉碎的方法；药材浸提原理及影响浸提主要因素；药剂中常用浸提方法及其应用。
2. 熟悉粉碎的原理；粉碎与筛析的目的；滤过原理及其影响因素；各种分离方法的特点、应用；药剂中常用的浓缩方法及其应用；药剂中常用的干燥方法、原理及其应用。
3. 了解粉碎机械的种类及使用保养；药筛的种类规格、器械；微粉学基础知识；药剂中常用溶剂；药剂中浸提、分离、浓缩、干燥的常用设备及其性能和使用保养。

能力目标

1. 能进行药物制剂的基本操作。
2. 操作过程中，提高分析判断能力。

素质目标

1. 具有团结协作的能力。
2. 具有沟通交流的能力。
3. 具有严谨细致的态度。

扫码“学一学”

第一节　粉碎、过筛与混合

一、粉碎

（一）粉碎的含义与目的

1. 粉碎(crushing)　是借助机械力将大块固体物破碎成适宜大小的颗粒或细粉的操作。在药物制剂生产中，对于固体物料常需要粉碎成一定细度要求的粉末，以适应制备制剂及临床使用的需要。

2. 粉碎的目的　①增加表面积，促进药物的溶解和吸收，提高难溶性药物的溶出度和生物利用度；②减少粒径、便于各成分的混合均匀，制备多种剂型，如混悬液、片剂、丸剂、胶囊剂等；③加速药材中有效成分的浸出。同时也应注意到粉碎过程可能带来的不良作用而影响制剂质量。

3. 粉碎度（crushing degree） 是固体药物粉碎后的程度。常以未经粉碎药物的平均直径（d_0），与已粉碎药物的平均直径（d_1）的比值（n，$n=d_0/d_1$）来表示。

粉碎度与物料粉碎后粒子的直径成反比，即粒子愈小，其粉碎度愈大。粉碎度大小的选择，取决于制备的剂型、医疗用途以及药物本身的性质，药物粉碎度的要求应作具体分析，随需要选用适当粉碎度。

（二）粉碎的机制

物质的同种分子间的引力叫内聚力，其内聚力的不同而显示出不同的硬度和性能。粉碎过程主要依靠外机械力的作用破坏物质分子间的内聚力来实现。

（三）粉碎的原则

1. 应保持药物的组成和药理作用不变。

2. 药物只粉碎至需要的粉碎度，不作过度的粉碎。

3. 中草药的药用部分必须全部粉碎应用，一般较难粉碎的部分，如叶脉或纤维素等不应丢弃，以免损失有效成分或使药粉的含量相对提高。

4. 粉碎毒药或刺激性较强的药物时，应严格注意劳动防护与安全技术。

（四）粉碎的方法

制剂生产中常根据被粉碎物料的性质、产品粒度的要求、物料多少等选择不同的粉碎方法。主要粉碎方法如下。

1. 干法粉碎和湿法粉碎 干法粉碎是指物料经干燥处理，使含水量下降至一定限度（一般应少于5%）再粉碎的方法。干燥温度不宜超过80℃，某些有挥发性及遇热易起变化的药物，可用石灰等干燥剂干燥。

湿法粉碎（又称"加液研磨法"）是指物料中添加较易除去的适量溶媒（如水或乙醇等）共同研磨的方法。加入的液体对物料有一定的渗透力和劈裂作用，有利于提高粉碎度且能降低物料的黏附性。液体的选用以不与药物起变化、不影响药效为原则，用量以能湿润药物成糊状为宜。此法特点：粉碎度高，又避免了粉尘飞扬，可减轻毒性或刺激性药物对人体的危害，减少贵重药物的损耗。

某些难溶于水的药物，如朱砂、炉甘石、滑石等粉末细度要求高，常采用水飞法进行粉碎。水飞法是将药物与水共置研钵或球磨机中研磨，使细粉混悬于水中，然后将此混悬液倾出，余下的粗料再加水反复操作，至全部药物研磨完毕。所得混悬液合并，沉降，倾去上层清液，将湿粉干燥，即得极细粉。此法适用于矿物药。易燃易爆的药物，采用此法粉碎较安全。

2. 单独粉碎和混合粉碎 一般药物通常单独粉碎，便于不同的制剂中配伍应用，氧化性药物与还原性药物必须单独粉碎，否则可起爆炸现象，贵重药物及刺激性药物为了减少损耗和便于劳动防护，亦需单独粉碎。

两种或两种以上的物料放在一起同时粉碎的操作叫混合粉碎。若处方中某些药物的性质及硬度相似，可将它们掺合在一起进行粉碎。在混合粉碎的药物中，含有共熔成分时，能产生潮湿或液化现象，这些药物能否混合粉碎，取决于制剂的具体要求。

3. 开路粉碎与循环粉碎 开路粉碎是连续把需粉碎的物料供给粉碎机的同时，不断地从粉碎机中把已粉碎的物料取出的操作，其物料只通过设备一次，即物料→粉碎机→产品。若粉碎的产品中，含有尚未被充分粉碎的物料时，经筛选或分级后，粗颗粒重新返回到粉碎机进行二次粉碎，称为循环粉碎，即物料→粉碎机→筛析→产品。

4. 低温粉碎 是利用物料在低温时脆性增加，韧性与延伸性降低的性质以提高粉碎效果的方法。本法有如下特点。

（1）常温下粉碎困难的物料，如软化点、熔点低的及热可塑性物料，如树脂、树胶、干浸膏等，可以较好地粉碎。

（2）含水、含油较少的物料也能进行粉碎。

（3）可获得更细的粉末，且可保存物料中的香气及挥发性有效成分。

（4）较普通粉碎的费用高。

知识链接

药材粉碎的一些特殊方法

根据药材的性质和粉碎度要求还可以采取以下粉碎方法。

1. 水飞法与加液研磨法 有些难溶于水的药材如朱砂、珍珠、炉甘石、滑石等要求粉碎成特别细的粉时，可将药材与水共置研钵或球磨机中研磨，使细的粉混悬于水中，然后将此混悬液倾出，余下的粗粒再加水反复操作，直至全部药材研磨完毕。所得混悬液合并、沉降，倾去上清液，将湿粉干燥，可得极细粉末，此法即为传统的水飞法。加液研磨法是指如麝香、冰片、樟脑、薄荷脑等药料加挥发性液体(乙醇)轻力研磨成细粉的方法。两者均属于湿法粉碎。

2. 串研法与串油法 含黏性或油性较大的药材需经特殊处理后方能粉碎。如含糖较多的黏性药材，如熟地黄、山茱萸、麦冬等吸湿性强，应先将处方中其他干燥药材研成粗粉，然后陆续掺入黏性药材，使成块状或颗粒状，于60℃以下充分干燥后再粉碎，俗称串研法。含油脂较多的药材，如杏仁、桃仁、苏子等须先捣成稠糊状，再把处方中已粉碎的其他药粉分次掺研粉碎，使药粉及时将油吸收，以便于粉碎与过筛，俗称串油法。串研法与串油法均属于混合粉碎。

3. 蒸罐法 系指经蒸煮后药料再与其他药物掺合，干燥，再进行粉碎的方法。适用于处方中含新鲜动物药，如乌鸡、鹿肉等。蒸煮目的是使药料由生变熟，增加温补功效，同时经蒸煮药料干燥后亦便于粉碎。蒸罐法属于混合粉碎。

（五）粉碎设备

目前粉碎设备种类很多，其基本作用力主要有剪切、研磨、冲击、压缩和弯曲等。

1. 以剪切作用为主的粉碎设备 如切片机、截切机。

2. 以研磨作用为主的粉碎设备 如乳钵、球磨机。

3. 以冲击作用为主的粉碎设备 如冲击式粉碎机、锤击式粉碎机。

4. 超微粉碎设备 如振动磨、气流粉碎机、胶体磨。

各种粉碎作用力都有其特殊的适应范围，但在制剂生产中往往是几种作用力同时起作用。表3-1为各种粉碎机作用力、粉碎度、适应药物及禁忌。

表 3-1　粉碎设备的选择

粉碎机	粉碎作用力	粉碎度	适应药物	禁忌
截切机	剪切	粗碎	草、叶、韧性根	
机动冲钵	冲击	中碎	含有挥发油或芳香性药物，脆性物，结晶	
锤击式粉碎机	冲击、劈裂、挤压	细碎	干燥、脆性大的药材	黏性药料
万能粉碎机	冲击、研磨、劈裂	细碎兼过筛	含黏性、油脂、纤维性及质地坚硬的各类药	油料过多药物
万能磨粉机	冲击、研磨、劈裂	细碎兼过筛	结晶性、非组织性药物及干浸膏颗粒	挥发性及黏性药物
铁研船	研磨、截切	中碎	质地松脆药物	吸湿性药物
球磨机	冲击、研磨	细碎	结晶性、刺激性、挥发性、引湿性、细料药	
羚羊角粉碎机	锉削	细屑片	角质类药物	

（六）注意事项

1. 选择适宜的机械与方法　各种粉碎作用力，都有特殊的适应性，可根据被粉碎物质的结构及有关性质、体积大小、所制备的物料对粉碎度或粉末等级的要求等来选用。晶形药物具有一定的晶格，例如生石膏、硼砂等均具有相当的脆性，故较易于粉碎。非晶形药物的分子呈不规则排列，如树脂、树胶等具有一定的弹性，受外加机械力时，易发生变形而不易碎裂。一般可通过降低温度提高非晶形药物的脆性，以利于粉碎。

2. 及时筛去细粉　粉碎过程及时分离细粉，使粗粒有充分机会接受机械能，可以提高效率；反之，若细粉始终保留在粉碎系统中，不但能在粗粒中起缓冲作用，而且会消耗大量机械能，而产生大量不需要的过细粉末。

3. 合理使用混合粉碎　固体物质经粉碎后，比表面积增加，引起表面自由能的增加，粉末越细，能量越高，重新结聚的倾向加大，使粉碎过程终于达到一种动态平衡。也就是粉碎与结聚同时进行。用混合粉碎的方法可使另一药物吸附于其表面使自由能不致明显增加，从而阻止了结聚。

4. 注意劳动保护与防火防爆　粉碎毒性或刺激性较强的药物时，应注意劳动保护，以免中毒，并注意彻底清洗机械以免交叉污染。粉碎易燃易爆药物时，要注意防火防爆。

二、过筛

（一）过筛的含义和目的

1. 过筛（sieving）　是指粉碎后的药物通过一种网孔工具以使粗粉与细粉分离的操作称为过筛。

2. 过筛的目的　①将粉碎后的药料按细度大小加以分等，以适应医疗和制剂制备的需要；②及时分出合格的细粉，能节省粉碎的机械能，提高粉碎效率；③过筛的同时还可使种类不同、粗细不均匀的药粉混合均匀。但由于过筛中较细的粉末先通过筛，较粗的粉末后通过筛，所以过筛后的粉末应适当加以搅拌，以保证药粉的均匀度。

（二）粉末的分等

1. 药筛的种类 药筛按标准来分类，可分为标准筛和工业用筛；按制作方法分为冲眼筛（又称模压筛）和编织筛。标准筛是指按药典规定，全国统一用于制剂生产的筛。《中国药典》选用国家标准的 R40/3 系列，药典共规定了九种筛号，筛号越大，孔径越小。具体规定见表 3-2。在实际生产中，也常使用工业用筛。筛的分等有两种方法，一种是以筛孔的大小来表示（μm），另一种是以单位长度（英寸）内所含筛孔的数目来表示，即用“目”表示。

表 3-2 《中国药典》（2015 年版）药筛与工业筛目对照表

筛号	筛孔内径（μm）（平均值）	工业筛目数（孔/英寸）
一号筛	2000±70	10
二号筛	850±29	24
三号筛	355±13	50
四号筛	250±9.9	65
五号筛	180±7.6	80
六号筛	150±6.6	100
七号筛	125±5.8	120
八号筛	90±4.6	150
九号筛	75±4.1	200

2. 粉末的分等 药粉的分等是按通过相应规格的药筛而定的。根据实际要求，《中国药典》（2015 年版）规定了六种粉末规格，见表 3-3。

表 3-3 《中国药典》（2015 年版）粉末的分等标准

等级	分等标准
最粗粉	指能全部通过一号筛，但混有能通过三号筛不超过 20% 的粉末
粗粉	指能全部通过二号筛，但混有能通过四号筛不超过 40% 的粉末
中粉	指能全部通过四号筛，但混有能通过五号筛不超过 60% 的粉末
细粉	指能全部通过五号筛，并含能通过六号筛不少于 95% 的粉末
最细粉	指能全部通过六号筛，并含能通过七号筛不少于 95% 的粉末
极细粉	指能全部通过八号筛，并含能通过九号筛不少于 95% 的粉末

（三）过筛的器械

制药用筛的筛网，目前大多以尼龙丝、铜丝或不锈钢丝所制成。过筛方法有手工和机械两种，其相应的器械有手摇筛和电动筛两类。

1. 手摇筛 系由筛网在圆形的金属圈上制成，并按筛号大小依次叠成套，故亦称为套筛。手摇筛适用于小量药粉或毒性药、刺激性或质轻药粉的筛析，亦常用于粉末粒度分布的筛析。因过筛系在密闭条件下进行，可避免细粉飞扬。

2. 电动筛 目前生产上常用的电动筛有振动筛粉机、悬挂式偏重筛粉机、电磁簸动筛粉机等。

振动筛粉机，系利用偏心轮对连杆所产生的往复振动带动药筛而筛选粉末的，效率较高，适用无黏性的植物药、化学药、毒性、刺激性及易风化或潮解的药物粉末的过筛。

悬挂式偏重筛粉机，系利用偏重轮转动时的不平衡惯性使药筛产生波动而筛析药粉的。适用于矿物药、化学药品或显著黏性的药材粉末的过筛。

电磁簸动筛粉机，系利用较高频率(高达200次/秒以上)和较小幅度的电磁波产生的簸动而筛选粉末的，因其具有强的振动性能，故适宜于筛选黏性较强及含油性的粉末。

(四) 注意事项

影响过筛效率的因素很多，为提高过筛效率，过筛过程应注意以下几点。

1. 粉末应干燥　物料的湿度越大，细粉末越易黏结成团而堵塞筛孔，故含水量大的物料应先适当干燥；易吸潮的物料应及时过筛或在干燥环境中过筛。黏性、油性较强的药粉，应掺入其他药粉一同过筛。

2. 厚度适宜　加入药筛的物料不宜过多，物料层在筛网上堆积过厚，或物料在筛网上运动速度过快时，上层小粒径的物料可能来不及与筛面接触而混于不可筛过的物料中。故物料层越薄，物料在筛网上的运动速度越小，则过筛效率越好。但也不宜太少，物料太少同样也影响过筛的效率。

3. 加强振动与联动化　药粉在静止情况下由于受摩擦力和表面能的影响，易形成粉块而不易通过筛孔。当施加外力振动时，各种力的平衡受到破坏，小于筛孔的粉末才能通过。在大量生产时，联动化不仅能降低劳动强度和成本，而且更重要的是能保证产品质量。

4. 防止粉尘飞扬　特别是筛分毒性或刺激性较强的药粉时，更应注意防止粉尘飞扬，厂房必要时应设防尘及捕尘设施。

三、混合

(一) 混合的含义与目的

1. 混合 (mixing)　系指把两种或两种以上组分(固体粒子)均匀混合的操作。混合是制备复方散剂或其他粉末状制品的重要工艺过程，也是制备其他固体复方制剂如片剂、丸剂等的基本操作。

2. 混合的目的　使药物各组分在制剂中均匀一致，以保证药物剂量准确，临床用药安全。

(二) 混合的方法和设备

实验室常用的混合的方法有搅拌混合、研磨混合和过筛混合。在大批量生产中的混合过程多采用搅拌或容器旋转使物料产生整体和局部的移动而达到混合目的。

1. 搅拌混合　系将各药粉置适当大小的容器中搅匀，多作初步混合之用。大量生产中常用槽型混合机混合，如图3-1所示。

2. 过筛混合　系将各药粉先初步混合在一起，再通过适宜的药筛一次或几次过筛，使之混匀。由于较细较重的粉末先通过筛网，故在过筛后仍须加以适当的搅拌混合。

3. 研磨混合　系将各药粉置乳钵中共同研磨的混合操作，此法适用于小量尤其是结晶性药物的混合。不适用于引湿性或爆炸性成分的混合。

4. 混合筒混合　混合筒有V形、立方形、圆柱形、纺锤形等，各筒穿过中心固定在水平轴上，有传动装置使其绕轴旋转，粉末在筒内靠重力翻动。转速取决于筒的形状或粉末的性质。混合筒适用于密度相近的组分混合，混合效率高，耗能较低。其中V形筒选用较多，如图3-2所示。在旋转时药物可分成两部分，然后再使两部分药物混合在一起，集中在底部，如此反复循环。

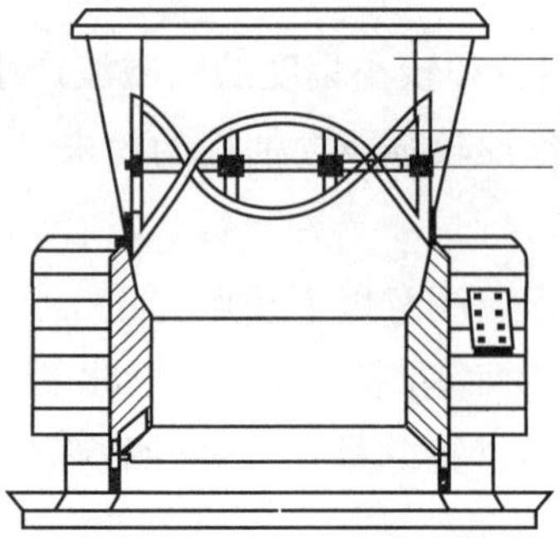

图 3-1　槽型混合机

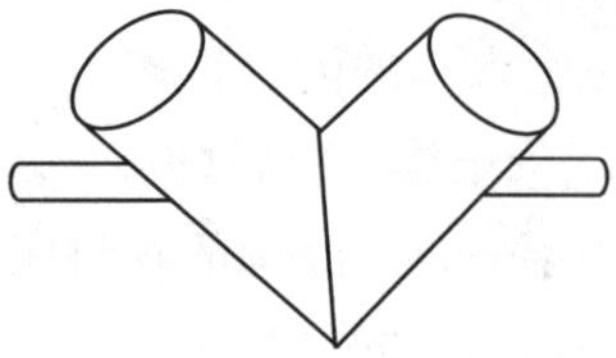

图 3-2　V 形混合筒

（三）混合过程注意事项

混合操作是否得法，关系到混合的效果，药粉混合均匀度与各成分的比例量、堆密度、粉末细度、颗粒大小和混合时间等均有关。

1. 各组分药物混合的比例　通常物理状态、粉末细度相近的等量药物混合时，容易混合均匀；药物的组分量相差悬殊时，则不易混合均匀，此时应该采用等量递加混合法（又称配研法）进行混合，即量小药物研细后，加入等体积其他细粉混匀，如此倍量增加混合至全部混匀，再过筛混合即成。

2. 各组分药物的密度与色泽　一般将密度小的组分先放在乳钵内，再加密度大的组分，混合均匀。这样可避免轻质组分浮于上部或飞扬，而重质粉末沉于底部则不易混匀。

当药物色泽相差较大时，应将色深的药物先置于乳钵中，再加等量的色浅的药物研匀，直至全部混合均匀，即所谓“套色法”。

3. 各组分的黏附性与带电性　有的药物粉末对混合器械具有黏附性，影响混合也造成损失，一般应将量大或不易吸附的药粉或辅料垫底，量少或易吸附者后加入。混合时摩擦起电的粉末不易混匀，通常加少量表面活性剂或润滑剂加以克服，如硬脂酸镁、十二烷基硫酸钠等具有抗静电作用。

4. 含液体成分、引湿性成分与低共熔混合物的组分　含液体成分、引湿性成分时，可采用处方中其他固体成分吸收，若液体量较大时可另加赋形剂吸收，若液体为无效成分且量过大时可采取先蒸发后吸收的方法。引湿性大的成分应在干燥的环境下快速混合。

当两种或两种以上药物一起研磨混合后，有时产生熔点降低而出现润湿和液化的现象称为共熔现象（简称共熔）。制剂工作中常见的发生共熔的药物有樟脑与水杨酸苯酯、苯酚、麝香草酚、薄荷脑等。

含共熔组分的制剂是否一起混合使其共熔，应根据共熔后对其药理作用的影响及处方中所含其他固体成分数量的多少而定，一般有以下几种情况。

（1）若药物共熔后，药理作用较单独混合者好，则宜采用共熔法。

（2）某些药物共熔后，药理作用几无变化，但处方中其他固体成分较多时，可将共熔组分先混合共熔，再用其他组分吸收混合，使分散均匀。

（3）共熔成分用处方中其他液体如挥发油溶解后再喷雾到其他固体成分中吸收并混合均匀。

扫码“学一学”

第二节　粉体学基础

一、概述

粉体系指无数个固体粒子集合体的总称，而粉体学是研究有关粉体及组成粉体的固体粒子性质的相关理论和技术的科学。“粉”和“粒”都属于粉体范畴，一般将粒径小于100μm的粒子叫作“粉”，粒径大于100μm的粒子叫作“粒”。在制药行业中常用的粒子大小范围一般为1μm~10mm，近年来，纳米级别的研究正在深入发展。一般情况下，粒径小于100μm时容易产生粒子间的相互作用，所以流动性较差；粒径大于100μm时，粒子的自重大于粒子间相互作用而流动性较好，并且可用肉眼看到。组成粉体的单元粒子可以是单体的结晶，也可以是多个单体粒子聚结在一起的粒子。为了区别单体粒子和聚结粒子，将单体粒子称为一级粒子，将聚结粒子称为二级粒子。

粉体属于固体分散在空气中形成的粗分散体系，将大块儿固体粉碎成粒子群之后则具有与液体相类似的流动性；具有与气体相类似的压缩性；具有固体的抗变形能力，所以有人把“粉体”视为继固体、液体和气体之外的第四种物态来处理。其性质包括表面性质、力学性质、电学性质、流体动力学性质等。粉体有较大的分散度、比表面积和表面自由能，因此与其他物体相比，其性质有很大程度的不同。

粉体学是药物制剂的基础理论之一，对制剂的处方设计、生产工艺、质量控制等具有重要意义。主要表现在以下方面。

1. 对混合均匀性的影响　混合是制剂生产中的重要工序，混合均匀度是某些固体制剂的重要质量标准之一。粉体的密度、分散度、形态等性质会影响物料混合的均匀性，药物粉粒的粗细、密度、形态等都与混合均匀度有关。各成分的粒子大小、密度不同或其形态不适宜，都可能使混合发生困难或使已混匀的粉粒因加工、运输中的振动而分层。

2. 对分剂量的影响　粉体的相对密度和孔隙率等性质会影响散剂、颗粒剂、胶囊剂等按容积分剂量的准确性(散剂、胶囊剂等分装以及片剂生产中常按容积分剂量)。粉粒的堆密度除取决于药物本身的密度外，还与粉粒大小及形态等有关。而粉粒的流动性则与粒子大小及其分布、粒子形态等有关。在一定范围内，粒子大，流动性好；流动性好的颗粒中混有较多的细粉末，将使其流动性变差；当粒子大小分布范围很宽时，小粒子可通过大粒子间的孔隙落到底部而使其分层。

3. 对可压性的影响　结晶性药物的形态与片剂成型的难易有关。一般立方晶体具有较高的晶体对称性，压缩时晶体表面凹凸不平、相互嵌合，因此容易压片，而且所得片剂的硬度大。鳞片状、针状等结晶除因其流动性不好外，也因结晶易横向排列，使压成的片剂容易裂片。

粉体的大小及粒度分布、流动性和压缩性会影响片剂的成型和崩解。通常粒子细小或粒度分布均匀的粒子具有较大的比表面积，片剂的可压性好，硬度大，片重差异小。反之，粒子粗大或粒度分布不匀，容易引起颗粒填模不均匀，片重差异过大。

4. 对制剂稳定性的影响　如混悬液属于动力学不稳定体系，在放置过程中微粒容易上浮或下沉，常用减小粒径的方法来增加混悬液的动力学稳定性。另外，粒度分布的均匀性也影响混悬液的稳定性。如果粒子大小不一，小粒子能充填空隙，制得的混悬剂紧密，容易结块。

5. 对制剂有效性的影响 难溶性药物的溶解度和溶出速度对药物的吸收有影响。难溶性药物的溶解与其比表面积有关，粒子小则比表面积大，溶解性能好，可改善难溶性药物的疗效。也可控制粒子表面积大小来调节缓释制剂药物的释放。粒子大，表面积变小，药物吸收减慢，药效延长。一般认为，粒度大的药物能在较长时间内维持较高的血药浓度。

6. 对制剂安全性的影响 制剂中固体粒子大小，不仅与其有效性和稳定性有关，对其安全性亦有影响。一般口服、肌内注射用混悬液，对药物颗粒都有特定要求，以免引起微血管栓塞。混悬型软膏如果药物粒子粗大，不但影响药物的吸收，而且会增加对黏膜及炎症部位的刺激。

除此之外，粉体粒子大小会影响药物溶出度和生物利用度。在医药产品中固体制剂占70%～80%：其中散剂本身就是粉体；制备散剂、胶囊剂等过程中粉碎产生的药物细粉也是粉体；稀释剂、干燥黏合剂、崩解剂、润滑剂等一些药用辅料是典型的粉体；颗粒剂、微囊、微球等也具有粉体的一些性质。涉及粉体的单元操作有粉碎、筛分、混合、制粒、干燥、压片等。

二、粒子大小

（一）粒子径与粒度分布

粉体粒子的大小是粉体最基本的性质。球形颗粒的直径、立方形颗粒的边长等特征长度可直接表示粒子的大小。但在多数情况下，组成粉体的粒子形态各不相同，形状也不规则，很难像球体、立方体等规则粒子以特征长度表示其大小。对于一个不规则粒子，其粒子径的测定方法不同，物理意义不同，测定值也不同。

1. 粒子径的表示方法

（1）几何学粒子径 是指根据几何学尺寸定义的粒子径。一般用显微镜法、库尔特记数法等方法测定，如图 3-3 所示。

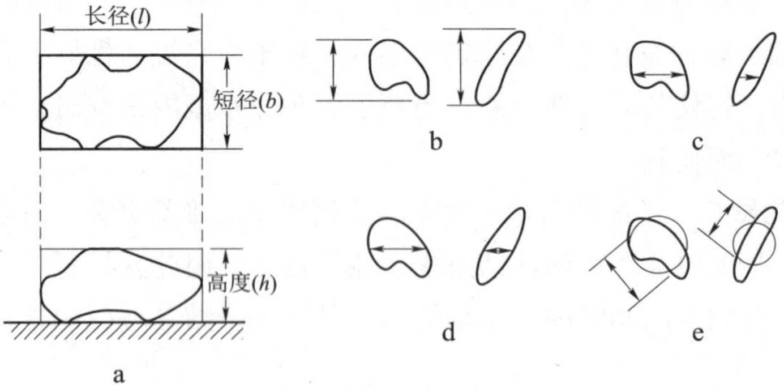

图 3-3 各种直径的表示方法

a. 三轴径；b. Feret 径；c. Krummbein 径；d. Martin 径；e. 外接圆等价径

（2）筛分径 当某粒子通过粗筛网被截留在细筛网时，粗细筛孔直径的算术或几何平均值称为该粒子筛分径，又称细孔通过相当径，记作 D_A。

（3）有效径　粒径相当于在液相中具有相同沉降速度的球形颗粒的直径。该粒径根据Stokes方程计算所得，因此又称Stokes径，记作DStk。此粒径可根据Stokes方程计算得到，常用于混悬液粒径的测定。

（4）比表面积等价径　系指与欲测粒子具有相等比表面积的球的直径，记作DSV。多采用透过法、吸附法测得比表面积后计算求得。这种方法求得的粒径为平均径，不能求粒度分布。

2. 粒子径的测定方法　粒子径的测定有不同的方法。

（1）显微镜法　是将粒子放在显微镜下，根据投影像而测得粒径的方法，主要用于测定几何学粒径。光学显微镜可以测定微米级的粒径，电子显微镜可以测定纳米级粒径。可用于混悬剂、乳剂、散剂和其他粉末粒子径的测定。

（2）库尔特记数法　使用库尔特记数仪进行测定。本法测得粒径为等体积球相当径，可以求得以个数为基准的粒度分布或以体积为基准的粒度分布。可用于混悬剂、乳剂、脂质体、粉末等类型药物的测定。

（3）比表面积法　粉体的比表面积随粒径的减少而迅速增加，因此通过粉体层中比表面积的信息与粒径的关系求得平均粒径。测定的粒度范围为100μm以下。

（4）沉降法　沉降法是利用Stokes定律求出混悬液中粒子粒径的方法。适用于100μm以下的粒径的测定。

（5）筛分法　筛分法是粒径分布测量中使用最早、应用广、最简单和快速的方法。是利用筛孔将粉体机械阻挡的分级方法，将筛由粗到细按筛号顺序上下排列，将一定量粉体样品置于最上层中，振动一定时间，称量各个筛号上的粉体重量，求得各筛号上的不同粒级重量百分数，由此获得以重量为基准的平均粒径。筛分法误差较大，一般45μm以上粒径常用筛分法。

3. 粒度分布　粒度分布表示不同粒径的粒子群在其所在粉体群中所分布的情况，反映粒子大小的均匀程度。粒子群的粒度分布可用表格、绘图和函数等形式表示，频率分布与累积分布是常用的粒度分布的表示方式，如图3-4所示。

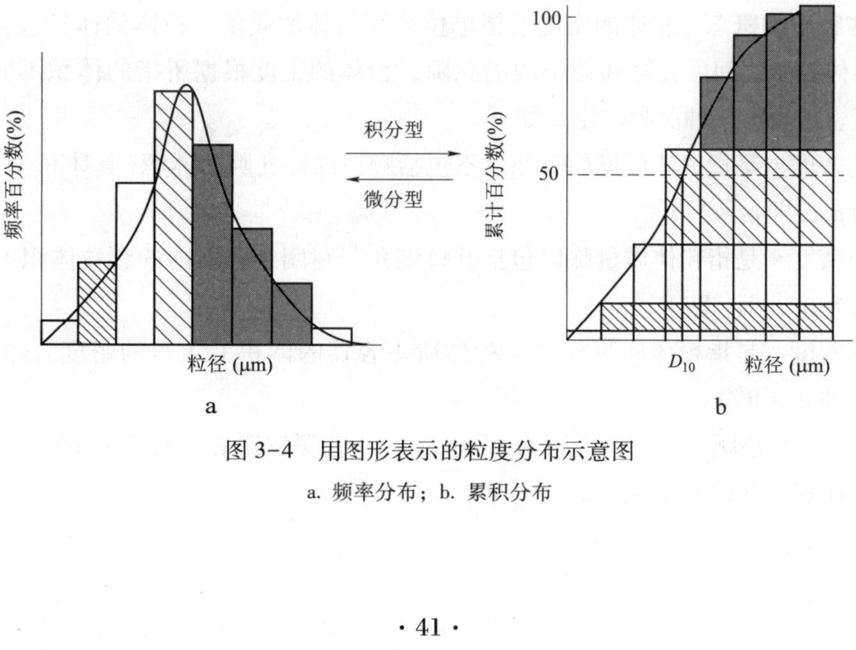

图3-4　用图形表示的粒度分布示意图

a. 频率分布；b. 累积分布

（二）粒子形态

粒子的形态系指一个粒子的轮廓或其表面上各点所构成的图像。由于粒子的形状千差万别，描述粒子形态的术语也很多，如球形、立方形、片状、柱状、鳞状、棒状、针状、块状、纤维状、海绵状等。除了球形和立方形等规则、对称的形态外，其他形状的粒子很难精确地描述，但这些术语大致反映了粒子形状的某些特征，因此这些术语在实践中还是被广泛使用。

为了用数学方式定量地描述粒子的几何形状，通常将粒子的各种无因次组合称为形状指数，将立体几何各变量的关系定义为形状系数。形状指数包括球形度和圆形度，球形度又称真球度，表示粒子接近球体的程度；圆形度则表示粒子的投影面接近于圆的程度。形状系数包括体积形状系数、表面积形状系数、比表面积形状系数等。

三、粉体的比表面积

1. 比表面积的表示方法 粒子比表面积的表示方法根据计算基准不同可分为体积比表面积 S_v 和重量比表面积 S_w。

（1）体积比表面积 是单位体积粉体的表面积，S_v，cm^2/cm^3。

（2）重量比表面积 是单位重量粉体的表面积，S_m，cm^2/g。

比表面积是表示固体吸附能力的重要参数，也是表示粉体中粒子粗细的一种量度。比表面积不仅对粉体性质，而且对制剂性质和药理性质都有重要意义。

2. 比表面积的测定方法 常用的直接测定粉体比表面积的方法有气体吸附法和气体透过法。吸附法为经典的比表面积测定法，是利用粉末对气体的吸附能力与其比表面积间的关系，通过测定粉末对气体分子的吸附量来计算其比表面积，一般用氮气进行测定，通常用于测定粒度在 2~75μm 的固体试样。透过法是利用气体或液体流经粉体时所受阻力与粉体比表面积间的关系，通过测定气体或液体的流速和阻力的变化来计算其比表面积。此外还有溶液吸附、浸润热、消光、热传导、阳极氧化原理等方法。

四、粉体的密度和孔隙率

1. 粉体密度的概念 粉体的密度系指单位体积粉体的质量。粉体的体积包括粉体自身的体积、粉体粒子之间的孔隙和粒子内的孔隙，粉体的密度根据所指的体积不同分为真密度、粒密度、松密度三种。具体定义如下。

（1）真密度 是指粉体质量（W）除以不包括颗粒内外孔隙的体积（真体积 V_t）求得的密度，表示为 ρ_t，即 $\rho_t=W/V_t$。

（2）粒密度 是指粉体质量除以包括开口细孔与封闭细孔在内的颗粒体积 V_g 所求得的密度，表示为 ρ_g，即 $=W/V_g$。

（3）堆密度 是指粉体质量除以该粉体所占容器的体积 V 求得的密度，亦称松密度，表示为 ρ_b，即 $\rho_b=W/V$。

几种密度的大小顺序一般情况下为 $\rho_t \geqslant \rho_g \geqslant \rho_b$，若颗粒致密，无细孔和空洞，则 $\rho_t=\rho_g$。常见物质的真密度参见表 3-4。

表 3-4　常见物质的真密度

物质名称	真密度（g/cm^3）	物质名称	真密度（g/cm^3）
氧化铝	4.0	蜡	0.9
苯甲酸	1.3	碳酸钾	2.29
碱式碳酸铋	6.86	氯化钾	1.98
碳酸钙	2.72	硝酸银	4.35
氧化钙	3.3	硼酸钠	1.73
软木	0.24	溴化钠	3.2
明胶	1.27	氯化钠	2.16
白陶土	2.2~2.5	蔗糖	1.6
碳酸镁	3.04	沉降硫黄	2.0
氧化镁	3.65	滑石粉	2.6~2.8
硫酸镁	1.65	氧化锌（六方晶）	5.59

2. 粉体的孔隙率　粉体的孔隙率系指粉体层中孔隙所占有的比率。由于颗粒内、颗粒间都有孔隙，相应地将孔隙率分为颗粒内孔隙率、颗粒间孔隙率和总孔隙率等。

五、粉体的流动性及其影响因素

粉体的流动性与粒子的形状、大小、表面状态、密度、孔隙率等因素有关，加上与颗粒之间的内摩擦力和黏附力等的复杂关系，粉体的流动性无法用单一的物性值来表达。粉体的流动形式很多，如重力流动、振动流动、压缩流动和流态化流动等，其对应的流动性的评价方法也有所不同。

1. 粉体流动性的评价与测定方法

（1）休止角　粒子在粉体堆积层的自由斜面上滑动时受到重力和粒子间摩擦力的作用，当这些力达到平衡时，粒子处于静止状态。休止角是此时粉体堆积层的自由斜面与水平面所形成的最大角，又称堆角，用θ表示。常用的测定方法有排出法、注入法、倾斜角法等，如图 3-5 所示。休止角不仅可以直接测定，而且可以测定粉体层的高度和圆盘半径后计算而得。即 $\tan\theta$=高度/半径。休止角是检验粉体流动性好坏最简便的方法。

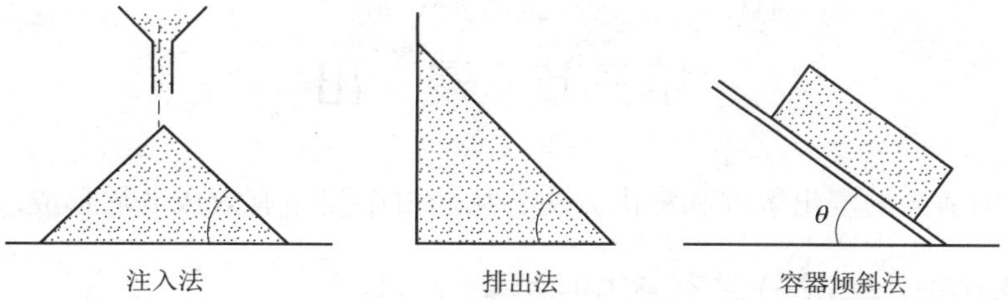

图 3-5　休止角的测定方法

粉体的休止角越小，说明流动性越好，一般认为 $\theta \leqslant 30°$时流动性好，$\theta \leqslant 40°$时可以满足生产过程中流动性的需求。但休止角的测量方法不同所得数据有所不同，重现性差，所以不能把它看作粉体的一个物理常数。

（2）流出速度　是指将粉体物料加入漏斗中，全部物料流出所需的时间。流速快，流动性好；反之，流动性差。如果粉体的流动性很差而不能流出时加入 100μm 的玻璃球助流，测定自由流动所需玻璃球的量（w%），以表示流动性。加入量越多流动性越差。

2. 粉体流动性的影响因素 粉体粒子间的摩擦力、黏着力、范德华力和静电力等作用力阻碍粒子的自由流动，影响粉体的流动性。

（1）粒子大小 对于黏附性强的粉末粒子进行造粒，以减少粒子间的接触点数，降低粒子间的附着力和凝聚力。

（2）粒子形态及表面粗糙度 球形粒子的光滑表面，能减少接触点数，减少摩擦力。

（3）含湿量 由于粉体的吸湿作用，粒子表面吸附的水分增加粒子间黏着力，因此适当干燥有利于减弱粒子间作用力。

（4）助流剂的影响 在粉体中加入 0.5%～2% 滑石粉、微粉硅胶等助流剂时，可大大改善粉体的流动性。这主要是因为助流剂微粉粒子在粉体粒子表面填平粗糙面而形成光滑表面，减少阻力，减少静电力等原因造成的。但是，助流剂过多反而增加阻力而影响粉体的流动性。

六、粉体的吸湿性及测定方法

粉体的吸湿性系指粉体粒子表面吸附水分的现象。将药物粉末置于湿度较大的空气中时，容易发生不同程度的吸湿现象，使粉末的流动性下降，出现润湿、固结、液化等，甚至可以促进某些化学反应而降低药物的稳定性。因此防湿在药物制剂过程中非常必要。

粉体的吸湿与空气状态有关。当空气中的水分大于粉体中的水分时发生吸湿（吸潮）；空气中的水分小于粉体中的水分时发生干燥（风干）；空气中的水分等于粉体中的水分时吸湿与干燥达到动态平衡，此时的水分称平衡水分。可将物料长时间放置于一定空气状态后物料中所含水分称为平衡含水量。

1. 水溶性药物的吸湿性 水溶性药物在空气中相对湿度较低的环境中几乎不吸湿，而当相对湿度增大到一定值时，吸湿量急剧增加，一般把这个吸湿量开始急剧增加的相对湿度值称为临界相对湿度（CRH），CRH 是水溶性药物固定的特征参数。物料的 CRH 越小则越易吸湿；反之则不易吸湿。

2. 水不溶性药物的吸湿性 水不溶性药物的吸湿性随着相对湿度变化而缓慢发生变化，没有临界点。水不溶性药物的混合物的吸湿性具有加和性。

扫码“学一学”

第三节 浸 出

浸出系指用适当的浸出溶剂和浸出方法，从药材中浸出有效成分后形成浸出液的过程。

一、药材的化学成分与药效的关系

药材中的化学成分按药理作用可分为：有效成分、辅助成分、无效成分与组织物质。有效成分是指具有疗效或生理活性的物质，如生物碱、苷类、挥发油、有机酸等；辅助成分的本身没有特殊疗效，但能增强或缓和有效成分之作用，有利于有效成分的浸出或增加制剂的稳定性；无效成分是指本身无效甚至有害的物质，其能影响浸出效果、制剂的稳定性、外观、疗效等，如蛋白质、鞣质、脂肪、树脂、糖类、淀粉、黏液质等；组织物质是指一些构成药材细胞或其他不溶性物质，如纤维素、栓皮、石细胞等。制备浸出制剂时，应充分浸出有效成分与辅助成分，尽量除去无效成分和组织物质，这样才能减少服用量，提高药效。应该指出，“有效成分”和“无效成分”的概念是相对的，应该根据医疗的需要和实际药效而定。

二、浸出溶剂

（一）常用浸出溶剂

浸出溶剂系指用于浸出药材中可溶性成分的液体。浸出后所得到的液体叫浸出液。浸出后的残留物叫药渣。在浸出过程中，浸出溶剂特别重要，关系药材中有效成分的浸出和制剂的稳定性、安全性、有效性及经济效益等。为保证浸出制剂的质量，浸出溶剂应达到以下要求：①应能最大限度地溶解和浸出有效成分，而尽量避免浸出无效成分或有害物质；②本身无药理作用；③不与药材中有效成分发生不应有的化学反应，不影响含量测定；④经济、易得、使用安全等。

常用浸出溶剂如下。

1. 水　水为极性溶剂，它可与乙醇、甘油等溶剂相混溶，是中药制剂生产中最常用的一种浸出溶剂。水作为浸出溶剂具有极性大、溶解范围广、经济易得、无药理作用、使用安全等优点，但亦存在对药用成分的选择性差、浸出液含杂质较多、不防腐等不足。

2. 乙醇　乙醇是制剂生产中仅次于水的常用半极性浸出溶剂，能与水按任意比例进行混合。乙醇浓度的高低决定其极性大小，浓度越高，极性越小；相反，浓度越小，极性越大。制剂生产中经常利用不同浓度的乙醇有选择性地浸出所需要的药用成分。

3. 酒　酒是将米、麦、黍等和釉酿制而成。酒性味甘、辛、大热，具有通血脉、行药势、散风寒、矫臭矫味的作用，它也是一种良好的溶剂，主要用于酒剂的制备。

此外，其他有机溶剂如乙醚、石油醚、三氯甲烷等，因生理活性较强，对人体的毒害作用大，故在中药制剂生产中很少用作浸出溶剂，一般仅用于某些有效单体的纯化精制。

（二）浸出辅助剂

浸出辅助剂系指能够提高溶剂的浸出效能、增加有效成分的溶解度及制品的稳定性、除去或减少某些杂质的附加物质。常用的浸出辅助剂如下。

1. 酸　可与生物碱生成可溶性生物碱盐类，以利于浸出。适当的酸度还可以对一些生物碱产生稳定作用或沉淀某些杂质。常用的酸有盐酸、硫酸、醋酸、枸橼酸、酒石酸等。如浸出液需要浓缩，以加入盐酸等挥发性酸为宜。酸的用量不宜过多，一般能维持一定pH，否则会引起某些成分水解或其他不良反应。

2. 碱　有利于酸性成分的浸出和除去杂质。常用的氨水，是一种挥发性弱碱，对有效成分的破坏作用小，用量易控制。此外还有碳酸钙、氢氧化钙、碳酸钠等。其中碳酸钙为一种不溶性碱化剂，能除去树脂、鞣质、有机酸、色素等许多杂质；氢氧化钠因碱性过强一般不用。

3. 表面活性剂　能增加药材的浸润性，提高溶剂的浸出效果。应根据被浸出药材中有效成分种类及浸出方法进行选择。如用阳离子表面活性剂的盐酸盐有助于生物碱的浸出；阴离子表面活性剂对生物碱有沉淀作用；非离子表面活性剂毒性较小，与有效成分不起化学反应。由于阳离子表面活性剂与阴离子表面活性剂有一定毒性，制备内服制剂最好选用非离子表面活性剂。

4. 甘油 为鞣质的良好溶剂，有稳定鞣质的作用。但因黏度过大，常与水或乙醇混合使用。若只作稳定剂使用，可再浸出后加入制剂中。

5. 酶 酶是一类具有催化活性的蛋白质。通过酶对药材的预处理，可降解某些影响浸出效果的成分，促进有效成分的溶出过程。

三、浸出原理及影响浸出的主要因素

（一）浸出过程

浸出过程系指溶剂进入药材细胞组织，溶解或分散有效成分，使之成为浸出液的全部过程。由浸润、溶解、扩散、置换等几个相互联系而又交错进行的阶段组成。

1. 浸润 药材与浸出溶剂混合时，溶剂首先附着于药材表面使之润湿，然后通过毛细管和细胞间隙渗入细胞内。这种润湿作用，对浸出有较大的影响，如药材不能被浸出溶剂润湿，则浸出溶剂无法渗入细胞浸出有效成分。浸出溶剂能否润湿药材，主要由浸出溶剂和药材的性质以及溶剂与药材两相间的界面情况所决定。其中表面张力起主导作用，溶剂与药材间的界面张力愈大，药材愈不易被润湿。

2. 解吸和溶解 药材中的有效成分溶解前必须克服细胞中各种成分间有一定的亲和力，才能使各种成分转入溶剂中，这称之为解吸。溶剂渗入细胞后即逐渐溶解可溶性成分，溶剂种类不同，溶解的成分也不同。水能溶解晶质，胶体物质因胶溶作用亦可溶于溶剂中，形成胶体溶液。而乙醇浸出液含胶质少，非极性溶剂浸出液则不含胶质。

3. 扩散 溶剂在细胞中溶解、胶溶可溶性成分后，细胞内形成高浓度溶液而具有较高的渗透压。因此细胞外的溶剂不断渗入细胞内，而细胞内溶质则不断透过细胞膜向外扩散，在药材表面形成一层很厚的浓液膜，称为扩散“边界层”，浓溶液中的溶质继续通过边界膜向四周的稀溶液中扩散，直至整个浸出体系中浓度相等，达到动态平衡，扩散就终止。

4. 置换 浸出的关键在于造成最大的浓度梯度，否则浸出过程也就终止。因此，在整个浸出过程中，用浸出溶剂或稀浸出液随时置换药材周围的浓浸出液，使浓度梯度保持最大，是保证浸出顺利进行并达到完全的关键。

（二）影响浸出的因素

1. pH 溶剂的 pH 与浸出效果有密切关系。因为药材内所含成分的性质各不相同，在不同的 pH 条件下溶解性能不一，故调节浸出溶剂的 pH，有利于某些有效成分的浸出。如用酸性浸出溶剂浸出生物碱，用碱性溶剂浸出皂苷。

2. 粉末的粗细 药材粉碎愈细与浸出溶剂的接触面积就愈大，扩散愈快，浸出速度加快。但粉碎过细，大量细胞破裂，可使浸出杂质增多，黏度增大，造成滤过困难或制品在贮藏中产生浑浊及沉淀。在用渗漉法浸出时，粉碎过细，溶剂流动阻力增大，且易造成堵塞而影响浸出的进行；在浸渍和煎煮时，粉碎过细，浸出液易形成糊状造成滤过困难。所以粉末的粗细要适当。一般以水为溶剂时，质地疏松的药材可用小块或厚片，质地坚硬的药材可用粗段或薄片。如用乙醇为溶剂，因其对药材的膨胀作用小，故可用薄片或粗粉。

3. 浸出温度 应根据药材性质适当控制温度，温度升高能使药材组织软化，促进膨胀，增加可溶性成分的溶解和扩散速度，加速浸出的进行。同时可使细胞内蛋白质凝固、酶被破坏，有利于制剂的稳定性。但温度过高，能使药材中某些不耐热的成分或挥发性成分分解、变质或挥发。如在浸出鞣质时，若温度超过100℃，则部分鞣质分解，浸出量下降。

4. 时间　一般说浸出时间与浸出量成正比。在一定条件下时间愈长，浸出物质愈多，但当扩散达到平衡后，时间即不起作用。另外时间过长会增加无效物质的浸出，一些有效成分如苷类等易被浸出的酶分解。

5. 浓度差　扩散是影响浸出效果的主要因素。使溶液保持最大的浓度差，有利于扩散的进行。一般常用更新或添加新溶剂来增大溶液的浓度差。在选择浸出工艺与浸出设备时，应以创造最大的浓度差为基础。

6. 药材与溶剂相对运动速度　在流动的介质中进行浸出时，提高药材与溶剂的相对运动速度能使扩散边界层变薄或边界层更新加快。但相对速度过快会增加溶剂的耗用量。

7. 压力　药材组织坚实，浸出溶剂较难浸润，提高浸出压力，有利于增加浸润过程的速度，使药材组织内更快地充满溶剂和形成浓溶液，促使溶质扩散过程较早发生，同时加压可将药材组织内某些细胞壁破坏，也有利于扩散。当药材组织内充满溶剂后，加大压力对扩散速度影响不大。压力对组织松软、容易湿润的药材的浸出影响也不很显著。

四、浸出方法

浸出方法不同可使浸出效果和药效有所差异。目前大量的新工艺、新技术、新设备越来越多地应用于中药的浸出过程。

（一）煎煮法

煎煮法（decocting method）系将药材加水煎煮取汁，是最早和最常用的一种简易浸出方法。浸出溶媒通常用水，故也称“水煮法”或“水提法”。

1. 操作方法　取规定的药材，按要求加工粉碎，置适宜的煎器中，加水浸没药材，浸泡适宜时间后，加热至沸，保持微沸浸出一定时间，分离煎提液，药渣依法煎煮数次，至煎液味淡薄为止，收集各次煎提液，低温浓缩至规定浓度，再制成规定的制剂。

工业化生产中，由于中成药大多为复方制剂，可能多种药材同时在同一容器中煎煮，这时要根据药材的性质决定先煎、后下与包煎等。①包煎类药材：一般为质地致密的矿物类、贝壳类、骨类药或有毒药材以及粉状药、黏性大的药材、表面具有细绒毛的叶类与花类药；②后下药材；一般为芳香类药材；③烊化入药：主要是胶类药材；④磨粉入药：主要是一些用量少的贵重类药材；⑤取汁兑服：主要是一些新鲜药材。

2. 适用范围　适用于有效成分能溶于水，且对湿、热均稳定的药材。它除了用于制备汤剂外，同时也是制成散剂、丸剂、片剂、冲剂及注射剂或提取某些有效成分的基本方法之一。由于煎煮法符合中医用药习惯，因而对于有效成分尚未清楚的中草药或方剂进行型改革时，通常亦采取煎煮法提取。

3. 存在问题　用水煎煮时，浸出的成分比较复杂，除有效成分外，部分脂溶性物质及其他杂质往往也浸出较多，这对以后的精制不利，此外含淀粉、黏液质、糖类等成分较多的原料，加水煎煮后，其浸出液比较黏稠，过滤常较困难。

4. 常用设备　目前工业化生产中，煎煮均采用与药材接触部位为不锈钢的金属器械，常用的有中药密封水提罐、中药提取锅、多能式中药提取罐。

（二）浸渍法

浸渍法(dipping)是将原药材粗粉置于有盖的容器中，加入适量的溶媒，在常温或加热下通过浸泡一定时间进行提取的方法。浸渍法是根据Fick扩散定律，即扩散量与扩散时间成正比的关系，使用足够的溶媒经过足够的时间浸渍药粉原料，使有效成分最大量的扩散而被提取出来。

1. 操作方法 按照处方要求将所需饮片准确称量配齐，制成碎块或粉碎成粗粉后，加一定量的溶剂在规定温度下进行浸渍。根据浸渍的温度和浸渍次数可分为冷浸渍法、热浸渍法、重浸渍法。

（1）冷浸渍法 又称常温浸渍法。即在室温条件下进行浸渍的操作。一般在室温下浸渍3~5天或至规定时间，经常振摇或搅拌。因冷浸渍法不需要加热，故特别适用于不耐热、含挥发性以及含黏性成分的饮片，且制成品的澄明度较好。常用于酊剂、酒剂的制备。

（2）热浸渍法 将饮片放入密闭容器内，再通过水浴或蒸气加热(须低于溶剂沸点，但应高于室温)进行的浸渍操作。因选用的溶剂不同，浸渍的温度也不相同。若以水为溶剂，浸渍温度应控制在60~80℃；若以乙醇为溶剂，一般在40~60℃温度下浸渍。由于热浸渍法是在加热条件下进行，因此可以大大缩短浸渍时间，提高生产效率，并使药用成分浸出完全。因温度升高，杂质的浸出量增加，导致冷后沉淀析出，故澄明度较冷浸渍法差；对热不稳定成分的饮片不宜采用热浸渍法。热浸渍法多用于酒剂的制备。

（3）重浸渍法 又称多次浸渍法。该法属于多级浸出工艺，操作时将一定量的溶剂分为几份，先用其中一份浸渍饮片，药渣再用第二份溶剂进行浸渍，如此重复2~3次，最后将各份浸渍液合并。由于饮片经一次浸渍后，药渣中还残留有部分浸出液而造成药用成分的损失，为了提高浸出效果，减少药用成分的损失，提高浓度梯度，可采用多次浸渍法。此法操作麻烦，所需时间长。

2. 操作要点

（1）有足够的浸出溶媒是保证浸渍效率的重要因素。在浸渍容器允许情况下，可加入5~10倍甚至更多一些的溶媒。

（2）延长浸渍时间有利于浸渍的效果。

（3）提高浸渍的温度有利于浸渍的效果，故于70~90℃或规定的温度下进行，加热不应直火，一般用水浴、夹层装置等。提高浸渍温度后，浸渍时间可缩短。

（4）常温浸渍法主要适用于有效成分遇热容易破坏和含挥发性成分的原料。含淀粉、黏液质、树胶和果胶等成分原料，也可应用常温浸渍。

（5）浸渍法常用的溶媒有不同浓度的乙醇、酸性乙醇、酸水、碱水等，以水为浸渍溶媒时，要防止存放时间长而发霉变质。

3. 适用范围 适用于黏性、无组织结构、新鲜及易于膨胀的药材的浸出。

4. 存在问题 浸渍法不能将药材中的有效成分浸出完全，故不适用于含挥发性成分及有效成分不耐热的药材的浸出。另外，浸渍法操作时间较长，耗用溶媒较多，浸出液体积大，浸出液与药渣的分离较麻烦，在应用上往往受到一定的限制。

5. 常用设备 主要设备为浸渍器和压榨器。现代工业对浸渍设备与浸渍工艺进行了改进，如温浸工艺流程、循环浸渍工艺流程等，如图3-6所示。

（三）渗漉法

渗漉法（percolation）是将药材适当粉碎后，加规定的浸出溶剂均匀润湿，密闭放置一定时间，再装入渗漉器内；然后从渗漉器上部添加溶剂，使其渗过药粉，自下部流出浸出液的方法。流出的浸出液称为“渗漉液”。

1. 单渗漉法

（1）操作方法

1）药材的粉碎：根据处方要求将所需饮片准确称量配齐，粉碎成粗粉，放入有盖容器内。

2）药粉的润湿：加入饮片量60%～70%的溶剂均匀润湿后，密闭放置15分钟至数小时，使药粉充分膨胀。

3）装渗漉筒：先取适当脱脂棉，用相同的浸出溶媒润湿后，轻轻垫在渗漉筒的底部，然后分次将已润湿的药粉投入渗漉筒中。

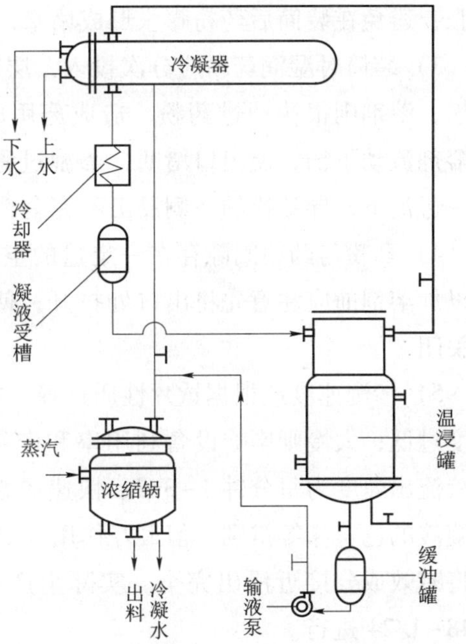

图3-6　温浸法工艺流程示意图

4）排除空气：药粉装入渗漉筒后，打开筒下部的出口，自上部加入适量浸出溶媒，使浸出溶媒逐渐渗入粉柱，置换其中空气，并压迫所有的气体自下部出口排出，待气体排尽，滤液已自下部出口处流出后，关闭出口即可。

5）静置浸渍：空气排尽后，静置一定时间，使成分溶解并充分扩散，一般24小时即可。

6）进行渗漉：静置浸渍一定时间后，即可打开渗漉筒出口，进行渗漉。

7）滤液的收集与处理：一般制备高浓度浸出制剂如流浸膏时，收集药材量85%的初漉液另器保存，续漉液经低温浓缩并与初漉液合并，调整至规定标准，静置，取上清液分装。当制备浓度较低的浸出药剂如酊剂时，必须另器保存初漉液，而直接收集相当于制备总量的3/4滤液，即停止渗漉，压榨残渣，收集压出液合并，添加乙醇至规定浓度与容量后静置滤过即可。

（2）特点　在浸出过程中能始终保持良好的浓度差，使扩散能较好地自动连续进行。故浸出效果优于浸渍法，且溶剂用量较浸渍法少，并省去了浸出液与药渣的分离操作。

（3）适用范围　适用于高浓度浸出制剂的制备，亦用于药材有效成分含量低、毒性药材或贵重药材的浸出，如流浸膏剂、浸膏剂或酊剂的制备。

（4）注意事项　渗漉法对药材的粒度及工艺条件的要求较高，操作不当，可影响渗漉效率，甚至影响正常操作。渗漉装置见图3-7。

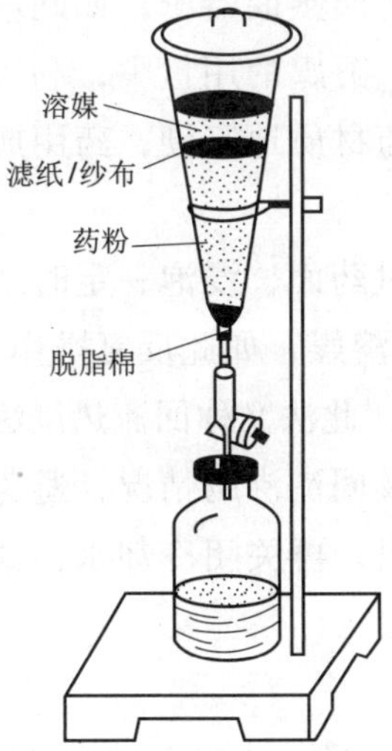

图3-7　渗漉装置

1）用于渗漉的饮片应进行适当粉碎，一般以粉碎成粗粉为宜。过细容易堵塞孔隙，妨碍溶剂通过，形成“塌缸”；太粗溶剂流动太快，药用成分浸出不完全，影响浸出效率。

2）药粉在装筒前应先用提取溶剂湿润，并放置足够的时间，目的是使其充分吸收溶剂膨胀，避免在装筒后药粉膨胀形成堵塞，影响渗漉操作的进行。

3）装筒时湿润药粉应分次投入，层层压平，松紧适度，总量不超过筒的2/3。若装筒过松，溶剂则很快通过药粉，造成药用成分浸出不完全，并导致溶剂浪费；而装筒过紧，则溶剂流动不畅，流出口堵塞，渗漉过程无法进行；当装筒松紧不均时，会使溶剂沿较松的一边流下，导致松的一侧浸出不完全，紧的一侧不能正常浸出。

4）药粉与药粉间隙存在一定量的空气，当加入溶剂时，若空气未排尽就会产生气泡。所以加溶剂前应注意先将出口处打开，使空气随流出液排出，待流出液不含气泡时再将出口关闭。

5）渗漉速度应根据饮片性质选择，若太快，则药用成分来不及浸出和扩散，导致药液浓度过低；太慢则影响设备利用率和产量。除另有规定外，按1000g饮片计，慢速渗漉渗漉液流出速度为每分钟1~3ml、快速渗漉为每分钟3~5ml。有效成分是否渗漉完全，可由渗漉液的色、味等辨别，但最好作用效成分的鉴别，一般一份药材用4~8倍浸出溶媒，即可将有效成分接近浸出完全。实际生产中也可按每小时流出量为渗漉容器被利用容积的1/48~1/24进行。

2. 其他渗漉法

（1）重渗漉法　是将提取液反复用作新药粉的溶剂进行多次渗漉的浸出方法。通过多次渗漉，溶剂经过粉柱的长度是各次渗漉粉柱高度的总和，故重渗漉法能使浸出液的含药浓度增大，从而达到提高浸出效率目的。但因其所占容器多、操作麻烦、费时，所以在生产中应用较少。

（2）逆流渗漉法　是指饮片与溶剂在浸出容器中，沿相反方向流动，从上口流出渗漉液的一种浸出方法。由于溶剂借助毛细管力和液柱静压力自下向上移动，因此对饮片粉末的浸润渗透比一般渗漉法彻底，浸出效果好。

（四）回流法

回流法系指将药材粉末与具有挥发性的有机溶媒共置蒸馏器中，以溶媒沸点温度加热以使药用成分浸出的操作方法。

回流法提取药用成分因溶媒受热汽化变成蒸气，经冷凝后又流回蒸馏器中，如此反复直至提取完全为止，故浸出效果好；而且提取溶媒可以循环使用，溶媒的用量少，利用率高。本法适用于药用成分易溶于提取溶媒且受热不易破坏者以及药材质地坚硬，药用成分不易浸出者。常用的挥发性溶媒如乙醇、乙醚等。

1. 操作方法　粉碎后的药材装入圆底烧瓶内，添加溶媒至淹过药面，浸泡一定时间后于水浴上加热，回流至规定时间，过滤，另器保存，药渣再添加新溶媒，如此反复操作2~3次，合并回流液，回收溶媒，所得浓缩液再按需要作进一步处理。此法又称回流热浸法。

2. 操作要点　①先通冷却水，再加热，并随时观察温度变化及回流沸腾情况，避免暴沸；②回流结束，应先关闭电源停止加热，待回流液温度降至室温，再关闭冷却水；③遇热易分解的药用成分的提取不宜选用此法。

（五）水蒸气蒸馏法

水蒸气蒸馏法是指将已润湿的药材放入密闭的蒸馏器（釜）中，通入水蒸气进行加热，使挥发性成分浸出的操作方法。分为共水蒸馏法（即直接加热法）、通水蒸气蒸馏法及水上蒸馏法三种。适用于具有挥发性，能随水蒸气蒸馏而不被破坏，与水不发生反应，又难溶或不溶于水的药用成分的提取、分离，如挥发油的提取。

为提高馏出液的纯度或浓度，一般需进行重蒸馏，收集重蒸馏液。但蒸馏次数不宜过多，以免挥发油中某些成分氧化或分解。

知识拓展

中药浸出新技术

近年来，随着科学技术的不断发展，在中药浸出方面出现了许多新技术、新方法，这些新技术和方法的应用，使中药的浸出既符合传统的中医理论，又能达到提高药用成分的收率和纯度的目的。

1. 超临界流体萃取法（SFE） 超临界流体萃取法是利用超临界状态下的流体为萃取剂，从液体或固体中萃取药材中的药用成分并进行分离的方法。其原理是利用流体（溶媒）在临界点附近某区域（超临界区）内与待分离混合物中的溶质具有异常相平衡行为和传递性能，且对溶质的溶解能力随压力和温度的改变而在相当宽的范围内变动，利用这种 SCF 作溶媒，可以从多种液态或固态混合物中萃取出待分离组分。

2. 半仿生提取法 即从生物药剂学的角度，将整体药物研究法与分子药物研究法相结合，模拟口服给药后药物经胃肠道转运的环境，为经消化道给药的中药制剂设计的一种新的提取工艺。即先将药料以一定 pH 的酸水提取，继以一定 pH 的碱水提取，提取用水的最佳 pH 和其他工艺参数的选择，可用一种或几种药用成分结合的主要药理作用指标，采用比例分割法来优选。

第四节 固体与液体分离

扫码“学一学”

为了提高疗效、便于制剂、减少服用剂量、增加制剂稳定性，有些液体制剂需进一步分离和精制，去除无效物质和杂质。

固-液分离是将固体-液体非均相体系用适当方法分开的操作过程。中药提取液的精制、药物重结晶以及注射剂的除菌均要使用固体-液体的分离技术。分离方法一般有三类，沉降分离法、过滤法和离心分离法。

一、沉降分离法

沉降分离法是指在静止状态下，液体中的固体微粒依自身重力自然沉降与液体分离的方法。适于固体杂质含量高的药液，简单易行。但该法耗时较长、沉淀物吸附有效成分较多。对料液中固体物含量少、粒子细而轻者不宜使用此法。

操作方法：将提取液放入锥形的贮液静置罐中，加盖放置一定时间，待澄清后再通过虹吸将上层清液与下层混浊液分离，剩下的混浊液再用离心或过滤等操作使固-液分离。

二、滤过

滤过是将固-液混悬液通过一种多孔性介质，固体粒子被截留在介质上，而液体则经介质孔道流出，达到固-液分离目的的操作方法。

（一）滤过原理

滤过可通过过筛作用，即料液中大于滤器孔隙的微粒全部被截留在滤过介质表面，如薄膜滤过；或是深层滤过，微粒截留在滤器的深层，如砂滤棒等达到滤过目的。

（二）滤过介质

滤过介质又称滤材，它是支撑滤饼、阻留悬浮液中固体物质，让液体通过的一类材料的总称。理想的滤材是性质稳定，能最大限度地通过滤过液，并有效阻挡固体颗粒，同时能耐受滤过时的压力及抗腐蚀，而对滤液中的药用成分不吸附或少吸附的一类材料。要绝对达到上述条件的滤材是不存在的。实际生产中通常是根据实际需要选用适宜的滤材。常用的滤材如下。

1. 织物类 包括纱布、麻布、绸布、帆布、尼龙绸布及金属丝织成的筛网等。未经纺织的脱脂棉、玻璃纤维、石棉纤维及石板滤材也属此类。织物类滤材具有价廉、易清洗、可反复使用等特点。织物类滤材能满足各种化学环境下（酸、碱、盐等）的滤过需要，应根据滤液的性质进行选用。

2. 多孔介质 包括滤纸、垂熔玻璃、微孔滤膜等由各种材料组成的，具有较多微孔的滤材。

（1）滤纸 为工厂和实验室最常用的滤材之一。按用途可分为定性、定量滤纸，制剂生产中主要应用定性滤纸。由于定性滤纸中含有可溶于酸的铁、钙、镁、铝等离子，故应注意对药液的污染。按孔径大小可分为粗号、中号、细号滤纸；按滤速可分为快速、中速、慢速滤纸。具体应根据实际需要进行选择。优质的滤纸在100℃以下稳定，坚韧度较强，在一定程度上可耐酸、碱和有机溶剂。滤纸为一次性使用的滤材，不能反复使用。

（2）垂熔玻璃 详见第二章“药剂卫生”中有关滤过除菌技术的内容。

（3）微孔滤膜 详见第二章“药剂卫生”中有关滤过除菌技术的内容。

（三）影响滤过的因素

1. 滤过面积 滤过的速度与滤器的面积成正比，即滤过面积越大，滤过速度越快，为加快滤过速度可适当增加滤过的面积。

2. 滤器两侧的压力差 滤器两侧的压力差越大，滤过速度越快，故加压或减压可提高滤过的效率。

3. 滤材的性质 滤材的孔径大小、孔数多少、毛细管长度等都会影响滤过的速度，孔径越小、孔数越少、毛细管越长，则滤过速度越慢。

4. 滤液的黏度 滤液的黏度与滤过的速度成反比，黏度越大，滤速越慢，生产中常采用趁热或保温滤过；同时还应注意滤过的顺序，应先过清液，再过稠液。

5. 滤饼的性质 滤饼分为可压缩滤饼与不可压缩滤饼两种。不可压缩滤饼在压力作用下不易变形，通过单位床层厚度的流体阻力不变，所以滤过速度受影响较小。而可压缩滤饼在压力增大时，流道变细，堵塞通道，流动阻力加大，滤过速度减慢。为提高滤过速度，常在滤材上先铺上一层助滤剂（活性炭、滑石粉、硅藻土、纸浆等）防止流道堵塞。

（四）滤过技术

1. 常压滤过 利用滤液的液位差所产生的压力作为滤过动力进行的滤过操作。本法设备简单，但滤过速度慢，生产能力低，一般用于粗滤。常用滤器有玻璃漏斗、搪瓷、金属夹层保温漏斗等。此类滤器采用滤纸或脱脂棉作滤过介质。

2. 减压滤过　又称真空滤过。通过在滤过介质下方抽真空，增加滤过介质两侧压力差，达到加快滤过速度的滤过操作。此法滤过速度比常压滤过快，固-液分离也比较完全，但对滤渣的彻底洗涤和干燥困难，滤液和洗液难于分别排除，减压滤过后所得滤饼含液量为18%~50%。主要用于实验室或口服液、注射液配液后的精滤。常用布氏漏斗、垂熔玻璃滤器。

3. 加压滤过　利用压缩空气或往复泵、离心泵等输送混悬液所形成的压力(290~490kPa)为推动力进行的滤过操作。由于压力差大，滤过速度快，所以本法适用于黏度大、颗粒细小及可压缩性物料的滤过。但滤饼洗涤困难，滤布易损坏。常用压滤器和板框式压滤机。

4. 薄膜滤过　薄膜滤过是利用对组分有选择透过性的薄膜，实现混合物组分分离的操作方法。膜分离过程通常是一个高效的分离过程，被分离的物质大多数不发生相的变化；膜分离一般在接近室温的条件下进行，能耗低；且操作方便，不产生二次污染。该法与蒸发、萃取、离子交换等分离操作比较，不仅可避免组分受热变质或混入杂质，而且还具有显著的经济效益。常用的有微孔滤膜滤过、超滤等方法。

三、离心分离法

离心分离法是指将待分离的药液置于离心机中，借助离心机的高速旋转所产生大小不同的离心力，使药液中的固体和液体相分离的操作方法。由于离心力比重力大2000~3000倍，故分离效率高，净化度高，故离心分离法适用于分离细小微粒、黏度大的待滤液及用一般的过滤或沉淀方法不易奏效或难以进行分离的物料。

按离心机的转速可将其分为：①常速离心机：转速在3000r/min以下，适用于易分离的浸出液分离及固体物料的脱水；②高速离心机：转速在3000~6000r/min，用于细粒子、黏度大的浸出液及乳浊液的分离；③超高速离心机：转速为50 000r/min以上，主要用于分离高分散度的浸出液和胶体溶液。

制剂生产上常用的离心机有：三足式离心机、上悬式离心机、管式超速离心机、碟片式高速离心机、卧式自动离心机。

四、超滤

超滤是薄膜分离技术的一种。它以多孔薄膜作为分离介质，依靠膜两侧的压力差作为推动力使溶液中1~20nm粒径的微粒与溶液分离。此法广泛应用于医药、化工、食品和轻工等工业，也用于机械、电子和环保工程等方面。如医药工业和生物化工中用于药物、注射剂的精制；蛋白质、酶、核酸、多糖类药物的超滤浓缩；蛋白质和酶类制剂的超滤脱盐；不同分子量的生化药物用串联式超滤装置进行分级分离和纯化；还可以与发酵、酶化学反应联用；对于不能用高压消毒灭菌的制剂用超滤除菌更为适宜。

扫码“学一学”

第五节　蒸馏、蒸发和干燥

蒸馏、蒸发和干燥系制剂生产中常用的三个单元操作。这些工艺操作都是借助热的传递作用来进行，在制剂生产中应用甚广。

一、蒸馏

蒸馏是指将液体加热使之汽化，再经冷却复凝为液体的过程。它利用液态混合物在一定温度及压力下汽化时各组分的挥发性差异进行物质的分离。该法常用于含挥发性成分药物的提取、精制，溶剂的回收以及稀溶液的浓缩等过程。因原料和溶剂的性质不同，所用的蒸馏方法也不同。在制剂生产中常用的蒸馏方法有以下两种。

（一）常压蒸馏

常压蒸馏是指在一个大气压下将液体在密闭的蒸馏器中加热使之汽化，再经冷却复凝为液体的一种蒸馏方法。常压蒸馏设备比较简单，易于操作，用于耐热制剂的制备以及较大量液体的蒸馏、溶剂的回收和精制等。缺点是由于液体表面压力大，表面分子必须获得较高的温度才能汽化，因此可能对某些制剂质量产生影响，不适用处理对热不稳定的物料，而且冷凝的成本也较高。操作注意事项：①蒸馏前应检查装置是否合格，有无漏气现象；②根据蒸馏物的量，选择大小合适的蒸馏瓶，蒸馏液体一般不要超过蒸馏瓶容积的 2/3，也不要少于 1/3；③在液体装入烧瓶后和加热之前，必须在烧瓶内加入止爆剂；④当添加新的止爆剂时，必须等烧瓶内的液体冷却到室温以后才可加入，否则有发生急剧沸腾的危险；止爆剂只能使用一次，当液体冷却之后，原来加入的止爆剂即失去效果；⑤蒸馏液为乙醇、乙醚、苯等有机溶剂时，严禁明火加热，且冷凝一定要充分，防止溶剂蒸发逸出，造成中毒和燃烧事故；⑥蒸馏完毕，应先灭火，然后停止通水，拆下仪器；拆除仪器的顺序和装配的顺序相反，先取下接收瓶，然后拆下接液管、冷凝管、蒸馏头和蒸馏瓶等；⑦回收的溶剂一般只用于制备同一品种的制剂的溶剂。

（二）减压蒸馏

减压蒸馏亦称真空蒸馏，系指在减压及较低温度下使药液得到浓缩，同时可将乙醇等溶剂回收。药液需回收溶剂时多采用此种装置，如图 3-8 所示。

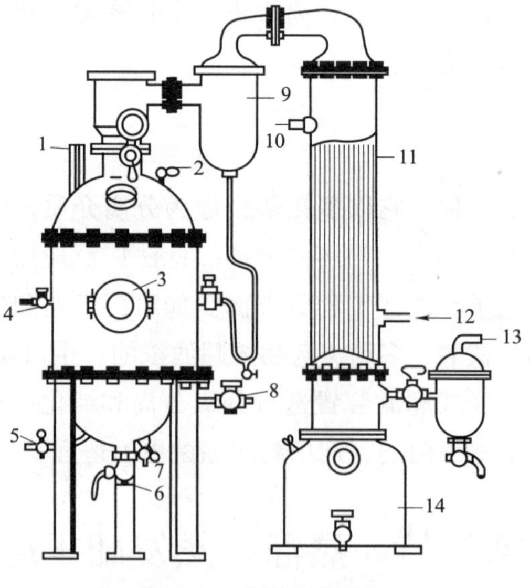

图 3-8　减压蒸馏装置

1. 温度计；2. 放气阀；3. 观察窗；4. 待浓缩液入口；5. 蒸气进口；6. 浓缩液出口；7. 夹层排水口；8. 废气排放口；9. 气液分离器；10. 冷凝水排放口；11. 冷凝器；12. 冷凝水排放口；13. 接气泵；14. 接收器

使用时先开启真空泵，抽出蒸发锅内部分空气，然后待浓缩液自进料口吸入；打开蒸气阀门，通入蒸气；再开启废气阀，放出夹层内冷凝水，关闭；继续通入蒸气，保持锅内液体适度沸腾状态，待浓缩液产生的蒸气（如乙醇蒸气等）经汽液分离器分离后，进入冷凝器，冷凝液流入接收器中。蒸馏完毕，先关闭真空泵，打开放气阀放入空气，恢复常压后，浓缩液即可放出。

减压蒸发的缺点是：为保持蒸发器的真空度，需要增加额外的能量消耗，真空度愈高，消耗的能量也愈大；同时，溶液沸点下降随之黏度增大，使对流传热系数减少。应通过经济核算来选择合适的蒸发操作压力。

二、蒸发

（一）蒸发的含义

蒸发（evaporation）是利用加热的方法，使溶液中部分溶剂汽化并除去，以提高溶液浓度的工艺操作。

蒸发的方式有自然蒸发与沸腾蒸发。自然蒸发是溶剂在低于沸点下汽化，此种蒸发仅在溶液表面进行，故速度慢、效率低。沸腾蒸发是在沸点温度下进行的蒸发，故速度快、效率高。制剂生产中多采用沸腾蒸发。

（二）影响蒸发效率的因素

蒸发设备的效率常以其生产强度来表示，即单位时间、单位传热面积上所蒸发的溶剂或水量。提高生产强度的措施，必须设法提高传热温度差和传热总系数。影响蒸发效率的主要因素如下。

1. 溶液的蒸发面积(S)　在一定温度下，单位时间内溶剂的蒸发量与蒸发面积成正比，面积越大蒸发越快。故常压蒸发时多采用直径大、锅底浅的广口蒸发锅。

2. 传热温度差(Δt_m)　传热温差系作为热源的加热蒸气与溶液的沸点之差。要提高蒸发速度，则加热速度要快，即要求加热蒸气温度与溶液温度有一定的温度差，从而使溶剂分子获得足够的热能而不断汽化。

3. 液体表面的压力　液体表面压力越大，蒸发速度越慢。因此采用减压蒸发可提高蒸发效率。

4. 传热系数(K)　提高 K 值是提高蒸发效率的主要因素。增大 K 值的主要途径是减小部分热阻，及时排除受热蒸气侧不凝性气体，加强溶液层循环或搅拌可减小热阻，增大传热系数。

5. 蒸气浓度　在蒸发面积、温度、液面压力等因素相同的条件下，蒸发速度与蒸发时液面上大气中的蒸气浓度成反比。蒸气浓度大，分子不易逸出，蒸发速度亦慢，反之加快。故在浓缩、蒸发车间使用电扇、排风扇等通风设备及时排除液面的蒸气，以加速蒸发的顺利进行。

（三）常用蒸发方法

蒸发方法较多，常用的有常压蒸发、减压蒸发与薄膜蒸发。

1. 常压蒸发　系指在一个大气压下进行蒸发的方法。常在敞口蒸发器中进行。凡是有效成分耐热而溶剂又无燃烧性、无毒与无害、无经济价值者均可采用此法蒸发。但由于常压蒸发多在敞口设备中进行，不符合 GMP 要求，故药物制剂生产中已少用。

2. 减压蒸发 又称为真空蒸发，是使蒸发器内形成一定的真空度，使溶液沸点降低而进行沸腾蒸发操作。其优点：①由于溶液沸点降低，从而增大了传热温度差(Δt_m)，强化了蒸发操作；②能不断地移除二次蒸气，有利于蒸发的顺利进行；③对加热热源的要求可降低，提供了可利用低压蒸气或废热蒸气作热源的可能性；④低温蒸发能防止或减少热敏性料液的分解，可用于浓缩不耐高温的溶液，宜用于处理热敏性溶液；⑤由于降低了溶液沸点，可减少蒸发器的热能损失。

减压蒸发的缺点：为保持蒸发器的真空度，需要增加额外的能量消耗，真空度愈高，消耗的能量也愈大；同时，溶液沸点下降随之黏度增大，使对流传热系数减少。应通过经济核算来选择合适的蒸发操作压力。

3. 薄膜蒸发 系指应用薄膜蒸发器进行减压或常压蒸发的一种操作。蒸发的速度与蒸发面积大小成正比，故增大汽化表面，是加速蒸发的重要措施。薄膜蒸发具有极大的表面积，热的传递快而均匀，没有液体静压的影响，蒸发温度低，且蒸发过程受热时间短，能较好地避免料液的过热现象，故适用于蒸发处理热敏性料液，此法还可连续操作，并可缩短生产周期，在制剂生产中应用广泛。

4. 多效蒸发 多效蒸发是根据能量守恒定律确认的低温低压(真空)蒸气含有的热能与高温高压含有的热能相差很小，而汽化热反而高的原理设计的。将前效所产生的二次蒸气引入后一效作为加热蒸气，组成双效蒸发器。将二效的二次蒸气引入三效供加热用，组成三效蒸发器，同理，组成多效蒸发器。最后一效引出的二次蒸气入冷凝器。为了维持一定的温度差，多效蒸发一般在真空下操作。由于二次蒸气的反复利用，多效蒸发器是节能型蒸发器。

(四) 常用蒸发设备

常用蒸发设备类型繁多，下面主要介绍常用的循环型蒸发器、膜式蒸发器及多效蒸发器。

1. 循环型蒸发器

(1) 中央循环蒸发器 中央循环蒸发器亦称标准蒸发器，其结构见图3-9，蒸发器主要有加热室和蒸发室两部分。加热室是固定在上下管板之间的一组直立沸腾管与一个直径较大的中央循环管组成。管内走料液，管间通入加热蒸气。

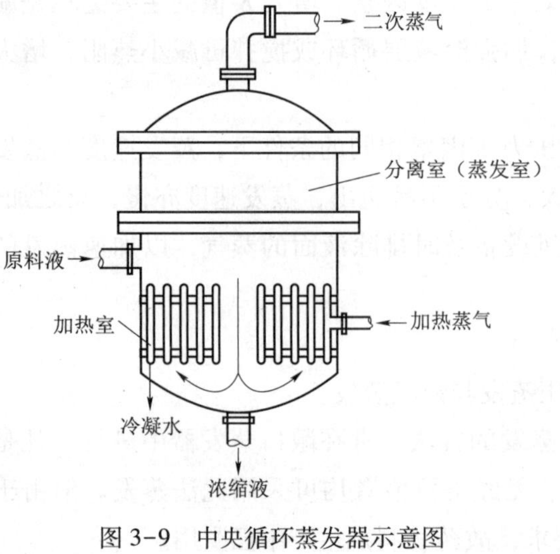

图3-9 中央循环蒸发器示意图

蒸发时，加热蒸气在管内流动，由于管径悬殊，使管内料液受热程度不同，形成料液在沸腾管内沸腾汽化上升，而中央循环管内料液受热程度较低，料液相对密度较大而下降，这样就形成了料液自沸腾管上升，经中央管下降，完成自然循环过程。料液在沸腾管上部汽化，二次蒸气在蒸发室上升，所夹带的液沫在重力的作用下沉降，二次蒸气进入除沫器后经冷凝移除。

中央循环蒸发器结构紧凑、简明、制造方便、操作可靠、设备投资费用低。但清理和维修麻烦、料液循环速度较低、传热系数小。可用于黏度适中、结垢不严重、有少量结晶析出及腐蚀性较小料液的蒸发。

（2）盘管式蒸发器　盘管式蒸发器亦称水平列管式蒸发器，由蒸发室、除沫器组成。盘管式蒸发器具有较大的传热面积与气液分离空间，并且盘管多层分设，可根据液面高低而调节加热组数，料液量不足以浸没所有盘管时，也能进行蒸发浓缩。但料液在蒸发室内循环速度慢，且清洗污垢比较困难。适用于蒸发不起泡沫、不析出固体和黏性较低的料液。

（3）外加热式蒸发器　此蒸发器由于加热室与蒸发室分开，故称为外加热式。它具有便于清洗、容易更换加热管及降低蒸发器总高度的结构特点。

（4）强制循环蒸发器　前述几种蒸发器都属于自然循环型蒸发器，料液在蒸发器内的循环速度均较低，尤其料液黏稠度较大时，流动更慢。为了加快循环速度，可借助泵的外力作用进行强制循环蒸发。与前述外加热式蒸发器相比较只是在循环管底部增设了循环泵，从而使料液在蒸发过程中形成定向流动，一般速度可达 1.5~3.5m/s，有时可高达 5m/s。

由于采用强制循环而使循环速度加快，故传热系数较自然循环蒸发器大，可提高生产强度，但其动力能耗增大，操作费用增加。适用于高黏度和易析出结晶、易结垢或易产生泡沫的料液的蒸发浓缩。

2. 膜式蒸发器

（1）升膜式蒸发器　升膜式蒸发器的结构见图 3-10，主要由蒸发室、分离器及附设的高位液槽、预热器等构成。

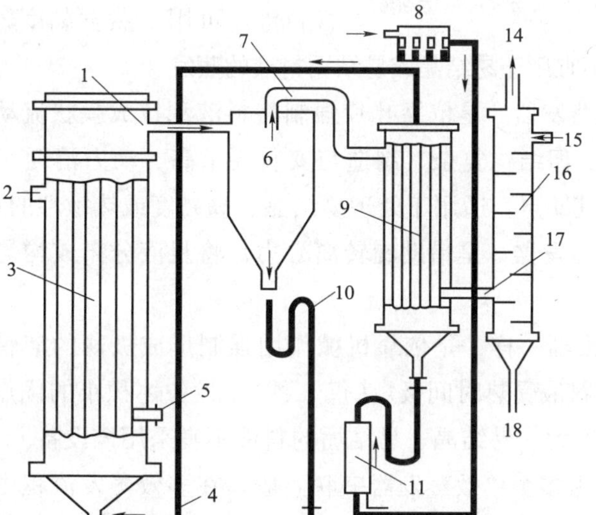

图 3-10　升膜式蒸发器示意图

1. 气沫出口；2. 蒸气进口；3. 蒸发器；4. 输液管；5. 蒸气导管；6 气液分离器；7. 二次蒸气导管；8. 高位液槽；9. 预热器；10. 浓缩液导管；11. 流量计；12. 浓缩液出口；13. 输液管；14. 废气出口；15. 冷凝水进口；16. 混合冷凝器；17. 废气出口；18. 冷凝水出口

当料液经预热后由蒸发器底部进入加热管，受管外蒸气加热，使料液在管内迅速沸腾汽化，生成的二次蒸气于加热管的中部形成蒸气柱，蒸气密度急剧变小而高速上升，并拉引料液形成薄膜状沿管壁快速向上流动，在此过程中薄膜继续迅速蒸发，气液两相在分离器中分离，浓缩液由分离器底部排出，二次蒸气则由分离器顶部排出经冷凝后移除。

升膜式蒸发器适用于蒸发量大、热敏性及易产生泡沫的料液。但不适用于处理浓度较大的料液，也不适用于处理黏度大于0.06Pa·s、易结晶、易结垢的料液。

(2) 降膜式蒸发器　降膜式蒸发器的结构见图3-11，主要由蒸发室、分离器及附设的高位液槽、预热器组成。

与前述的升膜式蒸发器不同点是料液从顶端引入。为了保证料液在加热管内壁形成均匀的薄膜，并且防止二次蒸气从管上方窜出，因此在每根加热管顶端必须设置液体分布装置。

当料液自降膜式蒸发器顶端引入，经过液体分布装置均匀地进入各加热管，被管外的蒸气加热，产生二次蒸气，靠重力和二次蒸气的共同作用，使料液呈薄膜状向下流动，并继续蒸发，气液混合物从底部进入分离器，浓缩液从分离器底部放出收集，二次蒸气从分离器顶部排出被冷凝后移除。

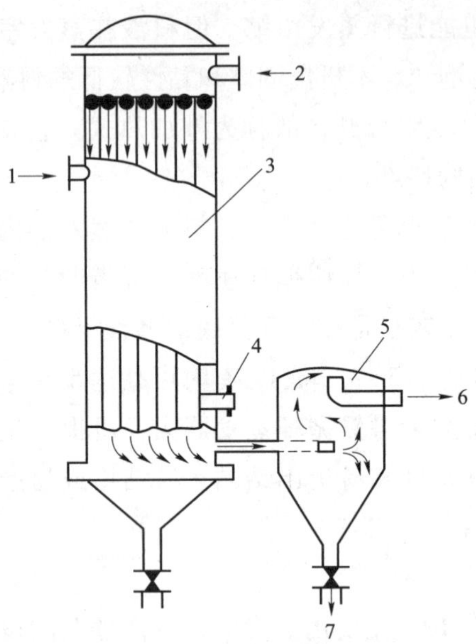

图3-11　降膜式蒸发器示意图

1. 加热蒸气；2. 原料液；3. 加热蒸发器；4. 冷凝水；5. 分离器；6. 二次蒸气；7. 浓缩液

与升膜式蒸发器相比，降膜式蒸发器料液停留的时间更短，受热影响更小，故特别适用于热敏性料液。可用于蒸发黏度较大(0.05~0.45Pa·s)和浓度较高的料液，不宜用于易结晶或易结垢料液的蒸发。

(3) 刮板式薄膜蒸发器　是依靠叶片强制将料液刮拉成膜状流动。传热系数高、料液停留时间短是其优点，但结构复杂、制造与安装要求高、动力消耗大、传热面积有限而致处理液量不能太大是其缺点。适用于处理易结晶、高黏度或热敏性的料液。

(4) 离心式薄膜蒸发器　是借助旋转离心力，将料液分布成均匀薄膜而进行蒸发的一种高效蒸发器。

与刮板式薄膜蒸发器一样，是依靠机械作用强制形成极薄的液膜，具传热系数高、浓缩比高(15~20倍)、料液受热时间极短(仅1秒)，设备体积小的优点。特别适用于热敏性料液的处理，但对黏度大、易结晶、易结垢的料液不宜采用该设备。

3. 多效蒸发器　由多个单效蒸发器串联而成。在多效蒸发流程中，第一效通入加热蒸气，从第一效产生的二次蒸气作为第二效的加热蒸气，则第二效的加热室相当于第一效的冷凝器，从第二效产生的二次蒸气又作为第三效的加热蒸气，如此构成了多效蒸发。由于多效蒸发室的操作压力是逐效降低，故多效蒸发器的末效必须与真空系统连接。末效产生的二次蒸气进入冷凝器被冷凝成水而移除，达到蒸发浓缩的目的。多效蒸发器多次利用二次蒸气，因此节约蒸气和降低操作费用。

三、干燥

(一) 干燥的含义与分类

1. 干燥 (drying) 的含义　干燥是利用热能使物料中的湿分(水分或其他溶剂)汽化除

去，从而获得干燥物品的工艺操作。干燥常应用于药物的除湿，新鲜药材的除水，以及丸剂、颗粒剂、散剂、提取物等的工业生产。干燥的目的在于使物料便于加工、运输、贮藏和使用，保证药品的质量和提高药物的稳定性。

2. 干燥方法的分类 ①按操作方式的不同，分为连续干燥与间歇干燥；②按热能传递方式的不同，分为传导干燥、对流干燥、辐射干燥、介电加热干燥；③按操作压力不同，分为常压干燥与减压干燥。

（二）影响干燥速率的因素

热空气与湿物料接触时，热空气将热能从物料表面传至内部，这是一个传热过程。同时湿物料得到热量后，其表面水分首先汽化，内部水分以液态或气态扩散到物料表面，并不断汽化，这是一个传质过程。因此物料的干燥是传热和传质同时进行的过程，两者缺一不可。

影响干燥过程中传热和传质推动力的因素包括以下几个方面。

1. 物料的性状 包括物料的形状、料层的厚薄及物料中水分存在的状态。一般结晶性物料比粉末干燥快；物料堆积愈薄，暴露面积愈大，干燥也愈快。物料中的水分可分为非结合水和结合水两类，非结合水存在于物料的表面或物料间隙，此类水分与物料的结合力为机械力，结合较弱，易于除去；结合水存在于细胞及毛细管中，此类水分与物料的结合为物理化学的结合力，由于结合力较强，较难除去。

2. 干燥速度及干燥方法 恒速阶段的干燥速度越快，临界含水量越高，可使降速阶段较早地开始。此外，干燥过程中，首先表面水分很快被蒸发除去，然后内部水分扩散至表面继续蒸发。如干燥速度过快，开始时物体表面水分很快蒸发，使粉粒彼此紧密黏结而在表面结成一层坚硬的外壳，内部水分难以通过硬壳，使干燥难以继续进行，造成“外干内湿”的现象。故干燥应控制在一定速度范围内缓缓进行。

静态干燥如烘干等物料暴露面小，水蒸气散发慢，干燥效率差。沸腾干燥、喷雾干燥属于流化操作，被干燥物料以悬浮颗粒方式进行干燥，与干燥介质接触面大，干燥效率高。

3. 干燥介质的温度与湿度 在适当的范围内提高干燥介质的温度，可加快蒸发速度，而利于干燥，但应选择适宜干燥温度，以防止某些热敏性成分被破坏。干燥操作若用静态干燥法温度宜由低到高缓缓升温，而流化干燥则需在较高温度下方可达到干燥目的。

干燥介质的相对湿度愈小，愈易干燥，因此在烘房、烘箱中采用鼓风装置使空气流动更新，在流化干燥中预先将气流本身进行干燥或预热。

4. 压力 蒸发量与压力成反比，故减压是改善蒸发、促进和加快干燥的有效手段。

（三）常用干燥方法与设备

干燥方法与设备种类繁多，下面主要介绍制剂生产过程中常用的干燥方法及其设备。

1. 常压干燥 包括接触干燥和空气干燥。其法简单易行，但干燥时间长，易因过热引起成分破坏，干燥物较难粉碎。

滚筒式干燥器是接触干燥的一种，将已蒸发到一定稠度的药液涂于滚筒加热面上使成薄层进行干燥。此法蒸发面及受热面都有显著增大，造成干燥的有利条件，且大大缩短干燥时间，显著减少受热影响，并有可能进行连续生产。

空气干燥是被干燥物料暴露在温热空气或干燥空气中进行，如晒干、晾干、烘干等。最常用的是烘干，即将物料置于热源装置的烘房、烘柜或烘箱内，利用热源装置供给的热能促使物料干燥的方法。此法干燥温度可以控制，干燥速度较快，主要用于丸剂、散剂、片剂颗粒、颗粒剂的干燥。

2. 减压干燥 系指在密闭的容器中抽去空气后进行干燥的方法，亦称真空干燥。减压干燥常用于需要干燥但又不耐高温的药物。此法除能加速干燥，降低温度，还能使干燥产品疏松和易于粉碎。此外，由于抽去空气，从而保证了易氧化药物的稳定性。减压干燥效果取决于负压的高低(真空度)和被干燥物料的堆集厚度。对于含热敏成分的药材浸出物干燥时，涂成薄层在减压下干燥，能在更低的温度下进行，使产品质量得到保证。

3. 喷雾干燥 是将药物溶液或混悬液用雾化器喷雾于干燥室内的热气流中，使水分迅速蒸发以直接制成球状干燥细颗粒的方法。该法在数秒钟内完成水分蒸发，即液料的浓缩、干燥、制粒；干燥过程雾滴温度不高，一般约为50℃，故干燥制品质量好，特别适用于热敏性物料；干燥后物料多为松脆的空心颗粒，溶解性能好，可以改善某些制剂的溶出速率。因此喷雾干燥技术在制剂生产中正得到日益广泛的应用。

4. 沸腾干燥 沸腾干燥又叫流化干燥。主要用于湿粒状物料的干燥。此法是利用热空气流使颗粒悬浮，呈沸腾状态，物粒的跳动增加了蒸发面，热空气在湿颗粒间通过，在动态下进行热交换，带走了水气，达到干燥的目的。故本法具有效率高、速度快、产量大的特点，对单一产品可连续生产；沸腾干燥室密封性好，产品纯度易于保证，但干燥室内难清洗。

沸腾干燥器的种类很多，但其基本结构均由原料输送系统、热空气供给系统、空气分布板、干燥室、气-固分离器和产品回收系统组成。常见有单层沸腾干燥器、多层沸腾干燥器、强化沸腾干燥器和卧式多室沸腾干燥器。

单层沸腾干燥器见图3-12，其结构简单、操作方便、生产能力大，适用于较易干燥或对成品含水量要求不太严格的物料。

为了克服单层沸腾干燥器产品含水不均匀的缺点，设计了多层沸腾干燥器，见图3-13。该干燥器热利用率较高，产品干燥程度高且均匀。

强化沸腾干燥器适用于糊状和膏状物料的干燥。卧式多室沸腾干燥器在片剂湿粒、颗粒剂的干燥中得到广泛应用，得到的干颗粒含水量均匀，易于控制，并且颗粒粉料少。

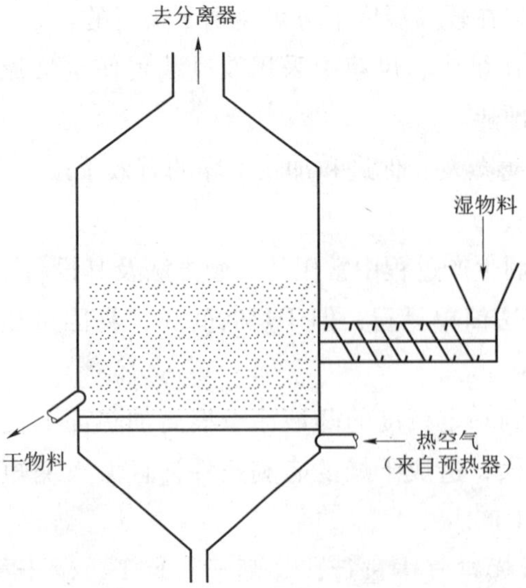

图3-12 单层沸腾干燥器示意图

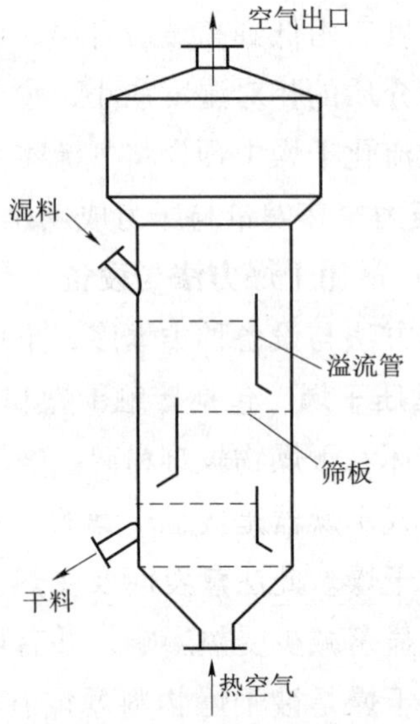

图3-13 多层沸腾干燥器示意图

5. 红外线干燥　是利用红外线辐射器所辐射出的红外线被加热物质所吸收，引起分子激烈共振并迅速转变成热能，故物质温度迅速升高，水分汽化而达到干燥目的。因此本法具有速度快、效率高的特点，适用于大面积物体表面的干燥，对于熔点低、吸湿性强的药物更适宜。

6. 冷冻干燥　是在低温低压条件下，利用水的升华性能而进行的一种干燥方法。可避免产品因高热而分解变质，挥发性成分的损失极少，并且在缺氧状态下干燥，避免药物被氧化，因此干燥所得的产品稳定、质地疏松，加水后迅速溶解恢复药液原有特性，同时产品重量轻、体积小、含水量低，可长期保存而不变质。但设备投资和操作费用均很大，产品成本高，价格贵。可用于酶、抗生素、维生素等制剂的干燥。

冷冻干燥的工艺操作包括以下三个阶段。

（1）预冻　制品在干燥前必须进行预冻，预冻温度应将降到低于产品共熔点10～20℃。低共熔点系指水溶液冷却过程中，冰和溶质同时析出混合物（低共熔混合物）时的温度。

（2）升华干燥　升华干燥的方法有两种：①一次升华法，此法适用于低共熔点为-10～-20℃的制品，而且溶液浓度、黏度不大，装量厚度在10～15mm的情况。升华温度约为-20℃，药液中的水分可基本除尽；②反复预冻升华法，此法适用于熔点较低，或结构比较复杂、黏稠度较大的产品。反复预冻升华法系预冻与升华反复多次进行，使制品晶体结构改变，产品外层由致密变为疏松，有利于水分的升华。

（3）再干燥　待升华干燥阶段完成后，为了尽可能除去残余的水，需要进一步干燥，常控制在30℃左右。直到制品温度与搁板温度重合，即达到干燥终点。

7. 微波干燥　是将湿物料置于高频电场内，湿物料中的水分子在微波电场的作用下，反复极化，反复地变动与转动，产生剧烈的碰撞与摩擦，这样就将微波电场中所吸收的能量变成了热能，物料本身被加热而干燥。

微波干燥具有加热迅速、干燥均匀速度快、穿透能力强、产品质量好、热效率高、控制灵敏、操作方便等优点。但设备费用高、耗电量大、产量小、质量欠稳定以及有可能因微波泄漏而对人体造成伤害等是其缺点。

思考题

扫码"练一练"

1. 简述粉碎的原理、常用粉碎方法的特点及其适用范围。
2. 常用的浸出方法有哪些？各有何特点及适用性？
3. 说明药材的浸出过程及影响浸出的因素。
4. 常用固体与液体分离的方法有哪些？
5. 解释蒸馏、蒸发、干燥的含义。

（王琼珺）

扫码"学一学"

第四章

散剂和颗粒剂

学习目标

知识目标

1. 掌握散剂的制备工艺和质量检查，掌握颗粒剂的制备工艺和质量检查。
2. 熟悉散剂和颗粒剂的概念、特点和处方。
3. 了解散剂稀释剂的种类及选用方法，了解颗粒剂中填充剂、黏合剂与润湿剂的种类及选用。

能力目标

1. 学会散剂的粉碎、过筛、混合、分剂量、包装贮存和质量检查的操作技术，能找出散剂生产不合格时与设备的关系。
2. 学会湿法制粒的制软材、制粒、干燥、整粒、分剂量、包装和质量检查，能找出颗粒剂生产不合格时与设备的关系。
3. 具备典型散剂和颗粒剂的处方及工艺分析技能。

素质目标

1. 具有良好的职业道德。
2. 具有科学的思维方法、观察分析问题的能力。
3. 具有综合应用知识分析解决散剂和颗粒剂制剂技能。

第一节　散　剂

一、概述

1. 散剂的概念　散剂(powders)系指原料药物或与适宜的辅料经粉碎、均匀混合制成的干燥粉末状制剂。散剂可分为口服散剂和局部用散剂，在化学药物中的应用不多，但在中药制剂中有一定的应用，仍是临床上不可缺少的剂型。散剂除了作为药物剂型直接应用于患者外，制备散剂的粉碎、过筛、混合等单元操作也是其他剂型如颗粒剂、片剂、胶囊剂、混悬剂及丸剂等制备的基本技术，因此散剂的制备在制剂上具有普遍意义。散剂按药味组成可分为单散剂与复方散剂；按剂量情况可分为分剂量散与不分剂量散；按用途可分为溶液散、煮散、吹散、内服散、外用散等。例如痱子粉是一种外用散剂，而小儿清肺散则是内服散。

2. 散剂的特点　散剂的主要特点有：①粉碎程度大，比表面积大、易于分散、起效快；②外用覆盖面积大，可以同时发挥保护和收敛等作用；③贮存、运输、携带比较方便；④制备工艺简单，剂量便于调整。由于散剂不含液体，故较液体制剂稳定。但由于药物粉碎后比表面积增大，其臭味、刺激性及化学活性也相应增加，且某些挥发性成分易散失。所以，一些腐蚀性较强和遇光、湿、热容易变质的药物一般不宜制成散剂。一些剂量较大的散剂，不如丸剂、片剂或胶囊剂等剂型容易服用。

3. 散剂的处方　毒剧药物或药理作用很强的药物，其剂量小，常需加一定比例量的稀释剂制成稀释散或倍散，以利临时配方。常用的有五倍散、十倍散，亦有百倍、千倍散。稀释剂应为惰性物质，常用的有：乳糖、淀粉、糊精、蔗糖、葡萄糖以及一些无机物如沉降碳酸钙、沉降磷酸钙、碳酸镁等。处方中若含有小量的液体成分，如挥发油、酊剂、流浸膏等，可利用处方中其他成分吸收。如含量较多时，可另加适量的吸收剂至不显潮湿为度，常用的吸收剂有磷酸钙、蔗糖、葡萄糖等。

二、散剂的制备

散剂制备工艺的流程如下：

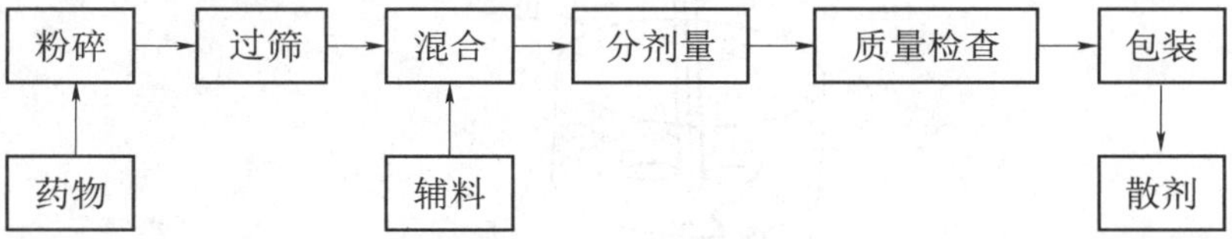

一般情况下，将固体物料进行粉碎前对物料进行前处理，即将物料加工成符合粉碎所要求的粒度和干燥程度等。个别散剂因成分或数量的不同，可将其中的几步操作结合进行。生产散剂时，分装室的相对湿度应控制在药物混合物的临界相对湿度（CRH）值以下，以免吸湿而降低药物粉末的流动性，影响分剂量与产品质量。

（一）粉碎

详见第三章。

知识拓展

散剂中药物的粉碎细度

散剂中，易溶于水的药物可不必粉碎得太细，如水杨酸钠等。对于难溶性药物如布洛芬，为了加速其溶解和吸收，应粉碎得细些。不溶性药物如次碳酸镁、氢氧化铅等用于治疗胃溃疡时，必须制成最细粉，以利于发挥其保护作用。对于有不良嗅味、刺激性、易分解的药物制成散剂时，不宜粉碎太细，以免增加比表面而加剧其嗅味、刺激性及分解，如呋喃妥因等。红霉素在胃中不稳定，增加细度则加速其在胃液中降解，降低其疗效，故不宜过细。一般的散剂能通过 6 号筛（100 目，150μm）的细粉含量不少于 95%；难溶性药物、收敛剂、吸附剂、儿科或外用散能通过 7 号筛（120 目，125μm）的细粉含量不少于 95%；眼用散应全部通过 9 号筛（200 目，75μm）等。

（二）过筛

详见第三章。

（三）混合

详见第三章。

（四）分剂量

分剂量是将混合均匀的散剂按需要的剂量分成等重份数，常用的方法有目测法（又称估分法）、重量法和容量法。

1. 目测法 又称估分法，系称取总量的散剂，以目测分成若干等份的方法。此法操作简便，但准确性差。药房临时调配少量普通药物散剂时可用此方法。

2. 容量法 系用固定容量的容器进行分剂量的方法。如药房大量配制普通散剂所用的分量器、药厂使用的自动分包机、分量机等（图 4-1）。此法效率较高，但准确性不如重量法。药物、混合物的性质（如流动性、堆密度、吸湿性）以及分剂量的速度均能影响其准确性，分剂量时应注意及时检查并加以调整。

3. 重量法 系用衡器（主要是天平）逐份称重的方法。此法分剂量准确，但操作效率低，主要用于含毒剧药物、贵重药物散剂的分剂量。

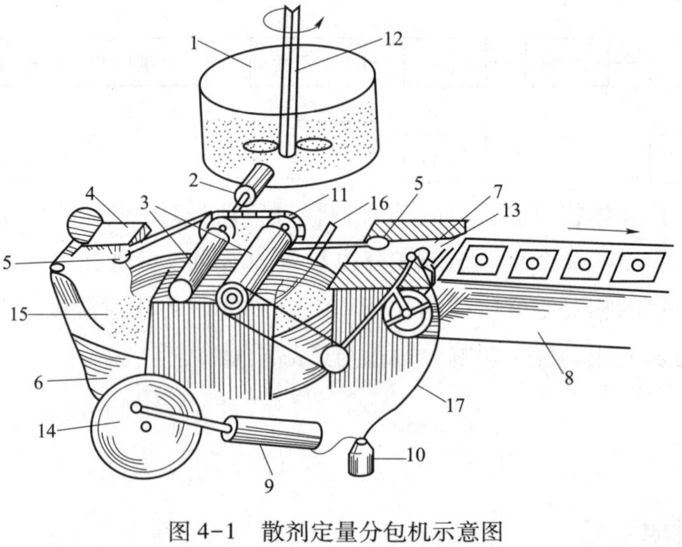

图 4-1 散剂定量分包机示意图

1. 贮粉器；2. 螺旋输粉器；3. 轴承；4. 刮板；5. 抄粉匙；6. 旋转盆；7. 空气吸纸器；8. 传送带；9. 空气吸纸器；10. 安全瓶；11. 链带；12. 搅拌器；13. 纸；14. 偏心轮；15. 搅拌铲；16. 横杆；17. 通气管

（五）包装与贮存

散剂的比表面积一般较大，吸湿性或风化性较显著。散剂吸湿后可发生很多变化，如润湿、结块、失去流动性等物理变化，变色、分解或效价降低等化学变化及微生物污染等生物变化。所以防潮是保证散剂质量的重要措施，选用适宜的包装材料和贮存条件可延缓散剂的吸湿。

未规定用量的非单剂量的散剂，大规格的可用塑料袋、纸盒或玻璃瓶包装。玻璃瓶装时可加塑料内盖。用塑料袋包装应热封严密。有时在大包装中装入干燥剂如硅胶等。复方散剂用瓶装时，瓶内药物应填满、压紧，否则在运输过程中由于成分密度的不同而分层，以致破坏散剂的均匀性。

散剂在贮存过程中，温度、湿度、微生物以及紫外光照射等对散剂质量均有一定影响。贮存前须测定存放场所的相对湿度，以便考虑贮藏条件以及包装材料等。一般散剂应密闭贮藏，含挥发性或易吸湿性药物的散剂，应密封贮藏。

三、散剂的质量检查

1. 粒度　除另有规定外，化学药品局部用散剂和用于烧伤或严重创伤的中药局部用散剂及儿科用中药散剂，照下述方法检查，应符合规定。

检查法　除另有规定外，取供试品 10g，精密称定，照粒度和粒度分布测定法（通则 0982，单筛分法）测定。散剂通过七号筛的粉末重量，不得少于 95%。

2. 外观均匀度　取供试品适量，置光滑纸上，平铺约 $5cm^2$，将其表面压平，在亮处观察，应色泽均匀，无花纹与色斑。

3. 水分　中药散剂照水分测定法（通则 0832）测定，除另有规定外，不得过 9.0%。

4. 干燥失重　化学药和生物制品散剂，除另有规定外，取供试品，照干燥失重测定法（通则 0831）测定，在 105℃干燥至恒重，减失重量不得过 2.0%。

5. 装量差异　单剂量包装的散剂，照下述方法检查，应符合规定。

除另有规定外，取供试品 10 袋（瓶），分别精密称定每袋（瓶）内容物的重量，求出内容物的装量与平均装量。每袋（瓶）装量与平均装量相比较，凡有标示装量的散剂，每袋（瓶）装量应与标示装量相比较。按表 4-1 中的规定，超出装量差异限度的散剂不得多于 2 袋（瓶），并不得有 1 袋（瓶）超出装量差异限度的 1 倍。

表 4-1　散剂装量差异限度的规定

平均装量或标示装量	装量差异限度（%）（生物制品）	装量差异限度（%）（中药、化学药）
0.1g 或 0.1g 以下	±15	±15
0.1g 以上至 0.5g	±10	±10
0.5g 以上至 1.5g	±7.5	±8
1.5g 以上至 6.0g	±5	±7
6.0g 以上	±3	±5

凡规定检查含量均匀度的化学药和生物制品散剂，一般不再进行装量差异的检查。

6. 装量　除另有规定外，多剂量包装的散剂，照最低装量检查法（通则 0942）检查，应符合规定。

7. 无菌　除另有规定外，用于烧伤［除程度较轻的烧伤（Ⅰ°或浅Ⅱ°外）］、严重创伤或临床必需无菌的局部用散剂，照无菌检查法（通则 1101）检查，应符合规定。

8. 微生物限度　除另有规定外，照非无菌产品微生物限度检查：微生物计数法（通则 1105）和控制菌检查法（通则 1106）及非无菌药品微生物限度标准（通则 1107）检查，应符合规定。凡规定进行杂菌检查的生物制品散剂，可不进行微生物限度检查。

【问题解决】分析冰硼散的处方和制法，如何使本品混合均匀？

提示：朱砂主含硫化汞，为粒状或块状集合体，色鲜红或暗红，具光泽，质重而脆，水飞法可获极细粉。朱砂有色，易于观察混合的均匀性。玄明粉系芒硝经风化干燥而得，含硫酸钠不少于99%。

四、举例

例1 口服补液盐Ⅰ

【处方】	氯化钠	1750g	氯化钾	750g
	碳酸氢钠	1250g	葡萄糖	11 000g

【制法】 取葡萄糖、氯化钠粉碎成细粉，混匀，分装于大袋中；另将氯化钾、碳酸氢钠粉碎成细粉，混匀，分装于小袋中；将大小袋同装一包，共制1000包。

本品可补充体内电解质和水分。用于腹泻、呕吐等引起的轻度和中度脱水。临用前大、小袋药物同溶于500ml凉开水中口服。本品易吸潮，应密封保存于干燥处。

例2 冰硼散

【处方】	冰片	50g	硼砂(炒)	500g
	朱砂	60g	玄明粉	500g

【制法】 以上四味，朱砂水飞或粉碎成极细粉，硼砂粉碎成细粉，将冰片研细，与上述粉末及玄明粉配研，过筛，混合，即得。

本品具清热解毒、消肿止痛功能，用于咽喉疼痛，牙龈肿痛，口舌生疮。吹散，每次少量，一日数次。

第二节 颗粒剂

一、概述

1. 颗粒剂的概念 颗粒剂(granules)系指原料药物与适宜的辅料混合制成具有一定粒度的干燥颗粒状制剂，主要供口服用，分为可溶颗粒(通称为颗粒)、混悬颗粒、泡腾颗粒、肠溶颗粒、缓释颗粒和控释颗粒等。其中，粒径范围在105～500μm的颗粒剂又称细(颗)粒剂。

2. 颗粒剂的特点 颗粒剂与散剂相比，具有以下特点：①飞散性、附着性、团聚性、吸湿性等均较少；②服用方便，根据需要可制成色、香、味俱全的颗粒剂；③必要时对颗粒进行包衣，根据包衣材料的性质可使颗粒具有防潮性、缓释性或肠溶性等，但包衣时需注意颗粒大小的均匀性以及表面光洁度，以保证包衣的均匀性。④注意多种颗粒的混合物，如各种颗粒的大小或粒密度差异较大时易产生离析现象，会导致剂量不准确。另外，颗粒剂在贮存与运输过程中也容易吸潮。

3. 颗粒剂的处方 颗粒剂中的辅料主要有填充剂、黏合剂与润湿剂，根据需要可加入适宜的矫味剂、芳香剂、着色剂、分散剂和防腐剂等添加剂。制粒辅料的选用应根据药物性质、制备工艺、辅料价格等因素来确定。

填充剂主要是用来增加制剂的重量或体积，有利于制剂成形，常用的有糊精、糖粉、乳糖、微晶纤维素、无机盐类等。

润湿剂是指本身没有黏性，但能诱发待制粒物料黏性，以利于制粒的液体。常用润湿剂有纯化水和乙醇。

黏合剂是指本身具有黏性，能增加无黏性或黏性不足的物料黏性，从而有利于制粒的物质。常用作黏合剂的有淀粉浆，常用浓度为5%～10%，主要有煮浆和冲浆两种制法；纤维素衍生物，包括羧甲基纤维素钠(CMC-Na)、羟丙基纤维素(HPC)、羟丙基甲基纤维素(HPMC)、甲基纤维素(MC)以及聚维酮K30(PVP)、聚乙二醇(PEG)、2%～10%明胶溶液、50%～70%蔗糖溶液等。

二、颗粒剂的制备

制粒是药物制剂生产的重要技术之一，分为湿法制粒、干法制粒两大类。湿法制粒是指物料加入润湿剂或液态黏合剂进行制粒的方法，目前应用广泛。干法制粒是将物料混合均匀，压缩成大片或板状后，粉碎成所需大小颗粒的方法，常用于热敏性物料、遇水易分解的药物以及易压缩成型的药物制粒。不同的制粒技术所制得颗粒的形状、大小等有所差异，应根据制粒目的、物料性质等来选择。这里介绍湿法制粒，主要有挤压制粒、高速混合制粒、流化(沸腾)制粒、喷雾干燥制粒等方法。颗粒剂的生产中，药物与辅料应均匀混合；挥发性药物或遇热不稳定的药物应注意控制适宜的温度，遇光不稳定的药物应遮光操作。颗粒剂湿法制粒的工艺流程如下：

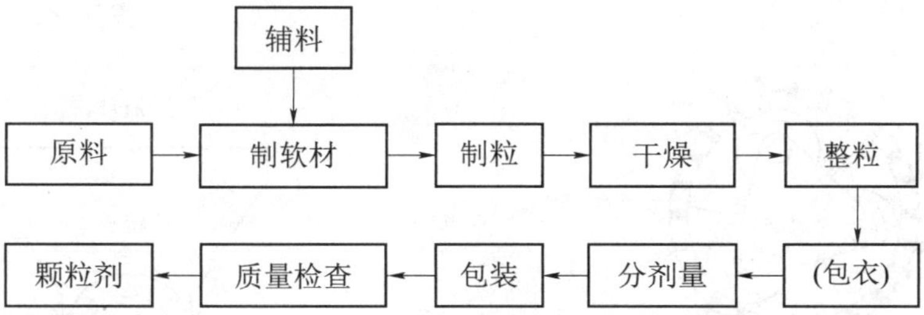

（一）制软材

将药物与适宜的辅料混合均匀，加入适量的水或其他黏合剂制软材，像这种大量固体粉末和少量液体的混合过程叫捏合。

（二）制湿颗粒

1. 挤压制粒　挤压制粒是先将处方中原辅料混合均匀后加入黏合剂制软材，然后将软材用强制挤压的方式通过具有一定大小的筛孔而制粒的方法。常用的制粒设备有螺旋挤压式、旋转挤压式、摇摆挤压式等(图4-2)，颗粒大小由筛网的孔径大小调节，粒径范围在0.3～30mm，颗粒形状多为圆柱状、角柱状，颗粒的松软程度可用不同黏合剂及其加入量调节；但制粒前必须进行混合、制软材等工序，劳动强度大，制备小粒径颗粒时筛网的寿命短。

制软材是传统湿法挤压制粒的关键技术。首先应根据物料的性质选择适当的黏合剂或润湿剂，以能制成适宜软材最小用量为原则；其次选择适当的揉混强度、混合时间、黏合剂温度。制软材时的揉混强度越大、混合时间越长，物料的黏性越大，制成的颗粒越硬；黏合剂的温度高时，黏合剂用量可酌情减少，反之可适量增加。软材的质量往往靠经验来控制，即“轻握成团，轻压即散”，可靠性与重现性较差。但这种制粒方法简单，使用历史悠久。

挤压制粒过程中，易出现的问题及原因有：①颗粒过粗、过细、粒度分布范围过大，主要原因筛网选择不当等；②颗粒过硬，主要原因是黏合剂黏性过强或用量过多等；③色泽不均匀，主要原因是物料混合不匀或干燥时有色成分的迁移等；④颗粒流动性差，主要原因有黏合剂或润滑剂的选择不当、颗粒中细粉太多或颗粒含水量过高等；⑤筛网"疙瘩"现象，主要原因是黏合剂的黏性太强、用量过大等。

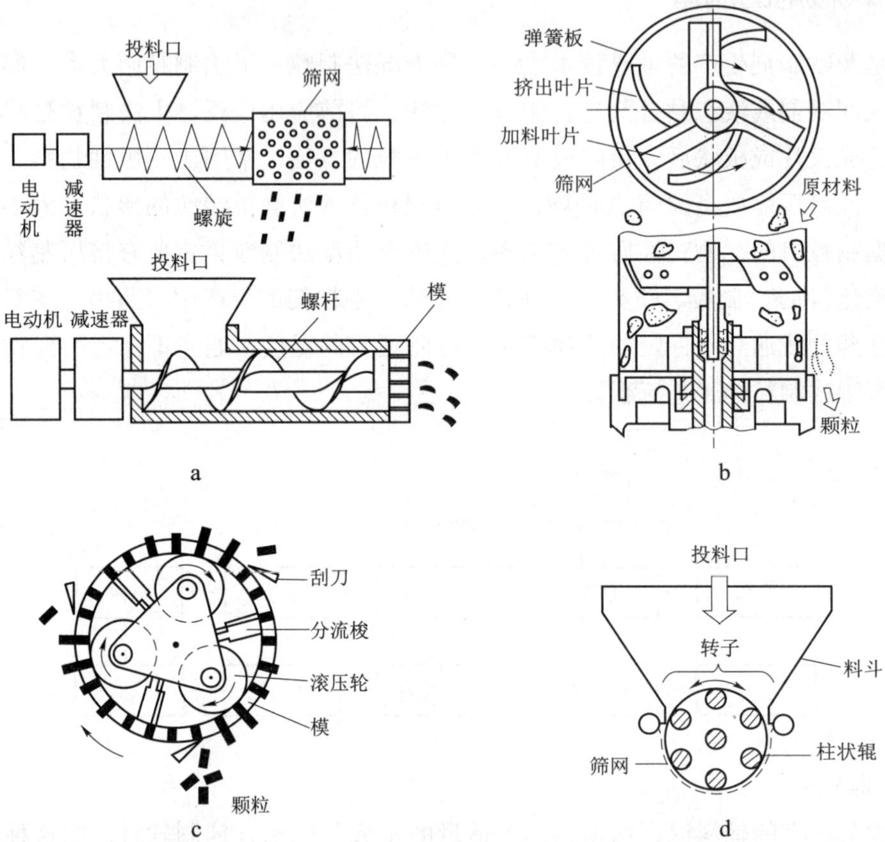

图 4-2 挤压制粒机示意图

a. 螺旋挤压制粒机；b. 蓝式叶片挤压制粒机；c. 环模式辊压挤压制粒机；d. 摇摆式挤压制粒机

2. 转动制粒 在药物粉末中加入一定量的黏合剂，在转动、摇动、搅拌等作用下使粉末结聚成球形粒子的方法。转动制粒过程经历母核形成、母核成长、压实三个阶段。①母核形成阶段：在粉末中喷入少量液体使其润湿，在滚动和搓动作用下使粉末聚集在一起形成母核，在中药生产中叫起模；②母核成长阶段：在转动过程中向母核表面均匀喷撒一定量的水和药粉，使药粉层积于母核表面，如此反复，可得一定大小的药丸，在中药生产中称为泛制；③压实阶段：停止加入液体和药粉，在继续转动过程中，颗粒被压实具有一定的机械强度。转动制粒机可用于制备 2~3mm 以上大小的药丸。离心转动制粒示意图见图 4-3。

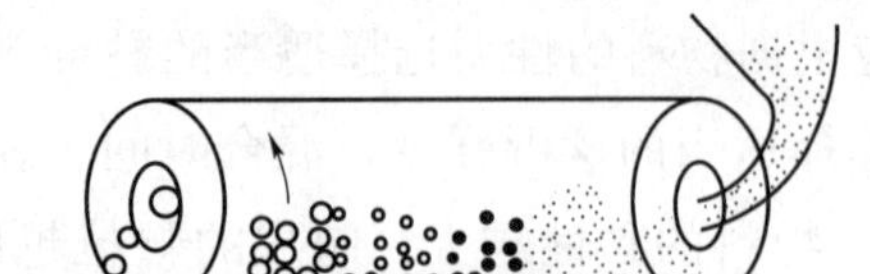

图 4-3 离心转动制粒示意图

3. 高速混合制粒 高速混合制粒系将物料加入高速搅拌制粒机的容器内，搅拌混匀后加入黏合剂或润湿剂高速搅拌制粒的方法，在一个容器内进行混合、捏合、制粒过程；与挤压制粒相比，具有省工序、操作简单、快速等优点，可制备致密、高强度的适于胶囊剂的颗粒，也可制备松软的适合压片的颗粒，因此在制药工业中的应用广泛。常用高速搅拌制粒机分为卧式和立式两种，虽然搅拌器的形状多种多样，但结构主要由容器、搅拌桨、切割刀所组成。高速混合制粒机结构如图 4-4 所示。

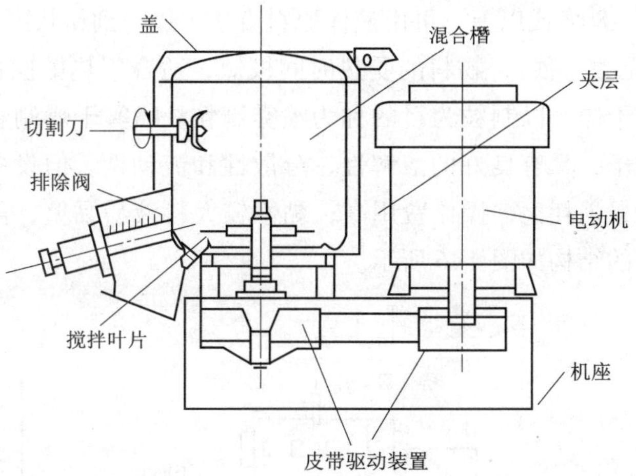

图 4-4　高速混合制粒机示意图

影响粒径大小与致密性的主要因素：①黏合剂的种类、加入量、加入方式；②原料粉末的粒度(粒度越小，越有利于制粒)；③搅拌速度；④搅拌器的形状与角度、切割刀的位置等。

4. 流化床制粒　流化床制粒系利用气流作用，使容器内物料粉末保持悬浮状态时，润湿剂或液体黏合剂向流化床喷入使粉末聚结成颗粒的方法。可在一台机器内完成混合、制粒、干燥，甚至包衣等操作，简化工艺、节约时间、劳动强度低。因此称为“一步制粒法”，制得的颗粒松散、密度小、强度小、粒度分布均匀、流动性与可压性好。常用的设备是流化床制粒机。

流化床制粒机的主要结构由容器、气体分布装置(如筛板等)、喷嘴、气固分离装置(袋滤器)、空气进口和出口、物料排出口等组成(图 4-5)。操作时，把药物粉末与各种辅料装入容器中，从床层下部通过筛板吹入适宜温度的气流，使物料在流化状态下混合均匀，然后开始均匀喷入液体黏合剂，粉末开始聚结成粒，经过反复的喷雾和干燥，当颗粒的大小符合要求时停止喷雾，形成的颗粒继续在床层内送热风干燥，出料送至下一步工序。

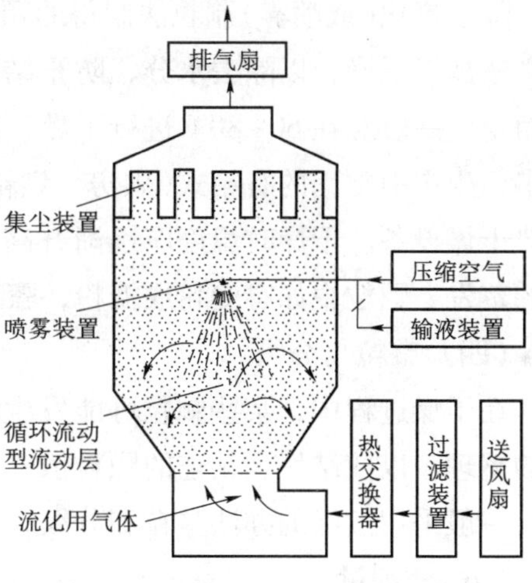

图 4-5　流化床制粒机结构示意图

控制干燥速度和喷雾速率是流化床制粒操作的关键。进风量与进风温度影响干燥速度，一般进风量大、进风温度高，干燥速度快，颗粒粒径小，易碎。但进风量太小，进风温度太低，物料过湿结块，使物料不能成流化状态。故应根据溶剂的种类(水或有机溶剂)和物料的对热敏感程度，选择适当的进风量与进风温度。喷雾速度太快，物料不能及时干燥，使物料不能成流化状态；喷雾速度过慢，颗粒粒径小，细粉多，而且雾滴粒径的大小也会影响颗粒的质量，故除选择适当喷雾速度外，还应使雾滴粒径大小适中。

5. 喷雾干燥制粒 喷雾干燥制粒是将物料溶液或混悬液喷雾于干燥室内，在热气流的作用下，使雾滴中的水分迅速蒸发，以直接获得球状干燥细颗粒的方法。喷雾制粒法的原料液含水量可达 70%~80% 或以上，可由液体原料直接干燥得到粉状固体颗粒，干燥速度非常快(通常只需数秒至数十秒)，物料的受热时间极短，适合于热敏性物料的处理。如以干燥为目的时称为喷雾干燥，以制粒为目的称为喷雾制粒。喷雾干燥制粒能连续操作，所得颗粒多为中空球状粒子，具有良好的溶解性、分散性和流动性。但设备高大、汽化大量液体，设备费用高，能量消耗大，操作费用高；黏性较大料液易黏壁，需用特殊喷雾干燥设备。喷雾干燥制粒机的结构如图 4-6 所示。

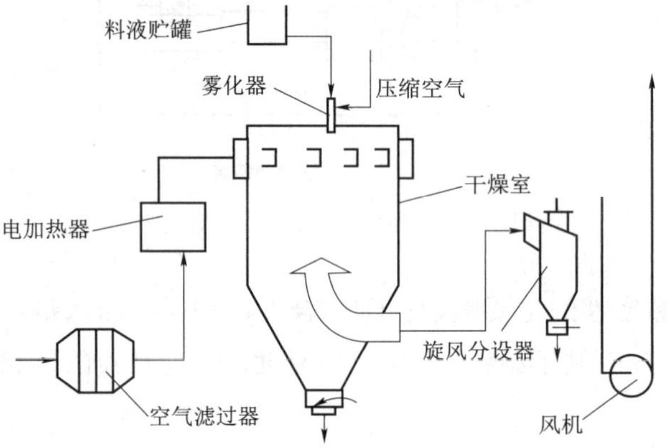

图 4-6 喷雾干燥制粒机示意图

喷雾制粒的原料液由贮槽进入雾化器喷成液滴分散于热气流中，空气经蒸气加热器及电加热器加热后，沿切线方向进入干燥室与液滴接触，液滴中的水分迅速蒸发，液滴经干燥后形成固体粉末落于器底，干品可连续或间歇出料，废气由干燥室下方的出口流入旋风分离器，进一步分离固体粉末，然后经风机和袋滤器后放空。

（三）颗粒的干燥

除了流化(或喷雾)制粒法制得的颗粒已被干燥以外，其他方法制得的颗粒需再用适宜的方法加以干燥，以除去水分，防止结块或受压变形，干燥的温度和程度应根据药物的性质而定。一般应在 60~80℃进行干燥，含淀粉量大时应于 60℃以下干燥。干燥的设备种类很多，生产中常用的有箱式(烘房、烘箱)干燥器、沸腾干燥器、微波干燥或远红外干燥等加热干燥设备。干燥时温度应逐渐升高，否则颗粒表面干燥后结成一层硬壳而影响内部水分的蒸发。颗粒中如有淀粉或糖粉，骤遇高温时能引起糊化或熔化，使颗粒变硬不易崩解。

（四）整粒与分级

在干燥过程中，某些颗粒可能发生粘连，甚至结块。因此，要对干燥后的颗粒给予适当的整理，以使结块、粘连的颗粒散开，获得具有一定粒度的均匀颗粒，这就是整粒的过程。一般采用过筛的办法整粒和分级。

（五）分剂量

将制得的颗粒进行含量检查与粒度测定等，按剂量装入适宜袋中。颗粒剂的贮存基本与散剂相同，但应注意均匀性，防止多组分颗粒的分层，防止吸潮。

三、颗粒剂的质量检查

颗粒剂的质量检查，除含量外，《中国药典》（2015 年版）还规定了粒度、干燥失重、溶化性以及重量差异等检查项目。

1. 外观　颗粒应干燥、均匀、色泽一致，无吸潮、软化、结块、潮解等现象。

2. 粒度　除另有规定外，照粒度和粒度分布测定法（通则 0982 第二法双筛分法）测定，不能通过一号筛与能通过五号筛的总和不得超过 15%。

3. 水分　中药颗粒剂照水分测定法（通则 0832）测定，除另有规定外，水分不得超过 8.0%。

4. 干燥失重　除另有规定外，化学药品和生物制品颗粒剂照干燥失重测定法（通则 0831）测定，于 105℃干燥（含糖颗粒应在 80℃减压干燥）至恒重，减失重量不得超过 2.0%。

5. 溶化性　除另有规定外，颗粒剂照下述方法检查，溶化性应符合规定。

可溶颗粒检查法　取供试品 10g（中药取 1 袋），加热水 200ml，搅拌 5 分钟，立即观察，可溶颗粒应全部溶化或轻微浑浊。

泡腾颗粒检查法　取供试品 3 袋，将内容物分别转移至盛有 200ml 水的烧杯中，水温为 15~25℃，应迅速产生气体而呈泡腾状，5 分钟内颗粒均应完全分散或溶解在水中。

颗粒剂按上述方法检查，均不得有异物，中药颗粒还不得有焦屑。

混悬颗粒以及已规定检查溶出度或释放度的颗粒剂可不进行溶化性检查。

6. 装量差异　单剂量包装的颗粒剂按下述方法检查，应符合规定。

取供试品 10 袋（瓶），除去包装，分别精密称定每袋（瓶）内容物的重量，求出每袋（瓶）内容物的装量与平均装量。每袋（瓶）装量与平均装量相比较〔凡无含量测定的颗粒剂，每袋（瓶）装量应与标示装量比较〕，超出装量差异限度的颗粒剂不得多于 2 袋（瓶），并不得有 1 袋（瓶）超出装量差异限度 1 倍，颗粒剂装量差异限度要求见表 4-2。

表 4-2　颗粒剂装量差异限度要求

标示装量（g）	装量差异限度（%）
1.0 或 1.0 以下	±10.0
1.0 以上至 1.5	±8.0
1.5 以上至 6.0	±7.0
6.0 以上	±5.0

7. 装量　多剂量包装的颗粒剂，照最低装量检查法（通则 0942）检查，应符合规定。

8. 微生物限度　以动物、植物、矿物质来源的非单体成分制成的颗粒剂，生物制品颗粒剂，照非无菌产品微生物限度检查：微生物计数法（通则 1105）和控制菌检查法（通则 1106）及非无菌药品微生物限度标准（通则 1107）检查，应符合规定。生物制品规定检查杂菌的颗粒剂，可不进行微生物限度检查。

四、颗粒剂的包装与贮存

颗粒剂的包装和贮存重点在于防潮，颗粒剂的比表面积较大，其吸湿性与风化性都比较显著，若由于包装与贮存不当而吸湿，则极易出现潮解、结块、变色、分解、霉变等一系列不稳定现象，严重影响制剂的质量以及用药的安全性。另外应注意保持其均匀性。宜密封包装，并保存于干燥处，防止受潮变质。在包装和贮存中应解决好防潮问题。包装时应注意选择包装材料和方法，贮存中应注意选择适宜的贮存条件。

五、举例

例 复方维生素颗粒剂

【处方】

维生素 B_1	1.20g	苯甲酸钠	4.0g	核黄素	0.24g
枸橼酸	2.0g	维生素 B_6	0.36g	橙皮酊	4.76g
烟酰胺	1.20g	蔗糖粉	986g	混旋泛酸钙	0.24g

【制法】将核黄素加蔗糖粉混合粉碎 3 次，过 80 目筛；将维生素 B_6、混旋泛酸钙、橙皮酊、枸橼酸溶于纯化水中作润湿剂；另将维生素 B_1、烟酰胺等与上述稀释的核黄素拌和均匀后制粒，60~65℃干燥，整粒，分级即得。

【注意】本品用于营养不良、厌食、脚气病及因缺乏维生素 B 所致疾患的辅助治疗。

【问题研讨】什么是颗粒剂？分析其处方组成、生产工艺和质量要求。上述典型制剂的生产中需注意哪些问题？

扫码“练一练”

思考题

1. 简述散剂的主要特点。
2. 简述散剂制备工艺的流程。
3. 简述冲击式粉碎机的工作原理。
4. 简述三维运动混合机的特点。
5. 简述分剂量的方法。
6. 简述颗粒剂的特点。
7. 简述颗粒剂湿法制粒的工艺流程。
8. 简述颗粒剂的包装与贮存的注意事项。
9. 论述“水飞法”的操作流程。
10. 论述冲眼筛和编织筛的优缺点。
11. 论述挤压制粒过程中易出现的问题及原因。

实训 散剂的制备

一、实训目的

1. 通过典型散剂的制备，掌握散剂的工艺流程、粉碎、过筛、混合、分剂量、包装和质量检查等操作。

2. 认识本工作中使用到的仪器、设备，并能规范使用。

二、实训条件

1. 实训场地　散剂实训车间，包括粉碎、过筛、粉碎、混合、分剂量、包装设备等。

2. 实训材料及制法

（1）西皮氏散1号

【处方】 碳酸氢钠　6g　　　　氧化镁　6g

【制法】 称取碳酸氢钠、氧化镁，粉碎、过筛。将碳酸氢钠加至氧化镁中，研匀。分成10包。

（2）硫酸阿托品千倍散

【处方】 硫酸阿托品百倍散　0.5g
胭脂红乳糖　　　　Q.S
乳糖　　　　　　　Q.S

【制法】 称取乳糖4.5g，研磨使研钵内壁饱和后倾出。将硫酸阿托品和胭脂红乳糖置研钵中研合均匀，再按等量递加混合法逐渐加入所需要的乳糖，充分研合，待全部色泽均匀即得。以重量法分剂量，包成10包。

【注意】 为防止乳钵吸附主药，应选用玻璃乳钵，并先研磨乳糖以使乳钵壁饱和。主药硫酸阿托品系毒性药品，剂量要求严格，分剂量时应选用重量法。用过的乳钵应清洗干净，以免污染其他药品。

（3）复方颠茄浸膏散

【处方】 颠茄浸膏　0.05g　　碳酸氢钠　1.67g　　碳酸钙　1.67g
氧化镁　1.1g　　苯巴比妥　0.05g　　薄荷油　2滴

【制法】 分别将碳酸氢钠、碳酸钙与氧化镁，苯巴比妥与颠茄浸膏研磨、混匀，再按等量递加法混合。加入薄荷油研匀，过筛。分成9包。

【注意】 取适宜大小的滤纸，称取颠茄浸膏后黏附于杵棒末端，在滤纸背面加适量乙醇浸透滤纸，使浸膏自滤纸上脱落而留在杵棒末端，将浸膏移至乳钵中加适量乙醇研合，再逐渐加入苯巴比妥混合均匀，水浴加热干燥，研细，过筛，即得。本品用于胃及十二指肠溃疡，胃肠道、肾、胆绞痛等。

三、实训内容

岗位一　粉　碎

1. 生产前准备

（1）操作人员按一般生产区人员进入标准操作程序进行更衣，进入操作间。

（2）检查工作场所、设备、工具、容器是否有清场合格标志，并核对其有效期，否则，按清场程序清场。并请QA人员检查合格后，将清场合格证附于本批生产记录内，进入下一步操作。

（3）检查粉碎设备是否具有“完好”标志及“已清洁”标志。检查设备是否正常，若一般故障自己排除，自己不能排除的则通知维修人员，正常后方可运行。

（4）检查粉碎设备筛网目数是否符合工艺要求。

（5）检查计量器具，要求完好，性能与称量要求相符，有检定“合格证”，并在检定有效期内。正常后进行下一步操作。

（6）根据生产指令填写领料单，向仓库领取需要粉碎药材、辅料，摆放在粉碎机旁。并核对粉碎药材名称、批号、数量、质量，无误后进行下一步操作。

（7）按《粉碎机清洁、消毒标准操作规程》对设备及所需容器、工具进行消毒。

2. 生产操作 以30B万能粉碎机为例。

（1）取下“已清洁”状态标志牌，换“设备进行”状态标志牌。

（2）在接料口绑扎好接料袋。

（3）按粉碎机标准操作规程启动粉碎机进行粉碎。

（4）在粉碎机料斗内加入待粉碎物料，加入量不超过料斗容量的2/3。

（5）粉碎过程中严格监控粉碎机电流，不得超过设备要求，粉碎机壳温度不得超过60℃，如有超温现象应立即停机，待冷却后，重新启动粉碎机。

（6）完成粉碎任务后，按粉碎机标准操作规程关停粉碎机。

（7）打开接料口，将料接于清洁的塑料袋内，再装入洁净的盛装容器内，容器内、外贴上标签，注明物料的品名、规格、批号、数量、日期和操作者的姓名，称量后转交中间站管理员，存放于物料储存间，填写请验单请验。

（8）将生产所剩的尾料收集，标明状态，交中间站，并填写好记录。

（9）有异常情况，应及时报告技术人员，并协商解决。

3. 清场 按《岗位清洁SOP》进行清场。清场完毕后，填写清场记录并上报QA人员，经QA人员检查发放清场合格证后本岗位挂“清场合格”状态标志。

4. 结束并记录 及时填写批生产记录，设备运行记录，交接班记录等。关好水、电及门。

5. 质量控制要点 原辅料的洁净程度；粉碎机粉碎的速度；筛网孔径的大小；产品的性状、水分、细度。

岗位二　过　筛

1. 生产前准备

（1）检查是否有清场合格证，并确定有效期；检查设备、容器、场地清洁是否符合要求。

（2）检查电、水、气是否正常。

（3）检查设备是否有“合格”标牌、“已清洁”标牌。

（4）检查设备状况是否正常(机器所有紧固螺栓是否全部拧紧；筛网规格是否符合要求、筛网有无破损；筛网是否锁紧，是否依次装好橡皮垫圈、钢套圈、筛网、筛盖；开机观察空机运行过程中，是否有异常声音、机器运转是否平稳等)。

（5）按生产指令领取物料，并确保物料的品名、批号、规格、数量、质量符合要求。

（6）按设备与用具的消毒规程对设备、用具进行消毒。

（7）挂本次运行状态标志，进入生产操作。

2. 生产操作

（1）根据药材性质及过筛要求选用适当过筛设备，按安全操作程序操作。

（2）根据产品工艺要求选用筛子，并仔细检查是否有破损。

（3）按《ZS 振荡筛安全操作规程》将筛子安装好，试开空机，听其声音是否正常，如有尖叫声，则迅速停机检查；若不能排除，则请机修人员来检查。

（4）筛粉前仔细检查物料有无黑杂点，色泽是否有变，筛粉过程中也应随时检查，发现有玻璃屑、金属、黑杂质或变色应停机，向班组长或技术员汇报，妥善处理。

（5）操作完毕，将筛选好的药材装入清洁的盛装容器内，容器内外贴上标签，注明物料品名、规格、批号、数量日期和操作者的姓名，交中间站或下一工序。填写请验单请验。

（6）将生产所剩的尾料收集，标明状态，叫中间站，并填写好记录。

（7）有异常情况，应及时报告技术人员，并协商解决。

3. 清场 按《岗位清洁 SOP》进行清场。清场完毕后，填写清场记录并上报 QA 人员，经 QA 人员检查发放清场合格证后本岗位挂“清场合格”状态标志。

4. 结束并记录 及时填写批生产记录、设备运行记录、交接班记录等。关好水、电及门。

5. 质量控制要点 外观色泽；粉体粒度。

岗位三 混 合

1. 生产前准备

（1）检查操作间、器具及设备等是否有清场合格标志，并确定在有效期内。否则按《清洁 SOP》进行清场并经 QA 人员检查发放清场合格证后，方可进行生产。

（2）根据要求选择适宜混合设备，设备要有“合格”“已清洁”状态标志，并对设备状况进行检查，确认设备运行正常后方可使用。

（3）根据生产指令填写领料单，并向中间站领取物料。注意核对品名、批号、规格、数量、无误后，进行下一步操作。

（4）挂本次运行状态标志，进入操作。

2. 生产操作 以 SYH 三维混合机为例。

（1）检查工作室内设备、物料及辅助工器具是否已定位摆放。

（2）执行《混合岗位标准操作规程》，合上电源开关，使设备加料口处于合适的加料位置后，加料口处于最上部位置，闭电源开关。

（3）打开加料口盖，将配料倾入混合桶内，按料筒的 70%～75% 的容积进行加料，合上桶盖。

（4）按要求设定混合时间，启动运转开关。

（5）混合时间达到后，关闭开机控制键，准备出料，如果料口位置不理想，可再次按操作程序开机，使其出料口调整到最佳位置，出料口处于最低位置。

（6）待混合筒停稳后，关上电源开关，打开混合桶盖，转动蝶阀自动出料。

提示：本机是三维空间的混合，故料筒的有效运转范围内应加安全防护栏，以免发生事故。在装卸料时必须停机，以防电器失灵，造成事故。设备在运转过程中，操作人员请务必离开现场，如出现异常声音，应停机检查，待排除事故隐患后方可开机。控制面板上的按钮不得随意变动，出厂前已校核好。

3. 清场 按《岗位清洁 SOP》进行清场。清场完毕后，填写清场记录并上报 QA 人员，经 QA 人员检查发放清场合格证后本岗位挂“清场合格”状态标志。

4. 结束并记录 及时填写批生产记录、设备运行记录、交接班记录等。关好水、电及门。

5. 质量控制要点 混合均匀度。

岗位四 分剂量、包装

1. 生产前准备

（1）检查工房、设备的清洁状况，检查清场合格证，核对其有效期，取下标示牌，按生产部门标识管理规定定置管理。

（2）根据要求选择适宜混合设备，设备要有“合格”“已清洁”状态标志，并对设备状况进行检查，确认设备运行正常后方可使用。

（3）配制班长按生产指令填写工作状态，挂生产标示牌于指定位置。

（4）用 75% 乙醇擦拭分装机加料斗、模圈、机台表面、输送带等及所用的器具，并擦干。

（5）调节好电子天平的零点，并检查其灵敏度。

（6）开动粉末分装机，检查其运行是否正常。

（7）自中间站领取需分装的粉末，核对品名、规格、批号、重量；领取分装用铝箔袋，检查其外观质量。

2. 生产操作

（1）严格按工艺规程和《LFG 系列散剂分装机操作规程》进行操作。安装好分装用铝箔，开机调试，直至剪出合格的铝箔袋。

（2）在加料斗中加放需分装粉末，根据应填装量范围，调节分装机的分装量，开机试包，通过不断测试和调节，直至分装出合格装量，才可正式进行分装生产。

（3）分装过程中，要按规定检查装量、装量差异、外观质量、气密性等，发现问题，及时调节处理。

（4）将分装完后的中间产品统计数量，交中间站按程序办理交接，做好交接记录。中间站管理员填写清检单，送质监科请检。

3. 清场 按《岗位清洁 SOP》进行清场。清场完毕后，填写清场记录并上报 QA 人员，经 QA 人员检查发放清场合格证后本岗位挂“清场合格”状态标志。

4. 结束并记录 及时填写批生产记录、设备运行记录、交接班记录等。关好水、电及门。

5. 质量控制要点

（1）外观 置光亮处观察，色泽均匀，无花纹、色斑。

（2）细度、均匀度和装量差异 按药典规定进行。

空白颗粒剂的制备

一、实训目的

1. 通过空白颗粒剂的制备，掌握颗粒剂的工艺流程、制粒、过筛、干燥、包装和质量检查等操作。

2. 认识本工作中使用到的仪器、设备，并能规范使用。

二、实训条件

1. 实训场地　颗粒剂实训车间，包括制粒、过筛、干燥、包装设备等。

2. 实训材料及制法

【处方】	蓝淀粉	10g	淀粉	50g
	糖粉	25g	50%乙醇	Q. S

【制法】

（1）称取处方量蓝淀粉、淀粉、糖粉，混合均匀后，加入适量50%乙醇制软材，过14目筛制湿颗粒，60℃干燥、过10目筛，包装即得。

（2）称取处方量蓝淀粉、淀粉、糖粉置于高速制粒机中，加入适量50%乙醇，用适当的转速和搅拌速度制湿颗粒，沸腾干燥器干燥，过筛整粒即得。

【注意】蓝淀粉的用量小，应采取等量递加法将其与辅料混合均匀。

三、实训内容

岗位一　制　粒

1. 生产前准备

（1）检查是否有清场合格证，并确定有效期；检查设备、容器、场地清洁是否符合要求（若有不符合要求的，需重新清场或清洁，并请QA人员填写清场合格证或检查后，进入下一步生产）。

（2）检查电、水、气是否正常。

（3）检查设备是否有“合格”标牌、“已清洁”标牌。

（4）检查设备状况是否正常（检查控制开关、出料开关按钮、出料塞的进退是否灵活；打开电源，检查各指示灯是否正常；安全连锁装置是否可靠；启动设备，检查搅拌桨、制粒刀运转有无刮器壁；开机观察空机运行过程中，看是否有异常声音等）。

（5）按生产指令领取物料，并确保物料的品名、批号、规格、数量、质量符合要求。

（6）按设备与用具的消毒规程对设备、用具进行消毒。

（7）挂本次运行状态标志，进入生产操作。

2. 生产操作

（1）根据物料性质设定机器温度。

（2）若物料在搅拌时需冷却，则设定温度后，在启动制粒刀时把进水、出水阀打开。

（3）打开物料缸盖，将称好的物料投入缸内，然后关闭缸盖。

（4）把操作台下的三通旋钮旋至进气位置。

（5）启动搅拌桨，调至合适的转速，混合3分钟左右。

（6）以一定速度加入适量黏合剂后，启动制粒刀，调至合适的转速，制粒5分钟左右。

（7）制粒完成后，将料车放在出料口，按出料按钮出料（出料时黄灯亮）。

（8）出料时搅拌桨、制粒刀继续转动，待物料排尽后，再关闭制粒刀、搅拌桨；然后将制好的颗粒送入干燥岗位。

3. 清场 按《岗位清洁SOP》进行清场。清场完毕后，填写清场记录并上报QA人员，经QA人员检查发放清场合格证后本岗位挂“清场合格”状态标志。

4. 结束并记录 及时填写批生产记录、设备运行记录、交接班记录等。关好水、电及门。

5. 质量控制要点 颗粒的大小；粒度均匀性。

岗位二 干 燥

1. 生产前准备

（1）检查是否有清场合格证，并确定有效期；检查设备、容器、场地清洁是否符合要求(若不符合要求，需重新清场或清洁，并请QA人员填写清场合格证或检查后，才能进入下一步生产)。

（2）检查电、水、气是否正常。

（3）检查设备是否有“合格”标牌、“已清洁”标牌。

（4）检查设备状况是否正常(检查气封圈是否完好；打开电源，检查各指示灯指示是否正常；开机观察空机运行过程中，看是否有异常声音等)。

（5）按生产指令领取物料，并确保物料的品名、批号、规格、数量、质量符合要求。

（6）按设备与用具的消毒规程对设备与用具进行消毒。

2. 生产操作

（1）将捕集袋套在袋架上，放入清洁的上气室内，松开定位手柄后摇动手柄使吊杆放下，然后用环螺母将袋架固定在吊杆上，摇动手柄升高至尽头，将袋口边缘四周翻出密封槽外侧，勒紧绳索，打结。

（2）将物料放入沸腾器内。

（3）将沸腾器推入下气室，就位后沸腾器应与密封槽基本同心(注：推入前先检查密封圈内空气是否排空，排空后方可推入)。

（4）接通压缩空气、打开电源。

（5）设定进风温度和出风温度。

（6）选择“自动/手动”工作状态。

（7）合上“气封”开关。

（8）启动风机，然后启动电加热，加热约半分钟后，再开启动搅拌。

（9）检查物料干燥程度，可在取样口取样确定，以物料放在手上搓捏后能流动，不黏手为干燥。

（10）干燥结束，先关电加热，然后关搅拌桨，当出风口温度与室温相近时，再关闭风机；关闭风机约1分钟后，再按“点动”按钮，使捕集袋内的物料掉入沸腾器内(按“点动”按钮前最好打开风门，这样捕集袋内的物料更容易掉出)；最后关“气封”，当密封圈完全复原后，拉出沸腾器卸料，将干燥好的颗粒送到整粒岗位。

3. 清场 按《岗位清洁SOP》进行清场。清场完毕后，填写清场记录并上报QA人员，经QA人员检查发放清场合格证后本岗位挂“清场合格”状态标志。

4. 结束并记录 及时填写批生产记录、设备运行记录、交接班记录等。关好水、电及门。

5. 质量控制要点 外观；物料含水量。

岗位三 整 粒

1. 生产前准备

（1）检查工房、设备及容器的清洁状态，检查清场合格证，核对其有效期，取下标示牌，按生产部门标识管理规定进行定置管理。

（2）配制班长按生产指令填写工作状态，挂生产标示牌于指定位置。

（3）检查设备状况是否正常（气封圈是否完好；打开电源，检查各指示灯指示是否正常；开机观察空机运行过程中，看是否有异常声音等）。

（4）按生产指令领取物料，并确保物料的品名、批号、规格、数量、质量符合要求。

（5）将所需用到的设备、筛网和容器具用75%乙醇擦拭消毒。

2. 生产操作

（1）根据产品工艺规程要求选用规定目数的筛网并装好。

（2）将制粒岗位移交来的干粒经确认无误后，加入料斗中，按整粒粉碎机标准操作规程进行整粒粉碎。整好的颗粒放入已清洁过的衬袋桶内。

（3）整粒粉碎过程中，必须严格检查颗粒粒度分布情况，将颗粒粒度控制在合格范围之内。

（4）操作完毕，将物料称重、记录，桶内外各附在产物品标签一张，盖上桶盖，将颗粒移交中间站，按中间站产品交接程序办理交接。中间站管理员填写清检单，送质检科请检。

（5）生产完毕，取下生产状态标示牌。

3. 清场 按清场标准操作程序、洁净区清洁操作程序、整粒粉碎机清洁标准操作程序、生产用容器具清洁标准操作程序进行清场、清洁。清场完毕，报质监员检查。检查合格，发清场合格证，挂已清场牌。

4. 结束并记录 及时填写批生产记录、设备运行记录、交接班记录等。关好水、电及门。

5. 质量控制要点 外观；细度；均匀度；装量差异。

（张炳盛）

扫码"学一学"

第五章

胶囊剂

学习目标

知识目标

1. 掌握硬胶囊剂、软胶囊剂的含义、特点和制法。
2. 熟悉硬胶囊剂、软胶囊剂的质量评定。
3. 了解肠溶胶囊剂的特点与制法。

能力目标

1. 能够掌握胶囊剂的制备方法。
2. 具有质量评定的能力。

素质目标

1. 具有团结协作能力。
2. 具有严谨的GMP职业意识。

第一节　概　述

一、胶囊剂的概念与特点

胶囊剂(capsules)是指原料药物或与适宜辅料充填于空心胶囊或密封于软质囊材中的固体制剂，可分为硬胶囊、软胶囊(胶丸)、缓释胶囊、控释胶囊和肠溶胶囊，主要供口服用，也有用于其他部位的，如直肠、阴道、植入等。上述硬质或软质胶囊壳多以明胶为原料制成，现也用甲基纤维素、海藻酸钙(或钠盐)、聚乙烯醇、变性明胶及其他高分子材料，以改变胶囊剂的溶解性能。

胶囊剂不仅整洁、美观、易吞服，还具有以下优点。

1. 能掩盖药物的不良气味　如穿心莲味苦，制成硬胶囊剂后易于吞服。

2. 提高药物的稳定性　因药物装在胶囊壳中与外界隔离，避开了水分、空气、光线的影响，对不稳定的药物有一定程度的遮蔽、保护与稳定作用。

3. 药物的生物利用度高　胶囊剂中的药物是以粉末或颗粒状态直接填装于囊壳中，不受压力等因素的影响，所以在胃肠道中可迅速分散、溶出和吸收，一般情况下其生物利用度高于丸剂、片剂等剂型。

4. 可延缓药物的释放和定位释药 可将药物按需要制成缓释颗粒装入胶囊中，以达到缓释延效作用，如康泰克胶囊；制成肠溶胶囊剂即可将药物定位释放于小肠；亦可制成直肠给药或阴道给药的胶囊剂，使定位在这些腔道释药；对在结肠段吸收较好的蛋白质、多肽类药物，可制成结肠靶向胶囊剂。

5. 可弥补其他剂型的不足 如含油量高或液态的药物难以制成片、丸剂时，可制成软胶囊剂。又如对服用剂量小、难溶于水、在胃肠道内不易吸收的药物，可使其溶于适当的油中，再制成软胶囊剂。不仅增加了消化道的吸收，提高了疗效，并且稳定性也较好。

另外，胶囊剂的囊壁可以着色，可在外壁印字，利于识别。

胶囊剂虽有较多优点，但下列情况不适宜制成胶囊剂。

1. 能使胶囊壁溶解的液体药剂 如药物的水溶液或乙醇溶液。

2. 易溶性及小剂量的刺激性药物 如氯化钠、溴化钠、碘化物等，因其在胃中溶解后局部浓度过高会刺激胃黏膜。

3. 容易风化的药物 可使胶囊壁变软。

4. 吸湿性强的药物 可使胶囊壁变脆。

知识拓展

胶囊剂的发展史

明代出现了胶囊剂的雏形，人们将药物用食物包裹后服用，类似于现代的胶囊剂的应用。1834年法国的Mothes和Dublane最早在橄榄形明胶胶壳中填充药物后，用一滴浓的温热明胶溶液进行封闭从而发明了软胶囊，1848年英国的Murdock发明了两节套入式胶囊，从而出现了硬胶囊。随着机械工业的兴起，特别是自动胶囊填充机等先进设备的问世，胶囊剂取得了很大的发展，其产量、产值仅次于片剂和注射剂而位居第三，已成为世界上使用最广泛的口服剂型之一。

二、胶囊剂的分类

胶囊剂分硬胶囊剂、软胶囊剂（胶丸）、缓释胶囊、控释胶囊和肠溶胶囊剂等。

1. 硬胶囊剂 系指采用适宜的制剂技术，将药物或加适宜辅料制成的均匀粉末、颗粒、小片、小丸、半固体或液体等，充填于空心硬质胶囊中的胶囊剂（图5-1）。

图5-1 硬胶囊外观图

将固体和半固体药物填充于硬胶囊中而制成的胶囊剂，应用较为广泛。根据药物剂量的大小，可选用规格为000、00、0、1、2、3、4、5等8种硬胶囊。硬胶囊剂的溶解时限优于丸剂、片剂，并可通过选用不同特性的囊材以达到定位、定时、定量释放药物的目的，如肠溶胶囊、直肠用胶囊、阴道用胶囊等。

2. 软胶囊剂 系指将一定量的液体药物直接包封，

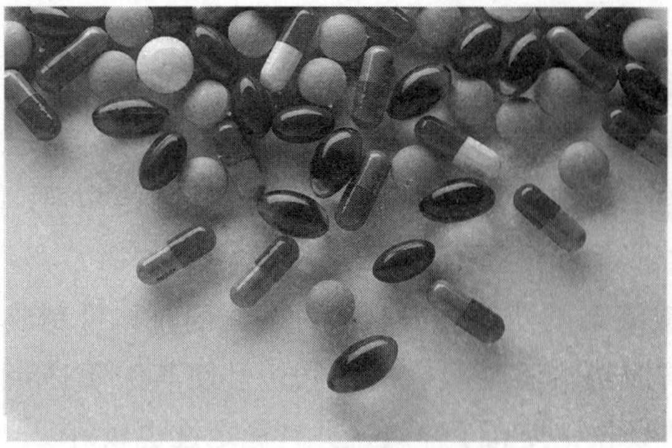

图 5-2　软胶囊外观图

或将固体原料药物溶解或分散在适宜的辅料中制备成溶液、混悬液、乳状液或半固体，密封于软质囊材中的胶囊剂（图 5-2）。可用滴制法或压制法制备。软质囊材一般是由胶囊用明胶、甘油或其他适宜的药用材料单独或混合制成。

将油类或对明胶等囊材无溶解作用的液体药物或混悬液封闭于软胶囊内而制成的胶囊剂，又称胶丸剂。用压制法制成的，中间往往有压缝，称为有缝胶丸；用滴制法制成的，呈圆球形而无缝，称为无缝胶丸。软胶囊剂服用方便、起效迅速、服用量少，适用于多种病症，如鱼肝油软胶囊等。

3. 肠溶胶囊剂　系指用经肠溶材料包衣的颗粒或小丸充填于胶囊而制成的硬胶囊，或用适宜的肠溶材料制备而得的硬胶囊或软胶囊。肠溶胶囊不溶于胃液，但能在肠液中崩解而释放活性成分。除另有规定外，照溶出度与释放度测定法（通则 0931）检查，应符合规定。

4. 缓释胶囊　系指在规定的释放介质中缓慢地非恒速释放药物的胶囊剂。缓释胶囊应符合缓释、控释和迟释制剂指导原则（通则 9013）的有关要求并应进行释放度（通则 0931）检查。

5. 控释胶囊　系指在规定的释放介质中缓慢地恒速释放药物的胶囊剂。控释胶囊应符合缓释、控释和迟释制剂指导原则（通则 9013）的有关要求并应进行释放度（通则 0931）检查。

知识拓展

特殊种类胶囊剂

近年来，由于医疗临床的需要，对胶囊剂进行了多方面的开发研究，出现了一些特殊胶囊剂，如：①包衣缓释、控释胶囊：是将不同释药速度的药物颗粒按比例混合装入空胶囊壳中而制成，各类缓释速度的颗粒可采用不同的阻滞剂制成，也可以先制颗粒再包衣，如吲哚美辛缓释胶囊；②泡腾胶囊：是指将药物加入泡腾赋形剂（如枸橼酸、酒石酸等酸源、碳酸氢钠或碳酸钠等二氧化碳源）以及其他辅料直接或混合制成颗粒填入空胶囊壳中而制成。

第二节　胶囊剂的制备

一、硬胶囊剂的制备

硬胶囊剂的制备一般分为空胶囊的制备、填充物的制备、填充、封口等工艺过程。其一般工艺流程图见图 5-3。

（一）空胶囊的制备

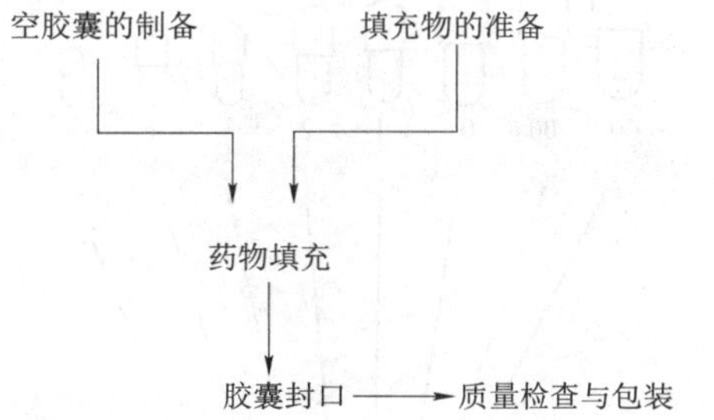

图 5-3　硬胶囊制备流程图

1. 原材料的要求　明胶是空胶囊的主要成囊材料。除符合《中国药典》（2015 年版）规定外，还应具有一定的黏度、胶冻力和 pH 等。

明胶的性质并不完全符合要求，既易吸湿又易脱水，故一般需向制备空胶囊的胶液中加入适当的辅料。为增加韧性和可塑性，一般加入增塑剂，如甘油、山梨醇、CMC－Na、HPC、油酸酰胺磺酸钠等；为减小流动性、增加胶冻力，可加入增稠剂琼脂等；对光敏感的药物，可加遮光剂二氧化钛（2%～3%）；为美观和便于识别，加食用色素等着色剂；为防止霉变，可加防腐剂尼泊金等。以上组分并不是任一空胶囊都必备，而应根据具体情况加以选择。

2. 空胶囊的制备　空胶囊系由囊体和囊帽组成，其主要制备流程如下：溶胶、蘸胶（制坯）、干燥、拔壳、切割、整理六个工序，一般由自动化生产线完成。操作环境的温度 10～25℃，相对湿度 35%～45%。为便于识别，空胶囊壳上还可用食用油墨印字。

手工制备空胶囊的模具见图 5-4，胶囊截割机见图 5-5。

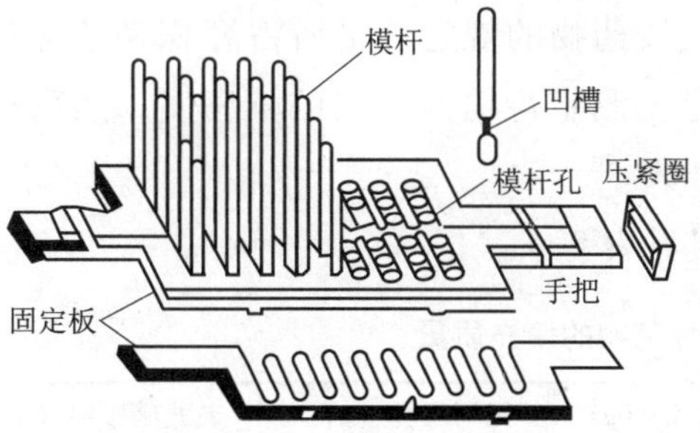

图 5-4　手工制备空胶囊的模具

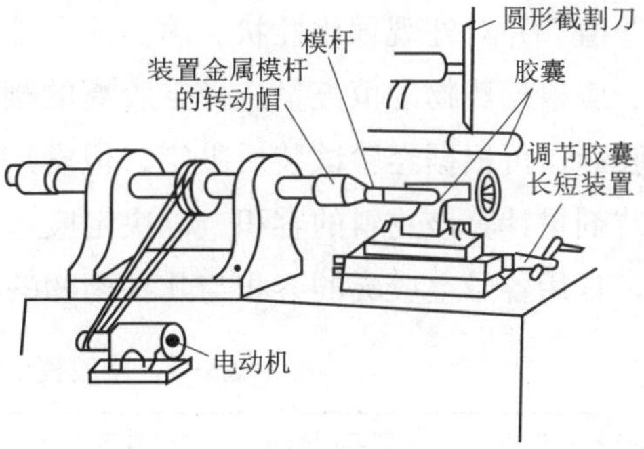

图 5-5　胶囊截割机

3. 空胶囊的规格和质量要求　空胶囊的规格与质量　空胶囊的规格由大到小分为 000、00、0、1、2、3、4、5 号共 8 种，但常用的为 0～5 号，随着号数由小到大，容积由大到小。硬空胶囊的囊号与容积的关系见图 5-6。

空胶囊成品，应检查以下几项：

（1）外观　色泽鲜艳，色度均匀。囊壳光洁，无黑点，无异物，无纹痕；应完整不破，无沙眼、气泡、软瘪变形；切口应平整、圆滑，无毛缺。

（2）长度和厚度　全囊长度偏差 ±0. 50mm 以内，囊帽、囊体的长度偏差分别在 ±0. 30mm 以内。囊壳厚度应均匀，囊帽与囊体套合时囊壳间距离（间隙，又称松紧度）应为 0. 04～0. 05mm。

（3）应无嗅、无味。

（4）含水量　应在 12%～15%。

（5）脆碎度　应有一定的强度和弹性，轻捏囊帽、囊体切口使成合缝应不破碎。

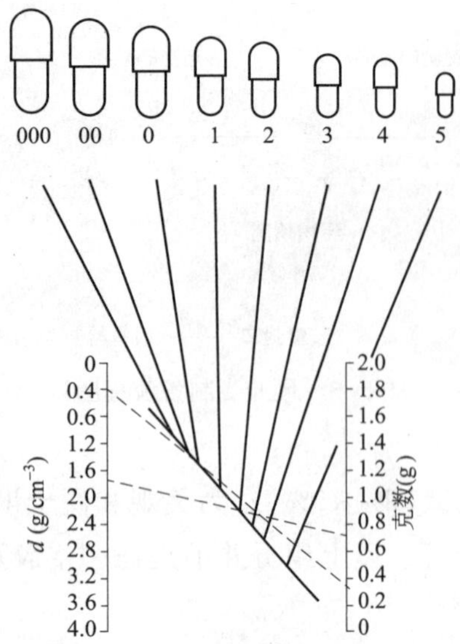

图 5-6 硬空胶囊的囊号与容积的关系

（6）溶化时限 于37℃水中振摇15分钟，应全部溶化。

（7）炽灼残渣 不同品种空胶囊有不同要求。透明空胶囊灰分不得超过2.0%，半透明空胶囊灰分不得超过3.0%，不透明空胶囊灰分不得超过5.0%。

（8）卫生学检查 不得检出大肠埃希菌等致病菌和活螨。

（二）药物的填充

1. 空胶囊的选择 购进或制成的空胶囊，为了保证质量，需做质量检查。空胶囊的外观、弹性（轻捏囊帽，囊体不破裂）、溶解时间（37℃，30分钟）、水分（10%～15%）、胶囊壁的厚度与均匀度以及微生物等均应符合有关规定。检查合格后将上下两节胶囊套合，装入密闭的容器中，严防吸潮，贮于阴凉处备用。

国家标准将空心胶囊划分为三个等级，即优等品（指机制空胶囊）、一等品（指适用于机装的空胶囊）和合格品（指适用于手工填充的空胶囊）。每个级别都有相应的标准及允许偏差值，并对外观理化性状、菌检标准等作了具体规定。

应根据药物的填充量选择空胶囊的规格，首先按药物的规定剂量所占容积来选择最小空胶囊，可根据经验试装后决定，但常用的方法是先测定待填充物料的堆密度，然后根据应装剂量计算该物料的容积，以决定应选胶囊的号数。

常用各号空胶囊的容积与几种药物的填充质量见表5-1。

表5-1 空胶囊的容积与几种药物的填充质量

空胶囊规格	近似容积（ml）	硫酸奎宁（g）	碳酸氢钠（g）	阿司匹林（g）	碱式硝酸铋（g）
000	1.37	0.65	1.50	1.10	1.75
00	0.95	0.40	1.00	0.65	1.20
0	0.68	0.33	0.68	0.55	0.89
1	0.50	0.23	0.55	0.33	0.65
2	0.37	0.20	0.40	0.25	0.55
3	0.30	0.12	0.33	0.20	0.40
4	0.21	0.10	0.25	0.15	0.25
5	0.13	0.07	0.12	0.10	0.21

2. 药物的处理 硬胶囊中填充的药物，除特殊规定外，一般是粉状或颗粒状的药物。对于需填充的药物应根据药物的性质、用量及治疗所需作适当处理。

处方中贵重药物及剂量不大的药物可直接粉碎成细粉，经过筛混合均匀后填充。处方中剂量较大的药物，可将部分易于粉碎者粉碎成细粉，其余药物经适当提取后浓缩成稠膏，再与上述药物细粉混合均匀，干燥，研细，过筛，混匀后填充。将处方中全部药物提取，浓缩成稠膏，加适量的吸收剂，搓匀，干燥，粉碎，过筛，混匀后填充。已明确有效成分的药物，可用适当方法提取其有效成分，干燥，粉碎，过筛，混合均匀。

处方组分中含有结晶性药物的应先研成细粉再与其他药物细粉混匀后填充。麻醉药、毒剧药物，应先用适当的稀释剂（如乳糖、淀粉）稀释成一定得倍数，混匀后填充。挥发油应先用吸收剂（如碳酸钙、磷酸氢钙、轻质氧化镁）或处方中其他药物细粉吸收后再填充。易吸湿或混合后发生共溶的药物可分别加适量的稀释剂（如碳酸镁、氧化镁等）混匀后填充。疏松性药物可加适量乙醇或液体石蜡混匀后填充。中药浸膏粉应保持干燥，添加适当辅料混匀后填充。

3. 药物填充方法 一般小量制备时，可用手工填充法。

如图 5-7 所示，先将药粉放于洁净纸上或玻璃板上，铺成一层，并用药刀轻轻压紧，其厚度为下节囊身高度的 1/4～1/3。然后手持囊身，囊口向下插入药粉中，反复数次至填满，称重，如重量符合，即将囊帽套上。填充好的硬胶囊，可用灭菌的纱布或毛巾包起，轻加搓拭，除去黏附的药粉。为提高填充效率，也可采用硬胶囊分装器填充。

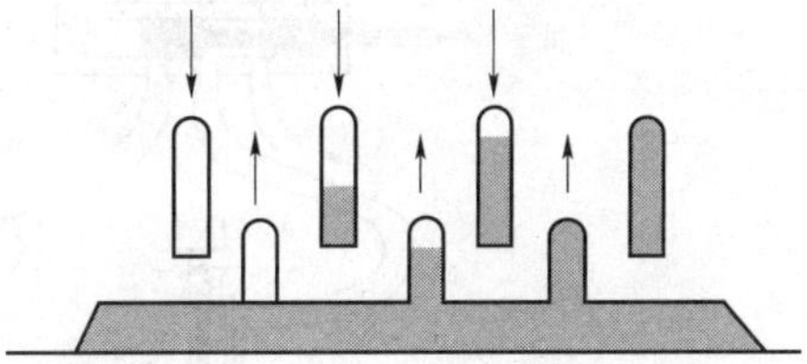
图 5-7 手工填充空心胶囊示意图

硬胶囊分装器的面板上具有比下节囊身直径稍大一些的无数圆孔，使用时可将底板两侧活动槽向里移，盖上面板。将下节囊身插入面板的模孔中，其囊口与面板模孔保持平齐。然后将药粉分布于所有囊口上，并手持分装器左右摇摆震荡，待药粉填满囊身后，扫出多余药粉，将两侧的活动槽向外移，使面板落在底板上，底板将囊身顶出，套上囊帽。把装好的胶囊倒在筛里，筛出多余药粉，拭净即得。

对剧毒药粉填充，不管用硬胶囊分装器或手工填充，都需逐个称量后再装入胶囊中，以保证其剂量准确。

大量生产时，一般采用胶囊自动填充机。目前胶囊填充机的型号很多，其工作原理基本相似，主要流程是：空胶囊供给→排列→校正方向→空胶囊帽体分开→药物填入→剔废→帽体套合→成品排出。如图 5-8 所示。

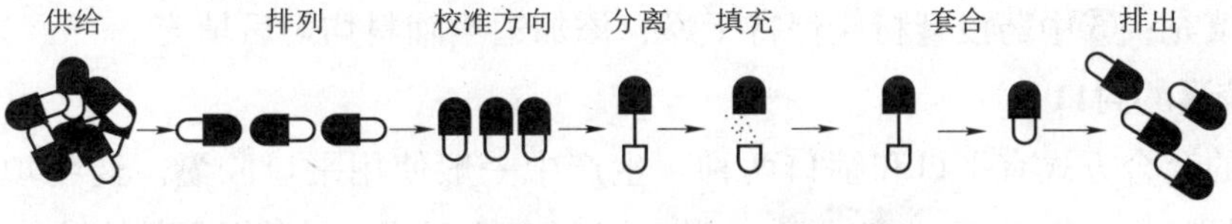

图 5-8 胶囊自动填充机工艺操作流程

根据各种胶囊填充机填充方式不同，可将填充机归纳为 a、b、c、d、e 五种类型。如图 5-9 所示。

上述 5 种类型的填充机，主要根据药物的物理性质，在制备时选用。a、b 型适用于具有较好流动性的药物；c 型使用于自由流动性好的药物，药粉中可添加 2% 以下的润滑剂（滑石粉、硬脂酸镁、羟乙基纤维素及淀粉等）防止分层；d 型适用于聚集性较强的药粉和易吸湿的药物，先加适量黏合剂压成小圆柱，然后填充于胶囊中；e 型适用于各种类型的药物，对于可单独填充的药物，无须加入润滑剂。

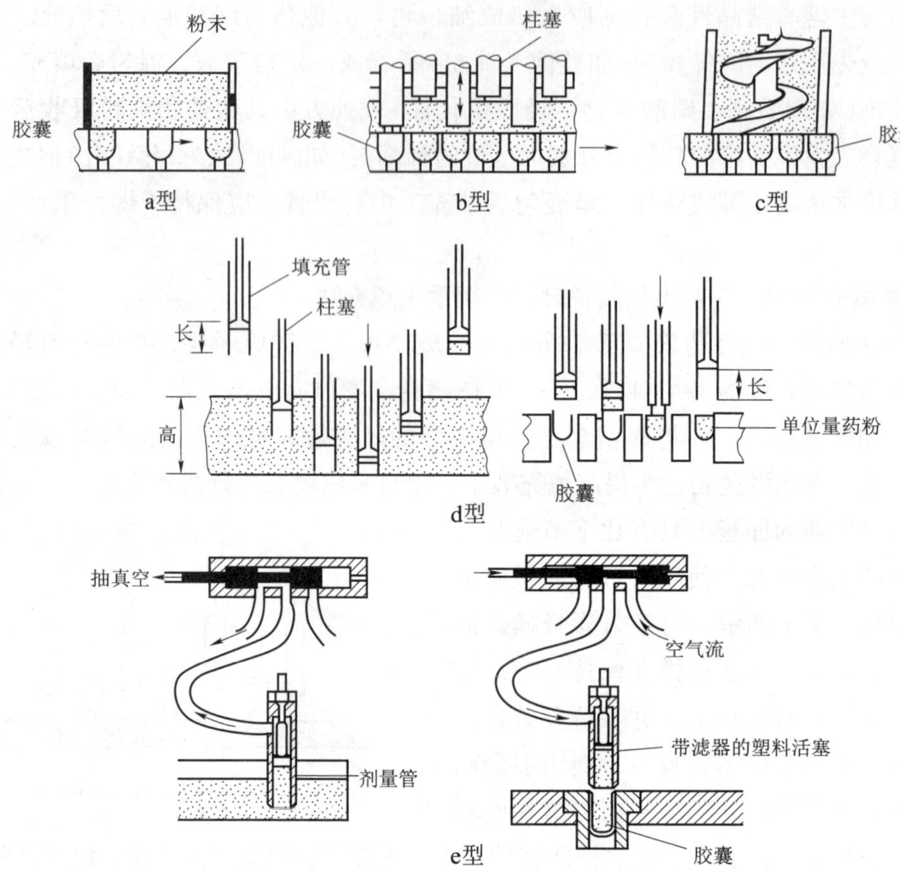

图 5-9　硬胶囊药物填充机的类型

硬胶囊剂的药物填充时应注意：①定量药粉在填充时常发生小量的损失而使最后的含量不足，配方时应按实际需要量多准备几粒的分量。待全部填充后将多余部分弃去。但麻醉、毒性药品不按此法处理；②填充小剂量药粉，尤其对麻醉、毒性药物，应先用适宜的稀释剂稀释一定的倍数，混匀后填充；③易引湿或混合后发生共熔的药物，可根据情况分别加入适量的稀释剂，混匀后填充；④疏松性药物小量填充时，可加适量乙醇或液体石蜡混合均匀后填充；⑤中药浸膏粉应保持干燥，添加适当辅料均匀后填充。

（三）胶囊的封口

空胶囊的套合方式有平口和锁口两种。生产中一般使用平口胶囊。药物填充后，为了防止泄漏，封口是一道重要工序。平口型，用制备空胶囊时相同浓度的胶液，保持胶液50℃，于囊帽、囊体套合处封上一条胶液，烘干即可。锁口型，药物填充后，囊身囊帽套上即咬合封口，药物不易泄漏，空气也不易在缝间流通，故不需另封口。硬胶囊剂封口后，必要时应进行除粉和打光处理。

（四）胶囊剂制备过程中容易出现的质量问题

1. 装量差异超限　囊壳因素、药物因素、填充设备因素等。对此，解决方法为选用合格胶囊、改善药物流动性和设备等。

2. 吸潮　解决方法为采用防潮包衣、玻璃瓶、铝塑包装、双铝箔包装等。

二、软胶囊剂的制备

（一）软胶囊剂的囊材

软胶囊剂的囊材主要由胶料、增塑剂、附加剂和水组成。软胶囊剂的主要特点是可塑性强，弹性大。胶料一般为明胶、阿拉伯胶。增塑剂常用甘油、山梨醇，单独或混合使用均可。附加剂包括防腐剂、色素、香料和遮光剂等。防腐剂常用对羟基苯甲酸甲酯 4 份、对羟基苯甲酸丙酯 1 份的混合物，为明胶量的 0.2%～0.3%；色素常用食用规格的水溶性染料；香料常用 0.1% 的乙基香兰醛或 2% 的香精；遮光剂常用二氧化钛，可防止光对药物的催化氧化，用量为 2%～3%。此外，还可加 1% 的富马酸以增加胶囊的溶解性。

胶料、增塑剂、水三者的比例是软胶囊剂能否成型的关键。增塑剂用量过高则囊壁过软，用量过低则囊壁过硬。

（二）软胶囊剂大小的选择

软胶囊剂的形状有球形、椭圆形、管形等多种。在保证药物达到治疗量的前提下，软胶囊剂的容积要求尽可能减小，填充的药物一般为一个剂量。当混悬液制成软胶囊剂时，所需软胶囊剂的大小可用基质吸附率来表示。基质吸附率是指 1g 固体药物制成填充胶囊的混悬液所需液体基质的克数。影响固体药物基质吸附率的因素有固体颗粒的大小、形状、物理状态（纤维状、无定型、结晶状）、密度、含湿量及亲油性及亲水性等。

（三）软胶囊剂内填充物的要求

软胶囊剂可以填充各种油类或对明胶无溶解作用的液态药物或混悬液，也可填充固体药物。液体药物若含 5% 水或为水溶性、挥发性、小分子有机物均不宜制成软胶囊，如乙醇、酮、酸、酯等，能使囊材软化或溶解；醛可使明胶变性。液体药物的 pH 以 4.5～7.5 为宜，酸性太强会使明胶水解药物泄漏，碱会使明胶变性，可选用磷酸盐、乳酸盐等缓冲液调整。软胶囊中填充混悬液时，分散介质常为植物油或 PEG 400 等；对于油状基质，通常使用的助悬剂为 10%～30% 的油蜡混合物。

（四）软胶囊剂的制法

软胶囊剂的制法可分为压制法和滴制法两种。

1. 压制法　制成中间有压缝的有缝胶丸。将胶液制成胶片，再将药液置于两个胶片之间，用钢板模或旋转模压制软胶囊剂的一种方法。目前生产上主要采用旋转模压法。

（1）制胶片　①配制囊材胶液：按囊材处方，取明胶和阿拉伯胶，加蒸馏水使之膨胀，溶解成胶浆后将其他附加剂加入，搅拌混匀即得。国内外囊材处方参见表 5-2。②制胶片：取配好的囊材胶液，涂于平坦的钢板上，使厚薄均匀，然后以 90℃ 左右的温度使表面水分蒸发至形成具有一定弹性的软胶片。

表 5-2　囊材处方举例

物料	中国某厂	英国 Wilkson 厂	美国某厂
明胶	1.00	13.6	10 份
阿拉伯胶	0.25	2.60	1 份
甘油	0.75	6.80	10.4 份
糖浆	0.15	5.90	
蒸馏水	1.50	2.27	16.1 份

（2）配制药液　将药物制成油溶液或油混悬液等。

（3）压制软胶囊　小量生产时，用钢板模手工压制。钢板模由上下两块大小、形状相同、可以复合的钢板组成。每块钢板上均有一定数量与大小相同的圆形或椭圆形凹孔，此凹孔部分有的可卸下，孔径的大小根据软胶囊剂所需的容积而定。操作时，首先将钢板的两面适当加温，然后取胶片一张，表面均匀涂上润滑油，将涂油面朝向钢板模的下模上铺平，取计算量的药液放于软胶片上摊匀。另取胶片一张盖在药液上面，在胶片上面涂上一层润滑油，然后盖上模板，置于油压机上加压。借每一模孔的锐利边缘互相接触，将胶片切断，药液被包裹在密封的囊膜内，接触处略有突出。然后开启上下模板，将软胶囊剂取出。药物压入胶片而成软胶囊剂的过程如图 5-10 所示。取出的软胶囊剂捡去废品后干燥，筛选出合格的软胶囊剂，再用适宜的溶剂除去表面油污，置于石灰箱内干燥。在干燥后的胶囊表面涂上一层石蜡以防囊壳互相粘连，而后装于适宜的干燥容器中密封即得。

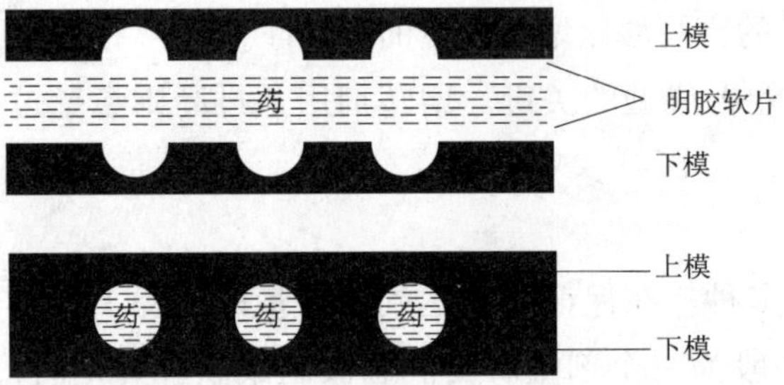

图 5-10　药物压入胶片过程示意图

大量生产时，常采用自动旋转轧囊机生产软胶囊剂。此机各部分均自动连续操作，其工作原理如图 5-11 所示。生产时机器自动制成两条胶片以连续不断的形式，向相反方向移动，到达旋转模之前逐渐接近，相对的进入两个轮状模子的夹缝处，此时药液从填充泵经导管由楔形注入器注入两胶片之间，由于旋转的轮状模不停地转动，将胶片与药液压入模的凹槽中，使胶片呈两个半球形，将药液包裹成胶丸，剩余的胶片自动切割分离。填充的药液量由填充泵准确控制。

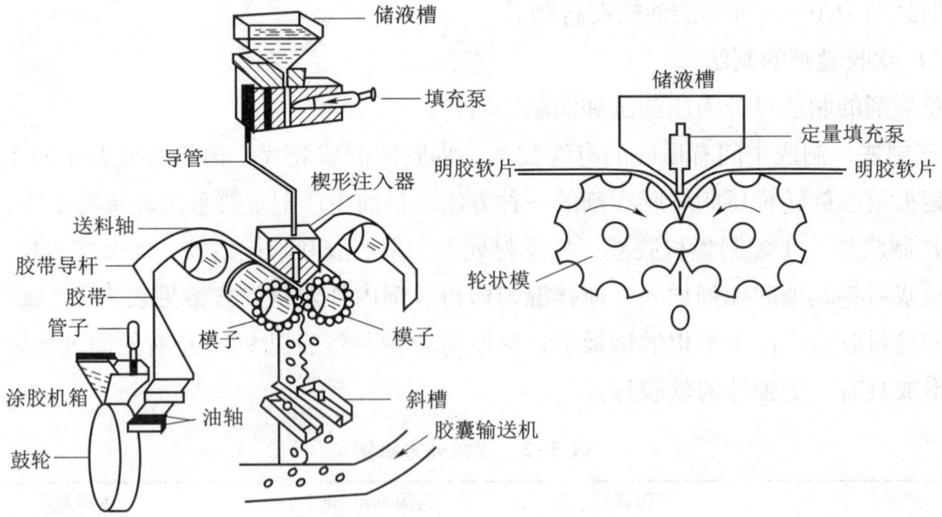

图 5-11　自动旋转轧囊机工作原理

2. 滴制法　可制成中间无缝的无缝胶丸。由具双层滴头的滴丸机完成，如图 5-12。以明胶为主的软质囊材(胶液)与被包药液分别在双层喷头的外层与内层以不同速度喷出，使

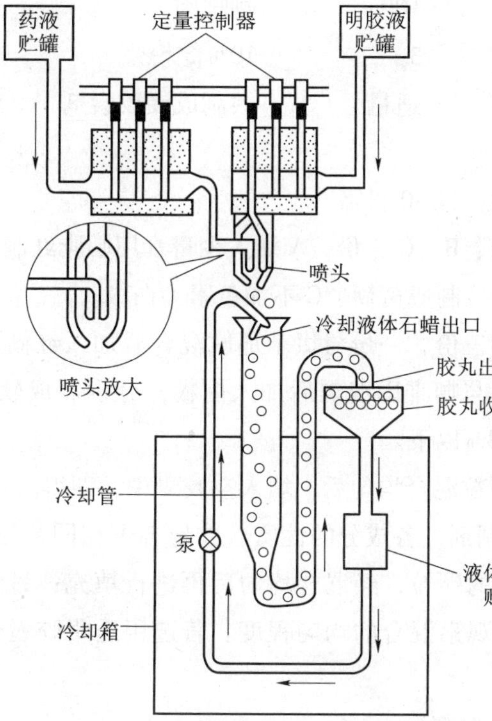

图 5-12　滴制法制备软胶囊剂示意图

定量的胶液将定量的药液包裹后，滴入与胶液不相混溶的冷却液中，由于表面张力作用使之形成球形，并逐渐冷却、凝固成软胶囊剂。

影响滴制法制胶丸的因素：①明胶处方组成；②胶液黏度；③药液、胶液及冷却液三者的密度；④药液、胶液及冷却液的温度；⑤软胶囊剂的干燥温度。

三、肠溶胶囊剂的制备

药物如有刺激性、腥臭味或遇酸不稳定，或需在肠内溶解吸收发挥疗效的，均宜制成在胃内不溶解而在肠内崩解、溶化的肠溶胶囊剂。

肠溶胶囊剂一般用明胶（或海藻酸钠）先制成空胶囊，再用包衣法涂上肠溶材料如邻苯二甲酸乙酸纤维素、虫胶等，然后填充药物，并用肠溶性胶液封口制得。此外，肠溶胶囊剂亦可采用甲醛明胶浸渍法制备。明胶经甲醛处理，发生胺缩醛反应，使明胶分子互相交联，形成甲醛明胶。

在甲醛明胶中已无氨基，失去与酸结合的能力，故不溶于胃的酸性介质中，但由于仍含有羧基，故能在肠液的碱性介质中溶解并释放药物。此种肠溶胶囊的肠溶性很不稳定，与甲醛的浓度、甲醛与胶囊的接触时间、成品储存时间等因素有关。储存时间较长可发生聚合作用而改变溶解性能，甚至在肠液中也不崩解、溶化。因此，这类产品应经常检查崩解时限，以保证其质量。

四、举例

例 1　速效感冒胶囊（硬胶囊）

【处方】	对乙酰氨基酚	300g	维生素 C	100g
	胆汁粉	100g	咖啡因	3g
	氯苯那敏	3g	10% 淀粉浆	适量
	食用色素	适量	共制成硬胶囊剂	1000 粒

【制法】

1. 上述药物，分别粉碎，过 80 目筛。

2. 将 10% 淀粉浆分为 A、B、C 三份，A 加入少量食用胭脂红制成红糊，B 加入少量食用橘黄(最大用量为万分之一)制成黄糊、C 不加色素为白糊。

3. 将对乙酰氨基酚分为三份，一份与氯苯那敏混合后加入红糊，一份与胆汁粉、维生素 C 混匀后加入黄糊，一份与咖啡因混匀后加入白糊，分别制成软材后过 14 目尼龙筛制粒，于 70℃ 干燥至含水量 3% 以下。

4. 将上述三种颜色的颗粒混合均匀后，填入空胶囊中，即得。

【注意】 本品种为复方制剂，各成分的性质、数量各不相同，为保证混合和填充均匀，采用适宜方法制得相同大小的颗粒，经混合均匀后再进行填充；另外，加入食用色素使颗粒呈现不同的颜色，可直接观察混合的均匀程度。若选用透明胶囊壳，还可使制剂看上去比较美观。

例 2 十滴水软胶囊(软胶囊)

【处方】	樟脑	62.5g	干姜	2.5g	大黄	50g
	小茴香	25g	肉桂	25g	辣椒	12.5g
	桉油	31.25ml				

【制法】 以上七味，大黄、辣椒粉碎成粗粉，干姜、小茴香、肉桂提取挥发油，备用，药渣与大黄、辣椒粉照渗漉法，用 80% 乙醇作溶剂，浸渍 24 小时后，续加 70% 乙醇进行渗漉，收集渗漉液，回收乙醇至无醇味，药液浓缩至相对密度为 1.30(50℃)的清膏，减压干燥，粉碎，加入植物油适量，与上述挥发油及樟脑、桉油混匀。制成软胶囊 1000 粒，即得。

【注意】 制备胶液后，可采取适当的抽真空的方法以便尽快除去胶液中的气泡和泡沫；制备过程中应注意胶液温度和黏度、车间温度、湿度等，以使胶丸成型合格。

第三节　胶囊剂的质量检查与包装贮存

一、胶囊剂的质量检查

(一) 外观

胶囊剂应整洁，不得有黏结、变形或破裂现象，并应无异臭。硬胶囊剂的内容物应干燥、疏松、混合均匀。

(二) 水分

中药硬胶囊剂应进行水分检查。

取供试品内容物，照水分测定法(通则 0832)测定。除另有规定外，不得过 9.0%。

硬胶囊内容物为液体或半固体者不检查水分。

（三）装量差异

除另有规定外，取供试品20粒（中药取10粒），分别精密称定重量，倾出内容物（不得损失囊壳），硬胶囊囊壳用小刷或其他适宜的用具拭净；软胶囊或内容物为半固体或液体的硬胶囊囊壳用乙醚等易挥发性溶剂洗净，置通风处使溶剂挥尽，再分别精密称定囊壳重量，求出每粒内容物的装量与平均装量。每粒装量与平均装量相比较（有标示装量的胶囊剂，每粒装量应与标示装量比较），超出装量差异限度的不得多于2粒，并不得有1粒超出限度1倍。胶囊剂装量差异限度如表5-3所示。

表5-3　胶囊剂装量差异限度

平均装量或标示装量	装量差异限度
0.30g 以下	±10%
0.30g 及 0.30g 以上	±7.5%（中药±10%）

凡规定检查含量均匀度的胶囊剂，一般不再进行装量差异的检查。

（四）崩解时限

除另有规定外，照崩解时限检查法（通则0921）检查，均应符合规定。

凡规定检查溶出度或释放度的胶囊剂，不再进行崩解时限的检查。

（五）微生物限度

以动物、植物、矿物质来源的非单体成分制成的胶囊剂、生物制品胶囊剂，照非无菌产品微生物限度检查：微生物计数法（通则1105）和控制菌检查法（通则1106）及非无菌药品微生物限度标准（通则1107）检查，应符合规定。规定检查杂菌的生物制品胶囊剂，可不进行微生物限度检查。

二、胶囊剂的包装贮存

1. 包装材料　由胶囊剂的囊材性质所决定。一般应选用密闭性能良好的玻璃容器、透湿系数小的塑料容器和泡罩式包装。

2. 贮存条件　温度小于25℃、相对湿度不超过45%的干燥阴凉处，密闭贮藏。

扫码“练一练”

思考题

1. 简述胶囊剂的特点。
2. 哪些性质的药物一般不能制胶囊剂？
3. 简述空胶囊的制备工艺过程。
4. 简述硬胶囊剂制备的工艺流程。
5. 自动胶囊填充机工作时由哪几个工序组成？
6. 药物填入胶囊的方式主要有哪几种？

7. 软胶囊的制备方法有哪几种？
8. 软胶囊的制备工艺有哪些类型？简述滚模压制法的工艺过程。
9. 简述胶囊剂的质量要求与检查项目
10. 硬胶囊剂、软胶囊剂、肠溶胶囊剂的崩解时限。

（翟　莲）

第六章

片 剂

扫码“学一学”

学习目标

知识目标

1. 掌握片剂的含义、特点和分类；片剂的辅料；湿法制粒压片的生产工艺流程；片剂的质量要求。
2. 熟悉片剂包衣的目的、类型；包衣常用的材料、包衣方法与包衣过程；片剂制备、包衣生产过程中常出现的质量问题和解决方法。
3. 了解干法制粒压片法和粉末直接压片法；片剂的包装与贮存。

能力目标

1. 能够自主制备简单类型的片剂。
2. 具有分析判断片剂质量的能力。
3. 具有分析片剂处方的能力。

素质目标

1. 具有团结协作的能力。
2. 具有沟通交流的能力。

第一节 概 述

片剂(tablets)系指原料药物或与适宜的辅料制成的圆形或异形的片状固体制剂。片剂是现代药物制剂中临床应用最为广泛的剂型之一。

片剂始创于19世纪40年代，随着科学技术的不断发展，新理论、新方法和新技术不断涌现，如药物粉体性质、崩解溶出理论及新型辅料等；机械设备和质量控制等都有很大的发展，如流化喷雾制粒、湿法高速制粒、粉末直接压片、新型高效压片机、全自动程序控制高效包衣机等设备已经广泛应用于国内外的片剂生产实践中，不仅使片剂的质量得到了很大的提高，而且品种不断增多，更好地适应了临床的需要。

一、片剂的种类

片剂以口服普通片为主，另有口含片、舌下片、口腔贴片、咀嚼片、分散片、可溶片、泡腾片、阴道片、阴道泡腾片、缓释片、控释片、肠溶片与口崩片等。片剂种类繁多，按给药途径进行以下分类。

（一）口服片剂

口服片剂指口服后通过胃肠道吸收而发挥作用的片剂，应用最为广泛。常用的片剂类型如下。

1. 普通片 指药物与辅料均匀混合后压制而成的、未包衣的片剂，又称素片或片心，片重一般为0.1~0.5g，如对乙酰氨基酚片等。

2. 包衣片 指在普通片的外表面包上衣膜的片剂。根据包衣衣料的不同，又分为糖衣片、薄膜衣片和肠溶衣片。

（1）糖衣片 以蔗糖为主要包衣材料的片剂，糖衣可保护药物或起掩味作用，如银翘解毒片。

（2）薄膜衣片 用羟丙甲纤维素等高分子成膜材料进行包衣的片剂，可增加药物的稳定性或掩盖不良气味，如乙酰螺旋霉素片。

（3）肠溶衣片 用肠溶性包衣材料进行包衣的片剂，为防止药物在胃内分解失效、对胃的刺激或控制药物在肠道内定位释放，可对片剂包肠溶衣，肠溶片除另有规定外，应进行释放度检查，如胰酶肠溶片。

3. 咀嚼片 指于口腔中咀嚼后吞服的片剂。这类片剂较适合儿童和治疗胃部疾病。崩解困难的药物制成咀嚼片有利于吸收。咀嚼片一般应选择甘露醇、山梨醇、蔗糖等水溶性辅料作填充剂和黏合剂，并且硬度应适宜。如酵母片、铝碳酸镁片。

4. 泡腾片 指含有碳酸氢钠和有机酸，遇水可产生气体而呈泡腾状的片剂。碳酸氢钠和有机酸组成泡腾崩解剂，两者遇水反应产生大量CO_2气体，从而使片剂迅速崩解。泡腾片中的药物应是易溶性的，加水产生气泡后应能溶解。有机酸一般用枸橼酸、酒石酸、富马酸等。如维生素C泡腾片。

5. 多层片或包心片 由两层或多层组成的片剂，每层含不同的药物或辅料。该类片剂有两种制法：①一种是将组分不同的颗粒分上、下两层或多层压成片；②另一种是将一种药物压成片心，再将另一种药物压包在片心之外，形成片中有片的多层片。如复方维生素U、复方氨茶碱片。

制成此类片剂的目的在于：①避免复方制剂中不同成分之间的配伍变化；②达到缓释、控释效果。

6. 分散片 系指在水中能迅速崩解并均匀分散的片剂，分散片中的原料药物应是难溶性的。分散片可加水分散后口服，也可将分散片含于口中吮服或吞服。分散片应进行溶出度（通则0931）和分散均匀性检查。如阿奇霉素分散片。

7. 缓释片 指在水中或规定的释放介质中缓慢地非恒速释放药物的片剂。该片剂具有血药浓度平稳、服用次数少且作用时间长等优点，如布洛芬缓释片。

8. 控释片 指在水中或规定的释放介质中缓慢地恒速释放药物的片剂。该片剂具有药物释放平稳，接近零级速度过程；吸收可靠，血药浓度平稳；药物作用时间长，副作用小，并可减少服药次数等特点，如硝苯地平控释片。

9. 口崩片 指在口腔内不需要用水即能迅速崩解或溶解的片剂。一般由直接压片和冷冻干燥法制备，由冷冻干燥法制备的口崩片称口服冻干片。

口崩片应在口腔内迅速崩解或溶散、口感良好、容易吞咽，对口腔黏膜无刺激性。

除口服冻干片外，口崩片应进行崩解时限检查(通则0921)。对于难溶性原料药物制成的口崩片，还应进行溶出度检查(通则0931)，对于经肠溶材料包衣的颗粒制成的口崩片，还应进行释放度检查(通则0931)。口崩片可不进行片剂脆碎度检查。

（二）口腔用片

1. 含片　指含于口腔中缓慢溶化产生局部或全身作用的片剂。含片中的原料药物一般是易溶性的，主要起局部消炎、杀菌、收敛、止痛或局部麻醉等作用。如复方草珊瑚含片。

2. 舌下片　指置于舌下能迅速溶化，药物经舌下黏膜吸收发挥全身作用的片剂。该制剂可防止胃肠液及酶对药物稳定性的不良影响，也可避免药物的肝脏首过效应，舌下片中的原料药物应易于直接吸收，主要适用于急症的治疗。如硝酸甘油舌下片。

3. 口腔贴片　指粘贴于口腔，经黏膜吸收后起局部或全身作用的片剂。可在口腔内缓慢释放药物，用于口腔及咽部疾病的治疗，口腔贴片应进行溶出度(通则0931)或释放度(通则0931)检查。如甲硝唑口腔贴片。

（三）其他片剂

1. 可溶片　系指临用前能溶解于水的非包衣片或薄膜包衣片剂。该片剂所用药和辅料均为可溶性成分，并应制成特殊形状或着色，便于识别，以免口服发生中毒等不良反应。可供口服、外用、含漱等用，如复方硼砂漱口片、吡诺克辛钠片。

2. 阴道片与阴道泡腾片　系指置于阴道内使用的片剂。阴道片和阴道泡腾片的形状应易置于阴道内，多呈卵圆形或梨形，可借助器具将阴道片送入阴道。阴道片在阴道内应易溶化、溶散或融化、崩解并释放药物，主要起局部抗炎杀菌作用，也可给予性激素类药物。具有局部刺激性的药物，不得制成阴道片。

阴道片应进行融变时限检查(通则0922)。阴道泡腾片还应进行发泡量检查。如甲硝唑泡腾片。

3. 注射用片　指临用前用灭菌注射用水溶解后供注射用的无菌片剂，供皮下或肌内注射。因不能保证溶液完全无菌，现已少用。

4. 植入片　指灭菌的、用特殊注射器或手术埋植于皮下，产生持久药效(数月或数年)的片剂。该片剂多为小剂量、作用强烈的激素药物，如避孕植入片。

知识拓展

中药片剂

中药片剂的原料药物，可以是全粉、浸膏、半浸膏、有效部位、有效成分等。

中药片剂按原料特性可分为四种类型：提纯片、全粉末片、全浸膏片和半浸膏片。

二、片剂的特点与质量要求

（一）片剂的特点

片剂是目前临床应用最广泛的剂型之一，主要具有以下优点。

1. 质量稳定　为干燥固体制剂，致密，受外界空气、水分、光线等因素的影响较小，必要时还可通过包衣加以保护以增加其稳定性。

2. 剂量准确 以片数作为计量单位，每片含量均匀、片重差异小，在药片表面上还可压上凹纹，便于分取较少剂量而不失其准确性。

3. 成本低廉 生产机械化、自动化程度高，易于达到 GMP 的生产质量要求，产量大、成本较低。

4. 服用方便 片剂体积小，有一定的机械强度，携带、运输和服用方便。

5. 可满足临床用药的不同需求 可通过各种制剂技术制成各种类型的片剂，如包衣片、分散片、缓释片、控释片、多层片等，以达到速效、长效、控释、肠溶等目的。

6. 便于识别 片剂上可以压有主药名称和含量标记，也可着不同的颜色便于识别或增加美观。

但片剂也存在以下缺点。

1. 婴、幼儿和昏迷患者不易吞服。

2. 辅料选用不当、压力不当或贮存不当时，常出现崩解度、溶出度和生物利用度等方面问题。

3. 含挥发性成分的片剂，长期贮存含量会有所下降。

（二）片剂的质量要求

根据《中国药典》(2015 年版)的相关要求，片剂在生产与贮藏期间应符合下列规定。

1. 原料药物与辅料应混合均匀。含药量小或含毒、剧药物的片剂，应根据药物的性质采用适宜方法使药物分散均匀。

2. 凡属挥发性或对光、热不稳定的药物，在制片过程中应采取遮光、避热等适宜方法，以避免成分损失或失效。

3. 压片前的物料、颗粒或半成品应控制水分，以适应制片工艺的需要，防止片剂在贮存期间发霉、变质。

4. 根据需要片剂中可加入矫味剂、芳香剂和着色剂等。

5. 为增加稳定性、掩盖药物不良臭味、改善片剂外观等，可对制成的药片包糖衣或薄膜衣。对一些遇胃液易破坏、刺激胃黏膜或需要在肠道内释放的口服药片，可包肠溶衣。必要时，薄膜包衣片剂应检查残留溶剂。

6. 片剂外观应完整光洁，色泽均匀，有适宜的硬度和耐磨性，以免包装、运输过程中发生磨损或破碎，除另有规定外，非包衣片应符合片剂脆碎度检查法的要求。

7. 片剂的微生物限度应符合要求。

8. 根据药物和制剂的特性，溶出度、释放度、含量均匀度等应符合要求。

9. 除另有规定外，片剂应密封贮存。

第二节　片剂的辅料

片剂由药物和辅料两部分组成。辅料是片剂中除主药外一切附加物料的总称，亦称赋形剂，为非治疗性物质。不同的辅料可提供不同的功能，即稀释作用、黏合作用、吸附作用、崩解作用和润滑作用等，根据需要还可加入着色剂、矫味剂等，以提高患者的顺应性。

辅料要求应无生理活性；性质稳定不与主药发生任何物理和化学反应；对人体无毒、无害、无不良反应，不影响主药的疗效和含量测定。

案例分析

碳酸氢钠片

【处方】	碳酸氢钠	300g
	干淀粉	20g
	淀粉浆	适量
	硬脂酸镁	3g
	共制	1000 片

1. 处方中的药物分别有什么作用？

2. 片剂制备过程中常加入哪些辅料？为什么要加这些辅料？

根据各种辅料所起的作用不同，可分为以下几类。

一、稀释剂与吸收剂

稀释剂的主要作用是增加片剂的重量和体积，以利于片剂成型或分剂量，一般又称为填充剂。片剂的直径一般不小于 6mm，每片重量一般不小于 100mg，所以当药物的剂量小于 100mg 或不能满足片剂大小要求时，常需加入稀释剂。加入稀释剂不但可以保证片剂有一定的体积，还可改善药物的可压性，减少主药成分的剂量偏差等。

片剂中若含有一定比例的挥发油或其他液体成分时，需加入适当的附加剂将其吸收后再加入其他成分压片，此种辅料即称为吸收剂。

1. 淀粉　常用的是玉米淀粉，其性质非常稳定，与大多数药物不起作用，价格也比较便宜，吸湿性小、外观色泽好。但淀粉的可压性较差，在实际生产中，常与可压性较好的糖粉、糊精混合使用。

2. 糊精　淀粉水解的中间产物，为白色或淡黄色粉末，微溶于冷水，能溶于热水成黏胶状溶液，不溶于乙醇，多作为稀释剂或干燥黏合剂。具有较强的黏结性，使用不当会使片剂表面出现麻点、水印或造成片剂崩解或溶出迟缓；另外在含量测定时会影响测定结果的准确性和重现性，常与糖粉、淀粉配合使用。

3. 糖粉　为结晶性蔗糖经低温干燥后粉碎成的白色粉末，味甜。其优点是黏合力强，可增加片剂的硬度，使片剂的表面光滑美观；缺点是吸湿性较强，长期贮存会使片剂的硬度增大、崩解时限和溶出度超限。除含片、溶液片和部分中药全粉末片外，一般不单独使用，常与糊精、淀粉混合应用。

4. 乳糖　由等分子葡萄糖及半乳糖组成，为白色带甜味的结晶性粉末，易溶于水、无吸湿性，是一种优良的片剂填充剂。常用的乳糖为含有一分子结晶水的 α-乳糖，制出的颗粒可压性和流动性好，压成的片剂光洁美观；与大多数药物不起化学反应，性质稳定；由喷雾干燥法制得的乳糖为非结晶性、球形乳糖，可用于粉末直接压片。

5. 预胶化淀粉　是将淀粉部分或全部胶化的产品，也称为可压性淀粉。为白色或类白色粉末，既有良好的流动性、可压性、自身润滑性和干黏合性，并具有良好的崩解作用，是一种多功能辅料，亦可用于粉末直接压片。

6. 微晶纤维素（MCC） 为纤维素部分水解而制得的聚合度较小的结晶性白色粉末，具有较强的黏合力和良好的可压性，为片剂良好的填充剂；亦有“干黏合剂”之称，可用于粉末直接压片。一般片剂中含20%微晶纤维素时崩解较好。

7. 甘露醇和山梨醇 属于糖醇类，此两种物质为同分异构体，在口中溶解时吸热，具有一定的甜味和凉爽感，因此较适用于作为咀嚼片、口腔用片的填充剂。但此类辅料价格稍贵，常与蔗糖配合使用。

8. 无机盐类 主要是无机钙盐如硫酸钙、磷酸氢钙、药用碳酸钙等。其中二水硫酸钙较为常用，其性质稳定，无臭无味，微溶于水，与多种药物均可以配伍，制成的片剂外观光洁，硬度、崩解度均好，对药物也无吸附作用。常用作片剂的稀释剂和挥发油的吸收剂。同时要注意钙盐虽可与多数药物配伍，但对某些药物（四环素类）的吸收和含量测定有干扰。

二、润湿剂与黏合剂

（一）润湿剂

润湿剂是指本身无黏性，但能诱发待制粒物料的黏性，以利于制粒的液体。在制粒过程中常用的润湿剂如下。

1. 纯化水 是制粒中常用的润湿剂，适用于对水稳定的物料。在处方中水溶性成分较多时可能出现发黏、结块、润湿不均匀、干燥后颗粒发硬等现象，此时最好选择适当浓度的乙醇溶液，以克服以上不足。

2. 乙醇 适用于遇水易分解的药物或遇水黏性较大的药物。随着乙醇浓度的增大，润湿后所产生的黏性将逐渐降低，因此，醇的浓度选择应根据原辅料的性质而定，一般为30%～70%。中药浸膏片的制粒常用乙醇-水溶液做润湿剂，但应注意迅速操作，以免乙醇挥发而产生强黏性的团块。

（二）黏合剂

黏合剂是指对无黏性或黏性不足的物料给予黏性的物质，以便使原料和辅料黏结制成颗粒。干燥黏合剂则是固体状态直接应用，在粉末直接压片法中应用较多。常用的黏合剂如下。

1. 淀粉浆 是片剂黏合剂中最常用的一种，价廉易得，黏合性良好，常用浓度为8%～15%，其中10%的淀粉浆最为常用。若颗粒的可压性较差，浓度可适当提高到20%。淀粉浆的制备方法分为冲浆法和煮浆法两种：①冲浆法是将淀粉混悬于少量（1～1.5倍）水中，然后根据浓度要求冲入一定量的沸水，不断搅拌糊化而成；②煮浆法是将淀粉混悬于全部量的水中，在夹层容器中加热并不断搅拌，直至糊化。

2. 纤维素衍生物 系指将天然的纤维素经处理后制得的各种纤维素的衍生物。

（1）羧甲基纤维素钠（CMC-Na） 为无味、白色或近白色颗粒状粉末、几乎不溶于乙醇，具有良好的水溶性，溶于水后形成透明的胶状溶液，常用于可压性较差的药物，但应注意容易造成片剂硬度过大或崩解超限。

（2）甲基纤维素（MC） 为无臭、无味、白色至黄白色颗粒或粉末，溶于冷水中，几乎不溶于热水和乙醇，溶于水后形成黏稠的胶体溶液。可用于水溶性及水不溶性物料的制粒，颗粒的压缩成形性好，且不随时间而变硬。

（3）羟丙纤维素（HPC） 为无臭、无味、白色或淡黄色粉末，易溶于冷水，可溶于甲醇、乙醇、异丙醇和丙二醇。本品既可作湿法制粒的黏合剂，也可以作粉末直接压片的干黏合剂。

（4）羟丙甲纤维素（HPMC） 为无臭、无味、白色或乳白色纤维状或颗粒状粉末，溶于冷水中，不溶于热水和乙醇，溶于水后形成黏稠的胶体溶液，稳定性好，具有崩解迅速、溶出速率高等特点。本品除广泛用作片剂的黏合剂外，也是最为常用的一种薄膜衣材料。

（5）乙基纤维素（EC） 为无臭、无味、白色或淡褐色粉末，不溶于水，溶于乙醇等有机溶剂中，可作为对水敏感性药物的黏合剂。本品的黏性较强，且在胃肠液中不溶解，会对片剂的崩解及药物的释放产生阻止作用。目前常用作缓释、控释制剂的包衣材料。

3. 聚维酮（PVP） 即聚乙烯吡咯烷酮，为无臭、无味、白色粉末，既溶于水，又溶于乙醇，可用于水溶性或水不溶性物料以及对水敏感性药物的制粒，还可用作直接压片的干黏合剂。常用于泡腾片及咀嚼片的制粒。但是本品的缺点是吸湿性较强，制得的片剂随贮存的时间延长而变硬。

4. 其他黏合剂 5%～20%的明胶溶液、50%～70%蔗糖溶液、海藻酸钠溶液等。

三、崩解剂

崩解剂系指能促进片剂在胃肠液中快速崩解成细小粒子的辅料。除了缓、控释片，口含片，咀嚼片，舌下片，植入片等有特殊要求的片剂外，一般均需加入崩解剂。

知识链接

崩解剂的作用机制

（1）毛细管作用 崩解剂在片剂中形成易于润湿的毛细管通道，当片剂置于水中时，水能迅速地随毛细管进入片剂内部，使整个片剂润湿而崩解。

（2）膨胀作用 崩解剂自身具有很强的吸水膨胀性，从而降低片剂的结合力，使片剂崩解。

（3）产气作用 由于化学反应产生气体的崩解剂。如在泡腾片中加入的枸橼酸或酒石酸与碳酸钠或碳酸氢钠，遇水能产生气体，借助气体的膨胀使片剂崩解。

（4）润湿热作用 有些物质在水中溶解时产生热，使片剂内部残存的空气膨胀，促进片剂崩解。

（一）崩解剂的加入方法

（1）内加法 是在制粒过程中加入崩解剂，片剂崩解将发生在颗粒的内部，有利于颗粒崩解成粉末。

（2）外加法 是将崩解剂加于压片前、整粒后的干颗粒中，片剂崩解发生在颗粒之间，崩解迅速。

（3）内外加入法 是将崩解剂分成两份，总量的50%～75%按内加法加入，剩余的25%～50%按外加法加入，此法集中了前两种方法的优点，可使片剂崩解既发生在颗粒的内部又发生在颗粒之间，从而达到良好的崩解效果。

（二）常用的崩解剂

1. 干淀粉 是一种经典的崩解剂。系将淀粉在100～105℃干燥1小时，使含水量控制在8%以下。本品吸水性较强且具有一定的膨胀性，较适用于水不溶性或微溶性药物的崩解，但对于易溶性药物的崩解作用较差。用量一般为片重的5%～20%。湿法制粒采用本品时，应控制湿颗粒的干燥温度，以免淀粉胶化而影响其崩解作用。

2. 羧甲基淀粉钠(CMS-Na) 具有良好的吸水性和膨胀性，吸水后体积可膨胀至原体积的300倍，是一种性能优良的崩解剂。由于其流动性和可压性良好，增加片剂的硬度不会影响其崩解性，既可用于湿法制粒法压片，又适用于粉末直接压片。

3. 低取代羟丙基纤维素(L-HPC) 是国内近年来应用较多的一种良好的快速崩解剂。本品孔隙率和比表面积较大，有很大的吸水速度和吸水量，其吸水膨胀率在500%～700%。崩解后的颗粒较细小，有利于药物的溶出。本品兼有黏结、崩解作用，一般用量在2%～5%。

4. 羟丙基淀粉(HPS) 本品无臭、在水中膨胀性能良好，崩解较快。具有良好的润滑性、不黏冲；具有良好的可压性，本品作为崩解剂不易出现裂片，是较为优良的崩解剂之一。

5. 交联聚乙烯吡咯烷酮(PVPP) 为白色粉末，流动性良好，在水中溶胀不溶解，在有机溶媒及强酸强碱溶液中均不溶解，有极强的吸湿性，在水中可迅速溶胀形成无黏性的胶体溶液，崩解效果好，用量少，是新型的优良崩解剂。

6. 交联羧甲基纤维素钠(CCMC-Na) 不溶于水，能吸收数倍于自身重量的水而膨胀，具有较好的崩解作用，引湿性较大，与CMS-Na合用，崩解效果更好，但与干淀粉合用时崩解作用降低。

7. 泡腾崩解剂 常用的是由枸橼酸或酒石酸(酸系统)与碳酸氢钠或碳酸钠(碱系统)组成，遇水能产生CO_2气体，使片剂在几分钟内迅速崩解。含有此崩解剂的片剂，应注意防潮。

8. 表面活性剂 能改善片剂的润湿性，使水分易于渗透到片心，加速片剂的崩解和溶出，常与淀粉合用于疏水性药物，常用的表面活性剂有聚山梨酯80、十二烷基硫酸钠等。

四、润滑剂

润滑剂指压片时为了能顺利加料和出片，并减少黏冲及降低颗粒与颗粒、药片与模孔壁之间的摩擦力，使片剂表面光洁美观，而在压片前加入物料中的物质。

(一) 润滑剂的作用

润滑剂兼有润滑、抗黏、助流三种作用，根据其作用不同可分为三类：①主要用于增加颗粒流动性，改善颗粒的填充状态的物质，称为助流剂；②主要用于减轻原料对冲模的黏附作用的物质，称为抗黏剂；③主要用于降低颗粒间及颗粒与冲头和模孔壁间的摩擦力，可改善力的传递和分布的物质，称为润滑剂（有润滑作用）。

（1）助流作用　是指降低颗粒或粉末间的摩擦力，增加流动性，减少重量差异。

（2）抗黏作用　是指防止压片时物料黏着于冲头与冲模表面，保证压片操作的顺利进行，并使片剂表面光洁。

（3）润滑作用　是指能降低颗粒间以及颗粒与冲头和模孔壁间的摩擦力，减少冲模的磨损和使片剂易于出片。

(二) 常用的润滑剂

1. 硬脂酸镁 为疏水性的润滑剂，白色粉末，细腻疏松，有良好的附着性，易与颗粒混匀，能减少颗粒与冲模之间的摩擦力，压片后表面光滑美观，常用量为0.1%~1%，为优良的润滑剂。但助流性差，用量过大，易造成片剂崩解迟缓。

2. 滑石粉 不溶于水，但有亲水性，故对片剂崩解影响小，与多数药物不起作用，为优良的助流剂；压片过程中因其质重易分层，造成片重差异。常与硬脂酸镁合用，常用量一般为0.1%~3%。

3. 微粉硅胶 为轻质白色粉末，化学性质稳定，亲水性强，具有良好的流动性和可压性，为优良的片剂助流剂，一般用作粉末直接压片，常用量为0.1%~0.5%。

4. 氢化植物油 润滑性能良好，应用时将其溶于热轻质液体石蜡或己烷中，然后将此溶液边喷于干颗粒表面边混合，以利于分布均匀。

5. 聚乙二醇类（PEG） 为水溶性润滑剂，具良好润滑效果，片剂的崩解和溶出不受影响。目前主要使用聚乙二醇4000和6000。

6. 十二烷基硫酸镁 为水溶性表面活性剂，具有良好的润滑作用，能提高片剂的机械强度，促进片剂的崩解和药物的溶出。

五、其他辅料

1. 矫味剂 改善片剂的口味，缓和或消除药物的不良臭味，增加适应性。在含片和咀嚼片中常用芳香剂和甜味剂作为矫味剂。

2. 着色剂 使片剂美观且易于识别。口服制剂所用的色素必须是药用级或食用级，用量一般不超过0.05%。要注意色素与药物的反应以及干燥过程中颜色的迁徙等。

第三节 片剂的制备

要制得符合质量要求的片剂，用于压片的颗粒或粉末必须具备三个条件，即良好的流动性、可压性和润滑性。①流动性好：物料可顺利地流入压片机的模孔，保证充填操作顺利进行，可减少片重差异；②可压性好：颗粒或粉末容易被压缩成具有一定形状，防止裂片、松片等不良现象；③润滑性好：保证片剂不黏冲，得到完整、光洁的片剂，压成的片剂被顺利推出。

片剂的制备方法按制备工艺可分为两种，即制粒压片法和直接压片法，其中制粒压片法分为湿法制粒压片法和干法制粒压片法，直接压片法分为粉末直接压片法和结晶药物直接压片法。

制粒压片法在片剂生产中应用最为广泛，片剂制备中制颗粒的目的在于：①改善物料的流动性、可压性，物料的流动性差，不易均匀地填充于模孔中，易造成片重差异超限；②增大药物松密度，物料中存留很多空气，在压片时，空气不能及时逸出，易产生松片、裂片现象；③减少各成分分层，使片剂中物料含量准确，片剂中各成分的密度不同，易因机器振动而分层；④避免粉尘飞扬，粉尘飞扬易黏附于冲头表面造成黏冲、挂模现象。

一、湿法制粒压片法

（一）技术特征

湿法制粒压片法系将药物和辅料粉末混合后加入黏合剂或润湿剂制备颗粒，干燥后压制成片的工艺方法。该方法靠黏合剂或润湿剂的作用使粉末粒子间产生结合力，湿法制粒的颗粒具有外形美观、流动性好、可压性好等优点。

（二）工艺流程

湿法制粒压片法的制备工艺流程如图 6-1。

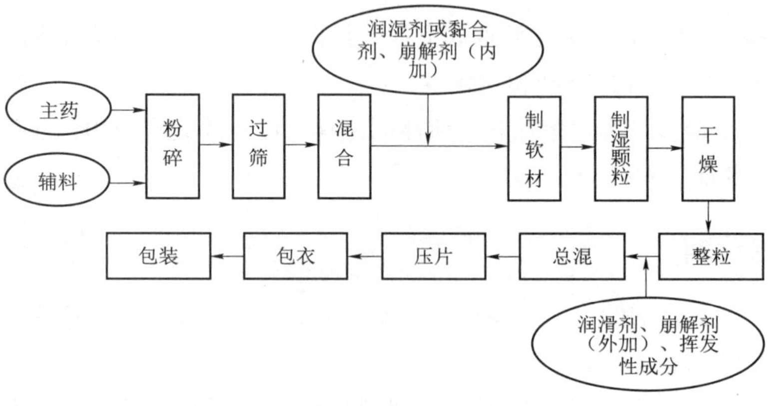

图 6-1　湿法制粒压片法工艺流程图

（三）应用范围

适用于对湿热稳定的药物；热敏性、湿敏性、极易溶性等物料不适宜采用本法。

（四）湿法制粒压片法生产技术

1. 原辅料的准备和处理　主药和辅料在投料前须经过鉴定、含量测定等质量检查，合格的物料经干燥、粉碎过筛等处理，细度以通过 80~100 目筛为宜。医疗用毒性药品、贵重药和有色原辅料应粉碎的更细一些，便于混合均匀，含量准确，并可避免压片时出现裂片、黏冲和花斑等现象。处方中各组分用量差异大时，应采用等量递增法或溶剂分散法以保证混合均匀。贮存时易受潮结块的原辅料，必须经过干燥后再粉碎过筛。

2. 制粒技术　详见第四章第二节：颗粒剂的制备。

3. 湿颗粒的干燥　干燥方法见第四章：颗粒剂的制备。

颗粒干燥的程度应适当，根据药物的稳定性不同有不同的要求，一般含水控制在 3% 左右，松紧度以手用力捻成细粉为度。含水量过多，易发生黏冲现象，过低则不利于压片。颗粒的含水量可用水分快速测定仪进行测定。细粉含量控制在 30% 以内。

4. 干颗粒压片前的处理

（1）过筛整粒　湿颗粒在干燥过程中，受到挤压和黏结，可使部分湿颗粒黏结成块，因此，要对干燥后的颗粒给予适当的处理，使结块或粘连的颗粒散开，以得到大小均匀的颗粒，便于压片。一般采用过筛的方法进行整粒。

整粒时筛网孔径应根据干颗粒的松紧情况适当调节，所用的筛孔要比制粒时的筛孔稍微小些，一般为 12~20 目。

（2）挥发油或挥发性物质　若制剂中含有挥发油，可加在润滑剂与颗粒混合后筛出的部分细粒中，或加在从干颗粒中筛出的部分细粒中，再与全部干颗粒混匀。若挥发性药物为固体（如薄荷脑）或量较少时，可用适量乙醇溶解，或与其他成分混合研磨共熔后喷入干颗粒中，混匀后，密闭数小时，使挥发性药物渗入颗粒。

（3）加入润滑剂和崩解剂　一般润滑剂需过100目以上筛，常在整粒后由细筛筛入干颗粒中混匀；崩解剂应先干燥过筛，再将崩解剂及润滑剂与干颗粒一起加入混合器械中进行混合。

5. 压片

（1）片重的计算

1）按主药含量计算片重：药物在压片前经历了一系列的操作，原料药必将有所损耗，所以应对颗粒中主药的实际含量进行测定，然后按照下面的式（6-1）计算片重。

$$片重=\frac{每片含主药量（标示量）}{干颗粒中主药的百分含量（实测量）} \tag{6-1}$$

例　已知某片剂每片含主药0.1g，制成颗粒和经批混后，测得颗粒中含主药量为50%，现计算理论片重范围？

解：

$$片重=\frac{每片含主药量（标示量）}{干颗粒中主药的百分含量（实测量）}$$

$$=0.1/50\%=0.2g$$

按《中国药典》（2015年版）要求，0.3g以下片剂的重量差异限度为±7.5%，所以该片理论重量范围应为：

理论片重范围＝0.2±0.2×7.5%＝0.185g（下限）～0.215g（上限）

2）按干颗粒总重量计算片重：在大生产中，根据生产中实际投料量与预定片剂个数按式（6-2）计算：

$$片重=\frac{干颗粒重+压片前加入的辅料量}{预定压片总数} \tag{6-2}$$

（2）压片过程　压片是片剂成型的主要过程，也是整个片剂生产的关键环节。压片操作由压片机完成，即将各种颗粒状或粉末状物料置于模孔内，用冲头压制成片剂。

知识拓展

泡腾片制粒新工艺

1. 采取聚乙烯吡咯烷酮（PVP）作黏合剂，酸碱混合制粒工艺　采取酸碱混合制粒，使酸碱得以充分混匀，故发泡量大而且速度平均、稳定。

2. 沸腾床制备法　将加工泡腾片所需的各种原料磨成细粉混合后放入沸腾床的热风中悬浮，向沸腾床中喷入适量水雾，使泡腾粉末发生轻微反应并使颗粒稍膨胀成为10～30目的粒子，然后收集彻底干燥的颗粒备用。此法最大的优点是可省去干燥炉、托盘以及研磨等工序，而且沸腾床最适于不间断连续化（批量）生产泡腾颗粒。

3. 聚乙二醇微囊包裹法　采用聚乙二醇（PEG）包合碳酸氢钠，有效地防止了泡腾片吸湿失效的问题。

二、干法制粒压片法

（一）技术特征

干法制粒压片法是将药物与适宜的辅料混合后，用适宜的设备压成块状或片状，再将其破碎为大小适宜的颗粒，最后压制成片。

（二）工艺流程

干法制粒压片法的制备工艺流程图见图 6-2。

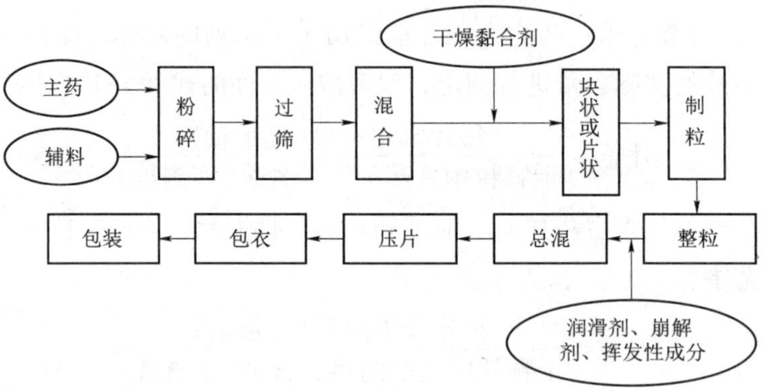

图 6-2　干法制粒压片法工艺流程图

（三）应用范围

适用于某些对湿、热不稳定，有吸湿性或可压性、流动性均不好的药物。

（四）干法制粒压片法生产技术

可分为滚压法和重压法。

1. 滚压法　是将药物与辅料混合均匀，通过特殊的滚压机压成薄片，然后通过摇摆式颗粒粉碎机粉碎制粒，再加入润滑剂混合后压片的方法。目前国内使用的滚压式干法制粒机可将滚压、碾碎、整粒一次进行，直接将粉末挤压成颗粒，工艺简便且制得的颗粒质量好。

2. 重压法　又称大片法，系将药物与辅料的混合物在较大的压力下，用直径一般为 19mm 或更大些的冲模压制成大片，然后再破碎成一定大小的颗粒的方法。此法虽工序少、操作简单，但是由于压片机需用较大的压力，冲模等部件容易损耗，且细粉也较多，目前已少用。

三、直接压片法

（一）技术特征

直接压片法是不经过制粒过程，直接把药物和辅料的混合物进行压片的方法。根据原料结晶状态不同，分为粉末直接压片法和结晶药物直接压片法。

（二）应用范围

直接压片法避开了制粒过程，工艺简单，有利于片剂生产的连续化和自动化，具有生产工序少、设备简单、辅料用量少、产品崩解或溶出较快等优点，适用于对湿、热不稳定的药物。

用于粉末直接压片的辅料应具有良好的流动性和可压性；可与多种药物配伍使用而不发生化学变化；不影响压片性能和主药的生物利用度；粒度与大多数药物相近等特点。常用的有：微晶纤维素、可压性淀粉、喷雾干燥乳糖、磷酸氢钙二水合物、微粉硅胶、氢氧化铝凝胶干粉等。

粉末直接压片法的缺点是粉末的流动性较差、片重差异大、粉末压片容易造成裂片等。

对于氯化钾、溴化钾、硫酸亚铁等无机盐和维生素 C 等结晶性或颗粒性药物，因其具有适宜的流动性和可压性，只需经粉碎、过筛选用适宜大小的颗粒，再加入适量干燥黏合剂、崩解剂和润滑剂混合均匀，即可直接压片，称为结晶药物直接压片法。

知识拓展

中药片剂的制粒方法

中药片剂一般都采用湿法制粒。

（1）全粉末片的制粒　将全部中药材制成细粉，混匀后加入适量黏合剂或润湿剂制成软材，再过筛制粒。本法适用于服用量较小、对热敏感和易被破坏的中药材制粒。

（2）半浸膏片的制粒　将药物提取液浓缩成稠膏，与预留的细粉混匀制粒。一般要求膏、粉的比例为 1：（3.5~4）（质量比）。

（3）全浸膏片的制粒　①直接将干浸膏磨成大小适宜的颗粒；②将干浸膏磨成细粉，过 100 目筛，再与崩解剂混合、同稀乙醇做润湿剂制成软材，经过筛制粒。第二种方法制成的颗粒质量较好，压成的片剂也较理想。

（4）有效成分片的制粒　与一般片剂的制粒相同。

四、压片设备及其使用

（一）整粒机

目前制药生产中一般使用专用整粒机整粒，整粒机生产设备如图 6-3 所示。整粒机的工作原理为大小不均匀的原材料从料斗进入筛网转子，被旋转的筛网带动作漩涡运动，与固定的定子碰撞后，在离心力的作用下，从规格一定的筛网孔中飞出，经出料管出料，从而达到所要求的颗粒。粉碎的颗粒大小，由筛网的数目、回转刀与筛网之间的间距以及回转转速的快慢来调节。其优点是均匀、密闭、粉尘少。

（二）单冲压片机

在制药厂的片剂生产中，早期使用的是单冲压片机。它只有一副冲模，利用偏心轮及凸轮机构等的作用，其旋转一周即完成压片程序。

1. 单冲压片机的结构　主要由加料器、调节装置、压缩部件三部分组成，如图 6-4。①加料器：由加料斗和饲粉器构成；②调节装置包括压力调节器、推片调节器和片重调节器：压力调节器用于调节上冲下降的深度，上冲下降越多，上下冲间距离越近，压力越大，反之，则压力小；推片调节器用于调节下冲抬起的高度，使其恰好与模圈的上缘相平，使压出的片剂顺利顶出模孔；片重调节器用于调节下冲下降的深度，通过调节模孔的容积而调节片重；③压缩部件：由上冲、下冲、模圈构成，是片剂成型部分，决定了片剂的大小、形状。

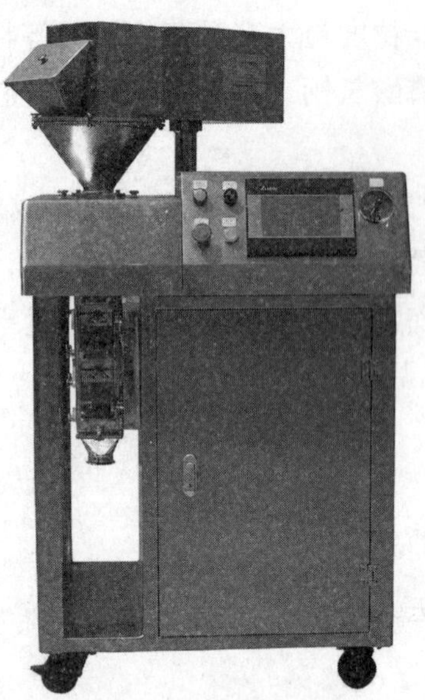

图 6-3　整粒机设备图

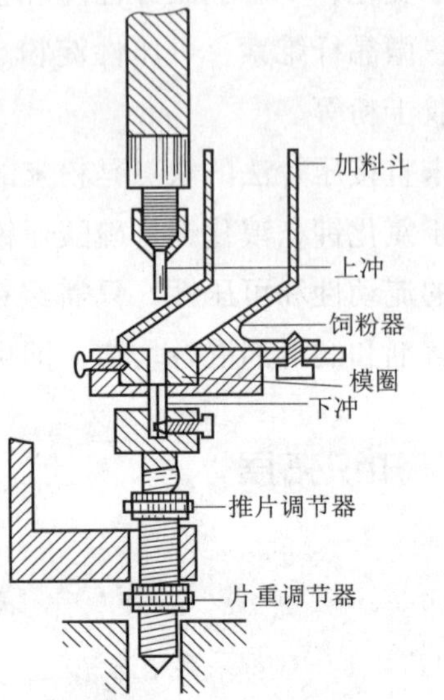

图 6-4　单冲压片机主要构造示意图

2. 单冲压片机的压片过程　由填料、压片、出片三个步骤组成，见图 6-5。①填料：上冲抬起，饲粉器移动到模孔之上，下冲下降到适宜深度，饲粉器在模孔上往复移动，颗粒填满模孔；②压片：饲粉器由模孔上移开，刮去多余物料，使模孔中的颗粒与模孔的上缘相平，上冲下降并将颗粒压制成片，此时下冲不移动；③出片：上冲抬起，下冲随之上升至与模孔上缘相平，将药片由模孔中顶出；饲料器再次移到模孔之上，将模孔上压好的药片推开并落入接收器，进行下一次填料，如此反复，进行连续压片。

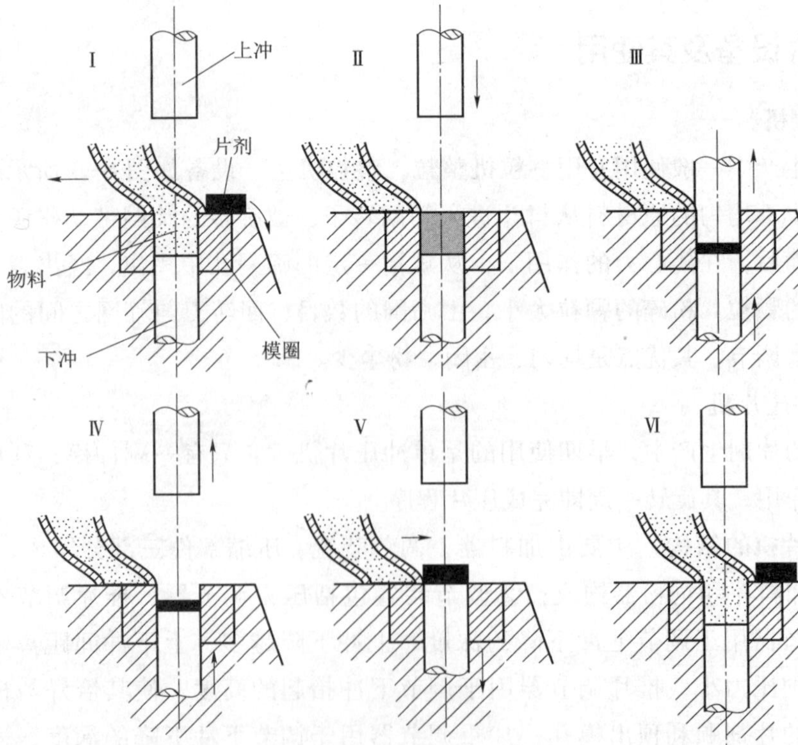

图 6-5　单冲压片机的压片过程

3. 单冲压片机的特点　单冲压片机是小型台式压片机，产量为100片/分钟，适用于小批量生产。该机的压片采用上冲头压制而成，为单侧加压，压片受力不均匀，上面的压力大于下面的压力，压片中心的压力较小，使药片内部的密度和硬度不一致，故易出现裂片、松片、片重差异大、震动大、噪声大等缺点，生产中要注意随时观察，避免出现质量问题。

（三）旋转式多冲压片机

旋转式多冲压片机是目前制药工业中片剂生产最主要的压片设备，见图6-6。

图6-6　旋转式多冲压片机设备图

1. 旋转式多冲压片机的结构　主要工作部分有机台、压轮、片重调节器、压力调节器、加料斗、饲粉器、吸尘装置、保护装置等。其结构及工作原理见图6-7。机台可以绕轴旋转，分为三层，机台上层装有上冲，中层装有模圈，下层装有下冲。上冲与下

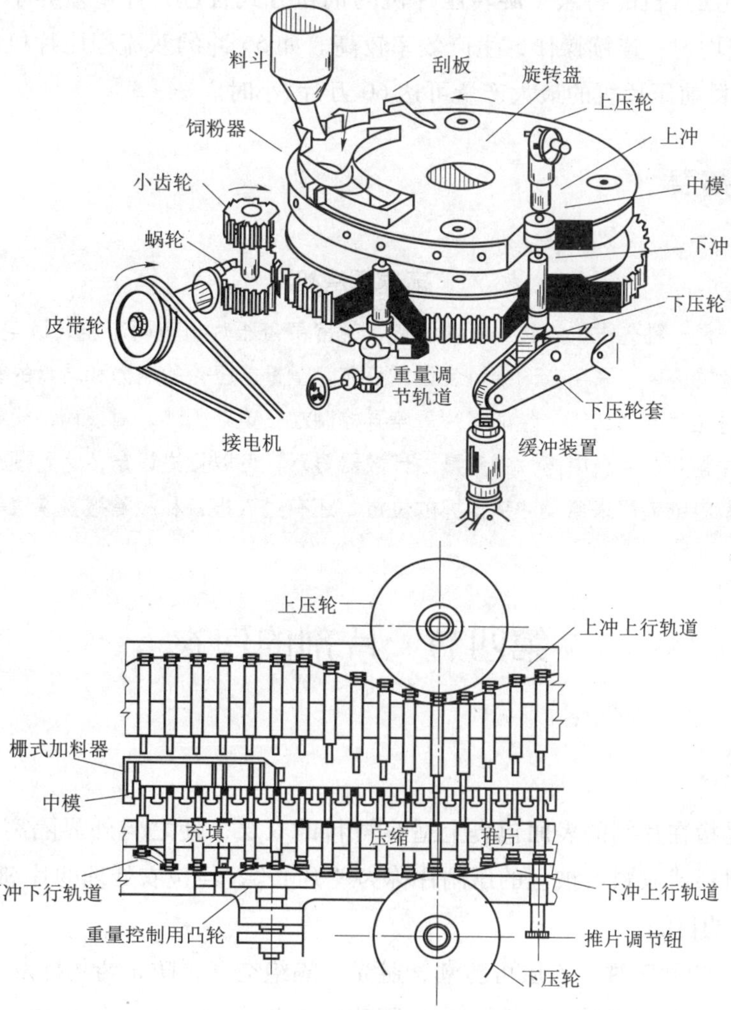

图6-7　旋转式多冲压片机的结构与工作原理示意图

冲随机台转动并沿固定的轨道有规律地上下运动；在上冲和下冲转动并经过上、下加压轮时，被加压轮推动使上冲向下、下冲向上运动并对模孔中的物料加压；机台中层上装有固定不动的刮粉器，饲粉器的出口对准刮粉器；片重调节器装于下冲轨道上，用以调节下冲经过刮粉器时下降的深度，以调节模孔的容积；压力调节器可以调节下压轮的高度，下压轮的位置高，则压缩时下冲升得高，上下冲间的距离近，压力大，反之则压力小。

2. 旋转式多冲压片机的压片过程 旋转式多冲压片机的压片过程与单冲压片机相同，分为填料、压片和出片三个步骤。①填料：当下冲转到饲粉器之下时，其位置较低，颗粒装满模孔；下冲转动到片重调节器之上时略有上升，经刮粉器将多余的颗粒刮去；②压片：当上冲和下冲分别运行至上、下压轮之间时，两冲间的距离最小，将颗粒压缩成片；③出片：上冲和下冲抬起，下冲抬到恰与模孔上缘相平，药片被刮粉器推开。因此，机台旋转一次，即加料一次，压片一次，出片一次，如此周而复始，连续压片。

3. 旋转多冲压片机的类型 旋转式压片机有多种型号，按冲数不同分为16冲、19冲、27冲、33冲、55冲、75冲等多种型号。按流程分单流程和双流程两种。单流程仅有一套上、下压轮，旋转一周每副冲头仅压出一个药片；双流程有两套压轮、饲粉器、刮粉器、片重调节器和压力调节器等，均装于对称位置，中盘每转动一圈，每副冲压成两个药片。

4. 旋转多冲压片机的特点 旋转压片机的饲粉方式合理，片重差异小；由上、下两方加压，压力分布均匀；连续操作，生产效率较高。如55冲的双流程压片机的生产能力高达50万片/小时。目前压片机的最大产量可达60万片/小时。

知识拓展

高速压片机

高速压片机是一种先进的旋转式压片设备，通常每台压片机有两个旋转圆盘和两个给料器，为适应高速压片的需要，采用自动给料装置，且药片重量、压轮的压力和转盘的转速均可预先调节。压力过载时能够自动卸压；除能将片重差异控制在一定范围外，对缺角、松裂片等不良片剂也能自动鉴别并剔除。生产中药片的产量由计数器显示，可以预先设定，达到预定产量即自动停机。机器采用微电脑装置来监控冲头损坏的位置，还有过载报警和故障报警装置等。

第四节 片剂的包衣

一、概述

片剂包衣是指在片剂的表面包裹上适宜材料的衣层，使之与外界隔离的操作。包衣的材料称为包衣材料或衣料，被包的压制片称为“片心”，经包衣处理的片剂称为包衣片。

（一）包衣的目的

1. 增加药物的稳定性 衣层可防潮、避光、隔绝空气，防止药物挥发。如硫酸亚铁片。

2. 掩盖药物的不良臭味 具有苦味、腥味的药物可包糖衣，如盐酸小檗碱片、氯霉素片等。

3. 改变药物的释放部位 可将对胃有刺激或易受胃酸、胃酶破坏的药物、肠道驱虫药物等制成肠溶片，如肠溶阿司匹林片，胰酶片等。

4. 防止药物配伍变化 可将一种药物压成片心，片心外包隔离层后，再将另一种药物加于包衣材料中包在隔离层外，也可将两种发生反应的药物分别制粒，包衣后混合压片，以减少接触机会。

5. 控制药物的释放速度 可采用不同的包衣材料，通过调整包衣膜的厚度和通透性，使药物达到缓释、控释作用。

6. 改善片剂的外观和便于识别。

（二）包衣的类型和质量要求

根据包衣材料性质的不同，片剂的包衣可以分为包糖衣、包薄膜衣和包肠溶衣三类。

包衣片心的质量要求：①片心的外形：要求必须具有适宜的弧度，否则边缘部位难以覆盖衣层；②片心的硬度：既能承受包衣过程的滚动、碰撞和摩擦，又对包衣过程中所用溶剂的吸收量最低；③片心的脆性：要求最小，以免因碰撞而破裂。

片剂包衣后应达到的要求：①衣层应均匀、牢固，并与片心不起任何作用；②崩解时限应符合规定；③经过长时间储存仍能保持光洁、美观、色泽一致并无裂片现象，且不影响药物的溶解和吸收。

二、包衣方法与设备

（一）包衣方法

1. 滚转包衣法 在包衣锅中，使片剂滚转运动，包衣材料层均匀的黏附于片剂表面形成包衣的方法，亦称为锅包衣法，此种方法使用的主要设备为高效包衣机或普通包衣锅，是目前生产中最常用的方法。

2. 流化床包衣法 将片心置于流化床中，通入气流，借急速上升的空气流使片剂悬浮于包衣室的空间上下翻动处于流化状态，另将包衣材料的溶液或混悬液输入流化床并雾化，使片心的表面黏附一层包衣材料，继续通入热空气使其干燥，如此操作包若干层，至衣膜厚度达到规定要求。

3. 压制包衣法 压制包衣法可以避免水分、高温对药物的不良影响，适用于对湿、热敏感药物的包衣；其生产流程短、自动化程度高、劳动条件好，但对压片机械的精度要求较高。

（二）包衣设备

1. 普通包衣机 普通包衣机是最基本、最常用的滚转式包衣设备，整个设备由四部分组成：包衣锅、动力系统、加热系统、排风系统，如图6-8。

包衣锅一般为不锈钢或紫铜材质，性质稳定并有良好导热性能，适合于片剂包糖衣，常见的形状有荸荠形和莲蓬形，片剂包衣时以采用荸荠形较为合适。荸荠形包衣机的倾斜角度与水平呈30°~50°，使片剂在包衣锅中既能随锅的动力方向滚动，又能沿轴的方向运动，使药片与包衣材料充分混匀，提高包衣效果。一般包衣锅的转速为20~40r/min，使片剂在锅内能随着锅的转动而上升一定高度，又能成弧线运动，分步滚转而下，在锅口附近形成漩涡，使片剂与包衣材料充分混合，并在片与片之间有适宜的摩擦力。片剂即在锅内不断翻滚的情况下，多次添加包衣液，并使之干燥，这样就使衣料在片剂表面不断沉积而

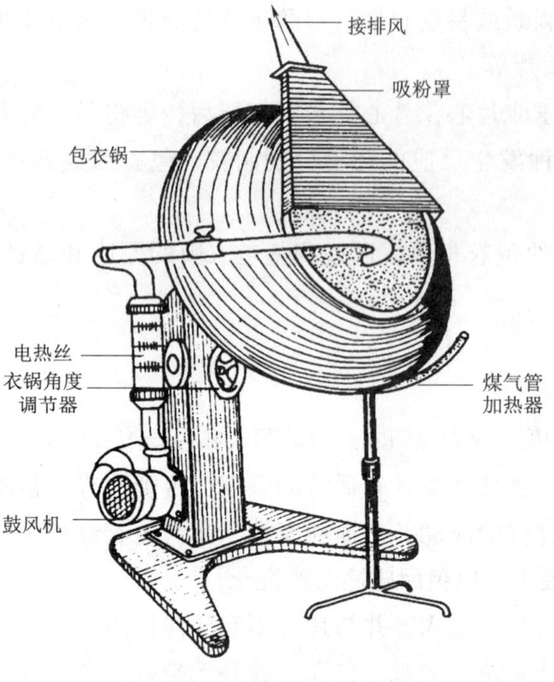

图 6-8　普通包衣机示意图

成膜层。近年来多采用可无级调速的包衣锅。

普通包衣机的动力系统由电机和调速器组成；配有加热装置，以加速包衣溶液中溶剂的挥发。加热方式有两种，一种是直接用燃气或电热丝加热锅壁，另一种方法是采用电热丝加热空气，经鼓风机向锅内吹入热风进行加热，鼓风机同时可以吹入冷风起冷却和除尘作用；在包衣锅口上方安装有吸粉罩及排风管道，排出包衣时产生的粉尘、水分和废气，清洁工作环境。

包衣时，将药片置于转动的包衣锅内，加入包衣材料溶液，使之均匀分散到各个片剂的表面上，必要时加入固体粉末以加快包衣过程。有时加入包衣材料的混悬液，加热、鼓风使之干燥。按上法包若干次，直到达到规定要求。

普通包衣锅的缺点是耗能较大，干燥速度慢、操作时间长，工艺复杂等缺点。鉴于普通包衣锅包衣的缺点，国内外一些生产厂家对普通包衣锅进行一系列的改造。

2. 埋管包衣机　为普通包衣锅改良而成，能克服普通包衣机气路不密封、有机溶剂污染环境等不利因素，如图 6-9。其改良方式是在普通包衣锅内底部装有可输送包衣材料溶液、压缩空气和热空气的埋管，埋管喷头插入物料层内，使包衣液的喷雾在物料层内进行，热气通过物料层，不仅能防止喷液的飞扬，且能加快物料的运动速率和干燥速率。当用水为分散介质包薄膜衣时，可用埋管喷雾包衣法，以加速水分的喷发。

埋管包衣机设备简单、耗能低，能够调节和控制加热温度、包衣液流量、排气温度等，能够连续进行包衣操作。

3. 高效包衣机　高效包衣机是为了克服普通包衣机的干燥能力差的缺点而开发的新型包衣机，如图 6-10。干燥时热风穿过片心间隙，并与表面的水分或有机溶剂进行热交换，这样热能得到更多的利用，片心表面的湿分挥发速度有所提高，因而干燥效率高且包衣过程处于密闭状态，具有安全、卫生等优点。目前在制药生产中应用较为广泛的高效包衣设备为 BG 型高效包衣机。

BG 型高效包衣机是对中药片剂、西药片剂、丸剂等包糖衣、有机薄膜、水溶薄膜的新型包衣设备，该设备具有密闭性好、无尘、无交叉污染、高效率、低能耗、自动化程度高、操作简单等特点。

BG 型高效包衣机是主要由主机、热风柜、排风柜、以可编程控制器（PLC）为中心的电源控制系统、糖衣部件、喷嘴装置、送液装置、薄膜溶液供液桶和出料装置等部件组成，如图 6-11。

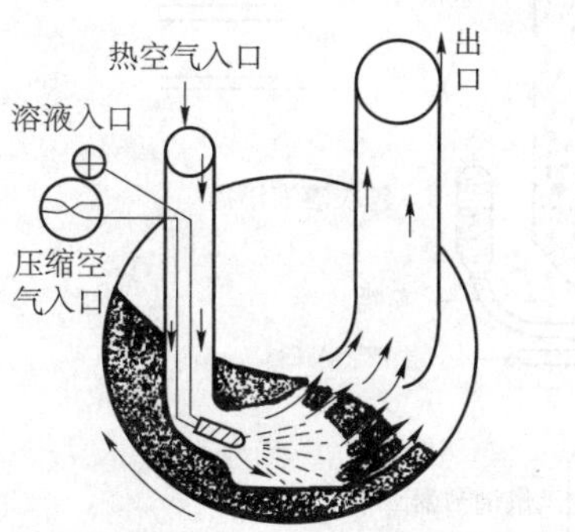

图 6-9 埋管包衣机设备结构示意图

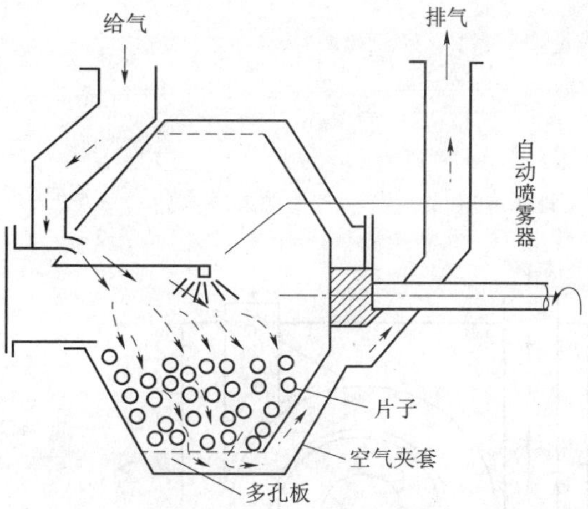

图 6-10 高效包衣机示意图

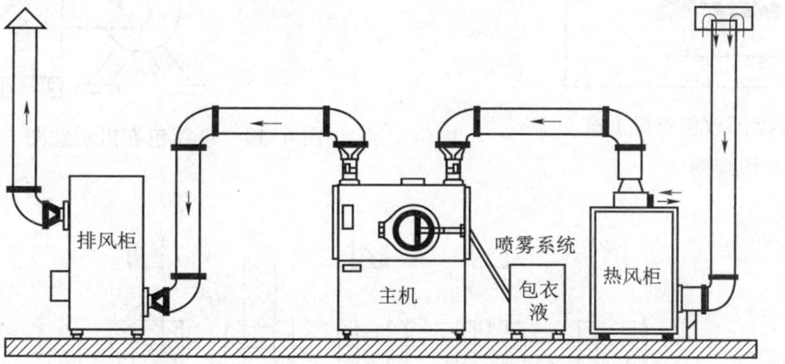

图 6-11 BG 型高效包衣机系统配置图

BG 型高效包衣机的包衣过程为：被包衣的片心在包衣主机的密闭包衣滚筒内做连续复杂的轨迹运动。在这个过程中，由可编程控制器为核心控制，按输入的工序顺序和工艺参数，使包衣介质经过蠕动泵和喷枪自动地喷洒（或滴流）在片心表面，热风柜按设定的程序和温度向片床供给洁净的热风，对药片进行干燥，同时排风柜把废气排出，使片心表面快速形成坚固、细密、光滑圆整的表面薄膜，如图 6-12。

4. 悬浮包衣装置 本装置进行包衣的方法又称流转包衣法。与滚转包衣法相比，此法具有干燥能力强，包衣速度快、时间短、自动化程度高，对包衣片剂的硬度要求低于普通包衣锅等优点。流化床包衣法目前只限于包薄膜衣，除片剂外，微丸剂、颗粒剂等也可用它来包衣，如图 6-13。

5. 压制包衣装置 一般是将两台压片机联合起来压制包衣，两台压片机以特制的转动器连接配套使用，一台压片机专门用于压制片心，由传动器将压成的片心输送至第二台压片机的模孔中，然后在片心上加入适量包衣材料填满模孔，加压制成包衣片，如图 6-14。

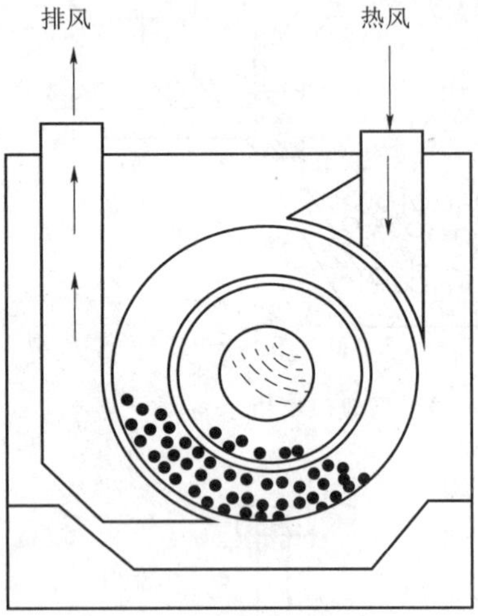

图 6-12　BG 型高效包衣机主机工作原理图

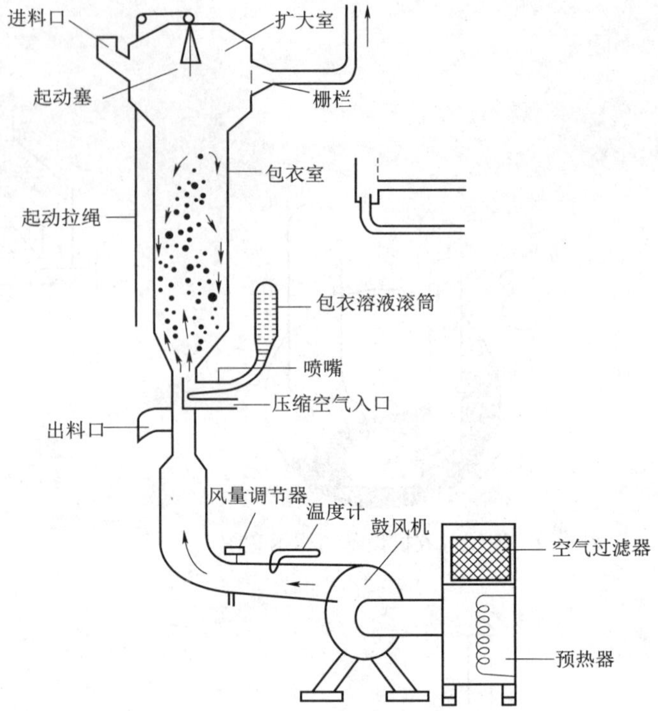

图 6-13　悬浮包衣机示意图

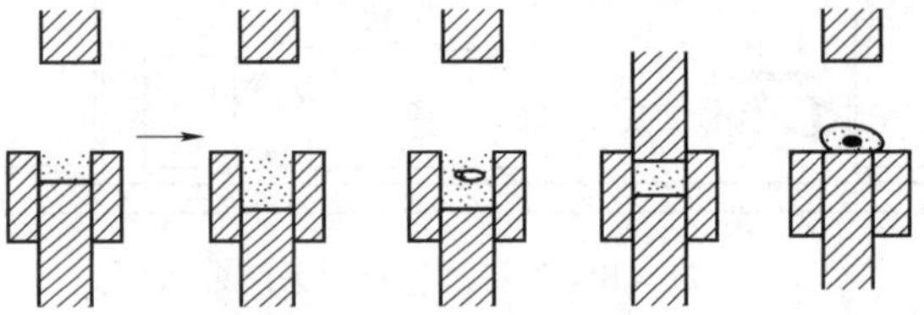
图 6-14　压制包衣示意图

三、包衣材料与工序

（一）包糖衣常用的材料及工序

1. 糖衣材料　有糖浆、有色糖浆、胶浆、滑石粉、白蜡等。

（1）糖浆　采用含转化糖较少的干燥粒状蔗糖制成，浓度为 65%～75%（g/g），用于粉衣层与糖衣层。高浓度有利于包衣迅速干燥析晶，保温使用有利于均匀分布。所采用蔗糖含转化糖不宜过高，因气温高时糖浆表面易生霉，也易产生转化糖，转化糖极易吸水而潮解，往往导致包衣失败。

（2）有色糖浆　为含可溶性食用色素的糖浆，用于有色糖衣层。常用色素有苋菜红、柠檬黄、胭脂红等，用量为 0.03%～0.3%，可单独或配合应用。一般先配成浓色糖浆，用时以糖浆稀释至所需浓度。为了使有色衣色调均匀而无花斑，包有色衣时应由浅至深。0.1% 以上的氧化铁或带色的中药亦可作为着色衣料，二氧化钛可作避光剂。

（3）胶浆　多用于包隔离层，可增加衣层防潮性、塑性和牢固性，对片心起保护作用。常用品种有 10%～15% 明胶浆、30%～35% 阿拉伯胶浆、4% 白芨胶浆、10% 玉米朊乙醇溶液、16%~20%虫胶乙醇溶液等，也可选用聚乙烯醇、聚维酮。

（4）滑石粉　作为粉衣料，常用65%（g/g）糖浆作为黏合剂。有时为了增加片剂的洁白度和对油类的吸收，可在滑石粉中加入15%~20%碳酸钙或碳酸镁或适量的淀粉。

（5）白蜡　又名虫蜡或米心蜡（川蜡），用于糖衣片打光。用前应精制，即加热至80~100℃熔化后过100目筛，去除悬浮杂质，并加2%硅油混匀，冷却后制成80目细粉备用。

2. 包糖衣工序　包糖衣的工序一般为：包隔离层、粉衣层、糖衣层、有色糖衣层、打光、晾片。根据不同品种具体要求，有的工序可省略，如图6-15所示。

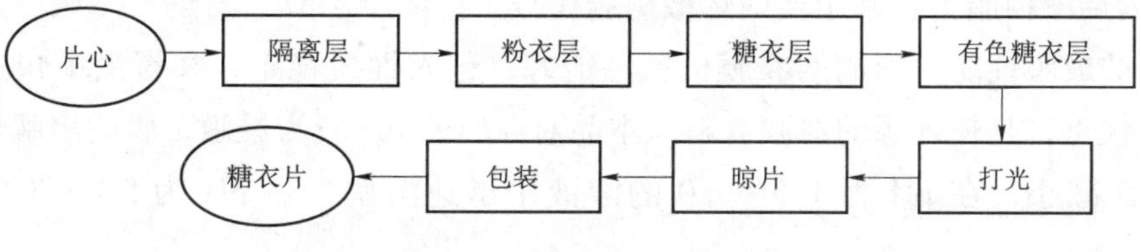

图6-15　片剂包糖衣工艺流程图

（1）隔离层　包隔离层目的是将片心与外界隔绝，形成一层能延缓水分进入或不透水的屏障，阻止糖浆中的水分浸入片心，可防止药物吸潮变质或糖衣被酸性药物破坏，同时还可增加片剂硬度。操作时将药片置于包衣锅内转动，加入适宜温度的胶浆使其均匀黏附在片面上，加入少量的滑石粉防止药片相互粘连或黏附在包衣锅上；若使用有机溶剂，应注意防火，采用低温干燥（40~50℃），每层干燥时间约为30分钟，操作时注意每层干燥后再包下一层，一般包3~5层。

（2）粉衣层　又称粉底层，其目的在于使衣层增厚，消除药片原有棱角，为包好糖衣层打基础，一般需要包15~18层，控制温度在40~55℃。不需包隔离层的片剂可直接包粉衣层。

（3）糖衣层　是由糖浆受热，在片心表面缓缓干燥，形成细腻的、表面坚实的薄膜。其目的是增加糖衣层的牢固性和甜味，使片面坚实、平滑。包衣操作与包粉衣层相似，包衣材料用糖浆而不用滑石粉。应注意每次加入糖浆后应先停止吹风，待片面略干后再加热吹风，加热温度控制在40℃以下，一般包10~15层。

（4）有色糖衣层　亦称色衣或色层。其目的是增加美观、便于识别。一般在最后数层糖衣时使用色浆，色浆颜色应由浅入深，并注意层层干燥。

（5）打光　在包衣片衣层表面打上薄薄一层白蜡，使片衣表面光亮，且有防潮作用。操作在室温下进行，蜡粉用量一般为每万片不超过3~5g为宜。

（6）晾片　将已打光的片剂移至晾片室中进行冷却，使片剂彻底冷却后进行包装，从而防止片剂在储存过程中出现花片等现象。

（二）包薄膜衣常用的材料及工序

薄膜衣是指在片心之外包上一层比较稳定的聚合物衣料，由于膜层较薄，故称薄膜衣。薄膜衣对片心可起到防止水分、空气的浸入，掩盖片心药物特有气味的外溢。与包糖衣比，具有生产周期短、效率高、片重增加小、包衣过程可实现自动化、对崩解影响小等特点。

1. 薄膜包衣材料　由三部分组成，即为高分子成膜材料、溶剂和附加剂。

（1）高分子成膜材料

1）羟丙甲纤维素（HPMC）：是目前应用最广泛、效果较好的包衣材料。其特点是成膜性能好，柔软、抗裂、不易粘连且性质稳定。本品为白色或乳白色纤维状或颗粒状粉末，无臭无味，溶于60℃以下的水，在70%乙醇和丙酮中易溶，不溶于热水和无水乙醇；有多种黏度规格，根据黏度不同分为K型、E型、F型。K型用于缓释制剂，F型为高黏度，用于混悬液，E型黏度较低，用于包薄膜衣。

2）羟丙纤维素(HPC)：与羟丙甲纤维素类似，为白色或类白色粉末，无臭无味；溶解性能类似羟丙甲纤维素，有良好的成膜性能，但其2%的水溶液包衣形成的膜黏性较强，操作及干燥较为困难，常和其他薄膜衣料混合使用。

3）聚丙烯酸树脂类：常用聚丙烯酸树脂Ⅳ号，可溶于乙醇、丙酮、二氯甲烷，不溶于水，有优良的成膜性能，形成的衣膜机械性能好，包衣性质稳定、在胃液中快速崩解，防潮性能好等优点，是较理想的薄膜衣料。本品对介质的pH较为灵敏，膜的溶解性能随溶液的pH上升而减小，在pH为1.5~5.0的溶液中迅速溶解，在pH为5.0~8.0的溶液中溶胀。

4）聚维酮(PVP)：即聚乙烯吡咯烷酮，为白色或乳白色易流动性的无定形粉末，无臭无味，易溶于水、乙醇、三氯甲烷、异丙酮等，不溶于丙酮、乙醚，形成衣膜坚硬光亮。使用时添加适量的聚乙二醇6000(PEG6000)可改善其弹性；成膜后有吸湿软化现象，可与虫胶、甲基纤维素或乙基纤维素、乙酰单甘油酸酯等合用增加其抗湿性能。常用本品70%乙醇制成5%的聚维酮溶液包衣。

5）玉米朊：为玉米中的蛋白质，微黄色粉末，不溶于水，溶于乙醇、异丙醇、丙酮与水的混合液。本品5%~15%乙醇或异丙醇溶液用于包薄膜衣，能防止片剂引湿；黏性较强，应加入硅油防止片剂的黏结。

（2）溶剂　用来溶解、分散薄膜衣材料及增塑剂，使薄膜衣材料在片剂表面均匀分布。常用的溶剂有有机溶剂和水。有机溶剂常用的是乙醇、丙酮等，这类溶剂黏度较低，易挥发除去，形成的包衣片表面光滑、均匀，但是用量较大，有一定毒性和易燃性。水作包衣用溶剂，克服了有机溶剂的缺点，适用于不溶性高分子材料。

（3）附加剂　常用的有增塑剂、着色剂、遮光剂、增光剂、释放速度调节剂、固体粉料等。

1）增塑剂：增塑剂改变高分子薄膜的物理机械性质，使其更具有柔韧性。常用的水溶性增塑剂有甘油、丙二醇、PEG等；水不溶性的增塑剂有邻苯二甲酸酯、蓖麻油、柠檬酸三乙酯、三酰甘油等。

2）着色剂和遮光剂：加入着色剂是为了易于识别不同类型的片剂，便于鉴别，并且满足产品美观的要求，同时还有一定遮光作用，适量的二氧化钛可作为遮光剂进一步提高片心内药物对光的稳定性。

3）释放速度调节剂：又称为释放速度促进剂或致孔剂。在薄膜衣材料中加入蔗糖、氯化钠、表面活性剂、聚乙二醇等水溶性物质时，一旦遇水，水溶性材料迅速溶解，留下一个多孔膜作为扩散屏障，从而调节药物的释放速度。薄膜的材料不同，调节剂的选择也不同，如聚山梨酯、脂肪酸山梨坦、羟丙甲纤维素作为乙基纤维素薄膜衣的致孔剂。

4）固体粉料：在包衣过程中有些聚合物的黏性过大时，适当加入固体粉末以防止高分子包衣材料黏性过大引起的包衣颗粒或片剂的粘连。如可加入滑石粉、硬脂酸镁等。

2. 包薄膜衣工序　包薄膜衣可用滚转包衣法，但包衣锅应有可靠的排气装置，以排除有毒、易燃的有机溶剂，包衣时溶液以细流或喷雾加入，在片心表面均匀地分布，通过热风使溶剂蒸发，反复若干次即得。也可用空气悬浮包衣法，用热空气流直接通入包衣室后，把片心向上吹起呈悬浮状态，然后用雾化系统将包衣液喷洒于片心表面进行包衣，薄膜包衣工艺流程见图 6-16。

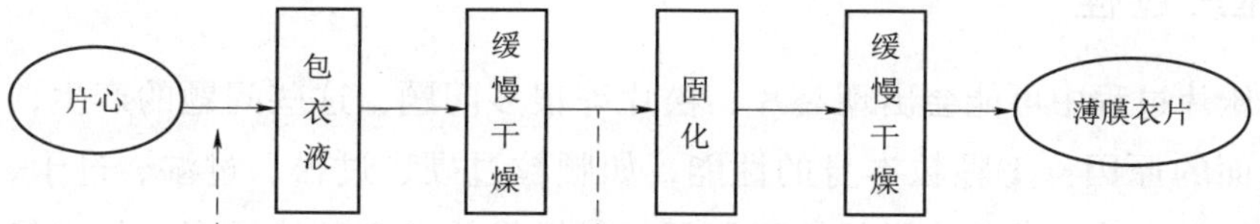

图 6-16　薄膜包衣工艺流程图

（三）包肠溶衣常用的材料及工序

肠溶片是指在 37℃人工胃液 2 小时以内未崩解或溶解，洗净后在人工肠液中 1 小时内崩解或溶解，并释放出药物的包衣片。包肠溶衣是由药物的性质和用药目的决定的：为了防止酸性及酶对某些药物的破坏或防止药物对胃的强烈刺激性；或者为了使药物如驱虫药、肠道消毒药等在肠内发挥作用，或是某些药物需在肠道吸收或在肠道保持较长的时间以延长药物作用。

1. 肠溶衣材料　肠溶衣材料必须具有在不同 pH 溶液中溶解度不同的特性，可抵抗胃液酸性（pH2.0~3.0）的侵蚀，而到达小肠（最高 pH 约为 7.4）时能迅速溶解或崩解。常用肠溶衣物料主要有以下品种。

（1）邻苯二甲酸醋酸纤维素（CAP）　为白色纤维状粉末，不溶于水和乙醇，可溶于丙酮及丙酮与水、丙酮与乙醇的混合溶剂中。包衣时一般用 8%~12% 丙酮乙醇混合溶液喷雾包衣，成膜性能良好，但是本品具有一定的吸湿性，容易受温度和湿度的影响而水解，故常与疏水性增塑剂苯二甲酸二乙酯或十八醇配合使用，除能增加包衣韧性外，还能增加包衣层抗透湿性。其肠溶性受到衣膜的影响，包衣时需要用大量的有机溶剂。

（2）聚丙烯酸树脂类聚合物　由丙烯酸、丙烯酸甲酯、甲基丙烯酸、甲基丙烯酸甲酯聚合而成。其中聚丙烯酸树脂Ⅰ号为低黏度的水分散体，系乳浊液，pH 达 6.5 以上可成盐溶解，本品形成薄膜过程必须使水分完全快速蒸发，需要配合使用快速干燥设备。包衣片表面光滑且具有一定的硬度，但是与水接触易使片面变粗糙，粉末脱落，可加入增塑剂以增强薄膜的韧性。Ⅱ号、Ⅲ号不溶于水和酸，可溶于乙醇、丙酮、异丙酮或等量的异丙酮和丙酮的混合溶剂中。实际生产中常用两者的混合液包衣，具有成膜性好、衣膜透湿性低的优点，单一膜具有一定的脆性。

（3）羟丙甲纤维素酞酸酯（HPMCP）　为 HPMC 与邻苯二甲酸作用生成的单酯，性质稳定，不溶于酸液，易溶于混合有机溶剂中，在 pH 为 5~6 之间能溶解，一般用量为片重的 5%~10%。肠溶性能良好，在十二指肠上端能开始溶解，为优良的肠溶材料。

（4）聚乙烯酞酸酯（PVAP）　由聚合度为 700~7000 的聚乙烯醇与邻苯二甲酸作用而成的单酯，溶于丙酮、乙醇和丙酮的混合溶液，其肠溶性不受膜厚度影响。

2. 包肠溶衣工序　可将片心用包糖衣法包至无棱角时，再加入肠溶衣溶液包肠溶衣至适宜厚度，最后再包数层粉衣层及糖衣层；也可直接在片心上包肠溶全薄膜衣。

第五节　压片及包衣过程中易出现的问题及解决办法

一、压片过程

片剂的压片过程中可能会出现裂片、松片等很多问题，这些问题的产生，归纳起来主要有三个方面的原因：①颗粒本身的性能，如颗粒过硬、过松、过湿、过干、大小悬殊、颗粒细粉比例失当等；②压片机的性能问题；③操作技术和环境因素，如空气中的相对湿度太高等。对这些问题，应具体问题具体分析，查找原因，加以解决。压片过程中常见问题产生原因以及解决办法见表6-1。

表6-1　压片过程中可能出现的问题、产生原因与处理办法

问题	产生原因	解决办法
松片	1. 润湿剂或黏合剂品种不当或用量不足，或物料中含纤维、动物角质类、矿物类药量较多，黏性差，弹性强，或颗粒疏松、流动性差致填充量不足； 2. 颗粒含水量不当； 3. 药料中含挥发油、脂肪油等成分较多； 4. 润滑剂、黏合剂不当；浸膏部分碳化、浸膏粉碎细度不够等导致黏性减小； 5. 冲头长短不齐，片剂所受压力不同； 6. 压力不够或车速过快受压时间太短； 7. 下冲下降不灵活致模孔中颗粒填充不足； 8. 置空气中过久，片剂吸水膨胀	1. 加入干燥黏合剂，或另选黏性较强的黏合剂及适当增加用量重新制粒； 2. 控制颗粒水分在最适宜的范围； 3. 加适当吸收剂吸收，或制成微囊、包合物等； 4. 除针对原因解决外，稠膏、黏合剂趁热与粉料混合，并充分混合均匀以增加软材、颗粒的黏性，增加片剂的硬度； 5. 更换冲头； 6. 适当增加压力，减慢车速增加受压时间； 7. 更换冲头； 8. 避免置于空气过久
黏冲	1. 颗粒太潮； 2. 润滑剂用量不足或分布不均匀； 3. 冲模表面粗糙或刻字太深； 4. 室内温度、湿度太高	1. 重新干燥； 2. 增加用量，并充分混匀； 3. 调换冲头，或用凡尔沙擦亮使之光滑； 4. 保持车间恒温、恒湿，保持干燥
裂片	1. 细粉过多，或颗粒过粗过细； 2. 黏合剂或润湿剂选择不当，或用量不足； 3. 颗粒过干或药物失去结晶水过多； 4. 颗粒中油类成分或纤维性成分较多； 5. 压力过大或车速过快，空气来不及逸出； 6. 冲模不合要求，如模圈中间径大于口径，冲头向内卷边，或上冲与模圈不吻合等	1. 在不影响含量的情况下筛去细粉； 2. 加入干燥黏合剂等混匀后再压片； 3. 喷洒适量稀乙醇润湿，也可加入含水量较多的颗粒，或在地上洒水使颗粒从空气中吸收适当水分； 4. 加入吸收剂或糖粉来克服； 5. 调整压力、减慢车速克服； 6. 调换冲模来解决

续表

问题	产生原因	解决办法
崩解迟缓	1. 崩解剂的品种、用量和加入方法不当，或干燥不够； 2. 黏合剂黏性太强或用量过多；或疏水性润滑剂用量过大； 3. 颗粒粗硬，或压力过大致使片剂坚硬； 4. 含胶、糖或浸膏的片子高温贮存或吸潮	1. 调整崩解剂品种或用量，并改进加入方法，如改内加法为内外加法等； 2. 选用适宜的黏合剂或润滑剂，并调整其用量，或适当增加崩解剂用量； 3. 颗粒适当破碎或适当减少压力； 4. 注意贮存条件
片重差异超限	1. 颗粒粗细悬殊，压片时颗粒的流速不一，致使填入模孔的颗粒量不均匀； 2. 加料器不平衡或堵塞；或下冲下降不灵活；或黏性和引湿性强的颗粒流动不畅	1. 筛去过多的细粉，或重新制颗粒以克服； 2. 应停车检查，克服后再压片
变色或表面斑点	1. 颗粒过硬，有色颗粒松紧不匀，或润滑剂不匀等； 2. 挥发油分散不匀出现油斑； 3. 上冲油垢过多，落入颗粒产生油点	1. 换用乙醇为润湿剂制粒或将原料、辅料充分混匀，并改进制粒方法； 2. 增加密闭闷吸时间，或改进加入方法； 3. 经常擦拭机器，可在上冲装一橡皮圈防止油垢滴入颗粒
引湿受潮	浸膏中含有容易引湿的成分，如糖、树胶、蛋白质、鞣质等	1. 在干浸膏中加入适量辅料，如磷酸氢钙等或加入中药细粉； 2. 提取时加乙醇沉淀除去部分水溶性杂质； 3. 用5%~15%的玉米朊乙醇溶液、聚乙烯醇溶液喷雾或混匀于浸膏颗粒中，待干后进行压片； 4. 将片剂进行包衣，或改进包装，在包装容器中加放干燥剂
叠片	黏冲或上冲卷边等原因；或者由于下冲上升的位置太低，压好的片不能顺利出片	调换冲头调节机器解决之
微生物超限	中药细粉压制的片剂，原料未经处理或经过处理在生产过程中又重新被细菌等污染	抓住易污染的环节，能灭菌的尽可能灭菌，在生产过程中应尽量注意环境卫生及个人卫生，以保证片剂质量和用药安全

二、包衣过程

包衣质量可直接影响产品的外观和内在质量。包衣的质量与片心的质量如形状、水分、硬度及包衣工艺有关，所用包衣物料或配方组成不合适、包衣工艺或操作方法不当等原因，均可造成包衣片在生产过程中或贮存过程中发生问题。包衣过程常出现的问题和解决的方法如下。

（一）包糖衣容易出现的问题与处理办法

包糖衣过程中可能出现的问题与处理办法，见表6-2。

表6-2　包糖衣过程中可能出现的问题与处理办法

问题	产生原因	解决办法
色泽不匀或花斑	1. 有色糖浆用量过少或未混匀； 2. 包衣时干燥温度过高，糖晶析出过快致片面粗糙不平； 3. 衣层未干即打光； 4. 中药片受潮变色	采取多搅拌、少量多次的方法加厚衣层或加深颜色，并注意控制温度。必要时先用适当溶剂洗去部分或全部片衣，干燥后重新包衣
脱壳	1. 片心本身不干； 2. 包衣时未及时充分干燥，水分进入片心； 3. 衣层与片心膨胀系数不同	1. 保证片心干燥； 2. 包衣时严格控制胶浆和糖浆用量以及滑石粉加入的速度； 3. 注意层层干燥以及干燥温度和程度； 4. 发现轻微脱壳，洗除衣层重新包衣
片面裂纹	1. 糖浆与滑石粉用量不当，尤其是粉衣层过渡到糖衣层过程中滑石粉用量减得太快； 2. 温度太高干燥过快，析出糖结晶使片面留有裂纹； 3. 酸性药物与滑石粉中的碳酸盐反应生成二氧化碳； 4. 糖衣片过分干燥	包衣时控制糖浆与滑石粉用量、干燥温度和干燥程度，使用不含碳酸盐的滑石粉，并注意贮藏温度
露边和高低不平	1. 包衣物料用量不当，温度过高或吹风过早； 2. 片心形状不好，边缘太厚； 3. 包衣锅角度太小，片子在锅内下降速度太快，碰撞滚动使棱角部分糖浆、滑石粉分布少	1. 调整用量，糖浆以均匀润湿片面为度，粉料以能在片面均匀黏附一层为宜； 2. 在片剂表面不见水分和产生光亮时再吹风，以免干燥过快，甚至产生皱皮现象； 3. 调整衣锅至最佳角度
糖浆不粘锅	1. 锅壁上蜡未除尽； 2. 包衣锅角度太小	1. 洗净锅壁蜡粉，或锅上再涂一层热糖浆，撒一层滑石粉； 2. 适当调试包衣锅角度
糖浆粘锅	加糖浆过多，黏性大，搅拌不均匀	糖浆的含量应恒定，一次用量不宜过多，锅温不宜过低
打不光擦不亮	1. 片面糖晶大而粗糙； 2. 打光的片剂过干或太湿； 3. 蜡粉受潮、用量过多	控制好包衣条件，调整衣片干湿度和蜡粉用量

（二）包薄膜衣容易出现的问题与处理办法

包薄膜衣过程中可能出现的问题与处理方法，见表6-3。

表6-3 包薄膜衣过程中可能出现的问题与处理办法

问题	产生原因	解决办法
色差	1. 包衣量不足； 2. 包衣过程中片心混合不均匀； 3. 包衣材料的遮盖力不佳； 4. 包衣液固体含量过高； 5. 包衣机喷枪数量不足； 6. 喷枪雾化覆盖不足； 7. 包衣锅转速较低	1. 增加包衣量； 2. 提高包衣锅的转速或改善包衣的混合效率； 3. 加入着色剂或选用遮盖力强的配方，对于有色片心和中药片心可以进行预包衣； 4. 适当降低包衣液的固体含量； 5. 增加喷枪； 6. 调整喷枪位置使其具有更大的喷射范围、更好的雾化效果； 7. 提高包衣锅的转速
剥离	1. 衣膜的机械强度太低； 2. 薄膜与片面间的黏附力太差； 3. 片剂处方中使用了过量的润滑剂	1. 选用具有良好机械强度的包衣材料； 2. 重新选择包衣材料，提高衣膜的黏附性； 3. 选用具有良好润滑特性的赋形剂
橘皮样粗糙	1. 包衣液黏度太高； 2. 包衣液雾化效果差	1. 降低包衣液的黏度； 2. 增加雾化压力
粘连	1. 喷液速度太快； 2. 包衣锅干燥效率不高； 3. 包衣锅转速太慢； 4. 喷枪雾化效果差； 5. 包衣液雾化覆盖面小	1. 降低喷液速度； 2. 提高包衣锅的干燥效率； 3. 增加包衣锅转速； 4. 提高雾化压力； 5. 选择附着力优良的配方
孪生片	1. 喷液速度太快； 2. 包衣锅转速太慢； 3. 片形不适当； 4. 配方黏性太大； 5. 喷枪与片面的距离太近	1. 降低喷液速度，提高雾化效率； 2. 增加包衣锅转速； 3. 选择适当的片形，尽可能减小侧面在包衣过程中接触的机会； 4. 改进包衣液处方或降低包衣液中的固体含量； 5. 适当增加喷枪与片面间的距离
桥接	1. 衣膜的附着力差； 2. 片心表面疏水性太强； 3. 片面有不恰当的标识，如刻痕太细或太复杂； 4. 包衣材料增塑性不足，衣膜内力太大	1. 选用附着力强的配方； 2. 改进片心配方，如增加亲水性成分； 3. 选择刻痕合适的宽度和深度； 4. 降低喷液流量，提高干燥效率
刻痕模糊	1. 标识太复杂或刻痕太细； 2. 片面磨损致使刻痕不清晰； 3. 发生桥接现象； 4. 刻痕内填充喷雾干燥的产物	1. 选择刻痕合适的宽度和深度； 2. 提高片心质量； 3. 见桥接的解决方法； 4. 减少喷雾干燥的发生；增加喷量、降低雾化压力，降低进风温度和进风量，缩小喷枪与片面的距离

续表

问题		产生原因	解决办法
片面磨损		1. 片心太松或脆碎度高； 2. 包衣锅转速太快； 3. 喷量太低； 4. 喷液固体含量太低	1. 通过增加压力或改进片心的机械强度； 2. 降低转速； 3. 增加喷量； 4. 选用高固体含量的包衣粉
其他	喷霜	热风适度过高、喷程过长、雾化效果差	适当降低温度，缩短喷程，提高雾化效果
	药品间色差	喷液不均匀或包衣液固体含量过度或包衣机转速慢	调节好喷枪角度，降低包衣液固体含量，适当提高包衣机的转速
	衣膜表面有针孔	包衣液配制时卷入过多的空气	避免配液时卷入过多的空气

（三）包肠溶衣容易出现的问题

1. 肠溶衣片不能安全通过胃部 产生的原因可能是由于衣料选择不当，衣层太薄或没有将片心全部包裹上，衣层机械强度不够。解决的办法：选择适宜衣料，重新调整包衣处方，增加包衣层数。

2. 肠溶衣片肠内不溶解（排片） 产生的原因可能是选择衣料不当，衣层太厚，贮存变质。解决的办法：选择适当衣料、减少衣层厚度、控制贮存条件防止变质。

第六节　片剂生产的质量控制与评定

一、片剂的生产过程质量控制

（一）压片工艺质量控制要点

1. 片剂生产车间洁净度应达到 D 级，室内相对室外呈正压，温度 18~26℃，相对湿度 45%~65%。

2. 压片前的颗粒应控制水分以适应制片工艺的需要。

3. 在压片过程中要求 15 分钟测一次片重，经常检查片剂外观，并做好记录，称重后的片剂应废弃。

4. 生产过程所有物料均应有标示，防止发生混药、混批。

5. 按设备清洁的标准操作规程进行设备的清洁。

（二）包衣工艺质量控制要点

1. 片剂包衣生产车间洁净度应达到 D 级，内相对室外呈正压，温度 18~26℃，相对湿度 45%~65%。

2. 如使用有机溶剂包薄膜衣、肠溶衣，包衣室和配制室必须符合防火、防爆要求，禁止使用明火。

3. 生产过程所有物料均应有标示，防止发生混药、混批。

4. 包薄膜衣过程中，随时取样检查包衣片质量和控制包衣片增重量。

5. 装有包制好的半成品的盛器内、外应有标签，写明品名、规格、批号、重量、日期和操作者等。按规定时间干燥后送中间站。

6. 按设备清洁的标准操作规程进行设备的清洁。

二、片剂的质量评定

片剂的质量直接影响其药效和用药的安全性，经检查合格后方可以提供临床使用。按照《中国药典》（2015 年版）有关规定，片剂需要进行如下方面的质量检查。

（一）外观

片剂的外观应完整光洁、边缘整齐、片形一致、色泽均匀、字迹清晰、无杂斑、无异物；包衣片畸形不得超过 0.3%，并在规定的有效期内保持不变。

（二）重量差异

重量差异大，意味着每片的主药含量不一致，因此必须把片剂的重量差异控制在规定的限度内。《中国药典》（2015 年版）通则 0101 中规定片剂重量差异限度见表 6-4。

表 6-4　片剂的重量差异限度

平均片重或标示片重	重量差异限度
0.3g 以下	±7.5%
0.3g 及 0.3g 以上	±5%

检查方法：取供试品 20 片，精密称定总重量，求得平均片重后，再分别精密称定每片的重量，每片重量与平均片重相比较（凡无含量测定的片剂，每片重量应与标示片重比较），按表中的规定，超出重量差异限度的药片不得多于 2 片，并不得有 1 片超出限度 1 倍。

糖衣片的片心应检查重量差异并符合规定，包糖衣后不再检查重量差异。薄膜衣片应在包薄膜衣后检查重量差异并符合规定。

凡规定检查含量均匀度的片剂，一般不再进行重量差异检查。

（三）硬度

片剂应有适宜的硬度，避免在包装、运输等过程中破碎或磨损。硬度不仅影响片剂的崩解、溶出，还会对片剂的生产、运输和贮存带来直接影响。《中国药典》（2015 年版）对硬度检查未作规定，生产中一般采用经验检查法，即取药片一片置于中指和食指间，以拇指轻压，如果轻轻一压，片剂立即分成两瓣，即表示硬度不足，此法不够严密。目前常用孟山都硬度计测定片剂的硬度。

检查法：通过一个螺栓对一弹簧加压，由弹簧推动压板对片剂加压，由弹簧长度变化反映压力的大小，片剂破碎时的压力即为硬度。

（四）脆碎度

脆碎度检查法用于检查非包衣片的脆碎情况及其他物理强度，如压碎强度。具体常用脆碎度测定仪测定。

检查法：片重为 0.65g 或以下者取若干片，使其总重约为 6.5g 片重，大于 0.65g 者取 10 片，用吹风机吹去脱落的粉末，精密称重，置圆筒中，转动 100 次。取出，同法除去粉末，精密称重，减失重量不得过 1%，且不得检出断裂、龟裂及粉碎的片。本试验一般仅作 1 次。如减失重量超过 1% 时，可复检 2 次，3 次的平均减失重量不得过 1%，并不得检出断裂、龟裂及粉碎的片。

（五）崩解时限

崩解系指片剂在规定条件下全部崩解溶散或成碎粒，除不溶性包衣材料外，应全部通过筛网。如有少量不能通过筛网，但已软化或轻质上漂且无硬心者，可作符合规定论。凡《中国药典》（2015 年版）规定进行“溶出度、释放度”检查的片剂以及某些特殊的片剂（如缓控释片、咀嚼片）以外，一般的口服片剂均需进行崩解时限检查。其具体要求见表 6-5。

表 6-5　《中国药典》（2015 年版）对片剂的崩解时限要求

片剂	崩解时限（min）
普通片	15
泡腾片	5
糖衣片	60
口含片	10 分钟内不应全部崩解或溶化
可溶片	3
舌下片	5
肠溶衣片	先在盐酸溶液（9→1000）中检查 2 小时，每片均不得有裂缝、崩解或软化现象；继将吊篮取出，用少量水洗涤后，每管各加入挡板，再按上述方法在磷酸盐缓冲液（pH 6.8）中进行检查，1 小时内应全部崩解

检查法：除另有规定外，照崩解时限检查法（通则 0921）检查，应符合规定。

含片的溶化性照崩解时限检查法（通则 0921）检查，应符合规定。

舌下片照崩解时限检查法（通则 0921）检查，应符合规定。

阴道片照融变时限检查法（通则 0922）检查，应符合规定。

口崩片照崩解时限检查法（通则 0921）检查，应符合规定。

咀嚼片不进行崩解时限检查。

凡规定检查溶出度、释放度的片剂，一般不再进行崩解时限检查。

（六）微生物学检查

以动物、植物、矿物来源的非单体成分制成的片剂，生物制品片剂，以及黏膜或皮肤炎症或腔道等局部用片剂（如口腔贴片、外用可溶片、阴道片、阴道泡腾片），照非无菌产品微生物限度检查：微生物计数法（通则 1105）和控制菌检查法（通则 1106）及非无菌药品微生物限度标准（通则 1107）检查，应符合规定。生物制品规定检查杂菌的片剂，可不进行微生物限度检查。

第七节　片剂的包装与贮存

一、片剂的包装

包装是片剂生产的最后一道程序。片剂一般均应密封包装，以防潮、隔绝空气等防止变质和保证卫生标准合格；某些对光敏感的药片，应采用遮光容器。

片剂的包装通常采用两种形式。

（一）单剂量包装

单剂量包装方式较好，使每个药片处于密封状态，提高对产品的保护性，也可杜绝交叉感染，并可防止片与片的相互碰撞和摩擦等。

1. 泡罩包装 药品的铝塑泡罩包装又称水眼泡包装，简称“PTP”，是利用上下两层膜将药品在平板泡罩式或吸泡式包装机上经热压形成的泡罩式包装。底层材料通常采用厚度为0.25~0.35mm的无毒硬质聚氯乙烯膜，简称硬质PVC膜，背层材料采用厚度为0.02mm的特制铝箔，又称PT箔。硬质PVC膜经红外加热器加热后在成形滚筒上形成单独的泡罩，单药片进入泡罩后，铝箔盖在上面，即可热压封合成泡罩。箔为背层材料，背面可印上药品名称、用法、用量等。

2. 条形包装 条形包装是利用两层药用条形包装膜(SP膜)把药品夹在中间，利用热风，两层SP膜内侧热合密封而形成的带状包装。SP膜多为聚乙烯铝塑复合膜。此种包装每个单元多为一片或两片片剂，压合密封性好、使用方便。

3. 双铝塑包装 是采用两层涂覆铝箔将药品夹在中间，然后热合密封、冲裁制成一定板块的包装形式。具有优良的气密性、防潮性和遮光性。

（二）多剂量包装

将若干片包装于一个容器内，常用的容器是玻璃瓶、塑料瓶等，也有用软性薄膜、纸塑复合膜等制成的药袋。

1. 玻璃瓶 用软木塞并用蜡封口，是常用包装方法，为避光，可用棕色瓶。其密封性较好，不透水汽和空气，化学惰性好，不易变质，价格低廉，有色玻璃瓶有一定的避光作用。但是重量较大、易于破损。

2. 塑料瓶(盒) 近年来应用增多，优点是轻巧而不易破碎。塑料瓶质地轻、不易破碎、容易制成各种形状、外观精美等，常用聚乙烯、聚苯乙烯、聚氯乙烯容器，此等塑料本身稳定，不溶于一般溶剂，不挥发，安全性好，但为塑制成型，一般需加入增塑剂等，有的添加剂可能对药物起不良作用。其密封隔离性能不如玻璃制品，在高温及高湿下可能会发生变形。

3. 塑料袋 常见的药品软包装形式，在一台机器上完成药用薄膜制袋、充填、封口和切断等工艺。具有一定的防潮阻气性、良好的热封性，质轻、价格相对低廉，包装设备操作方便。

二、片剂的贮存

片剂应密封贮存，防止受潮、发霉、变质。除另有规定外，一般应将包装好的片剂放在阴凉(20℃以下)、通风、干燥处贮藏。对光敏感的片剂，应避光保存(宜采用棕色瓶包装)。受潮后易分解变质的片剂，应在包装容器内放干燥剂(如干燥硅胶)。

片剂是一种较稳定的剂型，只要包装和贮存条件适宜，一般可贮存较长时间，但不同片剂的药物性质不同，片剂质量也不同。含挥发性药物的片剂久贮易有含量的变化；糖衣片易有外观的变化，有些片剂在久贮后片剂的硬度变大等，应给予注意。

第八节 举 例

例 1 复方磺胺甲噁唑片

【处方】	磺胺甲基异噁唑(SMZ)	400g
	甲氧苄啶(TMP)	80g
	干淀粉	23g
	淀粉(120 目)	40g
	10%淀粉浆	24g
	硬脂酸镁	3g
	共制成	1000 片(每片含 SMZ 0.4)

【制法】将磺胺甲噁唑、甲氧苄啶过 80 目筛后与淀粉混合均匀，加淀粉浆制成软材。以 14 目筛制粒后置 70~80℃干燥后，12 目筛整粒。加入干淀粉及硬脂酸镁混匀后，压片。

【注意】

(1) 这是一般的湿法制粒压片的实例，处方中的磺胺甲噁唑为磺胺类抗菌药物，甲氧苄啶为抗菌增效剂，两药配伍使用，能双重阻断细菌的叶酸合成，抑制细菌的生长和繁殖，抗菌作用显著增强。

(2) 制备时，两种主药必须分别粉碎，否则易熔融；处方中淀粉为内加崩解剂，干淀粉为外加崩解剂；10%淀粉浆为黏合剂，硬脂酸镁为润滑剂。

例 2 复方阿司匹林片

【处方】	阿司匹林	228g
	16%淀粉浆	85g
	对乙酰氨基酚	136g
	滑石粉	25g
	咖啡因	33.4g
	轻质液体石蜡	2.5g
	淀粉	66g
	酒石酸	2.7g
	共制成	1000 片

【制法】将对乙酰氨基酚、咖啡因分别磨成细粉，与约 1/3 的淀粉混匀，加淀粉浆混匀制软材，14 目或 16 目尼龙筛制粒，70℃干燥，干颗粒过 12 目尼龙筛整粒，将此颗粒与阿司匹林混合均匀，加剩余淀粉(预先在 100~105℃干燥)及吸附有液体石蜡的滑石粉(将轻质液体石蜡喷于滑石粉中混匀)，共同混匀后，再通过 12 目尼龙筛，颗粒经含量测定合格后，用 12mm 冲压片，即得。

【适应证】本品为解热镇痛药。

【用法与用量】口服成人 1~2 片/次，3 次/日。

【注意】本品中加其他辅料的原因及制备时应注意的问题：①本品中三种主药混合制粒及干燥时易产生低共熔现象，应采用分别制粒的方法，并且避免阿司匹林与水直接接触，保证了制剂的稳定性。②阿司匹林遇水易水解成水杨酸和醋酸，其中水杨酸对胃黏膜有较强的刺激性，长期应用会导致胃溃疡。因此，本品中加入阿司匹林量1%的酒石酸，可在湿法制粒过程中有效地减少阿司匹林水解。③阿司匹林的水解可受金属离子的催化，必须采用尼龙筛网制粒，同时不得使用硬脂酸镁，所以采用5%的滑石粉作为润滑剂。④阿司匹林的可压性极差，因此采用了较高浓度的淀粉浆（15%~17%）作为黏合剂。⑤阿司匹林具有一定的疏水性，因此必要时可加入适宜的表面活性剂，如聚山梨酯80等，加快其崩解和溶出(一般加入0.1%即可有显著的改善)。⑥为了防止阿司匹林与咖啡因等的颗粒混合不匀，可采用滚压法或重压法将阿司匹林制成干颗粒，然后再与咖啡因等颗粒混合。⑦处方中的液体石蜡为滑石粉的10%，可使滑石粉更易于黏附在颗粒的表面上，在压片震动时不易脱落。⑧车间中的湿度亦不宜过高，以免阿司匹林发生水解。总之，当遇到像阿司匹林这样理化性质不稳定的药物时，要从多方面综合考虑其处方组成和制备方法，从而保证用药的安全性、稳定性和有效性。

例3　硝酸甘油片

【处方】	硝酸甘油	0.6g
	17%淀粉浆	适量
	乳糖	88.8g
	硬脂酸镁	1.0g
	糖粉	38.0g
	共制成	1000片(每片含硝酸甘油0.5mg)

【制法】 首先用乳糖、糖粉、淀粉浆制备空白颗粒，然后将硝酸甘油制成10%的乙醇溶液（按120%投料)拌于空白颗粒的细粉中(30目以下)，过两次14目筛后，于40℃以下干燥50~60分钟，再与事先制成的空白颗粒及硬脂酸镁混匀，压片，即得。

【注意】

(1) 这是一种通过舌下吸收治疗心绞痛的小剂量药物的片剂，不宜加入不溶性的辅料(除微量的硬脂酸镁作为润滑剂以外)。

(2) 为防止混合不匀造成含量均匀度不合格，采用主药溶于乙醇再加入(当然也可喷入)空白颗粒中的方法。

(3) 在制备中还应注意防止震动、受热和吸入人体，以免造成爆炸以及操作者的剧烈头痛。另外，本品属于急救药，片剂不宜过硬，以免影响其舌下的速溶性。

例4　红霉素肠溶衣片

【处方】	红霉素	10亿单位
	淀粉	0.575kg
	10%淀粉浆	适量
	硬脂酸镁	0.036kg
	共制	10 000片

【制法】 (1) 片心的制备：将红霉素粉与淀粉搅拌，混匀，加淀粉浆搅拌，制软材，过12目筛，制粒，80~90℃通风干燥，干颗粒整粒后加入硬脂酸镁，混匀，压片，包肠溶衣。

(2) 肠溶衣处方

Ⅱ号丙烯酸树脂　　　　28g

蓖麻油	16.8g
邻苯二甲酸二乙酯	5.6g
聚山梨酯80	5.6g
85%乙醇	560ml
滑石粉	16.8g

包衣方法：①取Ⅱ号丙烯酸树脂用85%乙醇泡开配制成5%树脂溶液，将滑石粉、邻苯二甲酸二乙酯、聚山梨酯80、蓖麻油等混匀，研磨后加入5%Ⅱ号丙烯酸树脂溶液中，加色素混匀后，过120目筛备用；②将片心置包衣锅中，包六次粉衣层后，喷上述树脂液，锅温控制在35℃左右，在4小时内喷完。

【适应证】抗菌药物，主要用于敏感菌引起的肺炎、败血症等。

【用法与用量】口服，成人一日4次，每次1~2片。

【注意】红霉素在酸性条件下不稳定，能被胃酸破坏，故需制成肠溶衣片或肠溶薄膜衣片。

扫码“练一练”

思考题

1. 试述片剂的类型。
2. 试述湿法制粒压片的生产工艺流程。
3. 片剂包衣的目的是什么？
4. 简述片剂包糖衣的工序和物料。
5. 片剂的生产工艺有哪些？分别适用于什么情况？
6. 包衣片和普通片质量要求和生产工艺有何不同？什么情况下选择何种包衣片？
7. 试述片剂辅料的类型。
8. 片剂压片前制颗粒的目的是什么？
9. 试述片剂的质量检查项目。
10. 片剂在压片过程中容易出现的质量问题有哪些？
11. 试述片剂包薄膜衣所用物料。
12. 如何改善直接压片时药物粉末的可压性和流动性？

实训一　片剂的制备

一、实训目的

1. 能按湿法制粒压片的工艺过程生产片剂。
2. 能选择片剂生产所用的辅料与用量。
3. 能正确使用槽形混合筒（V型混合机）、摇摆式颗粒机（快速混合制粒机）、压片机、平板铝塑泡罩包装机等设备，并进行清洁与维护。
4. 能解决压片过程中出现的问题。

5. 熟悉片剂生产工艺管理要点和质量控制要点。

6. 学会处理突发事件。

7. 能按清场规程进行清场工作。

二、实训条件

1. 实训场地 生产车间或实训室。

2. 实训仪器与设备 槽形混合机(V型混合机)、摇摆式颗粒机(快速混合制粒机)、干燥箱、片剂崩解仪、压片机、振动筛分机、平板铝塑泡罩包装机、水分测定仪、托盘天平、扭力天平、量杯、量筒等。

3. 实训材料 对乙酰氨基酚、淀粉、糊精、硬脂酸镁、纯水、PVC、铝箔。

三、实训内容

【处方】

对乙酰氨基酚	1000g
淀粉	400g
糊精	600g
10%淀粉浆	适量
硬脂酸镁	20g
共制成	20 000片

【制法】按处方量称取物料，取对乙酰氨基酚与淀粉、糊精混合均匀，加适量10%淀粉浆制软材，过16目筛制粒，将湿粒于40~60℃干燥。干颗粒过12目筛整粒，整粒完颗粒加硬脂酸镁混合均匀，过12目筛。颗粒经含量测定合格后，压片。铝塑包装机包装，即得。

【操作步骤】

1. 生产前准备 按人员进入一般生产区更衣程序和净化要求进入操作间。检查操作间是否有清场合格标志，检查工具、容器等是否清洁干燥；核对有效期；检查设备是否有"合格"标牌、"已清洁"标牌，并对设备状况进行检查，确认设备正常，方可使用；校准称量器具，核对模具是否与生产指令相符，检查模具是否完好；根据生产指令填写领料单，并向中间站领取所需药物粉末，并核对品名、批号、规格、数量、质量；按《混合设备消毒规程》《压片机设备消毒标准操作规程》对设备、模具及所需容器、工具进行消毒；挂本次操作运行标志，进入操作程序。

2. 生产操作

(1) 物料的混合 启动混合设备空转运行，声音正常后停机，加料，进行混合操作；混合机必须保证混合运行足够的时间；已混合完毕的物料，盛装于洁净的容器中密封，交中间站，并贴签，填写请验单。每件容器均应附有物料状态标记，注明品名、批号、数量、日期、操作人等。

(2) 制粒操作 启动设备空转运行，听转动声音是否正常；按《摇摆式颗粒机标准操作规程》进行制粒操作，制成符合规定要求的湿颗粒；湿颗粒按《干燥标准操作规程》进行干燥操作；干燥后的颗粒用整粒机进行整粒，整粒采用14~22目筛，然后加入硬脂酸镁，于混合机中进行总混。总混后颗粒盛装于洁净的容器中密封，交中间站，并贴签，填写请验单。每件容器均应附有物料状态标记，注明品名、批号、数量、日期、操作人员等。

（3）压片操作　按《压片设备标准操作规程》依次装好中模、下冲、上冲、刮粉器、饲料斗、流片槽、除尘机抽风管等。并将其他生产用器具准备好。用手转动手轮，使转台转动1~2圈，确认无异常后，关闭玻璃门，将适量合格颗粒送入饲料斗，点动试压，调节片重、压力，测定片重及片重差异、崩解时限、硬度，确证符合要求后开始试压。试压合格后，加入颗粒，开机正常压片。压片过程每隔15分钟测一次片重，确保片重差异在规定范围内，随时观察片剂外观，并做好记录。压片完毕，片子装入洁净中转桶，填好盛装单，称量贴签，加盖封好，交中间站。

（4）内包装操作　检查模具、核对生产批号、有效期与生产指令是否一致，升高温度，上好铝箔和PVC，待温度达到要求时试机观察设备是否正常。泡型正常后，即可装料，将上述生产的对乙酰氨基酚片加入料斗中，有节料门控制下料速度，并严格按《铝塑泡罩包装机操作规程》进行操作。开启“刷轮”按钮，用调节旋钮控制前后刷轮的转速，使之处于合格状态。进行包装，每板6片。包装完毕，将残次板剔除干净，装于待检容器中挂待检牌，注明物料品名、规格、批号、数量、日期和操作者姓名。关机。

3. 质量控制

（1）外观　应完整光洁、边缘整齐、片形一致、色泽均匀、字迹清晰、无杂斑、无异物。

（2）片重及片重差异　重量差异大，意味着每片的主药含量不一致，对治疗可能产生影响，因此必须把片剂的重量差异控制在规定的限度内。

（3）水分　与空间温湿度、物料及时密封有关，应做好相关工作，使其符合内控标准要求。

（4）硬度和脆碎度　应符合内控标准要求。

（5）崩解度　应符合《中国药典》（2015年版）要求。

（6）溶出度　应符合《中国药典》（2015年版）要求。

4. 生产后清场　回收剩余物料，标明状态，交中间站，并填写清场记录。按《片剂设备清洁标准操作规程》《场地清洁标准操作规程》对设备、场地、用具、容器进行清洁消毒，挂上清洁待用的标识；填写生产操作记录。

【实训提示】

1. 原辅料的处理　主药和辅料在投料前须经过鉴定、含量测定等质量检查，合格的物料经干燥、粉碎。实际生产中，物料粉碎细度以通过100目筛为宜，否则制备出来的片剂表面出现花斑等现象。

2. 制湿粒　配制淀粉浆，可用直火加热，也可用水浴加热。如用直火时需不停搅拌，防止焦化致使片面产生黑点。加浆的温度以温浆为宜，温度太高不利于药物稳定，温度太低不利于药物分散均匀。

3. 湿粒干燥　颗粒的含水量影响压片的操作，颗粒含水量太高，易黏冲；含水量太低，易松片。注意控制烘干时间，一般颗粒含水量控制3%左右。

4. 整粒　湿颗粒干燥后，需过筛整粒，整粒筛目孔径与制粒时相同或略小。整粒后加润滑剂和外加法所需要加入的崩解剂与颗粒混匀，再进行含量测定，然后根据颗粒所含主药含量计算片重。

5. 压片机的调节　压片机有一定转向，不得向相反方向转动，否则将会损坏机件。加料斗内应注意物料量，保证加料斗内的物料在一半以上。若接近无料，应及时降低车速或停车。

6. 压片机的保养　压片完毕，用毛刷刷去药粉，用废纱头揩拭机件，使压片机干燥清洁，最后加好润滑油。当一切顺利、正常后，方可开始使用。

7. 包装　包装结束后，应准确统计标签的实用数、损坏数及剩余数，与领用数相符。剩余标签和报废标签按规定处理。包装全过程应随时检查包装质量。要求贴签端正、批号正确、封口纸平整严密、PVP 泡罩和铝箔热压熔合均匀、装箱数量准确及外箱文字内容清晰正确。

【实践结果】

<table>
<tr><td>品名</td><td></td><td>规格</td><td></td><td>批号</td><td></td><td>产量</td><td></td></tr>
<tr><td>生产前准备</td><td colspan="5">项目　　　　结果</td><td colspan="2">操作人：
复核人：</td></tr>
<tr><td>备料</td><td colspan="5">名称　　规格　　批号　　数量</td><td colspan="2">操作人：
复核人：</td></tr>
<tr><td rowspan="12">制备过程</td><td rowspan="2">配料</td><td>参数记录</td><td colspan="3"></td><td colspan="2">操作人：</td></tr>
<tr><td>检查结果</td><td colspan="3"></td><td colspan="2">复核人：</td></tr>
<tr><td rowspan="2">制粒</td><td>参数记录</td><td colspan="3"></td><td colspan="2">操作人：</td></tr>
<tr><td>检查结果</td><td colspan="3"></td><td colspan="2">复核人：</td></tr>
<tr><td rowspan="2">干燥</td><td>参数记录</td><td colspan="3"></td><td colspan="2">操作人：</td></tr>
<tr><td>检查结果</td><td colspan="3"></td><td colspan="2">复核人：</td></tr>
<tr><td rowspan="2">总混</td><td>参数记录</td><td colspan="3"></td><td colspan="2">操作人：</td></tr>
<tr><td>检查结果</td><td colspan="3"></td><td colspan="2">复核人：</td></tr>
<tr><td rowspan="2">压片</td><td>参数记录</td><td colspan="3"></td><td colspan="2">操作人：</td></tr>
<tr><td>检查结果</td><td colspan="3"></td><td colspan="2">复核人：</td></tr>
<tr><td rowspan="2">包装</td><td>参数记录</td><td colspan="3"></td><td colspan="2">操作人：</td></tr>
<tr><td>检查结果</td><td colspan="3"></td><td colspan="2">复核人：</td></tr>
<tr><td>清场</td><td colspan="5">项目　　　　结果</td><td colspan="2">操作人：
复核人：</td></tr>
<tr><td>其他</td><td colspan="5"></td><td colspan="2">操作人：
复核人：</td></tr>
</table>

操作者：　　　　　　　　　　　　　　　　生产日期：

【问题与思考】

1. 试写出片剂制备工艺流程，试述中间工艺控制点。
2. 分析并讨论实训结果，总结出影响片剂质量的因素及解决办法。
3. 药品标签应该具有哪些内容？

实训二　片剂溶出度测定

一、实训目的

1. 掌握片剂溶出度的测定方法。
2. 学会溶出度测定仪的调试和使用方法。
3. 学会紫外-可见分光光度计的使用方法。

二、实训条件

1. 实训场地　生产车间或实训室。

2. 实训仪器与设备　溶出度测定仪、紫外-可见分光光度计、分析天平、容量瓶、注射器、滤膜、烧杯等。

3. 实训材料　对乙酰氨基酚片、0.1mol/L 稀盐酸、0.04% 氢氧化钠溶液。

三、实训内容

1. 转篮法仪器装置的调试　转篮安装就绪，开动电机空转，检查电路是否畅通，有无异常噪音，转篮的转动是否平稳，加热恒温装置及变速装置是否正常。

2. 对乙酰氨基酚片溶出度测定

（1）溶出介质的配制　取稀盐酸 24ml，加纯化水稀释至 1000ml，即得。

（2）调节溶出仪水浴温度为 37℃±0.5℃，恒温。

（3）准确量取 900ml 溶出介质。预热至 35℃，倒入测定仪的溶出杯中，于恒温水浴中恒温至 37℃±0.5℃。另外用烧杯盛装 200ml 溶出介质于恒温水浴中保温，作补充介质用。

（4）调节转篮转速为 100r/min。

（5）取供试品 6 片，分别投入 6 个转篮内，将转篮降入容器内，立即开始计时。

（6）经 30 分钟时，取溶液 5ml，滤过，精密量取续滤液 1ml，加 0.04% 氢氧化钠溶液稀释至 50ml，摇匀，照紫外-可见分光光度法，在 257nm 波长处测定吸收度，按 $C_8H_9NO_2$ 的吸收分数($E_{1cm}^{1\%}$)为 715 计算出每片的溶出量。限度为标示量的 80%，应符合规定。

3. 结果判断　6 片中每片的溶出量，按标示含量计算，均应不低于规定限度(Q)；除另有规定外，限度(Q)为标示含量的 70%。如 6 片中仅有 1 片低于规定限度，但不低于 Q-10%，且平均溶出量不低于规定限度时，仍可判为符合规定。如 6 片中有 1 片低于 Q-10%，应另取 6 片复试；初、复试的 12 片中仅有 2 片低于 Q-10%，且其平均溶出量不低于规定限度时，亦可判为符合规定。

【实训提示】片剂等固体制剂服用后，在胃肠道中要先经过崩解和溶出两个过程，然后才能透过生物膜吸收。溶出度系指药物从片剂或胶囊剂等固体制剂在规定溶剂中溶出的速度和程度。溶出速度除与药物的晶型、颗粒大小有关外，还与制剂的生产工艺、辅料、贮存条件等有关。为了有效地控制固体制剂质量，除采用血药浓度法或尿药浓度法等体内测定法推测吸收速度外，体外溶出度测定法是一种较简便的质量控制方法。

对乙酸氨基酚(扑热息痛)是目前广泛应用的解热镇痛药，具有起效快、作用缓和而持久、不良反应小等特点。但其可压性差、易裂片，生产中多采用高黏度的黏合剂以解决外观问题，其崩解时间延长，不利于药物溶出。因此对乙酸氨基酚的溶出度是一项重要的质量指标。实际应用中溶出度指一定时间内药物溶出的程度，一般用标示量的百分率表示，如药典规定 30 分钟内对乙酰氨基酚的溶出限度为标示量的 80%。

对于口服固体制剂，特别是对哪些体内吸收不良的难溶性的固体制剂，以及治疗剂量与中毒剂量接近的药物的固体制剂，均应作溶出度检查并作为质量标准。

溶出度的计算公式：

$$溶出量\% = \frac{溶出量}{示量} \times 100\%$$

$$溶出量(g) = \frac{A \times 500}{E_{1cm}^{1\%}}$$

【注意】

1. 转篮分篮体与篮轴两部分，均为不锈钢金属材料制成。不锈钢丝网内径为 22. 2mm±1. 0mm，转篮转动时幅度不得超过±1. 0mm。

2. 操作容器为 1000ml 的圆底烧杯，外套水浴；水浴的温度应能使容器内溶剂的温度保持在 37℃±0. 5℃。转篮底部离烧杯底部距离为 25mm±2mm。

3. 电动机与篮轴相连，转速可任意调节在每分钟 50~200 转，稳速误差不超过±4%。

4. 仪器应装有 6 套操作装置，可以一次测定 6 份供试品。取样点位置应转篮上端距液面中间，离烧杯壁 10mm 处。

5. 溶出仪水浴箱中应加入纯化水至水线，开机后水应循环。

6. 溶液滤过用不大于 0. 8μm 的微孔滤膜滤过，自取样至滤过应在 30 秒钟内完成。

【实训结果】

对乙酰氨基酚片溶出度数据表

编号	1	2	3	4	5	6
A						
溶出百分率(%)						
平均溶出度						
结论						

【问题与思考】

1. 为何有些药物的片剂或胶囊剂需测定溶出度？

2. 欲使溶出度测定结果准确，实践过程应注意哪些问题？

实训三　片剂的质量检查

一、实训目的

1. 熟悉片剂质量检查的步骤。

2. 学会片剂的外观、重量差异、硬度与脆碎度、崩解时限的检查方法。

二、实训条件

1. **实训场地**　生产车间或实训室

2. **实训材料**　各种类型的片剂(普通片、糖衣片、薄膜衣片、含片、咀嚼片等)；片剂崩解仪、孟山都硬度计、片剂脆碎度测定仪等。

三、实训内容

1. 外观检查　取样品100片，平铺于白底板上，置于75W光源下60cm处，距离片剂30cm，以肉眼观察30秒钟。

2. 片重差异　根据现行版《中国药典》规定如下，抽取样品20片，精密称定总重量，并求得平均片重后，在分别精密称定各药片的重量，每片重量与平均片重相比较，超出重量差异限度的药片不得多于2片，并不得有1片超出重量差异限度一倍。

3. 崩解时限的检查

(1) 安装并检查装置与药典规定是否一致。

(2) 取药片6片，分别置六管吊篮的玻璃管中，每管各加1片，准备工作完毕后，进行崩解测定，各片均应在15分钟内全部溶散或崩解成碎片粒，并通过筛网。如残存有小颗粒不能全部通过筛网时，应另取6片复试，并在每管加入药片后随即加入挡板各1块，按上述方法检查，应在15分钟内全部通过筛网。

4. 硬度检查

(1) 指压法　取药片置中指和食指之间，以拇指用适当的力压向药片中心部，如立即分成两片，则表示硬度不够。

(2) 自然坠落法　取药片10片，以1m高处平坠于2cm厚的松木板上，以碎片不超过3片为合格，否则应另取10片重新检查，本法对缺角不超过全片的1/4，不作碎片论。

(3) 片剂四用测定仪　开启电源开关，检查硬度指针是否零位。将硬度盒盖打开，夹住被测药片。将倒顺开关置于“顺”的位置，拨选择开关至硬度档。硬度指针左移，压力逐渐增加，药片碎自动停机，此时的刻度值即为硬度值(kg)，随后将倒顺开关拨至“倒”的位置，指针退到零位。

(4) 孟山都硬度计　通过一个螺栓对一弹簧加压，由弹簧推动压板对片剂加压，由弹簧长度变化反映压力的大小，片剂破碎时的压力即为硬度。

5. 脆碎度检查　取20片药片，精密称定总重量，放入片剂四用测定仪或片剂脆碎度测定仪振荡器中振荡，到规定时间后取出，用筛子筛去细粉和碎粒，称重后计算脆碎度。

【实训提示】

1. 片剂重量差异限度

（1）片剂重量差异检查的规定见《中国药典》（2015年版）或参见正文章节。

（2）糖衣片的片心应检查重量差异并符合规定，包糖衣后不再检查重量差异。薄膜衣片应在包薄膜衣后检查重量差异并符合规定。

2. 片剂崩解时限检查

（1）严格按仪器的操作规程使用。

（2）咀嚼片不进行崩解时限检查。凡规定检查溶出度、释放度的片剂，不再进行崩解时限检查。

（3）各类片剂的崩解时限检查的规定见《中国药典》（2015年版）或参见正文章节。

3. 片剂的硬度 一般片剂硬度要求 8~10kg/cm^2，中药片要求在 4kg/cm^2以上。

4. 片剂的脆碎度

（1）片剂四用测定仪测脆度方法 打开脆碎盒，取出脆碎盒并放入药片，选择开关拨至脆碎位置，使进行脆碎测试。测完拨回空挡。关闭电源开关。

（2）脆碎度计算方法

$$脆碎度=(1-测后重量/测前重量)\times 100\%$$

（3）一般要求一小时的脆碎度不得超过0.8%。

5. 同时进行崩解度和溶出度的情况

（1）含有在消化液中难溶的药物。

（2）与其他成分易发生相互作用的。

（3）久贮后溶解度降低的药物。

（4）剂量小、药效强、副作用大的。

6. 崩解仪的使用 仪器应平稳放置于牢固的工作台面上，让仪器尽量减少震动。

将低于37℃的常温水加入水箱，烧杯内按要求注入所检药品药典规定的测试溶液，保持水箱内水位高于水位线。

加挡板的目的是让药品不浮在水面上，影响崩解效果。挡板方向也有规定，边缘要呈倒三角放置，否则起不到挡板的效果。

【实训结果】

1. 外观检查结果

片剂外观检查结果

不合格现象	80~120目色点	麻面	特殊异物	畸形片	其他
数目					
结论					

2. 片重差异检查结果

片重检查结果原始表

序号	1	2	3	4	5	6	7	8	9	10
每片重(g)										
序号	11	12	13	14	15	16	17	18	19	20
每片重(g)										

片重差异检查结果

项目	检查片数	总重(g)	平均片重(g)	重量差异限度	超限数量	超限 1 倍数量
结果						
结论						

3. 崩解时限检查结果

片剂崩解时限检查结果

编号	1	2	3	4	5	6
崩解时间(min)						
结论						

4. 硬度检查结果

片剂硬度检查结果

编号	1	2	3	4	5	6
硬度大小						
结论						

5. 脆碎度检查结果

片剂脆碎度检查结果

编号	
转动前重量	
转动后重量	
结论	

【问题与思考】

1. 分析并讨论实训结果，总结出影响片剂质量的因素及解决办法。
2. 如果崩解实验中在规定时间内出现未能崩解完全的药片，该如何处理？

（王　峰）

第七章

中药丸剂与滴丸剂

扫码"学一学"

学习目标

知识目标

1. 掌握丸剂的概念、分类与特点；滴丸剂与微丸的制备方法。
2. 熟悉中药丸剂、滴丸剂与微丸的质量要求和质量评价。
3. 了解丸剂生产中可能出现的问题与解决措施。

能力目标

学会用泛制法、塑制法制备丸剂。

素质目标

1. 具有团结协作能力。
2. 具有严谨的GMP职业意识。

第一节　概　述

一、丸剂的含义

丸剂系指原料药物与适宜的辅料以适当方法制成的球形或类球形固体制剂。

中药丸剂包括蜜丸、水蜜丸、水丸、糊丸、蜡丸、浓缩丸和滴丸等。

化药丸剂包括滴丸、糖丸等。

知识链接

丸剂的发展史

丸剂是中药传统剂型之一。我国最早的医方《五十二病方》中已有对丸剂的记述，《伤寒杂病论》《金匮要略》中有用蜂蜜、糖、淀粉糊、动物药汁作丸剂黏合剂的记载，金元时代开始有丸剂包衣。20世纪80年代以来，随着科技的进步和制药机械工业的发展，中药丸剂逐步摆脱了手工作坊式制作，发展成为工厂化、机械化生产。目前丸剂仍是中成药的主要品种，据统计其品种数约占临床所用中成药的1/5，尤其是浓缩丸、滴丸、微丸等新型丸剂，由于制法简便、服用剂量小、疗效好，越来越受到人们的重视。

蜜丸系指饮片细粉以炼蜜为黏合剂制成的丸剂。其中每丸重量在0.5g(含0.5g)以上的称大蜜丸，每丸重量在0.5g以下的称小蜜丸。

水蜜丸系指饮片细粉以炼蜜和水为黏合剂制成的丸剂。

水丸系指饮片细粉以水(或根据制法用黄酒、醋、稀药汁、糖液、含5%以下炼蜜的水溶液等)为黏合剂制成的丸剂。

糊丸系指饮片细粉以米糊或面糊等为黏合剂制成的丸剂。

蜡丸系指饮片细粉以蜂蜡为黏合剂制成的丸剂。

浓缩丸系指饮片或部分饮片提取浓缩后，与适宜的辅料或其余饮片细粉，以水、炼蜜或炼蜜和水为黏合剂制成的丸剂。根据所用黏合剂的不同，分为浓缩水丸、浓缩蜜丸和浓缩水蜜丸。

滴丸剂系指原料药物与适宜的基质加热熔融混匀，滴入不相混溶、互不作用的冷凝介质中制成的球形或类球形制剂。

糖丸系指以适宜大小的糖粒或基丸为核心，用糖粉和其他辅料的混合物作为撒粉材料，选用适宜的黏合剂或润湿剂制丸，并将原料药物以适宜的方法分次包裹在糖丸中而制成的制剂。

二、丸剂在生产与贮藏期间应符合的规定

1. 除另有规定外，供制丸剂用的药粉应为细粉或最细粉。

2. 蜜丸所用蜂蜜须经炼制后使用。按炼蜜程度分为嫩蜜、中蜜和老蜜，制备蜜丸时可根据品种、气候等具体情况选用。除另有规定外，用塑制法制备蜜丸时，炼蜜应趁热加入药粉中，混合均匀；处方中有树脂类、胶类及含挥发性成分的药味时，炼蜜应在60℃左右加入；用泛制法制备水蜜丸时，炼蜜应用沸水稀释后使用。

3. 浓缩丸所用提取物应按制法规定，采用一定的方法提取浓缩制成。

4. 除另有规定外，水蜜丸、水丸、浓缩水蜜丸和浓缩水丸均应在80℃以下干燥；含挥发性成分或淀粉较多的丸剂(包括糊丸)应在60℃以下干燥；不宜加热干燥的应采用其他适宜的方法干燥。

5. 制备蜡丸所用的蜂蜡应符合药典的规定。制备时，将蜂蜡加热熔化，待冷却至60℃左右按比例加入药粉，混合均匀，趁热按塑制法制丸，并注意保温。

6. 凡需包衣和打光的丸剂，应使用各品种制法项下规定的包衣材料进行包衣和打光。

7. 丸剂外观应圆整均匀、色泽一致。蜜丸应细腻滋润，软硬适中。蜡丸表面应光滑无裂纹，丸内不得有蜡点和颗粒。

8. 除另有规定外，丸剂应密封贮存。蜡丸应密封并置阴凉干燥处贮存。

三、丸剂的特点

1. 在胃肠道中缓慢崩解，逐渐释放药物，作用持久，毒副作用少。多适用于慢性病的治疗或久病体弱、病后调和气血之用，如六味地黄丸、补中益气丸等；也有用于急救的新剂型滴丸，如复方丹参滴丸、苏冰滴丸等。

2. 可分层制备避免药物相互作用，并可通过包衣来掩盖药物的不良臭味，或调节丸剂的溶散时限及药物的释放，提高药物的稳定性。

3. 制法简单，适用范围广。制备时不仅能容纳固体、半固体药物，还可以容纳黏稠性和液体药物。

4. 丸剂服用比较方便，但是一般服用量较大，小儿吞服困难，生物利用度较低。

5. 操作不当易致溶散困难、微生物限度超标而影响丸剂的质量。

第二节　中药丸剂

一、常用辅料

中药丸剂是指药材细粉或药材提取物加适宜的黏合剂或其他辅料制成的球形或类球形制剂。中药丸剂的主体由药材粉末组成的，因此，所用的辅料或赋形剂主要是一些润湿剂、黏合剂、吸收剂或稀释剂，从而有助于丸剂的成型。

1. 润湿剂　处方中药材粉末本身具有黏性，仅需加润湿剂诱发其黏性，便能制备成丸，常用的润湿剂有：水、酒、醋、水蜜、药汁等。

2. 黏合剂　一些含纤维、油脂较多的药材细粉，需加适当的黏合剂才能成型。常用的黏合剂有：炼蜜、米糊或面糊、药材清(浸)膏、糖浆等。

（1）蜂蜜　所用蜂蜜应符合《中国药典》规定，蜂蜜作黏合剂独具特色，兼有一定的药理作用，是蜜丸的重要组成之一。作黏合剂使用时，一般需经炼制，炼制程度视制丸物料的黏性而定，一般分为三种：嫩蜜(含水量 18%～20%)、中蜜(含水量为 14%～16%)、老蜜(含水量在 10%以下)。

（2）米糊或面糊　系以黄米、糯米、小麦及神曲等磨成细粉制成糊，用量为药材细粉的 40%左右，可用调糊法、煮糊法、冲糊法制备。所制得的丸剂一般较坚硬，胃内崩解较慢，常用于含毒剧药和刺激性药物的制丸。

（3）药材浸膏　植物性药材用浸出方法制备得到的清(浸)膏，大多具有较强的黏性。因此，可以同时兼作黏合剂使用，与处方中其他药材细粉混合后制丸。

（4）糖浆　常用蔗糖糖浆或液状葡萄糖，既具黏性，又具有还原作用，适用于黏性弱、易氧化药物的制丸。

3. 吸收剂　中药丸剂中，外加其他稀释剂或吸收剂的情况较少，一般是将处方中出粉率高的药材制成细粉，作为浸出物、挥发油的吸收剂。

4. 崩解剂　为了控制中药丸剂进入人体后的崩解和释放，常用适量的崩解剂，如羧甲基淀粉钠(CMS-Na)、低取代羟丙基纤维素(L-HPC)等。

二、丸剂的制备

丸剂的制备方法主要包括塑制法、泛制法和滴制法。

1. 塑制法　塑制法系指药材细粉与适宜的辅料(主要是润湿剂或黏合剂)，混合均匀，制成软硬适宜、可塑性较大的丸块，再依次制丸条、制丸粒而成丸的一种制丸方法。以塑制法制备的丸剂又称塑制丸。塑制法用于蜜丸、水丸、糊丸、浓缩丸、蜡丸等制备。其一般工艺流程如图 7-1 所示。

（1）原料的准备　根据药物的性质，采用适宜的方法粉碎、过筛、混合制得药物细粉。

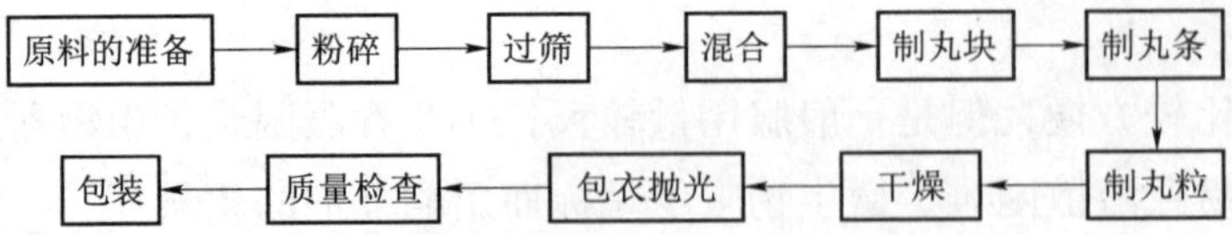

图 7-1 塑制法制备丸剂一般工艺流程图

(2) 制丸块(合坨) 取混合均匀的药物细粉，加入适量黏合剂或润湿剂，充分混匀后，制成温度适宜、软硬适宜、可塑性大的软材，即称之为丸块。

(3) 制丸条 将制好的丸块(黏合剂等充分润湿药粉)制成粗细适宜、表面光滑、内无空隙的条状物，即称为丸条。

(4) 制丸粒 将制好的丸条经过合适的切药刀，进行分割、搓圆，制成大小均匀丸粒的过程，称为制丸粒。

(5) 干燥 塑制法制备的水丸、水蜜丸、浓缩丸等因所用的赋形剂中含水量高，所制成的丸粒中有较多水分，必须进行干燥，使丸剂的水分控制在《中国药典》规定的范围内(水丸、糊丸和浓缩水丸不得过 9.0%，水蜜丸和浓缩水蜜丸不得过 12.0%)；大蜜丸、小蜜丸等因所用的蜂蜜已经炼制，水分较易控制在药典规定的范围内(蜜丸和浓缩蜜丸中所含水分不得过 15.0%)，成丸后一般不进行干燥，可立即分装，以保持丸粒的滋润性。

2. 泛制法 泛制法系指在转动的适宜的容器或机械中将药材细粉与赋形剂交替润湿、撒布，不断翻滚，逐渐增大的一种制丸方法。以泛制法制备的丸剂又称泛制丸。泛制法用于水丸、水蜜丸、糊丸、浓缩丸、微丸等制备。其一般工艺流程如图 7-2 所示。

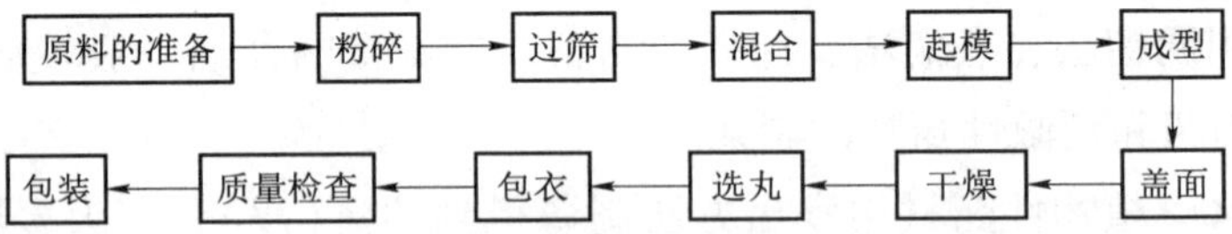

图 7-2 泛制法制备丸剂一般工艺流程图

(1) 原料的准备 根据药物的性质，采用适宜的方法粉碎、过筛、混合制得药物细粉。用于制备丸剂的药粉粉碎细度对丸剂的外观、质量影响很大，如药粉过粗，制成的丸粒表面粗糙，有较多的纤维毛或花斑，甚至不能成型；药粉较细，制备的丸粒表面细腻光滑圆整，外观才符合要求。除另有规定外，一般采用细粉，过五~六号筛，起模用粉或盖面包衣用粉过六~七号筛。部分药材可经提取药汁，适当浓缩后作为赋形剂应用。

(2) 起模 系将药粉制成丸粒基本母核(直径 0.5~1mm 大小丸粒)的操作过程。起模是泛丸成型的基础，是泛制法制备丸剂的关键工序。丸模的形状影响丸粒的圆整度，丸模的粒径和数目影响丸粒的规格。起模用粉一般选用黏性适宜的药粉，黏性太强或者无黏性的药粉都不适合起模使用。起模的药粉用量和丸模的数量应适当，一般起模用粉量占总量的 2%~5%，丸模的数量应根据丸粒的规格和药粉的重量而定，成模量是否符合整批生产是泛丸生产中很重要的一个环节，丸模过多，药粉用完时，成丸的规格达不到规定的要求；丸模过少，成丸规格达到规定的要求时还剩余药粉。起模时常用水做润湿剂。机械泛丸的起模方法一般为粉末泛制起模法和湿粉制粒起模法。

1）粉末泛制起模法：开动泛丸机，用喷雾器在泛丸机中喷少量水使之湿润，撒布少量药材细粉，用刷子刷下泛丸机壁附着的粉粒，然后再喷水润湿，撒粉吸附，如此反复操作，使粉粒逐渐增大，至丸模直径达0.5~1mm时，筛去过大、过小和不规则的丸模，即得。该法制备丸模较紧密，但费时。适用于药物粉末较疏松、淀粉质多、黏性较差的药材细粉。

起模操作时应注意：加水加粉要分布均匀，尤其要将药材细粉加在锅底附近，使锅底的小丸充分黏附到药粉；锅口处常有结块、大块及不规整的丸粒，应及时取出过筛除去；保持锅壁洁净，防止黏附；当药粉形成粉粒后，加赋形剂的量要适当，不断搅拌，防止结块；加药粉量要适当，宁少勿多；控制丸模在泛丸剂中的转动时间，防止形成的丸模过于松散或过于坚硬而影响丸剂的溶散时限。

2）湿粉制粒起模法：将起模用药粉制成颗粒，再经旋转摩擦，撞去棱角制成丸模。操作时将大部分的起模用粉置不锈钢容器中，加适量赋形剂(一般为水，也可用药汁、流浸膏等)，搅拌使药粉充分湿润，制成“手握成团，触之即散”的软材，用8~10目筛制粒，将颗粒加入泛丸机中，加少许干粉搅匀，启动泛丸机使颗粒经旋转揉磨，撞去棱角成圆形，取出过筛分等，即得丸模。该法丸模成型率高，丸模大小较均匀，但丸模较松散。适用于黏度较强或黏度一般的药材细粉。

（3）成型　将已经筛选大小均匀的丸模在泛丸机中反复加润湿剂、加粉、滚圆，使丸粒逐渐加大至成品的操作。所用的药粉为混合均匀的药材全粉，如处方中有芳香挥发性、特殊气味或刺激性大的药材，可采用分层泛入的方法，将特殊药材单独粉碎，泛于丸粒中层，可避免挥发或掩盖不良气味。

成型操作时应注意：每次加润湿剂、粉的量要适宜，分布要均匀，避免有剩余的药粉在加入润湿剂后产生新的丸模，造成丸粒大小不均匀，致使丸剂的重量差异不符合规定；控制丸粒的粒度和圆整度，成型过程中可以通过滚筒筛进行筛选，及时筛出产生的结块、歪粒、粉块、过大或过小的丸粒，将丸粒大小分档，再逐渐加大成型；丸粒在泛丸机中滚动时间应适当，时间过短，丸粒比较松散，在包装、运输过程中易造成丸粒碎裂，影响外观质量，时间过长，丸粒非常坚实，造成丸剂溶散时限不符合规定。

（4）盖面　将已经加大成型、筛选均匀的丸粒，用盖面材料(清水、清浆和部分药材的极细粉等)继续泛制，使丸粒表面致密、光洁、色泽一致的操作。常用的盖面方法有干粉盖面、清水盖面、清浆盖面等。

1）干粉盖面：盖面所有的药粉应提前准备好，筛出能通过六~七号筛的药粉备用，或根据规定，选用处方中的特定的药材细粉盖面。操作时将丸粒置泛丸机中，加润湿剂充分湿润，一次或者分次将用于盖面的药粉均匀撒于丸粒上，继续滚动一段时间，使丸粒表面致密、光洁、色泽一致时取出，习称“收盘”。干粉盖面的丸粒干燥后表面色泽一致、均匀美观。

2）清水盖面：将丸粒置泛丸机中，启动泛丸机，加清水使丸粒充分湿润，滚动一段的时间，迅速取出，立即干燥。清水盖面的丸粒表面色泽仅次于干粉盖面。

3）清浆盖面：用药粉或者筛选出来的黏结或不规则的丸粒制成清浆，将丸粒置泛丸机中，加清浆使丸粒充分湿润，滚动一段时间，迅速取出，立即干燥。应特别注意分布均匀，收盘后立即取出，否则丸粒表面易出现深浅不同的色斑。

盖面操作时应注意：加入的药粉和赋形剂比例要相当，分布要均匀，否则，丸粒易出现光洁度差、色斑、并粒及黏结现象；滚动时间不宜过长，否则易造成溶散时限不符合规定。

（5）干燥　泛制法制备丸剂时加入较多的润湿剂，且生产周期较长，为防止丸剂发霉变质，盖面后应及时进行干燥。一般丸剂应控制在80℃以下干燥，含有芳香挥发性成分或遇热易分解成分的丸剂，干燥温度不宜超过60℃。将丸粒置于物料盘中，放入热风循环烘箱、真空干燥箱等干燥设备中进行干燥。也可用隧道式干燥箱、沸腾床等进行干燥。控制水分在规定的范围内。

干燥操作时应注意：经常翻动，避免产生“阴阳面”等花斑现象；丸粒酥松、吸水率高、干燥时体积收缩较大、容易开裂的丸粒宜采用低温焖烘；色泽要求较高的浅色丸粒及含水量特高的丸粒，可采用先晾、勤翻、后烘的方法进行干燥，长时间高温干燥可能影响丸粒的溶散时限，可采用间歇干燥的方法。

（6）选丸　将制备好的丸粒进行筛选，除去过大、过小及不规则的丸粒，使成品丸粒大小均匀一致的操作。泛制法制备丸剂时，常出现大小不均、畸形和黏结等，除在泛制过程中及时筛选外，干燥后，也要进行筛选。选丸主要用过筛法，或利用丸粒圆整度不同滚动有差异来进行筛选。常用的筛选设备有手摇筛、振动筛、滚筒筛、检丸器、立式检丸器等。

3. 滴制法　又称滴聚法。系指利用一种熔点较低的脂肪性基质或水溶性基质，将主药溶解、混悬、乳化后利用适当装置滴入一种不相混溶的液体冷却剂中而制成的丸剂（详见本章第三节）。

三、举例

例1　二陈丸

【处方】陈皮250g　　半夏（制）250g　　茯苓150g　　甘草75g

【制法】以上四味，粉碎成细粉，过筛，混匀。另取生姜50g，捣碎，加水适量，压榨取汁，与上述粉末泛丸，干燥，即得。

【性状】本品为灰棕色至黄棕色的水丸；气微香，味甘、微辛。

【检查】应符合丸剂项下有关的各项规定。

【功能与主治】燥湿化痰，理气和胃。用于痰湿停滞导致的咳嗽痰多、胸脘胀闷、恶心呕吐。

【用法与用量】口服。一次9~15g，一日2次。

【贮藏】密闭。

例2　七珍丸

【处方】炒僵蚕160g　　全蝎160g　　人工麝香16g　　朱砂80g　　雄黄80g
胆南星80g　　天竺黄80g　　巴豆霜32g　　寒食曲160g

【制法】以上九味，除麝香、巴豆霜外，雄黄、朱砂分别水飞成极细粉；其余僵蚕等五味粉碎成细粉；将人工麝香研细，与上述粉末（取出朱砂适量作包衣用）配研，过筛，混匀，用水泛丸，低温干燥，用朱砂粉末包衣，即得。

【性状】本品为朱红色的水丸；气芳香浓郁，味辣、微苦。

【功能与主治】定惊豁痰，消积通便。用于小儿急惊风，身热，昏睡，气粗，烦躁，痰涎壅盛，停乳停食，大便秘结。

【用法与用量】口服。小儿三至四个月，一次 3 丸；五至六个月，一次 4~5 丸；周岁，一次 6~7 丸，一日 1~2 次；周岁以上及体实者酌加用量，或遵医嘱。

【规格】每 200 丸重 3g

【贮藏】密封。

例 3　苏子降气丸

【处方】炒紫苏子 145g　厚朴 145g　前胡 145g　甘草 145g
姜半夏 145g　陈皮 145g　沉香 102g　当归 102g

【制法】以上八味，除炒紫苏子外，其余厚朴等七味粉碎成细粉，再与炒紫苏子配研，过筛，混匀；用生姜 36g、大枣 73g 煎汁泛丸；低温干燥，即得。

【性状】本品为淡黄色或黄褐色的水丸；气微香，味甜。

【功能与主治】降气化痰，温肾纳气。用于上盛下虚、气逆痰壅所致的咳嗽喘息，胸膈痞塞。

【用法与用量】口服，一次 6g，一日 1~ 2 次。

【注意】阴虚，舌红无苔者忌服。

【规格】每 13 粒重 1g

【贮藏】密封。

例 4　大山楂丸

【处方】山楂 1000g　六神曲(麸炒)150g　炒麦芽 150g

【制法】以上三味，粉碎成细粉，过筛，混匀；另取蔗糖 600g，加水 270ml 与炼蜜 600g，混合，炼至相对密度约为 1.38(70℃)时，滤过，与上述粉末混匀，制成大蜜丸，即得。

【性状】本品为棕红色或褐色的大蜜丸；味酸、甜。

【功能与主治】开胃消食。用于食积内停所致的食欲不振、消化不良、脘腹胀闷。

【用法与用量】口服。一次 1~2 丸，一日 1~3 次；小儿酌减。

【规格】每丸重 9g

【贮藏】密封。

例 5　黄连上清丸

【处方】黄连 10g　栀子(姜制)80g　连翘 80g　炒蔓荆子 80g
防风 40g　荆芥穗 80g　白芷 80g　黄芩 80g
菊花 160g　薄荷 40g　酒大黄 320g　黄柏(酒炒)40g
桔梗 80g　川芎 40g　石膏 40g　旋覆花 20g
甘草 40g

【制法】以上十七味，粉碎成细粉，过筛，混匀。用水泛丸，干燥，制成水丸；或每 100g 粉末用炼蜜 30~40g 加适量的水制丸，干燥，制成水蜜丸；或每 100g 粉末加炼蜜 150~170g 制成大蜜丸，即得。

【性状】本品为暗黄色至黄褐色的水丸、黄棕色至棕褐色的水蜜丸或黑褐色的大蜜丸；气芳香，味苦。

【功能与主治】散风清热，泻火止痛。用于风热上攻、肺胃热盛所致的头晕目眩、暴发火眼、牙齿疼痛、口舌生疮、咽喉肿痛、耳痛耳鸣、大便秘结、小便短赤。

【用法与用量】口服。水丸或水蜜丸一次 3~6g，大蜜丸一次 1~2 丸，一日 2 次。

【注意】忌食辛辣食物；孕妇慎用；脾胃虚寒者禁用。

【规格】水丸每袋装 6g；水蜜丸每 40 丸重 3g；大蜜丸每丸重 6g

【贮藏】密封。

例 6 六味地黄丸

【处方】熟地黄 120g　酒萸肉 60g　牡丹皮 45g
山药 60g　茯苓 45g　泽泻 45g

【制法】以上六味，牡丹皮用水蒸气蒸馏法提取挥发性成分；药渣与酒萸肉 20g、熟地黄、茯苓、泽泻加水煎煮二次，每次 2 小时，煎液滤过，滤液合并，浓缩成稠膏；山药与剩余酒萸肉粉碎成细粉，过筛，混匀。与上述稠膏和牡丹皮挥发性成分混匀，制丸，干燥，打光，即得。

【性状】本品为棕褐色或亮黑色的浓缩丸；味微甜、酸、略苦。

【功能与主治】滋阴补肾。用于肾阴亏损，头晕耳鸣，腰膝酸软，骨蒸潮热，盗汗遗精，消渴。

【用法与用量】口服。一次 8 丸，一日 3 次。

【规格】每 8 丸重 1.44g(每 8 丸相当于饮片 3g)

【贮藏】密封。

四、丸剂的质量评价

1. 外观 丸剂外观应大小均匀、色泽一致，无粘连现象。大蜜丸和小蜜丸应细腻滋润、软硬适中。蜡丸表面应光滑无裂纹，丸内不得有蜡点和颗粒。

2. 水分 照水分测定法(通则 0832)测定。除另有规定外，蜜丸和浓缩蜜丸中所含水分不得过 15.0%；水蜜丸和浓缩水蜜丸不得过 12.0%；水丸、糊丸、浓缩水丸不得过 9.0%。蜡丸不检查水分。

3. 重量差异 照下述方法检查，应符合规定。

以 10 丸为 1 份(丸重 1.5g 及 1.5g 以上的以 1 丸为 1 份)，取供试品 10 份，分别称定重量，再与每份标示重量(每丸标示量×称取丸数)相比较(无标示重量的丸剂，与平均重量比较)，按表 7-1 的规定，超出重量差异限度的不得多于 2 份，并不得有 1 份超出限度 1 倍。

表 7-1　丸剂重量差异限度检查

标示重量(或平均重量)	重量差异限度
0.05g 或 0.05g 以下	±12%
0.05g 以上至 0.1g	±11%
0.1g 以上至 0.3g	±10%
0.3g 以上至 1.5g	±9%
1.5g 以上至 3g	±8%
3g 以上至 6g	±7%
6g 以上至 9g	±6%
9g 以上	±5%

包糖衣的丸剂应在包衣前检查丸芯的重量差异，符合规定后，方可包糖衣。包糖衣后不再检查重量差异。其他包衣丸剂应在包衣后检查重量差异并符合规定；凡进行装量差异检查的单剂量包装丸剂，不再进行重量差异检查。

4. 装量差异　单剂量包装丸剂，照下述方法检查应符合规定。

取供试品 10 袋(瓶)，分别称定每袋(瓶)内容物的重量，每袋(瓶)装量与标示装量相比较，应符合上表规定。超出装量差异限度的不得多于 2 袋(瓶)，并不得有 1 袋(瓶)超出装量差异限度一倍。按表 7-2 规定。

表 7-2　丸剂装量差异限度检查

每袋(瓶)的标示装量	装量差异限度
0.5g 或 0.5g 以下	±12%
0.5g 以上至 1g	±11%
1g 以上至 2g	±10%
2g 以上至 3g	±8%
3g 以上至 6g	±6%
6g 以上至 9g	±5%
9g 以上	±4%

5. 装量　装量以重量标示的多剂量包装丸剂，照最低装量检查法(通则 0942)检查，应符合规定。以丸数标示的多剂量包装丸剂，不检查装量。

6. 溶散时限　除另有规定外，小蜜丸、水蜜丸和水丸应在 1 小时内全部溶散；浓缩丸和糊丸应在 2 小时内全部溶散；滴丸 30 分钟内全部溶散；包衣丸应 1 小时内溶散；大蜜丸不检查溶散时限。蜡丸照崩解时限检查法(通则 0921)片剂项下的肠溶衣片检查法检查，应符合规定。

7. 微生物限度　以动物、植物、矿物质来源的非单体成分制成的丸剂，生物制品丸剂，照非无菌产品微生物限度检查：微生物计数法(通则 1105)和控制菌检查法(通则 1106)及非无菌药品微生物限度标准(通则 1107)检查，应符合规定。生物制品规定检查杂菌的，可不进行微生物限度检查。

五、丸剂的包装贮藏

丸剂的包装不仅影响到成品的外观，而且影响丸剂的内在质量。因此，包装材料的选择应全面考虑外观的美观性及质量的稳定性。一般水丸、水蜜丸、浓缩丸、糊丸等小丸多采用玻璃瓶、塑料瓶等进行多剂量包装，或者采用软性薄膜、纸塑复合膜、铝塑复合膜等进行单剂量包装。大蜜丸一般采用铝塑泡罩包装、塑料壳包装或者蜡壳包装。

除另有规定外，丸剂应密封贮存。蜡丸应密封并置阴凉干燥处贮存。

六、生产中可能出现的问题与解决措施

1. 污染　生产丸剂的设备、工具、人员和环境等都会对丸剂的质量造成污染。为提高丸剂质量，应注意设备、环境等卫生。同时应根据原药材性质选择合理灭菌方式对原药材进行灭菌，确保原药材合格。常用的灭菌方法有气体灭菌法、热压灭菌法等。

2. 处方药物含量差异大　贵重类、粉末类及挥发性药物应分别研细，再进行准确称量、

混合。

3. 丸剂出现结块、药效降低等质量问题 应注意黏合剂的选择，通过选择合适的黏合剂类型、用量和温度等来避免丸剂出现结块、药效降低等质量问题。

4. 包衣丸出现“脱壳” 黏合剂的用量应逐次渐减，且浓度由浓渐稀。

5. 丸剂出现泛油变色甚至爆裂 可通过低温干燥、注意翻动、避免暴晒等方法避免。

第三节 滴 丸

一、概述

滴丸系指固体或液体药物与适宜的基质加热熔融后溶解、乳化或混悬于基质中，再滴入不相混溶、互不作用的冷凝液中，由于表面张力的作用使液滴收缩，制成的球形或类球形制剂，主要供口服用，亦可外用。

知识链接

滴丸发展史

滴制法制丸早在1933年就已提出，1956年有用聚乙二醇4000为基质，用植物油为冷却剂制备苯巴比妥钠滴丸的报道，1958年我国有人用滴制法制备酒石酸锑钾滴丸。中药滴丸的研制始于20世纪70年代末，如上海医药工业研究院等单位对苏合香丸进行研究，最后改制成苏冰滴丸。此后复方丹参滴丸、香连滴丸、柴胡滴丸等相继研制成功。

滴丸剂具有如下一些特点：①发挥药效迅速，滴丸剂采用固体分散技术，使药物高度分散在基质中，当基质易溶时，药物生物利用度高，可制成高效、速效制剂。药物以分子状态、胶态微晶或亚稳态微粒等高能态形式高度分散在基质中，易于溶出，提高药物溶出速率；②增加药物的稳定性，药物因被包埋在基质中，与空气接触的面积小，从而减少药物的氧化和挥发，若基质为非水性，则还可避免药物水解；③设备简单、操作方便、重量差异较小、工艺周期短、生产率高、车间无粉尘，利于劳动保护；④可根据临床需要可制成内服、外用、缓释、控释或局部治疗等多种类型的滴丸剂。

二、滴丸剂的制备

（一）滴丸基质

滴丸中除主药和附加剂以外的辅料称为基质，它与滴丸的形成、溶散时限、溶出度、有效成分含量、稳定性等密切相关。选用基质时应考虑：①具有良好的化学惰性，不与主药发生化学反应，不影响主药的疗效及主药的含量测定；②安全性高，对人体无毒无害；③熔点较低，在60~100℃能融化成液体，遇骤冷后能立即凝固，常温下仍保持固体状态，并且加入一定量药物后，仍然保持这些性质。

滴丸常用的基质有水溶性和脂溶性两大类。

1. 水溶性基质 聚乙二醇（如聚乙二醇6000、聚乙二醇4000等）、聚氧乙烯单硬脂酸酯、硬脂酸钠、甘油明胶、泊洛沙姆等。

2. 脂溶性基质　硬脂酸、单硬脂酸甘油酯、氢化植物油、虫蜡、半合成脂肪酸酯等。

滴制法是否成功的关键是选用合适的基质，尽可能选择与主药性质相似的基质。实际生产中为增大药物溶化时在基质中的溶解量，亦有使用混合基质，以容纳更多的药物，提高滴丸的质量，调整溶散时限等。国内常用 PEG6000 加适量硬脂酸调整熔点，作为混合基质，可得到较好的滴丸。

（二）冷凝液

用于冷却滴出液使之收缩而成为固体丸粒的液体称为冷凝液。冷凝液的选择应考虑：①根据主药和基质的性质来定，主药与基质均应不溶于冷凝液中并不与其发生化学反应；②滴丸冷凝液必须安全无害；③密度应适中（通常应略高于或略低于滴丸的相对密度），能使滴丸在冷凝液中缓慢上升或下降，保证成形完整；④有适宜的表面张力，使液滴滴入后能顺利形成滴丸。

滴丸常用的冷凝液有水性冷凝液和油性冷凝液两大类。

1. 水性冷凝液　常用的有水或不同浓度的乙醇溶液，适用于脂溶性基质的滴丸。

2. 油性冷凝液　常用的有液体石蜡、二甲硅油、植物油、汽油或它们的混合物等，适用于水溶性基质的滴丸。

（三）滴丸的制备

滴丸采用滴丸机以滴制法进行制备。滴制法是指将药物均匀分散在熔融的基质中，再滴入不相混溶的冷凝液里，冷凝收缩成丸的方法。滴丸的制备工艺过程主要有化料（混悬、熔融等）、滴制、滴丸后处理、包衣等过程。其一般制备工艺流程如图 7-3 所示。

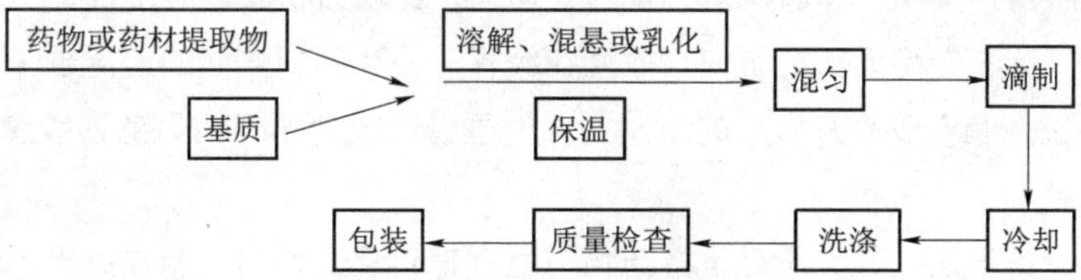

图 7-3　滴制法制备滴丸剂一般工艺流程图

滴丸生产设备：生产滴丸的设备称为滴丸机，滴丸机主要由滴管系统（滴头和定量控制器）、恒温系统（带加热恒温装置的贮液槽）、冷凝系统（控制冷凝液温度的冷凝柱）及收集系统（滴丸收集器）等部分组成。设备规格型号多样，按滴制方式有下沉式、上浮式，按滴头多少有单滴头、双滴头和多滴头等，按冷凝方式有动态冷凝和静态冷凝，可根据滴丸情况进行选择。

（四）滴丸的质量控制

在滴制过程中应注意控制丸重及圆整度，避免空洞、叠丸及拖尾现象。

1. 丸重　丸重与滴管的口径和药液的表面张力有关。在药液的温度和滴速不变的情况下，滴管口的半径是决定丸重的主要因素。影响丸重的因素主要有以下几个：①滴制温度，温度升高时，料液的表面张力变小，丸重变轻，温度降低时，料液的表面张力变大，丸重增加；②滴速，液滴从滴管口滴下时只有大约 60% 理论丸重分离出来，滴管口的残液约占理论丸重的 40%，滴速加快，滴管口的残液量减少，丸重增加，反之则变轻；③静压力，储液筒内料液量的变化导致滴管口的静压改变，筒内料液液面距滴管口的距离越长，料液对滴管口的压力越大，滴速加快，丸重增加，随着料液的滴出，液压逐渐减少，丸重变小，滴速减慢；④滴制距离，滴管口与冷凝液液面的距离过大，下落距离越长，动能越大，液滴跌散使滴丸变小，有的滴丸改为滴出管口浸入冷凝液中滴制，可增加丸重，如芸香油滴丸。

2. 圆整度 液滴在冷凝液中由于界面张力的作用，使两液间的界面缩小，因而一般滴丸呈球形。滴制过程中常出现空洞、叠丸以及滴丸拖尾现象，影响圆整度，液滴的大小对圆整度也有影响，小丸的成形圆整度比大丸好，小丸在70mg左右圆整度优于大丸。

空洞主要是由于在熔料或冷却的环节中引入了空气又未排出所致。前一种情况，可在滴制前脱气即可避免；后一种情况，升高冷却剂上部温度，采用梯度冷却，给予足够的时间让气泡在液滴凝固之前分离出来。

叠丸是滴丸进入冷凝液中后，液滴互相粘连、重叠甚至合并的现象。主要因为滴速太快、滴丸下沉速度太快或者液滴大小不均匀所致。

滴丸拖尾是液滴收缩不充分造成的滴丸不圆，甚至有尖锐凸起的现象。主要是由于液滴在空气中下落的时间不够、料液的黏度太大或滴管口堵塞造成的。

知识链接

微丸生产技术

微丸系指直径小于2.5mm的各类球形或类球形的丸剂。中药制剂中早就有微丸制剂，如“六神丸”“喉症丸”“牛黄消炎丸”等制剂均具有微丸的基本特征。微丸具有外形美观，流动性好；含药量大，服用剂量小；释药稳定、可靠、均匀，比表面积大，溶出快，生物利用度高等特点。随着对微丸工艺和专用设备的研究，微丸在缓释、控释制剂方面的运用越来越多，如“新康泰克”等都是将微丸装入胶囊开发成的新制剂，一些普通制剂如“伤风感冒胶囊”等也开始采用微丸制剂技术。

微丸有许多制备方法，其实质都是将药物与适宜辅料混合均匀，制成完整、圆滑、大小均一的小丸。①滚动成丸法：此法是较传统的制备微丸方法，常用泛丸锅。将药材与辅料细粉混合均匀后，加入黏合剂制成软材，制粒，放于泛丸锅中滚制成微丸。②沸腾制粒包衣法：将药材与辅料细粉置于流化床中，鼓入气流，使二者混合均匀，再喷入黏合剂，使之成为颗粒，当颗粒大小满足要求时停止喷雾，所得颗粒可直接在沸腾床内干燥。对颗粒的包敷是制微丸的关键，包敷是指对经过筛选的颗粒进行包衣（包粉末）形成微丸产品的过程。在整个过程中，微丸始终处于流化状态，可有效防止微丸在制备过程中发生粘连。③挤压-滚圆成丸法：将药物与辅料细粉加入黏合剂混合均匀，制成可塑性湿物料，放入挤压机械中挤压成高密度条状物，再在滚圆机中打碎成颗粒，并逐渐滚制成大小均匀的圆球形微丸。④其他制备微丸方法：有喷雾干燥法制微丸、熔合法制微丸、微囊包囊技术制微丸等。

三、举例

例 复方丹参滴丸

【处方】丹参 三七 冰片

【制法】以上三味，冰片研细，备用；丹参、三七加水煎煮，煎液过滤，滤液浓缩，加入乙醇，静置使沉淀，取上清液，回收乙醇，浓缩成稠膏，备用；取聚乙二醇适量，加热使熔融，加入上述稠膏和冰片细粉，混匀，滴入冷却的液体石蜡中，制成滴丸，或包薄膜衣，即得。

【注意】复方丹参滴丸是新型纯中药滴丸剂，具有剂量小、服用方便、溶出速度快、起效迅速、可直接经黏膜吸收入血、生物利用度高、疗效高及无胃肠刺激、无明显毒副作用的特点。具有活血化瘀，芳香开窍，理气止痛。主要用于冠心病、心绞痛及高脂血症。

四、滴丸剂的质量评价

（一）外观

滴丸外观应大小均匀、色泽一致，无粘连现象，表面无黏附的冷凝液。

（二）重量差异

取供试品 20 丸，精密称定总重量，求得平均丸重后，再分别精密称定每丸的重量。每丸重量与标示丸重相比较（无标示丸重的，与平均丸重比较），按表 7-3 中的规定，超出重量差异限度的不得多于 2 丸，并不得有 1 丸超出限度 1 倍。

表 7-3　滴丸剂重量差异限度

平均丸重	重量差异限度
0.03g 及 0.03g 以下	±15%
0.03g 以上至 0.1g	±12%
0.1g 以上至 0.3g	±10%
0.3g 以上	±7.5%

包糖衣滴丸应检查丸芯的重量差异并符合规定，包糖衣后不再检查重量差异。包薄膜衣滴丸应在包衣后检查重量差异并符合规定；凡进行装量差异检查的单剂量包装滴丸剂，不再检查重量差异。

（三）装量差异

单剂量包装的滴丸剂，照下述方法检查应符合规定。

取供试品 10 袋（瓶），分别称定每袋（瓶）内容物的重量，每袋（瓶）装量与标示装量相比较，按表 7-4 的规定，超出装量差异限度的不得多于 2 袋（瓶），并不得有 1 袋（瓶）超出限度 1 倍。

表 7-4　滴丸剂装量差异限度

标示装量	装量差异限度
0.5g 及 0.5g 以下	±12%
0.5g 以上至 1g	±11%
1g 以上至 2g	±10%
2g 以上至 3g	±8%
3g 以上至 6g	±6%
6g 以上至 9g	±5%
9g 以上	±4%

（四）溶散时限

按照《中国药典》(2015年版)崩解时限检查法(通则0921)片剂项下的方法不加挡板检查，应在30分钟内全部溶散，包衣滴丸应在1小时内全部溶散。以明胶为基质的滴丸，可改在人工胃液中进行检查。

【注】

（1）人工胃液　取稀盐酸16.4ml，加水约800ml与胃蛋白酶10g，摇匀后，加水稀释成1000ml，即得。

（2）人工肠液　即磷酸盐缓冲液(含胰酶)(pH 6.8)。

(五)微生物限度

以动物、植物、矿物质来源的非单体成分制成的丸剂，生物制品丸剂，照非无菌产品微生物限度检查：微生物计数法(通则1105)和控制菌检查法(通则1106)及非无菌药品微生物限度标准(通则1107)检查，应符合规定。生物制品规定检查杂菌的，可不进行微生物限度检查。

五、生产中可能出现的问题与解决措施

1. 污染　生产滴丸的设备、工具、人员和环境等都会对丸剂的质量造成污染。为提高丸剂质量，应注意设备、环境等卫生。同时应根据原药材性质选择合理灭菌方式对原药材进行灭菌，确保原药材合格。常用的灭菌方法有气体灭菌法、热压灭菌法等。

2. 处方药物含量差异大　贵重类、粉末类及挥发性药物应分别研细，再进行准确称量、混合。

3. 滴丸圆整度不符合要求　①适当将滴头调小，增大液滴表面积，使其收缩力增强，促进球型形成。②选择合适的冷却剂，减小液滴与冷却剂的密度差，避免密度差过大或过小导致丸粒不成圆整球型；增强液滴和冷却剂之间的亲和力，使液滴内气泡及时逸出。③采用梯度冷却的方式，有利于滴丸的收缩、冷却、凝固，确保得到圆整球型滴丸。

4. 滴丸包衣增重困难、有麻点等　①适当提高包衣液浓度；②适当降低温度，避免喷雾产生干燥效应所导致的包衣液过快干燥；③适当调整进液速度，确保包衣液充分黏附在滴丸表面；④适当加入滑石粉等抗黏剂，防止包衣过程中滴丸衣膜粘连后被撕裂。

5. 应根据滴丸的性质选择贮存条件，同时应注意防潮、防霉、防虫蛀。

扫码“练一练”

思考题

1. 丸剂按其制法，辅料或赋形剂可分为哪几类？
2. 请写出泛制法、塑制法、滴制法制备丸剂的工艺流程。
3. 中药丸剂、滴丸的主要特点有哪些？
4. 制备滴丸剂常用的基质和冷凝液有哪些？
5. 制备滴丸剂时应注意什么问题？

实训　丸剂的制备

一、实训目的

1. 掌握泛制法、塑制法、滴制法制备丸剂的方法与基本技能。
2. 熟悉各类丸剂的质量要求。

二、实训器材

粉碎机、标准筛、药粉勺、烧杯、量筒、电磁炉、电子秤、烘箱、不锈钢锅、搓丸板、泛丸机（或泛丸匾）、喷雾器、刷子、蒸发皿、水浴、电炉、温度计、滴丸装置、保温夹层漏斗等。

三、实训内容

（一）六味地黄丸的制备

【处方】	熟地黄	160g	山茱萸（制）	80g	牡丹皮	60g
	山药	80g	茯苓	60g	泽泻	60g

【制法】

1. 粉碎　以上六味除熟地黄、山茱萸外，其余山药等4味共研成粗粉，取其中一部分与熟地黄、山茱萸共研成不规则的块状，放入烘箱内于60℃以下烘干，再与其他粗粉混合粉碎成细粉。过80目筛混匀备用。

2. 炼蜜　取适量生蜂蜜置于适宜容器中，加入适量清水，加热至沸后，用40~60目筛滤过，除去死蜂、蜡、泡沫及其他杂质。然后，继续加热炼制，至蜜表面起黄色气泡。手拭之有一定黏性。但两手指离开时无长丝出现（此时蜜温约为116℃）即可。

3. 制丸块　将药粉置于搪瓷盘中，每100g药粉加入炼蜜90g左右，混合揉搓制成均匀滋润的丸块。

4. 搓条、制丸　根据搓丸板的规格将以上制成的丸块分成适当重量的若干小块，将每一小块搓成适宜长短粗细的丸条，再置于搓丸板的沟槽底板上（需预先涂少量润滑剂，以防黏附），手持上板，使两板对合，然后由轻至重前后搓动数次，直至丸条被切断，且搓圆成丸。每丸重9g。

【性状】本品为棕黑色的水蜜丸、黑褐色的小蜜丸或大蜜丸；味甜而酸。

【功能与主治】滋阴补肾。用于肾阴亏损，头晕耳鸣，腰膝酸软，骨蒸潮热，盗汗遗精，消渴。

【用法与用量】口服。水蜜丸一次6g，小蜜丸一次9g，大蜜丸一次1丸，一日2次。

【规格】大蜜丸　每丸重9g。

【贮藏】密封。

（二）大山楂丸的制备

【处方】山楂　1000g　　六神曲（麸炒）　150g　　麦芽（炒）　150g

【制法】以上三味，粉碎成细粉，过筛，混匀；另取蔗糖600g，加水270ml与炼蜜

600g，混合，炼至相对密度约为1.38（70℃）时，滤过，与上述细粉混匀，制丸块，搓丸条，制丸粒，每丸重9g，即得。

【功能与主治】开胃消食。用于食积内停所致的食欲不振，消化不良，脘腹胀闷。

【用法与用量】口服，一次1~2丸，一日1~3次，小儿酌减。

（三）逍遥丸（水丸）的制备

【处方】	柴胡	100g	当归	100g	白芍	100g	炒白术	100g
	茯苓	100g	炙甘草	80g	薄荷	20g	生姜	100g

【制法】

1. 原料的准备 ①粉碎：将柴胡、当归、白芍、炒白术、茯苓、炙甘草混合，分次置粉碎机中粉碎，全部粉末过筛、混合制得药物细粉，并筛出部分极细粉备用。②另取生姜100g，加水煎煮两次，每次20分钟，滤过。

2. 起模 用喷雾器在泛丸机中喷少量水使之湿润，撒布少量药材细粉，用刷子刷下泛丸机壁附着的粉粒，然后再喷水润湿，撒粉吸附，如此反复操作，使粉粒逐渐增大，至丸模直径达0.5~1mm时，筛去过大、过小和不规则的丸模。

3. 成型 将已经筛选大小均匀的丸模在泛丸机中反复加生姜煎液、药粉，滚圆，使丸粒逐渐加大。

4. 盖面 将已经加大成型、筛选均匀的丸粒，用盖面材料（清水、清浆和极细粉等）继续泛制，使丸粒表面致密、光洁、色泽一致，取出。

5. 干燥 将丸粒置于物料盘中，放入烘箱中80℃以下干燥即得。

【性状】本品为黄棕色至棕色的水丸，或为黑棕色的水丸；味甜。

【功能与主治】疏肝健脾，养血调经。用于肝郁脾虚所致的郁闷不舒、胸胁胀痛、头晕目眩、食欲减退、月经不调。

【用法与用量】口服。一次6~9g，一日1~2次。

【贮藏】密闭。

（四）氯霉素耳滴丸的制备

【处方】氯霉素　5.0g　　聚乙二醇6000　10.0g

【制法】取聚乙二醇6000于蒸发皿中，置水浴上加热熔融，加入氯霉素，搅拌使全溶。将药液移至滴丸装置的贮液筒内，并使药液温度保持在80℃，控制滴速，滴入用冰浴冷却的液体石蜡冷凝液中成丸，待冷凝完全后取出滴丸，摊于纸上，吸去滴丸表面的液体石蜡，自然干燥即得。

【性状】氯霉素耳滴丸为淡黄色或黄色圆珠形滴丸。

【适应证】适用于急、慢性化脓性中耳炎及乳突根治术后流脓者。

【注意】

1. 氯霉素在水中溶解度很小（1∶400），不易在脓液中维持较高浓度。水溶性基质聚乙二醇6000的熔点为54~60℃，约在80℃时能与高熔点的氯霉素（149~153℃）形成低共熔物，使氯霉素在耳滴丸中分散度大、溶解快、奏效迅速。

2. 药液熔融的温度应不低于80℃，否则在滴口处易凝固，不易滴下。冷凝液液体石蜡的温度应控制在-2~-3℃。温度过高时丸粒易粘连并粒，不能成形。

3. 滴管距冷却液面的距离也会影响滴丸的丸重与丸形，一般此距离以控制在5cm以下为宜。

四、注意事项

（1）蜜丸所用蜂蜜须经炼制后使用。按炼蜜程度分为嫩蜜、中蜜和老蜜，制备蜜丸时可根据品种、气候等具体情况选用。

（2）制备蜜丸时，炼蜜应趁热加入药粉中，混合均匀；处方中有树脂类、胶类及含挥发性成分的药味时，炼蜜应在60℃左右加入。

（3）用泛制法制备水蜜丸时，炼蜜应用沸水稀释后使用。

（4）对泛制成型后的水蜜丸，因其含水分较多，湿丸应及时干燥，否则易发霉变质。

（5）水蜜丸在成型时宜先用低浓度的蜜水，然后逐渐用较高浓度的蜜水，成型后再改用低浓度的蜜水撞光，确保丸粒光滑圆整。

五、质量检查

详见丸剂的质量检查。

六、思考题

1. 用泛制法制备水蜜丸时，不同性质药物其用蜜量、炼蜜程度、和药用蜜温度应怎样掌握？

2. 制备丸剂为便于成型常加入哪些辅料？

3. 氯霉素耳滴丸的制备为何选用液体石蜡为冷凝液？

（梁伟玲）

第八章

栓　剂

学习目标

知识目标

1. 掌握栓剂的含义、特点；热熔法制备栓剂的工艺过程、操作要点；置换价的含义。
2. 熟悉栓剂中药物吸收的途径和影响吸收的因素；常用栓剂基质的种类、性质；栓剂质量要求。
3. 了解栓剂的发展简况；包装、贮存的要求。

能力目标

1. 能生产出合格的栓剂。
2. 能对栓剂进行合格品的判断。

素质目标

1. 具有良好的团队合作精神。
2. 具有沟通交流的能力。
3. 具有严谨细致的态度。

扫码“学一学”

第一节　概　述

栓剂系指原料药物与适宜基质制成的供腔道给药的固体制剂。栓剂在常温下为固体，纳入人体腔道后，在体温下能迅速软化熔融或溶解于分泌液，逐渐释放药物而产生局部或全身作用。

一、栓剂的种类

（一）按给药途径分类

根据给药途径的不同，栓剂可分为：直肠栓、阴道栓、尿道栓等，常用的是直肠栓和阴道栓。栓剂形状如图 8-1、图 8-2 所示。

1. 直肠栓　直肠栓的形状有鱼雷形、圆锥形、圆柱形等，每粒重量约 2g，长 3~4cm，其中鱼雷形较常用，此形状的栓剂塞入肛门后，由于括约肌的收缩容易压入直肠内。

2. 阴道栓　阴道栓形状有鸭嘴形、球形、卵形等，阴道栓重 2~5g，直径 1.5~2.5cm，其中鸭嘴形较适宜，其表面积较大。

3. 尿道栓 尿道栓形状一般为棒状。

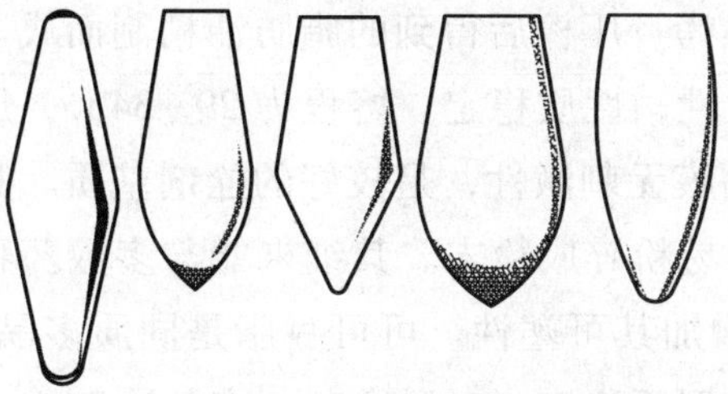

图 8-1 直肠栓外形

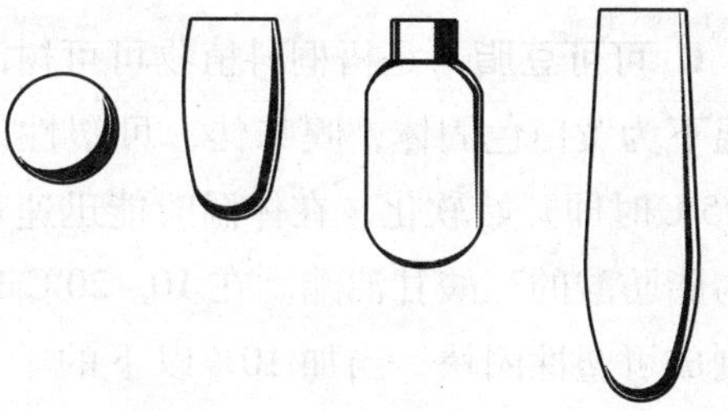

图 8-2 阴道栓外形

（二）按作用分类

根据作用类型的不同，可分为局部治疗作用栓剂和全身治疗作用栓剂。

1. 局部治疗作用栓剂 以局部作用为目的，如润滑、收敛、抗菌、杀虫、局麻等作用。

2. 全身治疗作用栓剂 这类栓剂通过直肠给药可以避免肝脏首过作用和不受胃肠道的影响而起全身作用，以治疗各种疾病，如起镇痛、镇静、兴奋、扩张支气管和血管、抗菌等作用。

除普通栓剂外，栓剂因释药速率不同，可分为快速释药的栓剂（如中空栓）和持续释药的缓释栓。

二、栓剂的质量要求

栓剂在生产与贮存期间均应符合下列《中国药典》（2015 年版）的有关规定。

1. 除另有规定外，供制栓剂用的固体药物，应预先用适宜方法制成细粉。根据使用腔道和使用目的的不同，制成各种适宜的形状。

2. 栓剂中的药物与基质应混合均匀，栓剂外形要完整光滑；塞入腔道后应无刺激性，应有适宜的硬度，以免在包装或贮存时变形。

3. 栓剂所用内包装材料应无毒性，并不得与药物或基质发生理化作用，除另有规定外，应在 30℃以下密闭保存，防止因受热、受潮而变形、发霉、变质。

4. 栓剂的融变时限、栓剂重量差异限度应符合药典有关规定。

三、栓剂的作用特点

栓剂经腔道吸收入血液后可发挥全身作用，与口服给药不同的是：①药物不受胃肠道 pH 和酶的破坏而失去活性；②避免药物对胃黏膜的刺激性；③药物直肠吸收，大部分不受肝脏首过作用的破坏，可以降低对肝脏的毒性；④直肠吸收比口服影响因素少。

栓剂适用于不能或者不愿口服给药的患者，尤其适宜婴儿和儿童用药；也是伴有呕吐患者治疗的有效途径之一。

扫码“学一学”

第二节 栓剂的基质

栓剂主要由药物和基质组成，也需酌情加入少量附加剂。栓剂基质不仅可使药物成型，而且对剂型的特性和药物的释放均有重要影响，通常分为油脂性基质和水溶性基质两大类。

一、油脂性基质

1. 可可豆脂 是梧桐科植物可可树的种仁经烘烤、压榨后得到的脂肪油精制而成。在常温下为黄白色固体，嗅味佳，可塑性好，无刺激性，性质稳定。熔程为29~34℃，加热至25℃时即开始软化，在体温时能迅速熔化，对黏膜无刺激性，是较好的栓剂基质。其成分为脂肪酸的三酸甘油酯。在10~20℃时性脆而容易粉碎成粉末。其细末能与多数药物混合制成可塑性团块，当加10%以下的羊毛脂时能增加其可塑性。可可豆脂是同质多晶型，有α、β、β′、γ四种晶型，其中α、β′和γ三种类型不稳定；β型稳定，熔点为34℃，当加热至36℃后再迅速冷却时，则形成大量的α、β′、γ晶型而使熔点降为24℃，以至难以成型和包装，但在室温放置两周后可逐渐恢复。因此，必须注意加热条件，温度不宜过高，制备时应缓缓加热至总量2/3熔化时即停止加热，利用余热使其全部熔化；或在熔化的可可豆脂中加入少量的稳定晶型以促使不稳定晶型转变成稳定晶型；也可在熔化凝固时，将温度控制在28~32℃，持续几小时或几天，使不稳定的晶型转变成稳定型。部分药物如樟脑、薄荷脑、苯酚和水合氯醛等可使可可豆脂的熔点降低，可加入适量蜂蜡、鲸蜡提高熔点。

可可豆脂与半合成脂肪酸甘油酯比较，熔点较低，抗热性能差，单独使用不能适应各种药物的要求；价格昂贵，国内生产较少，使其使用受到限制。

2. 香果脂 由樟科植物香果树的成熟种仁压榨提取得到的固体脂肪，或成熟种仁压榨提取的油脂经氢化后精制而成。本品为白色结晶性粉末或淡黄色固体，嗅味佳，熔点30~36℃，碘价1~5，酸价小于3.0，皂化价255~280。本品化学组成为饱和脂肪酸甘油酯，不饱和脂肪酸含量少，脂肪酸主要为月桂酸、癸酸，尚有少量肉豆蔻酸和油酸。

香果脂与半合成基质比较，熔点较低，抗热性能差，酸值、碘值、过氧化值较高，较不稳定，目前国内很少生产。

与可可豆脂、香果脂类似的天然油脂性基质还有乌柏脂，亦可作为栓剂基质，因其熔点较高，故目前较少使用。

3. 半合成脂肪酸甘油酯类 是目前较理想的一类栓剂基质。其化学组成是12~18碳饱和混合脂肪酸甘油酯，系游离脂肪酸经部分氢化，再与甘油酯化而得的三酰甘油、二酯及一酯的混合酯，主要是三酰甘油。这类基质具有不同的熔点，可按不同的药物要求来选择，熔距短，抗热性能较好；乳化水分的能力较强，可以制备乳剂型基质；所含的不饱和基团较少，碘值和过氧化值很低，在贮存中较稳定，不易酸败。因此，这类半合成基质已基本取代天然油脂，成为较理想的栓剂基质。国内已有半合成椰子油酯、半合成山苍子油酯、半合成棕榈油酯等用于栓剂的制备。

4. 氢化植物油 将花生油、棉油或椰油等植物油加压，使部分或全部氢化，得到的白色固体脂肪，称为半硬化油或硬化油，总称氢化油。由于所含不饱和基团较少，故比原来的油脂稳定。如果氢化不完全，其中仍含有部分不饱和脂肪酸，碘值较高，熔距较长，抗热性能较差。其熔点分别为：氢化花生油为30~45℃；氢化棉籽油为40.5~41℃；氢化椰子油35~39℃。此类基质必要时可加蜡或植物油调节熔点。本类基质释药能力较差，可加入适量表面活性剂改善其释药能力。

二、水溶性及亲水性基质

1. 甘油明胶 系用明胶、甘油与水制成，具有弹性，不易折断，在体温时不熔融，但塞入腔道后可缓慢溶于分泌液中，延长药物的疗效。其中药物的溶出速度可随水、明胶、甘油三者的比例不同而改变。甘油与水的含量越高越易溶解，水分过多则成品变软，甘油能防止栓剂干燥。以本品为基质的栓剂在干燥环境中贮存能失水，湿度大的条件下可吸收水分，易于滋生霉菌等微生物，故需要加入防腐剂。本品常作阴道栓的基质，如复方蛇床子栓用甘油明胶做基质在阴道起局部抗菌抗炎作用。但此类基质不适用于与蛋白质有配伍禁忌的药物，如鞣酸、重金属盐等，因为明胶为蛋白质的水解产物。

甘油明胶的制备方法：将甘油 60~65g 与纯化水 10g 混合，再加明胶 25~30g 混匀，在蒸汽浴上加热至明胶溶解，滤过，放冷，即得。

2. 聚乙二醇（PEG） 为乙二醇高分子聚合物的总称，具有不同的聚合度、分子量和物理性状。其平均分子量为 200、400 及 600 者为透明无色液体，1000 者呈软蜡状（熔点为 38~40℃），PEG 4000 和 PEG 6000 的熔点分别为 40~48℃、55~63℃，常温下为固体，聚乙二醇基质的水溶性、吸湿性以及蒸汽压随平均分子量的增加而下降。以两种或两种以上的不同平均分子量的聚乙二醇加热熔融可制得理想硬度的栓剂基质，如 PEG 1000 与 PEG 4000 比例为 96∶4 时释药较快，若比例改为 75∶25 时则释药缓慢。本品遇体温不熔化，但能缓缓溶于直肠液中，对直肠黏膜有一定的刺激性，加入 20% 以上的水可降低其刺激性。也可以在纳入腔道前先用水润湿，或在栓剂表面涂一层鲸蜡醇或硬脂醇薄膜，防止刺激。本品的优点是制成的栓剂夏天亦不软化，不需冷藏；缺点是易吸湿受潮变形。痔疮患者使用后，可从肠黏膜吸收水分，对直肠黏膜组织有刺激作用。

此外，水溶性基质常用的还有聚氧乙烯（40）、硬脂酸酯、吐温 61 等。

第三节 影响栓剂中药物吸收的因素

扫码“学一学”

一、栓剂药物吸收的途径

栓剂在直肠内的吸收有三个途径，既有通过门肝系统和非门肝系统的两条血液途径，也有淋巴途径。在直肠内的血液吸收途径与栓剂纳入肛门的深度有关，栓剂纳入直肠时，愈靠近直肠下部时，栓剂吸收时不经过肝脏的量就越多，当栓剂距肛门 2cm 时，给药总量的 50%~70% 不经过肝脏；当栓剂距肛门 6cm 时，药物在此部位的吸收，大部分要经过直肠上静脉进入门肝系统。直肠血液吸收途径如图 8-3 所示。

（一）门肝系统

通过直肠上静脉，经门静脉进入肝脏，经肝脏代谢后再由肝脏进入大静脉。

（二）非门肝系统

通过直肠下静脉和肛门静脉，经髂内静脉绕过肝脏，进入下腔大静脉，进入大循环。

（三）淋巴系统

淋巴系统对直肠药物的吸收与血液有同样重要的地位，直肠淋巴系统也是栓剂中药物吸收的一条重要途径。

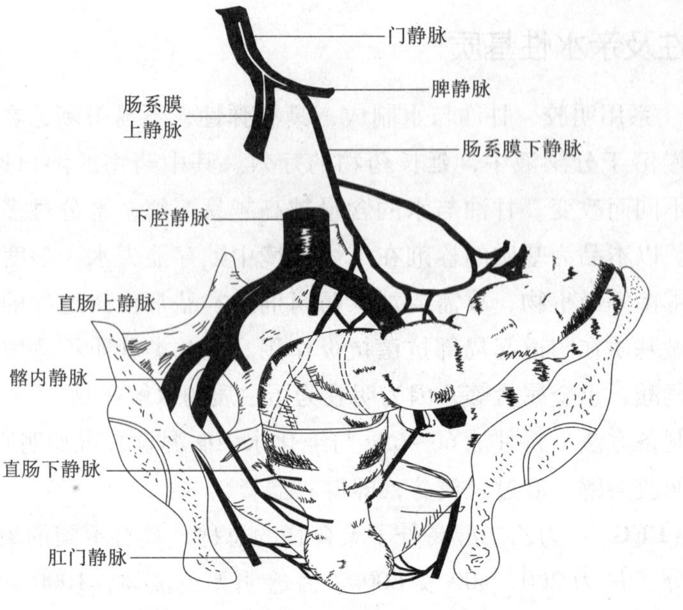

图 8-3　栓剂直肠给药的吸收途径

由于阴道附近的血管几乎均与大循环相连，阴道用栓剂给药后，药物的吸收不经肝脏，且吸收速度较快。

二、影响栓剂中药物直肠吸收的因素

直肠黏膜是类脂膜的结构，能起到屏障和保护的作用。药物在直肠中的吸收过程极其复杂，机制尚未完全阐明。影响栓剂中药物直肠吸收的主要因素有以下几个方面。

（一）生理因素

直肠中有粪便的存在时，可以影响药物的扩散及药物与直肠吸收表面的接触，一般情况下，充有粪便的直肠比空直肠吸收少。因此在应用栓剂前应先排便或通便。栓剂在直肠中的保留时间也影响栓剂的吸收，保留时间越长，吸收越趋完全。另外，腹泻、组织脱水及结肠梗塞等均能影响药物从直肠部位的吸收的速度和程度。直肠液的 pH（约为 7.4，且没有缓冲能力）对弱酸弱碱性药物的吸收有影响。

（二）药物因素

药物的溶解度、溶解性与解离度及粒径大小等均可影响药物的直肠吸收。因为直肠黏膜的类脂膜特性，所以脂溶性药物及非解离型的药物较解离型药物在直肠内容易吸收，水溶性药物吸收亦较好。不易溶解的药物由于直肠部位的体液量少，不足以使药物很快溶解，可用其盐类或可溶性化合物制成栓剂以利于吸收。难溶性药物宜减小粒径以增加溶出和吸收。

（三）基质因素

栓剂纳入腔道后，药物需从基质中释放出来，再分散或溶解于分泌液中，最后才被吸收利用。药物从基质中释放得快，则局部浓度大而作用强；否则，则作用缓慢而持久。水溶性药物分散在油脂性基质中，脂溶性药物分散在水溶性基质中，药物能很快释放于分泌液中，故吸收较快。脂溶性药物分散于油脂性基质，药物须由油相转入水性分泌液中方能被吸收，这种转相与药物在油和水两相中的分配系数有关。表面活性剂能增加药物的亲水性，能加速药物向分泌液中转入，有助于药物的释放。但表面活性剂的浓度不宜过高，以免在分泌液中形成胶束而使吸收下降。

扫码“学一学”

第四节　栓剂的制备

一、处方设计

（一）药物的处理及加入方法

栓剂中药物与基质应有适宜比例，不同性质的药物加入方法不同。

1. 不溶性药物一般应粉碎成细粉或最细粉，能全部通过六号筛，再与基质混匀。

2. 脂溶性药物如樟脑、中药醇提物、挥发油等。挥发油或冰片等可直接溶解于已熔化的油脂性基质中，若药物用量大而降低基质的熔点或使栓剂过软，可加适量蜂蜡、鲸蜡调节；或以适量乙醇溶解加入水溶性基质中；或加乳化剂乳化分散于水溶性基质中。

3. 水溶性药物如中药水提浓缩液或与水、甘油混合的药物，可直接与已熔化的水溶性基质混匀；或加少量水用适量羊毛脂吸收后，与油脂性基质混匀；或将提取浓缩液制成干浸膏粉，直接与已熔化的油脂性基质混匀。

（二）附加剂的选用

栓剂制备时可根据需要选择使用吸收促进剂，如氮酮、聚山梨酯 80 等；吸收阻滞剂，如海藻酸、羟丙基甲基纤维素等；增塑剂，如聚山梨酯 80、甘油等；抗氧剂，如没食子酸、抗坏血酸等；润滑剂，若为油脂型基质的栓剂可选用软肥皂、甘油各 1 份与 90% 乙醇 5 份制成的醇溶液做润滑剂；水溶性或亲水性基质的润滑剂可选用液体石蜡、植物油等。

（三）置换价的含义与计算

药物的重量与同体积基质重量之比称为置换价（displacement value，DV），也称为置换值，它在栓剂生产中对保证投料计算的准确性有重要意义。不同栓剂的处方，用同一模型模具所制得的栓剂体积是相同的，但其重量则随基质与药物密度的不同而变化。根据置换价可以对药物置换基质的重量进行计算。以可可豆脂为例，如果主药的密度与可可豆脂相同，药物可置换等重量的可可豆脂；如果主药的密度为可可豆脂的 2 倍，则主药仅占等重量可可豆脂容量的一半。

置换价的测定：取基质适量用熔融法制成不含药物的栓剂若干枚，准确称定，求出每枚不含药的空白栓（基质）重量为 G，再精密称取适量药物与基质用熔融法制备含药栓若干枚，并求出每枚含药栓重量为 M，每枚含药栓中的主药重量为 W，那么 $M-W$ 即为含药栓中基质的重量，而 $G-(M-W)$ 即为纯基质栓与含药栓中基质重量之差，亦即为与药物同体积（被药物置换）的基质重量。置换价（DV）的计算公式为：

$$DV=\frac{W}{G-(M-W)} \tag{8-1}$$

式中，W——每粒栓中的主药重量；G——纯基质的空白栓重量；M——含药栓重量。

已经求出置换值，则制备每粒栓剂所需基质的理论用量（X）为：

$$X=G-\frac{W}{DV} \tag{8-2}$$

式中，X——每粒栓剂所需基质的理论用量；G——纯基质的空白栓重量；W——每粒栓中的主药重量；DV——置换价。

在实际生产中，还需要增补操作过程中的损耗。

例 制备鞣酸栓剂，已知每粒含鞣酸 0.2g，用可可豆脂为基质，空白基质栓重 2g，已知鞣酸对可可豆脂的置换价为 1.6，求每颗栓需要基质多少克？每颗栓的实际重量有多少？

解：根据公式（8-2），将数值代入，则每粒鞣酸栓剂所需可可豆脂的量为：

$$X=G-\frac{W}{DV} \qquad X=2-\frac{0.2}{1.6}$$

$$X=1.875\text{g}$$

$$\text{每粒栓的实际重量}=1.875+0.2=2.075\text{g}$$

答：每颗栓需要基质 1.875g，每颗栓的实际重量为 2.075g。

二、栓剂的制备

栓剂的制备方法常用的有冷压法和热熔法两种。油脂性基质可以采用任意方法制备，水溶性基质一般采用热熔法制备。

（一）冷压法

取药物置适宜的容器内，加等量的基质研匀后，再加剩余的基质研匀，制成团块，冷却后，再制成粉末状或粒状，然后装置于制栓机的腔内，通过模型压成一定的形状。此法适用于大量生产油脂性基质的栓剂。

（二）热熔法

热熔法的制备工艺流程是：

熔融基质 → 加入药物 → 注模 → 冷却 → 刮削 → 取出 → 成品栓剂

制备时先将模型洗净、擦干，用润滑剂少许涂布于模型内部(勿过量)。将计算量的基质锉末在水浴上加热使熔融(勿过热)，然后按药物性质以不同方法加入药物，混合均匀，不间断地倾入模型至稍溢出模口，放冷，待完全凝固后，用刀切去溢出部分，开启模型将栓剂取出，如栓剂上有多余的润滑剂可用滤纸吸去。

图 8-4 为实验室用栓剂制备模具图。

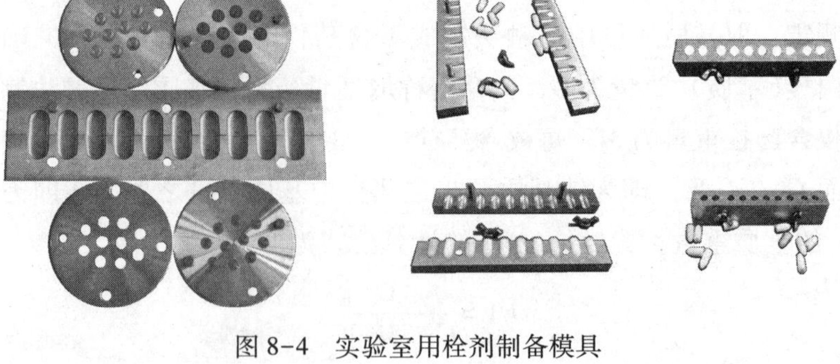

图 8-4　实验室用栓剂制备模具

此法制备栓剂需要注意：可可豆脂熔融达到 2/3 时，应停止加热搅拌，可以使之全部熔融并避免过热；熔融的混合物注入栓模时应迅速，并一次注完，以免发生液流或液层凝固。

近年来用热熔法大量生产栓剂采用自动化制栓机。制栓过程中由机器来完成填充、排出、清洁模具等操作。温度和生产速度可按能获得最适宜的连续自动化的生产要求来调整，一般为3500~3600粒/小时。

此法应用最广泛，油脂性基质及水溶性基质的栓剂均可用此法制备。

三、举例

例 甘油栓

【处方】 甘油16.0g 碳酸钠0.4g 硬脂酸1.6g 纯化水2.0g 制成肛门栓6枚

【制法】 取干燥碳酸钠与纯化水置蒸发皿内，搅拌溶解，加甘油混合后置水浴上加热，加热同时缓缓加入硬脂酸细粉并随加随搅拌，待泡沫停止、溶液澄明后，注入已涂有润滑剂（液体石蜡）的栓模中，冷却，削去溢出部分，脱模，即得。

【功能与主治】 本品为缓下药，有缓和的通便作用。用于治疗便秘。

【用法与用量】 每次1枚，纳入肛门。

【贮藏】 本品应密闭，在30℃以下保存。

扫码“学一学”

第五节 栓剂的质量检查及包装贮存

一、质量检查

（一）重量差异

取供试品10粒，精密称定总重量，求得平均粒重后，再分别精密称定各粒重量。每粒重量与平均粒重相比较(有标示粒重的中药栓剂，每粒重量应与标示粒重比较)，超出限度的粒数不得多于1粒，并不得超出限度1倍。重量差异限度应符合表8-1中的规定。

表8-1 栓剂重量差异限度

平均粒重或标示粒重	重量差异限度
1g以下或1g	±10%
1g以上至3g	±7.5%
3g以上	±5%

凡规定检查含量均匀度的栓剂，一般不再进行重量差异检查。

（二）融变时限检查

除另有规定外，照融变时限检查法(通则0922)检查，应符合规定。

（三）微生物限度检查

除另有规定外，照非无菌产品微生物限度检查：微生物计数法(通则1105)和控制菌检查法(通则1106)及非无菌药品微生物限度标准(通则1107)检查，应符合规定。

二、包装贮存

栓剂制成后置于小纸盒内，内衬有蜡纸，并进行间隔，以免接触粘连。亦有将制成的栓剂分别用蜡纸或锡箔包裹后放于纸盒内，注意免受挤压。现在的包装多用塑料盒(类似于硬胶囊壳的上下两节)。大生产用栓剂包装机，将栓剂直接密封在玻璃纸或塑料泡眼中。栓剂于干燥阴凉处或30℃以下贮存。贮存的时间不宜过长，以免由于基质酸败而产生刺激性，或因微生物的繁殖而腐败。在大生产时可加入适量防腐剂改善。

向患者发栓剂时，应向患者详细说明使用方法；小儿用栓剂前可先用温水浸泡栓剂片刻，使其外部呈现润滑时引入直肠内。

思考题

扫码“练一练”

1. 栓剂采用热熔法生产的工艺流程是什么？
2. 栓剂基质的种类及常用药物是什么？
3. 制备栓剂时润滑剂如何选择？

实训　栓剂的制备

一、实训目的

1. 掌握用热熔法制备栓剂的操作方法及注意事项。
2. 熟悉各类栓剂基质的特点及适用范围。
3. 了解置换价在栓剂制备中的应用。

二、实训指导

1. 栓剂系用药材提取物或药粉与适宜基质制成的供腔道给药的固体制剂，其形状和重量根据腔道不同而异。目前常用的栓剂主要有直肠栓和阴道栓两种。

2. 栓剂中的药物与基质应充分混合均匀，栓剂在常温下应具有适宜硬度与韧性、无刺激性，熔点应接近体温（约 37℃），塞入腔道后，应能融化、软化或溶化，并与分泌液混合，逐渐释放出药物，产生局部或全身作用。

3. 栓剂的基质可分为油脂性基质、水溶性及亲水性基质两类。油脂性基质有可可豆油、半合成脂肪酸酯、香果脂等；水溶性及亲水性基质有甘油明胶、聚乙二醇类、聚氧乙烯（40）、硬脂酸酯等。为利于脱模，使栓剂外观光洁，制备栓剂时栓模应涂以润滑剂。常用的润滑剂有：油脂性基质选用软皂、甘油、95%乙醇混合制成的溶液（三者比例为 1∶1∶5）；水溶性及亲水性基质选用液体石蜡、植物油、硅油等。在某些栓剂中还可加入表面活性剂使药物易于释放和被机体吸收。

4. 栓剂的制备方法有热熔法、冷压法和搓捏法三种，可按基质和药物的性质选择制法。目前生产上以热熔法应用最广泛，水溶性及亲水性基质的栓剂可采用热熔法。而脂肪性基质可采用上述三法中的任何一种，热熔法制备栓剂的工艺流程为：基质熔化→加入药粉混匀→注模→冷却成型→削去溢出部分→脱模→质检→包装。

5. 制备栓剂时环境应洁净，用具、容器需经适宜方法清洁或灭菌，原料和基质也应根据使用部位，按卫生学的要求，进行相应的处理。

6. 栓剂中药物的处理与混合，油溶性药物可直接溶于已熔化的基质中；中药材水提浓缩液或不溶于油脂而溶于水的药物可直接与熔化的水溶性基质混合；或先加少量水溶解，再以适量羊毛脂吸收后与基质混合；难溶性固体药物，一般应先粉碎成细粉（过六号筛）混悬于基质中。能使基质熔点降低或使栓剂过软的药物在制备时，可酌加熔点较高的物质如蜂蜡等予以调整。

7. 同一栓模制得的栓剂容积是相同的，但因基质和药物密度不同，其栓剂的重量也有差异。所以在设计栓剂处方和制备时，为了确定基质用量以保证栓剂剂量的准确性，故需预测药物的置换价。置换价(f)即药物的重量与同体积基质重量之比值。如鞣酸的可可豆脂置换价为1.6，即1.6g鞣酸与1.0g可可豆脂所占的体积相同。

8. 栓剂的包装材料一般为铝箔或塑料膜盒等，应无毒并不与药品起作用。成品置30℃以下密闭保存，贮存时应注意避免受热、受潮及受压。

三、实训内容

（一）甘油栓

【处方】甘油16.0g　碳酸钠0.4g　硬脂酸1.6g　纯化水2.0g　制成肛门栓6枚

【制法】取干燥碳酸钠与纯化水置蒸发皿内，搅拌溶解，加甘油混合后置水浴上加热，加热同时缓缓加入硬脂酸细粉并随加随搅拌，待泡沫停止、溶液澄明后，注入已涂有润滑剂（液体石蜡）的栓模中，冷却，削去溢出部分，脱模，即得。

【功能与主治】本品为缓下药，有缓和的通便作用。用于治疗便秘。

【用法与用量】每次1枚，纳入肛门。

【注意】

1. 本品系以硬脂酸与碳酸钠生成钠肥皂，由于肥皂的刺激性与甘油较高的渗透压而能增加肠蠕动，呈现泻下作用。其化学反应式为：

$$2C_{17}H_{35}COOH + Na_2CO_3 \rightarrow 2C_{17}H_{35}COONa + CO_2\uparrow + H_2O$$

甘油栓中含有大量甘油，甘油与钠肥皂混合使之硬化呈固体凝胶状，二者均具轻泻作用。

2. 制备甘油栓时，硬脂酸细粉应少量分次加入，与碳酸钠充分反应，直至泡沫停止、溶液澄明、皂化反应完全，才能停止加热。皂化反应产生的二氧化碳必须除尽，否则所制得的栓剂内含有气泡。注入栓模时务必除尽气泡，否则影响栓剂的剂量和外观。本品水分含量不宜过多，因肥皂在水中呈胶体，水分过多会使成品发生混浊。故可采用硬脂酸钠与甘油，经加热、溶解、混合制成甘油栓，如此既可省去皂化反应步骤又可提高甘油栓的质量，并使甘油栓无水分渗出。

3. 优良的甘油栓应透明而有适宜的硬度，所皂化反应必须完全。否则留有未皂化的硬脂酸而影响成品的透明度和弹性。为使皂化反应完全，一是将皂化温度升高，控制在115℃左右可加速皂化反应的完成；二是处方中碱的用量需比理论值稍高。

4. 注模前应将栓模预热(80℃左右)，使冷却缓慢进行，如冷却过快，成品的硬度、弹性、透明度均受影响。

（二）蛇黄栓

【处方】蛇床子(10号粉)1.0g　黄连(10号粉)0.5g　硼酸0.5g　葡萄糖0.5g　甘油适量，甘油明胶适量

【制法】取蛇床子、黄连、硼酸、葡萄糖加适量甘油研成糊状，将甘油明胶置水浴上加热，待熔化后，再将上述蛇床子等糊状物加入，不断搅拌均匀，倾入已涂有润滑剂的阴道

栓膜内，共制成10颗，冷却，削去多余栓块，启模，取出，包装即得。

【功能与主治】消炎杀虫。用于治疗阴道滴虫。

【用法与用量】纳入阴道内，一次1颗，一日1次。

【注意】

1. 甘油明胶由明胶、甘油和水三者按一定比例组成。制备时明胶需先用水浸泡使之溶胀变软，加热时才易溶解，否则无限溶胀时间延长，且含有一些未溶解的明胶小块或颗粒。

2. 甘油明胶多用作阴道栓剂基质，具有弹性，在体温时不熔融，而是缓缓溶于体液中释出药物，故作用持久。制备时须轻轻搅拌，以免胶液中产生不易消除的气泡，使成品含有气泡，影响质量。应注意基质中含水量过多栓剂太软，水量过少栓剂又太硬。

3. 健康妇女的阴道分泌液应维持在pH 3.8~4.2，而阴道滴虫适于在pH 5~6的环境中生长，栓剂中加入硼酸调pH至正常范围，可防止原虫及致病菌生长，葡萄糖分解为乳酸以保持阴道的酸性，恢复阴道的生物特性和自洁作用。

4. 注模时如混合物温度太高会使稠度变小，所制栓剂易发生顶端凹陷现象，故应在适当的温度下于混合物稠度较大时注模，并注至模口稍有溢出为度，且一次注完。

四、栓剂的质量检查

1. 外观 栓剂的外观应完整光滑，有适宜的硬度，无变形、发霉及变质等。

2. 重量差异 按《中国药典》（2015年版）通则0107检查。

3. 融变时限 取栓剂3粒，在室温下放置1小时后，照《中国药典》（2015年版）通则0922检查。除另有规定外，脂肪性基质的栓剂3粒均应在30分钟内全部融化、软化和触压时无硬心；水溶性的基质栓剂3粒均应在60分钟内全部溶解。如有1粒不合格，应另取3粒复试，均应符合规定。

将实训和质量检查结果记录于表8-2中。

表8-2 栓剂质量检查结果

栓剂名称	实训结果			质量检查结果		
	基质熔融温度（℃）	注模温度（℃）	冷却温度（℃）	外观重量（g）	重量差异限度	融变时限（min）
甘油栓						
蛇黄栓						

五、思考题

1. 甘油栓的制备原理是什么？操作应注意什么问题？

2. 热熔法制备栓剂应注意什么问题？基质中加入药物的方法有哪些？

（王琼珺）

第九章

外用膏剂

学习目标

知识目标

1. 掌握软膏剂的分类、制备方法及附加剂的种类、作用，乳膏剂的分类、特点及常用基质。
2. 熟悉凝胶剂、黑膏剂的特点；常用基质及质量要求；橡胶膏剂的特点与组成。
3. 了解白膏剂、涂膜剂的特点。

能力目标

1. 熟练掌握软膏剂的制备方法；学会区别不同种类的外用膏剂。
2. 具有分析软膏剂处方的能力。

素质目标

1. 具有药学工作者严谨的态度。
2. 从事外用膏剂生产的基本分析与操作能力。

扫码“学一学”

第一节　概　述

一、外用膏剂的含义与特点

外用膏剂是指采用适宜的基质将药物制成主要供外用的半固体或近似固体的一类制剂。易涂布或粘贴于皮肤、黏膜或创面上，起保护创面、抗炎止痒、润滑皮肤等局部治疗作用，有的还可以透过皮肤或黏膜起全身治疗作用。

外用膏剂的特点：①避免了口服给药可能发生的肝首关效应和胃肠灭活的现象，提高了药物治疗效果；对于皮肤类疾病等具有明显的局部治疗优势；②延长有效作用时间，减少用药次数，药物可长时间持续扩散进入血液循环，如起全身作用的透皮贴剂；③可以通过改变给药面积和调节给药剂量，减少个体差异和个体内差异；④患者可以自主给药，也可随时中止用药，降低药物副作用，提高药物依从性。

二、外用膏剂的分类

外用膏剂按基质及形态分为两大类。

1. 软膏剂 系指原料药物与油脂性或水溶性基质混合制成的均匀的半固体外用制剂。因原料药物在基质中分散状态不同，分为溶液型、混悬型及乳剂型软膏剂。

溶液型软膏剂为药物溶解(或共熔)于基质或基质组分中制成的软膏剂；混悬型软膏剂为原料药物细粉均匀分散于基质中制成的软膏剂。乳剂型软膏剂分为 W/O 型和 O/W 型两种类型。

2. 贴膏剂和硬膏剂 是将药物混合于黏性基质中制成的一类近似固体的外用膏剂，起局部或全身治疗作用。按基质组成不同可分为以下两类。

(1) 贴膏剂 系指将原料药物与适宜的基质制成膏状物，涂布于背衬材料上供皮肤贴敷，可产生全身性或局部作用的一种薄片状制剂。

贴膏剂包括凝胶贴膏(原巴布膏剂或凝胶膏剂)和橡胶贴膏(原橡胶膏剂)。

(2) 硬膏剂 系指饮片、食用植物油与红丹(铅丹)或宫粉(铅粉)炼制成膏料，摊涂于裱褙材料上制成的供皮肤贴敷的外用制剂。前者称为黑膏药，后者称为白膏药。

软膏剂和硬膏剂在我国应用较早，橡胶膏剂则源于国外。近年来随着经皮给药系统理论研究上的突破，以透皮贴剂为主的外用膏剂得到快速发展。

三、外用膏剂的透皮吸收机制

外用膏剂药物的透皮吸收包括释放、穿透及吸收进入血液循环三个阶段。释放是指药物从制剂基质中脱离出来并扩散到皮肤或黏膜表面。穿透是指药物通过表皮进入真皮、皮下组织，对局部组织和局部病灶部位起治疗作用，如治疗皮肤破损、炎症、肿痛等。吸收是指药物通过皮肤微循环或与黏膜接触后通过血管或淋巴管进入体循环而产生全身作用。

药物的经皮吸收，主要有三条途径。

1. 经由完整的表皮途径 一般认为透过皮肤的完整表皮是药物的主要吸收途径，表皮具类脂膜性质，脂溶性药物以非解离型透过表皮的角质层细胞及其细胞间隙，解离型药物较难透过。

2. 经由毛囊、皮脂腺途径 毛囊、皮脂腺开口于表皮，进入毛囊口及皮脂腺的药物能通过毛囊壁及皮脂腺到达真皮或皮下组织。皮脂腺分泌物是油性的，有利于脂溶性药物的穿透。

3. 经由汗腺途径 大分子药物和离子型药物可通过汗腺及毛囊、皮脂腺途径转运，但当药物达到平衡后，这种旁路通道的作用就显得很微弱。

四、影响药物透皮吸收的因素

透皮吸收是一个复杂的过程，一般认为药物的理化性质、基质的组成、给药部位的特性等为影响药物透皮吸收的主要因素。具体如下。

1. 皮肤条件

(1) 皮肤的用药部位 各部位皮肤角质层的厚度、毛孔的多少均与药物的穿透吸收有较大关系。一般角质层厚的部位药物不易透入，毛孔多的部位则较易透入。不同部位的皮肤渗透性大小顺序为：耳廓后部>腋窝区>头皮>手臂>腿部>胸部。选择角质层薄，给药方便的皮肤部位，对全身作用的透皮吸收制剂的有效性尤为重要。此外，人的年龄、性别、种族不同，其皮肤的差异与药物的穿透吸收也有较大关系。

（2）皮肤的状况　若皮肤屏障功能受损（皮肤患湿疹、溃疡或烧伤等），药物吸收速度大大增加，但易引起疼痛、过敏等副作用。一般来说，溃疡皮肤对药物的渗透性为正常皮肤的3~5倍。某些皮肤病使角质层致密硬化，药物的渗透性降低，如银屑病、老年角化病等。

（3）皮肤的温度与湿度　皮肤温度提高，由于血管扩张，血流量增加，吸收也增加。因此，应使膏药受热软化后贴敷。皮肤湿度大，有利于角质层的水合作用，皮肤的水合是透皮吸收重要的因素之一，角质层水合能增大物质进入皮肤的透过率，这可能是由于表皮组织软化，孔穴直径增大而导致“海绵”现象，从而有利于药物通过。

2. 药物性质　皮肤细胞具有类脂质性质。一般脂溶性药物比水溶性药物易穿透皮肤，而组织液是极性的，因此既有一定脂溶性又有一定水溶性的药物（分子有极性基团和非极性基团）更易进入组织液。药物分子的大小对药物透皮吸收也有影响，小分子药物易在皮肤中扩散，相对分子量大于600的药物较难透过角质层。因此，经皮给药宜选用分子量小、药理作用强的小剂量药物。

3. 基质性质

（1）基质的类型　直接影响药物在基质中的理化性质与贴敷皮肤的生理功能。一般认为药物的吸收在乳剂型基质中最好，在吸水性软膏基质（如凡士林加羊毛脂等）、硅酮及豚脂中次之，在烃类基质中最差。若基质的组成与皮脂分泌物相似，也有利于某些药物透过皮肤。

（2）基质的pH　影响酸性和碱性药物的吸收，离子型药物一般不易透过角质层，非解离型药物有较高的渗透性。表皮内为弱酸性环境（pH 4.2~5.6），而真皮内的pH 7.6左右，故可根据药物的pK_a值来调节介质的pH，使其离子型和非离子型的比例发生改变，提高渗透性。

（3）基质对药物的亲和力　若亲和力大，药物的皮肤/基质分配系数小，药物难以从基质向皮肤转移，不利于吸收。

（4）基质对皮肤的水合作用　角质层有一定的吸水能力，基质对皮肤的水合作用大，角质层细胞膨胀，致密程度降低，有利于药物的穿透吸收。角质层含水量达50%时，药物的渗透性可能增加5~10倍。油脂性强的基质封闭性强，有利于皮肤的水合作用。

4. 渗透促进剂　是指能加速药物穿透皮肤又不损伤任何人体活性细胞的一类物质。理想的渗透促进剂应无药理活性、无毒、无刺激性、无致敏性，与药物、基质和皮肤有良好的相容性，无臭无味，能增加局部用药的渗透性，增加药物的经皮吸收。

常用的渗透促进剂有：①表面活性剂；②二甲基亚砜及其类似物；③月桂氮䓬酮及其类似物；④其他类化合物，如薄荷油、桉油等萜烯类挥发油。

5. 其他因素　药物浓度、用药面积、应用次数及时间等一般与药物的吸收量成正比。其他如气温、相对湿度、局部摩擦、脱脂及离子透入应用等均有助于药物的透皮吸收。

扫码“学一学”

第二节　软膏剂

一、概述

1. 软膏剂的定义　软膏剂系指原料药物与油脂性或水溶性基质混合制成的均匀的半固体外用制剂。

软膏剂常以不含药或含药形式应用，不含药软膏剂常起润湿、保护或润滑作用；含药软膏剂主要起局部治疗作用，某些药物透皮吸收后，亦能产生全身治疗作用。

2. 软膏剂的组成　软膏剂一般由药物、基质和附加剂组成，基质在软膏剂中主要做赋形剂，有时对药物的药效会产生影响；附加剂(如抗氧剂、抑菌剂、增稠剂、保湿剂、皮肤渗透促进剂等)主要起增加药物和基质稳定性、保证或促进药效的作用。

3. 软膏剂的分类　按照所属的分散系统可将软膏剂分为溶液型、混悬型和乳剂型软膏剂三类；按所用基质不同分为油膏剂、乳膏剂和水膏剂。

4. 软膏剂的质量要求　①有良好的外观，且均匀、细腻，涂于皮肤上无粗糙感；②具有适当黏稠性，易于涂布且不熔化，黏稠性应很少受外部环境变化的影响；③性质稳定，无酸败、异臭、变色、变硬及油水分离或分层现象，能保持活性成分的疗效；④有良好的安全性，不引起皮肤刺激反应、过敏反应及其他不良反应，并符合卫生学要求；⑤用于大面积烧伤及严重损伤的皮肤的软膏剂应无菌。

二、常用基质

软膏剂由药物、基质和附加剂组成，基质的性质和质量直接影响软膏剂的质量。

理想的软膏剂基质应符合下列要求：①性质稳定，不与主药或附加剂等其他物质发生配伍变化；②无生理活性、刺激性和过敏性；③有适宜的稠度，易涂布；④有一定的吸水性，能吸收伤口分泌物；⑤不妨碍皮肤的正常功能，释药性能好；⑥容易清除，不污染皮肤和衣物等。在实际应用中，应根据药物和基质的性质及用药目的具体分析，采用添加附加剂或混合使用基质等方法来保证制剂的质量，以适应治疗要求。

常用的基质主要有：油脂性基质、乳剂型基质及水溶性基质。

（一）油脂性基质

油脂性基质主要包括烃类、类脂类、动植物油脂及硅酮类等疏水性物质。该类基质的特点是润滑、无刺激性，在皮肤形成封闭性油膜，促进皮肤水合作用，对皮肤有保护作用，适用于慢性皮肤破损和某些感染性皮肤病的早期，但不适用于有渗出液的皮肤破损部位。油脂性基质由于释药性差，不易清除，应用较少，目前主要用于遇水不稳定的药物。

1. 烃类　主要是从石油中得到的多种烃类的混合物，多数为饱和烃。

（1）凡士林　有黄、白两种，后者由前者漂白而得。无臭味和刺激性，有适宜的黏稠性和涂布性，可单独用作软膏基质。性质稳定，尤适用于遇水不稳定的药物(如抗生素类)。但对皮肤的穿透性和吸水性差，仅适用于皮肤表面病变，不适用于急性炎症和有多量渗出液的患处。凡士林常与羊毛脂合用，可改善凡士林的吸水性。

（2）固体石蜡和液体石蜡　主要用于调节其他基质的稠度。

2. 类脂类　此类基质是高级脂肪酸与高级脂肪醇化合而成的酯及其混合物，物理性质类似脂肪，但化学性质比脂肪稳定，多与油脂性基质合用，可增加油脂性基质的吸水性。

（1）羊毛脂　一般是指无水羊毛脂，为淡棕黄色黏稠半固体。吸水性强，不易酸败，其性质接近皮脂，有利于药物的透皮吸收，为优良的软膏剂基质。因过于黏稠，很少单独用作基质，常与凡士林合用。

（2）蜂蜡与鲸蜡　二者均为弱的 W/O 型乳化剂，可在 O/W 型乳剂基质中起增加稳定性的作用，常用于调节稠度或增加稳定性。

3. 油脂类　此类基质是来源于动、植物的高级脂肪酸甘油酯及其混合物，如花生油、麻油、豚脂等。因其分子结构中存在不饱和键，贮存中易受温度、光线、氧气等因素的影响而氧化和酸败，将植物油催化加氢制得的饱和或近饱和的氢化植物油稳定性好，可用作软膏基质。

4. 硅酮类　常用的液体硅酮俗称硅油或二甲硅油。其化学性质稳定，对皮肤无毒性和刺激性，润滑、易涂布，不妨碍皮肤的正常功能，不污染衣物，是较理想的疏水性基质。本品成本较高，对眼有刺激性，不宜作眼膏基质。

（二）水溶性基质

水溶性基质是天然或合成的水溶性高分子物质胶溶在水中形成的半固体状的凝胶。常用的有聚乙二醇类、甘油明胶、淀粉甘油、纤维素类衍生物等，其中除聚乙二醇类可形成水溶性基质外，其他的高分子物质溶解后多呈凝胶，也属于凝胶基质。水溶性基质释药速度快，无油腻性，易涂布，能与水溶液混合，可吸收组织渗出液，多用于湿润、糜烂创面，有利于分泌物的排除，常作为防油保护性软膏的基质。但润滑性差，不稳定，易霉败，水分易蒸发，一般需加入防腐剂和保湿剂。

（三）乳剂型基质

乳剂型基质是将油相和水相借助乳化剂作用在一定温度下混合乳化，最后在室温下形成半固体的基质。其组成与乳剂相似，也是由油相、水相和乳化剂三部分组成，分为 O/W 型和 W/O 型。

1. 油相　主要是油脂性的固体和半固体物质，如硬脂酸、石蜡、高级醇（十八醇）、凡士林及亲油性乳化剂等，也可加入一定量的液体（如液体石蜡、植物油等）调节稠度。

2. 水相　主要是纯化水、保湿剂（5%～20%甘油、丙二醇、山梨醇等）、抑菌剂（三氯叔丁醇、山梨酸等）以及亲水性乳化剂等。

3. 乳化剂　对形成乳剂型基质的类型起主要作用，常用的乳化剂有以下几类。

（1）肥皂类

1）一价皂：为 O/W 型乳剂基质。是一价金属离子钠、钾、铵的氢氧化物或三乙醇胺等有机碱与脂肪酸作用生成的新生皂。硬脂酸是常用的脂肪酸，一般用量为基质总量的 15%～25%与碱反应生成肥皂，大部分未皂化的硬脂酸作为油相被乳化分散，同时还可调节基质的稠度。用硬脂酸制成的 O/W 型基质油腻感小，水分蒸发后皮肤上留有一层硬脂酸薄膜具保护作用。

2）多价皂：是由二、三价的金属（钙、镁、锌、铝）氢氧化物与脂肪酸作用形成的多价皂，为 W/O 型乳剂基质。新生多价皂较容易生成，且 W/O 型基质中油相的比例大，故其稳定性比用一价皂为乳化剂制成的乳剂型基质要高。

(2) 硫酸化物类　常用的是十二烷基硫酸钠(又称月桂醇硫酸钠)，用于配制 O/W 型乳剂基质，常用量 0.5%~2%，对皮肤刺激性小。不宜与阳离子型表面活性剂配伍，以免形成沉淀而失效。本品中常加入一些 W/O 型乳化剂作为辅助乳化剂，常用的有鲸蜡醇、十八醇、单甘油酯和脂肪酸山梨坦等。

(3) 高级脂肪醇及多元醇酯类

1) 鲸蜡醇及十八醇：属于弱的 W/O 型乳化剂，起辅助乳化和稳定作用。

2) 硬脂酸甘油酯：是单、双硬脂酸甘油酯的混合物，为较弱的 W/O 型乳化剂，与一价皂或十二烷基硫酸钠等较强的 O/W 型乳化剂合用时，可增加稳定性。

3) 脂肪酸山梨坦与聚山梨酯类：脂肪酸山梨坦类即司盘类，为 W/O 型乳化剂；聚山梨酯类即吐温类，为 O/W 型乳化剂。二者可单独使用，也可按不同比例与其他乳化剂合用，增加乳剂型基质的稳定性。

(4) 聚氧乙烯醚衍生物类　常用的有平平加 O 及乳化剂 OP，两者均属 O/W 型乳化剂。

三、附加剂

软膏剂中常根据需要加入适宜的附加剂来改善其性能、增加稳定性或改善药物透皮吸收，常用的附加剂有抗氧化剂、抑菌剂、保湿剂、增稠剂和皮肤渗透促进剂等附加剂。

1. 抗氧化剂　软膏剂在贮藏过程中，微量的氧就可使某些活性成分氧化而变质，故常加入抗氧化剂来保证软膏剂的化学稳定性。常用的抗氧化剂分为三种：①抗氧化剂，其能与自由基反应，抑制氧化反应，如维生素 E、没食子酸烷酯、丁羟基甲苯(BHT)等；②由还原剂组成，其还原势能小于活性成分，更易被氧化而起到保护作用，它们通常和自由基反应，如抗坏血酸、异抗坏血酸和亚硫酸盐等；③抗氧化剂的辅助剂，其通常为螯合剂，本身抗氧化效果较差，但可通过优先与金属离子反应，从而加强抗氧化剂的作用，如 EDTA、酒石酸和枸橼酸等。

2. 抑菌剂　软膏剂的基质中通常含水性、油性物质，甚至蛋白质，这些基质易受细菌和真菌的侵袭，微生物的滋生不仅可以污染制剂，而且有潜在毒性。因此，为保证制剂中不含致病菌(如假单胞菌、金黄色葡萄球菌、大肠埃希菌等)，需加入一定浓度的抑菌剂。对抑菌剂的要求是：①与处方中组成成分没有配伍禁忌；②抑菌剂对热应稳定；③在较长的贮藏时间及使用环境中稳定；④对皮肤组织无刺激性、无毒性。常用的抑菌剂见表 9-1。

表 9-1　软膏剂中常用的抑菌剂

种类	举例	种类	举例
酸	山梨酸、苯甲酸	醛、醚	桂皮醛、茴香醚
醇	三氯叔丁醇、苯甲醇	有机汞类	硫柳汞、醋酸苯汞
酚	氯甲酚、苯酚	季铵盐	苯扎氯(溴)铵
酯	尼泊金甲、丙、丁酯	其他	氯己定碘

3. 保湿剂　一般是具有强吸湿性的物质，其与水强力结合而达到阻止水分蒸发的效果，常用的有甘油、丙二醇、山梨醇等。

4. 增稠剂 可提高软膏剂黏度和稠度，改善稳定性和流变形态的一类物质。常用的有月桂醇、硬脂醇、亚油酸、亚麻酸、月桂酸、硬脂酸、纤维素及其衍生物、海藻酸及其盐、黄蓍胶等。

5. 皮肤渗透促进剂 在外用软膏剂中加入皮肤渗透促进剂可明显增加药物的释放、渗透和吸收(详见本章第一节)。

四、软膏剂的制备与举例

软膏剂制备时，根据药物与基质的性质、制备量及设备条件选择不同的方法。一般来说，溶液型或混悬型软膏剂多采用研和法和熔合法，乳膏剂则采用乳化法。制备软膏的基本要求是必须使药物在基质中分布细腻、均匀，以保证药物剂量与药效，这与制备方法的选择特别是药物加入方法的正确与否关系密切。

（一）制备方法

1. 研和法 基质为油脂性的半固体时，可直接采用研和法。一般在常温下将药物与少量基质或适宜液体通过搅拌或研磨成细腻糊状，再采用等量递加法，加入其余基质混合均匀。此法适用于小量制备，且药物为不溶于基质者。用软膏刀在陶瓷或玻璃的软膏板上调制，也可在乳钵中研制。

2. 熔合法 大量制备油脂性基质时，常用熔合法。特别适用于所用基质熔点较高，在常温下不能均匀混合者。在熔融操作时，先将高熔点基质熔化后，再按熔点高低顺序加入其他成分，熔合成均匀基质，然后加入药物，搅拌均匀冷却即可。药物若不溶于基质，必须先研成细粉筛入熔化或软化的基质中，搅拌混合均匀，若不够细腻，需要通过研磨机进一步研匀，使无颗粒感，常用三滚筒软膏机(图 9-1)，使软膏受到滚辗与研磨，保证软膏细腻均匀。

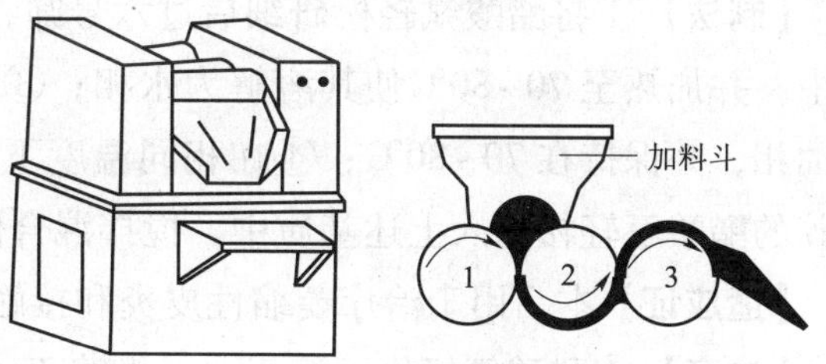

图 9-1 三滚筒软膏机

3. 乳化法 是将处方当中的油脂性和油溶性组分一起加热至 80℃左右成油溶液(油相)，另将水溶性组分溶于水后一起加热至 80℃左右成水溶液(水相)，使温度略高于油相温度，然后将外相(连续相)逐渐加入内相(分散相)中，边加边搅至冷凝。大量生产时若基质不够细腻，可在温度降至 30℃时再通过胶体磨或软膏研磨机使更细腻均匀。

（二）药物加入方法

1. 药物不溶于基质或基质中的任何组分时，必须将药物粉碎至细粉。若用研磨法，配制时取药粉先与适量液体组分，如液体石蜡、植物油、甘油等研匀成糊状，再与其余基质混匀。

2. 药物能溶于基质时，可在加热时溶入；挥发性药物应于基质冷至 40℃左右再加入。

3. 某些在处方中含量较少的可溶性药物或防腐剂，可先用少量适宜的溶剂溶解，再与基质混匀。如生物碱盐类，选用适量蒸馏水溶解，再用羊毛脂或其他吸水性基质吸收水溶液后与基质混匀。

4. 具有特殊性质的药物，如半固体黏稠性药物(如鱼石脂或煤焦油)，可直接与基质混合，必要时先与少量羊毛脂或聚山梨酯类混合再与凡士林等油性基质混合。若药物有共熔性组分(如樟脑、薄荷脑)时，可先共熔再与基质混合。

5. 中药浸出物为液体(如煎剂，流浸膏)时，可先浓缩至稠膏状再加入基质中。固体浸膏可加少量水或稀醇等研成糊状，再与基质混合。

(三) 软膏剂的举例

1. 油脂性基质软膏 醋酸氯己定软膏

【处方】	醋酸氯己定	5g	羊毛脂	40g
	冰片	5g	白凡士林	901g
	乙醇	加至1000g		

【制法】取醋酸氯己定、冰片溶解于适量乙醇中，加入羊毛脂吸收混合，最后加入白凡士林混合均匀，即得。

【适应证】本品用于疖肿，小面积烧伤、烫伤、外伤感染和脓疱疮。

【注意】①醋酸氯己定微溶于水，在乙醇中溶解；②冰片在水中几乎不溶，在乙醇中易溶，故先将其制成乙醇溶液再用羊毛脂吸收；③白凡士林为油脂性基质，起润滑、保护作用。

2. 乳剂型基质软膏 醋酸氟轻松乳膏

【处方】	醋酸氟轻松	0.25g	甘油	50g
	羊毛脂	20g	羟苯乙酯	1g
	三乙醇胺	20g	硬脂酸	150g
	白凡士林	250g	纯化水	加至1000g

【制法】①将醋酸氟轻松研细后过六号筛，备用；②取三乙醇胺、甘油、羟苯乙酯溶于水中，并加热至70~80℃使其溶解为水相；③另取硬脂酸、羊毛脂和白凡士林加热至熔化为油相，并保持在70~80℃；④在相同温度下，将两相混合，搅拌至凝固呈膏状；⑤将已粉碎的醋酸氟轻松加入上述基质中，搅拌混合使分散均匀。

【适应证】本品用于治疗萎缩性皮炎和接触性、脂溢性、神经性皮炎及湿疹等。

【注意】①醋酸氟轻松不溶于水，微溶于乙醇，也不能溶于处方中的油相成分，故需先粉碎，待乳膏基质制好后分散于其中，由于其含量低，应混合均匀；②本品为O/W型乳剂基质，部分硬脂酸与三乙醇胺发生皂化反应生成三乙醇胺皂作为O/W型乳化剂，剩余部分硬脂酸作为油相起增稠和稳定作用；③白士林用以调节稠度、增加润滑性，羊毛脂可增加油相的吸水性和药物的穿透性；④羟苯乙酯为防腐剂，甘油为保湿剂。

五、软膏剂的质量检查

按照《中国药典》(2015年版) 对软膏剂的质量检查的有关规定，除特殊规定外，软膏剂应作粒度、装量、微生物和无菌等项目检查。

1. 粒度 除另有规定外，混悬型软膏剂、含饮片细粉的软膏剂应进行粒度检查，取适量的供试品，涂成薄层，薄层面积相当于盖玻片面积，共涂3片，照粒度和粒度分布测定法(通则0982第一法)检查，均不得检出大于180μm的粒子。

2. 装量 照最低装量检查法(通则0942)检查，应符合规定。

3. 微生物限度 除另有规定外，照非无菌产品微生物限度检查：微生物计数法(通则1105)和控制菌检查法(通则1106)及非无菌药品微生物限度标准(通则1107)检查，应符合规定。

4. 无菌　用于烧伤及严重创伤的软膏剂与乳膏剂，照无菌检查法(通则1101)检查，应符合规定。

六、软膏剂包装与贮存

软膏剂常用的包装材料有金属盒、塑料盒等，大量生产时多采用锡、铝或塑料制的软膏管。包装材料不能与药物或基质发生理化作用，包装的密闭性好。

除另有规定外，软膏剂应遮光密闭储存，乳膏剂应遮光密封、于25℃以下储存，不得冷冻。储存中不得有酸败、异臭、变色、变硬现象，乳膏剂不得有油水分离及胀气现象，以免影响制剂的均匀性及疗效。

第三节　凝胶剂

扫码“学一学”

一、概述

凝胶剂系指原料药物与能形成凝胶的辅料制成的具凝胶特性的稠厚液体或半固体制剂。除另有规定外，凝胶剂限局部用于皮肤及体腔，如鼻腔、阴道和直肠。

按分散系统，可将凝胶剂分为单相凝胶和双相凝胶。双相凝胶，又称混悬型凝胶，是由小分子无机物胶体微粒以网状结构存在于液体中，具有触变性，属两相分散体系，如氢氧化铝凝胶剂。乳状液型凝胶剂又称乳胶剂，也属于双相凝胶。单相凝胶是由有机化合物形成的凝胶剂，又分为水性凝胶和油性凝胶。水性凝胶的基质一般由西黄蓍胶、明胶、淀粉、纤维素衍生物、聚羧乙烯、卡波姆和海藻酸钠等加水、甘油或丙二醇等制成；油性凝胶的基质常由液体石蜡与聚氧乙烯或脂肪油与胶体硅或铝皂、锌皂构成。临床上应用较多为水性凝胶剂。

二、水性凝胶基质

大多数水性凝胶基质在水中溶胀形成水性凝胶而不溶解。此类基质的特点是不油腻，易涂布和清除，能吸收组织渗出液，不妨碍皮肤正常功能，黏滞度小，有利于药物的释放。但润滑性较差，易失水和霉变，常需加入保湿剂和防腐剂。常用的水性凝胶基质如下。

1. 卡波姆　是丙烯酸与丙烯基蔗糖交联的高分子聚合物，是一种引湿性很强的白色松散粉末，在水中能迅速溶胀，但不溶解。因分子结构中含羧酸基团而使其水分散液呈酸性，1%的水分散液pH约为3.11，黏度较低；当用碱中和时，随大分子的不断溶解，黏度会逐渐上升，在低浓度时形成澄明溶液，浓度较大时形成半透明状凝胶，pH为6~11时黏度和稠度最大。本品制成的基质无油腻感，使用时润滑舒适，特别适宜于治疗脂溢性皮肤病凝胶剂的制备。卡波姆不能与盐类电解质、碱土金属离子、阳离子聚合物、强酸等配伍，因为这些成分会使卡波姆降低或失去黏性。

2. 纤维素衍生物　常用的有甲基纤维素和羧甲基纤维素钠。这类基质涂布于皮肤时附着性较强，易失水，干燥而有不适感，易霉败，通常都需要加保湿剂和防腐剂。

三、水性凝胶剂的制备

水性凝胶剂的制备通常是将水溶性药物先溶于部分水或甘油中，必要时加热以加速溶解，其余处方成分按基质配制方法制成水性凝胶基质，再与药物溶液混匀加水至全量搅匀即得。对于不溶于水的药物，可先用少量水或甘油研细、分散后，再加入基质中混匀即得。

四、举例

例　双氯芬酸钠凝胶

【处方】	双氯芬酸钠	1.0g	卡波姆 940	1.0g
	无水乙醇	适量	三乙醇胺	1.8g
	氮酮	2.0g	纯化水	加至 100.0g

【制法】①将卡波姆 940 加入适当纯化水中，放置过夜，使充分溶胀；②将双氯芬酸钠溶于适量乙醇中；③再将卡波姆 940 水溶液、氮酮混合均匀，研磨，搅拌下将双氯芬酸钠溶解液加入到卡波姆 940 基质中；④慢慢滴加三乙醇胺调节 pH 7，边加边搅拌使成凝胶，加纯化水至全量，搅匀，分装即得。

【适应证】本品用于缓解肌肉、软组织和关节的轻至中度疼痛。

【注意】双氯芬酸钠为主药，卡波姆 940 为凝胶基质材料，无水乙醇为双氯芬酸钠的溶剂，三乙醇胺为 pH 调节剂，氮酮为吸收促进剂，纯化水为溶剂。

五、凝胶剂质量检查

《中国药典》(2015 年版) 规定，除另有规定外，凝胶剂应作以下检查。

1. 粒度　除另有规定外，混悬型凝胶剂取适量的供试品，涂成薄层，薄层面积相当于盖玻片面积，共涂 3 片，照粒度和粒度分布测定法(通则 0982)检查，均不得检出大于 180μm 的粒子。

2. 装量　照最低装量检查法(通则 0942)检查，应符合规定。

3. 微生物限度　除另有规定外，照非无菌产品微生物限度检查：微生物计数法(通则 1105)和控制菌检查法(通则 1106)及非无菌药品微生物限度标准(通则 1107)检查，应符合规定。

4. 无菌　除另有规定外用于烧伤或严重创伤的凝胶剂，照无菌检查法(通则 1101)检查，应符合规定。

扫码“学一学”

第四节　硬膏剂

一、概述

硬膏剂系指饮片、食用植物油与红丹(铅丹)或宫粉(铅粉)炼制成膏料，摊涂于裱褙材料上制成的供皮肤贴敷的外用制剂。前者称为黑膏药，后者称为白膏药。

知识链接

膏药的起源与发展

膏药是祖国医学的一类古老剂型，其渊源久远。早在《山海经》中就记载了羯羊脂，用于涂搽皮肤以防皲裂，可以说是最原始的膏药。随着历史的发展，膏剂的用途逐渐扩大，不但治外病用膏，治内病也用膏。近年来，随着透皮给药系统（TDDS）的研究迅速发展，外用膏剂的应用范围也更为广阔。

硬膏剂可起保护、封闭和治疗作用。疗效确切、作用持久、使用简便，价格低廉、携带方便，但基质黏度大，药效缓慢，制备工艺较为复杂。

硬膏剂按其基质组成不同可分为以下四种。

1. 以铅肥皂为基质的黑膏药、白膏药。
2. 以橡胶混合物为基质的橡胶硬膏（含药的称橡胶膏剂；不含药的称胶布）。
3. 以树脂为基质的无丹膏药。
4. 以亲水性高分子聚合物为基质的凝胶膏剂。

二、黑膏药

黑膏药是指药材、食用植物油与红丹炼制成膏料，摊涂于裱褙材料上制成的黑褐色坚韧固体制剂。用前需烘热，软化后贴于皮肤上。

1. 基质的原料

（1）植物油　以麻油最佳。其他如棉籽油、花生油、豆油、菜籽油等亦可选用。

（2）红丹　又称黄丹、铅丹，主要成分为 Pb_3O_4，使用前应炒丹除水分，并过五号筛。

2. 药物的处理　所用药材应依规定加工炮制，适宜粉碎；芳香挥发性、矿物类、树脂类及贵重药材（细料药）如樟脑、冰片、肉桂、朱砂、乳香等应先研成细粉，于摊涂前掺入膏药料中混匀。

3. 黑膏药的制备方法　黑膏药制备的工艺流程：提取药料→炼油→下丹成膏→去火毒→摊涂。

（1）提取药料　药材置植物油中加热提取，温度控制在200～220℃，炸至外部焦黄色为止。亦可将部分药材采用适宜的方法提取、浓缩成浸膏后加入膏药中，以减少高温提取引起的成分损失。

（2）炼油　加热使药油在270～320℃高温下氧化、聚合、增稠，炼至滴水成珠为度。炼油是制备膏药的关键。炼油程度应老嫩适宜，使膏药黏着力强，且用后易于从皮肤剥离。

（3）下丹成膏　在炼成的油中趁热加入红丹，在300℃左右不断搅拌，使油、丹充分反应生成脂肪酸铅盐，并增稠成膏。

（4）去火毒　火毒为油脂在高温氧化分解生成的低分子物质，如醛、酮、低级脂肪酸等，会对皮肤产生刺激性，去火毒的方法：将炼成的膏药以细流状倒入冷水中，强烈搅拌，置冷水中浸泡24小时以上，并按时换水。

（5）摊涂　将去火毒的膏药团块加热熔化，在不超过70℃下加入药物细粉，混合均匀。按规定量涂于裱褙材料上，即得膏药。

4. 黑膏药的质量检查

（1）外观　应乌黑光亮、油润细腻、老嫩适度、摊涂均匀，无红斑、无飞边缺口。

（2）刺激性　对皮肤无刺激性。

（3）黏度　膏药加温后粘于皮肤上，不脱落也不移动。

（4）软化点　照膏药软化点测定法（通则 2102）测定，应符合各品种项下的有关规定。

（5）重量差异　取供试品 5 张，分别称定每张总重量，剪取单位面积（cm^2）的裱背，称定重量，换算出裱背重量，总重量减去裱背重量，即为膏药重量，与标示重量相比较，应符合表 9-2 的规定。

表 9-2　膏药重量差异限度

标示重量	重量差异限度
3g 及 3g 以下	±10%
3g 以上至 12g	±7%
12g 以上至 30g	±6%
30g 以上	±5%

三、白膏药

白膏药是指药材、食用植物油与宫粉炼制成膏料，摊涂于裱褙材料上制成的黄白色固体制剂。宫粉，也称铅粉，主要成分为碱式碳酸铅[$2PbCO_3 \cdot Pb(OH)_2$]。

白膏药的制备工艺流程、制备方法与黑膏药基本相同，不同的是白膏药所用的辅料是宫粉，且下丹时需将油冷至 100℃左右，缓缓加入宫粉，三上三下，宫粉的用量较红丹多。

扫码“学一学”

第五节　橡胶膏剂与涂膜剂

一、橡胶膏剂

（一）概述

橡胶膏剂系指药物与橡胶等基质混匀后，涂布于背衬材料上制成的贴膏剂。橡胶膏剂的制备方法常用的有溶剂法和热压法。常用溶剂为汽油、正己烷，常用基质有橡胶、热可塑性橡胶、松香、松香衍生物、凡士林、羊毛脂和氧化锌等。也可用其他适宜溶剂和基质。

橡胶膏剂一般起保护、封闭和治疗作用，不含药橡胶膏剂（胶布）可在皮肤上起固定敷料、保护创面的作用；含有药物的橡胶膏通常用于治疗疮、疖及跌打损伤、风湿痹痛等。

橡胶膏剂是 19 世纪后发展起来的一种制剂，特点是黏着力强，可直接贴于患部，用时无须预热；使用携带方便，不污染衣物；但膏层薄，容纳药物量少，维持时间较短。

（二）橡胶膏剂的组成

1. 裱褙材料　一般采用漂白细布。

2. 膏料层　主要由药物、基质（主要为生橡胶）、辅料（填充剂、软化剂等）组成。

3. 保护层　也称膏面覆盖物，多用玻璃纸或塑料薄膜等，可防止膏面的沾染及挥发性药物的挥散。

（三）橡胶膏剂的基质

橡胶膏剂常用的基质组成包括：①生橡胶（主要成分）；②增黏剂，如松香及松香衍生物；③填充剂，如氧化锌；④软化剂，如凡士林、羊毛脂、液体石蜡等；⑤增塑剂，如苯二甲酸二丁酯、苯二甲酸二辛酯等；⑥透皮促进剂；⑦溶剂，如汽油、正己烷。

（四）橡胶膏剂的制备

1. 溶剂法　将生橡胶洗净，低温加热后干燥或晾干，切成大小适宜的条块，在炼胶机中压成网状，消除静电 18~24 小时后，浸入适当的溶剂中，浸泡至充分溶胀或成凝胶状，再移入打胶机中搅匀，依次加入增黏剂、软化剂、填充剂等制成均匀的混合物，再加入药物或药材提取物，不断搅拌下制成均匀膏浆，过七号筛即得膏料，将膏料涂于细白布上，回收溶剂，盖衬，切割，包装，即得。溶剂法制备橡胶膏剂的工艺流程如图 9-2。

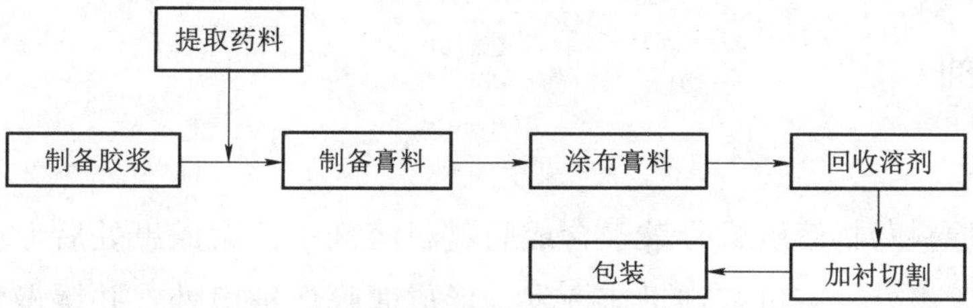

图 9-2　溶剂法制备橡胶膏剂的工艺流程图

2. 热压法　制成网状胶片的方法与溶剂法相同，胶片制好后加入油脂性药品浸泡，待充分溶胀后再加入其他药物和增黏剂、软化剂、填充剂等，炼压均匀、涂膏，切割，盖衬，包装，即得。本品不需使用溶剂，但成品光滑性差。

（五）橡胶膏剂的质量检查

1. 外观　膏面应光洁、色泽一致，无脱膏、失黏现象，背衬面应平整、洁净、无漏膏现象，尺寸均不得小于标示尺寸。

2. 含膏量　取供试品 2 片（每片面积大于 $35cm^2$ 的应切取 $35cm^2$），除去盖衬，精密称定，置有盖玻璃容器中，加适量有机溶剂（如三氯甲烷、乙醚等）浸渍，并时时振摇，待背衬与膏料分离后，将背衬取出，用上述溶剂洗涤至背衬无残附膏料，挥去溶剂，在 105℃ 干燥 30 分钟，移至干燥器中，冷却 30 分钟，精密称定，减失重量即为膏重，按标示面积换算成 $100cm^2$ 的含膏量，应符合各品种项下的规定。

3. 耐热性　除另有规定外，橡胶贴膏取供试品 2 片，除去盖衬，在 60℃ 加热 2 小时，放冷后，背衬应无渗油现象；膏面应有光泽，用手指触试应仍有黏性。

4. 黏着力　除另有规定外，橡胶贴膏照贴膏剂黏附力测定法（通则 0952 第二法）测定，均应符合各品种项下的规定。

5. 微生物限度　除另有规定外，照非无菌产品微生物限度检查：微生物计数法（通则

1105）和控制菌检查法（通则1106）及非无菌药品微生物限度标准（通则1107）检查，凝胶贴膏应符合规定，橡胶贴膏每$10cm^2$不得检出金黄色葡萄球菌和铜绿假单胞菌。

（六）举例

例 伤湿止痛膏

【处方】	伤湿止痛用流浸膏	50g	颠茄流浸膏	30g
	芸香浸膏	12.5g	樟脑	20g
	薄荷脑	20g	冰片	10g
	水杨酸苄酯	15g		

【制法】 以上七味，加3.7~4.0倍基质，混匀，制成膏料；涂布膏料并回收溶剂，切割加衬即得。

【功能与主治】 祛风湿，活血止痛，用于风湿、关节、肌肉痛，扭伤等。

【注意】 ①伤湿止痛用流浸膏是取生草乌、生川乌、乳香、没药、生马钱子、丁香各1份，肉桂、荆芥、防风、老鹳草、香加皮、积雪草、骨碎补各2份，白芷、山柰、干姜各3份，粉碎成粗粉，用90%乙醇制成相对密度约为1.05的流浸膏；②基质处方为生橡胶、松香各16kg，羊毛脂4kg，凡士林1.5kg，液体石蜡1kg，氧化锌20kg，汽油45kg。

二、涂膜剂

（一）概述

涂膜剂系指原料药物溶解或分散于含成膜材料溶剂中，涂搽患处后形成薄膜的外用液体制剂。用时涂于患处，有机溶剂迅速挥发，形成薄膜保护患处，并缓慢释放药物起治疗作用。涂膜剂一般用于无渗出液的皮损、过敏性皮炎、牛皮癣和神经性皮炎等。

涂膜剂由药物、成膜材料和挥发性有机溶剂三部分组成。常用成膜材料有聚乙烯醇缩甲乙醛、聚乙烯醇缩甲丁醛、火棉胶、聚乙烯醇等；挥发性溶剂有乙醇、丙酮、乙酸乙酯、乙醚等，或将上述成分以不同比例混合后使用。涂膜剂中一般还要加入增塑剂，常用的有邻苯二甲酸二丁酯、甘油、丙二醇、山梨醇等。

（二）涂膜剂的制备

涂膜剂制备工艺简单，不用裱褙材料，无须特殊的机械设备，使用方便。其一般用溶解法制备，具体操作时应药物的情况，如能溶解于溶剂中，则直接投入溶解；如为中药，则应先制成乙醇提取液或提取物的乙醇-丙酮溶液，再加入到成膜材料中；当没有合适的溶剂溶解时，可将其粉碎成细粉，均匀分散于成膜材料的浆液中。

（三）涂膜剂的质量检查

按照《中国药典》（2015年版）对涂膜剂的质量检查有关规定，涂膜剂应无毒、无局部刺激性。除另有规定外，涂膜剂需要进行以下检查。

1. 装量 除另有规定外，照最低装量检查法（通则0942）检查，应符合规定。

2. 无菌 用于烧伤或严重创伤的涂膜剂，照无菌检查法（通则1101）检查，应符合规定。

3. 微生物限度 除另有规定外，照非无菌产品微生物限度检查：微生物计数法（通则1105）和控制菌检查法（通则1106）及非无菌药品微生物限度标准（通则1107）检查，应符合规定。

（四）举例

例　癣净涂膜剂

【处方】

水杨酸	40g	苯甲酸	40g
硼酸	4g	鞣酸	30g
苯酚	2g	薄荷脑	1g
氮酮	1ml	甘油	10ml
聚乙烯醇 124	4g	纯化水	40ml
95%乙醇	加至 100ml		

【制法】取聚乙烯醇124 加入纯化水和甘油中充分溶胀后，在水浴上加热使完全溶解；另加水杨酸、苯甲醇、硼酸、鞣酸、苯酚及薄荷脑依次溶于适量 95%乙醇中，加入氮酮，再添加乙醇使成 50ml，搅匀后缓缓加至聚乙烯醇 124 溶液中，随加随搅拌，搅匀后迅速分装，密闭，即得。

【适应证】本品用于治疗手、足、股癣。

【注意】水杨酸、苯甲酸、硼酸、鞣酸、苯酚及薄荷脑为主药，氮酮为透皮吸收促进剂，甘油为增塑剂，聚乙烯醇 124 为成膜材料，95%乙醇、水为溶剂。

思考题

扫码“练一练”

1. 影响透皮吸收的主要因素有哪些？如何采取措施促进药物释放、穿透和吸收？
2. 常用软膏基质有几类，各有什么特点？
3. 软膏的制备方法有几种？如何根据基质选择制备方法？
4. 简述黑膏药与白膏药的异同。
5. 软膏剂的质量评价包括哪些内容？
6. 水性凝胶剂有什么特点？
7. 分析下列处方中各成分的作用。

【处方】

硬脂酸	120g	单硬脂酸甘油酯	35g
液体石蜡	60g	凡士林	10g
羊毛脂	50g	甘油	50g
尼泊金乙酯	1g	三乙醇胺	4g
蒸馏水	加至 1000g		

8. 简述黑膏剂生产工艺流程，并说明其操作注意事项。
9. 橡胶膏剂由哪几部分组成，各发挥什么作用？简述橡胶膏剂生产工艺流程。
10. 分析涂膜剂的配方组成和常用的成膜材料有哪些？

实训　软膏剂的制备

一、实训目的

1. 掌握不同类型基质软膏的制备方法、操作要点及注意事项。
2. 掌握药物加入的方法。
3. 熟悉评定软膏剂质量的方法。

二、实训条件

1. 实训场地　实验室。

2. 实训材料　水杨酸、羧甲基纤维素钠、苯甲酸钠、凡士林、单硬脂酸甘油酯、液体石蜡、硬脂酸、甘油、十二烷基硫酸钠、羟苯乙酯、纯化水、天平、乳钵、电热套、烧杯等。

三、实训内容

1. 油脂性基质的水杨酸软膏剂制备

【处方】	水杨酸	1g
	液体石蜡	适量
	凡士林	加至20g

【制法】

（1）取水杨酸置于研钵中，加入适量液体石蜡研成糊状。

（2）分次加入凡士林混合研匀即得。

【注意】

（1）处方中的凡士林基质可根据室温用液体石蜡或石蜡调节稠度。

（2）水杨酸需先粉碎成细粉，制备过程中应避免与金属器具接触。

2. 水溶性基质的水杨酸软膏剂制备

【处方】	水杨酸	1.0g	羧甲基纤维素钠	1.2g
	甘油	2.0g	苯甲酸钠	0.1g
	纯化水	16.8ml		

【制法】

（1）取羧甲基纤维素钠置研钵中，加入甘油研匀。

（2）边研边加入溶有苯甲酸钠的水溶液，待溶胀后研匀，即得水溶性基质。

（3）取水杨酸置于研钵中，分次加入制得的水溶性基质研匀，制成20g。

【注意】羧甲基纤维素钠溶液制备时，应先将羧甲基纤维素钠撒于水面上，放置数小时，切忌搅动，使慢慢吸水膨胀后，再加热溶解，否则易成团块，难以溶解。

3. O/W型水杨酸乳膏的制备

【处方】	水杨酸	1.0g	十二烷基硫酸钠	0.2g
	凡士林	2.4g	羟苯乙酯	0.04g

单硬脂酸甘油酯	0.4g	十八醇	1.6g
甘油	1.4g	纯化水	加至20g

【制法】

（1）取液体石蜡、白凡士林、硬脂酸甘油酯置于烧杯中，水浴加热至70~80℃使其熔化。

（2）将十二烷基硫酸钠、羟苯乙酯、甘油和计算量的纯化水置另一烧杯中加热至70~80℃使其溶解。

（3）在同温下，将水相以细流加到油相中，边加边搅拌至冷凝，即得O/W乳剂型基质。

（4）取水杨酸置于研钵中，分次加入制得的O/W乳剂型基质研匀，即得水杨酸乳膏。

【注意】

（1）采用乳化制备乳剂型基质时，油相和水相混合前应保持温度约80℃，然后将水相缓缓加入油中，边加边不断快速沿同一方向搅拌，使制得的基质细腻。

（2）水相温度可略高于油相温度。

4. W/O型水杨酸乳膏的制备

【处方】	水杨酸	1.0g	石蜡	2.0g
	凡士林	1.0g	羟苯乙酯	0.02g
	单硬脂酸甘油酯	2.0g	司盘80	0.1g
	乳化剂OP	0.1g	液体石蜡	10.0g
	纯化水	加至20g		

【制法】

（1）取计算量的纯化水于蒸发皿中，水浴加热至70~80℃。

（2）取石蜡、单硬脂酸甘油酯、凡士林、液体石蜡、司盘80、乳化剂OP和羟苯乙酯置蒸发皿中，水浴加热并保持80℃。

（3）在同温下，将油相以细流加到水相中，边加边搅拌至冷凝，即得W/O乳剂型基质。

（4）取水杨酸置于研钵中，分次加入制得的W/O乳剂型基质研匀，即得水杨酸乳膏。

（莫颖华）

扫码“学一学”

第十章

液体制剂

学习目标

知识目标

1. 掌握溶液剂、乳剂、混悬剂的特点、分类和制备方法；常用溶剂、常用附加剂的类型及选用原则。
2. 熟悉表面活性剂的概念、种类、结构特征和应用。
3. 了解高分子溶液和溶胶剂的制备方法；洗剂、搽剂、滴鼻剂的概念和应用。

能力目标

1. 能正确使用表面活性剂、溶剂和附加剂。
2. 会计算表面活性剂 HLB 值和溶液的浓度换算，液体制剂的浓度表示法。
3. 能分析典型处方并能解决生产中遇到的问题。

素质目标

1. 具有团结协作的能力。
2. 具有沟通交流的能力。

第一节 概 述

一、液体制剂的特点与质量要求

液体制剂系指将药物分散在液体分散介质中制成的供内服或外用的液态剂型。液体制剂的分散相可以是固体、液体或气体药物。在一定条件下药物以分子、离子、胶粒、颗粒、液滴或其他混合形式存在于分散介质中，形成溶液剂、溶胶剂、混悬剂或乳剂等。

（一）液体制剂的特点

1. 药物以分子或微粒状态分散在介质中，分散度大、吸收快、作用迅速。
2. 给药途径多广泛，可内服、外用等。
3. 便于分剂量，服用方便，特别适用于婴幼儿和老年患者。
4. 有些固体药物（如溴化物、碘化物、水合氯醛等）口服后对胃肠道有刺激性，制成液体制剂后易控制浓度，减小刺激。

5. 有些固体药物制成液体制剂后，有利于提高生物利用度。

但是，液体制剂也存在一些问题，如药物分散度大，又受分散介质的影响，易引起药物的化学降解，使药效降低甚至失效；液体制剂体积较大，携带、运输、贮存都不方便；水性液体制剂容易霉变，需加入防腐剂。

针对液体制剂的不足需要寻求解决的方法，以达到对液体制剂质量方面的要求。

（二）液体制剂的质量要求

1. 均相液体制剂应是澄明溶液，非均匀相液体制剂的药物粒子应分散均匀，浓度准确。
2. 口服的液体制剂外观良好，口感适宜。
3. 外用的液体制剂应无刺激性。
4. 液体制剂应有一定的防腐能力，保存和使用过程中不应发生霉变。
5. 包装容器适宜，方便患者携带和使用。

二、液体制剂的分类

液体制剂按分散系统和按给药途径进行分类，如表 10-1、表 10-2 所示。

表 10-1 按分散系统分类及特征

按分散系统分类	液体类型	微粒大小(nm)	特征
均相液体制剂	低分子溶液剂	<1	分子或离子分散的澄明溶液，体系稳定，溶解法制备
	高分子溶液剂	1~100	分子分散的澄明溶液，体系稳定，溶解法制备
非均相液体制剂	溶胶剂	1~100	胶态分散形成多相体系，聚结不稳定，胶溶法制备
	乳剂	>100	液体微粒分散形成多相体系，聚结和重力不稳定，分散法制备
	混悬剂	>500	固体微粒分散形成多相体系，聚结和重力不稳定，分散法和凝聚法制备

表 10-2 按给药途径分类及特征

按给药途径分类	液体类型	举例
内服液体制剂	—	合剂、糖浆剂、乳剂、混悬剂、滴剂
外用液体制剂	皮肤用液体制剂	洗剂、搽剂
	五官科用液体制剂	洗耳剂、滴耳剂、滴鼻剂、含漱剂、滴牙剂等
	直肠、阴道、尿道用液体制剂	灌肠剂、灌洗剂

三、液体制剂的常用溶剂

液体制剂的溶剂又称分散媒，对药物起到溶解和分散作用，溶剂的选择直接影响液体药剂的制备和稳定性，溶剂的选择原则是：①对药物具有较好的溶解性或分散性；②化学性质稳定，不与主药或附加剂发生化学反应；③不影响主药的作用和含量测定；④毒性小，无不适气味，无刺激性；⑤成本低。同时，选择溶剂还要符合临床使用要求。

药物的溶解或分散状态与溶剂的极性有密切关系。溶剂可分为极性溶剂、半极性溶剂和非极性溶剂。

（一）极性溶剂

1. 水 是最常用的溶剂，水本身无药理作用；能与乙醇、甘油、丙二醇等溶剂任意比例混合，调整极性的大小。

在所有溶剂中，水的极性最大。水能溶解具有极性的药物，如中药中的生物碱盐、有机酸盐、苷、糖、糊精、树胶、黏液质、鞣质、蛋白质、亲水性色素等。冷水不能溶解弱极性、非极性成分，如中药中的挥发油、树脂、亲脂性色素等。在水中，药物易发生水解、易产生霉变；制备液体药剂时，要使用纯化水。

2. 甘油 为常用溶剂，在外用液体药剂中应用较多；为黏稠的澄明液体，味甜，毒性小，能与水、乙醇、丙二醇混溶；甘油吸水性强，在外用制剂中可作为保湿剂；含10%的甘油对皮肤和黏膜无刺激性；含甘油30%以上时有防腐作用。

3. 二甲基亚砜（DMSO） 在外用液体药剂中应用较多，为无色澄明液体，具大蒜臭味，有较强的吸湿性，能与水、乙醇、甘油、丙二醇等溶剂任意比例混合，调整极性的大小；二甲基亚砜溶解范围广，同时是透皮吸收促进剂，能促进药物透过皮肤或黏膜进入体内。二甲基亚砜对皮肤有轻度刺激性，能引起烧灼或不适感，孕妇禁用。

（二）半极性溶剂

1. 乙醇 乙醇也是常用溶剂，可与水、甘油、丙二醇等溶剂以任意比例混合，乙醇的极性比水小，能溶解中药中的中等极性、弱极性、非极性成分，如生物碱及其盐类、苷类、挥发油、树脂、鞣质、有机酸和亲脂性色素等；但是不溶解中药中的强极性成分，如无机盐，糖类、糊精、亲水性色素等。

20%的乙醇即有防腐作用；乙醇有一定的生理作用；乙醇易挥发、易燃烧。使用乙醇的操作时，应注意防火防爆，成品应密闭储存；乙醇与水混合时，由于水合作用而产生热效应，使体积变化，所以用水稀释乙醇时，应凉至室温（20℃）后再调整至规定浓度。

2. 丙二醇 丙二醇兼有甘油的优点，刺激性与毒性均小；能溶解很多有机药物；能与水、乙醇、甘油等任意比例混合；一定比例的丙二醇和水的混合溶剂能延缓许多药物的水解，增加药物的稳定性。药用必须是1,2-丙二醇，价格高于甘油。丙二醇的水溶液对药物在皮肤和黏膜上有一定的促渗作用。

3. 聚乙二醇（PEG） 液体药剂中常用聚合度低的聚乙二醇，如PEG 300~400，为无色澄明液体；能与水、乙醇、丙二醇、甘油等以任意比例混溶；不同浓度的PEG水溶液是良好的溶剂，能溶解许多水溶性无机盐和水不溶性有机药物。对一些易水解的药物具有一定的稳定作用。聚乙二醇在洗剂中，能增加皮肤的柔韧性，具有一定的保湿作用。

（三）非极性溶剂

1. 脂肪油 为常用非极性溶剂，为《中国药典》（2015年版）上收载的植物油，如棉籽油、花生油、麻油、橄榄油、豆油等。脂肪油能溶解中药中的游离生物碱、挥发油等弱极性、非极性成分；脂肪油易酸败，也易受碱性药物影响而发生皂化反应。脂肪油多用于外用制剂的溶剂，如洗剂、搽剂等。

2. 液体石蜡 为饱和烷烃化合物，化学性质稳定；能与非极性溶剂混合；能溶解中药中的生物碱、挥发油等弱极性、非极性成分；在肠道中不分解也不吸收，能使粪便变软，有润肠通便作用。液体石蜡分轻质和重质两种，前者密度 0.818~0.8809，常用于外用液体药剂，后者密度为 0.860~0.9059，常用于软膏剂或糊剂。

3. 乙酸乙酯　无色或淡黄色流动性油状液体，可作为脂肪油的代用品，微臭、有挥发性和可燃性；在空气中容易氧化、变色；本品能溶解挥发油、甾体药物和其他非极性药物。

第二节　溶解度、溶解速度及影响因素

一、溶解度及溶解速度

溶解是指一种或一种以上的物质(固体、液体或气体)以分子或粒子状态分散在液体分散介质的过程，其中，被分散的物质成为溶质，分散介质称为溶剂。

(一) 溶解度

溶解度是指药物在一定温度(气体在一定压力)下，在一定溶剂中溶解药物的最大量。溶解度一般以一份溶质(1g 或 1ml)溶于若干毫升溶剂中表示。例如，咖啡因在 20℃ 水溶液中溶解度为 1.46%，即表示在 100g 水中溶解 1.46g 咖啡因时达到饱和。

《中国药典》(2015 年版) 将溶解划分为极易溶解、易溶、溶解、略溶、微溶、极微溶解、几乎不溶或不溶 7 个等级。

知识链接

《中国药典》对药物溶解度的规定

1. 极易溶解　系指 1g(ml) 溶质能在不到 1ml 溶剂中溶解。

2. 易溶　系指 1g(ml) 溶质能在 1~10ml 溶剂中溶解。

3. 溶解　系指 1g(ml) 溶质能在 10~30ml 溶剂中溶解。

4. 略溶　系指 1g(ml) 溶质能在 30~100ml 溶剂中溶解。

5. 微溶　系指 1g(ml) 溶质能在 100~1000ml 溶剂中溶解。

6. 极微溶解　系指 1g(ml) 溶质能在 1000~10 000ml 溶剂中溶解。

7. 几乎不溶或不溶　系指 1g(ml) 溶质在 10 000ml 溶剂中不能完全溶解。

药物的溶解过程，实为溶解扩散过程；一旦扩散达平衡，溶解就无法进行。

(二) 溶解速度

溶解度是指在某一溶剂中单位时间内溶解溶质的量，溶解速度的快慢，取决于溶剂与溶质之间的吸引力胜过固体溶质中结合力的程度及溶质的扩散速度，固体药物的溶出(溶解)过程包括两个连续的阶段；先使溶质分子从固体表面释放进入溶液中，再是在扩散或对流的作用下将溶解的分子从固液界面转送到溶液中，有些药物虽然有较大的溶解度，但要达到溶解平衡却需要较长时间，即溶解速度较小，直接影响药物的吸收与疗效，这就需要设法取增加溶解速度。

二、溶剂与溶质的溶解关系

溶剂与药物的性质直接影响药物的溶解性。溶剂的极性大小常以介电常数和溶解度两个参数的大小来衡量。

（一）介电常数

溶剂的介电常数表示在溶液中将相反电荷分开的能力，它反映溶剂分子的极性大小。介电常数借助电容测定仪，通过测定溶剂的电容值 C 求得，是个无因次的数值，如式（10-1）所示。

$$\varepsilon=\frac{C}{C_0} \tag{10-1}$$

式中，C_0——电容器中在真空时的电容值，常以空气为介质测得的电容值代替，通常测得空气的介电常数接近于1。介电常数大的溶剂的极性大，介电常数小的极性小。

溶质的溶解能力主要与溶质与溶剂间的相互作用力有关。溶质与溶剂间的相互作用力主要表现在溶质与溶剂的极性、介电常数、溶剂化作用、缔合、形成氢键等，其中溶剂的介电常数大小顺序可预测某些物质的溶解性能，如表10-3。

表10-3　物质的溶解性与溶剂介电常数

	溶剂	溶剂的介电常数	溶质	
极性递减	水	80	无机盐、有机盐	水溶性递减
	二醇类	50	糖、鞣质	
	甲醇、乙醇	30	蓖麻油、蜡	
	醛、酮、氧化物、高级醇	20	树脂、挥发油、弱电解质	
	己烷、苯、四氯化碳、乙醚	5	脂肪、石蜡、烃类、汽油	
	矿物油、植物油	0		

（二）溶解度参数

溶解度参数(solubility parameter)是表示同种分子间的内聚力，也是表示分子极性大小的一种量度。溶解度参数越大，极性越大。溶剂或溶质的溶解度参数 δ_i 可用式（10-2）表示。

$$\delta_i=\left(\frac{\Delta E_i}{V_i}\right)^{1/2} \tag{10-2}$$

式中，ΔE_i——分子间的内聚能；V_i——物质在液态时的摩尔体积。在一定温度下，分子间内聚能可从物质的摩尔汽化热求得，即 $\Delta E_i=\Delta H_v-RT$，因此：

$$\delta_i=\left(\frac{\Delta H_v-RT}{V_i}\right)^{1/2} \tag{10-3}$$

式中，V_i——物质在液态时 T 温度下的摩尔体积；ΔH_v——摩尔汽化热；R——摩尔气体常数；T——热力学温度。

由于溶解度参数 δ 表示同种分子间的内聚力，所以两种组分的 δ 值越接近，它们越能互溶。若两组分不形成氢键，也无其他复杂的相互作用，且两组分的溶解度参数 δ 值相等，则该溶液为理想溶液。一些溶剂与药物的溶解度参数分别见表10-4、表10-5。

表 10-4　一些溶剂的摩尔体积与溶解度参数

液体	V (cm^3/mol)	δ ($J^{1/2}cm^{-3/2}$)
正丁烷	101.4	4.11
正己烷	131.6	14.93
乙醚	104.8	15.75
环己烷	108.7	16.77
乙酸乙酯	98.5	18.20
苯	89.4	18.61
三氯甲烷	80.7	19.02
丙酮	74.0	20.04
正辛醇	157.7	20.07
乙醇	58.5	26.59
甲醇	40.7	29.66
二甲基亚砜	71.3	26.59
1,2-丙二醇	73.6	30.27
甘油	73.3	36.20
水	18.0	47.86

表 10-5　一些药物的摩尔体积与溶解度参数

药物	V (cm^3/mol)	δ ($J^{1/2}cm^{-3/2}$)
苯甲酸	104	21.89
咖啡因	144	28.84
苯巴比妥	137	25.77
磺胺嘧啶	182	25.57
甲苯磺丁脲	229	22.30

关于溶解度参数在生物过程中的应用，从药理、生理的观点来看，药物分子能溶于生物膜极为重要，但生物膜不是简单的溶剂。因此，简单的溶液理论并不适用于体内。生物膜脂层的溶解度参数 δ 的平均值为 17.80±2.11 与正己烷的 δ 值(14.93)和十六烷的 δ 值(16.36)接近。整个膜的 δ 平均值为 21.07±0.82，很接近正辛醇的 δ(21.07)。因此，正辛醇是常作为模拟生物膜相求分配系数的一种溶剂。

三、影响药物溶解度与溶解速度的因素

（一）影响药物溶解度的因素

1. 药物的分子结构　药物在溶剂中的溶解度是药物分子与溶剂分子间相互作用的结果。根据“相似相溶”原理，药物的极性大小对溶解度有很大的影响，而药物的结构则决定着药物极性的大小。

2. 溶剂　溶剂通过降低药物分子或离子间的引力，使药物分子或离子溶剂化而溶解，是影响药物溶解度的重要因素。极性溶剂可使盐类药物及极性药物产生溶剂化而溶解；极性较弱的药物分子中的极性基团与水形成氢键而溶解；非极性溶剂分子与非极性药物分子形成诱导偶极-诱导偶极结合；非极性溶剂分子与半极性药物分子形成诱导偶极-永久偶极

结合。通常，药物的溶剂化会影响药物在溶剂中的溶解度。

3. 温度 温度对溶解度的影响取决于溶解过程是吸热还是放热。如果固体药物溶解时，需要吸收热量，则其溶解度通常随着温度的升高而增加。绝大多数药物的溶解是一吸热过程，故其溶解度随温度的升高而增大。但氢氧化钙等物质的溶解正相反。

4. 粒子大小 一般情况下，药物的溶解度与药物粒子的大小无关。但是，对于难溶性药物来说，一定温度下，其溶解度与溶解速度与其表面积成正比，即小粒子有较大的溶解度，而大粒子有较小的溶解度。但这个小粒子必须小于1μm，其溶解度才有明显变化。但当粒子小于0.01μm时，如再进一步减小，不仅不能提高溶解度，反而导致溶解度减小，这是因为粒子电荷的变化比减小粒子大小对溶解度的影响更大。

5. 晶型 同一化学结构的药物，因为结晶条件如溶剂、温度、冷却速度等的不同，而得到不同晶格排列的结晶，称为多晶型。多晶型现象在有机药物中广泛存在。药物的晶型不同，导致晶格能不同，其熔点、溶解速度、溶解度等也不同。具有最小晶格能的晶型最稳定，称为稳定型，其有着较小的溶解度和溶解速度；其他晶型的晶格能较稳定型大，称为亚稳定型，它们的熔点及密度较低，溶解度和溶解速度较稳定型的大。无结晶结构的药物通称无定型。与结晶型相比，由于无晶格束缚，自由能大，因此溶解度和溶解速度均较结晶型大。如棕榈氯霉素B型和无定型是有效的，而A、C二种晶型是无效的；维生素B_2三种晶型在水中的溶解度为：Ⅰ型60mg/L，Ⅱ型80mg/L，Ⅲ型120mg/L；新生霉素在酸性水溶液中生成的无定型，其溶解度比结晶型大10倍。

6. 溶剂化物 药物在结晶过程中，因溶剂分子的加入而使结晶的晶格发生改变，得到的结晶称为溶剂化物。如溶剂是水，则称为水化物。溶剂化物和非溶剂化物的熔点、溶解度和溶解速度等不同，多数情况下，溶解度和溶解速度按水化物<无水物<有机溶剂化物排列。如：格鲁米特无水物的溶解度为0.04%(g/ml)，而水化物则为0.026%(g/ml)；醋酸氟氢可的松的正戊醇化合物溶解度比非溶剂化合物提高5倍。

7. pH 大多数药物为有机弱酸、弱碱及其盐类。这些药物在水中溶解度受pH影响很大。有弱酸性药物随着溶液pH升高，其溶解度增大；弱碱性药物的溶解度随着溶液的pH下降而升高。而两性化合物在等电点=pH时，溶解度最小。

8. 同离子效应 若药物的解离型或盐型是限制溶解的组分，则其在溶液中的相关离子浓度是影响该药物溶解度大小的决定因素。一般在难溶性盐类的饱和溶液中，加入含有相同离子的化合物时，其溶解度降低，这就是同离子效应。如许多盐酸盐类药物在生理盐水或稀盐酸中的溶解度比在水中低。

9. 其他 如在电解质溶液中加入非电解质(乙醇等)，由于溶液的极性降低，电解质的溶解度下降；非电解质中加入电解质(如硫酸铵)，由于电解质的强亲水性，破坏了非电解质与水的弱的结合键，使溶解度下降。另外，当溶液中除药物和溶剂外还有其他物质时，常使难溶性药物的溶解度受到影响。故在溶解过程中，宜把处方中难溶的药物先溶于溶剂中。

(二) 影响药物溶解速度的因素

固体溶解是一个溶解扩散的过程，一般用单位时间内溶液浓度增加量表示，其符合Noyes-Whintney方程：

$$\frac{dC}{dt}=KS(C_S-C) \tag{10-4}$$

$$K=\frac{D}{Vh} \tag{10-5}$$

式中，$\frac{dC}{dt}$——溶出速度；S——药物粒子的表面积；C_S——溶质在溶出介质中的溶解度；C——t 时间溶液中溶质的浓度；D——扩散系数；V——溶出介质体积；h——扩散层厚度；K——溶出速度常数。

由上式可知，影响溶解速度的因素主要有以下几点。

1. 药物的粒径　同一重量的固体药物，其粒径小，表面积大，溶出速度快；对同样大小表面积的固体药物，孔隙率高，溶出速度大；对于颗粒状或粉末状的固体药物，如在溶出介质中结块，可加入润湿剂改善。

2. 药物的溶解度 C_S　药物在溶出介质中的溶解度增大，能增加溶出速度。凡影响药物溶解度的因素，均能影响药物的溶出速度，如温度、溶出介质的性质、晶型等。

3. 溶出介质的体积 V　溶出介质的体积小，溶液中药物的浓度(C)高，溶出速度慢；体积大，则 C 小，则溶出快。

4. 扩散系数 D　溶质在溶出介质中的扩散系数越大，溶出速度越快。在温度一定条件下，D 的大小受溶出介质的黏度和扩散分子大小的影响。

5. 扩散层的厚度 h　扩散层的厚度越大，溶出速度越慢。扩散层的厚度与搅拌程度有关。搅拌程度取决于搅拌或振摇的速度，搅拌器的形状、大小、位置，溶出介质的体积，容器的形状、大小及溶出介质的黏度。

四、难溶性弱酸、弱碱及其盐类的溶解度与 pH 的关系

（一）药物溶液的 pH

1. 生物体内的不同部位的 pH　人体的各种组织液的 pH 不同，如血清的和泪液的 pH 为 7.4，胰液的 pH 为 7.5~8.0，胃液的 pH 为 0.9~1.2，胆汁的 pH 为 5.4~6.9，血浆的 pH 为 7.4，一般血液的 pH 低于 7.0 或超过 7.8 会引起酸中毒或碱中毒，应避免将过低或过高 pH 的液体输入体内。

2. 药物溶液的 pH　药物溶液的 pH 偏离有关体液正常 pH 太远时，容易对组织产生刺激，所以配制输液、注射液、滴眼液和用于伤口的溶液时，必须注意药液的 pH。

在一般情况下，注射液 pH 应在 4~9 范围内，过酸或过碱在肌注时将引起疼痛和组织坏死；滴眼液 pH 应为 6~8，偏小或偏大均对眼睛有刺激。同时要考虑药物溶液 pH 对药物稳定性的影响，应选择药物变化速度小的 pH，有关药物溶液 pH 在药典中有规定，如葡萄糖注射液的 pH3.2~5.5，这就是考虑了药物的稳定性与药物的溶解性。

3. 药物溶液 pH 的测定　药物溶液 pH 的测定多采用 pH 计，以玻璃电极为指示电极，以甘汞电极为参比电极组成电池进行测定。

（二）药物的解离常数

1. 解离常数　弱电解质药物(弱酸、弱碱)在药物中占有较大比例，具有一定的酸碱性。药物在体内的吸收、分布、代谢和疗效以及对皮肤、黏膜、肌肉的刺激性都与药物的

酸、碱性有关。pK_a 值是表示药物酸碱性的重要指标，它实际上是指碱的共轭酸的 pK_a 值，因为共轭酸的酸性弱，其共轭碱的碱性强，所以 pK_a 值越大，碱性越强。药物的酸碱强度按 pK_a 值可分为四级，如表 10-6。

2. 解离常数的测定 测定药物的解离方法很多，有电导法、电位法、分光光度法、溶解度法等。

表 10-6 药物的酸碱强度

pK_a	酸性强度	碱性强度
<2	强酸	极弱碱
2~7	中强酸	弱碱
7~12	弱酸	中强碱
>12	极弱酸	强碱

第三节 增加药物溶解度的方法

有些药物由于溶解度较小，即使制成饱和溶液也达不到治疗的有效浓度。例如碘在水中的溶解度为 1∶2950，而复方碘溶液中碘的含量需达到 5%。因此，将难溶性药物制成符合治疗浓度的液体制剂，就必须增加其溶解度。增加难溶性药物的溶解度是药剂工作的一个重要问题，常用的方法主要有以下几种。

一、制成盐类

一些难溶性的弱酸或弱碱药物，其极性小，在水中溶解度很小或不溶。若加入适当的碱或酸，将它们制成盐类，使之成为离子型极性化合物，从而增加其溶解度。

含羧基、磺酰胺基、亚胺基等酸性基团的药物，常可用氢氧化钠、碳酸氢钠、氢氧化钾、氢氧化铵、乙二胺、二乙醇胺等碱作用生成溶解度较大的盐。

天然及合成的有机碱，一般用盐酸、醋酸、硫酸、硝酸、磷酸、氢溴酸、枸橼酸、水杨酸、马来酸、酒石酸等制成盐类。

通过制成盐类来增加溶解度，还要考虑成盐后溶液的 pH、溶解性、毒性、刺激性、稳定性、吸潮性等因素。如新生霉素单钠盐的溶解度是新生霉素的 300 倍，但其溶液不稳定而不能用。

二、更换溶剂或选用混合溶剂

某些分子量较大，极性较小而在水中溶解度较小的药物，如果更换半极性或非极性溶剂，可使其溶解度增大。如樟脑不溶于水，而能溶于醇、脂肪油等，故不宜制成樟脑水溶液，而可制成樟脑醑或樟脑搽剂。

在液体制剂中，经常采用混合溶剂，以改变溶剂的极性，使难溶性的药物或制成盐类在水中不稳定的药物得以溶解。混合溶剂是指能与水任意比例混合，与水分子能以氢键结合，能增加难溶性药物溶解度的溶剂。如乙醇、甘油、丙二醇、聚乙二醇等。通常，药物在混合溶剂中的溶解度，与在各单纯溶剂中溶解度相比，出现极大值，这种现象称为潜溶。这种混合溶剂称潜溶剂。如：甲硝达唑在水中溶解度为 10%（*W/V*），但在水-乙醇中，溶解度提高 5 倍。

潜溶剂提高药物溶解度的原因，一般认为是两种溶剂间发生氢键缔合，有利于药物溶解。另外，潜溶剂改变了原来溶剂的介电常数。

三、加入助溶剂

助溶系指难溶性药物与加入的第三种物质在溶剂中形成可溶性的络合物、复盐、缔合物等，而增加药物溶解度的现象。加入的第三种物质称为助溶剂。助溶剂可溶于水，多为低分子化合物(不是表面活性剂)。

常用的助溶剂有以下几种。

（1）有机酸及其钠盐　如苯甲酸、苯甲酸钠、水杨酸、水杨酸钠、对氨基苯甲酸等。咖啡因与助溶剂苯甲酸钠形成苯甲酸钠咖啡因，溶解度由 1∶50 增大到 1∶1.2。

（2）酰胺类　如乌拉坦、尿素、烟酰胺、乙酰胺等。茶碱与助溶剂形成氨茶碱，溶解度由 1∶120 增大到 1∶5。

（3）无机盐类　如硼砂、碘化钾等。如以碘化钾为助溶剂，能与碘形成络合物 $KI \cdot I_2$，增加碘的溶解度，配成含碘 5% 的水溶液。

常用难溶性药物及其应用的助溶剂见表 10-7。

表 10-7　常见的难溶性药物及其应用的助溶剂

药物	助溶剂
碘	碘化钾，聚乙烯吡咯烷酮
咖啡因	苯甲酸钠，水杨酸钠，对氨基苯甲酸钠，枸橼酸钠，烟酰胺
可可豆碱	水杨酸钠，苯甲酸钠，烟酰胺
茶碱	二乙胺，其他脂肪族胺，烟酰胺，苯甲酸钠
盐酸奎宁	乌拉坦，尿素
核黄素	苯甲酸钠，水杨酸钠，烟酰胺，尿素，乙酰胺，乌拉坦
卡巴克洛	水杨酸钠，烟酰胺，乙酰胺
氢化可的松	苯甲酸钠，邻、对、间羟苯甲酸钠，二乙胺，烟酰胺
链霉素	蛋氨酸，甘草酸
红霉素	乙酰琥珀酸酯，维生素 C
新霉素	精氨酸

四、使用增溶剂

增溶是指某些难溶性药物在表面活性剂的作用下，在溶剂中溶解度增大并形成澄清溶液的过程。具有增溶能力的表面活性剂称为增溶剂。被增溶的物质称为增溶质。每 1g 增溶剂能增溶药物的克数称增溶量。对于水为溶剂的药物，增溶剂的最适 HLB 值为 15~18。

（一）增溶机制

表面活性剂之所以能增加难溶性药物在水中的溶解度，是因为其在水中形成“胶束”的结果。胶束是由表面活性剂的亲油基团向内形成非极性中心区，而亲水基团则向外共同形成的球状体。整个胶束内部是非极性的，外部是极性的。由于胶束的内部与周围溶剂的介电常数不同，难溶性药物根据自身的化学性质，以不同方式与胶束相互作用，使药物分子分散在胶束中，从而使溶解量增大。

如非极性药物可溶解于胶束的非极性中心区；具有极性基团而不溶于水的药物，在胶束中定向排列，分子中的非极性部分插入胶束中心区，极性部分则伸入胶束的亲水基团方向；对于极性基团占优势的药物，则完全分布在胶束的亲水基团之间。

（二）影响增溶的因素

难溶性药物的增溶量在一定增溶剂及温度下，是有一定限度的。影响增溶量的因素主要有以下几种。

1. 增溶剂的种类及性质 增溶剂的种类不同，其增溶效果不同。对于强极性或非极性药物，非离子型增溶剂的 HLB 值越大则增溶效果越好，但对于极性低的药物结果则正好相反。同系物增溶剂的相对分子量不同，其增溶效果也不同。同系物的碳链越长，其增溶量越大，碳原子个数相同，则含直链的比含支链的增溶量更大。

2. 药物的性质 在增溶剂种类和浓度一定的条件下，同系物药物的分子量越大，增溶量越小。这是由于表面活性剂所形成的胶束的体积大体是一定的，因此，分子量大的药物摩尔体积也大，能溶解的量就必然减少。

3. 温度 对于大多数增溶系统，随着温度的提高，增溶量增大。但是温度对增溶量的影响会由于温度对增溶质溶解度的影响而变得复杂。

4. 加入顺序 一般先将增溶剂与难溶性药物混合，最好使之完全溶解，然后再加水稀释，则能很好溶解，否则增溶效果不好。

5. 增溶剂的用量 增溶剂的用量对增溶作用很重要。用量不足，起不到增溶作用，或在贮存、稀释时发生沉淀；而用量太多，既浪费，又可产生毒副作用，药物进到胶团也影响其吸收。在温度一定时，加入适量的增溶剂，可得澄清溶液，稀释后仍为澄清。如配比不当，则溶液会变为混浊或稀释时出现混浊。可通过实验来确定增溶剂的用量。

五、分子结构修饰

将亲水基团引入难溶性药物分子中，可增加其在水中的溶解度。引入的亲水基团有：磺酸钠基（$—SO_3Na$）、羧酸钠基（—COONa）、醇基（—OH）、氨基（$—NH_2$）及多元醇或糖基等。例如，樟脑在水中微溶（1∶800），但制成樟脑磺酸钠后，则易溶于水，且毒性低。维生素 K_3（甲萘醌）在水中不溶，引入亚硫酸氢钠（$—SO_3HNa$），制成亚硫酸氢钠甲萘醌后，溶解度增大为 1∶2。

但应注意，有些药物被引入某些亲水基团后，除了溶解度有所增加，其药理作用也可能有所改变。

第四节　表面活性剂及其在药剂学中的应用

一、概述

在液体药剂乃至药物制剂的制备中表面活性剂被广泛应用，其作用是显著降低分散系统的表面张力，用作乳化剂、助悬剂、增溶剂、润湿剂、起泡剂与消泡剂、去污剂等，是药用乳剂、混悬剂、脂质体等的重要辅料。

在一定条件下的任何纯液体都具有表面张力。表面张力是指一种使表面分子具有向内运动的趋势，并使表面自动收缩至最小面积的力。

溶液的表面张力与溶液中溶质的种类和浓度有关。如一些无机盐和糖类可以使水的表面张力略有增加，这类物质一般称为表面非活性物质。一些有机酸和低级醇则使水的表面张力略有下降，这类物质一般称为表面活性物质。而肥皂和洗衣粉可使水的表面张力显著下降。使液体表面张力降低的性质即为表面活性。

表面活性剂是指具有很强表面活性，能使溶液的表面张力显著降低的物质。表面活性剂除具有很强的表面活性，还具有增溶、乳化、润湿、去污、杀菌、消泡和起泡等应用性质，而一般的表面活性物质则无此性质。

二、表面活性剂的结构特点和分类

（一）表面活性剂的结构特点

表面活性剂多为两亲性物质，其分子结构一般由非极性烃链（亲油基团）和一个以上的极性基团（亲水基团）组成，烃链长度一般在 8 个碳原子以上，极性基团可以是解离的离子基团，也可以是不解离的亲水基团。

表面活性剂的亲水基是极性的羧酸、磺酸、氨基、胺基、胺基盐、羟基、酚胺基、醚键等；亲油基的非极性烃链长度一般在 8 个碳原子以上。例如，肥皂是脂肪酸钠（R—COONa），其碳氢链 R 为亲油基团，—COONa 为亲水基团。如图 10-1 为硬脂酸钠的分子结构示意图。

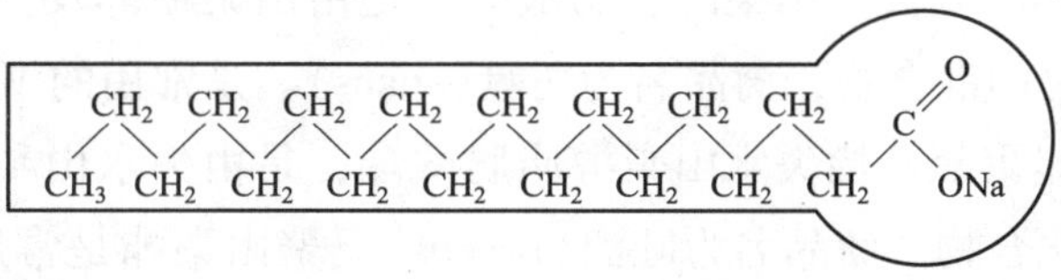

图 10-1　硬脂酸钠的分子结构图

（二）表面活性剂分类

根据表面活性剂极性基团的解离性质，将表面活性剂分为离子表面活性剂和非离子表面活性剂，离子表面活性剂又可进一步分为阴离子表面活性剂、阳离子表面活性剂和两性离子表面活性剂。

1. 阴离子表面活性剂　阴离子表面活性剂起表面活性作用的部分是阴离子。

（1）高级脂肪酸盐　系肥皂类，通式为 $(RCOO—)_nM^{n+}$。根据 M 的不同，又可分碱金属皂（一价皂）、碱土金属皂（二价皂）和有机胺皂（三乙醇胺皂）等。

（2）硫酸化物　主要是硫酸化油和高级脂肪醇硫酸酯类，通式为 $R \cdot O \cdot SO_3^-M^+$。它们的乳化性也很强，较肥皂类稳定，对黏膜有一定的刺激性，主要用作外用软膏的乳化剂，有时也用于片剂等固体制剂的润湿剂或增溶剂。

（3）磺酸化物　系指脂肪族磺酸化物和烷基芳基磺酸化物等。通式分别为 $R \cdot SO_3^-\ M^+$ 和 $RC_6H_5 \cdot SO_3^-M^+$。常用的品种有二辛基琥珀酸磺酸钠、十二烷基苯磺酸钠等，后者为目前广泛应用的洗涤剂。

2. 阳离子表面活性剂　这类表面活性剂起作用的部分是阳离子，亦称阳性皂。其分子结构的主要部分是一个五价的氮原子，所以也称为季铵化物，其特点是水溶性大，在酸性与碱性溶液中较稳定，具有良好的表面活性作用和杀菌作用。常用品种有苯扎氯铵和苯扎溴铵等。

3. 两性离子表面活性剂 这类表面活性剂的分子结构中同时具有正、负电荷基团，在不同 pH 介质中可表现出阳离子或阴离子表面活性剂的性质。

（1）卵磷脂 卵磷脂是天然的两性离子表面活性剂。其主要来源是大豆和蛋黄，根据来源不同，又可称豆磷脂或蛋磷脂。卵磷脂外观为透明或半透明黄色或黄褐色油脂状物质，对热十分敏感，是制备注射用乳剂及脂质微粒制剂的主要辅料。

（2）氨基酸型和甜菜碱型 这两类表面活性剂为合成化合物，阴离子部分主要是羧酸盐，其阳离子部分为季铵盐或胺盐，由胺盐构成者即为氨基酸型；由季铵盐构成者即为甜菜碱型。

4. 非离子表面活性剂 这类表面活性剂在水中不解离，分子中构成亲水基团的是甘油、聚乙二醇和山梨醇等多元醇，构成亲油基团的是长链脂肪酸或长链脂肪醇以及烷基或芳基等，它们以酯键或醚键与亲水基团连接。

（1）脂肪酸甘油酯 主要有脂肪酸单甘油酯和脂肪酸二甘油酯，如单硬脂酸甘油酯等。其表面活性较弱，HLB 值为 3~4，主要用做 W/O 型辅助乳化剂。

（2）蔗糖脂肪酸酯 简称蔗糖酯，是蔗糖与脂肪酸反应生成的一大类化合物，属多元醇型非离子表面活性剂，根据与脂肪酸反应生成酯的取代数不同，有单酯、二酯、三酯及多酯。主要用作 O/W 型乳化剂、分散剂。

（3）脂肪酸山梨坦 是失水山梨醇脂肪酸酯，是由山梨糖醇及其单酐和二酐与脂肪酸反应而成的酯类化合物的混合物，商品名为司盘(spans)。是常用的 W/O 型乳化剂。

（4）聚山梨酯 是聚氧乙烯失水山梨醇脂肪酸酯，是由失水山梨醇脂肪酸酯与环氧乙烷反应生成的亲水性化合物。商品名为吐温(tweens)。聚山梨酯是常用的增溶剂、乳化剂、分散剂和润湿剂。

（5）聚氧乙烯脂肪酸酯 由聚乙二醇与长链脂肪酸缩合而成的酯，商品名有卖泽(myrij)。这类表面活性剂有较强的水溶性，乳化能力强，为 O/W 型乳化剂，常用的有聚氧乙烯 40 硬脂酸酯等。

（6）聚氧乙烯脂肪醇醚 系由聚乙二醇与脂肪醇缩合而成的醚，商品名有苄泽(brij)；西土马哥；平平加 O(perogol O)。常用作增溶剂及 O/W 型乳化剂。

（7）聚氧乙烯-聚氧丙烯共聚物 又称泊洛沙姆(poloxamer)，商品名普朗尼克(pluronic)。随分子量增加，本品由液体变为固体。poloxamer 188 作为一种 O/W 型乳化剂，是目前用于静脉乳剂的极少数合成乳化剂之一。

三、表面活性剂的特性

（一）形成胶束

临界胶束浓度(critical micell concentration，CMC) 当表面活性剂的正吸附达饱和后，继续加入表面活性剂，其分子则转入溶液中，因其亲油基团的存在，水分子与表面活性剂分子相互间的排斥力大于吸引力，导致表面活性剂分子自身依赖范德华力相互聚集，形成亲油基团向内、亲水基团向外，在水中稳定分散，大小在胶体粒子范围的缔合体，称为胶团或胶束(micelles)。胶团外部是亲水基形成的栅状结构，内部是碳氢链形成内核，胶团可呈现球状、棒状、束状、板状、层状等多种形状，如图 10-2 所示。

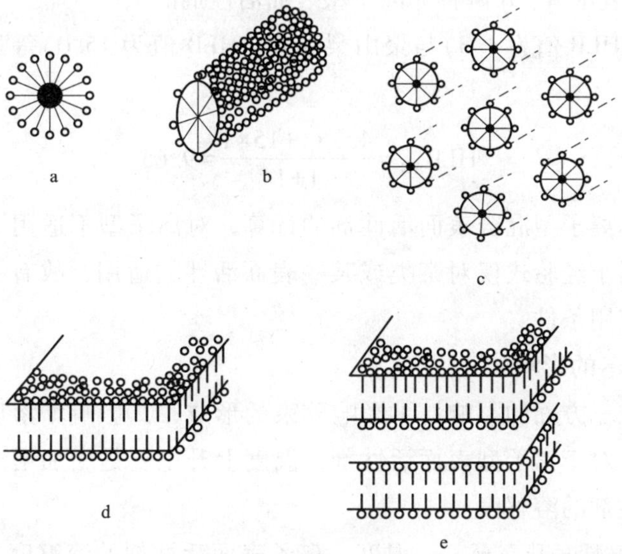

图 10-2　胶团的形状

a. 球状胶束；b. 棒状胶束；c. 束状胶束；d. 板状胶束；e. 层状胶束

表面活性剂分子缔合形成胶束的最低浓度即为临界胶束浓度。离子型表面活性剂的缔合数 10~100；非离子型表面活性剂缔合数一般较大。具有相同亲水基的同系列表面活性剂，若亲油基团越大，则 CMC 越小。在 CMC 时，溶液的表面张力基本上到达最低值。

（二）亲水亲油平衡值

1. 亲水亲油平衡值概念　表面活性剂分子中亲水和亲油基团对油或水的综合亲和力称为亲水亲油平衡值(hydrophile-lipophile balance，HLB)。

根据表面活性剂的结构与性质，人们规定表面活性剂的 HLB 值范围为 0~40，其中非离子型表面活性剂的 HLB 值范围为 0~20，即把完全疏水而无亲水基的液体石蜡的 HLB 值规定为 0，而把完全亲水而无疏水基的聚乙二醇的 HLB 规定为 20。由此可见表面活性剂的亲水性越强，其 HLB 值越高；反之亲油越强，HLB 值越低。

2. HLB 值的应用　表面活性剂的 HLB 值与其应用性质密切相关，不同 HLB 值的表面活性剂有不同用途，如表 10-8。

表 10-8　不同 HLB 值的应用

HLB 值	应用
3~8	W/O 型乳化剂
7~9	作润湿剂
8~16	O/W 型乳化剂
15~18	作增溶剂

3. 混合表面活性剂 HLB 值计算　非离子型表面活性剂的 HLB 值具有加和性，例如简单的二组分非离子表面活性剂的混合体系 HLB 值计算如下：

$$HLB_{AB}=\frac{HLB_A\times W_A+HLB_B\times W_B}{W_A+W_B} \quad (10-6)$$

式中，W_A、W_B分别表示 A、B 两种非离子型表面活性剂的量。

例 将司盘 80（HLB 值为 4.3）与聚山梨酯 80（HLB 值为 15.0）等量混合，问混合物的 HLB 值应为多少？

$$HLB_{AB}=\frac{4.3\times1+15\times1}{1+1}=9.65$$

上式仅适用于非离子型混合表面活性剂的计算，对离子型不适用。HLB 值的理论计算方法有多种；但多属于经验式仅对某类或某些表面活性剂适用，故有一定的局限性，选择方法时应注意公式应用条件。

（三）温度对增溶的影响

温度对增溶存在三方面的影响：①影响胶束的形成；②影响增溶质的溶解；③影响表面活性剂的溶解度。对于离子型表面活性剂，温度上升主要是增加增溶质在胶束中的溶解度以及增加表面活性剂的溶解度。

1. Krafft 点 随温度升高至某一温度，离子表面活性剂的溶解度急剧升高，该温度称为 Krafft 点，相对应的溶解度即为该离子表面活性剂的临界胶束浓度。

Krafft 点是离子表面活性剂的特征值，Krafft 点也是表面活性剂应用温度的下限，或者说，只有在温度高于 Krafft 点时表面活性剂才能更大程度地发挥作用。例如十二烷基硫酸钠和十二烷基磺酸钠的 Krafft 点分别约为 8℃ 和 70℃，显然，后者在室温的表面活性不够理想。

2. 昙点 对于具有聚氧乙烯基结构的非离子型表面活性剂，当温度升高到某一点后，其溶解度表现为急剧下降，使溶液由清变浊。当温度下降低于此温度时，溶液由浊变清，这种由清变浊的现象称为起昙（clouding formation），这个转变温度则称为昙点（cloud point）。

产生这一现象的原因是：非离子型表面活性剂的聚氧乙烯链与水形成氢键，由于分子的热运动，开始时溶解度随温度升高而增大，当温度升高到昙点时，氢链破坏，聚氧乙烯链发生强烈的脱水与收缩，使表面活性剂溶解度下降，即出现混浊现象。

大多数此类表面活性剂的昙点在 70～100℃，如吐温 20 为 90℃，吐温 60 为 76℃，吐温 80 为 93℃，但很多含有聚氧乙烯的非离子型表面活性剂在常压下观察不到昙点，如泊洛沙姆 108、泊洛沙姆 188 等。

含有起昙现象的表面活性剂的制剂由于处于昙点温度上，表面活性剂的溶解度下降，其增溶与乳化能力相应下降，可能使被增溶的物质析出，或使乳剂破坏。其中有些因温度降低后恢复原状，但有些则难以恢复。故含有此类物质的制剂在灭菌时有可能出现一些质量问题。

（四）表面活性剂的复配

表面活性剂相互之间或与其他化合物的配合使用称为复配，复配时可能发生相互作用，使用时应注意。

阳离子表面活性剂与阴离子表面活性剂具有相反的电荷，配伍在一起时，可发生反应而形成沉淀。阴离子表面活性剂与许多带正电荷的药物如生物碱、局部麻醉剂、许多拟交感神经药、拟胆碱药、镇静催眠药及抗抑郁药等发生反应，而使效价或生物利用度降低。

阳离子表面活性剂与带负电荷的水溶性聚合物能形成复凝聚物。如含羧酸的阿拉伯胶、果胶酸、海藻酸、羧甲基纤维素钠等与阳离子表面活性剂结合后因亲水性降低，形成复凝聚物而沉淀。

离子型表面活性剂与蛋白质之间能发生反应，蛋白质在酸性或碱性介质中，可发生解离而分别带有正电荷或负电荷，可与离子型表面活性剂发生反应，使蛋白质变性而失去活性。

许多不溶性无机盐如硫酸钡能吸附阴离子表面活性剂，使溶液中的表面活性剂浓度下降，从而改变其分散固体的表面活性。而季铵盐类阳离子型表面活性剂与带负电荷的皂土、白陶土、滑石粉等之间存在配伍禁忌，可结合生成不溶性复合物。

（五）表面活性剂的毒性

一般而言，阳离子型表面活性剂的毒性较大，其次是阴离子型表面活性剂，非离子型表面活性剂的毒性相对较小。两性离子型表面活性剂的毒性小于阳离子型表面活性剂。表面活性剂用于静脉给药的毒性大于口服给药。

阴离子及阳离子型表面活性剂还有较强的溶血作用，如十二烷基硫酸钠溶液就有强烈的溶血作用。非离子型表面活性剂也有轻微的溶血作用。聚山梨酯类的溶血作用通常比其他含聚氧乙烯基的表面活性剂小。其顺序为聚氧乙烯烷基醚>聚氧乙烯烷芳基醚>聚氧乙烯脂肪酸酯>吐温类，在吐温的溶血顺序中，吐温 20>吐温 60>吐温 40>吐温 80。

表面活性剂外用时呈现较小的毒性。仍以非离子型对皮肤和黏膜的刺激性为最小。例如季铵盐类化合物高于 1%时可对皮肤产生损害；十二烷基硫酸钠产生损害的浓度在 20%以上，而吐温类对皮肤和黏膜的刺激性很低。

四、表面活性剂在制剂中的应用

表面活性剂在药物制剂中主要用于难溶性药物的增溶，油的乳化，混悬剂的分散、润湿、透皮吸收的促进剂、增进药物的吸收以及改善制剂工艺、提高制剂质量等。阳离子型表面活性剂主要用消毒、杀菌及防腐。

（一）增溶剂

表面活性剂增大难溶性药物在水中的溶解度并形成澄清溶液的过程称为增溶。具有增溶能力的表面活性剂又称为增溶剂。用非离子型表面活性剂作增溶剂最适合的 HLB 值为 15~18。

（二）乳化剂

由于第三种物质的存在，一种液体以微滴形式分散在另一种与之互不相溶的液体中，形成相对稳定的非均相液体体系，这一过程为乳化(emulsifying)。具有乳化作用的第三种物质叫作乳化剂。药用乳化剂有多种，表面活性剂作乳化剂，其最适宜的 HLB 值为 3~8(W/O 型)与 8~16(O/W 型)。

（三）润湿剂

液体在固体表面的铺展(或称贴附)现象叫作润湿，能够促使液体在固体表面铺展的作用称为润湿作用，而起润湿作用的表面活性剂叫作润湿剂(wetters)。

在制备混悬型液体制剂时，常发生药物微粒表面不易被液体介质润湿的现象，因而药物微粒会漂浮于液体表面，药物微粒表面不易被液体介质所润湿的原因在于药物微粒表面与液体介质之间的固-液界面的张力较大，润湿剂的作用就是降低固-液界面张力，使微粒能很好地分散于液体介质中。作为润湿剂的表面活性剂最适宜的 HLB 值为 7~9，并有适合的溶解度。

（四）其他

1. 起泡剂和消泡剂 泡沫是气体分散在液体中的分散体系。一些含有表面活性剂或具有表面活性物质的溶液，如中草药的乙醇或水浸出液，含有皂苷、蛋白质、树胶以及其他高分子化合物的溶液，当剧烈搅拌或蒸发浓缩时，可产生稳定的泡沫。这些表面活性剂通常有较强的亲水性和较高的 HLB 值，在溶液中可降低液体的界面张力而使泡沫稳定，这些物质即称为“起泡剂”。在产生稳定泡沫的情况下，加入一些 HLB 值为 1~3 的亲油性较强的表面活性剂，则可与泡沫液层争夺液膜表面而吸附在泡沫表面上，代替原来的起泡剂，而其本身并不能形成稳定的液膜，故使泡沫破坏，这种用来消除泡沫的表面活性剂称为“消泡剂”。少量的辛醇、戊醇、醚类、硅酮等也可起到类似作用。

2. 去污剂 去污剂或称洗涤剂是用于除去污垢的表面活性剂，HLB 值一般为 13~16。常用的去污剂有油酸钠和其他脂肪酸的钠皂、钾皂、十二烷基硫酸钠或烷基磺酸钠等阴离子表面活性剂。去污的机制较为复杂，包括对污物表面的润湿、分散、乳化、增溶、起泡等多种过程。

3. 消毒剂和杀菌剂 大多数阳离子表面活性剂和两性离子表面活性剂都可用作消毒剂，如苯扎溴铵为一种常用广谱杀菌剂，皮肤消毒、局部湿敷和器械消毒分别用其 0.5% 醇溶液、0.02% 水溶液和 0.05% 水溶液（含 0.5% 亚硝酸钠）。少数阴离子表面活性剂也有类似作用，如甲酚皂、甲酚磺酸钠等。

第五节　溶液型液体制剂

溶液型液体制剂是药物以分子或离子状态分散于溶剂中形成的供内服或外用的液体制剂。溶液型制剂外观均匀、澄明，大多采用溶解法制备。药物在溶液中分散度大，口服后药物易于吸收。但是，药物化学活性也随之增高，导致某些药物的水溶液不稳定。此外，多数药物的水溶液在储存过程中易发生变质，所以应注意药物稳定性和防腐问题。属于溶液型液体药剂的有溶液剂、芳香水剂、甘油剂、醑剂和糖浆剂等。

一、溶液剂

（一）溶液剂的含义及特点

溶液剂系指原料药物溶解于适宜溶剂中制成的澄清液体制剂。溶液剂的溶质一般为非挥发性的低分子化学药物。溶剂多为水，也可为乙醇、植物油或其他液体。供内服或外用。溶液剂应澄清，不得有沉淀、浑浊、异物等。根据需要，溶液剂中可加入助溶剂、抗氧剂、矫味剂、着色剂等附加剂。

药物制成溶液剂后，以量取替代了称取，使取量更方便，更准确，特别是对小剂量药物或毒性较大的药物更适宜；服用方便；某些药物只能以溶液形式发出，如过氧化氢溶液、氨溶液等。

（二）制备方法

溶液剂的制备有两种方法，即溶解法和稀释法。

1. 溶解法　将药物直接溶于溶剂中的制备方法。适用于化学性质较稳定的药物。

其制备过程是：药物的称量→溶解→滤过→质量检查→包装。

注意事项：①取处方总量1/2~3/4的溶剂，加入称量好的药物，搅拌使其溶解，滤过，自滤器上添加溶剂至全量，最后搅匀即得；②处方中如有附加剂或溶解度较小的药物，应先将其溶解在溶剂中，再加入其他药物使溶解、滤过；③对热稳定而溶解缓慢的药物，可加热促进溶解，但挥发性药物或不耐热的药物则应冷至40℃以下才能加入；④滤过后的药液应进行质量检查；⑤制得的药物溶液应及时分装、密封、贴标签及进行外包装。

例　复方碘口服溶液的制备

【处方】	碘	50g	碘化钾	100g
	纯化水	Q. S	共制	1000ml

【制法】 取碘化钾加纯化水溶解后，加入碘搅拌溶解，再加适量纯化水使成1000ml，搅匀，即得。

【注意】 ①本品具有调节甲状腺功能，主要用于甲状腺功能亢进的辅助治疗，外用作黏膜消毒；②碘在水中溶解度为1∶2950，加碘化钾作助溶剂，生成络合物易溶于水中，并能使溶液稳定，其反应式为：$KI+I_2=KI \cdot I_2$，先将碘化钾加适量蒸馏水配成浓溶液，有助于加快碘的溶解速度；③本品具有刺激性，口服时宜用冷开水稀释后服用。

2. 稀释法　将浓溶液用溶剂稀释成所需浓度溶液的制备方法，其制备过程是：药物量取→稀释→滤过→质量检查→包装。

注意事项：①注意准确计算需加入浓溶液的体积、需加入溶剂的体积；②浓溶液的浓度单位经常与溶液剂的浓度单位不同，要先将浓溶液的浓度单位换算成溶液剂的浓度单位，再准确计算需加入浓溶液的体积、需加入溶剂的体积。

二、芳香水剂

（一）芳香水剂的含义

芳香水剂系指挥发油或其他挥发性芳香药物的饱和或近饱和澄明水溶液。个别芳香水剂有用水和乙醇的混合液作溶剂。主要用作制剂的溶剂和矫味剂。用乙醇和水混合溶剂制成的含大量挥发油的溶液，称为浓芳香水剂。

（二）制备方法

芳香水剂的制备方法有三种，即溶解法、稀释法、蒸馏法。

1. 溶解法　取挥发油或挥发性药物细粉，移至具塞玻璃瓶中加微温水使成全量，振摇15分钟，冷至室温，静置4~8小时，滤过至澄清，自滤器上加水使成全量，摇匀即得。

2. 稀释法　取芳香挥发性成分浓溶液1份，加纯化水若干份稀释而成。

芳香挥发性成分浓溶液可以是芳香挥发性成分的乙醇溶液；也可以是使用了增溶剂对芳香挥发性成分进行了增溶的溶液。

3. 蒸馏法　取适量中药材于蒸馏器中，加适量水使药材充分浸润，再加水或通入水蒸气蒸馏，至馏出液为药材量的6~10倍后，停止蒸馏，除去馏液中过量的挥发油，滤过至澄清，自滤器上加水使成全量，摇匀即得(此溶液又称药露)。

例 薄荷水的制备

【处方】薄荷油 0.5ml 聚山梨酯80 2ml

纯化水 加至1000ml

【制法】取薄荷油与聚山梨酯80混匀后，加纯化水适量使成1000ml，搅匀即得。

本品为芳香矫味药与祛风药，用于胃肠充气或作溶剂。

【注意】①本法为溶解法制备芳香水剂，聚山梨酯80在其中起增溶剂作用；②本品亦可采用稀释法，即用浓薄荷水1份加纯化水39份稀释制得。

三、甘油剂

甘油剂系指药物溶于甘油中制成的专供外用的溶液剂。

甘油具有黏稠性、吸湿性，对皮肤、黏膜有滋润作用，能使药物滞留于患处的时间延长，更有效地发挥治疗作用。由于其黏度高能缓和药物的刺激性，故可用于黏膜。甘油吸湿性较大，应密闭保存。

甘油剂的制备常用溶解法(如碘甘油是由碘及碘化钾用纯化水溶解后再加甘油混匀制成)与化学反应法(如硼酸甘油是由甘油与硼酸经化学反应生成硼酸甘油酯，再将反应产物溶于甘油中制成)。

四、醑剂

醑剂(spirits)系指挥发性药物的浓乙醇溶液。凡用于制备芳香水剂的药物一般都可以制成醑剂，供外用或内服。

由于挥发性药物在乙醇中的溶解度一般均比在水中大，所以醑剂的浓度比芳香水剂大得多，为5%~20%。醑剂中乙醇的浓度一般为60%~90%。当醑剂与水性制剂混合或制备过程中与水接触时，可因乙醇浓度降低而发生浑浊。

醑剂可作为芳香矫味剂应用，如复方橙皮醑、薄荷醑等。也有用于治疗，如亚硝酸乙酯醑、樟脑醑、芳香氨醑等。由于醑剂中的挥发油易氧化、酯化或聚合，久贮会变色，甚至出现黏性树脂物沉淀，故应贮于密闭容器中，且不易久贮。

醑剂的制备方法有溶解法和蒸馏法两种，制备过程中所用的器具应该干燥，滤器与滤纸宜先用乙醇润湿，以防止挥发性成分析出而使滤液浑浊。

例 樟脑醑的制备

【处方】樟脑 100g

95%乙醇 加至1000ml

【制法】取樟脑溶于约800ml乙醇中，充分溶解后再添加乙醇至全量，搅匀即得。必要时可用干燥滤器和滤材过滤。

【注意】①本品为无色液体，有樟脑特臭，含醇量应为80%~87%。常温下易挥发，应密闭阴凉处保存。②本品遇水易析出结晶，所用器材及包装材料应干燥。

第六节 高分子溶液剂

一、高分子溶液的性质及在药剂学中的应用

高分子溶液剂系指高分子化合物溶解于溶剂中制成的均匀分散的液体制剂。高分子溶液剂以水为溶剂，则称为亲水性高分子溶液剂，或称胶浆剂。以非水溶剂制备的高分子溶液剂，称为非水性高分子溶液剂。

高分子溶液的性质如下。

1. 带电性 很多高分子化合物在溶液中带有电荷，其原因主要是由于高分子化合物结构中的某些基团电离所致。带正电的高分子水溶液有：琼脂、血红蛋白、碱性染料（亚甲蓝、甲基紫）、明胶、血浆蛋白等。带负电的有：淀粉、阿拉伯胶、西黄蓍胶、鞣酸、树脂、磷脂、酸性染料（伊红、靛蓝）、海藻酸钠、纤维素及其衍生物等。一些高分子化合物如蛋白质分子含有羧基和氨基，在水溶液中随 pH 不同而带正电或负电。当溶液的 pH 等于等电点时，高分子化合物不带电，此时溶液的黏度、渗透压、电导性、溶解度都变得最小。当溶液的 pH 小于等电点时，则—NH_3^+的数目多于—COO^-的数目，蛋白质带正电荷；pH 大于等电点，则—COO^-的数目多于—NH_3^+的数目，蛋白质带负电荷。由于高分子化合物在溶液的荷电，所以具有电泳现象。通过电泳法可测定高分子溶液所带电荷的种类。

2. 稳定性 高分子溶液的稳定性主要是由高分子化合物水化作用和荷电两方面决定的。

高分化合物含有大量亲水基，能与水形成牢固的水化膜，可阻止高分子化合物分子之间的相互凝聚，这是高分子化合物稳定的主要原因。向溶液中加入大量的电解质，由于电解质的强烈水化作用，结合了大量的水分而破坏了水化膜，使高分子化合物凝结而沉淀。这一过程称为盐析。盐析法常用于制备生化制剂和中药制剂。引起盐析作用的主要是电解质中的阴离子。破坏水化膜的另一种方法就是加入脱水剂如乙醇、丙酮等。在制剂过程中划分不同分子量的高分子化合物常采用此法。高分子溶液在放置过程中也会自发地凝结而沉淀，称为陈化现象。其他原因如盐类、pH、絮凝剂、射线等的影响，使高分子化合物凝结沉淀，称为絮凝现象。

分子所带电荷也影响其稳定性，由于相反电荷中和而产生凝结沉淀，如带负电荷的阿拉伯胶和带正电荷的明胶，在等电点以下混合时，形成高分子复合物而沉淀，这是复凝聚法制备微囊的基本原理。

3. 胶凝性 亲水性高分子溶液具有较高的渗透压，渗透压的大小与高分子溶液的浓度有关。高分子溶液是黏稠性流动液体，常用作助悬剂。一些亲水性高分子溶液如明胶水溶液、琼脂水溶液，在温热条件下为黏稠性流动液体，当温度降低时，高分子溶液就形成网状结构，分散介质水被全部包含在网状结构中，形成了不流动的半固体状物，称为凝胶，如软胶囊的囊壳就是这种凝胶。形成凝胶的过程称为胶凝。凝胶失去网状结构中的水分时，体积缩小，形成了干燥固体称干胶。如硬胶囊的囊壳、阿胶、龟板胶等都是干胶的存在形式。

4. 溶解性 一些水溶性高分子物质，如树胶、淀粉、纤维素及其衍生物等能与水发生水化作用，溶解在水中形成黏稠性的液体，常称为胶浆剂，又称亲水胶。一些不溶性高分

子物质，能较好地分散在半极性或非极性溶剂中，常称为非水性高分子溶液，如玉米朊乙醇溶液常作为片剂包衣时的隔离层材料。

5. 渗透压 亲水性高分子溶液有较高的渗透压，渗透压的大小与高分子溶液的浓度有关。

6. 黏性 高分子溶液是黏稠性流动液体，黏稠性用黏度表示，其黏度与分子量有关，测定其黏度可确定分子量。

高分子溶液剂属于热力学稳定系统，在制剂生产中应用广泛，几乎所有剂型都与高分子溶液有关。例如，液体制剂中的胃蛋白酶合剂；聚氧乙烯吡咯烷酮注射液、羧甲基淀粉钠注射液；滴眼剂中的荧光素钠滴眼剂；作助悬剂的，如明胶溶液、甲基纤维素溶液等；片剂辅料，如黏合剂淀粉浆、包衣材料；栓剂、胶囊剂、膜剂等剂型的制备也都应用各种高分子溶液。

二、高分子溶液的制备

高分子化合物的制备均要首先经过溶胀过程。溶胀是指水分子渗入到高分子化合物分子间的空隙中，与高分子中的亲水基团发生水化作用而使体积膨胀，结果使高分子空隙间充满了水分子，这个过程称有限溶胀。由于高分子空隙间存在水分子，降低了高分子化合物分子间的作用力（范德华力），使溶胀过程继续进行，最后高分子化合物完全分散在水中形成高分子溶液，这一过程称为无限溶胀。无限溶胀一般进行得很慢，常需搅拌或加热等才能完成。形成高分子溶液的这一过程称为胶溶。胶溶的快慢取决于高分子的性质以及工艺条件。

高分子溶液的制备方法如下。

1. 溶解法 取所需水量的 1/2~4/5，将高分子物质或其粉末分次撒在液面上或浸泡于水中，使其充分吸水膨胀胶溶，必要时略加搅拌。如羧甲基纤维素钠（CMC-Na）、胃蛋白酶等。

2. 醇分散法 取粉末状高分子原料置于干燥容器内，先加少量乙醇或甘油使其均匀润湿，然后加大量水振摇或搅拌使溶。如西黄蓍胶、白芨胶等。

3. 热溶法 片状、块状的高分子原料应先加少量冷水放置浸泡一定时间，使其充分吸水膨胀，然后加足量的热水并加热使其胶溶。如明胶、琼脂等。

例 胃蛋白酶合剂的制备

【处方】	胃蛋白酶	20g
	稀盐酸	20ml
	橙皮酊	20ml
	单糖浆	100ml
	羟苯乙酯溶液（5%）	10ml
	纯化水	加至 1000ml

【制法】 取稀盐酸、单糖浆加纯化水约 800ml，混匀，缓缓加入橙皮酊、羟苯乙酯溶液，随加随搅拌，再将胃蛋白酶缓缓撒在液面上，静置使其自然膨胀，轻加搅拌使溶解，再加水使成 1000ml，轻轻摇匀，即得。

本品为助消化药，用于缺乏胃蛋白酶或病后消化功能减退引起的消化不良。

【注意】

（1）胃蛋白酶极易吸潮，称取时应迅速。称完后应及时分撒于液面，不宜长时间露置于空气中。

（2）胃蛋白酶在 pH 1.5~2.0 时活性最强，故一般要求 pH 为 1.5~2.5，但盐酸的量若超过 0.5% 时会破坏其活性，故胃蛋白酶不能和稀盐酸直接混合，需用纯化水稀释后配制。

（3）本品不得用热水溶解及加热促溶，也不能强力搅拌以及用棉花、滤纸过滤等，以免影响活性和稳定性。

第七节　溶胶剂

一、概述

溶胶剂系指固体药物微细粒子（1～100nm）分散在水中形成的非均匀分散的液体制剂，又称疏水胶体溶液。如氧化银溶胶、氢氧化铁溶胶等。溶胶剂属于热力学不稳定体系，将药物分散成溶胶状态，其药效会出现显著的变化。该制剂目前很少使用，但溶胶微粒的特殊性质对于纳米制剂的发展具有十分重要的意义。

溶胶（疏水胶体）的性质如下。

1. 光学性质　当强光线通过胶体溶液时从侧面可见到圆锥形光束，称为丁铎尔现象。这是由于胶粒直径小于自然光波长引起光散射所致。

2. 动力学性质　胶粒在分散介质中进行不规则的热运动，这种运动称为布朗运动。布朗运动是由于胶粒受溶剂分子不规则地撞击产生的。胶粒越小运动速度越大、胶粒越大运动速度越小。胶粒的扩散速度、沉降速度及分散介质的黏度等都与溶胶的动力学性质有关。

3. 电学性质　溶胶剂中的固体微粒由于本身解离或吸附溶液中某种离子而带电荷，由于电中性的要求，带电微粒表面必然吸引带相反电荷的离子，称为反离子，吸附的带电离子和反离子构成了吸附层。少部分反离子扩散到溶液中，形成扩散层。吸附层和扩散层分别是带相反电荷的带电层称为双电层结构，也称扩散双电层。

溶胶剂由于双层电结构而荷电，可以荷正电，也可以荷负电。在电场的作用下胶粒或分散介质产生移动，在移动的过程中产生电位差，这种现象称为界面动电现象。溶胶的电泳现象就是界面动电现象引起的。

4. 稳定性　疏水胶体属于热力学不稳定系统，主要表现为有聚结不稳定性和动力不稳定性。但由于胶粒表面电荷产生静电斥力，以及胶粒荷电所形成的水化膜，都增加了溶胶剂的聚结稳定性。由于重力作用胶粒产生沉降作用，但胶粒的布朗运动，又能抵消因重力作用产生的下沉运动，使沉降速度变得极慢，增加了动力稳定性。

影响疏水胶稳定性的因素如下所述。

（1）电解质的作用　在疏水胶中加入电解质，使胶粒吸附层的电荷被中和，胶粒的电荷变少，胶粒之间的静电斥力变小，胶粒的扩散层变薄，胶粒之间就易相互凝聚。

（2）亲水胶的保护作用　在疏水胶中加入亲水胶达到一定浓度时，能显著提高疏水胶的稳定性，使其不易发生聚集，这种现象称为保护作用，形成的溶液称为保护胶体。

（3）胶粒的相互作用　两种带有相反电荷的胶粒互相混合，将会发生凝聚。凝聚的程度与两种胶粒的比例有关。

二、溶胶剂的制备

溶胶剂的制备方法有分散法和凝聚法两种。

（一）分散法

1. 机械分散法 常采用胶体磨进行制备。药物、分散介质以及稳定剂从加料口处加入胶体磨中，胶体磨以10 000r/min转速高速旋转将药物粉碎成胶体粒子范围。本法可制成质量很高的溶胶剂。

2. 胶溶法（又称解胶法） 系使新生的粗粒子重新分散成溶胶粒子的方法。如新生成的AgCl粗分散粒子加稳定剂，经再分散可制得AgCl溶胶剂。

3. 超声分散法 用20 000Hz以上超声波所产生的能量使粗分散相粒子分散成溶胶剂的方法。

（二）凝聚法

1. 物理凝聚法 通过改变分散介质的性质使溶解的药物凝聚成为溶胶的方法。如将硫黄溶于乙醇制成饱和溶液，过滤，将滤液细流加入水中，硫黄在水中的溶解度突然降低，迅速析出的硫黄凝聚成胶粒而分散于水中。

2. 化学凝聚法 借助于氧化、还原、水解、复分解等化学反应制备溶胶的方法。如用硫代硫酸钠与稀盐酸作用，生成的新生态硫分散于水中，形成溶胶。

第八节 混悬剂

一、概述

混悬剂（suspensions）系指难溶性固体原料药物以微粒状态分散于分散介质中形成的非均匀分散的液体制剂。混悬剂中药物微粒一般为0.5~10μm，小的可为0.1μm，大的可达到50μm或更大。分散介质多数为水，也可用植物油。混悬剂属于热力学不稳定的粗分散体系。

混悬剂大多为液体制剂，《中国药典》（2015年版）收载有干混悬剂（阿奇霉素干混悬剂、硫酸钡干混悬剂等），其系按混悬剂的要求将药物用适宜方法制成粉末状或颗粒状制剂，临用前加水振摇即迅速分散成混悬剂。这有利于解决混悬剂在保存过程中的稳定性问题，并方便贮藏和携带。在合剂、搽剂、洗剂、注射剂、滴眼剂、气雾剂、栓剂和软膏剂等都有混悬型的形式存在。

混悬剂除一般制剂的质量要求外，根据这种剂型的特点应对以下几点做出规定。

（1）药物本身的化学性质应稳定，在使用或贮存期间含量应符合要求。

（2）混悬剂中微粒大小根据用途不同而有不同要求。

（3）粒子的沉降速度应很慢、沉降后不应有结块现象，轻摇后应迅速均匀分散。

（4）混悬剂应有一定的黏度要求；外用混悬剂应容易涂布。

知识链接

适合制成混悬剂的药物

1. 难溶性药物需制成液体制剂供临床应用时。
2. 药物的剂量超过了溶解度而不能以溶液剂形式应用时。
3. 两种溶液混合由于药物的溶解度降低而析出固体药物或产生难溶性化合物时。
4. 为了使药物产生缓释作用等。

但为了安全起见，毒剧药或剂量小的药物不宜制成混悬剂使用。

二、混悬剂的稳定性

混悬剂中药物微粒的分散度大，使混悬微粒具有较高的表面自由能而处于不稳定状态。尤其是疏水性药物的混悬剂存在更大的稳定性问题。

（一）混悬粒子的沉降速度

混悬剂中的微粒静置时受重力作用产生沉降，其沉降速度服从 Stokes 定律：

$$V=\frac{2r^2(\rho_1-\rho_2)}{9\eta}g \tag{10-7}$$

式中，V——沉降速度；r——微粒半径；ρ_1、ρ_2——微粒和介质的密度；g——重力加速度；η——分散介质的黏度。

由 Stokes 公式可见，混悬微粒沉降速度与微粒半径的平方、微粒与分散介质的密度差成正比，与分散介质的黏度成反比。混悬剂微粒沉降速度愈大，动力稳定性愈小。

增加混悬剂的动力稳定性的主要方法是：①尽量减小微粒半径（可采取适当方法将药物粉碎的尽量小），以减小沉降速度；②增加分散介质的黏度，以减小固体微粒与分散介质间的密度差。可向混悬剂中加入高分子助悬剂，既可增加分散介质黏度，也减小了微粒与分散介质之间的密度差，同时助悬剂被吸附在微粒表面，增加了微粒的亲水性。但混悬剂中的微粒大小是不均匀的，较大微粒沉降迅速，细小微粒沉降较慢，更细小微粒由于布朗运动，可长时间悬浮在介质中保持混悬状态。

（二）混悬微粒的荷电与水化

混悬剂微粒可因某些基团的解离或吸附离子而荷电，具有双电层结构与 ζ 电位，微粒双电层与 ζ 电位的存在是其稳定的主要因素，其次双电层中离子由于水化而形成的水化膜，阻止了微粒间的相互聚结，对混悬剂的稳定也起一定作用。当向混悬剂中加入少量的电解质，可以改变双电层的构造和厚度，使混悬剂的聚结并产生絮凝。疏水性药物混悬剂的微粒水化作用很弱，对电解质更敏感。亲水性药物混悬剂微粒除荷电外，本身具有水化作用，受电解质的影响较小。

（三）絮凝与反絮凝

在混悬剂中加适量电解质可降低微粒双电层的 ζ 电位，使带有相同电荷的微粒间排斥力下降，ζ 电位降低到一定程度后，混悬剂中的微粒可形成疏松的絮状聚集体。该絮状聚集体具有很好的再分散性。形成絮状聚集体的过程称为絮凝，加入的电解质称为絮凝剂。与非絮凝状态比较，絮凝状态具有沉降速度快、有明显的沉降面、沉降体积大、经振摇后能迅速恢复均匀混悬状态的特点。制备混悬剂时，一般应控制絮凝剂用量使 ζ 电位在 20~25mV 范围内，以达到疏松的絮凝状态。絮凝剂主要是具有不同价数的电解质，其中阴离子比阳离子絮凝作用强，同时，离子价数增加 1，絮凝作用增加 10 倍。

向絮凝状态的混悬剂中加入电解质，使絮凝状态变为非絮凝状态的过程称为反絮凝，加入的电解质称为反絮凝剂。反絮凝剂可增加混悬剂流动性，使之易于倾倒。反絮凝剂所用的电解质与絮凝剂相同。

（四）结晶增大与转型

由于混悬剂粒子的粒度分布不均匀，在放置过程中就会出现小的微粒数目不断减少、大的微粒数目不断增加、微粒沉降速度加快的现象。其原因是药物的微小结晶粒子的溶解度，大于较大结晶粒子的溶解度，分散介质中药物的浓度对微小粒子是不饱和的，而对于大粒子是饱和的或过饱和的，这样微小粒子会不断溶解消失，而大粒子则作为晶核不断长大，结果造成粒子粒度增加。在混悬剂中加入抑晶剂可阻止结晶的溶解和生长，以保持混悬剂的物理稳定性。

（五）分散相的浓度和温度

在同一分散介质中分散相的浓度增加，混悬剂的稳定性降低。温度变化不仅改变药物的溶解度和溶解速度，还能改变微粒的沉降速度、絮凝速度、沉降容积，从而改变混悬剂的稳定性。冷冻能破坏混悬剂的网状结构，使稳定性降低。

三、混悬剂的稳定剂

混悬剂为不稳定体系，为增加其稳定性，常加入使混悬液稳定的附加剂，称为稳定剂，主要包括助悬剂、润湿剂、絮凝剂和反絮凝剂等。

（一）助悬剂

助悬剂的作用是增加混悬剂中分散介质的黏度，从而降低微粒的沉降速度；助悬剂可被吸附在微粒表面，形成机械性或电性的保护膜，防止微粒间互相聚集或结晶的转型，从而增加混悬剂的稳定性。可根据混悬剂中药物微粒的性质与含量，选择不同的助悬剂，常用的助悬剂如下。

1. 低分子物质　如甘油、糖浆、山梨醇等。内服混悬剂应使用糖浆等，兼有矫味作用；外用制剂常使用甘油，亲水性物质宜少加，疏水性物质要多加。

2. 高分子物质　分为天然与合成两大类，天然高分子助悬剂常用的有阿拉伯胶，用量为 5%~15%；西黄蓍胶，用量为 0.5%~1%；琼脂、海藻酸钠、白芨胶或果胶等也可应用，但在使用本类助悬剂时需要加防腐剂。合成高分子助悬剂常用的有甲基纤维素、羧甲基纤维素钠、羟乙基纤维素、羟丙基甲基纤维素、聚维酮、聚乙烯醇等。它们的水溶液均透明，一般用量为 0.1%~1%，性质稳定，受 pH 的影响小。

3. 硅酸类　主要有硅藻土、硅酸铝、胶体二氧化硅等。

4. 触变胶　触变胶是指在一定温度下静置时，逐渐变为半固体状溶液，当振摇时，复又变成可流动的胶体溶液，胶体溶液的这种性质称为触变性，这种胶体称为触变胶。2% 硬脂酸铝在植物油中形成触变胶，常用作混悬型注射液、滴眼剂的助悬剂。

（二）润湿剂

润湿剂的作用主要是降低药物微粒与液体分散介质之间的界面张力，增加疏水性药物的亲水性，使其能被水润湿，以产生较高的分散效果。常用的润湿剂多为表面活性剂。外用混悬剂的润湿剂可用肥皂、月桂醇硫酸钠、硫酸化蓖麻油等，内服混悬剂的润湿剂可选用聚山梨酯类、磷脂类、泊洛沙姆等。

（三）絮凝剂和反絮凝剂

常用的絮凝剂与反絮凝剂有酒石酸盐、酸式酒石酸盐、枸橼酸盐、酸式枸橼酸盐和磷酸盐等。

四、混悬剂的制备方法

混悬剂制备时，应使混悬微粒具有适当的分散度且粒度均匀，以减小微粒的沉降速度，使混悬剂处于稳定状态。混悬剂的制备方法包括分散法和凝聚法。

（一）分散法

分散法是将固体药物粉碎至符合混悬微粒分散度要求后，再混悬于分散介质中的方法。分散法制备混悬剂与药物的亲水性有关，亲水性药物制备时一般不加助悬剂，疏水性药物制备时应酌情添加润湿剂和助悬剂。

操作时要注意以下几点。

1. 亲水性药物，如氧化锌、炉甘石、碳酸钙、磺胺药等，一般应先将药物粉碎到一定细度，再加处方中的液体适量，研磨到适宜的分散度，最后加入处方中的剩余液体至全量（即加液研磨法）。加液研磨法可使药物粒度更小，微粒可达 0.1～0.5μm。

2. 疏水性药物不易被水润湿，必须先加一定量的润湿剂与药物共研后再加液体研磨混匀。

3. 质重、硬度大的药物，可采用中药制剂常用的“水飞法”，“水飞法”可使药物粉碎到极细的程度。

4. 小量制备可用乳钵，大量生产可用乳匀机、胶体磨等机械。投药瓶不宜盛装太满，以留出适当空间便于用前摇匀。

例　复方硫洗剂的制备

【处方】沉降硫	30g	硫酸锌	30g	樟脑醑	250ml
羧甲基纤维素钠	5g	甘油	100ml	纯化水加至	1000ml

【制法】取沉降硫置乳钵中，加甘油研磨成细腻糊状；硫酸锌溶于 200ml 水中；另将羧甲基纤维素钠用 200ml 水制成胶浆，在搅拌下缓缓加入乳钵中研匀，移入量器中，搅拌下加入硫酸锌溶液，搅匀，在搅拌下以细流加入樟脑醑，加纯化水至全量，搅匀，即得。

【注意】

（1）硫黄为强疏水性药物，甘油为润湿剂，使硫黄能在水中均匀分散。

（2）羧甲基纤维素钠为助悬剂，可增加混悬剂的动力学稳定性。

（3）樟脑醑为 10% 樟脑乙醇液，加入时应急剧搅拌，以免樟脑因溶剂改变而析出大颗粒。

（二）凝聚法

1. 物理凝聚法　是将分子或离子分散状态分散的药物溶液加入于另一分散介质中凝聚

成混悬剂的方法。一般将药物制成热饱和溶液，在搅拌下加至另一种不同性质的液体中，使药物快速结晶，可制成10μm以下(占80%~90%)微粒，再将微粒分散于适宜介质中制成混悬剂。如醋酸可的松滴眼液的制备。

2. 化学凝聚法 用化学反应法使两种药物生成难溶性的药物微粒，再混悬于分散介质中制备混悬剂的方法。为使微粒细小均匀，化学反应在稀溶液中进行并应急速搅拌。如胃肠道透视用硫酸钡的制备。此法现已少用。

五、混悬剂的质量评价

(一) 微粒大小的测定

混悬剂中微粒的大小与混悬剂的质量、稳定性、药效和生物利用度密切相关。所以测定混悬剂中微粒大小及其分布，是评定混悬剂质量的重要指标。显微镜法、库尔特计数法、浊度法、光散射法等很多方法都可测定混悬剂粒子大小。

(二) 沉降体积比的测定

沉降体积比是指沉降物的体积与沉降前混悬剂的体积之比，可用来评价混悬剂的稳定性及稳定剂的效果。测定方法：用具塞量筒量取50ml混悬剂样品，密塞，用力振摇1分钟，记录混悬物的开始高度 H_0，静置3小时，记录混悬物沉降后的最终高度 H，则其沉降体积比 F 为：

$$F=\frac{H}{H_0} \tag{10-8}$$

F 值在1~0之间。F 值愈大，表示沉降物的高度愈接近混悬剂高度，混悬剂愈稳定。口服混悬剂(包括干混悬剂)沉降体积比应不低于0.90。

(三) 絮凝度的测定

絮凝度是比较混悬剂絮凝程度的重要参数，用下式表示：

$$\beta=\frac{F}{F_\infty}=\frac{H/H_0}{H_\infty/H_0}=\frac{H}{H_\infty} \tag{10-9}$$

式中，F——絮凝混悬剂的沉降体积比；F_∞——去絮凝混悬剂的沉降体积比；β——由于絮凝所引起的沉降物容积增加的倍数。β 值越大，絮凝效果越好。用絮凝度评价絮凝剂的效果，对于预测混悬剂的稳定性有重要价值。

(四) 重新分散试验

优良的混悬剂经过贮存后再振摇，沉降物应能很快重新分散。试验方法：将混悬剂置于100ml具塞刻度量筒内，以每分钟20转的速度转动一定时间，量筒底部的沉降物应重新均匀分散。重新分散所需转动次数越少，说明混悬剂再分散性能越好。

第九节 乳 剂

一、概述

(一) 概念

乳剂(emulsions)系指两种互不相溶的液体混合，其中一种液体以液滴状态分散在另一种液体中形成的非均匀分散的液体制剂。分散成液滴的一相称为内相、分散相或不连续相，而包在液滴外面的一相则称为外相、分散介质或连续相。乳剂可供内服和外用(供口服的稳定的水包油型乳剂称口服乳剂)，经灭菌或无菌操作法制备的还可供注射用。

乳剂属于热力学不稳定体系，须加入乳化剂使其容易形成并保持稳定，故乳剂是由水相、油相和乳化剂三者组成的液体制剂。

（二）乳剂的分类

1. 根据乳滴的大小分类　乳剂可分为普通乳剂、亚微乳、纳米乳。

（1）普通乳剂　液滴直径在 1~100μm 之间，普通乳剂一般为乳白色，不透明的液体。

（2）亚微乳　亚微乳的粒径大小在 0.1~1.0μm 之间，常用作非胃肠道给药载体。

（3）纳米乳　粒径为 10~100nm 的乳滴分散在另一种液体中形成的胶体分散体系，外观上是透明液体。

2. 根据乳化剂的种类、性质分类

（1）水包油型乳化剂　可简写为油/水或 O/W 型，其中油为分散相，水为分散介质。

（2）油包水型乳化剂　可简写为水/油或 W/O 型，其中水为分散相，油为分散介质。

O/W 型乳剂和 W/O 型乳剂的鉴别方法见表 10-9。

表 10-9　O/W 型乳剂和 W/O 型乳剂的鉴别方法

鉴别方法	O/W 型乳剂	W/O 型乳剂
外观	通常为乳白色	近似油状色
稀释法	可用水稀释	可用油稀释
导电性	导电	不导电或几乎不导电
水溶性染料	外相染色	内相染色
油溶性染料	内相染色	外相染色

（三）乳剂的特点

1. 药物制成乳剂后分散度大，生物利用度提高。
2. 油性药物制成乳剂能保证剂量准确。
3. 水包油型乳剂可掩盖药物的不良臭味，并可加入矫味剂，易于服用。
4. 外用乳剂可改善药物对皮肤、黏膜的渗透性，减少刺激性。
5. 静脉注射乳剂注射后分布较快，药效高，有靶向性。

二、乳剂形成的理论

要制成符合要求的乳剂，首先必须借助于机械力提供足够的能量将分散相分散成小的液滴，其次是提供使乳剂稳定的必要条件。

（一）提供乳化所需的能量

乳剂形成时，分散相形成液滴均匀分散于分散介质中，需要借助乳化机械所做的功，使液体被切分成小液滴而增大表面积和界面自由能。其实质是将机械能部分地转化成液滴的界面自由能，故必须提供足够的能量，使分散相能够分散成微细的乳滴。乳滴愈细需要的能量愈多。

（二）加入适宜的乳化剂

1. 降低界面张力 油水两相形成乳剂的过程，是不相溶的两液相界面增大的过程。乳滴愈细，新增加的界面就愈大，界面自由能也愈大，因此已分散的液滴趋向于重新聚集变大从而降低表面自由能，导致分层。因此，为使乳剂保持一定的分散和稳定状态，必须降低界面自由能。加入适宜的乳化剂，使其吸附在乳滴的周围，可有效地降低界面张力，使界面自由能降低。

2. 形成牢固的乳化膜 乳化剂被吸附在油、水界面上降低界面张力的同时，能在液滴的周围有规律地定向排列，即乳化剂的亲水基朝向水，亲油基朝向油，形成乳化膜。乳化剂在液滴表面上排列越整齐，乳化膜就越牢固，乳剂也越稳定。乳化膜有三种类型：单分子乳化膜、多分子乳化膜和固体微粒乳化膜。

3. 确定形成乳剂的类型 决定乳剂类型的因素有多种，最主要的是乳化剂的性质和乳化剂的 HLB 值。形成乳剂时，乳化剂分子的亲水基伸向水相，亲油基伸向油相，若亲水基大于亲油基，乳化剂伸向水相的部分较大而使水的界面张力降低很大，可形成O/W型乳剂。反之，则形成 W/O 型乳剂。

不同种类的乳化剂，具有不同的亲水、亲油性。天然或合成的高分子乳化剂亲水基特别大，降低水的界面张力大，故形成 O/W 型乳剂。固体微粒乳化剂若亲水性大可形成O/W型乳剂，若亲油性大则形成 W/O 型乳剂。

（三）具有适宜的相比

乳剂中油、水两相的容积比称为相比。制备乳剂时分散相浓度一般在 10%～50% 之间，相容积比在 25%～50% 时乳剂稳定性好。如分散相浓度超过 50%，乳滴之间的距离很近，乳滴易发生碰撞而合并或转相，从而使乳剂不稳定。故制备乳剂时，应有适宜的相比。

三、乳化剂

乳化剂是乳剂的重要组成部分，其基本要求是：具有较强的乳化能力；一定的生理适应能力，无毒，无刺激性；可以口服、外用或注射给药；受各种因素的影响小；稳定性好。

（一）乳化剂的种类

1. 表面活性剂 具有较强的亲水基团和亲油基团，乳化能力强，性质稳定，易在乳滴周围形成单分子乳化膜。

（1）阴离子型表面活性剂　如肥皂、十二烷基硫酸钠等，多用作外用乳剂的乳化剂。

（2）非离子型表面活性剂　如脂肪酸山梨坦类（司盘类）、聚山梨酯类（吐温类）、聚氧乙烯脂肪酸酯（卖泽）、聚氧乙烯脂肪醇醚（苄泽）和泊洛沙姆等。品种不同 HLB 值不同，而 HLB 值可决定乳剂的类型。HLB 值为 8～16 者，可形成 O/W 型乳剂，HLB 值在 3～8 者，可形成 W/O 型乳剂。

2. 天然乳化剂 亲水性较强，可制成 O/W 型乳剂。有较大的黏度，可增加乳剂的稳定性。常用的有以下几种。

（1）阿拉伯胶　主要含有阿拉伯酸的钾、钙、镁盐。可形成 O/W 型乳剂，本品适用于制备植物油、挥发油的乳剂。可供内服使用的乳剂使用浓度为 10%～15%，在 pH 4～10 范围内乳剂稳定。常与西黄蓍胶、果胶、琼脂等混合使用。

（2）西黄蓍胶　可形成 O/W 型乳剂，其水溶液具有较高的黏度，乳化能力弱，常与阿拉伯胶混合使用。

（3）明胶　O/W 型乳化剂，用量为油量的 1%～2%。易受溶液的 pH 及电解质的影响产生凝聚作用。使用时需加防腐剂，常与阿拉伯胶合用。

（4）胆固醇　系由羊毛脂皂化分离而得，主要含有羊毛醇，具吸水性，能形成 W/O 型乳剂。

（5）磷脂　大豆卵磷脂或蛋黄卵磷脂能显著降低液相间的界面张力，乳化作用较强，可形成 O/W 型乳剂，一般用量为 1%～3%，可供内服或外用，纯品可作注射乳剂的乳化剂。

3. 固体粉末　一些溶解度小的无机物固体粉末可作乳化剂，乳化时，固体粉末可被吸附于油水界面，形成固体粉末乳化膜，防止分散相液滴彼此接触合并，且不受电解质的影响。氢氧化镁、氢氧化铝、二氧化硅、硅藻土等亲水性固体粉末，乳化时形成 O/W 型乳剂，而氢氧化钙、氢氧化锌、硬脂酸镁等为亲油性固体粉末，乳化时可形成 W/O 型乳剂。

4. 辅助乳化剂　主要指与乳化剂合并使用能增加乳剂的稳定性的乳化剂。它能提高乳剂的黏度，并能增强乳化膜的强度，防止乳滴合并。

（1）增加油相黏度的辅助乳化剂　如蜂蜡、鲸蜡醇、单硬脂酸甘油酯、硬脂酸、硬脂醇等。

（2）增加水相黏度的辅助乳化剂　如甲基纤维素、羟丙甲基纤维素、羧甲基纤维素钠、西黄蓍胶、阿拉伯胶等。

（二）乳化剂的选用原则

乳化剂的种类很多，应根据乳剂的使用目的、药物的性质、处方的组成、欲制备乳剂的类型、乳化方法等综合考虑，适当选择。

1. 根据乳剂的类型选择　处方设计中乳剂的类型若为 O/W 型乳剂，应选择 O/W 型乳化剂；W/O 型乳剂则选择 W/O 型乳化剂。

2. 根据乳剂的给药途径选择　主要考虑乳化剂的毒性、刺激性。口服乳剂应选择无毒性的天然乳化剂或某些亲水性非离子型乳化剂。外用乳剂应选择无刺激性、长期应用无毒性的乳化剂。注射用乳剂则应选择磷脂、泊洛沙姆等乳化剂。

3. 根据乳化剂性能选择　应选择乳化能力强、性质稳定、受外界因素影响小、无毒、无刺激性的乳化剂。

4. 混合乳化剂的选择　乳化剂混合使用可获得适宜的 HLB 值，使乳化剂有更大的适应性，形成更为牢固的乳化膜，并增加乳剂的黏度，从而增加乳剂的稳定性。乳化剂混合使用时，必须符合油相对 HLB 值的要求。

四、乳剂的制备及影响乳化的因素

（一）乳剂制备方法

1. 干胶法　又称油中乳化法，先将乳化剂加入油相中混合均匀，再加入一定量的水制成初乳，如以阿拉伯胶作乳化剂制备乳剂时，先将阿拉伯胶分散在油中。研匀，按比例加水，用力研磨制成初乳，再加水至全量。在初乳中，油、水、胶有一定的比例，若用植物油，其比例为 4∶2∶1；若用挥发油，其比例为 2∶2∶1；若用液体石蜡，其比例为 3∶2∶1。工艺流程如图 10-3。

2. 湿胶法　又称水中乳化法，是先将乳化剂分散于水中混合均匀后，加入油相，搅拌使成初乳，再加水将初乳稀释至全量，混匀，即得。湿胶法制备初乳时，油相、水相与胶的比例与干胶法相同。工艺流程如图10-4。

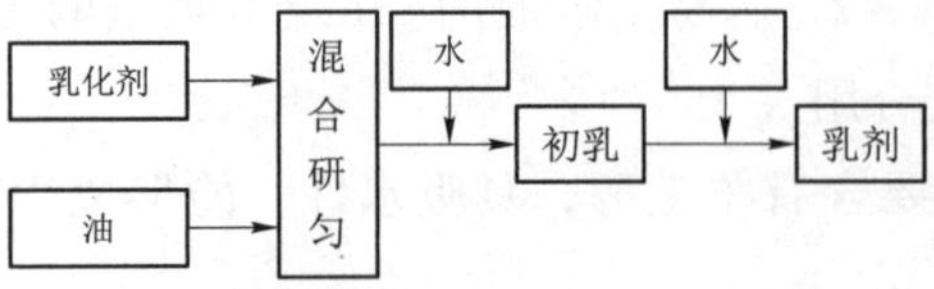

图10-3　干胶法制备乳剂工艺流程图

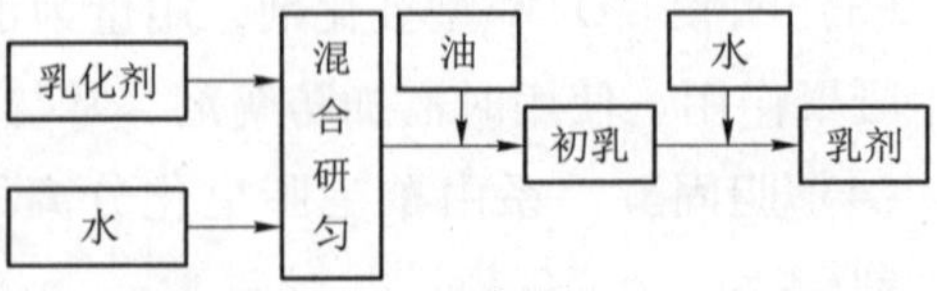

图10-4　湿胶法制备乳剂工艺流程图

3. 新生皂法　将植物油与含碱(如氢氧化钠、氢氧化钙)的水相分别加热到一定的温度，混合搅拌发生皂化反应，生成的肥皂类可以作为乳化剂随即进行乳化而制得稳定的乳剂。图10-5中的植物油通常含有硬脂酸、油酸等有机酸，加入氢氧化钠、氢氧化钙、三乙醇胺等，在70℃以上或振摇会发生皂化反应。如果水相中含有氢氧化钠或三乙醇胺，则生成的肥皂是O/W型乳化剂，如果水相中含有氢氧化钙，则生成的肥皂是W/O型乳化剂。通常是将水相加入到油相中来制备。工艺流程如图10-5。

4. 两相交替加入法　将水相和油相分次少量交替加入乳化剂中，边加边搅拌，形成乳胶。天然胶类、固体微粒作乳化剂时可用此法制备乳剂。

5. 机械法　将油相、水相、乳化剂混合后用乳化机械制成乳剂。机械法制备乳剂时可不考虑加入顺序，其能借助机械提供的强大能量，很容易制成乳剂。工艺流程如图10-6所示。常用于制备乳剂的机械装置有乳钵、乳匀机、胶体磨、超声波乳化装置等。

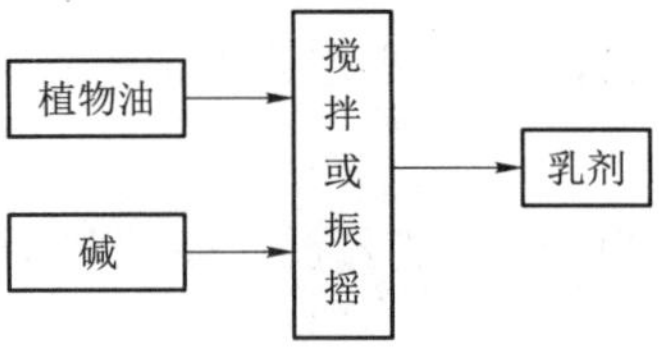

图10-5　新生皂法制备乳剂工艺流程图

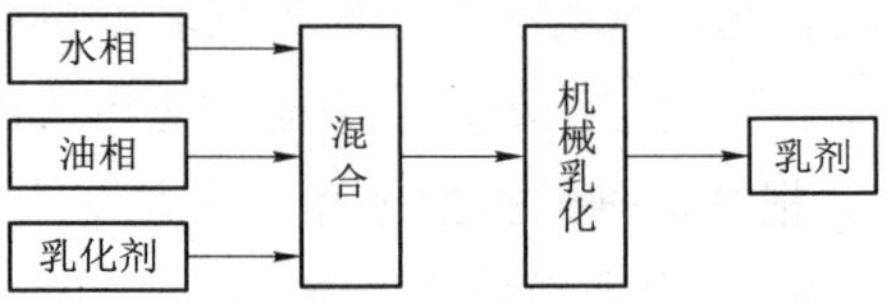

图10-6　机械法制备乳剂工艺流程图

6. 微乳的制备　很多油，如薄荷油、丁香油及维生素A、维生素D、维生素E等均可制成微乳。微乳除含有油相、水相和乳化剂外，还含有辅助成分。乳化剂和辅助成分应占乳剂的12%~25%。微乳的乳化剂主要是表面活性剂，不同的油对乳化剂的HLB值有不同的要求，制备O/W型微乳时，其HLB值应为15~18，通常选用聚山梨酯60和聚山梨酯80等。

知识链接

乳剂中药物的加入方法

乳剂中添加其他的药物，需要根据药物的溶解性能采用不同的方法添加。

1. 水溶性药物　先制成水溶液，在初乳制成后加入药物水溶液，制成乳剂。

2. 油溶性药物　先将药物溶于油，然后制成乳剂，乳化时需适当补充乳化剂的用量。

3. 既不溶于水也不溶于油的药物　将药物研成细粉，再加入到乳剂中，使药物混悬于其中。也可用亲和性大的液相研磨，再与另一相混合制成乳剂。

4. 大量生产时，药物能溶于水的先溶于水，可溶于油的先溶于油，然后将油水两相混合，进行乳化，即可。

例 鱼肝油乳的制备

【处方】	鱼肝油	368ml	吐温 80	12.5g	西黄蓍胶	9g
	甘油	19g	苯甲酸	1.5g	糖精	0.3g
	杏仁油香精	2.8g	香蕉油香精	0.9g		
	纯化水适量共制 1000ml					

【制法】将甘油、糖精、水混合，投入粗乳机搅拌 5 分钟，用少量的鱼肝油润匀苯甲酸、西黄蓍胶投入粗乳机，搅拌 5 分钟，投入吐温 80，搅拌 20 分钟，缓慢均匀地投入鱼肝油，搅拌 80 分钟，将杏仁油香精、香蕉油香精投入搅拌 10 分钟后粗乳液即成。将粗乳液缓慢均匀地投入胶体磨中研磨，重复研磨 2~3 次，用两层纱布过滤，并静置脱泡，即得。

本品作为治疗维生素 A 与 D 缺乏的辅助用药。

【注意】

（1）本处方中吐温 80 为乳化剂，西黄蓍胶是辅助乳化剂，苯甲酸为防腐剂，糖精是甜味剂，杏仁油香精、香蕉油香精为芳香矫味剂。

（2）本品是 O/W 型乳剂，也可用阿拉伯胶为乳化剂采用干胶法或湿胶法制得。

（3）因本法采用机械法制备，成品液滴细小而均匀，较为稳定。

（二）影响乳化的因素

1. 乳化设备 制备乳状液的机械设备主要是乳化机，它是一种使油、水两相混合均匀的乳化设备，目前乳化机的类型主要有三种：乳化搅拌机、胶体磨和均质器。乳化机的类型及结构、性能等与乳状液微粒的大小(分散性)及乳状液的质量(稳定性)有很大的关系。如真空乳化机制备出的乳状液的分散性和稳定性极佳。

2. 温度 乳化温度对乳化好坏有很大的影响，但对温度并无严格的限制，如油、水皆为液体时，就可在室温下借搅拌达到乳化。一般乳化温度取决于二相中所含有高熔点物质的熔点，还要考虑乳化剂种类及油相与水相的溶解度等因素。此外，二相的温度需保持近相同，尤其是对含有较高熔点(70℃以上)的蜡、脂油相成分，进行乳化时，不能将低温的水相加入，以防止在乳化前将蜡、脂结晶析出，造成块状或粗糙不均匀的乳状液。

3. 乳化时间 乳化时间显然对乳状液的质量有影响，而乳化时间的确定，需要从油相、水相的容积比，两相的黏度及生成乳状液的黏度，乳化剂的类型及用量以及乳化温度等多方面来考虑。乳化时间的多少，与乳化设备的效率紧密相连，可根据经验和实验来确定乳化时间。如用均质器(3000 转/分钟)进行乳化，仅需用 3~10 分钟。

4. 搅拌速度 乳化设备对乳化有很大影响，其中之一是搅拌速度对乳化的影响。搅拌速度适中可以使油相与水相充分的混合；搅拌速度过低，则达不到充分混合的目的；而搅拌速度过高，会将气泡带入体系，使之成为三相体系，而使乳状液不稳定。因此搅拌中必须避免空气的进入，真空乳化机具有很优越的性能。

五、乳剂的稳定性

（一）乳剂的不稳定现象

乳剂属于热力学和动力学不稳定的非均相分散体系，常发生分层、转相、絮凝、合并、破裂及酸败等现象。

1. 分层 乳剂的分层又称乳析，是指乳剂在放置过程中出现分散相粒子上浮或下沉的现象。主要原因是由于分散相与分散介质之间存在密度差。但乳滴仍保持原样，乳滴大小也不变，乳化剂的界面膜没有破坏，轻轻振摇即能恢复成乳剂原来状态，故分层是个可逆过程。但分层后的乳剂外观较粗糙，也容易引起絮凝甚至破裂。质量好的乳剂分层速度非常缓慢，以致不易觉察。

2. 转相 由于某些条件的变化而改变乳剂的类型称为转相，即由 O/W 型乳剂转成 W/O 型乳剂或者相反的变化。转相主要是由乳化剂的性质改变而引起的。例如钠肥皂可形成 O/W 型乳剂，但加入足量的氯化钙溶液后，生成的钙肥皂可使其转变成 W/O 型。转相过程中有转相临界点，在转相临界点上乳剂不属于任何类型，随时可以转相。

3. 絮凝 乳剂中分散相液滴发生可逆的聚集成团的现象为絮凝。絮凝时聚集和分散是可逆的，但絮凝的出现说明乳剂的稳定性已经降低，通常是乳剂破裂或转相的前期。发生絮凝的原因是由于乳滴的表面电荷减少，使 ξ 电位降低，乳滴产生聚集而絮凝。乳剂中电解质和离子型乳化剂的存在是产生絮凝的主要原因，同时絮凝与乳剂的黏度、相体积比以及流变性有密切关系。絮凝状态进一步变化就会引起乳滴的合并。

4. 合并和破裂 乳剂的合并是指乳滴周围的乳化膜破坏，分散相液滴合并成大液滴。合并进一步发展使乳剂分为油水两相，称为乳剂的破裂。乳剂的合并、破裂是不可逆过程，此时乳滴周围的乳化膜已被破坏，乳滴已合并变大，虽经振摇也不能恢复成原来的乳剂状态。

界面膜破坏或稳定性降低；温度不适，高温可使蛋白质类乳化剂变性，低温水形成冰晶；向乳剂中加入两相中均能溶解的溶剂，能使乳剂破裂。

5. 酸败 乳剂在放置过程中，受外界因素（光、热、空气等）及微生物的作用，使乳剂中的油或乳化剂发生变质的现象为酸败。乳剂中添加抗氧剂或防腐剂可防止酸败。

（二）影响乳剂稳定性的因素

1. 乳化剂的性质与用量 在乳剂的制备过程中，先借助机械力将分散相分割成微小液滴，使其均匀地分散在连续相中。乳化剂在被分散的液滴周围形成薄膜，防止液滴合并。因此选用乳化剂时应使用能显著降低界面张力的乳化剂或形成较牢固的界面膜的乳化剂，以利于乳剂的稳定。一般乳化剂用量越多，则乳剂越易于形成，且稳定。但用量过多，可造成外相过于黏稠，不易倾倒，一般用量为制备乳剂量的 0.5%～10%。

2. 黏度和温度 乳剂的黏度越大越稳定，但所需要的乳化功也越大。黏度与界面张力均随温度的升高而降低，故提高温度有利于乳化，但过冷、过热均可使乳剂稳定性降低甚至破裂。实验证明，最适宜的乳化温度为 50～70℃。但贮存的温度以室温为佳，温度过高易引起乳剂的分层。

3. 分散相的浓度与乳滴大小 乳剂的类型虽与乳化剂的性质有关，但当分散相的浓度大于 74% 以上时，则容易转相或破裂。一般最稳定乳剂的分散相浓度在 50% 左右，25% 以下和 74% 以上时均不稳定。乳剂的稳定性还与乳滴的大小有关，乳滴越小，乳剂越稳定。乳剂中乳滴大小如不均一，小乳滴通常填充于大乳滴之间，使乳滴聚集性增加，易引起乳滴的合并。为保持乳剂的稳定性，在制备乳剂时应尽可能保持乳滴大小均匀。

六、乳剂的质量评定

乳剂给药途径不同，其质量要求也各不相同，很难制定统一的质量标准。但对所制备的乳剂的质量必须有最基本的评定。

（一）乳剂粒径大小的测定

乳剂粒径大小是衡量乳剂质量的重要指标。不同用途的乳剂对粒径大小要求不同，如静脉注射乳剂，其粒径应在 0.5μm 以下。其他用途的乳剂粒径也都有不同要求。其测定方法有显微镜测定法、电感应测定法、激光散射光谱(PCS)法、透射电镜(TEM)法。

（二）分层现象的观察

乳剂经长时间放置，粒径变大，进而产生分层现象。这一过程的快慢是衡量乳剂稳定性的重要指标。为了在短时间内观察乳剂的分层，用离心法加速其分层。在半径 10cm 的离心机，以 4000r/min 离心 15 分钟，如不分层可认为乳剂质量稳定。此法可用于比较各种乳剂的分层情况，以估计其稳定性。在半径为 10cm 离心管中以 3750r/min 速度离心 5 小时，相当于 1 年的自然分层的效果。加速试验法，将乳剂放于 5℃、35℃温度下，12 小时改变一次温度，共 12 天进行比较观察，结果可用于评价乳剂的稳定性。

（三）其他指标测定

乳滴的合并速度、稳定常数以及黏度的测定，也是评价乳剂稳定性的方法。

七、复合型乳剂

（一）定义

复合型乳剂属于不稳定的分散系统，将水包油或油包水的初乳(O/W 或 W/O)进一步分散在油相(O/W/O)或水相(W/O/W)中经过二次乳化所成的一种复合型乳剂，或成为更复杂的复合型乳剂，如 O/W/O/W 型或 W/O/W/O 型。

（二）制备方法

采用两步乳化剂制备，即先将水、油、乳化剂制成一级乳，再以一级乳为分散相与含有乳化剂的水或油经再乳化制成二级乳。例如，制备 O/W/O 型复合乳剂，先选择亲水性乳化剂制成 O/W 型一级乳，再选择亲油性乳化剂分散于油相中，在搅拌下将一级乳加于油相中，充分分散即得 O/W/O 型乳剂。

第十节 其他液体制剂

一、洗剂

洗剂系指含原料药物的溶液、乳状液、混悬液，供清洗或涂抹无破损皮肤或腔道用的液体制剂。有消毒、抗炎、止痒、收敛、保护等作用。其分散介质为水和乙醇。应用时一般轻轻涂于皮肤或用纱布蘸取敷于皮肤上应用，如苯甲酸苄酯洗剂、炉甘石薄荷脑洗剂等。

乳剂型洗剂储藏时可能会有油相和水相分离，但经振摇应易重新分散：混悬型洗剂放置后的沉淀物，经振摇应易分散，并具有足够稳定性；易变质的洗剂应于临用前配置。

例 苯甲酸苄酯洗剂

【处方】苯甲酸苄酯 250ml　　三乙醇胺 2~5g

硬脂酸 20g　　蒸馏水加至 1000ml

【制法】取硬脂酸加适量水，加热溶化，趁热缓缓加入三乙醇胺搅匀，再缓缓加入苯甲酸苄酯，随加随搅拌，加蒸馏水搅匀，即得。

【注意】三乙醇胺与硬脂酸作用生成胺肥皂，将苯甲酸苄酯乳化成 O/W 型乳剂。

二、搽剂

搽剂系指原料药物用乙醇、油或适宜的溶剂制成的液体制剂，供无破损皮肤揉擦用。有镇痛、收敛、保护、抗炎、抗刺激作用等，起保护作用的搽剂多用油为分散剂；起镇痛、抗刺激作用的多用乙醇为分散剂，如酮洛芬搽剂、硝酸咪康唑搽剂等。

例 麝香祛痛搽剂

【处方】	麝香	3.3g	红花	10g	樟脑	300g
	独活	10g	冰片	200g	龙血竭	3.3g
	薄荷脑	100g	地黄	200g	三七	3.3g

【制法】以上九味，取麝香、三七、红花，分别用 50% 乙醇 100ml 分三次浸渍，每次 7 天，合并浸渍液，滤过，滤液备用；地黄用 50% 乙醇 1000ml 分三次浸渍，每次 7 天，合并浸渍液，滤过，滤液备用；血竭、独活分别用乙醇 100ml 分三次浸渍，每次 7 天，合并浸渍液，滤过，滤液备用；冰片、樟脑加乙醇 1000ml 搅拌使溶解，再加入 50% 乙醇 7000ml，混匀，加入上述各浸渍液，混匀；将薄荷脑用适量 50% 乙醇溶解，加入上述药液中，加 50% 乙醇至总量为 10 000ml，混匀，静置，滤过，即得。

【性状】本品为橙色的澄清液体；气芳香。

【功能与主治】外用，涂搽患处，按摩 5~10 分钟至患处发热，一日 2~3 次；软组织扭伤严重或有出血者，将药液浸湿的棉垫敷于患处。

三、滴耳剂

滴耳剂系指由原料药物与适宜辅料制成的水溶液，或用甘油或其他适宜溶剂和分散介质制成的澄明溶液、混悬液或乳状液，供滴入外耳道用的液体制剂。也有药物以粉末等形式包装，另备溶剂，临用前配成澄明溶液或混悬液使用。常用溶剂有水、乙醇、甘油、丙二醇及聚乙二醇等。

滴耳剂对耳道起清洁、消炎、收敛等作用。用于耳部伤口，应灭菌并不得添加抑菌剂，制剂有氯霉素滴耳液、水杨酸滴耳液等。

例 复方硼酸滴耳剂

【处方】	硼酸	9g	乙醇	25ml
	冰片	0.9ml	甘油加至 100ml	

【制法】取冰片加乙醇搅拌溶解，再取甘油适量加热约 100℃，缓缓加入研细硼酸粉，随加随搅拌使溶解，放冷，将两液合并，再加甘油至 100ml 即得。

【适应证】本品有消炎、止痛作用。用于治疗中耳炎。

四、滴鼻剂

滴鼻剂系指由原料药物与适宜辅料制成的澄明溶液、混悬液或乳状液，供滴入鼻腔用的鼻用液体制剂。滴鼻剂用于鼻腔内的药物（液剂），有滴剂、喷雾剂、注入剂及洗净剂等。一般配成等渗或略为高渗，pH 为 4.5~6.5。

滴鼻剂常用的溶剂有水、丙二醇、液体石蜡、植物油等。可按药材提取物或药物的性质加入适宜的抗氧剂、增溶剂、防腐剂或其他附加剂。各种附加剂不得对呼吸道及黏膜有刺激性。鼻剂如为水性溶液应适当调节 pH 与渗透压，一般 pH 应为 5.5~7.5，并与鼻腔黏液等渗。

例 盐酸麻黄碱滴鼻剂

【处方】 盐酸麻黄碱 10g 氯化钠 6g 蒸馏水 1000ml

【制法】 取盐酸麻黄碱与氯化钠，溶于 900ml 蒸馏水中，过滤，自滤器上添加蒸馏水至 1000ml，混匀，即得。

【适应证】 本品有收缩血管作用，用于鼻黏膜充血、急性鼻炎、鼻窦炎及慢性肥大性鼻炎等。

知识链接

常用的滴鼻剂的种类及其作用

选择滴鼻剂要注意，滴鼻剂的品种很多，作用也各不相同，各类滴鼻剂中最常用的品种如下。

1. 血管收缩剂 最常用的为盐酸麻黄碱滴鼻液，这两种药都能收缩黏膜血管，消除鼻黏膜充血肿胀，解除鼻塞，改善通气，作用迅速而持久。

2. 抗过敏滴鼻剂 如麻黄碱苯海拉明滴鼻液、麻黄碱可的松滴鼻液、色甘酸钠滴鼻液等，主要用于过敏性鼻炎患者。

3. 抗生素与磺胺类滴鼻剂 如麻黄碱新霉素滴鼻液、0.3%~0.5%链霉素滴鼻液等，用于鼻塞伴脓涕的患者。这些药能抑制细菌生长和繁殖，又能减轻充血，使通气顺畅。

4. 鼻黏膜刺激剂和润滑剂 常用的刺激剂有复方薄荷油、1%碘甘油等，能使鼻黏膜血管扩张、分泌增加、减轻干燥症状、恢复黏膜功能，可用于萎缩性鼻炎。常用的黏膜润滑剂有清鱼肝油、液体石蜡、复方弱蛋白银涂鼻膏等，能促进黏膜润滑，发挥机械性保护作用。对于干燥性鼻炎有一定治疗作用。

五、含漱剂

含漱剂系指用于咽喉、口腔清洗的液体制剂，起清洗、去臭、防腐、收敛和抗炎的作用。一般用药物的水溶液，也可含少量甘油和乙醇。溶液中常加适量着色剂，以示外用漱口，不可咽下。含漱剂要求微碱性，有利于除去口腔中的微酸性分泌物，溶解黏液蛋白。

六、滴牙剂

滴牙剂系指用于局部牙孔的液体制剂。其特点是药物浓度大，往往不用溶剂或用少量溶剂稀释。因其刺激性大、毒性很大，应用时不能直接接触黏膜。滴牙剂由医护人员直接用于患者的牙病治疗。

例 牙痛水

【处方】 樟脑 150g 水合氯醛 100g
丁香油 15g 加乙醇至 1000ml

【制法】取樟脑、水合氯醛和丁香油溶于适量的乙醇中，再加适量乙醇至全量，混匀，即得。

【功能与主治】镇静止痛，用于牙髓炎短时止痛。

七、涂剂

涂剂是指系指含原料药物的水性或油性溶液、乳状液、混悬液，供临用前用消毒纱布或棉球等柔软物料蘸取涂于皮肤或口腔与喉部黏膜的液体制剂。也可为临用前用无菌溶剂制成溶液的无菌冻干制剂，供创伤面涂抹治疗用。

例　水杨酸涂剂

【处方】	水杨酸	140g	碘酊(2%)	250ml
	麝香草酚	2g	丙酮	200ml
	95%乙醇加至1000ml			

【制法】取水杨酸与麝香草酚溶于适量乙醇中，加碘酊与丙酮。搅匀，加乙醇至全量搅匀，分装于棕色塑料瓶中。

【性状】本品为红棕色的澄清液体，有碘及乙醇特臭。

八、灌肠剂

灌肠剂系指灌注于直肠的水性、油性溶液、乳状液和混悬液，以治疗、诊断或营养为目的的液体制剂。

根据其应用目的可分为下列三类。

1. 泻下灌肠剂　是以排便或灌洗为目的，又称清除灌肠剂。主要为清除粪便，减低肠压，使肠道恢复正常功能，这类药剂使用后必须排出。常用的有生理盐水、5%软肥皂溶液、1%碳酸氢钠溶液等。

2. 含药灌肠剂　是指在直肠起局部作用或吸收发挥全身作用的液体药剂。很多药物为了避免在胃中破坏或因对胃黏膜有刺激不宜服用；或避免药物的肝首关效应；也有的是因为患者处于不能口服给药状态时采用灌肠给药。此类灌肠剂需较长时间保留在肠中，故又称保留灌肠剂。可加入适量附加剂以增加其黏度。例如：0.1%醋酸、0.1%~0.5%鞣酸、10%水合氯醛溶液(一次10~20ml，加水稀释1~2倍后灌入)等。

微型灌肠剂是一种直肠给药的新剂型，用量通常在5ml以下。一般制成溶液或使用凝胶辅料制成凝胶状制剂。药物以分子或微粒状态分散，没有栓剂的熔融、释放于体液的过程，有利于药物的吸收。

3. 营养灌肠剂　系患者不能经口摄取营养而应用的含有营养成分的液体药剂。也属于保留灌肠剂。常用的有葡萄糖、鱼肝油及蛋白质等液体药剂。

九、灌洗剂

灌洗剂分为护理保健类洗液和阴道灌洗清洁液两类。前者如雅芳护理液、洁尔阴、肤阴洁等。主要用于外阴的清洁和护理，其本身的弱酸性可让女性私处保持在酸碱度4~5的弱酸性平衡环境，同时增强自身的防御能力。另外，大多数保健类洗液含有抑菌抗菌配方。

第十一节 液体制剂的矫味与着色

一、概述

许多液体制剂具有不良气味，患者服用后易引起恶心和呕吐，特别是儿童患者往往拒绝使用。矫味剂是使患者难以觉察药物的强烈苦味(或其他异味如辛辣、刺激等)的药用辅料。常用的矫味剂有甜味剂、芳香剂、胶浆剂及泡腾剂。使用矫味剂时应注意其与药剂质量之间的相互关系，避免配伍变化或影响药效。

同时大部分液体制剂，无论是单方制剂还是复方制剂，由于药物本身具有的颜色导致制备出来的液体制剂不美观，或色泽不一，导致患者对服药的抵触，着色剂可用来改善药剂的外观颜色，可用来识别制剂品种、区分应用方法和减少患者对服药的厌恶感。

二、矫味剂

1. 甜味剂 可掩盖药物的咸、涩和苦味，包括天然品和合成品大类。天然甜味剂有蔗糖，常以单糖浆或果汁糖、枸橼糖浆形式应用。合成的甜味剂，如糖精钠，适用于不能食用蔗糖的糖尿病患者，常用量为0.03%，其甜味是蔗糖的200~700倍。甜菊苷是从植物甜叶菊中提取精制而得的微黄色粉末，甜度比蔗糖高300倍，常用量为0.025%~0.05%。甜菊苷甜味持久且易吸收但甜中带苦，常与蔗糖或糖精钠合用。

2. 芳香剂 添加少量香料或香精可以使药剂具有香味、改善药剂的口感。这些香料与香精称为芳香剂。常用的芳香剂有天然的芳香性的挥发性油，如柠檬、樱桃、茴香、薄荷的挥发油等；有人工合成的香精，如苹果香精、香蕉香精等。

由于芳香剂溶解度小，溶解速度慢，往往先将其配制成溶液剂待用，如薄荷水、桂皮水等；并可配制成含若干种芳香成分的混合溶液。

3. 胶浆剂 胶浆剂性质黏稠，可以干扰味蕾的味觉而起矫味作用。可以增加溶液的黏稠度，提高溶液的稳定性。有阿拉伯胶、羧甲基纤维素钠、甲基纤维素、海藻酸钠、琼脂、明胶、西黄蓍胶等。

4. 泡腾剂 将碳酸氢钠与有机酸混合，遇水后产生大量溶于水并呈酸性的二氧化碳。二氧化碳能麻痹味蕾、阻断微生物的呼吸、防止药物成分的氧化。因此二氧化碳有矫味、抑菌、抗氧的作用。

5. 化学调味剂 例如谷氨酸钠能矫正鱼肝油的腥味，消除铁盐药剂的铁金属味。

三、着色剂

1. 天然色素 常用的有植物性和矿物性色素，作食品和内服药剂的着色剂。植物性色素：红色的有苏木、甜菜红等；黄色的有姜黄、胡萝卜素等；蓝色的有松叶蓝；绿色的有叶绿酸铜钠盐；红棕色的有焦糖等；矿物性的有氧化铁(外用呈肤色)。

2. 人工合成色素 人工合成色素的特点是色泽鲜艳，价格低廉，大多数毒性较大，用量不宜过多。我国批准的内服合成色素有苋菜红、胭脂红、柠檬黄、日落黄、靛蓝及亮蓝，用量不得超过万分之一。外用色素有品红、亚甲蓝、苏丹黄等。

第十二节 液体制剂的防腐

一、防腐的重要性

液体制剂易被微生物污染，特别是以水为溶剂的液体药剂、含有糖类、蛋白质等营养物质的液体药剂，提供了微生物生长繁殖的营养条件，更容易被微生物污染。微生物的生长繁殖会使液体制剂产生复杂的物理和化学变化，产生有害的细菌毒素，使液体制剂发生霉变，最后导致液体制剂变质。因此在制备和贮藏液体制剂时要注意防止微生物污染，并且添加抑菌剂进行防腐。

二、防腐措施

1. 加强生产环境的管理，减少或防治环境污染。

2. 严格控制辅料的质量(尤其是水的质量)。

3. 加强操作人员个人健康与卫生状况的管理，严格按照标准进行操作，遵守各种相关制度。

4. 合理制定处方和制备工艺。在进行液体制剂的处方设计时，调节 pH 时不仅要考虑到药物的稳定性，同时应兼顾有利于抑制微生物生长。一般 pH 在 6~8 近中性范围内适宜细菌生长，真菌生长最适宜 pH 是 4~6，碱性范围对真菌、细菌的生长都不适宜，在液体制剂的生产过程中，应尽量缩短生产周期，减少暴露时间，配液、灌封应在密闭状态下进行，也可在药剂中添加适当的防腐剂，这是液体制剂最重要和最有效的防腐措施。常用的防腐剂如下。

(1) 对羟基苯甲酸酯类　对羟基苯甲酸甲酯、乙酯、丙酯、丁酯，亦称尼泊金类(parabens)。这类防腐剂化学性质稳定、无毒、无味、无臭、无挥发性。在酸性、中性溶液中均有效，但在酸性溶液中抑菌作用较强，其中对大肠埃希菌作用最强。在弱碱性溶液中由于酚羟基解离，致使其抑菌作用减弱。抑菌作用随烷基碳数的增加而增强，而溶解度则随碳数的增加而下降，所以丁酯的抑菌活性最强，而溶解度最低。本类防腐剂混合使用有协同作用。通常是乙酯和丙酯(1∶1)或乙酯和丁酯(4∶1)合用，浓度均为 0.01%~0.25%。如表 10-10 所示。

表 10-10　对羟基苯甲酸酯类的溶解度与抑菌浓度

酯类	溶解度/%(g/ml)(25℃)					水溶液中	
	水	乙醇	甘油	丙二醇	脂肪油	酚系数	抑菌浓度(%)
甲酯	0.25	52	1.3	22	2.5	3	0.05~0.25
乙酯	0.16	70		25		8	0.05~0.15
丙酯	0.04	95	0.35	26	2.6	17	0.02~0.075
丁酯	0.02	210		110		22	0.01

对羟基苯甲酸酯类在水中较难溶解，配制时可如下操作。

1）先将水加热至80℃左右，加入对羟基苯甲酸酯类搅拌使溶解。

2）先将对羟基苯甲酸酯类溶解在少量乙醇中，然后在搅拌下慢慢倒入水中使溶解。

吐温类能增加对羟基苯甲酸酯类的溶解度，但不能相应的增加其抑菌力，因为两者会发生络合作用，从而使溶液中防腐剂的实际浓度大为降低。另外，此类物质在强酸强碱介质中易水解，遇铁会变色，同时易被塑料材料吸附。

（2）苯甲酸及其盐　又称为安息香酸，苯甲酸钠又称为安息香酸钠，在水中溶解度为0.29%，乙醇中约为43%（20℃），用量一般为0.03%～0.1%。分子态的苯甲酸具有较强的抑菌作用，所以在酸性溶液中抑菌效果好，最适pH为4，随溶液pH增大，解离度增加，防腐效果降低。苯甲酸防腐作用比尼泊金弱，而防止发酵作用较尼泊金强。二者联合使用对防止发酵与霉变最为理想，这一点对中药溶液制剂特别适用。

（3）山梨酸及其盐　本品为白色至黄白色结晶性粉末，熔点133℃，溶解度：水中为0.125%（30℃），丙二醇中5.5%（20℃），无水乙醇或甲醇中12.9%；甘油中0.13%。对细菌最低抑菌浓度为0.02%～0.04%（pH<6.0），对酵母、真菌最低抑菌浓度为0.8%～1.2%。本品的防腐作用是未解离的分子，在pH 4水溶液中效果较好。山梨酸与其他抗菌剂联合使用产生协同作用。山梨酸钾、山梨酸钙作用与山梨酸相同，水中溶解度更大。需在酸性溶液中使用。

山梨酸在空气中久置易被氧化，遇光氧化加速，在水中尤不稳定，可用没食子酸、苯酚等使其稳定。塑料容器等对其产生吸附作用使抑菌活性降低。

（4）苯扎溴铵　又称新洁尔灭，为阳离子型表面活性剂。通常为淡黄色黏稠液体，低温时为蜡状固体。本品极易吸湿潮解，有特臭，味极苦，无刺激性，可溶于水、乙醇，微溶于丙酮和乙醚。本品在酸性和碱性溶液中稳定，耐热压。作防腐剂使用浓度为0.02%～0.2%。

知识链接

防腐剂的选用原则

1. 尽量采用最低有效浓度（微生物限度合格）。

2. 防腐剂本身的化学结构决定了其与主药有可能反应；部分容器的吸附作用（容器表面的高浓度对容器和防腐效果的影响）。

3. 液体制剂特别是水为溶剂的制剂；含有糖类、蛋白质等影响物质的液体制剂；抗菌药或抗生素药物的液体制剂。

4. 多剂量滴眼剂必须加入抑菌剂；外科手术、供角膜穿透伤使用的滴眼剂及眼内注射用溶液要求无菌操作，单剂量包装，不加抑菌剂，用过一次就应废弃。

5. 多剂量包装加抑菌剂，但对于注射量超过5ml的注射剂添加抑菌剂必须特别慎重，供静脉或椎管注射用的注射剂均不得添加抑菌剂。

6. 硫柳汞等有机汞类防腐剂本身的毒性较大，应尽量避免使用；非胃肠道给药时，由于苯甲醇的降解和代谢产物是苯甲醛，它对中枢神经系统存在毒性，欧盟规定禁止用于2岁以下儿童；灭菌条件对防腐效果的影响。

（5）醋酸氯己定　又称醋酸洗必泰，微溶于水，溶于乙醇、甘油、丙二醇等溶剂中，为广谱杀菌剂，用量为0.02%～0.05%。

（6）其他防腐剂　0.005%～0.2%邻苯基苯酚，30%以上甘油溶液，0.05%薄荷油，0.01%～0.05%桉叶油，0.01%桂皮油等均有防腐作用。

第十三节　液体制剂的包装与贮存

一、液体制剂的包装

液体制剂的包装关系到产品的质量、运输和贮存，因此包装容器的材料选择、容器的种类、形状以及封闭的严密性都极为重要。液体制剂的包装材料包括：容器（玻璃瓶、塑料瓶等）、瓶塞（软木塞、橡胶塞、塑料塞）、瓶盖（塑料盖、金属盖）、标签、说明书、纸盒、纸箱、木箱等。液体制剂包装瓶上应贴有标签。医院液体制剂的投药瓶上应贴不同颜色的标签，习惯上内服液体制剂的标签为白底蓝字或黑字，外用液体制剂的标签为白底红字或黄字。大批量生产的液体制剂可特殊设计专用标签。

二、液体制剂的贮存

液体制剂特别是以水为溶剂的液体制剂在贮存期间极易水解和染菌，使其变质。流通性的液体制剂应注意采取有效的防腐措施，并应密闭贮存于阴凉干燥处。医院液体制剂应尽量减小生产批量，缩短存放时间，有利于保证液体制剂的质量。

扫码“练一练”

思考题

1. 液体制剂的特点及质量要求分别是什么？
2. 液体制剂的分类方法有哪些？简述各自的特征。
3. 选择液体制剂的条件有哪些？液体制剂常用溶剂有哪些？其各自的特点是什么？
4. 液体制剂中常用的防腐剂有哪些？其各自的特点是什么？
5. 试述表面活性剂定义、分类及结构特点。
6. 什么是临界胶束浓度？
7. 什么是亲水亲油平衡值？
8. 试举例简述各类表面活性剂的特点和在药剂学中的应用。
9. 影响表面活性剂增溶的因素有哪些？
10. 增加药物溶解度的方法有哪些？
11. 热溶法、冷溶法制备糖浆剂的优缺点有哪些？
12. 制备糖浆剂时应注意哪些问题？
13. 简述高分子溶液的制备过程。
14. 简述溶胶剂的性质。
15. 怎样增加混悬剂的物理稳定性？

16. 何谓絮凝剂和反絮凝剂？其作用机制如何？
17. 混悬剂处方中常用的稳定剂有哪几类？
18. 混悬剂的制备方法有哪些？其质量评价方法有哪些？
19. 什么是乳剂？其基本组成是什么？
20. O/W 型乳剂与 W/O 型乳剂有何区别？
21. 乳剂有哪些制备方法？其质量评价方法有哪些？
22. 不同给药途径的液用制剂有哪些？
23. 液体制剂在包装和贮存过程中要注意哪些问题？

实训一　溶液型液体制剂的制备

一、实训目的

1. 掌握液体制剂制备过程的各项基本操作。
2. 掌握溶液型制剂配制的特点、质量检查。

二、实训条件

1. 实训场地　生产车间或实训室。

2. 实训材料

（1）药品　碘、碘化钾、蔗糖、乙醇、薄荷油、滑石粉、吐温 80、樟脑等。

（2）器材　烧杯、玻璃漏斗（6cm、10cm）、量筒、架盘天平、玻璃棒、滤纸、脱脂棉、电炉、水浴箱等。

三、实训内容

（一）薄荷水的制备

【处方】

处方号	Ⅰ	Ⅱ	Ⅲ
薄荷油	0.1ml	0.1ml	1ml
滑石粉	0.8g		
聚山梨酯 80		0.6g	1g
90% 乙醇			30ml
纯化水加至	50.0ml	50.0ml	50.0ml

【制法】

（1）处方Ⅰ用分散溶解法　取薄荷油，加滑石粉，在研钵中研匀，移至细口瓶中，加入纯化水，加盖，振摇 10 分钟后，反复过滤至滤液澄明，再由滤器上加适量纯化水，使成 50ml，即得。

另用轻质碳酸镁、活性炭各 0.8g，分别按上法制备薄荷水。记录不同分散剂制备薄荷水所观察到的结果。

（2）处方Ⅱ用增溶法　取薄荷油，加聚山梨酯 80 搅匀，加入纯化水充分搅拌溶解，过滤至滤液澄明，再由滤器上加适量纯化水，使成 50ml，即得。

（3）处方Ⅲ用增溶-复溶剂法　取薄荷油，加聚山梨酯 80 搅匀，在搅拌下，缓慢加入乙醇(90%)及纯化水适量溶解，过滤至滤液澄明，再由滤器上加适量纯化水制成 50ml，即得。

【注意】

（1）本品为薄荷油的饱和水溶液(约 0.05%，ml/ml)，处方用量为溶解量的 4 倍，配制时不能完全溶解。

（2）滑石粉等分散剂，应与薄荷油充分研匀，以利发挥其作用，加速溶解过程。

（3）聚山梨酯 80 为增溶剂，应先与薄荷油充分搅匀，再加水溶解，以利发挥增溶作用，加速溶解过程。

（二）复方碘溶液的制备

【处方】

碘	2.5g
碘化钾	5g
纯化水	加至 50ml

【制法】取碘化钾，加纯化水适量，配成浓溶液，再加碘溶解后，最后添加适量的纯化水，使全量成 50ml，即得。

【注意】

（1）碘在水中溶解度小，加入碘化钾作助溶剂。

（2）为使碘能迅速溶解，宜先将碘化钾加适量纯化水配制浓溶液，然后加入碘溶解。

（3）碘有腐蚀性，慎勿接触皮肤与黏膜。

（4）用途为调节甲状腺功能，用于缺碘引起的疾病，如甲状腺肿、甲亢等的辅助治疗。

（三）樟脑醑的制备

【处方】

樟脑	5g
乙醇	Q. S
共制	50ml

【制法】取樟脑加乙醇 80ml 溶解后滤过，再自滤器上添加乙醇使成 50ml，即得。

【注意】

（1）本品含有乙醇为 80%～87%。在常温下容易挥发，故需密封。

（2）本品遇水容易析出结晶，所用器材要干燥。

（3）本品为局部刺激药，适用于神经痛、关节痛、肌肉痛等。

四、结果与讨论

（一）薄荷水

比较两种处方不同方法制备的异同记录于下表中，并说明各自特点与其适用性。

不同方法制备薄荷水的性状

处方	pH	澄清度	嗅味
Ⅰ			
Ⅱ			
Ⅲ			

（二）复方碘溶液

描述成品外观性状，观察碘化钾溶解的水量与加入碘的溶解速度。

（三）樟脑醑

描述成品外观性状。

五、问题与思考

1. 制备薄荷水时加入滑石粉、轻质碳酸镁、活性炭的作用是什么？
2. 复方碘溶液中碘有刺激性，口服时宜作何处理？
3. 简述醑剂与芳香水剂有何异同点。

实训二　胶体型液体制剂的制备

一、实验目的

1. 掌握制备胶体溶液的方法。
2. 熟悉胶体药物的溶解特性。

二、实训条件

1. 实训场地　生产车间或实训室。

2. 实训材料

（1）药品　胃蛋白酶、稀盐酸、甘油、煤酚、软皂等系用药用规格；蒸馏水。

（2）器材　烧杯、试剂瓶（250ml）、吸管、试管、水浴、电炉、吸耳球等。

三、实训内容

（一）胃蛋白酶合剂

【处方】 蛋白酶（1∶3000）　3g　　稀盐酸　2ml

甘油　20ml　　蒸馏水加至 100ml

【制法】

（1）Ⅰ法　取处方量 2/3 左右的蒸馏水与稀盐酸、甘油混合后，将胃蛋白酶撒于液面上，任其自然膨胀，轻轻搅拌使溶解，再添加蒸馏水至全量，混匀，即得。

（2）Ⅱ法　取胃蛋白酶斟加稀盐酸研磨，加蒸馏水溶解后加入甘油，再加蒸馏水至全量，混匀，即得。

【注意】

（1）胃蛋白酶极易吸潮，称取操作宜迅速，胃蛋白酶的消化力应为 1：3000。若用其他规格则用量应按规定折算。

（2）强力搅拌以及用棉花、滤纸过滤，对其活性和稳定性均有影响，故宜注意操作，其活性通过实验可作比较。

（二）煤酚皂溶液

【处方】煤酚　50ml　　软皂　50g　　蒸馏水加至 100ml

【制法】将煤酚、软皂和适量蒸馏水置烧杯中，水浴中温热，搅拌溶解，添加适量蒸馏水至全量，混匀，即得。

【注意】

（1）本品为黄棕至红棕色的黏稠液体，具甲酚臭，与皮肤接触如肥皂样润滑。

（2）本品为消毒防腐药，用于手术、敷料、器械的消毒以及处理排泄物等。

四、结果与讨论

（一）胃蛋白酶合剂

描述制备Ⅰ法和Ⅱ法成品外观性状。

（二）煤酚皂溶液

描述成品的外观性状。

五、问题与思考

1. 简述影响胃蛋白酶活力的因素及预防措施。
2. 煤酚在水中的溶解度为多少？为什么煤酚皂液中煤酚的溶解度可达 50%？

实训三　混悬型液体制剂的制备

一、实训目的

1. 掌握混悬液体制剂的一般制备方法。
2. 掌握混悬型液体制剂的质量评价方法。

二、实训条件

1. 实训场地　生产车间或实训室。

2. 实训材料

（1）药品　炉甘石、氧化锌、甘油、西黄蓍胶、液化酚、羧甲基纤维素钠、聚山梨酯80、三氯化铝、枸橼酸钠、升华硫、硫酸锌、樟脑酯、95% 乙醇、软肥皂等。

（2）器材　上皿天平、带刻度有塞比浊管、乳钵、烧杯、玻璃漏斗（6cm、10cm）、量筒、玻璃棒、滤纸、量杯等。

三、实训内容

（一）药物亲水与疏水性质的观察

分别加入少许氧化锌、硫酸钡、硫黄、炉甘石、樟脑等粉末；置于表面皿上，再分别向粉末上滴加 1 滴水，观察与水接触的现象。分辨哪些是亲水的、哪些是疏水的，记录于报告上。

（二）炉甘石洗剂的制备

比较不同稳定剂对本制剂的稳定作用。

【处方】

炉甘石洗剂处方

处方号	1	2	3	4	5	6
炉甘石(g)	2.0	2.0	2.0	2.0	2.0	2.0
氧化锌(g)	1.0	1.0	1.0	1.0	1.0	1.0
液化酚(g)	0.1	0.1	0.1	0.1	0.1	0.1
甘油(g)	1.0	1.0	1.0	1.0	1.0	1.0
西黄蓍胶(g)	0.1					
羧甲基纤维素钠(g)		0.1				
聚山梨酯 80(g)			0.4			
三氯化铝(g)				0.024		
枸橼酸钠(g)					0.1	
纯化水(ml)	20.0	20.0	20.0	20.0	20.0	20.0

【制法】

（1）稳定剂的制备

1）称取西黄蓍胶 0.10g，加乙醇数滴润湿均匀，加纯化水 150ml 于研钵中，研成 0.5% 的胶浆。

2）称取羧甲基纤维素钠(CMC-Na)0.1g，加 10ml 纯化水，加热溶解而成胶浆。

3）称取聚山梨酯 80 配成 10% 的水溶液备用。

4）三氯化铝配成 0.24% 水溶液，取用 8ml。

5）枸橼酸钠 0.1g 加纯化水 8ml 溶解，备用。

（2）称取过 100 目筛的炉甘石、氧化锌于研钵中，按各号处方加入纯化水或稳定剂溶液研成糊状，再加液化酚、甘油研匀，最后加水至足量，研磨均匀即得 1~6 号处方的洗剂，6 号为对照管。

（3）将以上 6 个处方的洗剂，分别倒入 6 个有刻度的量筒或试管中，塞住管口同时振摇相同次数，分别放置 10~120 分钟，记录各个时间的沉降体积(H_0为初始高度，H 为放置后的沉淀高度)，计算各个放置时间的沉降体积比，$F=H/H_0$，结果填于表中。

（4）实验最后将试管倒置翻转(即±180°为一次)，记录放置几小时后，使管底沉降物分散完全的翻转次数。

【注意】

（1）各处方配制时注意同法操作，与第一次加液量及研磨力尽可能一致。

（2）比较管用刻度试管或量筒，尽可能大小粗细一致，记录高度用“ml”。

（三）复方硫黄洗剂的制备

【处方】

硫黄洗剂的处方组成

处方	用量
升华硫	1.5g
硫酸锌	1.5g
樟脑醑	12.5ml
甘油	5.0ml
纯化水	加至50.0ml

【制法】根据处方主药性质选择稳定剂。

（1）表面活性剂等润湿剂对疏水性药物硫黄混悬液的作用。

不同稳定剂对硫黄混悬液的影响

处方号	1	2	3	4
升华硫(g)	0.5	0.5	0.5	0.5
硫酸锌(g)	0.5	0.5	0.5	0.5
95%乙醇(ml)		5.0		
甘油(g)		2.5		
软肥皂(g)			0.05	
聚山梨酯80(g)				0.075
纯化水(ml)加至	25.0	25.0	25.0	25.0

称取硫黄置研体中，按处方分别加入纯化水、甘油与乙醇、软肥皂与少量纯化水、聚山梨酯80和少量纯化水研磨，再各自缓缓加入纯化水，边加边研，直至全量。分别倒入试管中，振摇、放置、观察现象，比较各稳定剂的作用。

（2）根据上述实验结果选择稳定剂，拟定配制方法，制成稳定的复方硫黄洗剂。

【注意】

（1）用同样操作配制，观察疏水性药物中加入润湿剂的作用。

（2）注意软肥皂与硫酸锌可生成不溶性的锌皂，故在复方硫黄洗剂中不能选用软肥皂稳定剂。

（3）樟脑醑为樟脑的乙醇溶液，应以细流缓缓加入，并急速搅拌，使樟脑不致析出大颗粒。

四、结果与讨论

（一）记录亲水药物与疏水药物的实验结果

1. 亲水性药物。

2. 疏水性药物。

（二）炉甘石洗剂

1. 制备炉甘石洗剂，比较不同稳定剂的作用，将实验结果填于下表。

沉降体积比与时间的关系

沉降时间（min）	沉降体积（ml）	沉降体积比	处方编号					
			1	2	3	4	5	6
0	H_0							
10	H	F						
30	H	F						
60	H	F						
90	H	F						
120	H	F						
沉降物质再分散翻转次数								

2. 根据上表数据，以 H/H_0 沉降体积比 F 为纵坐标，时间为横坐标，在坐标纸上绘出炉甘石洗剂各处方的沉降曲线，得出结论。

（三）记录硫黄洗剂各处方样品质量情况，讨论不同润湿剂的作用

制定复方硫黄洗剂的制备工艺，并选择稳定剂，制成稳定的复方硫黄洗剂。

五、问题与思考

1. 分析炉甘石洗剂与硫黄洗剂的制备方法有何不同？为什么？
2. 樟脑醑加到水中，注意有什么现象发生，如何使产品微粒不致太粗？
3. 分析在实验中加入絮凝剂与反絮凝剂的意义？

实训四　乳剂型液体制剂的制备

一、实训目的

1. 掌握乳剂的一般制备方法及常见乳剂类型的鉴别方法。
2. 掌握不同的乳化剂对制备乳剂的影响。

二、实训条件

1. 实训场地　生产车间或实训室。

2. 实训材料

（1）药品　鱼肝油、阿拉伯胶、西黄蓍胶、尼泊金乙酯、花生油、石灰水、染色剂等。

（2）器材　烧杯、量筒、架盘天平、乳钵、投药瓶、载玻片、试管、电炉、显微镜、滴管等。

三、实训内容

（一）鱼肝油乳的制备

【处方】 鱼肝油　　6. 3ml

阿拉伯胶　　1. 2g

西黄蓍胶　　0.08g
尼泊金乙酯　　0.025g
纯化水　　加至25ml

【制法】

（1）尼泊金乙酯醇溶液的配制　将尼泊金乙酯0.05g溶于1ml乙醇中即得。

（2）将两种胶粉置于干燥研钵中，研细，加入全量鱼肝油稍加研磨，直至产生特别的“劈裂”乳化声，即成稠厚的初乳。然后用少量纯化水将初乳分次转移至量杯中，搅拌下滴加尼泊金乙酯醇溶液，最后加纯化水至全量，搅匀即得。

【注意】初乳的形成是乳剂制备的关键，研磨时宜朝同一方向，用力均匀。

（二）石灰搽剂的制备

【处方】花生油　　10ml
石灰水　　10ml

【制法】量取花生油及石灰水各10ml，置同一试管中，用力振摇至初乳生成。

（三）乳剂类型的鉴别

1. 稀释法　取试管2支，分别加入鱼肝油乳剂（或营养乳剂）及石灰搽剂各约1ml，再分别加入纯化水约5ml，振摇或翻倒数次，观察是否能均匀混合。

2. 染色镜法　将上述乳剂分别涂在载玻片上，加油溶性苏丹红少许，在显微镜下观察外相是否被染色。另用水溶性亚甲蓝少许，同样在显微镜下观察外相染色情况。

（四）乳化植物油所需HLB值的测定

【处方】植物油　　5ml
混合乳化剂（吐温80与司盘80）　　0.5g
蒸馏水　　加至10ml

【制法】

（1）用司盘80（HLB值为4.3）及吐温80（HLB值为15.0）配成6种混合乳剂各0.5g，它们的HLB值分别为4.3、5.5、7.5、9.5、12.0及14.0，计算各单个乳化剂的用量（g），填入下表。

混合乳化剂组成表

HLB值 / 乳化剂	4.3	5.5	7.5	9.5	12.0	14.0
司盘80（g）						
吐温80（g）						

（2）取6支具塞试管，各加入植物油5ml，再分别加入上述不同HLB值的混合乳化剂0.5g，然后加蒸馏水至10ml，加塞，在手中振摇1分钟，即成乳剂。经放置5、10、30和60分钟后，分别观察并记录各乳剂分层后上层的毫升数。

【注意】6支具塞刻度试管在手中振摇时，振摇的强度应尽量一致。

四、结果与讨论

1. 乳剂的类型鉴别。

2. 乳化植物油所需HLB值的测定，6支具塞刻度试管经振摇后放置不同时间，观察并记录各乳剂的上层毫升数，填于下表。

各乳剂经放置后上层毫升数

HLB 值 / 放置时间(min)	4.3	5.5	7.5	9.5	12.0	14.0
5						
10						
30						
60						

根据上表，观察结果得到结论为：乳化植物油所需 HLB 值为____________；所制得乳剂的类型为____________。

五、问题与思考

1. 说明石灰搽剂制备中的油相、水相、乳化剂各是什么？它属于何种类型乳剂？
2. 分析鱼肝油乳剂中的处方作用，并且简述制备中的关键要点。

（刘　洋）

扫码“学一学”

第十一章

浸出制剂

学习目标

知识目标

1. 掌握汤剂、合剂、煎膏剂、糖浆剂、流浸膏剂、浸膏剂、药酒、酊剂的制备方法及质量控制点。
2. 熟悉浸出制剂的含义、特点及剂型种类；各种剂型的含义、特点及质量要求。
3. 了解液体类浸出制剂的生霉发酵、浑浊、沉淀的原因及解决途径；煎膏“返砂”原因及解决途径。

能力目标

能根据制备工艺流程，制备出汤剂、合剂、煎膏剂、糖浆剂、浸膏剂、流浸膏剂、药酒、酊剂等各种浸出制剂。

素质目标

1. 具有团结协作的能力。
2. 具有沟通交流的能力。
3. 具有严谨细致的态度。

第一节　概　述

一、浸出制剂的含义与特点

浸出制剂系指用适宜的提取溶媒和方法将药材中的药用成分提取，直接制得或再经一定的加工处理制成的供内服或外用的一类中药制剂。本章重点介绍汤剂、合剂、煎膏剂、流浸膏剂与浸膏剂、酒剂与酊剂的生产技术。而以药材提取物为原料制备的颗粒剂、糖浆剂、胶囊剂、片剂、注射剂、气雾剂、滴丸剂、膜剂、软膏剂等制剂另列专章叙述。

浸出制剂既保留了中药传统制备方式，又利用了现代去粗取精的浸出工艺，因此，浸出制剂既是中药各类剂型的基础，也是中药现代化的重要途径。浸出制剂具有如下特点。

1. 具有原药材中各浸出成分的综合疗效　浸出制剂与同一药材所提取的单体化合物相比较，不仅疗效好，有时还能呈现单体化合物不能起到的治疗效果，发挥药材中各浸出成分的综合疗效。

例如，升麻和柴胡两味药对肠蠕动没有直接作用，但含有这两味药的补中益气汤具有调整小肠蠕动作用，但若从该方中抽去升麻、柴胡，则小肠蠕动明显减弱。同时，补中益气汤尚有“适应原”样作用，对肠管蠕动功能亢进者有抑制作用，对肠管松弛者有促进蠕动作用，既可治疗慢性结肠炎引起的泄泻，也可以治疗内脏下垂引起的便秘等。

2. 作用缓和持久、毒性较低 浸出制剂中共存有辅助成分，能促进药用成分的吸收，延缓药用成分在体内的运转，增强制剂的稳定或在体内转化成有效物质。例如鞣质可缓和生物碱的作用并使药效延长；莨菪浸膏中的东莨菪内酯可以提高莨菪碱对肠黏膜组织的亲和性，促进其吸收，同时尚能延长莨菪碱在肠管的停留时间，减少莨菪碱向体内转移，因而浸膏与莨菪碱比较，前者对肠管平滑肌的解痉作用缓和持久，毒性也较低。四逆汤的强心升压效应优于处方中各单味药物，且能减慢窦性心率，避免单味附子所产生的异位心律失常，充分体现了中医药关于“附子无干姜不热、得甘草则性缓”的传统论述。

3. 有效成分浓度较高，减少服用量 浸出制剂由于去除了部分无效成分和组织物质，相应地提高了有效成分浓度，故与原方药相比，减少了服用量，便于服用。同时，某些有效成分经浸出处理可增强其稳定性及疗效。

二、浸出制剂的类型

1. 水浸出型制剂 是指在一定的加热条件下，用水作为溶剂浸出中药中的药用成分，制得的含水制剂，如汤剂、合剂、口服液等。

2. 醇浸出型制剂 是指在一定条件下，用适宜浓度的乙醇或蒸馏酒为溶媒提取药材中的药用成分制成的含醇浸出制剂，如酒剂、酊剂、流浸膏剂等。有少数流浸膏剂虽然采用水为溶媒提取药材中的药用成分，但成品中仍需加适量乙醇。

3. 含糖型浸出制剂 一般是指在水或含醇浸出型制剂的基础上，通过一定处理，加入适量蔗糖或蜂蜜制成，如煎膏剂、糖浆剂等。

4. 精制型浸出制剂 精制型浸出制剂系指在水或醇浸出型制剂的基础上经过精制处理后，再灌封于安瓿中经灭菌方法处理制成的浸出制剂，如合剂、口服液等。

第二节 常用浸出制剂

一、汤剂

汤剂系指药材用水煎煮或用沸水浸泡，去渣取汁后制成的液体制剂，亦称“汤液”。供内服或外用。

汤剂是我国最早使用的有效剂型之一。在现代中医临床上也是应用数量最多的一个剂型，它占整个中医处方数的50%左右。是多种剂型的起始操作，具有以下特点。

优点：①适应中医辨证施治需要，可随症加减处方，灵活性大；②制法简单，能充分发挥处方中多种药用成分的综合疗效；③属液体制剂，吸收快，起效迅速。

缺点：①使用不便，久置易发霉变质；携带不方便；②儿童及昏迷的患者难以服用；③药用成分提取不完全，特别是脂溶性和难溶性成分。主要是由于在汤剂的制备过程中，有些药用成分会被药渣再吸附，挥发性成分挥散，不耐热成分分解以及某些药用成分沉淀，这些问题应引起重视和深入研究。

（一）汤剂的制备

汤剂主要用煎煮法制备。对汤剂的制法和服药法，历代医药学家都非常重视，留下了许多宝贵的经验。李时珍在《本草纲目》中说“凡服汤药，虽品物专精，修治如法，而煎煮者，鲁莽造次，水火不良，火候失度，则药亦无功”。清代名医徐灵胎在《医学源流论》中说“煎药之法，最宜深讲，药之效不效，全在乎此。夫烹饪禽鱼羊豕，失其调度，尚能损人，况药专以之治病，而可不讲乎?”。说明正确地掌握汤剂的煎煮方法，对中药临床疗效的发挥起着比较重要的作用。

汤剂制备工艺流程一般为：

原辅料的准备与处理 → 药材的浸润 → 煎煮 → 去渣取汁 → 贮存

1. 原辅料的准备与处理

（1）药材的准备　根据处方要求，炮制药材，保证煎煮质量，提高药效。

（2）溶剂　小量生产选用饮用水，大量生产用纯化水。

（3）煎器　传统采用砂锅或瓦罐。李时珍说“凡煎药并忌铜铁器，宜银器、瓦罐”。根据现代实验研究证明，用铁或铜器煎煮药物，可使金属与药材中的某些化学成分发生反应。砂锅性质稳定，锅底厚，传热均匀和缓，保温性强，水分蒸发量小，对热不稳定的药用成分不易损失。但在煎煮外用汤剂时可用铁锅煎煮，取“以毒攻毒”之效。

2. 药材的浸润　除特殊品种外，一般药材在煎煮前应用冷水将其浸润，使药用成分能有效地提取出来。依据药材性质，花、叶、草、茎等类药材浸泡的时间为20~30分钟，根、根茎、种子、果实类药材浸泡约60分钟即可。

3. 煎煮

（1）煎药的用水量　煎药用水量的多少直接影响汤剂质量。剂多水少，会造成“煮不透、煎不尽，药味则不出”，即药用成分浸出不完全；而剂少水多，虽能增加药用成分的溶出量，但汤剂的成品量大，不宜患者服用，且耗时费力，在实际中须根据药材用量及质地而定。

传统经验是将饮片放入煎锅内，加水至超过药面3~5cm为度，第二煎可超过药面1~2cm；或按第一煎加水8~10倍，第二煎加水6~8倍，第三煎加水5~6倍；也有按每克药材加水约10ml计算，然后将计算的总用水量的70%加到第一煎药中，余下的30%留作第二煎用。

（2）火候　药材煎煮时所用火力大小直接影响药材煎煮的质量。对火候的掌握是先用武火加热至沸，文火保持微沸，目的是减慢水分的蒸发，利于药用成分的浸出。现在有采用砂浴炖法、高压蒸煮法、远红外煎煮法等煎煮质量和传统方法相似。

（3）煎煮时间　药材煎煮的时间应根据药材性质、煎煮次数、剂量大小而定。解表药因多含挥发性成分煎煮时间宜短些，滋补药煎煮时间宜长。药材煎煮到规定时间后应趁热过滤，以防止煎液中的药用成分反渗到药渣中而影响成品质量。

（4）煎煮次数　为保证药用成分浸出完全，又节省时间，一般汤剂煎煮2~3次。若药用成分难于浸出或为滋补类药，可酌情增加煎煮次数，或延长煎煮时间。

（5）需特殊处理的药材　由于药材的性质、质地等不同，汤剂的制备方法也不相同。为保证汤剂疗效，在汤剂的制备过程中应针对具体情况对药材进行特殊处理。

1）先煎：将药材先煎煮30分钟甚至更长时间，再加入其他药材一同煎煮。先煎的药材有：质地坚硬的矿石类（磁石、自然铜、青礞石、花蕊石等）；贝壳类（海蛤壳、石决明、珍珠母、瓦楞子等）；角甲类（龟板、鳖甲、水牛角、穿山甲等）；有毒药材（生川乌、生附子、雪上一枝蒿、生南星等）；药用成分难溶于水的药材（天竺黄、石斛、藏青果、火麻仁等）。

2）后下：一般药材在煎煮5~15分钟后再加入后下药材一同煎煮。目的是减少挥发性成分的损失、避免药用成分分解破坏。后下的药材有：气味芳香、含挥发油多的药材如砂仁、豆蔻、沉香、降香、檀香、藿香、薄荷等，一般在其他药材煎煮5~10分钟后入煎即可；不耐久煎的药材如钩藤、大黄、苦杏仁、番泻叶等一般在其他药材煎药煮10~15分钟后入煎。

3）另煎：将药材单独进行煎煮取汁另器保存，再兑入其他药材煎出液中，混合服用。目的是防止与其他药材共煎时被吸附于药渣或沉淀损失。另煎的药材一般是贵重药如人参、西洋参、鹿茸等。

4）包煎：把药材装入煎药袋内，扎紧袋口，与其他药材一同煎煮。目的是防止药材沉于锅底引起焦化、糊化，或浮于水面引起溢锅；也能防止绒毛进入汤液，避免服用时刺激咽喉引起咳嗽。需包煎的药材有：花粉类如松花粉、蒲黄；细小种子类药材如苏子、车前子；药材细粉如六一散，这些药材表面积大，疏水性强，质轻易浮于水面，故需用纱布包好与其他药材同煎；含淀粉、黏液质较多的如北秫米、葶苈子等，煎煮时易沉于锅底引起焦糊，也需包煎；带有绒毛的药材如旋覆花等，包煎可防止其绒毛脱落混于汤液中。

5）冲服：将药材磨成极细粉以汤液冲服或加入汤液中服用。目的是保证药效，降低药材损耗。需要冲服的药材主要是一些难溶于水的贵重药材如牛黄、三七、麝香、朱砂、羚羊角等。

6）烊化：将药材加适量水加热溶化或直接投入煎好的汤液中加热溶化后服用。目的是避免因煎液稠度大而影响药用成分的煎出或药材中的药用成分被药渣吸附而影响疗效。需要烊化的有胶类或糖类药材如阿胶、龟鹿二仙胶、蜂蜜、饴糖等。

7）取汁兑服：为保证鲜药的疗效，可将新鲜药材压榨取汁兑入汤液中服用。需要取汁兑服的药材有鲜生地、生藕、梨、生韭菜、鲜姜、鲜白茅根等。竹沥亦不宜入煎，可兑入汤液中服用。

4. 去渣取汁　汤剂煎煮至规定时间后及时分离，弃去药渣，合并煎液，静置，取上清液服用。一般头煎取200ml左右，二煎取100ml左右，儿童酌减。煎液分两次或三次服用。

5. 贮存　汤剂在室温条件下保存。

（二）举例

例　旋覆代赭汤

【处方】 旋复花（包煎）15g　党参　12g　代赭石（先煎）30g　甘草（炙）6g
制半夏　12g　生姜　9g　大枣　4枚

【制法】 以上药材，将代赭石打碎入煎器内，加水700ml，煎煮1小时，旋覆花用布包好，与其他五味药材用水浸泡后置煎器内共煎 30 分钟，滤取药液；药渣再加水 500ml，煎煮 20 分钟，滤取药液。合并两次煎出液，静置，过滤，即得。

【功能与主治】降逆化痰，益气和胃。用于治疗胃气虚弱，痰浊内阻证，症见心下痞硬，噫气不除，或反胃呕逆，吐涎沫。

【用法与用量】一日 2 次，早晚分服。

知识链接

中药配方颗粒

所谓单味中药配方颗粒是用符合炮制规范的传统中药饮片作为原料，经现代制药技术提取、浓缩、分离、干燥、制粒、包装精制而成的纯中药产品系列。它保证了原中药饮片的全部特征，能够满足医师进行辨证论治，随症加减，药性强、药效高、同时又具有不需要煎煮、直接冲服、服用量少、作用迅速、成分完全、疗效确切、安全卫生、携带保存方便、易于调制和适合工业化生产等许多优点。

二、合剂

合剂系指饮片用水或其他溶剂，采用适宜方法提取制成的口服液体制剂（单剂量灌装者也可称“口服液”）。

合剂是在汤剂的基础上改进和发展起来的新的中药剂型。其特点如下。

优点：①能保证制剂的综合疗效，奏效快，易被吸收；②服用量比汤剂小，能大量生产，贮存时间长；③携带、服用方便。

缺点：①不能随症加减，不能完全代替汤剂；②成品生产和贮存不恰当时易产生沉淀或霉变。③目前多数合剂尚缺乏科学的质量检测方法和标准，有待于进一步深入研究，积累经验，使合剂质量更加完善和提高。

（一）合剂的制备

1. 合剂的生产工艺流程

备料 → 浸提 → 净化 → 浓缩 → 分装 → 灭菌 → 成品

2. 制备方法 按处方称取炮制合格的药材，依据各品种项下规定的方法进行提取，一般采用煎煮法煎煮两次，每次煎煮 1~2 小时，滤液静置沉降后过滤；若处方中含芳香挥发性成分药材，可用“双提法”收集挥发性成分另器保存，备用；亦可根据药用成分的特性，选用不同浓度的乙醇或其他溶媒，用渗漉法、回流法等进行提取；所得滤液浓缩至规定的相对密度，必要时加入矫味剂、防腐剂或着色剂，分装于灭菌瓶中密闭，灭菌。在制备过程中，根据药材性质选用先煎、后下、另煎、包煎、烊化等特殊处理方法，以确保合剂质量。

3. 合剂在生产与贮藏期间注意事项

（1）药材应按各品种项下规定的方法提取、纯化、浓缩至一定体积。除另有规定外，含有挥发性成分的药材宜先提取挥发性成分，再与余药共同煎煮。

（2）可加入适宜的附加剂　如需加入防腐剂，山梨酸和苯甲酸的用量不得超过 0.3%（其钾盐、钠盐的用量分别按酸计），对羟基苯甲酸酯类的用量不得超过 0.05%；如需加入其他附加剂，其品种与用量应符合国家标准的有关规定，不影响成品的稳定性，并避免对检验产生干扰。必要时可加入适量的乙醇。

（3）合剂若加蔗糖作为附加剂　除另有规定外，含蔗糖量不应高于 20%（g/ml）。

（4）除另有规定外，合剂应密封，置阴凉处贮存。

（二）质量要求与检查

1. 外观　除另有规定外，合剂应澄清。在贮存期间不得有发霉、酸败、异物、变色、产生气体或其他变质现象，允许有少量摇之易散的沉淀。

2. 装量　单剂量灌装的合剂，照下述方法检查应符合规定。

检查法　取供试品 5 支，将内容物分别倒入经标化的量入式量筒内，在室温下检视，每支装量与标示装量相比较，少于标示装量的不得多于 1 支，并不得少于标示装量的 95%。

多剂量灌装的合剂，照最低装量检查法（通则 0942）检查，应符合规定。

3. 微生物限度　除另有规定外，照非无菌产品微生物限度检查：微生物计数法（通则 1105）和控制菌检查法（通则 1106）及非无菌药品微生物限度标准（通则 1107）检查，应符合规定。

（三）举例

例　复方扶芳藤合剂

【处方】扶芳藤　黄芪　红参

【制法】以上三味，红参用 65% 乙醇加热回流提取三次，每次 2 小时，合并提取液，滤过，滤液备用；药渣加水煎煮三次，每次 1.5 小时，煎液滤过，滤液合并，浓缩至相对密度约为 1.06（60℃），放冷，冷藏 48 小时以上，滤过，滤液备用；扶芳藤和黄芪加水煎煮两次，每次 2 小时，煎液滤过，滤液合并，浓缩至相对密度约为 1.14（60℃），放冷，加 2 倍量乙醇，搅匀，静置 48 小时以上，滤过，滤液与红参的乙醇提取液合并，回收乙醇，加水至适量，混匀，加适量的 50% 鸡蛋清溶液，搅匀，煮沸，滤过，滤液与红参的水煎液合并，加入蔗糖，煮沸使溶解，加适量苯甲酸钠、香草醛和水，煮沸，滤过，加水至规定量，搅匀，灌装，即得。

【功能与主治】益气补血，健脾养心。用于气血不足，心脾两虚，症见气短胸闷、少气懒言、神疲乏力、自汗、心悸健忘、失眠多梦、面色不华、纳谷不馨、脘腹胀满、大便溏软、舌淡胖或有齿痕、脉细弱；神经衰弱、白细胞减少症见上述证候者。

【用法与用量】口服，一次 15ml，一日两次。

【注意】周岁以内婴儿禁服；外感发热患者忌服。

【规格】每支装 15ml，每瓶装 120ml。

三、糖浆剂

糖浆剂系指含有原料药物的浓蔗糖水溶液。除另有规定外，糖浆剂的含糖量应不低于 45%（g/ml）。单纯的蔗糖近饱和水溶液称为“单糖浆”，含糖量为 85%（g/ml）。糖浆剂中的糖和芳香剂主要作为矫味，能掩盖某些药物的苦、咸等不适气味，改善口感，深受儿童欢迎。

中药糖浆剂因含糖等营养成分，在制备和储藏过程中极易被微生物污染，导致糖浆霉变。为防止霉变现象的发生，生产中除采取防止污染措施外，常加入适宜的防腐剂以抑制微生物的生长或繁殖，使糖浆剂符合卫生学要求。常用的防腐剂有对羟基苯甲酸酯类、苯甲酸和苯甲酸钠、山梨酸、乙醇、甘油、挥发油等。对羟基苯甲酸酯类的用量不得多于0.05%，苯甲酸和苯甲酸钠不得多于0.2%，山梨酸用量为0.05%~0.15%，0.01%的桂皮醛能抑制长霉，橘子油和八角茴香油单独使用达0.3%，都能抑制长霉和发酵。此外，挥发油兼具矫味作用。

糖浆剂根据其组成和用途不同，可以分为以下几类。

1. 单糖浆 为蔗糖的近饱和水溶液，其浓度为85%(g/ml)或64.71%(g/g)，不含任何药物，除供制备含药糖浆外，一般用作矫味剂或不溶性成分的助悬剂及片剂、丸剂的黏合剂。

2. 药用糖浆 为含药物或中药提取物的浓蔗糖水溶液，具有相应的治疗作用。如儿康宁糖浆，具有健脾消食开胃作用；川贝枇杷糖浆具有化痰止咳作用。

3. 芳香糖浆 为含芳香性物质或果汁的浓蔗糖水溶液。主要用作液体药剂的矫味剂，如橙皮糖浆等。

（一）糖浆剂的制备

中药糖浆剂的制备工艺流程为：

浸提 → 净化 → 浓缩 → 配制 → 滤过 → 分装 → 成品

中药糖浆剂中药材的提取、净化及浓缩详见本章第二节“合剂”项下，配制根据药物性质有三种不同的方法。

1. 热溶法 将蔗糖加入沸蒸馏水或中药浸提浓缩液中，加热使溶解，再加入可溶性药物，混合溶解后，滤过，从滤器上加适量蒸馏水至规定容量即得。

此法蔗糖易于溶解，糖浆易于滤过澄清，同时可杀灭微生物，使糖浆利于保存。但加热时间不宜太长(一般沸后5分钟)，温度不宜超过100℃。适用于单糖浆、不含挥发性成分的糖浆、受热较稳定的药物糖浆和有色糖浆的制备。

2. 冷溶法 在室温下将蔗糖溶解于蒸馏水或含药物的溶液中，待完全溶解后，滤过，即得。

此法制得的糖浆色泽较浅或呈无色，转化糖较少。因糖溶解时间较长，生产过程中容易受微生物污染，可用密闭容器或渗漉筒溶解。适用于单糖浆和不宜用热熔法制备的糖浆剂，如含挥发油或挥发性药物的糖浆。

3. 混合法 系将药物与单糖浆直接混合后制得。操作时，一般是先将药材加工成饮片，按规定方法浸出、滤过，滤液浓缩至规定浓度。蔗糖按溶解法制成单糖浆。然后将浓缩液、单糖浆、其他药物以及需要加入的附加剂混合均匀，补充蒸馏水至全量即得。

中药糖浆剂一般是从原药材开始制备，经浸提、净化、浓缩至适当浓度，采用上述三种方法中的一种，加入糖或单糖浆、防腐剂、矫味剂等混匀，加水至全量，静置24小时后，滤过即得。

（二）质量要求与检查

1. 外观性状 除另有规定外，糖浆剂应澄清。在贮存期间不得有发霉、酸败、产生气体或其他变质现象，允许有少量摇之易散的沉淀。

2. 装量　单剂量灌装的糖浆剂，照下述方法检查应符合规定。

检查法　取供试品5支，将内容物分别倒入经标化的量入式量筒内，尽量倾净。在室温下检视，每支装量与标示装量相比较，少于标示装量的不得多于1支，并不得少于标示装量的95%。

多剂量灌装的糖浆剂，照最低装量检查法(通则0942)检查，应符合规定。

3. 微生物限度　除另有规定外，照非无菌产品微生物限度检查：微生物计数法(通则1105)和控制菌检查法(通则1106)及非无菌药品微生物限度标准(通则1107)检查，应符合规定。

(三) 举例

例1　单糖浆

【处方】蔗糖　850g　水适量加至1000ml

【制法】取水450ml，煮沸，加蔗糖，搅拌使溶解，继续加热100℃，用脱脂棉滤过，自滤器上添加适量的热水，使其冷至室温时为1000ml，搅匀，即得。

【检查】本品的相对密度应不低于1.30。

【功能】药用辅料(赋形剂或矫味剂)。

【贮藏】遮光、密封，在30℃以下保存

【注意】本品可用热熔法、冷溶法制备。热熔法制得的成品因含较多的转化糖，长期贮存后，色泽易变深。制备时注意控制加热时间，以免色泽加深。另外，盛装本品的容器，在装瓶前药瓶及瓶塞均应灭菌。

例2　枸橼酸哌嗪糖浆的制备

【处方】	枸橼酸哌嗪	160g
	蔗糖	650g
	尼泊金乙酯	0.5g
	矫味剂	适量
	纯化水加至	1000ml

【制法】取纯化水500ml，煮沸，加入蔗糖与尼泊金乙酯，搅拌溶解后，过滤，滤液中加入枸橼酸哌嗪，搅拌溶解，放冷，加矫味剂与适量纯化水，使全量为1000ml，搅匀，即得。

【注意】本品为澄明的、带有矫味剂芳香气味的糖浆状溶液，用于治疗蛔虫病、蛲虫病。

四、酒剂与酊剂

酒剂系指饮片用蒸馏酒提取制成的澄清液体制剂。又称药酒，可内服、外用或内外兼用。

蒸馏酒中主要含乙醇，是一种良好的浸提溶剂，药材中的多种药用成分皆易溶于酒中。酒性甘、辛，大热，能通血脉、御寒气、行药势、行血活络，因此酒剂通常用于风寒湿痹，具有祛风活血、止痛散瘀的功能。但儿童、孕妇、心脏病及高血压患者不宜服用。内服酒剂可加适量的矫味剂和着色剂。

酊剂系指将原料药物用规定浓度的乙醇提取或溶解而制成的澄清液体制剂，也可用流浸膏稀释制成。供口服或外用。

酊剂因服用量较小，故一般不加矫味剂和着色剂。由于乙醇对药材中各成分的溶解性能有一定的选择性，利用适宜浓度的乙醇浸提药液内的杂质较少，成分较为纯净，药用成分含量较高，所以用药剂量较小，服用方便，因乙醇具防腐作用，故不易生霉变质。但因乙醇本身有一定的药理作用，在应用时受到一定限制。酊剂用水稀释时因溶剂改变，可导致沉淀产生。

（一）酒剂的制备

酒剂的生产工艺流程如下：

备料 → 浸出 → 静置 → 过滤 → 包装与贮存

1. 备料

（1）药材的处理　按处方要求将药材加工炮制合格，一般应适当加工成片、段、块、丝或粗粉。

（2）酒的选用　酒剂用酒应符合《食品卫生国家标准》关于蒸馏酒质量标准的规定，生产内服酒应用谷类酒为原料。蒸馏酒的浓度和用量均应符合各品种制法项下的规定。一般祛风湿类酒剂所用的酒浓度可高些，而滋补类酒剂的酒浓度可低些。

2. 浸出　酒剂的浸出方法可用冷浸法、温浸法、渗漉法或其他适宜方法制备。

（1）冷浸法　即在常温条件下进行浸渍的方法。将药材加工炮制合格后，置适宜的容器中，加入规定量的蒸馏酒，密闭浸渍，每日搅拌 1~2 次，一周后改为每周搅拌一次，除另有规定外，浸渍 30 天以上。取上清液，压榨药渣，榨出液与上清液合并。此法制得的成品澄明度较好，但浸渍时间较长。

（2）温浸法　药材在 40~60℃的条件下进行浸渍的方法。适宜于耐热药材制备酒剂。将药材加工炮制合格后，置适宜容器中，加入规定量蒸馏酒，搅匀密闭，水浴或蒸汽加热至微沸后立即取下，倾入另一有盖容器中，浸泡 30 天以上，每日搅拌 1~2 次，滤过，压榨药渣，榨出液与上清液合并。本法温度高，药用成分浸出完全，时间短，但澄明度较差，且酒与挥发性成分易挥发损失。

（3）渗漉法　以蒸馏酒为溶剂，按渗漉法操作，收集渗漉液，若处方中需加矫味剂或着色剂者，可加入渗漉完毕后的药液中。

（4）其他方法　可用回流法等方法进行浸出。

3. 静置、过滤　将上述方法制得的浸出液静置，待杂质充分沉淀后取上清液，滤过。需加矫味剂或着色剂的酒剂应在浸出完毕后加入，搅匀，密闭静置，澄清，滤过。

4. 包装与贮存　将检验合格的酒剂灌装于洁净的细口中性玻璃瓶内，密封，置阴凉处贮存。

酒剂在生产与贮藏期间应符合下列有关规定。

（1）生产酒剂所用的药材，一般应适当加工成片、段、块、丝或粗粉。

（2）生产内服酒剂应以谷类酒为原料。

（3）可用浸渍法、渗漉法或其他适宜的方法制备。蒸馏酒的浓度及用量、浸渍温度和时间、渗漉速度，均应符合各品种制法项下的要求。

（4）可加入适量的糖或蜂蜜调味。

（5）配制后的酒剂须澄清，滤过后分装于洁净的容器中。在贮存期间允许有少量摇之易散的沉淀。

（6）酒剂应检查含醇量。

（7）除另有规定外，酒剂应密封、置阴凉处贮存。

（二）酊剂的制备

酊剂可用溶解法或稀释法、浸渍法、渗漉法制备。

1. 溶解法或稀释法 取药物的粉末或流浸膏，加规定浓度的乙醇适量，溶解或稀释，静置，必要时滤过，即得。

2. 浸渍法 取适当粉碎的药材，置有盖容器中，加入溶剂适量，密盖，搅拌或振摇，浸渍3~5日或规定的时间，倾取上清液，再加入溶剂适量，依法浸渍至有效成分充分浸出，合并浸出液，加溶剂至规定量后，静置，滤过，即得。

3. 渗漉法 照流浸膏剂与浸膏剂项下的方法（通则0189），用溶剂适量渗漉，至流出液达到规定量后，静置，滤过，即得。

酊剂在生产与贮藏期间应符合下列有关规定。

（1）除另有规定外，含有毒性药的酊剂，每100ml应相当于原药材10g；其有效成分明确者，应根据其半成品的含量加以调整，使符合各酊剂项下的规定。其他酊剂，每100ml相当于原药材20g。

（2）酊剂可用溶解法、稀释法、浸渍法或渗漉法制备。

（3）酊剂应检查乙醇量。

（4）酊剂久置产生沉淀时，在乙醇量和有效成分含量符合各品种项下规定的情况下，可滤过除去沉淀。

（5）除另有规定外，酊剂应置遮光容器内密封，置阴凉处贮存。

（三）质量要求与检查

1. 外观 酒剂应澄清，在贮存期间允许有少量摇之易散的沉淀。酊剂应澄清，久置允许有少量摇之易散的沉淀。

2. 乙醇量 照乙醇量检查法（通则0711）检查，应符合规定。

3. 总固体 含糖、蜂蜜的酒剂照第一法检查，不含糖、蜂蜜的酒剂照第二法检查，应符合规定。

第一法 精密量取供试品上清液50ml，置蒸发皿中，水浴上蒸至稠膏状，除另有规定外，加无水乙醇搅拌提取4次，每次10ml，滤过，合并滤液，置已干燥至恒重的蒸发皿中，蒸至近干，精密加入硅藻土1g（经105℃干燥3小时、移置干燥器中冷却30分钟），搅匀，在105℃干燥3小时，移置干燥器中，冷却30分钟，迅速精密称定重量，扣除加入的硅藻土量，遗留残渣应符合各品种项下的有关规定。

第二法 精密量取供试品上清液50ml，置已干燥至恒重的蒸发皿中，水浴上蒸干，在105℃干燥3小时，移置干燥器中，冷却30分钟，迅速精密称定重量，遗留残渣应符合各品种项下的有关规定。

4. 甲醇量 照甲醇量检查法（通则0871）检查，应符合规定。

5. 装量 照最低装量检查法（通则 0942）检查，应符合规定。

6. 微生物限度 照非无菌产品微生物限度检查：微生物计数法（通则 1105）和控制菌检查法（通则 1106）及非无菌药品微生物限度标准（通则 1107）检查，除细菌数每 1ml 不得过 500cfu，霉菌和酵母菌数每 1ml 不得过 100cfu 外，其他应符合规定。

（四）举例

例 1 三两半药酒

【处方】 当归 100g 炙黄芪 100g 牛膝 100g 防风 50g

【制法】 以上四味，粉碎成粗粉，用白酒 2400ml 与黄酒 8000ml 的混合液作溶剂，浸渍 48 小时后，缓缓渗漉，在漉液中加入蔗糖 840g 搅拌溶解后，静置，滤过即得。

【功能与主治】 益气活血，祛风通络。用于气血不和，感受风湿所致的痹病，症见四肢疼痛、筋脉拘挛。

【用法与用量】 口服，一次 30~60ml，一日 3 次。

【注意】 高血压患者慎服；孕妇忌服。

例 2 姜酊

【处方】 姜流浸膏 200ml

【制法】 姜流浸膏，加 90% 乙醇，混匀，静置，滤过，制成 1000ml，分装，即得。

【性状】 本品为淡黄色的液体；有姜的香气，味辣。

【功能与主治】 健胃祛风。用治外感风寒所致胃痛不适。

【用法与用量】 口服，一次 2~4ml，一日 6~12ml。

五、流浸膏剂与浸膏剂

流浸膏剂、浸膏剂系指饮片用适宜的溶剂提取，蒸去部分或全部溶剂，调整至规定浓度而成的制剂。

除另有规定外，流浸膏剂系指每 1ml 相当于饮片 1g；浸膏剂分为稠膏和干膏两种，每 1g 相当于饮片或天然药物 2~5g。

流浸膏剂与浸膏剂只有少数品种可直接供临床应用，而绝大多数品种是作为配制其他制剂的原料。流浸膏剂一般多用于配制合剂、酊剂、糖浆剂等液体制剂。如甘草流浸膏剂用于调配杏仁止咳糖浆；浸膏剂多用于配制散剂、胶囊剂、颗粒剂、丸剂、片剂等。

流浸膏剂为液体制剂，而浸膏剂为半固体或固体制剂，若浸膏剂的含水量在 15%~20%，具有黏性呈膏状半固体时称为稠浸膏；若浸膏剂的含水量在 5%，呈干燥块或粉末状固体时则称为干浸膏。稠浸膏可用甘油、液状葡萄糖调整含量，而干浸膏可用淀粉、乳糖、蔗糖、氧化镁、磷酸钙、药材细粉等调整含量。

（一）流浸膏剂的制备

流浸膏剂的生产工艺流程为：

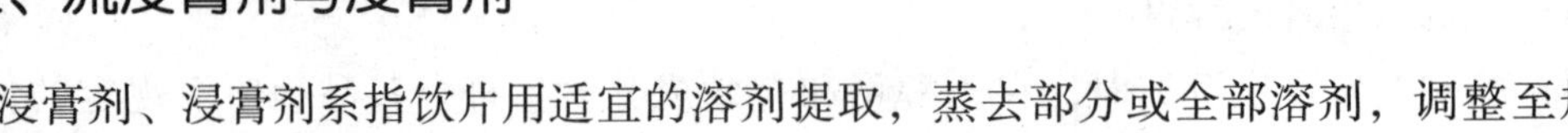

渗漉时应先收集药材量的 85% 的初漉液另器保存，续漉液经低温浓缩后与初漉液合并，调整浓度至规定标准，静置，取上清液分装即得；若药用成分明确者，应作含量测定。若

溶剂为水，且药用成分又耐热，可不必收集初漉液，将全部漉液常压或减压浓缩后，加适量乙醇作防腐剂。

另外，流浸膏剂还可以用浸膏剂稀释而成。

流浸膏剂制备时所用的溶剂量一般为药材量的 4~8 倍。富含油脂的药材在制备流浸膏时应先脱脂再提取。

流浸膏剂成品应置棕色遮光容器内密封，置阴凉处贮存。

（二）浸膏剂的制备

浸膏剂的生产工艺流程：

备料 → 煎煮或渗漉 → 浓缩 → 调整浓度 → 包装与贮存

浸膏剂用煎煮法、回流法或渗漉法制备，全部煎煮液或漉液应低温浓缩至稠膏，加稀释剂或继续浓缩至规定的量。制备干浸膏时，干燥操作往往比较费时且麻烦，生产中可将浸膏摊铺在涂油或撒布一层药粉或淀粉的烘盘内，在 80℃以下抽真空干燥，制成薄片状物；也可在浸膏中掺入适量药粉或淀粉稀释后再干燥。若要直接将其制成干浸膏粉，达到既能缩短干燥时间，又能防止药用成分分解或失效，最好是采用喷雾干燥法。

（三）质量要求与检查

1. 外观　流浸膏为棕色或棕褐色或红棕色液体。

2. 鉴别　应具备各药材中药用成分或指标成分的特殊鉴别反应。

3. 含量测定　药用成分明确的，按规定测定含量，应符合规定。药用成分不明确的，测定指标成分或总固体量，应符合规定范围。

4. 乙醇量　除另有规定外，含乙醇的流浸膏照乙醇量检查法（通则 0711）检查，应符合规定。

5. 甲醇量　除另有规定外，含乙醇的流浸膏照甲醇量检查法（通则 0871）检查，应符合规定。

6. 装量　照最低装量检查法（通则 0942）检查，应符合规定。

7. 微生物限度　照非无菌产品微生物限度检查：微生物计数法（通则 1105）和控制菌检查法（通则 1106）及非无菌药品微生物限度标准（通则 1107）检查，应符合规定。

（四）举例

例 1　当归流浸膏

【制法】取当归粗粉 1000g，用 70% 乙醇作溶剂，浸渍 48 小时，缓缓渗漉，收集初漉液 850ml，另器保存，继续渗漉，至渗漉液近无色或微黄色为止，收集续漉液，在 60℃以下浓缩至稠膏状，加入初漉液 850ml，混匀，用 70% 乙醇稀释至 1000ml，静置数日，滤过，即得。

【性状】本品为棕褐色的液体；气特异，味先微甜后转苦麻。

例 2　甘草浸膏

【制法】取甘草，润透，切片，加水煎煮三次，每次 2 小时，合并煎液，放置过夜使沉淀，取上清液浓缩至稠膏状，取出适量，照〔含量测定〕项下的方法，测定甘草酸含量，调节使符合规定，即得；或干燥，使成细粉，即得。

【性状】本品为棕褐色的块状固体或粉末；有微弱的特殊臭气和持久的特殊甜味。

六、煎膏剂（膏滋）

煎膏剂系指饮片用水煎煮，取煎煮液浓缩，加炼蜜或糖（或转化糖）制成的半流体制剂。

煎膏剂的特点：药物浓度高、体积小、稳定性好、便于服用。

煎膏剂以滋补为主，兼具有缓和的治疗作用，药性滋润，故又称膏滋。煎膏剂多用于治疗慢性疾病，如益母草膏多用于妇女活血调经；养阴清肺膏多用于阴虚肺燥，干咳少痰等症。受热易变质及以挥发性成分为主的中药不宜制成煎膏剂。

（一）煎膏剂的制备

煎膏剂的制备工艺流程：

原辅料准备 → 煎煮 → 浓缩 → 加糖收膏 → 包装 → 成品

1. 原辅料准备 原料准备见本章第二节中“汤剂”的制备，此处主要介绍辅料的选择与处理。

制备煎膏剂所用的糖，除另有规定外，应使用《中国药典》（2015 年版）收载的蔗糖，由于糖的品质不同，制成的煎膏剂质量及效用也有差异。煎膏剂采用的糖有冰糖、白糖、红糖、饴糖等。白糖味甘性寒，有润肺生津、和中益肺、舒缓肝气的作用。红糖又称红砂糖、黄糖，是一种未经提纯的糖，其营养价值比白糖高，具有补血、破淤、疏肝、祛寒等功效，尤其适用于产妇、儿童及贫血者服用，具有矫味、营养和辅助治疗作用，故中医常用红糖做煎膏剂。饴糖甘温质润，具有益脾气、养脾阴、温中焦、缓急止痛的作用。

各种糖在有水分存在时，都可发酵变质，使用前均应加以炼制。炼制糖的目的是：使糖的晶粒熔融，去除部分水分，净化杂质，杀死微生物。炼糖时，使糖部分转化，控制糖的适宜转化率，可以防止煎膏剂产生“返砂”现象。

知识链接

煎膏剂“返砂”

有些煎膏剂在贮藏一定的时间后，常有糖的结晶析出，俗称“返砂”。返砂的原因与煎膏剂所含总糖量和转化糖量有关。研究结果表明，总糖量超过单糖浆的浓度，因过饱和度大，结晶核生成的速度和结晶长大速度快，一般控制总糖含量在 85% 以下为宜。糖的转化程度并非越高越好，在以等量的葡萄糖和果糖作为转化糖的糖液，转化率在 40% ~50% 时未检出蔗糖和葡萄糖结晶。蔗糖在酸性或高温条件下转化时，果糖的损失较葡萄糖大，为防止在收膏时蔗糖的进一步转化和果糖的损失，应尽量缩短加热时间，降低加热温度，还可适当调高 pH。

炼糖时一般根据糖的种类及质量加适宜的水炼制。白砂糖可加水 50% 左右，用高压蒸汽或直火加热熬制，并不断搅拌至糖液呈金黄色，泡发亮光及微有青烟发生时停止加热，以免烧焦。冰糖含水量少，炼制时间宜短，且应在开始炼制时加适量水，以免烧焦；饴糖含水量多，炼制时可以不加水，且炼制时间较长。为使糖转化，炼制时可加入适量枸橼酸或酒石酸（一般为糖量的 0.1% ~0.3%），至糖转化率达 40% ~50% 时，取出，冷至 70℃，加碳酸氢钠中和后备用。红糖含杂质多，转化后一般加糖量 2 倍的水稀释，静置适当时间，除去沉淀备用。

2. 煎煮提取 见汤剂。

3. 浓缩 将提取液加热浓缩至规定的相对密度，或以搅拌棒趁热蘸取浓缩液滴于桑皮纸上，以液滴的周围无渗出水迹为度，即得“清膏”。

4. 收膏 将炼蜜或糖冷至 100℃，加入清膏中，除另有规定外，一般不超过清膏的 3 倍。收膏时随着稠度的增加，加热温度可相应降低，并需不断搅拌和掠去浮沫。收膏稠度视品种而定，一般相对密度在 1.4 左右。药材细粉在煎膏冷却后加入，搅拌混匀，即得。

5. 煎膏剂在生产与贮藏期间应符合下列有关规定

（1）饮片按各品种项下规定的方法煎煮，滤过，滤液浓缩至规定的相对密度，得清膏。

（2）如需加入药粉，除另有规定外，一般应加入细粉。

（3）清膏按规定量加入炼蜜或糖（或转化糖）收膏；若需加饮片细粉，待冷却后加入，搅拌混匀。除另有规定外，加炼蜜或糖（或转化糖）的量，一般不超过清膏量的 3 倍。

（4）煎膏剂应无焦臭、异味，无糖的结晶析出。

（5）除另有规定外，煎膏剂应密封，置阴凉处贮存。

（二）质量要求与检查

1. 外观 煎膏剂应无焦臭、无异味、无糖的结晶析出。

2. 相对密度 除另有规定外，取供试品适量，精密称定，加水约 2 倍，精密称定，混匀，作为供试品溶液。照相对密度测定法（通则 0601）测定，按下式计算，应符合各品种项下的有关规定。

$$供试品相对密度 = (W_1 - W_1 \times f)/(W_2 - W_1 \times f) \tag{11-1}$$

式中，W_1——比重瓶内供试品溶液的重量，g；W_2——比重瓶内水的重量，g；f= 加入供试品中的水重量/（供试品重量+加入供试品中的水重量）。

3. 不溶物 取供试品 5g，加热水 200ml，搅拌使溶化，放置 3 分钟后观察，不得有焦屑等异物。

加饮片细粉的煎膏剂，应在未加入药粉前检查，符合规定后方可加入药粉。加入药粉后则应对其微粒粒度进行检查。

4. 装量 照最低装量检查法（通则 0942）检查，应符合规定。

5. 微生物限度 照非无菌产品微生物限度检查：微生物计数法（通则 1105）和控制菌检查法（通则 1106）及非无菌药品微生物限度标准（通则 1107）检查，应符合规定。

（三）举例

例 1 枇杷叶膏

【处方】 枇杷叶

【制法】 取枇杷叶，加水煎煮三次，煎液滤过，滤液合并，浓缩成相对密度为 1.21～1.25（80℃）的清膏，每 100g 清膏加炼蜜 200g 或蔗糖 200g，加热使溶化，混匀，浓缩至规定的相对密度，即得。

【检查】 相对密度 应为 1.42～1.46。

【功能与主治】 清肺润燥，止咳化痰。用于肺热燥咳，痰少咽干。

【用法与用量】 口服，一次 9～15g，一日 2 次。

例 2 养心定悸膏

【处方】 地黄 120g 麦冬 60g 红参 20g 大枣 60g 阿胶 20g
黑芝麻 50g 桂枝 30g 生姜 30g 炙甘草 40g

【制法】 以上九味，除阿胶外，红参切片，用温水浸泡 1 小时后煎煮两次，每次 2 小时，煎液滤过，滤液合并；生姜绞汁；桂枝提取挥发油；其余甘草等五味与上述红参、生姜、桂枝的药渣加水煎煮两次，每次 2 小时，合并煎液，滤过，滤液加入红参的滤液，浓缩成稠膏；取黄酒 30g，烊化阿胶。另取蔗糖 120g，制成糖浆，加入上述稠膏、烊化阿胶及炼蜜 20g，浓缩至适量，放冷，加入生姜汁及桂枝挥发油，搅匀，制成约 300g，即得。

【检查】 相对密度 取本品 10g，用水 20ml 稀释后，依法测定，应为 1.08 ~1.10。

【功能与主治】 养血益气，复脉定悸。用于气虚血少，心悸气短，心律不齐，盗汗失眠，咽干口燥，大便干结。

【用法与用量】 口服，一次 15~20g，一日 2 次。

扫码“练一练”

思考题

1. 浸出制剂的特点有哪些？
2. 简述合剂的制备工艺流程。
3. 简述糖浆剂的制备方法与工艺流程。
4. 简述煎膏剂的制备方法与工艺流程。
5. 简述煎膏剂炼糖的目的与方法。
6. 简述煎膏剂收膏的方法
7. 比较流浸膏剂与浸膏剂的异同。
8. 糖浆产生沉淀的原因及解决方法？

实训 浸出制剂的制备

一、实训目的

1. 掌握浸出制剂的制备方法及操作要点。
2. 学会各类浸出制剂的质量检查方法。

二、实训条件

1. 实训场地 实训室。

2. 实训材料

（1）设备器皿 磨塞广口瓶、渗漉筒、木槌、接收瓶、铁架台、蒸馏瓶、冷凝管、温度计、水浴锅、烧杯、量筒、量杯、脱脂棉、滤纸、电炉、蒸发器、漏斗、天平等。

（2）药品 土槿皮、远志、益母草、红糖、白糖、乙醇、氨溶液等。

三、实训内容

（一）单糖浆的制备

【处方】蔗糖 42.5g 蒸馏水 制备量 50ml

【制法】取蒸馏水25ml，煮沸，加入蔗糖，搅拌溶解后，加热至100℃，沸后趁热用脱脂棉滤过，自滤器上添加适量热蒸馏水，使成50ml，混匀即得。

【功能】有矫味、助悬作用。常用于配制液体制剂的矫味剂或制备含药糖浆，亦可作片剂、丸剂包衣的黏合剂。

【注意】

（1）本品为蔗糖的近饱和溶液，为无色或淡黄色黏稠液体，含蔗糖85%（g/ml）或64.74%（g/g）。25℃时相对密度为1.313。

（2）原料蔗糖应选用洁净的无色或白色干燥结晶品。盛装本品的容器和用具洗净后应干热灭菌，以防染菌。

（3）本品可用热溶法制备，也可用冷溶法制备，热溶法制得的成品因含转化糖，长期贮存后，色泽易变深，所以制备时加热温度不宜过高、时间不宜过长，以防蔗糖焦化或转化，以免色泽加深，影响产品的质量。加热不仅能加速蔗糖溶解，尚可杀灭蔗糖中的微生物、凝固蛋白，使糖浆易于保存。

（4）趁热灌装时，应将密塞瓶倒置放冷后，再恢复直立，以防蒸汽冷凝成水珠存于瓶颈，致使糖浆发酵变质。本品应密闭，在30℃以下避光保存。

（二）煎膏剂的制备

【处方】益母草、红糖适量

【制法】取益母草，切碎，加水煎煮二次，每次2小时，合并煎液，滤过，滤液浓缩至相对密度为1.21~1.25（80℃）的清膏。称取红糖（每100g清膏加红糖200g），加糖量1/2的水及0.1%酒石酸，直火加热，不断搅拌、溶化，至金黄色时，加入上述清膏，混匀，继续浓缩至规定的相对密度，即得。

【步骤】

（1）按照处方药物量配齐各药物，能正确使用台秤。

（2）将益母草置砂锅中，加水浸泡30分钟后，加水煎煮二次，合并煎液。

（3）趁热过滤煎液，滤液继续浓缩至相对密度为1.21~1.25（80℃）的清膏。

（4）按照清膏与红糖比例取红糖，加入到约占糖量一半的水中，另外加酒石酸（0.1%），直火加热，不断搅拌溶化，至颜色呈现金黄色时为止。

（5）将上述炼好的糖加入到上述清膏中，搅拌混匀，继续浓缩至相对密度为1.10~1.12（80℃）。

（6）密封、瓶装，即得成品。

【功能与主治】活血调经。用于经闭，痛经及产后瘀血腹痛。

【用法与用量】口服，一次10g，一日1~2次。

【注意】相对密度检查时，取本品10g，加水20ml稀释后（即加水2倍），按照《中国药典》（2015年版）通则0601检查，其相对密度应为1.10~1.12。

（三）远志流浸膏的制备

【处方】 远志（中粉）100g　浓氨溶液适量　乙醇（60%）加至100ml

【制法】 取远志中粉按渗漉法制备。用60%乙醇作溶剂，浸渍24小时后，以每分钟1~3ml的速度缓缓渗漉，收集初漉液85ml，另器保存。继续渗漉，待有效成分完全漉出，收集续漉液，在60℃以下减压浓缩至稠膏状，加入初漉液，混合后滴加浓氨溶液适量使呈微碱性，并有氨臭，再加60%乙醇稀释使成100ml，静置，待澄清，滤过，即得。

【功能与主治】 祛痰药，用于咳痰不爽。

【用法与用量】 口服，一次0.5~2ml，一日1.5~6ml。

【注意】

（1）远志内含有酸性皂苷和远志酸，在水溶液中渐渐水解而产生沉淀，因此，加适量氨溶液使成微碱性，以延缓苷的水解，而产生沉淀。

（2）装渗漉筒前，应先用溶剂将药粉湿润。装筒时应注意分次投入，逐层压平，松紧适度，切勿过松、过紧。投料完毕用滤纸或纱布覆盖，加几粒干净碎石以防止药材松动或浮起。加溶剂时宜缓慢并注意使药材间隙不留空气，渗漉速度以1~3ml/min为宜。

（3）药材粉碎程度与浸出效率有密切关系。对组织疏松的药材，选用其粗粉浸出即可；而质地坚硬的药材，则可选用中等粉或粗粉。粉末过细可能导致较多量的树胶、鞣质、植物蛋白等黏稠物质的浸出，对主药成分的浸出不利，且使浸出液与药渣分离困难，不易滤清使产品混浊。

（4）收集85%初漉液，另器保存。因初漉液有效成分含量较高，可避免加热浓缩而导致成分损失和乙醇浓度改变。

（四）土槿皮酊的制备

【处方】 土槿皮200g　乙醇（80%）适量　　制备量100ml

【制法】 取土槿皮粗粉，置广口瓶中，加80%乙醇100ml，密闭浸渍3~5日，时时振摇或搅拌，滤过，残渣压榨，滤液与压榨液合并，静置24小时，滤过，自滤器上添加80%乙醇使成100ml，搅匀，滤过，即得。

【功能与主治】 杀菌，治脚癣。

【用法与用量】 外用，将患处洗净擦干后，涂于患处上，一日1~2次。

【注意】

（1）本品所用原料土槿皮以2号粉为宜，粉末过细过滤较困难。

（2）在浸渍期间，应注意时常振摇或搅拌，为提高浸提效率，可采用重浸渍法。

四、思考题

（1）常用的浸出方法有哪些？各有什么特点？

（2）比较浸渍法与渗漉法的异同点？操作中各应注意哪些问题？

（3）渗漉法制备流浸膏时为何要收集85%初漉液另器保存？

（4）混合法制备糖浆剂的混合方式有哪些？

（梁伟玲）

第十二章

注射剂与滴眼剂

学习目标

知识目标

1. 掌握注射剂的概念、特点及质量要求；注射剂的溶剂及附加剂；热原的概念、性质、污染热原的途径及热原的除去方法；注射剂的制备过程；注射用冻干制品的制备过程。
2. 熟悉中药注射剂的制备过程；输液的概念和质量要求；滴眼剂的概念和质量要求。

能力目标

1. 能够依据岗位标准操作规程进行注射剂相关岗位的操作。
2. 能够在生产过程中贯穿质量意识，正确进行无菌操作。
3. 能够正确填写生产记录，并能对发生的问题进行分析，提出解决办法。
4. 能够根据 GMP 的要求进行生产过程控制。

素质目标

1. 具有良好的职业道德，较强的质量意识。
2. 能吃苦耐劳、诚实守信、爱岗敬业、严谨细致，有较强的责任心。
3. 具有团结协作的能力。
4. 具有沟通交流的能力。

第一节　概　述

扫码“学一学”

注射剂和滴眼剂都属于无菌制剂。无菌制剂是指法定药品标准列有无菌检查项目的制剂，包括注射剂、眼用制剂、无菌软膏剂、无菌混悬剂等。无菌制剂的生产工艺通常分为最终灭菌工艺和无菌生产工艺。最终灭菌是指对完成最终密封的产品进行灭菌处理，以使产品中微生物的存活概率(即无菌保证水平，SAL)不得高于 10^{-6} 的生产方式。无菌生产是指在 GMP 规定的环境条件下，将无菌的物料分装于无菌的容器中并完成密封，以获得无菌药品的过程。

一、注射剂的定义和分类

（一）注射剂的定义

注射剂系指原料药物或与适宜的辅料制成的供注入体内的无菌制剂。注射剂可分为注射液、注射用无菌粉末与注射用浓溶液等。注射剂由药物、溶剂、附加剂及特制的容器所组成，是临床应用最广泛的剂型之一。

（二）注射剂的分类

1. 按照分散系统分类 注射剂按照分散系统可分为四类：溶液型注射剂、混悬型注射剂、乳状型注射剂、注射用无菌粉末。注射剂按分散系统的分类见表12-1。

表12-1 注射剂按照分散系统分类

注射剂类型	溶剂	适用范围	举例
溶液型注射剂	注射用水、油或其他非水溶剂	稳定、溶解性好	氯化钠注射液、安乃近注射液
混悬型注射剂	注射用水、油	水难溶性药物或注射后要求延长药效作用的药物	醋酸可的松注射液
乳状型注射剂	注射用水	不溶性液体药物或油性液体药物	静脉营养脂肪乳注射液
注射用无菌粉末	灭菌注射用水	遇水不稳定的药物	青霉素、阿奇霉素、蛋白酶类粉针剂

2. 按照生产工艺分类 无菌制剂的生产工艺通常分为最终灭菌工艺和无菌生产工艺。注射剂按照制备工艺的不同，可分为最终灭菌注射剂和非最终灭菌注射剂。

（1）最终灭菌注射剂　包括最终灭菌小容量注射剂和最终灭菌大容量注射剂，前者的装量小于50ml，后者的装量大于100ml。最终灭菌注射剂通常具有一定的耐热性，能通过热处理的方式去除制品中可能存在的微生物。保证其无菌性的主要措施是在生产过程中有效控制生物负载，并对内包装完成的制品进行最终灭菌，通常采用湿热灭菌的方式。

（2）非最终灭菌注射剂　常见的有无菌灌装制剂、无菌分装粉针剂和冻干粉针剂等。主要是在无菌的环境条件下，通过除菌过滤法和生产过冲的无菌操作法，来保证产品达到一定的无菌水平。按照国际标准，除菌过滤后的无菌保证值不得低于10^{-6}，即除菌后微生物存活的概率不得大于百万分之一。无菌保证不仅仅依赖于最终产品的无菌检查，还取决于生产过程中采用合格的除菌工艺和严格的GMP管理以及良好的无菌保证体系。

3. 注射剂在药典中的分类 《中国药典》（2015年版）将注射剂分为注射液、注射用无菌粉末与注射用浓溶液三类。

（1）注射液　包括溶液型、乳状液型或混悬型注射液，可用于肌内注射、静脉注射、静脉滴注等。其中，供静脉滴注用的大体积（除另有规定外，一般不小于100ml）注射液也称静脉输液。

（2）注射用无菌粉末　系指药物制成的供临用前用适宜的无菌溶液配制成澄清溶液或均匀混悬液的无菌粉末或无菌块状物。可用适宜的注射用溶剂配制后注射，也可用静脉输液配制后静脉滴注。无菌粉末用溶剂结晶法、喷雾干燥法或冷冻干燥法等制得。

（3）注射用浓溶液　系指药物制成的供临用前稀释后静脉滴注用的无菌浓溶液。

二、注射剂的特点

注射剂在全世界已发展成为一种普遍应用的剂型，因为注射剂具有它独特的优点，主要表现在以下几个方面。

1. 药效迅速，作用可靠　注射剂在临床应用时均以液体状态直接注射入人体，吸收快，作用迅速，适于抢救危重病症患者。同时，注射剂不经胃肠道吸收，无肝脏首关效应，剂量准确，作用可靠。

2. 适用于不能口服给药的患者　对于临床上昏迷、抽搐、惊厥等或患消化系统障碍疾病而不能口服给药的患者，则可以采用注射给药途径。

3. 适用于不宜口服的药物　某些药物，如青霉素或胰岛素可被消化液破坏，链霉素口服不宜被吸收。所以这些药物只能制成注射剂，才能发挥它应有的疗效。

4. 产生局部定位效应　可以对身体限定区域进行作用，发挥药效。如盐酸普鲁卡因注射液可用于局部麻醉；消痔灵注射液等可用于痔核注射。

5. 产生定向作用　脂质体或静脉乳剂注射后，在肝、肺、脾等器官药物分布较多，有定向作用。

但注射剂和其他一些剂型相比也存在一定的不足之处，主要表现在：①安全性不如口服制剂，注射剂起效快，一旦发生不良反应，则反应迅速，因此其质量需严格控制；②注射给药不方便，需一定专业技术，无法普及注射；③注射时疼痛，给患者造成痛苦；④制造过程复杂，工艺要求严格，生产成本高。

三、注射剂的给药途径

注射给药是一种不可替代的临床给药途径，对抢救用药尤为重要。目前临床采用的注射给药途径主要有皮内注射、皮下注射、肌内注射、静脉注射、脊椎腔注射等，如图 12-1 所示。

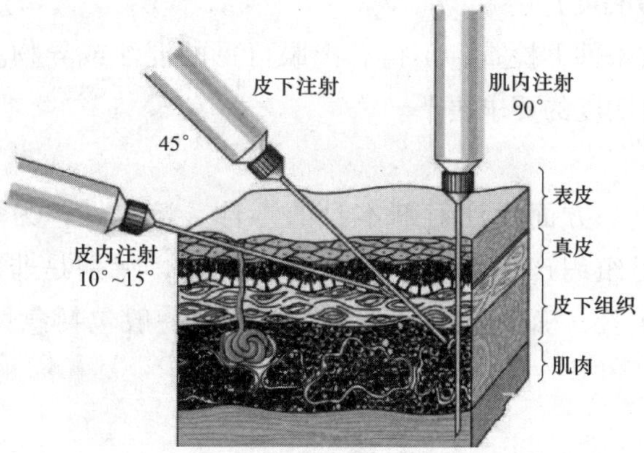

图 12-1　注射剂给药途径

1. 皮内注射　注射于表皮与真皮之间，一次注射剂量在 0.2ml 以下，主要为水溶液。常用于过敏性试验或疾病诊断，如青霉素皮试液等。

2. 皮下注射　注射于真皮与肌肉之间的松软组织内，一般用量为 1～2ml，保证此部位的药物吸收更趋缓慢。皮下注射剂主要是水溶液，如胰岛素注射液（防止吸收过快造成血糖过度降低)等。由于皮下感觉比肌肉敏感，故不适用于具有刺激性的药物注射。

3. 肌内注射 注射部位大多为臀肌及上臂三角肌，注射体积为1~5ml。由于存在吸收过程，起效比静脉注射慢，但持续时间却较其长。水溶液、油溶液、混悬液均可，但不适用于刺激性较大的药物注射。

4. 静脉注射 注入静脉内，分为静脉推注和静脉滴注两种。前者剂量为5~15ml，后者为数千毫升，多为水溶液。平均直径<1μm的乳浊液，也可静脉注射。非水溶液(如氢化可的松注射液)、混悬注射液、致红细胞溶解或蛋白质沉淀的药液一般不宜静脉注射。静脉注射的药物溶液必须调节至与血浆等渗或微高渗并不得加抑菌剂。

5. 脊椎腔注射 注入脊椎四周蛛网膜下腔内。由于神经组织比较敏感，且脊椎液循环较慢，故脊椎腔注射剂必须等渗，注入时应缓慢。注入一次剂量不得超过10ml，其pH应控制在5.0~8.0。

6. 其他 包括动脉内注射、心内注射、关节内注射、滑膜腔内注射、穴位注射以及鞘内注射等。

四、注射剂的质量要求

注射剂直接注入体内，为保证安全性，其质量要求要远远高于口服制剂等其他剂型。注射剂必要时应进行相应的安全性检查，如异常毒性、过敏反应、溶血与凝聚、降压物质、热原或细菌内毒素等，均应符合要求。注射剂的质量要求有以下几个方面。

(一) 无菌

任何品种注射剂成品均应无菌，按照《中国药典》(2015年版) 中无菌检查法项下的方法检查，应符合规定。

(二) 无热原

无热原是注射剂的重要质量指标，特别是用大量的，供静脉注射及脊椎腔注射的药物制剂，均需进行热原检查，合格后方能使用。

(三) 可见异物(澄明度)

注射溶液要在规定条件下检查，不得有肉眼可见的混浊或异物。鉴于微粒引入人体所造成的危害，目前对澄明度的要求更严。

(四) 安全性

注射剂的安全性，一方面指注射剂本身的毒性、溶血性，另一方面指局部刺激性、疼痛性。注射剂不能对组织产生刺激或发生毒性反应，特别是非水溶剂及一些附加剂，必须经过必要的动物实验，确保使用安全。毒性试验一般包括急性毒性试验和亚急性毒性试验。

(五) 渗透压

注射剂要有一定的渗透压，其渗透压要求与血浆的渗透压相等或接近。

(六) pH

注射剂的pH要求与血液相等或接近，血液pH为7.4，注射剂一般控制在4~9。

(七) 稳定性

注射剂多系水溶液，而且从制造到使用需要经过一段时间，所以稳定性问题比其他剂型突出，故要求注射剂具有必要的物理稳定性和化学稳定性，确保产品在贮存期内安全有效。

（八）降压物质

有些注射液，如复方氨基酸注射液，其降压物质必须符合规定，以保证用药安全。

（九）不溶性微粒

澄明度检查只能检查大于50μm的微粒和异物，但不可见的微粒和异物也能造成严重的后果，故需要检查不溶性微粒的大小和数量，要符合药典要求。

（十）澄清度

检查药品溶液的浑浊程度，即浊度，必须符合药典要求。

扫码“学一学”

第二节　热　原

一、热原的组成和性质

（一）热原的组成

热原系指微量即能引起恒温动物体温异常升高的物质。大多数细菌都能产生热原，霉菌甚至病毒也能产生热原，致热能力最强的是革兰阴性杆菌所产生的热原。含有热原的药品进入人体，会引起人体发冷、寒战、体温升高、身痛、出汗、恶心呕吐等不良反应。有时体温可升至40℃，严重者出现昏迷、虚脱，甚至有生命危险。

在制药过程中，引起热原反应的主要物质是革兰阴性菌细胞壁中降解的脂多糖等，也称细菌内毒素或内毒素（endotoxin）。内毒素是由磷脂、脂多糖和蛋白质组成。其中，脂多糖是内毒素的主要成分和致热中心，具有特别强的热原活性。脂多糖的化学组成因菌种不同而异，从大肠埃希菌分出来的脂多糖中含有68%～69%的糖类（葡萄糖、半乳糖、庚糖、氨基葡萄糖、鼠李糖等）、12%～13%的类脂化合物、7%的有机磷和其他一些成分。

热原的相对分子量小的为15 000，高者达400万，一般为100万。分子量越大致热作用也越强。

（二）热原的性质

1. 水溶性　热原水溶性极强，其浓缩的水溶液带有乳光。

2. 不挥发性　热原具有不挥发的特性，但因具水溶性，可随水蒸气的雾滴夹带入蒸馏水中，必须设法防止，故制备注射用水的重蒸馏水器有隔沫装置。

3. 耐热性　在通常的灭菌条件下，热原往往不能被破坏，如加热60℃作用1小时不受影响，100℃也不分解。但热原的耐热性有一定的限度，如果采用加热180℃作用3～4小时、200℃作用60分钟、250℃作用30～45分钟或者650℃作用1分钟等条件可彻底破坏热原。

4. 滤过性　热原体积小，直径为1～5nm，可通过一般滤器甚至是微孔滤膜，但孔径小于1nm的超滤膜可除去绝大部分甚至全部热原。

5. 被吸附性　热原可以被活性炭、离子交换树脂、石棉板等吸附。

6. 其他性质　热原能被强酸强碱破坏，也能被强氧化剂，如高锰酸钾或过氧化氢等破坏，超声波及某些表面活性剂如去氧胆酸钠也能使之破坏。

二、注射剂污染热原的途径

热原污染是注射用原料药及制剂生产厂普遍存在的问题。污染可能来源于原材料、水、试剂、车间环境、设备等。

1. 从溶剂中带入 主要指从注射用水或缓冲液中带入，这是注射剂热原污染的主要途径。蒸馏器结构不合理，操作不当，注射用水贮藏时间过长都会污染热原。故应使用新鲜注射用水，最好随蒸随用。因此，对注射用水的制备要求主要有以下三点。

（1）蒸馏器装隔沫装置，操作应规范，定时进行内毒素检查。

（2）在制备后 12 小时内使用，实际生产中控制更严。

（3）用优质低碳不锈钢贮罐贮存，并在 80℃以上保温，或 65℃以上保持循环，或在 4℃冷藏。

2. 从原辅料中带入 一些营养性药物如葡萄糖、胰岛素，很容易滋生微生物，因此储存不当（储存时间长、包装损坏、受潮等因素）就会滋生微生物而产生热原；一些生物药品如抗生素、水解蛋白、右旋糖酐等，因其用生物方法进行生产，易带入致热物质。

3. 容器、用具、管道和设备等污染 生产过程中接触到的容器、用具、管道和设备等，如果未按照 GMP 的要求进行清洁，常易导致热原污染。因此在生产中要认真处理，合格后方能使用。

4. 制备过程与生产环境 注射剂制备过程中如果环境洁净度不够、操作时间长、装置不密闭、操作人员未严格遵守无菌操作规程等都会增加污染细菌的机会，从而可能产生热原。

5. 临床使用时所用器具带入 有时输液本身不含热原，但由于输液器具（输液吊瓶、胶皮管等）处理不当而附带热原，也导致注射剂被热原所污染。

三、除去热原的方法

（一）除去药液中热原的方法

1. 吸附法 常用的吸附剂有活性炭，活性炭对热原有较强的吸附作用，是一种有效去除热原的方法。通常在配液时加入 0.1%～0.2%（w/v）的活性炭，煮沸并搅拌 15 分钟，即能除去大部分热原。同时还有助滤脱色、除臭的作用，所以在注射剂中使用较广。但活性炭也会吸附部分药液，故使用时应过量投料，但小剂量药物不宜使用。同时，加入活性炭后如何除去，也是制剂生产中需要考虑的一个问题，因此活性炭吸附法去除热原，应该慎重使用。

2. 离子交换法 由于热原分子带磷酸根与羧酸根，在 pH>2 的料液中，内毒素分子带负电荷，所以用带负电荷的离子交换层析也经常用于缓冲液中热原的去除。

3. 凝胶过滤法 凝胶过滤也称分子筛，利用热原与药物在分子量上的差异，将两者分开。但当两者分子量相差不大时，不宜使用。如可用二乙氨基乙基葡聚糖凝胶制备无热原去离子水。

4. 超滤法 内毒素在溶液中，尺寸一般不会超过 0.1μm，所以 0.22μm 的除菌滤膜对内毒素的去除没有显著效果。一般要用比除菌滤膜孔径更小的超滤膜对热原进行去除。因为内毒素在溶液中有三种方式，最小的形式是单体，而单体相对分子量一般只有 10000～

200000，所以超滤膜的截留相对分子量一般要在8000~10000。目前，这种方法常应用于中药注射剂的除热原工艺中。

（二）除去器具上热原的方法

1. 酸碱法　强酸、强碱或强氧化剂可使热原氧化或水解而被破坏，主要应用于玻璃容器的去热原。如使用重铬酸钾硫酸溶液浸泡或用稀氢氧化钠溶液煮沸30分钟以上，均可以破坏热原。

2. 干热法　一般说来，热原在60℃加热1小时不受影响，100℃也不会发生热解。有资料显示：即使经过7个小时的121℃湿热灭菌，内毒素多不能有效去除。所以，一般要选择干热灭菌法。可以采用180℃干热灭菌3~4小时，250℃干热灭菌30~45分钟或650℃1分钟干热灭菌，均可以有效去除热原。但因为药品的耐热性是有限的，超出受热范围就会失效，因此这种方法仅适用于玻璃器皿、金属等耐高温的器具洗涤洁净烘干后使用。

（三）除去溶媒中热原的方法

1. 蒸馏法　一般用于去除水中的热原，主要是利用热原不挥发的特性来制备。例如：在生产注射用水的过程中，原水被加热后变为水蒸气，在蒸馏塔的螺旋管道中向上高速流动。由于水的分子量很小，而内毒素分子量相对较大，在高速运行中由于离心力的作用，分子量较大的内毒素被“甩”出来，形成“脏水”流出。而去除了（或部分去除了）内毒素的水蒸气继续上升，到达冷凝塔后凝结成“合格”注射用水。但热原又具有水溶性，所以蒸馏器要有隔沫装置，挡住雾滴的通过，避免热原进入蒸馏水中。

2. 反渗透法　用三醋酸纤维素膜和聚酰胺膜除去热原。这是近几年发展起来有实用价值的新方法，与蒸馏法相比，具有节约热能和冷却水的优点。

此外，采用二次以上湿热灭菌、适当提高灭菌温度和时间以及微波等方法也都可除去热原。

四、检查热原的方法

（一）家兔法

家兔法是将一定剂量的供试品，静脉注入家兔体内，在规定时间内，观察家兔体温升高的情况，以判断供试品中所含热原的限度是否符合规定。若体温升高超过规定的判断标准即为阳性。

家兔法测定的灵敏度为0.001μg/ml，适于各种细菌产生的内毒素的检查，是目前各国药典法定的主要方法。因为家兔对热原的反应表现和敏感度与人相似，因此试验结果接近人体真实情况。但此种方法也存在一些缺点，主要表现在：

（1）操作繁琐。

（2）有时兔温升高会被检样品中存在的某些药物阻抑，如高浓度的抗生素。

（3）有时药物是内源性热原，如吗啡及衍生物，它们会干扰热原反应。

（4）放射性药剂、肿瘤抑制剂等也不宜用家兔进行检测。

（二）鲎试剂法

此法是细菌内毒素检查的方法，是利用鲎试剂来检测或量化由革兰阴性菌产生的细菌内毒素，以判断供试品中细菌内毒素的限量是否符合规定的一种方法。

细菌内毒素检查包括两种方法，即凝胶法和光度测定法，后者包括浊度法和显色基质法。供试品检测时，可使用任一种方法，但当测试结果有争议时，除另有规定外，以凝胶法结果为准。

此种方法灵敏度高，为家兔法的 10 倍，且操作简便，适用于某些不能用家兔进行热原检测的品种(抗肿瘤制剂、放射性制剂等)。但其对革兰阴性杆菌以外的细菌产生的内毒素不够灵敏，尚不能完全代替家兔法。

扫码“学一学”

第三节　注射剂的溶剂

一、注射剂溶剂的作用和要求

注射剂大多数为液体制剂，在制备注射剂时，药物必须要用适当的溶剂溶解、混悬或乳化才能制备成制剂。对于固体制剂，如注射用粉末，使用时也需要用溶剂溶解才能注射到人的体内。因此，溶剂是注射剂制备和使用中不可缺少的成分。

注射剂所用的溶剂应从来源及工艺等生产环节进行严格控制并应符合注射用溶剂的质量要求。其必须安全无害，并不得影响疗效和质量。一般分为水性溶剂和非水性溶剂。水性溶剂最常用的为注射用水，也可用 0.9% 氯化钠溶液或其他适宜的水溶液。非水性溶剂常用的为植物油，主要为供注射用大豆油，其他还有乙醇、丙二醇和聚乙二醇等溶剂。供注射用的非水性溶剂，应严格限制其用量，并应在品种项下进行相应的检查。

二、注射用水

（一）注射用水

注射用水为纯化水经蒸馏所得的水，因其对机体组织具有良好的适应性，是首选的注射用溶剂，可作为配制注射剂、滴眼剂等的溶剂或稀释剂及容器的精洗。注射用水应符合细菌内毒素试验要求，必须在防止细菌内毒素产生的设计条件下生产、贮藏及分装。为保证注射用水的质量，应减少原水中的细菌内毒素，监控蒸馏法制备注射用水的各生产环节，并防止微生物的污染。应定期清洗与消毒注射用水系统。注射用水的储存方式和静态储存期限应经过验证确保水质符合质量要求，例如可在 80℃以上保温或 70℃以上保温循环或 4℃以下的状态下存放。

在《中国药典》(2015 年版) 中，规定注射用水的质量检查应符合：外观应为无色的澄明液体，无臭、无味；pH 为 5.0～7.0；氨含量低于 0.000 02%；硝酸盐含量低于 0.000 006%；亚硝酸盐含量低于 0.000 002%；电导率值不大于限度值、总有机碳含量不得过 0.50mg/L；不挥发物遗留残渣不得过 1mg；重金属含量低于 0.000 01%；细菌内毒素应小于 0.25EU；细菌、霉菌和酵母菌总数每 100ml 不得超过 10 个。

（二）灭菌注射用水

灭菌注射用水为注射用水按照注射剂生产工艺制备所得。不含任何添加剂，主要用于注射用灭菌粉末的溶剂或注射剂的稀释剂。灭菌注射用水灌装规格应适应临床需要，避免大规格、多次使用造成的污染。

在《中国药典》(2015 年版) 中，规定灭菌注射用水的质量检查应符合：外观应为无色的澄明液体，无臭、无味；pH 为 5.0～7.0；氯化物、硫酸盐与钙盐检测均不得发生浑浊；二氧化碳检测加氢氧化钙试液后不得发生浑浊；易氧化物检测粉红色不得完全消失；硝酸盐与亚硝酸盐、氨、电导率、不挥发物、重金属与细菌内毒素及其他检测按照注射用水项下的方法检查，应符合规定。

三、注射用油

对于一些水不溶性药物，如激素、甾体类化合物与脂溶性维生素等，可以选择溶解性好、可在机体进行新陈代谢的植物油作为溶剂制备成注射剂。常用的注射用油为注射用大豆油、玉米油、橄榄油等。

（一）大豆油(供注射用)

大豆油是由豆科植物大豆的种子提炼制成的脂肪油，可与三氯甲烷或乙醚混溶，在乙醇中极微溶，在水中几乎不溶。在《中国药典》（2015 年版）中，规定大豆油(供注射用)质量检查应符合：为淡黄色的澄明液体；无臭或几乎无臭；相对密度为 0.916~0.922；折光率为 1.472~1.476；酸值应不大于 0.1；皂化值应为 188~195；碘值应为 126~140；且吸光度、过氧化物、不皂化物、棉籽油、碱性杂质、水分、重金属、砷盐、微生物限度等各项指标检验均需合格，才可以用于注射剂的生产。

知识拓展

1. 碘值说明油中不饱和键的多少，碘值高，则不饱和键多，油易氧化，不适合注射用。
2. 皂化值表示油中游离脂肪酸和结合成酯的脂肪酸的总量多少，可看出油的种类和纯度。
3. 酸值说明油中游离脂肪酸的多少，酸值高质量差，也可以看出酸败的程度。

（二）精制玉米油

精制玉米油是由植物玉蜀黍种子的胚芽，用热压法制成的脂肪油。为淡黄色的澄明油状液体；微有特殊臭，可与乙醚、三氯甲烷、石油醚、丙酮混溶，在乙醇中微溶。相对密度为 0.915~0.923，折光率为 1.472~1.475。酸值不大于 0.6，皂化值应为 187~195，碘值为 108~128。脂肪酸组成、不皂化物、水分与挥发度、微生物限度是主要检验指标。

（三）橄榄油

橄榄油是由橄榄的成熟核果提炼制成的脂肪油。为淡黄色的澄清液体；无臭或几乎无臭。可与乙醚或三氯甲烷混溶，在乙醇中极微溶解，在水中几乎不溶。相对密度为 0.908~0.915，酸值不大于 1.0，皂化值为 186~194，碘值为 79~88。吸光度、过氧化物、不皂化值、碱性杂质、棉籽油、蓖麻油、水分、重金属、砷盐、脂肪酸组成为其主要检验指标。

四、其他注射用溶剂

此类溶剂多数能与水混溶，可与水混合使用，以增加药物的溶解度或稳定性，适用于对于不溶、难溶于水或在水溶液中不稳定的药物。少数可以和脂肪油混溶，为水不溶性溶剂。选用的这些溶剂，应具有低毒性及低刺激性，高稳定性及高沸点(以便进行加热灭菌)，同时在较宽的温度范围内具有较低黏度并容易纯化。

1. 乙醇　为无色澄清液体；微有特臭，味灼烈；易挥发，易燃烧，燃烧时显淡蓝色火焰；加热至约78℃即沸腾。可以与水、甘油、三氯甲烷或乙醚任意混溶；相对密度不大于0.812 9。乙醇为注射溶剂可供静脉或肌内注射，浓度可达50%，但浓度超过10%时可能会有溶血作用或疼痛感。使用前需检测酸碱度、澄清度与颜色、吸光度、挥发性杂质、不挥发物等指标。如氢化可的松注射液就是以乙醇作为溶剂。

2. 甘油(供注射用) 为无色、澄清的黏稠液体；味甜；有引湿性；水溶液(1→10)显中性反应。可以与水或乙醇任意混溶，在丙酮中微溶，在三氯甲烷或乙醚中均不溶。相对密度在25℃时不小于1.257；折光率为1.470~1.475。甘油的黏度、刺激性均较大，不宜单独使用，常与注射用水、乙醇等组成复合剂使用。使用前需检测酸碱度、颜色、氯化物、硫酸盐、还原性物质、脂肪酸与脂类、易炭化物、糖、杂质、炽灼残渣、铁盐、重金属、砷盐、含量等指标。如洋地黄毒苷注射液，由甘油、乙醇及水作为混合溶剂以增加药物溶解度与稳定性。

3. 丙二醇 为1,2-丙二醇，为无色澄清的黏稠液体，无臭，味稍甜；有引湿性。可与水、乙醇或三氯甲烷任意混溶。相对密度在25℃时为1.035~1.037。丙二醇毒性较小，但有一定的刺激性，可以和注射用水、乙醇、甘油等混合使用。常用量10%~60%，皮下注射或肌内注射时有局部刺激性，可供静脉注射或肌内注射。使用前需检测酸度、氯化物、硫酸盐、氧化性物质、还原性物质、水分、炽灼残渣、重金属、砷盐、含量等指标。如苯妥英钠注射液中含40%的丙二醇。“亮菌甲素”假药案就是用二甘醇代替了丙二醇，是患者产生中毒症状。

4. 异丙醇 为2-丙醇，为无色澄清液体，可与水、甲醇、乙醇或乙醚任意混溶；相对密度为0.785~0.788，折光率1.376~1.379。使用前需检测酸度、吸光度、水不溶性物质、不挥发物、易氧化物、易炭化物、羰基化学物、水分等指标。

5. 聚乙二醇(PEG) 聚乙二醇400、聚乙二醇600为常用的溶剂，为环氧乙烷和水缩聚而成的混合物，为无色或几乎无色的黏稠液体，略有特臭。在水或乙醇中易溶，在乙醚中不溶。使用前需检测平均分子量、酸度、溶液的澄清度与颜色、炽灼残渣、环氧乙烷与二氧六环、甲醛等指标。如1%噻替哌注射液就是以PEG 400作为溶剂制备的。

第四节 注射剂的附加剂

扫码“学一学”

为确保注射剂的安全、有效和稳定，除主药和溶剂外还可加入其他物质，这些物质统称为附加剂。附加剂在注射剂中的主要作用是：①增加药物的理化稳定性；②增加主药的溶解度；③抑制微生物生长，尤其对多剂量注射剂更要注意；④减轻疼痛或对组织的刺激性等。所用附加剂应不影响药物疗效，避免对检验产生干扰，使用浓度不得引起毒性或过度的刺激。

附加剂按其用途可以分为以下几类。

一、增加主药溶解度的附加剂

有些药物的溶解度很低，即使配成饱和溶液，也难以满足临床治疗的需要。同时，药物的溶解度低，也会使注射剂的澄明度下降，无法满足药物的质量要求。因此在配制这类药物时，要使用一些附加剂，以增加主药的溶解度。通常，增加药物溶解度的方法有：

①在主药的分子结构上引入亲水基团；②使用混合溶剂或非水溶剂；③加酸或碱，使难溶性药物生成可溶性盐类；④加入增溶剂，如吐温 80、胆汁等。供静脉注射用的注射液应慎用增溶剂，脊椎腔注射用的注射液不得添加增溶剂；⑤加入助溶剂。有时，增溶剂的增溶效果不明显，还需要加入助溶剂以及调节溶液的 pH 共同作用才有效果。

常见的增加主药溶解度的附加剂如下。

1. 聚山梨酯 80(吐温 80)　为常用的增溶剂，常用量 0.5%～1%，使用时先将被增溶药物与吐温 80 混匀，再溶解。吐温 80 主要应用于肌内注射的药物的增溶。使用时要注意：①吐温 80 有轻微的降压与溶血作用，静脉注射时慎用；②使用吐温 80 时，可能会使苯甲醇、三氯叔丁醇等抑菌剂的作用减弱；③吐温 80 灭菌过程后会出现浑浊（“起昙”现象），振摇后可澄清。

2. 胆汁　胆汁为胆酸类的钠盐，常用量 0.5%～1.0%，常用的有牛胆汁、猪胆汁、羊胆汁等，因其常带有杂质，需要加工处理后再用。胆汁在 pH 大于 6.9 时性质稳定，pH 在 6.0 以下则胆酸易析出，会降低增溶效果，影响制剂的澄明度。

3. 甘油　是鞣质与酚性成分良好的溶剂，用量一般为 15%～20%。

4. 其他　有机酸及其钠盐(苯甲酸钠、水杨酸钠、枸橼酸钠、对氨基苯甲酸钠等)、酰胺与胺类(尿素、葡甲胺、葡萄糖等)为常用的助溶剂。

二、帮助主药混悬或乳化的附加剂

这类附加剂主要是指助悬剂和乳化剂。这类附加剂的质量要求是：①无抗原性、无毒性、无热原、无刺激性、不溶血；②耐热，在灭菌条件下不失效；③有高度的分散性和稳定性，用少量即可达到目的；④供静脉注射用的助悬剂、乳化剂必须严格控制其粒径大小，一般应小于 1nm，个别粒径不大于 5nm。注射用助悬剂有：羧甲基纤维素钠、聚乙烯吡咯烷酮、明胶、甲基纤维素等。注射用乳化剂有：卵磷脂、豆磷脂、普流罗尼 F-68 等。

三、抑制微生物增殖的附加剂

为了防止注射剂在制备过程中或多次使用过程中被微生物污染，往往加入能抑制注射剂中微生物的生长的附加剂，即通常所说的抑菌剂。多剂量注射剂、采用滤过除菌法或无菌操作法或低温间歇灭菌法制备的注射剂均需加入一定量的抑菌剂。加有抑菌剂的注射剂，仍应采用适宜的方法灭菌。静脉输液与脑池内、硬膜外、椎管内用的注射剂均不得加抑菌剂。除另有规定外，一次注射量超过 15ml 的注射剂，不得加抑菌剂。

常用的抑菌剂为 0.5%苯酚、0.3%甲酚和 0.5%三氯叔丁醇等。

四、防止主药氧化的附加剂

有些药物在配制成注射剂后，会出现药液颜色加深、析出沉淀、药效减弱甚至消失以及产生毒性物质等现象，这些往往是由于注射剂中的主药在氧、金属离子等的作用下被氧化而变质的缘故。通常易发生氧化的药物有含酚羟基药物(水杨酸钠、肾上腺素等)、芳胺类药物(磺胺类钠盐、盐酸普鲁卡因胺等)及吡唑酮类药物(安乃近、氨基比林等)。为防止主药氧化，通常采取降低温度、避免光照、调至稳定性好的 pH、加入抗氧化剂、加入金属络合物控制微量金属离子、灌装时在内包装容器中通入惰性气体以驱尽氧气等措施。防止主药氧化的附加剂的作用机制如图 12-2 所示。

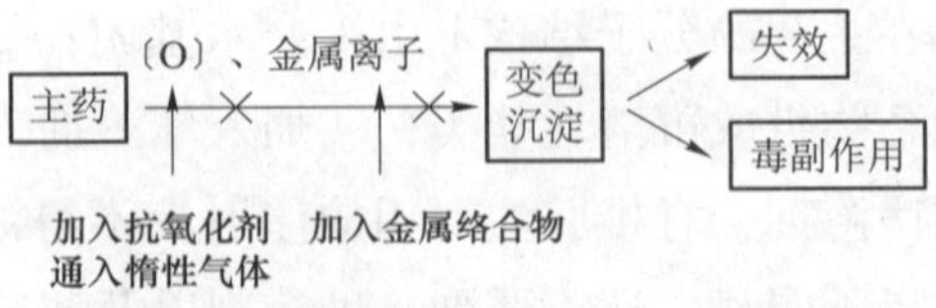

图 12-2　防止主药氧化的附加剂的作用机制

常用的抗氧化剂有亚硫酸钠、亚硫酸氢钠和焦亚硫酸钠等，一般浓度为 0.1%～0.2%。常用的金属络合物有乙二胺四乙酸（EDTA）、乙二胺四乙酸二钠（EDTA-Na）等，一般浓度为 0.03%～0.05%。接触空气易变质的药物，在灌装过程中，应排出容器内空气，可填充二氧化碳或氮气等气体，立即熔封或严封，这样二氧化碳或氮气置换了注射剂中及罐装容器中的氧气，抑制了氧化反应的发生。

五、减轻疼痛的附加剂

有些注射剂，为了解决其在医疗上的需要和药物稳定性，而不能兼顾最合适的酸碱度和渗透压，而有些药物本身就具有刺激性。在这些情况下，这类药物在进行肌内或皮下注射时，会对机体产生刺激而引起疼痛。为了减少注射剂造成的肌体的刺激与疼痛，除了采取一定注射技巧及相应措施外，通常在注射剂中还加入局部止痛剂。常用的有苯甲醇、盐酸普鲁卡因、三氯叔丁醇（药）等。

1. 苯甲醇　常用量为 0.5%～2.0%。连续注射可产生局部硬结，影响注射剂的吸收。在储存过程中可能会产生苯甲酸、苯甲醛等不溶性物质，会影响注射液的澄明度。苯甲醇肌内注射可造成臀肌挛缩症，特别是儿童甚至导致终身残疾。国家药品监督管理局下发了《关于加强苯甲醇注射液管理的通知》并且要求：凡处方中含有苯甲醇的注射液，其说明书应当明确标注“本品含苯甲醇，禁止用于儿童肌内注射”。凡使用苯甲醇作为溶媒的注射剂，其说明书必须明确标注“本品使用苯甲醇作为溶媒，禁止用于儿童肌内注射”。不良反应项应增加“反复肌内注射本品可引起臀肌挛缩症”；禁忌项增加“肌内注射禁用于学龄前儿童”。注意事项增加“本品不作青霉素的溶剂应用”等内容。

2. 盐酸普鲁卡因　常用量为 0.2%～1.0%。本品止痛时间较短，一般维持 1～2 小时。盐酸普鲁卡因注射液可有高敏反应和过敏反应，个别患者可出现高铁血红蛋白血症；剂量过大、吸收速度过快或误入血管可致中毒反应。因此使用含有局麻剂的药物时需要注意特别询问过敏史。

3. 三氯叔丁醇　常用量为 0.3%～0.5%。需要注意的是：疼痛必须是由主药本身引起的才能使用止痛剂，如果是其他因素（如 pH 不适当、渗透压不适当、一些杂质引发的疼痛等）引起的则不能使用。如果是 pH 或渗透压引起的疼痛，要将它们调整到适宜数值，如果是一些无效成分引发的疼痛则应改进工艺将其尽可能的除去。加入止痛剂容易掩盖注射剂本身的内在质量问题，必须慎用。

六、调节 pH 的附加剂

注射剂在制备时，常常要将注射剂调节到一定的 pH 范围。注射剂的 pH 不能超过人的生理耐受范围，一般注射剂的 pH 可在 4～9 之间。小量静脉注射剂，由于血液有缓冲作用，pH 可适当放宽，一般可在 3～10 之间。而大量输入时，如过酸或过碱，将会引起酸中毒或碱中毒，故以接近血液 pH 7.4 为宜。特别是脊髓腔注射，由于脊髓液少，仅 60～80ml，循环又慢，易受酸碱影响，因此，此类注射剂 pH 更应符合生理要求。此外，pH 还与注射液的化学稳定性及药物溶解性有关，所以规定注射液的 pH，要把三者统一起来考虑。

调整注射剂 pH 至适宜范围能够减少对机体的刺激，增强对机体的安全性；增加注射剂的稳定性；加速药物的吸收。常用调整 pH 的附加剂有酸（盐酸、枸橼酸等）、碱（氢氧化钠、氢氧化钾等）及缓冲液（磷酸氢二钠-磷酸二氢钠等）。

七、调节渗透压的附加剂

正常人体的血浆渗透压为 750kPa，凡是与血浆的渗透压相等的溶液称为等渗溶液，如 0.9% 的氯化钠溶液（生理盐水）、5% 的葡萄糖溶液。高于血浆渗透压的溶液称为高渗溶液（3.5% 的氯化钠溶液），低于血浆渗透压的溶液称为低渗溶液（如 0.4% 的氯化钠溶液）。肌内注射可耐受 0.45%~2.7% 的氯化钠溶液，若大量注入低渗溶液，可造成溶血。因此注射剂应调节其渗透压与血浆等渗。

常用的渗透压调节剂有氯化钠、葡萄糖等。常用渗透压的调整方法有冰点降低数据法和氯化钠等渗当量法。

1. 冰点降低数据法　血浆的冰点为 -0.52℃，根据物理化学原理，任何溶液如果将其冰点降低为 -0.52℃，即与血浆等渗，成为等渗溶液。常用药物 1% 水溶液的冰点降低数据，如表 12-2 所示。

表 12-2　一些药物水溶液的冰点降低值与氯化钠等渗当量

名称	1%（g/ml）水溶液	1g 药物氯化钠	等渗浓度溶液的溶血情况		
	冰点降低（℃）	等渗当量（E）	浓度（%）	溶血（%）	pH
硼酸	0.28	0.47	1.9	100	4.6
盐酸乙基吗啡	0.19	0.15	6.18	38	4.7
硫酸阿托品	0.08	0.1	8.85	0	5.0
盐酸可卡因	0.09	0.14	6.33	47	4.4
氯霉素	0.06				
依地酸钙钠	0.12	0.21	4.50	0	6.1
盐酸麻黄碱	0.13	0.28	3.2	96	5.9
无水葡萄糖	0.1	0.18	5.05	0	6.0
葡萄糖（含水）	0.091	0.61	5.51	0	5.9
氢溴酸后马托品	0.097	0.17	5.67	92	5.0
盐酸吗啡	0.086	0.15			
碳酸氢钠	0.381	0.65	1.39	0	8.3
氯化钠	0.58		0.9	0	6.7
青霉素 G 钾		0.16	5.48	0	6.2
硝酸毛果芸香碱	0.133	0.22			
聚山梨酯 80	0.01	0.02			
盐酸普鲁卡因	0.12	0.18	5.05	91	5.6
盐酸丁卡因	0.109	0.18			

低渗溶液调节为等渗溶液，加入等渗调节剂的量，可以根据公式计算得到，计算公式如下：

$$W=(0.52-a)/b \tag{12-1}$$

式中，W——配成 100ml 等渗溶液所需加入等渗调节剂的量(g)；a——未经调整的药物溶液的冰点降低值(若溶液中有两种或多种药物，或有其他附加剂时，则 a 为各药物冰点降低值的总和)；b——1%(g/ml)等渗调节剂水溶液所引起的冰点降低值。

例 配制 2% 的盐酸普鲁卡因溶液 100ml，用氯化钠调节等渗，求所需氯化钠的加入量。

查表 12-2 可知，2% 的盐酸普鲁卡因溶液的冰点下降度数 $a=0.12\times2=0.24℃$；1% 氯化钠溶液的冰点下降度数 $b=0.58℃$，代入上式得：

$$W=(0.52-0.24)/0.58=0.48(\%)$$

即配制 2% 的盐酸普鲁卡因溶液 100ml，需加入氯化钠 0.48g 调节等渗。

2. 氯化钠等渗当量法 氯化钠等渗当量是指与 1g 药物成等渗效应的氯化钠的质量(g)，其计算公式为：

$$x=0.9\%V-EW \tag{12-2}$$

式中，x——配制 Vml 等渗溶液需加氯化钠的克数；V——配制溶液的毫升数；E——药物的氯化钠等渗当量；W——Vml 内所含药物的克数。

例 配制 2% 的盐酸可卡因注射液 150ml，欲使其等渗，求需加入的氯化钠的量。

查表 12-2 可知，盐酸可卡因的 E 值为 0.14；2% 的盐酸可卡因注射液 150ml 所需的药物 W 为 3g。代入公式：

$$x=0.9\%V-EW=0.9\%\times150-0.14\times3=0.93\text{g}$$

即配制 2% 的盐酸可卡因注射液 150ml，需加入 0.93g 氯化钠才能调节成等渗溶液。

与红细胞膜张力相等的溶液被称为等张溶液，在等张溶液中既不会发生红细胞体积改变，更不会发生溶血，所以等张是个生物学概念。红细胞对于许多药物的水溶液来说都可视为理想的半透膜，溶剂可以自由通过，而溶质不能通过。因此对这些药物来说，它们的等渗浓度与等张浓度相等，如 0.9% 的氯化钠溶液既是等渗溶液也是等张溶液。但对于尿素、甘油等药物的水溶液，红细胞膜不是理想的半透膜，它们能自由出入细胞膜，使细胞外水分进入细胞内，使红细胞涨破而溶血。故而 1.9% 的尿素溶液、2.6% 的甘油溶液是等渗溶液而不是等张溶液。因此，在产品处方设计阶段，即使溶液为等渗溶液，也要进行溶血实验，因其不一定是等张溶液，可能会产生溶血现象。

第五节 注射剂的制备

扫码“学一学”

注射剂的生产工艺通常分为无菌生产工艺和最终灭菌工艺，其工艺流程如图 12-3、图 12-4 所示。

注射剂在生产中通常分为大容量注射剂、小容量注射剂、粉针剂(包括无菌分装粉针剂和冻干粉针剂)。通常条件下，注射剂的主要工艺包括：清洗和准备(包括物料和器具)、药液的配制(包括过滤)、灌装(包括粉末分装)和压塞、冻干(冻干制剂特有)、轧盖、灭菌、检查、包装。无论哪种制剂，它们的生产工艺大同小异，本节主要以最终灭菌小容量注射剂为例说明注射剂的制备。

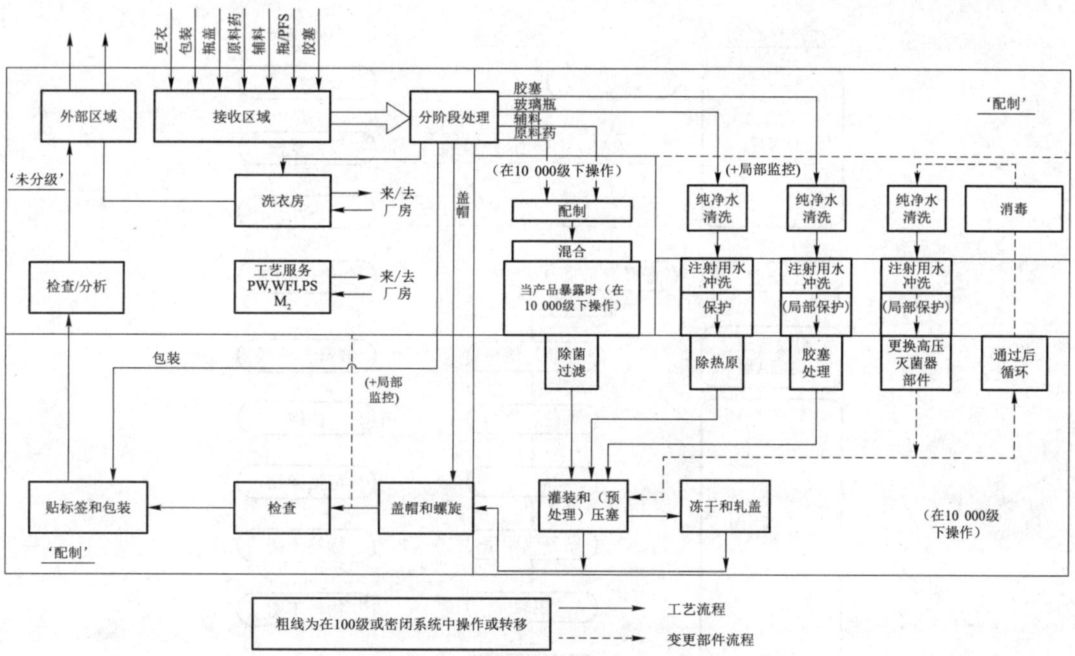

图 12-3　无菌生产工艺流程示意图

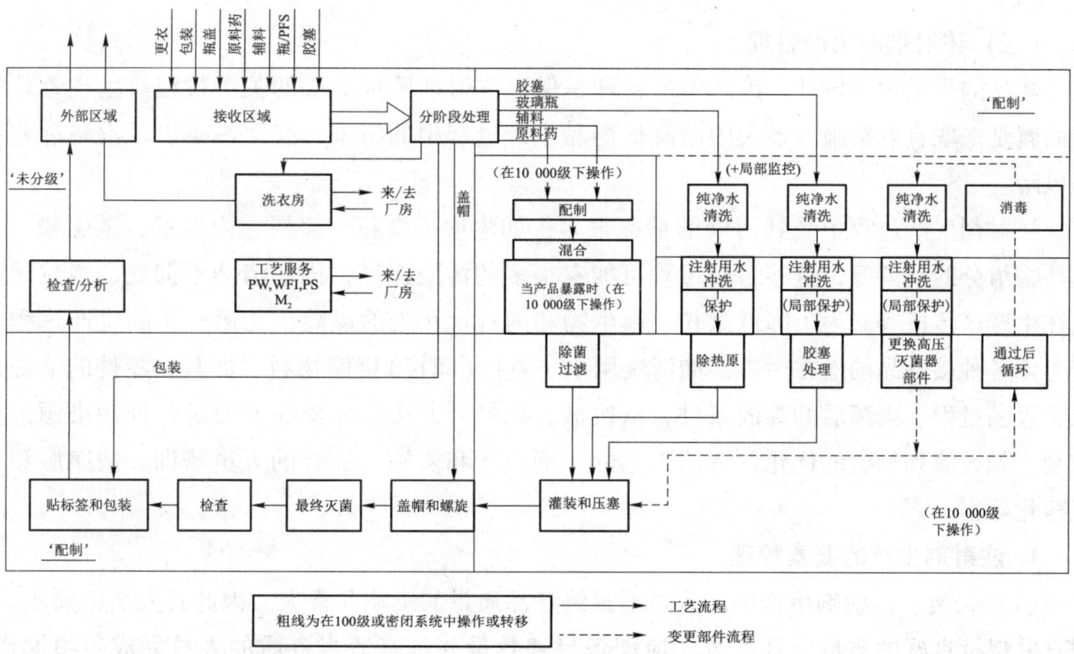

图 12-4　最终灭菌工艺流程示意图

一、注射剂制备工艺流程与管理

注射剂为无菌制剂，生产中不仅要按照生产工艺流程进行生产，还要按照 GMP 的要求进行严格的生产管理，这样才能保证产品的质量和用药安全。

（一）注射剂制备工艺流程

最终灭菌小容量注射剂生产工艺流程见图 12-5。

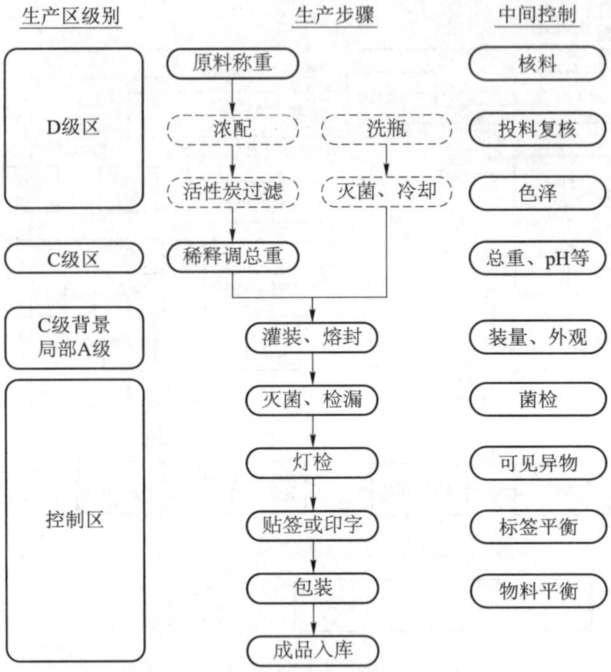

图 12-5　最终灭菌小容量注射剂生产工艺流程

（二）注射剂的生产管理

药品的质量源于设计，因此生产管理是保证注射剂质量形成的关键过程。生产管理的目的就是采取有效措施，最大限度降低药品生产过程中的污染、交叉污染以及混淆、差错等风险。

注射剂生产过程中受到污染的情况很多，如尘埃、微粒、碎屑、内毒素、微生物、其他药物组分的残留等，这些污染过程可能有很多的污染途径，比如清洁不彻底、微粒随空气在生产区传播等。为了降低微粒、微生物和内毒素污染的风险，无菌药物的生产过程中应考虑各种接触品的潜在污染，如清洗用水、直接(间接)接触物料、器具、零件的清洗过程、灭菌过程、灭菌后的存放条件，从机械、物料、方法、环境等方面对各种污染源进行控制，如人流和物流的优化、清洁工艺的正确设计和实施、综合的人员培训、洁净服和空气净化等。

1. 注射剂生产的要素管理

（1）人员　注射剂生产中，人员对最终产品质量的影响非常大。因此对人员的要求是：建立并保持良好的质量保证系统，应配备足够数量并具有适当资质的人员完成各项操作，所有人员应明确理解自己的职责，熟悉与之相关的 GMP 原则，并接受包括卫生学在内的良好的培训。为确保产品的无菌，注射剂生产操作人员始终按无菌技术操作，同时，无菌操作前及无菌操作全过程中，操作人员的活动应注意避免衣着遭受不必要的污染。

（2）设备　制药仪器、设备是直接与注射剂接触的装备，其质量直接影响药品的质量。因此注射剂的设备应满足生产工艺技术要求，使用过程中不污染产品和环境，有利于清洗、消毒或灭菌，能够符合设备验证的需要。

（3）物料　要对注射剂生产与质量管理全程进行有效的控制，首先就是对物料进行良好的质量控制。主要注意以下几个方面：①物料来源要稳定可靠；②在运输贮藏过程中要防止污染；③物料要有高于法定标准的内控标准（如根据工艺提出的相关物质等化学指标及根据剂型要求提出的微生物、内毒素等相关生测指标）。

（4）厂房设施　厂房设施的布局必须进行整体设计，在满足生产、设备和工艺布局要求下，同时考虑房间的特定功能，设计合适的气流方向，最佳的人流、物流方向，以便生产操作、清洁和维护。

一般而言，厂区设计时厂区功能可分为以下五类：①产品、部件的无菌操作区；②无菌操作区相邻接的物料/人员气锁；③无菌操作区关联密切的准备区；④无菌准备区的邻接区域，如物料气锁、人员的洁净更衣室、外包区等；⑤一般的辅助/支援功能区，如仓储、事务区、生活区、一般区外的无防护要求流通区、厂区更衣间等。

（5）公用系统　公用系统包括洁净厂房的空调净化系统、制药用水系统、压缩空气和惰性气体系统。

1）空调净化系统：安装空调净化系统的目的是为药品生产和质量控制提供适宜的环境，包括适当的洁净度、空气流向和温湿度。对注射剂而言，生产环境对产品的主要风险在于生产环境中的微生物和微粒可能对产品产生污染以及进入环境的药品成分以环境为媒介产生的交叉污染。因此，设计、安装空调净化系统时要尽可能降低这些风险因素。

2）制药用水系统：良好设计、建造、安装、验证、运行、维护的制药用水系统是保证药品生产和质量的基本条件。制药用水系原料药、辅料和各种制剂生产的基本原料和设备清洁的重要溶剂。注射剂溶液的配制、直接接触药品的包装材料和器具等最终清洗、A/B 级洁净区内消毒剂和清洁剂配制都需要使用注射用水，要符合国家规定的注射用水质量标准。

3）压缩空气和惰性气体系统：注射剂生产企业根据生产需要要配备压缩空气和惰性气体系统，其中，压缩空气常用于设备驱动，而惰性气体（通常为氮气）用于隔绝氧气保护药品。注射剂生产需要使用清洁的压缩空气和氮气，并且在进入无菌生产区或与无菌容器、物料接触前要进行除菌过滤。

2. 注射剂生产的关键控制项目

（1）内毒素的控制　注射制品的内毒素污染可能由于 GMP 控制不佳而发生。特定患者群（例如新生儿），对热原反应可能比根据正常健康成年人体重确定的限度预期反应更危险，这种临床影响使 GMP 控制内毒素变得更为重要。

内毒素的控制通常可划分为以下几方面。

（1）来源控制，控制物料、器具存放过程的条件，减少微生物滋生。

（2）通过清洗、灭菌降低微生物负荷，减少内毒素的生成。

（3）通过干热除热原或者其他手段对已存的内毒素进行破坏或去除。

（2）时限管理　众所周知，在一定的条件下，微生物将根据时间成几何级数的增长；灭菌后的材料在存放过程可能受到环境、人员的污染，出现微生物的滋生，进而影响产品的质量；部分注射制品在溶液或其他状态下存在不稳定性，极易降解，产生新的杂质；由此可见，时间对于微生物的滋生和制品的稳定性有一定的影响，因此，应该确定关键操作的时间限度，以保证制品无菌及其稳定。如某批次料液灌装后，可以对不同时段的中间产品进行直接取样送实验室检查，建立微生物、内毒素随时间的变化趋势关系，找到达到污染控制限度的时间点，从而确定下一工序的预留时间。

（3）批次划分　制药企业都要建立必要的药品批号管理文件，对药品批次划分进行明确规定。每个批次产品或亚批次产品应为具有预期均一质量和特性的一定数量的成品。如小容量注射剂使用同一配制罐一次配制的药液生产的产品，但使用不同的灭菌设备或者同一灭菌设备进行分次灭菌，则不能划分为同一个批次。

（4）清场管理　为了防止药品生产中不同批号、品种、规格之间的污染和交叉污染，各生产工序在生产结束、更换品种及规格或换批号前，应彻底清理及检查作业场所。清场的根本目的就是防止过程中的污染和混淆，其主要内容包括清除非生产用物品、将待用物品正确放置和标识、清洁物品、日常清洁等。

二、注射剂容器的选择和处理方法

（一）注射剂容器的种类

注射剂主要的容器有玻璃容器（玻璃安瓿、玻璃瓶等）和塑料容器［塑料安瓿、塑料瓶（袋）等］、预装式注射器等。

1. 玻璃容器　药用玻璃有三类：钠钙玻璃、低硼硅玻璃和国际中性玻璃。玻璃容器主要包括安瓿、西林瓶、输液瓶等。

（1）钠钙玻璃　钠钙玻璃的耐水性和耐化学腐蚀性相对较弱，一些偏酸或偏碱药品抽验时发现玻璃被侵蚀后产生脱片；一些 pH 敏感药品生物制剂等由于玻璃中的碱金属铝离子等溶出，导致药品 pH 升高、药液变色、出现可见异物等。目前国内使用的钠钙玻璃是经过内表面酸化处理的钠-钙-硅酸盐玻璃，它的内表面有一层很薄的富硅层，可增加玻璃的化学稳定性，但洗瓶和灌装消毒过程中会损伤极薄的富硅层而导致性能下降，因此钠钙玻璃仅适用于一次性使用的输液瓶。目前国内仍有少部分产品使用钠钙玻璃。

（2）低硼硅玻璃　为中性玻璃，该种玻璃中三氧化二硼含量为 5%～8%（一般为 6.5%），三氧化二硼是提高玻璃热稳定性和化学稳定性的主要成分，而且在一定的范围内，随着其含量的提高，玻璃的性能越好。一般稳定性使用低硼硅玻璃安瓿已足够，但对于一些酸性、碱性较强的品种，低硼硅玻璃安瓿就达不到药液要求。低硼硅玻璃的理化性较能好，但价格较贵。目前国内注射剂中低硼硅玻璃包材的应用最为广泛。

（3）国际中性玻璃　该玻璃中三氧化二硼含量大于 8%，具有优异的化学稳定性，能有效保护药品的化学性能，而且瓶折断部分的断口平滑无细微裂缝，不会有玻璃碎屑掉入药液，远优于钠钙玻璃。中性硼硅玻璃的检验项目在低硼硅玻璃安瓿的检验项目基础上增加了 98℃ 颗粒法耐水性、耐酸性及耐碱性的检查，其余检验项目虽相同，但是对标准都进行了相应修改，如线热膨胀系数由 $6.2 \sim 7.5 \times 10^{-6}/K$ 更改为到 $5 \times 10^{-6}/K$，线膨胀系数决定玻璃的热稳定性，反映了玻璃承受温度剧变的能力。目前国内少数合资和外资企业采用国际中性玻璃包材。

玻璃容器的优点在于成本低廉、可回收重复使用、不会产生严重的环境污染、气密性较好、光洁透明、耐高温、易消毒等。缺点在于质重、易碎、占用空间大，给运输与贮存带来不便；对于钠钙玻璃或低硼硅玻璃容器，灌装偏酸或偏碱的药物后易产生化学反应影响药品质量；玻璃瓶装的大输液在输注过程中易引起污染；玻璃安瓿折断曲颈时会产生大量玻璃微粒，导致药液被污染，同时也易造成护士意外伤害；玻璃安瓿标识不清晰，不便于高危药品管理等问题。

2. 塑料容器　塑料由树脂和添加剂组成，添加剂或助剂可以改善成型工艺性能、改善制品的使用性能或降低成本等。树脂的种类包括聚乙烯(EP)、聚丙烯(PP)等。塑料容器主要是用无毒聚氯乙烯(PVC)、聚乙烯(EP)、聚丙烯(PP)等塑料制成的容器，包括塑料安瓿、塑料输液瓶、多层共挤输液袋(三层、五层)等。

常用的塑料安瓿、塑料输液瓶主要的化学成分为聚乙烯(EP)、聚丙烯(PP)，材质不同，熔点不同，导致对高温灭菌的耐受性也不同。聚丙烯能够耐受121℃条件下的高温灭菌，聚乙烯则一般不能耐受110℃以上的灭菌。因自身材质的不同特点，决定了两者在应用上的区别：聚丙烯耐热性好，可121℃灭菌，透明度和强度也较高，普遍应用于可耐受终端灭菌的注射剂；聚乙烯为低密度聚乙烯，较多应用无菌工艺生产的注射剂。

多层共挤输液袋俗称软袋，是继玻璃瓶、塑料瓶后输液产品体系中更为理想的包装。目前临床上推广使用的有PVC塑料软袋和非PVC软袋两种。有三层和五层两种。如非PVC软袋的三层结构由苯乙烯、乙烯和丁烯共聚物等以不同配比组成。三层的非PVC软袋，外层为聚丙烯-苯乙烯、乙烯、丁烯共聚物，中层为聚丙烯/聚乙烯-苯乙烯、乙烯、丁烯共聚物，内层为聚丙烯-苯乙烯、乙烯、丁烯共聚物。五层的非PVC软袋：内层(封口层)为改性乙烯/丙烯聚合物、第二层为聚乙烯、第三层为聚乙烯、第四层为乙烯甲基丙烯酸酯聚合物、第五层为多酯共聚物。多层共挤输液袋主要用于输液剂的包装容器。

塑料容器由于材质的延展性高，不会产生碎屑，故能克服玻璃容器的缺点。塑料容器还有以下特点：采用扭力开瓶，旋转即可开瓶，操作方便；材质为聚乙烯，断口不锐利，不会划伤护理人员；标识采用彩色印刷标签，清晰易辨，便于识别，防止给药错误；材料结实，防撞击，便于运输和携带。

（二）注射剂容器的选择

注射剂容器的选择对于注射剂的质量的影响最大，如碳酸氢钠注射液为碱性药物，目前主要采用药用玻璃瓶(钠钙玻璃和低硼硅玻璃)包装，塑包和软袋包装仅占15%左右，该注射剂的药品质量问题较为普遍。碳酸氢钠水溶液遇热不稳定，在灌装过程会进行高温灭菌，当温度在100℃以上时碳酸氢钠部分分解生成碳酸钠，增加了药液pH以及对钠钙玻璃瓶的腐蚀性，放置过程中易出现小粒子异物，甚至是过滤灭菌法配制的溶液，放置中仍出现沉淀物。此沉淀物主要是碳酸钙、碳酸镁及其他碱金属，产生的主要原因，一是碳酸氢钠注射液对玻璃容器有腐蚀作用，可使溶液产生玻璃片；二是玻璃瓶中含少量钙、镁等杂质，可与药液作用形成碳酸钙、碳酸镁的小白点或形成雾状微粒。

注射剂中的颗粒对人体有极大的危害，主要有：①可引起血栓形成，造成局部堵塞及供血不足；②颗粒随血流进入肺毛细血管，引起巨噬细胞增殖而形成肉芽肿，可直接干扰肺、脾、脑、心、肝、肾等脏器的功能，甚至危及生命；③微粒堵塞可造成栓塞，容易发生在脑、肺、肾、肝或眼底，从而造成不同程度的坏死或损伤；④静脉中若含有7～12μm的微粒将会引起致癌性反应，淋巴管肿瘤、胸膜和腹膜间皮瘤可由玻璃微粒引起；⑤会产生热原样反应；⑥玻璃粒子进入血管可能造成患者周围血管衰竭死亡。因此，注射剂容器的选择直接关系到用药安全，必须严格论证，确保将风险降低到最低。

注射剂容器选择时，要考虑以下几个方面。

1. 必须要选择通过国家药品监督管理局审批的获得注册证的容器，且其质量应符合经审批颁布的质量标准。

2. 应根据注射剂本身的热稳定性能达到的最高无菌保证水平，选择容器，而不是根据包装材料的耐热性确定与其相适应的灭菌工艺条件。不能因为容器材料的耐热性，降低产品本身应该达到的无菌保证水平。

3. 应选择与药品相容性良好，或是未发生引发药品安全性风险的相互作用的容器。根据不同给药途径制剂与容器发生相互作用的风险分级，注射剂(特别是注射液)属高风险级别，即与容器发生相互作用的可能性较大，故应进行容器与药品的相容性研究，证实所用容器与药品具有良好的相容性与安全性。

4. 根据注射剂的细分类别(注射液、无菌粉末、冻干粉末)、剂量(大或小容量)、给药、考虑原材料的性质和考虑总体包装功能(产品相容性、功能设计、生产效率、原料成本、生产成本和使用者的便利等因素)，选择包装材料的形式。由于注射剂产品是风险最高的剂型，除相容性之外，包材的洁净度(微生物和颗粒等)控制与保持也非常重要。

5. 不同材质的容器，考查的重点也不同，主要考查重点如下。

(1) 玻璃容器　重点考察玻璃中碱性离子的释放对药液 pH 的影响；有害金属元素的释放；不同温度(尤其冷冻干燥时)、不溶性微粒(或脱片试验)、不同酸碱度条件下玻璃的脱片；含有着色剂的避光玻璃被某些波长的光线透过，使药物分解；玻璃对药物的吸附以及玻璃容器问题等。

(2) 塑料容器　重点考察水蒸气、氧气的渗入；水分、挥发性药物的透出；脂溶性药物向塑料的转移；塑料对药物的吸附；溶剂与塑料的作用；塑料中添加剂、加工时分解产物对药物的影响；微粒，密封性等问题。

6. 除另有规准定外，容器应符合有关注射用玻璃容器和塑料容器的国家标规定，同时，要考虑国家针对某些特殊注射剂的包装要求。

如国家食品药品监督管理局于 2012 年 11 月发布了《关于加强药用玻璃包装注射剂药品监督管理的通知》(食药监办注［2012］132 号)，规定“对生物制品、偏酸、偏碱及对 pH 敏感的注射剂，应选择 212℃颗粒法耐水性为Ⅰ级及内表面耐水性为 HCI 级的药用玻璃或其他适宜的包装材料。”

小容量注射剂根据工艺可分为三类：溶液型小容量注射剂、无菌分装粉末小容量注射剂、冻干无菌粉末小容量注射剂。溶液型小容量注射剂采用安瓿包装；无菌分装粉末小容量注射剂采用硼硅玻璃注射剂管制瓶(西林瓶)、低硼硅玻璃注射剂管制瓶或钠钙玻璃模制注射剂瓶；冻干无菌粉末小容量注射剂采用硼硅玻璃注射剂管制瓶或低硼硅玻璃注射剂管制瓶。目前，塑料安瓿的包装形式也逐步用于包装 20ml 以下的糖、盐水。

最终灭菌小容量注射剂的容器常用的是安瓿，分为玻璃安瓿和塑料安瓿两种。玻璃安瓿与塑料安瓿各方面性能的比较，如表 12-3 所示。

表 12-3　玻璃安瓿与塑料安瓿性能比较

	玻璃安瓿	塑料安瓿	
		聚乙烯安瓿	聚丙烯安瓿
材质组成	主要成分：氧化硅、氧化硼、氧化铝	聚乙烯	聚丙烯
	添加剂多为钠、钾、镁、钙、锂等元素的氧化物	不含添加剂或含添加剂	均含有抗氧剂等多种类型添加剂
	透明光洁，易清洗	透光性相对较差	透光性相对较差

续表

	玻璃安瓿	塑料安瓿	
		聚乙烯安瓿	聚丙烯安瓿
物化性能	耐受121℃高温灭菌 不通透，密封性好 可能形成玻璃脱片 可能析出无机盐离子，其中铝离子析出，毒性大	一般不耐受110℃以上温度灭菌 半通透性 无玻璃脱片 可能析出添加剂，包括抗氧剂金属离子等	耐受121℃高温灭菌
药物相容性	对高pH含有缓冲盐成分的药物，不相容的风险大	对高pH含有缓冲盐成分的药物，不相容的风险相对较小	
适用性	绝对密封，适用于易氧化的药物 用于非终端灭菌注射剂的生产时，生产过程中染菌风险大	对易氧化药物因透气性能不适用 用于终端灭菌或非终端灭菌注射剂，使用BFS技术，无菌保证水平高	
临床使用	打开时易产生玻璃屑污染药物，注入人体导致血管堵塞；易扎手，增加医护人员感染风险	打开时完全无玻璃屑污染、无玻璃扎手的风险	
贮存运输	易碎、重量大，运输贮存均不便	不易碎、重量轻，易于运输贮存	
环境影响	玻璃废弃物，回收利用价值不大	塑料废弃物，易于回收利用	

塑料安瓿在我国还没有普及，生产中最常用的是玻璃安瓿。安瓿的容积通常1ml、2ml、5ml、10ml、20ml等几种规格。安瓿的形状为玻璃管制曲颈安瓿（图12-6所示），其特点是装入药液后安瓿空间小，适于承装易氧化的药物，因其颈细，易于切割，也称易折安瓿。易折安瓿有两种：色环易折安瓿和点刻痕易折安瓿。色环易折安瓿是将一种膨胀系数高于安瓿玻璃两倍的低熔点粉末熔固在安瓿颈部成为环状，冷却后由于两种玻璃的膨胀系数不同，在环状部位产生一圈永久应力，用力一折即可平整折断，不易产生玻璃碎屑。点刻痕易折安瓿是在曲颈部位有一细微刻痕，在刻痕上方中心标有直径2mm的色点，折断时，施力于刻痕中间的背面，折断后断面平整。易折安瓿避免了使用时因折断安瓿颈部产生的玻璃屑、玻璃微粒对药液的污染。新国标GB 2637-1995规定水针剂使用的安瓿一律为曲颈易折安瓿。多数安瓿用无色玻璃制成，有利于检查药液澄明度。对需遮光药品的水针剂，采用棕色玻璃制造安瓿。

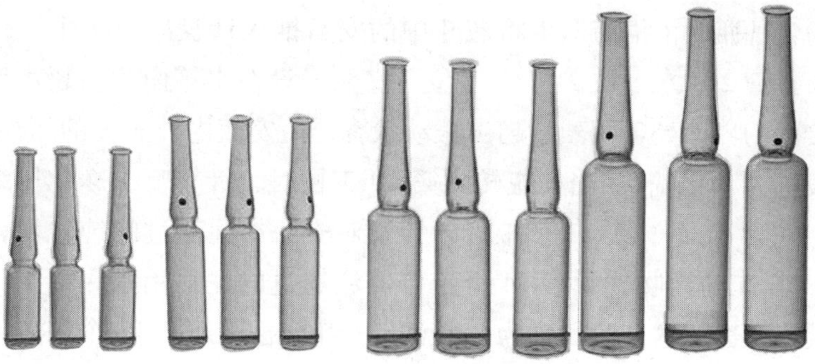

图12-6　曲颈易折安瓿

对于最终小容量注射剂来说，药液灌装后要进行高温灭菌，还要适应不同环境的长期储存，因此，安瓿的质量对于注射剂的稳定性影响很大。对于安瓿的质量要求主要有：①应无色透明，以便于检查澄明度、杂质及变质情况；②具低膨胀性、高耐热性，生产过程中不易爆裂；③要具有足够的物理强度，能耐受清洗和灭菌时的较高压力，并在储运过程中不易破损；④有高度的化学稳定性，不和溶液发生任何反应；⑤熔点低易于熔封；⑥不得有气泡、麻点及砂砾等。同时，安瓿包装件应贮存在清洁、通风、干燥、无污染的室内，贮存期不宜超过 12 个月。

（三）注射剂容器的处理

安瓿在制造和运输中难免受到污染，必须经过处理才可以使用。安瓿的处理包括清洗、干燥和灭菌，如图 12-7 所示。

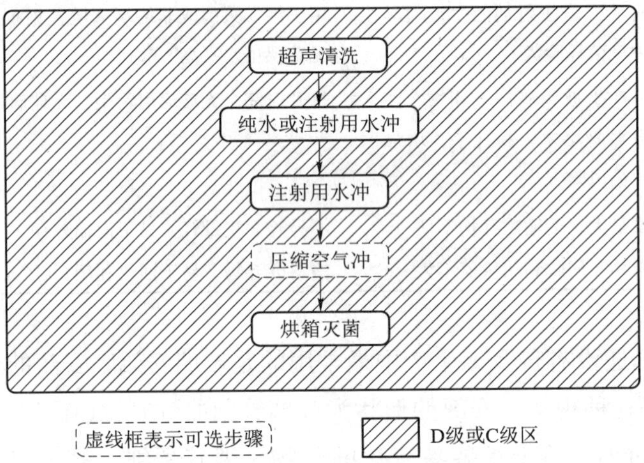

图 12-7　安瓿清洗和准备的工艺流程图

1. 安瓿的清洗　清洗的目的是去除玻璃容器表面的尘埃、微量游离碱，通常采用超声波全自动清洗机进行清洗。

清洗过程主要为粗洗和精洗，粗洗指玻璃容器经纯化水浸泡后用超声波预处理，通过超声波产生的“空化”作用使附着在其内外壁的异物脱落。精洗是指针管插入瓶内进行内壁水气交替冲洗、同时外壁接受喷淋，通过水、气压力精洗、吹干，最终完成玻璃容器的清洗。安瓿清洗主要步骤为：超声波→通过喷嘴用纯化水或注射用水喷淋内外→用注射用水喷淋→通入无菌过滤的压缩空气吹干(必要时)。以安瓿的清洗采用 CAZ-97 型超声波安瓿洗瓶机为例，说明安瓿的清洗过程，如图 12-8 所示。

具体步骤为：洗瓶时由推瓶器 1 将瓶斗中的安瓿推入针盘的第 1 个工位。当针盘转到第 2 个工位时由针管 2 注水。从 2~7 个工位，安瓿浸没在水箱内，在超声波发生器的作用下，安瓿与水接触的界面处于剧烈的超声振动状态，使安瓿内外表面的污垢受冲击，溶解、剥落，这一阶段称为“粗洗”。当安瓿转到第 10 工位时，针管喷出净化压缩空气将安瓿内部的污水吹净。在第 11 个、第 12 个工位，针管对安瓿冲注滤过的纯化水，对安瓿再次进行冲洗。到第 13 个工位再吹气，第 14 个工位冲注滤过的注射用水，第 15 个工位再吹气。至此，安瓿已洗涤干净，这一阶段称为“精洗”。当安瓿转到第 18 个工位时，针管再次对安瓿吹气并利用气压将安瓿从针管架上推离出来，安瓿由出瓶器送入输送带。在整个超声波洗瓶过程中，安瓿均处于倒置状态，压缩空气及洗涤用水按气→水→气→水→气顺序洗

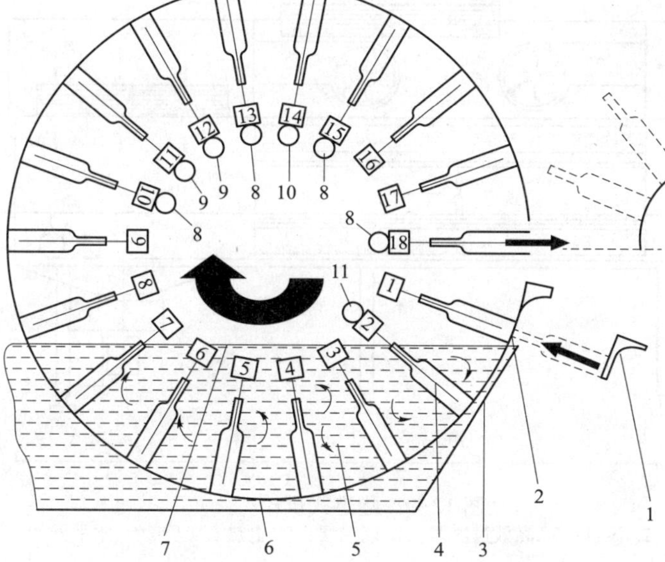

图 12-8　超声波洗瓶机工作原理示意图

1. 推瓶器；2. 引导器；3. 水箱；4. 针管；5. 超声波；6. 瓶底座；
7. 液位；8. 压缩空气；9. 循环水；10. 注射用水

涤。为保证清洗质量，洗涤水温度应控制在 40～50℃，压缩空气及洗涤用水应采用 0.45μm 或 0.22μm 膜滤器做终端滤过。

清洗时要注意：①用过滤的纯化水或注射用水进行喷淋时，应确保用水能在规定时间内排干，否则含有微粒的清洗用水在容器内流转过后，微粒不会随水流走，而是残留在容器内；②冲淋容器时的进水量应控制，以确保在容器内表面实现气体/液体的边界层效应；③无菌容器须使用注射用水作为最终的清洗介质，且清洁剂不能掺有任何添加剂。纯化水仅适用于初始清洗步骤；④在整个超声波洗瓶过程中，应注意水槽内不断将杂质排出溢流口，并补充新鲜洁净的注射用水，严格执行操作规程。

2. 安瓿的干燥与灭菌　安瓿洗涤后，一般要在烘箱内用 120～140℃温度干燥 2 小时以上。用于盛装无菌操作的药液或低温灭菌制品的安瓿，须用 180℃/1.5 小时干热灭菌或 160～170℃/2～4 小时，或在隧道内 350℃/5 分钟，以彻底干燥和破坏热原。大生产中多采用隧道式烘箱（图 12-9），主要由红外线发射装置和安瓿自动传送装置组成，温度为 270～350℃，有利于玻璃容器的烘干、灭菌连续化。

隧道式烘箱由低温区、灭菌区、冷却区三部分组成。在低温区，由室温升至 100℃左右，大部分水分在这里蒸发；在灭菌区，温度达 270～350℃，残余水分进一步蒸干，细菌及热原被杀灭；在冷却区，由高温降至 100℃左右，使玻璃容器降温后传送至下一道工序灌封区。

层流的作用是形成垂直气流空气幕，一则保证隧道的进、出口与外部污染的隔离；二则保证出口处安瓿的冷却降温。外部空气经风机前后的两级过滤达到一百级净化气要求。

不同的玻璃容器，其灭菌的温度和时间也不同，如西林瓶厚度大于安瓿，因此灭菌的温度、时间高于安瓿，因此灭菌西林瓶的隧道烘箱灭菌区的长度要长于灭菌安瓿的。

安瓿处理后，通过缓冲区进入 B 级洁净区，然后被转移至配有层流的灌装设备或净化

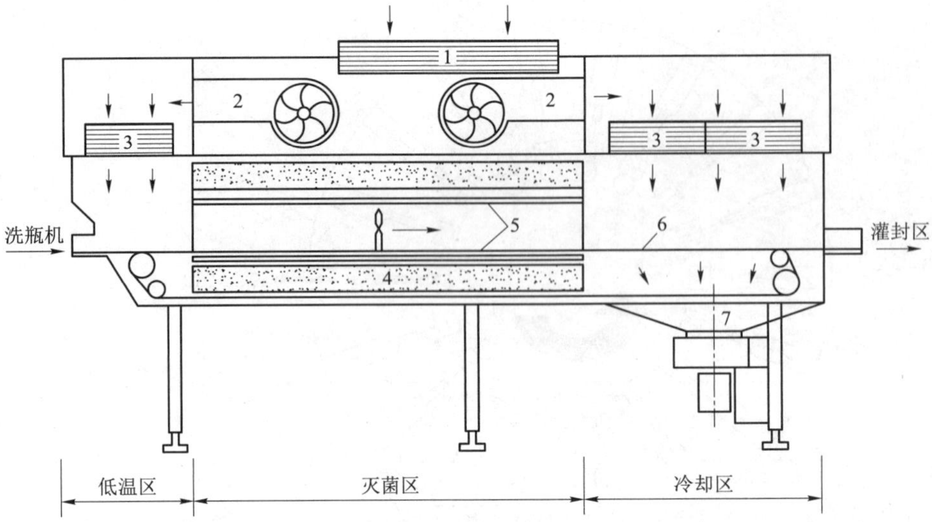

图 12-9　隧道式烘箱
1. 中效过滤器；2. 风机；3. 高效过滤器；4. 隔热层；5. 电热石英管；6. 水平网带；7. 排风

操作台上进行药液灌装。灭菌的安瓿应在 24 小时内使用，存放柜应有净化空气保护。

三、注射剂的配制

药液的配制就是按照工艺要求把各种活性成分、辅料以及溶解性成分进行配制，并按照一定的顺序进行混合，制成批配制溶液，以待下一步的灌装。配制可以包括固体活性成分的溶解或者简单的液体混合以及更为复杂的操作（如乳化或形成脂质体等）。在注射剂生产中应尽可能缩短配制时间，防治微生物与热原的污染及原料药物变质。

（一）投料量计算

配液时应按处方规定和原辅料化验测定的含量结果计算出每种原辅料的投料量，并应两人核对。在计算用量时应考虑以下因素。

1. 注射剂灭菌后含量有下降者，应酌情增加投料量。

2. 药物含结晶水应注意处方是否要求换算成无水药物的用量。例如，5% 的葡萄糖应按无水葡萄糖计算，则含一个结晶水的葡萄糖按 5. 05% ~5. 51% 计算投料量。

3. 实际配液量必须包括应增加的装量。为保证注射用量不低于标示量，灌装标示装量为不大于 50ml 的注射剂，应按表 12-4 所示适当增加装量。除另有规定外，多剂量包装的注射剂，每一容器的装量一般不得超过 10 次注射量，增加的装量应能保证每次注射用量。

表 12-4　注射剂装量的增加量

标示装量（ml）	增加量（ml）	
	易流动液	黏稠液
0. 5	0. 10	0. 12
1	0. 10	0. 15
2	0. 15	0. 25
5	0. 30	0. 50
10	0. 50	0. 70
20	0. 60	0. 90
50	1. 0	1. 5

（二）理论、实际用量计算

在投料之前，应根据处方规定用量、原料实际含量、成品含量及损耗等计算所有成分的实际投料量。

原料实际用量＝原料理论用量×成品标示量/原料实际含量

原料理论用量＝实际配液数×成品含量%

实际配液数＝实际灌装数+实际灌装时损耗量

例　某药厂欲制备 2ml 装量的 2% 盐酸普鲁卡因注射液 5 万只，原料实际含量为 98.0%，假定实际灌注时有 5% 损耗，计算需投料多少？

实际灌注量＝(2+0.15)×50 000＝107 500ml（其中，0.15ml 为 2ml 注射液的装量增量）

实际配液量＝107 500+107 500×5%＝112 875ml

原料理论用量＝112 875×2%＝2257.5g

原料实际用量＝2257.5×100%÷98%＝2303.6g（药典规定该注射液的含量应为标示量的 95.0%～105.0%，取平均值 100%）

即：原料的实际投料量为 2303.6g。

（三）配制用具的选择与处理

药液配制主要设备由溶解罐、浓配罐、稀配灌（各种灌配有不锈钢搅拌、磁力搅拌等）、输送泵、称重仪高位槽、各类过滤器等单元组成，与药液接触部分全部采用不锈钢制造，具有加热、冷却和保温、搅拌、调配等功能。配料罐和稀配罐主要用于药液配制、贮存及药液灌装时的搅拌混合；配制罐和稀配罐等亦有全封闭型的，并配有搅拌设备或自旋转清洗球、空气呼吸器、液位计、温度计等，或配有在线灭菌设施、保温夹套等。

配液用的器具均应用化学稳定性好的材料制成，常用的有玻璃、不锈钢、耐酸碱搪瓷或无毒聚氯乙烯等。对于可以进行干热灭菌的器具，如称量药物所用烧杯、表面皿、搅棒、盛装注射用水的瓶或量筒以及调配调节液的容量瓶；盛装过滤后药液的瓶以及灌装所用玻璃管道与泵等，首先要在清洗后用洗液处理表面，要求所有与药液可能接触的表面都能得到处理，然后再用大量注射用水清洗干净，清洗过的器皿应将开口保护好，并有防污染措施。同时，它们必须经 250℃/1 小时干热处理以去除热原。对于不适宜干热灭菌的关键生产用具，如不锈钢制品、过滤品、连接组件、硅胶管、止血钳；冻干所用框、盘；装量检测用量筒，织物等，应拆开用注射用水冲洗后，包扎好，送入灭菌箱进行灭菌，灭菌应达到 121℃/30 分钟。

（四）药液配制方法

药液配制方法主要有浓配法和稀配法两种方法。

1. 浓配法　即将全部原辅料加入部分溶剂中配成浓溶液，经加热或冷藏、过滤等处理后，再根据含量测定结果稀释至所需浓度。该方法适用于质量较差的原料，溶解度小的杂质在浓配时可以滤过除去；对于不易滤清的药液，可加入配液量 0.02%～1% 针用一级活性炭，煮沸片刻，放冷至 50℃再脱炭过滤。另外，活性炭在微酸性条件下吸附作用强，在碱性溶液中有时出现脱吸附，反而使药液中杂质增加。

2. 稀配法　是将原料一次性加入所需的溶剂中，一次配成所需的浓度。原料质量好、药液浓度不高或配液量不大时常采用稀配法。

配制油溶液，一般先将注射用油经 150～160℃干热灭菌 1～2 小时，冷却后再进行配制。

配制应在洁净的环境中进行，一般不要求无菌；配好后，应进行半成品质量检查，包括 pH、含量等，合格后才能滤过。

在实际生产中，生产企业常采用浓配-稀配两步法进行最终灭菌小容量注射剂配制，其配制流程如图 12-10 所示。通过加入活性炭粉末于热的浓溶液中，以吸附分子量较大的杂质，如细菌内毒素。但建议慎用活性炭，原因是：①活性炭中的可溶性杂质将进入药液不易除去；②容易污染洁净区和空调净化系统；③必须对活性炭的用量，加入工序、加热温度及时间进行控制和确认。因原料等因素，有些企业将浓配和稀配分别设置，也有些企业将二者合并在一个区内完成。对于风险高的产品的配制应该在 C 级区进行。

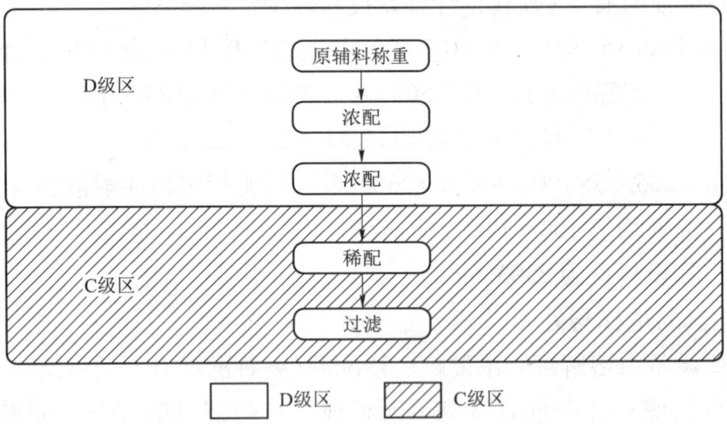

图 12-10　最终灭菌小容量注射剂配制流程

从风险评估的角度，更合理的配制工艺是一步配制法。即将原料一次性加入所需的溶剂中，一次配成所需浓度的溶液。当然，该方法的前提是原辅料的质量足够好。

四、注射剂的滤过

滤过是注射剂制备的重要步骤，是保证药液澄明度的关键工序。滤过是以某种多孔物质作为介质，通过机械过筛或滤器的深层截留，将流体中大小不同的组分进行分离的技术。按照过滤介质的孔径和所能截留的物质的大小，又可分为粗滤、微滤、超滤、反渗透等多种形式，如图 12-11 所示。

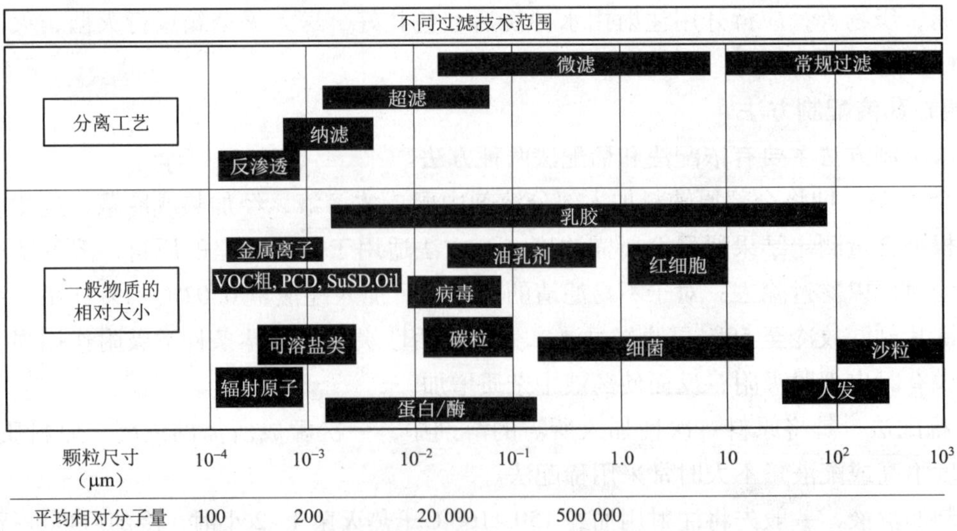

图 12-11　不同过滤技术范围

粗滤一般是指截留物直径大于 10μm 的过滤，广泛应用于药液的澄清、细胞碎片的去除等。微滤(MF)一般是指孔径 0.1~10μm 的滤过，主要目的是去除微生物和药液中的小型颗粒。例如：0.65μm 过滤器常用于对真菌的去除，绝对孔径 0.22μm 过滤器常用作除菌过滤，而 0.1μm 的过滤器广泛用于去除血清中的支原体。超滤使用在对高分子物质的纯化和浓缩工艺中，例如用于蛋白质、脂肪、糖类、核酸物质的纯化工艺中。此外，超滤还常用于去除一些低分子药品中的热原。反渗透主要用于纯化水的制备。

过滤后的药液，必须经澄明度检测合格，方可进行后续灌装工序。

（一）滤器

常用滤器有砂滤棒过滤器、垂熔玻璃器、微孔滤膜过滤器等。各种滤器性能不同，适用范围也不同，需要根据实际情况合理选用，才能达到理想过滤目的。

1. 砂滤棒过滤器　砂滤棒过滤器(图 12-12)是用钢板制成的密封容器和滤棒(为过滤介质，也称砂芯)组合配套而成，分上下两层，中间由隔水板(又称盘板、篦子)隔开。滤棒有两种，一种是硅藻土滤棒，质地较松散，用于黏度高、浓度较大滤液的滤过；另一种为多孔素瓷滤棒，质地致密，滤速慢，用于低黏度液体的滤过。常用于注射液的粗滤，用后一般先用自来水反复冲洗，用毛刷刷洗表面，用蒸馏水煮沸 30 分钟，再用注射用水抽洗至澄明备用。

2. 垂熔玻璃器　垂熔玻璃器根据形状分为垂熔玻璃漏斗、滤球及滤棒三种，如图 12-13 所示。按孔径分为 1~6 号，生产厂家不同，代号也有差异。垂熔玻璃器主要用于注射剂的精滤或膜滤前的预滤。一般上海产的垂熔玻璃器 3 号多用于常压过滤，4 号用于加压或减压过滤，6 号作除菌过滤。该滤器的特点是性质稳定，除强酸与氢氟酸外，一般不受药液影响，不改变药液的 pH；过滤时不掉渣，吸附性低；滤器可热压灭菌和用于加压过滤；但价格贵，质脆易破裂。垂熔玻璃滤器用后要用蒸馏水反复抽洗，并用 1%~2% 硝酸钠硫酸溶液浸泡 12~24 小时，再用注射用水抽洗至澄明备用。

图 12-12　砂滤棒过滤器

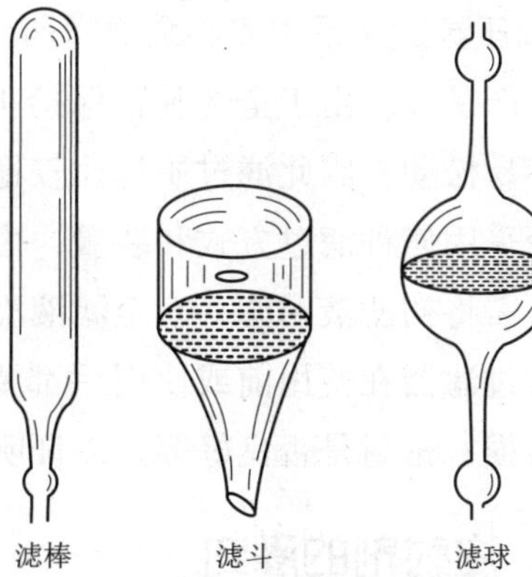

图 12-13　垂熔玻璃器

3. 微孔滤膜过滤器　在注射剂生产中，微滤技术被广泛使用。用于注射剂药液的澄清、纯化和除菌。在生产中使用的滤器，根据使用目的不同，分为澄清过滤器、预过滤过滤器和除菌过滤器。其中，除菌过滤器应用更广泛，图 12-14 展示了微滤在最终灭菌工艺中的应用。

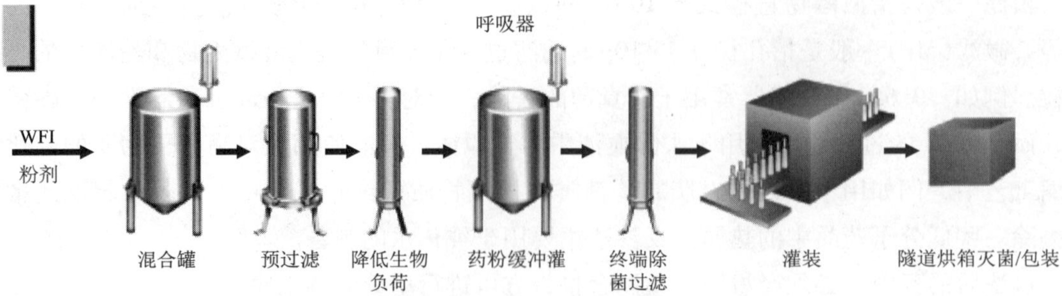

图 12-14　微滤在最终灭菌工艺中的应用

微孔滤膜过滤器(图 12-15)是注射剂生产中应用最广泛的过滤器，其膜材质常用的为纤维酯膜、尼龙膜、聚四氟乙烯膜等，孔隙率为 80%，孔径为 0.025～14μm，注射剂生产中常用 0.55～0.8μm 去除微粒，用 0.22μm 除菌。微孔滤膜过滤器的优点是孔径小、均匀，截留能力强；滤速快；无介质脱落；不影响药液的 pH；吸附性小，不滞留药液；无交叉污染；但其缺点是易堵塞、易破碎。

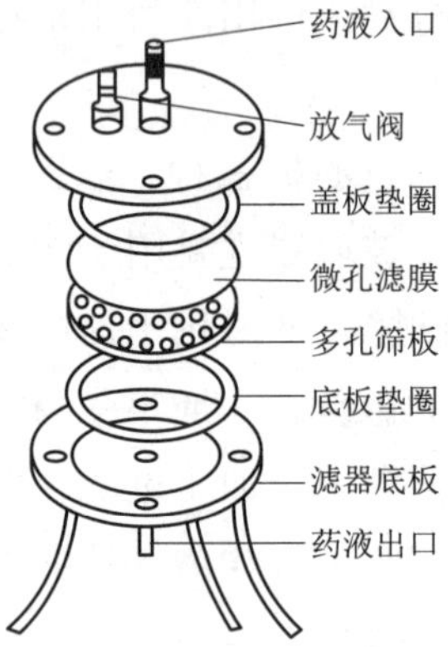

图 12-15　微孔滤膜过滤器

微孔滤膜过滤器使用前，滤膜应放在 70℃左右的注射用水中浸泡 12 小时以上，临用时再用注射用水反复冲洗后装入滤器中。

（二）过滤的方法

1. 自然滤过　通常采用高位静压滤过装置。该装置适用于楼房，配液间和储液罐在楼上，待滤药液通过管道自然流入滤器，滤液流入楼下的贮液瓶或直接灌入容器。利用液位差形成的静压，促使经过滤器的滤材自然滤过。此法简便、压力稳定、质量好，但滤速慢。

2. 减压滤过　是在滤液贮存器上不断抽去空气，形成一种负压，促使在滤器上方的药液经滤材流入滤液贮存器内。

3. 加压滤过　系用离心泵输送药液通过滤器进行滤过。其特点是：压力稳定、滤速快、质量好、产量高。由于全部装置保持正压，空气中的微生物和微粒不易侵入滤过系统，同时滤层不易松动，因此滤过质量比较稳定。适用于配液、滤过、灌封在同一平面工作。

不论采用何种滤过方式和装置，由于滤材的孔径不可能完全一致，故最初的滤液不一定澄明，需将初滤液回滤，直至滤液澄明度完全合格后，方可正式滤过，供灌封。

各种过滤器在使用前或使用后都要做膜完整性试验，以检查过滤器安装是否正确、膜是否有破损、密封是否良好等，以证明过滤过程是有效的。

五、注射剂的灌封

灌封是将过滤的药液，定量地灌装到安瓿中并加以封闭的过程。包括灌注药液和封口两步，是注射剂生产中保证无菌的最关键操作。药液的灌封必须在无菌环境下进行。并应尽量采用自动化灌封系统。若全自动化设备安装在隔离器内，将最大限度地减少污染风险，能使微生物污染的概率远远低 10^{-3} 的水平。对于可最终灭菌的药液灌装，该类灌装操作可在 C 级洁净区内进行，即执行 A/C 级下小容量灌装。最终灭菌小容量注射剂灌装工艺流程如图 12-16 所示。

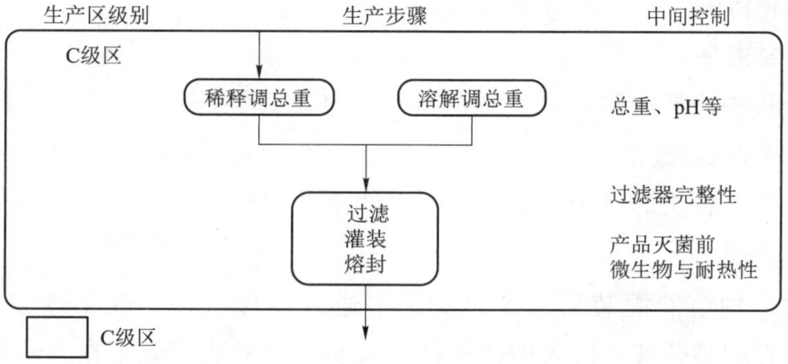

图 12-16 最终灭菌小容量注射剂灌装工艺流程

（一）药液灌装

药液灌装就是通过一定的计量装置将过滤后的药液，定量地灌注到经过清洗、干燥及灭菌处理的安瓿中的过程。

工业生产中药液灌装通常由全自动灌装机来完成，药液灌注过程为：送瓶→灌注针头下降→灌注药液→灌注针头上升→送瓶进入封口工序，同时灌注器吸入药液，如此反复。

以 LAG-2 安瓿拉丝灌封机灌封部分为例，该灌装机构的执行动作由凸轮-杠杆机构、注射灌液机构、缺瓶止灌机构三个分支机构组成(图 12-17)。

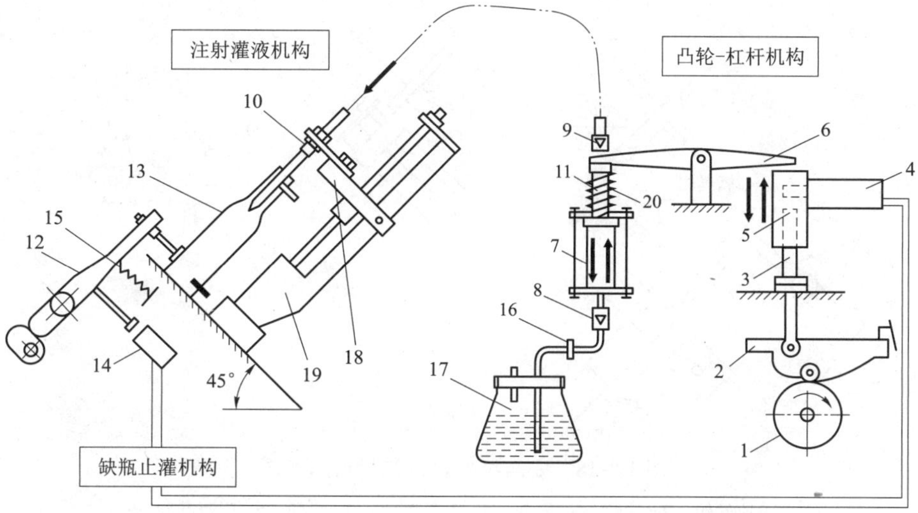

图 12-17 安瓿拉丝灌封机灌装示意图

1. 凸轮；2. 扇形板；3. 顶杆；4. 电磁阀；5. 顶杆座；6. 压杆；7. 针筒；8，9. 单向玻璃阀；10. 针头；11. 压簧；12. 摆杆；13. 安瓿；14. 行程开关；15. 拉簧；16. 螺丝夹；17. 贮液罐；18. 针头托架；19. 针头托架座；20. 针筒芯

凸轮-杠杆机构：针筒 7 内的筒芯作上、下往复运动，将一定量药液从贮液罐 17 中吸入针筒 7 内并输向针头 10 进行定量灌装。

注射灌液机构：提供针头 10 进出安瓿灌注药液的动作。一般灌注前在安瓿内通入惰性气体如氮气或二氧化碳以置换安瓿中的空气(称前充气)，灌注后通入惰性气体以增加制剂的稳定性(称后充气)。充气针头与灌液针头并列安装在同一针头托架上，一起动作。

缺瓶止灌机构：当送瓶机构因某种故障致使在灌液工位出现缺瓶时，能自动停止灌液，以免药液的浪费和污染。

药液灌装的要求是：

（1）灌装过程中应严密防止微生物的污染，已配好的药液应在规定时限内进行灌装，保证无菌、热原符合要求。

（2）灌装管道、针头等使用前用注射用水洗净并湿热灭菌，必要时应干热灭菌。应选用不脱落微粒的软管。

（3）易氧化药物溶液灌装后，需向安瓿中通入惰性气体，以驱逐空气防药物氧化。1~2ml 的安瓿常在灌装药液后通入惰性气体，而 5ml 以上的安瓿则在药液灌装前后各通一次。在灌封操作过程中要注意气体压力的变化，保证充填足够的惰性气体。

（4）灌装计量要准确，灌装的药量要比标示量稍多，以抵偿在给药时由于瓶壁黏附和注射器及针头的吸留而造成的损失。具体装量要求见表 12-4。

（5）药液要不沾瓶壁，以免产生焦头。

（二）封口

药液灌装后要立即封口，安瓿瓶通常采用旋转拉丝封口，由安瓿拉丝封口机完成。封口机由压瓶、加热和拉丝三个机构组成，现以 LAG-2 安瓿拉丝灌封机气动拉丝封口机构为例说明封口过程，如图 12-18 所示。

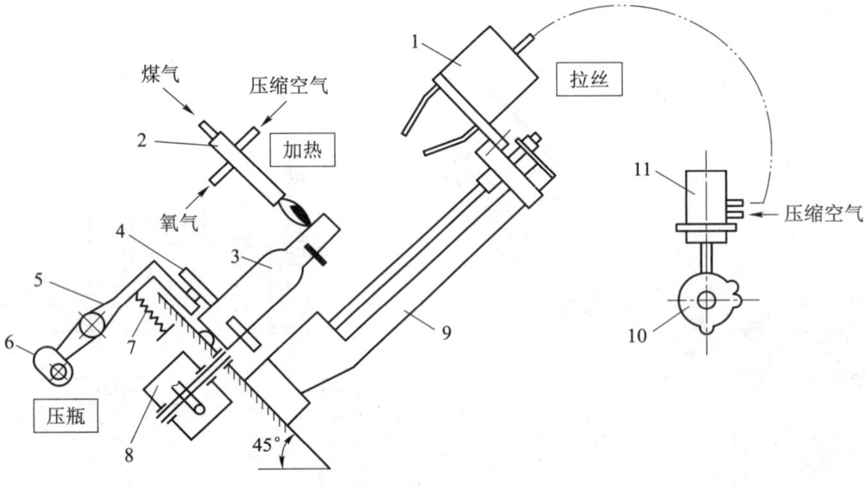

图 12-18　安瓿拉丝封口机封口示意图

1. 拉丝钳；2. 喷嘴；3. 安瓿；4. 压瓶滚轮；5. 摆杆；6. 压瓶凸轮；7. 拉簧；8. 蜗轮蜗杆箱；9. 钳座；10. 凸轮；11. 气阀

其封口过程为：①安瓿到达封口工位，被压瓶滚轮压住不能移动，但安瓿绕自身轴线转动；②高温火焰均匀加热使安瓿瓶颈处于熔融状态；③拉丝钳钳住安瓿头部并上移拉成丝头，使安瓿封口；④当拉丝钳上升到一定位置时，钳口再次启闭二次，拉断并甩掉玻璃丝头，完成封口。封口要求圆整光滑，无焦头、鼓泡、封口不严等现象。

对封口的要求是：安瓿熔封应严密、不漏气、安瓿封口后长短整齐一致，颈端应圆整光滑、无尖头和小泡。灌封后应及时抽取少量半成品检查澄明度、装量、封口等质量状况。

在灌封中常出现一些问题，具体的问题及分析见表 12-5。

表 12-5 最终灭菌小容量注射剂(A/C 级)灌封过程中常见问题及分析应对

可能出现的问题	原因	预防措施
安瓿瓶颈因药液变湿	灌装头定位不正确	检查灌装头的定位
	灌装头弯折	矫正
安瓿内药液表面产生泡沫	泵的灌装压力过高	降低设备速度
	灌装头横截面太小	选择大横截面
	药液液滴高度太高	降低灌装头深度
	灌装头太接近安瓿底部	抬升灌装头高度
灌装头漏液	泵的回吸作用太小	改变回吸作用的控制
	灌装头的压力管太长	缩短软管长度，必要时采用硬质材料

目前，很多企业将安瓿清洗、烘干、灭菌、灌装药液、封口这几个步骤连接起来，利用安瓿洗烘灌封联动机组来进行自动化的生产，极大提高了产品质量和生产效率。安瓿洗烘灌封联动机组由安瓿超声波清洗机、烘干灭菌机和安瓿灌封机等 3 台单机组成，具有设备紧凑、生产能力高、符合 GMP 要求、产品质量高等优点，如图 12-19 所示。

图 12-19 安瓿洗烘灌封联动机组

六、注射剂的灭菌与检漏

（一）灭菌

安瓿灌封后应立即灭菌，从配液到灭菌要求在 12 小时内完成。除无菌操作生产的注射剂外，所有的注射剂灌封后都应及时灭菌。注射剂的灭菌要求是既能有效杀灭微生物，以保证用药安全；又能避免药物的降解，以免影响药效。灭菌与保持药物稳定性是矛盾的两个方面，灭菌温度高、时间长，容易把微生物杀灭，但却不利于药液的稳定，因此选择适宜的灭菌法对保证产品质量甚为重要。

灭菌方法有多种，湿热灭菌是最常用的方法。根据药液中原辅料的性质，来选择不同的灭菌方法和时间。通常对于热稳定的注射液，可以采用 121℃，灭菌 15 分钟的条件灭菌；对于热不稳定的注射液，要适当降低灭菌温度，延长灭菌时间，可以采用 117℃ 灭菌 40 分钟的条件进行灭菌。无论采用什么样的灭菌条件，必须要求按灭菌效果 F_0 大于 8 进行验证。注射剂灭菌后要及时进行无菌检查，无菌检查合格才能证明灭菌合格。

（二）检漏

注射剂在灭菌时或灭菌后，应采用减压法或其他适宜的方法进行容器检漏。若安瓿未严密熔合，有毛细孔或微小裂缝存在，则药液易被微生物与污物污染或药物泄漏，污损包装，应检查剔除。检漏的方法有两种：一种方法是采用灭菌检漏两用的灭菌器（将灭菌、检漏结合进行），当灭菌程序完成后，待温度稍降，进入检漏程序，抽气至一定真空度后，再灌入色水(0.05%曙红或亚甲蓝)及通入空气。由于漏气安瓿中的空气被抽出，当空气放入时，有色溶液即借大气压力压入漏气安瓿内，使破损安瓿瓶染色而被检出。检漏后的安瓿应及时冲去外壁的色水以便后续进行灯检。此种方法适用于无色或颜色浅的注射液。另一种方法将安瓿倒置进行热压灭菌，灭菌时安瓿内气体膨胀，将药液从漏气的细孔挤出，使药液减少或成空安瓿而剔除。此种方法适用于深色注射液的检漏。

七、注射剂的质量检查

除另有规定外，注射剂应进行以下相应检查。

（一）装量

注射液及注射用浓溶液照下述方法检查，应符合规定。

单剂量供试品标示装量不大于2ml者，取供试品5支(瓶)；2ml以上至50ml者，取供试品3支(瓶)。开启时注意避免损失，将内容物分别用相应体积的干燥注射器及注射针头抽尽，然后缓慢连续地注入经标化的量入式量筒内(量筒的大小应使待测体积至少占其额定体积的40%，不排尽针头中的液体)，在室温下检视。测定油溶液、乳状液或混悬液时，应先加温摇匀，再用干燥注射器及注射针头抽尽后，同前法操作，放冷，检视。每支(瓶)的装量均不得少于其标示量。

生物制品多剂量供试品：取供试品1支(瓶)，按标示的剂量数和每剂的装量，分别用注射器抽出，按上述步骤测定单次剂量，应不低于标示量。

标示装量为50ml以上的注射液及注射用浓溶液照最低装量检查法(通则0942)检查，应符合规定。

也可采用重量除以相对密度计算装量。准确量取供试品，精密称定，求出每1ml供试品的重量(即供试品的相对密度)；精密称定用干燥注射器及注射针头抽出或直接缓慢倾出供试品内容物的重量，再除以供试品相对密度，得出相应的装量。

预装式注射器和弹筒式装置的供试品标示装量不大于2ml者，取供试品5支(瓶)；2ml以上至50ml者，取供试品3支(瓶)。供试品与所配注射器、针头或活塞装配后将供试品缓慢连续注入容器(不排尽针头中的液体)，按单剂量供试品要求进行装量检查，应不低于标示量。

（二）装量差异

除另有规定外，注射用无菌粉末照下述方法检查，应符合规定。

取供试品5瓶(支)，除去标签、铝盖，容器外壁用乙醇擦净，干燥，开启时应注意气压平衡并避免玻璃屑等异物落入容器中，分别迅速精密称定，容器为玻璃瓶的注射用无菌粉末，首先小心开启内塞使容器内外气压平衡，盖紧后精密称定。然后倾出内容物，容器用水或乙醇洗净，在适宜条件下干燥后，再分别精密称定每一容器的重量，求出每瓶(支)的装量与平均装量。每瓶(支)装量与平均装量相比较如有标示装量，则与标示装量相比较，应符合下列规定，如有1瓶(支)不符合规定，应另取10瓶(支)复试，应符合规定。装量差异限度见表12-6。

表12-6 注射剂装量差异限度

平均装量或标示装量	装量差异限度(%)
0.05g及0.05g以下	±15
0.05g以上至0.15g	±10
0.15g以上至0.50g	±7
0.5g以上	±5

凡规定检查含量均匀度的注射用无菌粉末，一般不再进行装量差异检查。

(三) 渗透压摩尔浓度

除另有规定外，静脉输液及椎管注射用注射液按各品种项下的规定，照渗透压摩尔浓度测定法(通则0632)检查，应符合规定。

(四) 可见异物

除另有规定外，照可见异物检查法(通则0904)检查，应符合规定。

(五) 不溶性微粒

除另有规定外，用于静脉注射、静脉滴注、鞘内注射、椎管内注射的溶液型的注射液、注射用无菌粉末及注射用浓溶液照不溶性微粒检查法(通则0903)检查，均应符合规定。

(六) 无菌

照无菌检查法(通则1101)检查，应符合规定。

(七) 细菌内毒素或热原

除另有规定外，静脉用注射剂按各品种项下的规定，照细菌内毒素检查法(通则1143)或热原检查法(通则1142)检查，应符合规定。

(八) 其他

其他项目有关物质、降压物质检查、异常毒性检查、pH值测定、刺激性等应根据具体的品种要求进行检查，要符合国家现行质量标准。

八、注射剂的印字和包装

此为注射剂生产的最后一步，包括安瓿印字、装盒、加说明书、贴标签等工序。安瓿的印字要求字迹清晰整齐、内容完整正确，瓶身清洁。印字内容包括品名、规格、批号、厂名及批准文号。经印字后的安瓿，即可装入纸盒内，盒外应贴标签，标明注射剂名称、内装支数、每支装量及主药含量、附加剂名称、批号、制造日期与有效期、商标、卫生主管部门批准文号及应用范围、用量、禁忌、贮藏方法等。产品还附有详细说明书。

九、举例

例1 维生素C注射液

维生素注射液(抗坏血酸)临床上用于预防及治疗坏血病，并用于出血性鼻、肺、肾、子宫及其他器官的出血，肌内注射或静脉注射。

【处方】维生素 C(主药)　　125g

EDTA(络合剂)　　0.05g

$NaHCO_3$(pH 调节剂)　　49g

$NaHSO_3$(抗氧剂)　　2.0g

加注射用水至　　1000ml

【制法】先取配制量80%的注射用水，通 CO_2 至饱和，加维生素 C 原料搅拌溶解，分次缓缓加入 $NaHCO_3$，搅拌使其完成溶解，加入预先配好的 EDTA 和 $NaHSO_3$，搅拌均匀，调节 pH 为 6.0~6.2，添加 CO_2 饱和的注射用水至足量，测 pH5.85~5.95，含量合格，过滤澄明，溶液中通入 CO_2，并在 CO_2 或 N_2 气流下灌封，100℃流通蒸汽灭菌 15 分钟。

【注意】

1. 维生素 C 分子式中有烯二醇式结构，显强酸性，注射时刺激性大，故加入 $NaHCO_3$ 调节 pH，以减轻肌肉疼痛感，增加产品稳定性。

2. 本品易氧化水解，原料辅料的质量特别是主料和 $NaHCO_3$ 的质量是影响药物质量的关键，空气中的氧气、溶液 pH 和金属离子(特别是 Cu^{2+})对其稳定性影响更大。因此处方中加入抗氧剂、络合剂和 pH 调节剂，工艺中还采用全过程用惰性气体保护等措施以保护产品的稳定性。但实验表明：抗氧剂只能改善本品色泽，对含量几乎没有影响，亚硫酸盐和半胱盐对本品色泽改善作用明显。

3. 本品温度和灭菌时间对稳定性影响较大，实验表明：100℃流通蒸汽灭菌 15 分钟，对本品含量、色泽及内毒素效果最佳，故采用 100℃流通蒸汽灭菌 15 分钟。

例 2　盐酸普鲁卡因注射液

为盐酸普鲁卡因加氯化钠适量使成等渗的灭菌水溶液，含盐酸普鲁卡因($C_{13}H_{20}N_2O_2 \cdot HCl$)应为标示量的 95.0%~105.0%。为局部麻醉药，用于浸润麻醉、阻滞麻醉、腰椎麻醉、硬膜外麻醉及封闭疗法等。

【处方】盐酸普鲁卡因(主药)　　20.0g

氯化钠(渗透压调节剂)　　4.0g

盐酸(0.1mol/L)(pH 调节剂)　　适量

加注射用水至 1000ml

【制法】取注射用水约 800ml，加入氯化钠，搅拌溶解，再加入盐酸普鲁卡因使之溶解，用 0.1mol/L 的盐酸溶液调节 pH 至 4.0~4.5，加入注射用水至全量搅匀，滤过，灌封于安瓿中，用流通蒸汽 100℃，30 分钟灭菌。

【注意】

1. 本品为脂类药物，极易水解，水解产物无明显麻醉作用，保证本品稳定性的关键是调节溶液的 pH，本品 pH 应控制在 4.0~4.5。灭菌时间不宜过长，温度不宜过高。

2. 氯化钠用于调节等渗，实验表明，还有增加溶液稳定性的作用。未加氯化钠的处方，一个月分解 1.23%，加 0.85% 氯化钠的溶液，仅分解 0.4%。

扫码“学一学”

第六节　中药注射剂

中药注射剂是指以中医药理论为指导，采用现代科学技术和方法，从中药或天然药物的单方或复方中提取的有效物质制成的无菌溶液、混悬液或临用前配成液体的无菌粉末供注入人体的制剂。

中药注射剂的主要特点有：①药效迅速作用可靠；②适用于不宜口服的药物；③适用于不能口服给药的患者，如不能吞咽或昏迷的患者；④可以产生局部定位作用，如复方茵陈注射液、复方大青叶注射液、柴胡注射液、参附注射液等；⑤中药注射剂的安全试验、毒性试验要求严格；⑥制备工艺复杂，质量不稳定，易引起疼痛等。

一、中药注射剂的制备

（一）工艺流程

中药注射剂生产过程可根据制品的要求按分散系统分类，中药注射剂可分为溶液型注射剂、混悬液型注射剂、乳浊液型注射剂和注射用无菌粉针剂等类型。

1. 溶液型注射剂　溶液型注射剂是中药注射剂中的一种常见的制剂，对于易溶于水或水的复合溶媒（如水溶液加入一定比例量的乙醇、丙二醇、甘油等其他溶媒）而且在该溶媒体系稳定的中药有效提取物质，则制成水溶液或水的复合溶液。通常的制备方法是：

原药材→经过前处理的净药材→净药材提取浓缩→提取液精制纯化→药液的配制→经过除菌过滤的药液→制品的内包装容器→药液灌装灭菌（或不灭菌）→检漏→灯检→包装→成品。

2. 混悬液型注射剂　水难溶性药物或注射后要求延长药效作用的药物，可制成水或油的混悬液。这类注射剂一般仅供肌内注射或局部注射，但临床应用较少。通常的制备方法是：

原药材→经过前处理的净药材→净药材提取浓缩→提取液精制纯化→固体药物的分散配制→经过除菌过滤的药液→制品的内包装容器→药液灌装→灭菌（或不灭菌）→检漏→灯检→包装→成品。

3. 乳浊液型注射剂　水不溶性液体药物（如药用植物油），根据临床治疗需要可以制成O/W型乳浊液型注射剂，例如抗肿瘤药物鸦胆子静脉注射乳剂。通常的制备方法是：

原药材→经过前处理的净药材→净药材提取浓缩→提取液精制纯化→配制液的搅拌分散及高压匀化→经过除菌过滤的药液→制品的内包装容器→药液灌装→灭菌（或不灭菌）→检漏→灯检→包装→成品。

4. 注射用无菌粉针剂　将供注射用的灭菌粉状药物装入安瓿或其他适宜容器中，或者是将无菌溶液装入安瓿或其他适宜容器中经冷冻干燥法制得无菌粉末，临用前用适当的溶剂溶解或混悬的制剂。如双黄连粉针、丹参粉针等。通常的制备方法是：

（1）无菌水溶液冷冻干燥法　原药材→经过前处理的净药材→净药材提取浓缩→提取液精制纯化→固体药物的分散配制→经过除菌过滤的药液→制品的内包装容器→药液灌装→冻结真空干燥→冻干机干燥箱体内密封容器→检漏→灯检→包装→成品。

（2）无菌粉末直接分装法　原药材→经过前处理的净药材→净药材提取浓缩→提取液精制纯化→固体药物的分散配制→药液除菌过滤→制品容器（托盘）→药液灌装→冻结真空干燥→粉碎过筛→粉末分装入无菌容器→密封容器→检漏→灯检→包装→成品。

（二）中药注射剂的制备

以最终灭菌小容量注射剂为例。中药注射剂生产一般包括：中药前处理、中药有效成分的提取与纯化、制剂生产三个步骤。其中，最后一个步骤制剂生产与普通注射剂的生产工艺基本一致。

1. 中药前处理

（1）净制　净制是药材在炮制、调配或制剂之前，选取规定的药用部位，去除杂质和非药部分，以符合用药要求的操作过程。净制是将药材净选和清洗的过程，净制工序的工作内容包括以下几个部分。

1）挑选：找出混在药材中的杂质、变质品，并按大小分档。

2）筛选：依据药材和杂质的性状大小不同，选用不同规格的筛子，筛除夹杂的泥沙、杂质或分开药材大小。

3）风选：利用药物和杂质的轻重不同，借助风力将杂质与药材分开操作。通过扬簸或扇风去除杂质。

4）漂洗：将药材通过洗涤或水漂，除去杂质和毒性成分。

（2）软化　软化是指将干燥的药材经水处理，使药材吸收一定量的水分，使质地由硬变软，以便于切制。软化的目的主要为：①洁净药物，除去泥沙杂质；②调整或缓和药性，降低毒性；③软化药材，便于切制饮片。软化的方法有淋法、洗法、泡法、漂法、润法等。

（3）切制　切制是指将软化后的药材切成一定规格的片、丝、段等的炮制技术。主要采用手工切、机械切、刨、锉、劈等方法切制药材成一定规格，然后进行干燥，以便于贮藏和保存药效。

（4）炮炙　通过炒、炙、煅、蒸和煮等方法将药物进一步加工，药材的药效得以提高、药物毒性或副作用得以降低或消除。

2. 中药注射剂原液的制备

（1）蒸馏法　本法提取挥发性成分。如：柴胡、野菊花、鱼腥草、艾叶、徐长卿、防风、细辛、大蒜、薄荷、荆芥等均宜用蒸馏法提取有效成分。

方法：系指将药材粗粉或薄片放入蒸馏器内，加水适量，待充分吸水膨胀后，加热蒸馏或通水蒸气蒸馏，收集馏出液。若药材中有效成分为挥发油或其他挥发性成分，则可存在于馏出液内。为提高蒸馏效率和防止有效成分被热破坏，也可采用减压蒸馏法。

注意：①挥发油饱和水溶液澄明度较差时，加少量精制滑石粉或硅藻土吸附滤过，还可加适量增溶剂；②蒸馏法制得的原液，不含或少含电解质，渗透压偏低，直接配制需要加适量的氯化钠调整渗透压。

（2）水提醇沉法　本法适用于既溶于水又溶于醇的成分，利用在水中或乙醇中不同溶解度的特性。

方法：处方中药材加水煎煮，提取出有效成分，如：生物碱盐、苷类、有机酸类、氨基酸、多糖类等；同时也提出一些水溶性杂质，如：淀粉、蛋白质、黏液质、鞣质、色素、无机盐等。若往水煎液中加入适量乙醇，可以改变杂质溶解性能而将杂质部分或全部除去。

当乙醇浓度达到60%~70%时，除鞣质、树脂等外，其他杂质已基本上沉淀而除去。如果分2~3次加入乙醇，浓度又逐步提高，最终达到75%~80%，则除去杂质的效果更好。

药液醇沉时，一般放置12~24小时或24小时以上，若能低温冷藏则更有利于杂质的充分沉淀。

水煎液往往还含有一些水不溶性杂质，醇沉也难以除去，应在醇沉、滤过、回收乙醇后，再加水混匀，冷藏 24 小时，又可除去一些杂质。如此醇、水交替处理，杂质除得完全，有利于提高注射液的澄明度。

注意：鞣质、水溶性色素、树脂不能完全除去。

（3）醇提水沉法　本法适用于既溶于醇又溶于水的成分。

方法：将中药原料用一定浓度的乙醇用渗漉法、回流法提取，即可提取出生物碱及其盐、苷类、挥发油及有机酸类等；虽然多糖类、蛋白质、淀粉等无效成分不易溶出，但树脂、油脂、色素等杂质却仍可提出。为此，醇提取液经回收乙醇后，再加水处理，并冷藏一定时间，可使杂质沉淀而除去。

40%~50%的乙醇可提取强心苷、鞣质、蒽醌及其苷、苦味质等；60%~70%乙醇可提取苷类；更高浓度乙醇则可用于生物碱、挥发油、树脂和叶绿素的提取。

注意：①鞣质、水溶性色素、树脂不能完全除去；②脂溶性色素较多，溶液颜色较深。

（4）双提法　蒸馏法与水醇法的结合。

如果处方内药材既需要挥发性成分，又需要不挥发性成分时，可采用“双提法”。双提法是先将药材用蒸馏法提出挥发性成分，再以水提醇沉法或其他方法提取不挥发性成分，最后将两部分合并，供配注射液用。

（5）超滤法　中药水煎液中有效成分的相对分子量多在 1000 以下，而一般无效成分（鞣质、蛋白质、树脂等）分子量较大，在常温和一定压力下（外源氮气压或真空泵压），将中药提取液通过一种装有高分子多微孔膜的超滤器，可达到去除杂质、保留有效成分的目的。

常用的高分子膜有醋酸纤维膜（CA 膜）、聚砜膜（PS 膜）等。通常选用截留蛋白质相对分子量为 10 000~30 000 的膜孔范围，用于中药注射剂的制备。

本法的特点是：①以水为溶剂，保持传统的煎煮方法；②操作条件温和，不加热，不用有机溶剂，有利于保持原药材的生物活性和有效成分的稳定性；③易于除去鞣质等杂质，注射剂的澄明度和稳定性较好。

此外，尚有透析法、离子交换法、有机溶剂萃取法、树脂吸附法、酸碱沉淀法、反渗透法、石硫法、离子交换法可供选用。

3. 制剂生产　与普通注射剂的生产工艺基本一致。

（1）将原料依据配方要求计算用量。

（2）选择适宜的配制方法进行配制。

（3）滤过　采用各种方法去除不溶性杂质，使其澄明，并去除微粒、细菌和热原等。

（4）灌封。

（5）灭菌、检漏　从配制至灭菌必须在 12 小时内完成，灭菌时应当注意保持注射剂中相关成分的稳定，而且灭菌后达到无菌要求。

（6）质量检查　包括装量检查、澄明度检查、热原检查、无菌检查、不溶性微粒检查等。

（7）印字与包装。

二、中药注射剂存在的问题及解决方法

中药注射剂最早出现在20世纪30年代，由医务人员首创试制成功的柴胡注射剂，对流行性感冒治疗效果良好，受到患者的欢迎。20世纪80年代，中药注射剂在急症治疗方面发挥了较大作用，如抗休克的生脉注射液、参脉注射液、参附注射液；治疗冠心病、心绞痛的丹参注射液、哌克昔林注射液、脉络宁注射液；镇惊、开窍的牛黄醒脑静注射液、清开灵注射液；抗菌抗炎作用的茵栀黄注射液等已被广大医务工作者与患者所接受。

中药注射剂是中医临床治疗危急重症的一种较好的速效剂型。目前，生产质量还存在一些问题，主要表现如下。

（一）澄明度问题

澄明度是中药注射剂稳定性考核项目之一，也是评价其质量的重要指标。中药注射剂因制备工艺条件的问题在灭菌后或在贮藏过程中产生浑浊或沉淀，出现澄明度不合格。一般解决的方法如下。

1. 去除杂质　中药注射剂制备过程中，一些高分子化合物如鞣质、淀粉、树胶、果胶、黏液质、树脂、色素等杂质，在前处理过程中未能除尽，当温度、pH因素变化时，这些成分就会进一步聚合变性，使溶液呈现浑浊或出现沉淀；同时，有些注射剂中含有的成分，本身不够稳定，在制备或贮藏过程中发生水解、氧化等反应，也会使注射剂澄明度受影响。因此，在制备时，应当根据中药所含成分的性质，采取合适的提取工艺，尽可能除尽杂质，并在操作过程中注意保持相关成分的稳定。

2. 调节药液的pH　药液pH与注射剂的澄明度关系较大，中药中某些成分的溶解性能与溶液的pH相关，若pH调节不当，则容易产生沉淀。一般碱性的有效成分（如生物碱类），药液宜调节至偏酸性；酸性的、弱酸性的有效成分（如有机酸等），药液宜调节至偏碱性。这样在适宜的pH条件下药液中的有效成分可保持较好的溶解性能。

3. 采取热处理冷藏措施　中药注射剂中所含的高分子物质，呈胶体分散状态，具有热力学不稳定性及药动力学不稳定性，易受温度影响，或在放置时胶体粒子的运动碰撞，导致胶粒聚集而使药液浑浊或沉淀。因此，在注射剂灌封前，先对药液进行热处理冷藏，以加速药液中胶体杂质的凝结，然后过滤，除去杂质沉淀后再灌封，采取这种措施可明显提高注射液的澄明度及稳定性。

4. 合理选用注射剂的附加剂　有些中药注射剂的本身含有的成分溶解度小，经灭菌或放置后，也可部分析出，加入合适的增溶剂、助溶剂或使用复合溶剂则可使澄明度得到改善。

5. 应用超滤技术　超滤技术能选择性地去除药液中的大分子杂质，保留小分子有效成分。

（二）刺激性问题

中药注射剂使用过程中产生的刺激性问题，也是限制中药注射剂应用范围扩大的重要原因。引起中药注射剂刺激性的原因很多，一般解决的方法如下。

1. 消除有效成分本身的刺激性　注射剂的某些成分，注射时本身就有较强的刺激性，因此，在不影响疗效的前提下，可通过降低药物浓度、调整pH或酌情添加止痛剂的方法来减少刺激性。

2. 去除杂质　中药注射剂中存在杂质，特别是鞣质含量高时，可使注射部位产生肿痛或硬结，药液中钾离子浓度高，也可产生刺激性。应通过适当工艺措施去除杂质。

3. 调整药液 pH　注射剂的 pH 过高或过低，均可刺激局部，引起疼痛，应在配制药液时注意调节。

4. 调整药液渗透压　药液的渗透压不当，也会产生刺激性，尽可能调节成等渗溶液。

（三）疗效问题

中药注射剂的疗效不稳定，往往使临床治疗效果受到影响。影响中药注射剂疗效的因素，除原药材的质量差异外，组方的配伍、用药剂量、提纯与纯化方法的合理与否都与之相关。一般解决的方法如下。

1. 控制原药材质量　由于中药来源、产地、采收、加工炮制等方面的差异，导致中药有效成分含量不同，应从控制原料入手，保证每批注射剂的质量稳定。

2. 提高有效成分溶解度　有些中药的有效成分溶解度较小，可通过增溶、助溶或其他增加溶解度的方法，提高相关成分的溶解度，以满足临床治疗的需要。

3. 调整剂量优化工艺　中药注射剂与中药的传统口服用法相比，药量相对较小，导致临床疗效不明显，应当从提高纯化工艺入手，采用新技术、新方法提高中药注射剂中的有效成分含量，保证临床疗效的发挥。

三、举例

例　穿琥宁注射液

穿琥宁注射液的主药来源于爵床科植物穿心莲，它是由穿心莲叶中含量最多的穿心莲内酯与琥珀酸酐反应，生成脱水穿心莲内酯琥珀酸半酯后，再成单钾盐而制得的微黄色灭菌水性溶液。穿琥宁注射液抗病毒疗效显著，具有解热消炎作用，临床上被广泛用于病毒性肺炎及上呼吸道感染等。

【处方】	穿琥宁（主药）	20g
	EDTA-2Na（稳定剂）	5g
	α-巯基丙酰甘氨酸（抗氧化剂）	1.5g
	巯基乙醇（抗氧化剂）	0.5g
	磷酸氢二钠（助溶剂、pH 调节剂）	适量
	加注射用水	至 1000ml

【制法】 将 EDTA-2Na、α-巯基丙酰甘氨酸、巯基乙醇、磷酸氢二钠依次溶于温热注射用水（占总药液 10%~15%），pH 调整为 6.0~7.0；将磷酸氢二钠溶于注射用水（占总药液 70%~80%），加热至 45℃溶解穿琥宁，测 pH 为 6.0~7.0；合并上述两液，用磷酸氢二钠或磷酸二氢钠饱和溶液调节 pH 至 6.3~6.7，注射用水定容至全量（期间持续通氮气搅拌至灌装封口完毕），加活性炭脱色，微孔滤膜粗精滤后灌封（安瓿在灌封前后均充氮气保护），100℃灭菌 30 分钟，冷水迅速降温后灯检、包装。

【注意】

1. 用于注射剂，尤其是静脉注射剂的抗氧剂要具备安全性好、毒性低、适宜静脉用药、用量小等条件。由于穿琥宁的特殊分子结构决定了其在水溶液中不稳定，合适的抗氧剂及用量可有效抑制穿琥宁氧化水解。

2. 配制时应全程通入氮气，尽可能减少注射液中氧气的存在，减少产品贮存过程中的氧化水解。

3. 合并溶液时一定要缓慢加入，搅拌均匀。

扫码“学一学”

第七节　输液剂

一、概述

输液剂系指供静脉滴注、装量在 50ml 以上(包括 50ml)的大容量注射剂。在临床上主要用于调整体内水和电解质以及酸碱的平衡，提供人体必需的碳水化合物、脂肪、氨基酸以及维生素等营养成分，维持循环血容量、降低颅内压等功能。从药物给药系统分析，由于输液具有速效、高效、控释给药特点，成为临床抢救危重患者和静脉治疗药物的不可缺少的载体或溶媒，它在现代临床上占有极为重要的地位。

（一）种类

输液剂的种类包括体液平衡类输液、营养用输液和胶体输液等。

1. 体液平衡类输液　用以补充体内水分、电解质，纠正体内酸碱平衡等，包括电解质输液和酸碱平衡输液。

（1）电解质输液　主要用于纠正体内水和电解质代谢紊乱，维持体液渗透压和恢复人体的正常生理功能。如氯化钠注射液、复方氯化钠注射液等。

（2）酸碱平衡输液　主要用于纠正体液的酸碱平衡。如碳酸氢钠输液是纠正代谢性酸中毒最适宜的输液，作用迅速，疗效确切，可配成 1.26%、1.40%、2.74%、4.20% 和 8.4% 五种浓度。1.26% 的等渗浓度适用于需要较多补液者，高浓度的适用于急需纠正酸中毒而不宜过多补液者。

2. 营养用输液　是通过静脉途径将人体必需的碳水化合物(糖)、脂肪、氨基酸、维生素以及微量元素等营养素输入到人体内，适用于不能正常进食或超高代谢的患者。包括糖类输液、氨基酸输液、脂肪乳输液、维生素和微量元素输液等。糖类输液中最常用的为葡萄糖注射液。

3. 胶体输液　又称血浆代用液，用于调节体内血浆渗透压。临床上主要用作高渗利尿脱水剂、血容量扩充剂。胶体输液有多糖类、明胶类、高分子聚合物类等，如右旋糖酐、淀粉衍生物、明胶、聚乙烯吡咯烷酮(PVP)等。

（二）质量要求

输液剂和其他注射剂剂型相比，其特点在于体积大，这就不免引起以下几个问题：①发生微生物污染、内毒素污染和微粒污染后对使用者产生的后果更严重；②降低微生物、内毒素和微粒污染的技术复杂性较高；③厂房面积大且高，维持厂房洁净度的难度大、成本高；④生产设备体积大且固定，需要配备在线清洁和灭菌；⑤工艺管路和在线清洁灭菌管路并存，连接复杂，导致发生污染和交叉污染的风险大；⑥需要大规模处理物料和包材，且生产周期较长，增加了发生微生物污染及其在生产过程中繁殖的概率。

因此，虽然输液剂的质量要求与注射剂基本一致，但因输液剂注射量大，在无菌、无热原和微粒污染等方面的要求更严。输液剂的质量要求主要有：①严格要求无菌、无热原及不溶性微粒检查要符合药典的规定；②pH 力求接近血液的 pH；含量、色泽也应符合要求；③渗透压尽可能与血液等渗或偏高渗；④输液中不得添加任何抑菌剂和防腐剂，并在贮存过程中质量稳定；⑤不能引起血象的任何异常变化，不能含有产生过敏反应的异性蛋白及降压物质等。

二、输液剂的制备

输液剂的制备主要采用最终灭菌生产工艺，其生产过程包括原辅料的准备、浓配、稀配、洗瓶、灌封、灭菌、灯检、包装等步骤，其生产工艺流程及区域划分如图 12-20 所示。

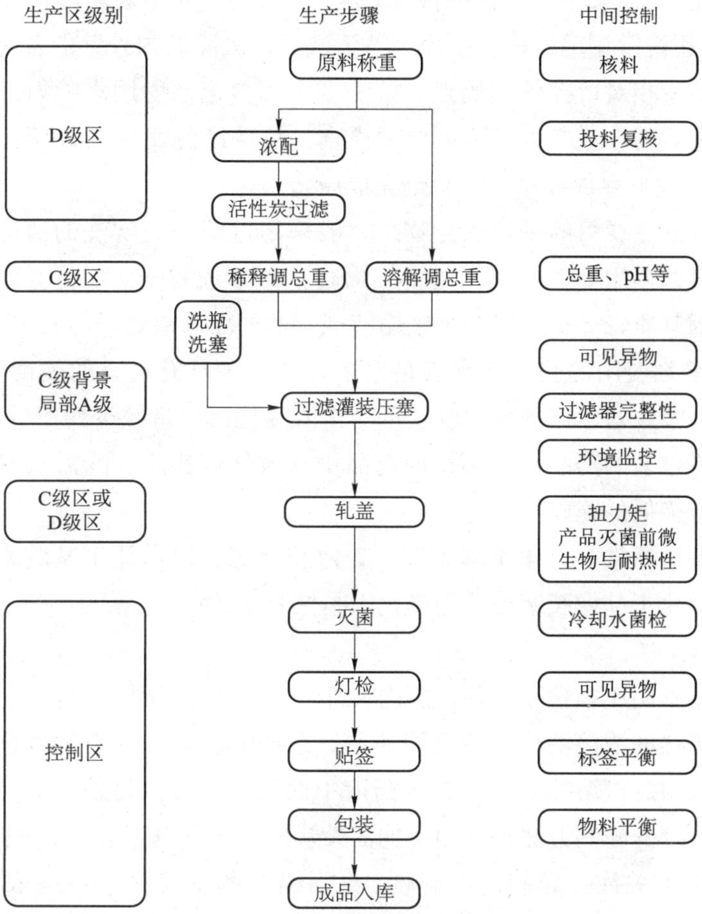

图 12-20　输液剂生产工艺流程

（一）物料准备

1. 原辅料　原辅料质量的优劣对产品质量和澄明度的影响至关重要，如果质量不纯，不仅成品的澄明度不合格，而且注射后容易发生副作用，甚至危及生命。输液剂常用辅料有葡萄糖、氯化钠等。必须选用优质合格的原辅料，必须是“注射用”规格，有些甚至是“输液用”规格。

2. 溶剂及附加剂　溶剂是用来溶解溶质的物质，溶剂的优劣直接影响输液澄明度的好坏，最常用的溶剂是注射用水，必须是新鲜注射用水，符合注射用水的质量标准。所使用的附加剂的质量也非常关键，要使用“注射用”规格。

（二）容器

1. 输液瓶 输液瓶常用的有两种：一种是注射时不需要补空气的输液瓶，通过注射时包装容器变形挤压液体，注入身体，可以在注射时避免因注射环境不良对药液污染。如非PVC多层共挤膜（软袋）和软质瓶，其主要材料是多层共挤膜、低密度聚乙烯（LDPE），通过特殊加工工艺使瓶身容易变形。另一种是注射时需补充空气的输液瓶，通过注射时包装容器高度与人体产生静压差，挤压液体注入身体。注射过程中必须补充空气，以防止产生真空，而这种空气从输液现场的普通空气获得，无法完全避免环境的不良影响。如钠钙玻璃或硼硅玻璃模制瓶、低密度聚乙烯（LDPE）或聚丙烯（PP）塑料输液瓶。

无论是哪种输液瓶，在灌装药液前，都要经过清洗。对于玻璃输液瓶，洗瓶通常采用粗洗-精洗工艺。粗洗常用毛刷刷洗或超声波清洗，以去除瓶内外壁的各种污染物，并为精洗工序创造一个质量相对可控的起始点。精洗多采用多道注射用水喷射淋洗，以彻底去除污染物。应对精洗后的输液瓶进行可见异物检查。精洗设备安装在D级区，经最终清洗的输液瓶应在A级环境下存放或输送，直至完成压塞。

塑料容器清洗的主要目的是除去异物，一般采用过滤空气吹洗的清洗方式，以降低生产成本。过滤空气时多用0. 2μm孔径滤芯，既可滤除尘埃粒子，又可滤除空气中的浮游微生物。塑料容器因其质轻、安全成为未来输液剂容器的发展趋势。

2. 胶塞 输液剂使用的胶塞必须满足以下要求：①具有适宜的硬度、尺寸以及形状，以供不同的需求；②胶塞生产商要对胶塞进行预清洗从而尽量减少残留的着色剂、增塑剂；③不得吸附任何待包装的药品；④不得向药品中释放任何物质；⑤需具有光滑的表面和干净光滑的边缘；⑥极低的脆碎性。

药用胶塞的种类通常有卤化丁基胶塞、硅橡胶塞等，以卤化丁基胶塞最为常用。卤化丁基胶塞是药用氯化丁基橡胶塞或药用溴化丁基橡胶塞的简称。

（三）配液

配液的方法基本同小容量注射剂，国内大部分企业仍采用传统的浓配-稀配工艺，通过加入活性炭粉末于热的浓溶液中，以吸附热原、杂质和色素，并有助滤作用。但该工艺明显的缺点是活性炭中的可溶性杂质将进入药液中而无法除去，另外，容易污染洁净区和空调净化系统。更合理的配制方法是采用不加活性炭的一步配制工艺。

配制过程应重点关注：配制的准确性（包括组分的准确性、最终浓度的准确性、pH等）；工艺的规范性；混合的均匀性等。同时，配制过程应有防污染的措施，并对配制过程进行时限规定。

配制工序是微生物污染和细菌内毒素污染风险相对较大的环节，因此该工序除了要保证产品的含量均匀性和其他理化特性外，还需要重点考虑如何控制灭菌前微生物污染和细菌内毒素水平。

（四）滤过

此步骤和小容量注射剂基本相同。多采用加压过滤，在密闭的连通管道中进行。生产上多采用加压三级（砂棒→垂熔玻璃滤球→微孔滤膜）过滤装置。经配制的药液在灌装前通常经孔径为0. 22μm的弹筒式过滤器过滤截留溶液中的微粒和微生物后进入储罐。一方面可以有效降低微生物污染水平，同时，可以空出配液系统进行下一批产品的配制，以提高配液体系的生产效率。

（五）灌封

普通玻璃瓶输液剂的灌封由灌注、压丁基胶塞、轧铝盖三步组成，灌封的洁净度要求同小容量注射剂。通常，生产中采用自动灌封机、自动翻塞机、自动落盖轧盖机的联动机组组成的联动线来完成。通常采用自动灌装和压塞机完成灌装和压塞过程，手工加塞的风险无法控制，已不符合 2010 版 GMP 的要求。

1. 玻璃输液瓶的灌封

（1）灌注药液。

（2）加塞　加塞的过程以 XKGS 系列液体灌装加塞机为例：药液灌注后，药瓶由传送装置传入加塞工位的托瓶座，托瓶座转动有规律的上升，灌后的瓶子一起上升，将被压塞轮吸住的胶塞(通过电磁振荡理塞斗进行整理，然后沿轨道进入压塞轮，并被其吸住，随压塞轮同步转动)套入瓶口，加塞完毕后瓶子随托瓶座下降，随传送装置传至出瓶口。

（3）轧盖　加塞后的药瓶因胶塞可能松脱，存在产品污染的风险，因此经灌封的产品应尽快轧盖。轧盖会产生大量金属微粒，对洁净区环境产生影响，故轧盖间的设计应保证压盖过程不污染对环境要求最高的灌装间及灌装过程。通常铝盖生产的最后清洗和包装应在 D 级区进行，铝盖的清洁卫生是有保证的，因此大输液生产企业在使用前通常不对铝盖进行清洗。

轧铝盖采用轧盖机进行，进瓶机构将盖好塞的药瓶输送至转盘，以便进行上盖和轧盖；采用电磁振荡的方式，使料斗中杂乱的铝盖进行有序的排列，从而进入导轨进行上盖；通过轧盖头进行轧盖，通过转盘将封好口的瓶子送入出瓶盘出瓶。

2. 塑料输液瓶的灌封　对于以塑料软瓶作为容器的输液剂灌封，则常采用塑料软瓶大输液洗灌封联动机组来完成。以塑料软瓶大输液洗灌封联动机组(图 12-21 所示)为例说明灌封的过程。

图 12-21　塑料软瓶大输液洗灌封联动机组

KGGF32/24 型塑料软瓶大输液洗灌封联动机为塑料瓶大输液生产中洗瓶、灌装、焊盖三个工位合为一体的一台包装机。

气洗：经吹瓶机出来的合格塑料瓶，输送到洗瓶部位，机械手夹住瓶颈后将塑料瓶翻转 180°使瓶口朝下进行洗瓶。洗瓶喷针配置有独立的离子发生装置，喷针插进瓶内并将瓶口密封，产生的离子由洁净压缩空气吹入瓶内，以消除瓶内的静电，同时将瓶内已消除静电的塑料微粒及其他杂物吹动，使其漂浮在瓶内的空间。喷针底部配置的真空装置，将悬浮在空间的微粒及杂物吸入到密封的储罐内。喷针离开瓶内后，机械手再将塑料瓶翻转

180°使其瓶口朝上并输送到灌装部位。

灌装：气洗完毕的塑料瓶传递到灌装部位进行灌装。

焊盖：采用双层加热板进行非接触热熔式焊盖封口。灌药后的瓶子进入焊盖部位，加热机构将瓶盖与瓶口端面同时加热熔化成糊状，将瓶盖与瓶口压合熔焊在一起。焊盖后的瓶子经出瓶机构送入出瓶轨道，进入下道工序。

3. 软袋输液剂的灌封 软袋输液制剂多数采用现场直接进行软袋的生产制备，考虑袋体的密封性，其生产工艺要求更为严格。在C+A级洁净条件下，将包装膜(如非PVC多层共挤膜)、口管、组合盖(带胶塞)等直接接触产品包材在单向流保护下直接加装在有单向流保护的生产设备上。通常模式是，首先加热模具将双层包装膜按照固定时间进行热合、冷却，最后裁切，可以两侧、底部分别熔封，也可以三方一次成型。其次，对口管预热，然后吸开待熔封部，加入口管，熔合、冷却；再次液体充填；最后加热管口和组合盖，直接熔合。当然考虑不同的产品要求，加工工艺会有所区别。如多室袋产品有组合盖熔封、管口熔封、室间熔封要求等。

(六) 灭菌

灭菌工序是赋予大容量注射剂无菌质量特性的最关键的工序。灭菌主要有蒸汽灭菌和过热水喷淋或过热水浴几种。

1. 蒸汽灭菌 采用清洁蒸汽(工业蒸汽经过滤除去铁锈等异物)为加热介质。冷却介质为经消毒的水。

2. 过热水喷淋 采用纯化水为直接接触产品的介质。在灭菌腔室中加入一定量的纯化水，通过循环泵经喷嘴均匀喷洒在产品上。纯化水通过由工业蒸汽加热的热交换器达到灭菌需要的温度。在冷却阶段该纯化水又通过低温水冷却的热交换器降温，并使产品降温。

3. 过热水浴 与过热水喷淋相同的加热-冷却原理。区别在于产品完全浸没在水浴中。

灌装结束至灭菌的时间不宜超过4小时。对于耐热的玻璃瓶输液剂，一般采用121℃灭菌15分钟。对于塑料袋包装的输液剂，一般采用115℃灭菌30分钟，由于灭菌温度较低，生产过程更要注意防止污染。对于大容器的灭菌，要求F_0值大于8分钟，常用12分钟。

(七) 质量检查

输液剂的质量检查基本与注射剂一致，但在无菌、热原及不溶性微粒检查方面要求的更为严格。

1. 无菌 按照无菌检查法(通则1101)检查，应符合规定。

2. 细菌内毒素或热原 除另有规定外，静脉用注射剂按各品种项下的规定，照细菌内毒素检查法(通则1143)或热原检查法(通则1142)检查，应符合规定。

3. 不溶性微粒检查 在可见异物检查符合规定后，按照不溶性微粒检查法(通则0903)检查，应符合规定。

输液剂检查合格后即可进行包装，入库。

(八) 包装

产品经贴标签、装箱后成为成品。包装线最重要的是防止混淆。应确保标签正确，批号、生产日期和有效期等信息准确。产品数、标签消耗数等应合理平衡。

三、输液剂生产中存在的问题及解决方法

（一）细菌内毒素污染

细菌内毒素污染来自于以下两个方面，一方面是物料（原辅料、包装材料）本身携带的细菌内毒素，另一方面是产品中的能产生细菌内毒素的活微生物，在灭菌前繁殖代谢生产。因此，防止细菌内毒素污染可以从这两个方面加以控制。

1. 对物料的细菌内毒素的控制 控制物料携带的细菌内毒素可采用以下措施：①根据原辅料在成品中的含量合理制定原料和辅料细菌内毒素限度；②原辅料的生产工艺中应有降低、控制微生物污染和细菌内毒素污染的措施；③在成品生产中合理使用活性炭，一方面达到降低细菌内毒素的目的，另一方面尽量控制活性炭产生的风险；④可通过清洗及清洗验证消除包装材料携带细菌内毒素的风险。大容量注射剂的玻璃瓶、胶塞的清洗效果验证应包含细菌内毒素项目。

2. 对产品中微生物代谢产生的细菌内毒素的控制 控制关键在于控制产品灭菌前微生物污染水平以及灭菌前各工艺步骤的时限。应注意虽然终端过滤器能截留药液中的绝大部分微生物，但对降低药液中已有细菌内毒素无效，因此控制配制工序的微生物污染和配制工序时间相对重要。

（二）不溶性微粒污染

大容量注射剂中不溶性微粒污染产生的原因很多，如：原辅料和包装材料带入、生产环境中的微粒、工作人员产生的微粒、生产设备运转过程中产生的微粒、药液不稳定产生的沉淀、与包装容器发生反应产生的微粒等。前四种原因的解决方法与控制与药品中微生物污染的控制方法基本相同，药液稳定性应在产品设计、研发阶段研究解决。包装容器发生反应产生的微粒，可以考虑更换包装容器。

四、举例

例 葡萄糖注射液

本品为葡萄糖或无水葡萄糖的灭菌水溶液。含葡萄糖应为标示量的95%～105%。

【处方】	注射用葡萄糖（主药）	54g
	1%盐酸（pH 调节剂）	适量
	注射用水（溶剂）	加至1000ml

【制法】将葡萄糖加入到煮沸的注射用水中，使成50%～60%的浓溶液，加1%盐酸调节pH为3.8～4.0，同时，加浓溶液量0.1%（g/ml）的活性炭，混匀，加热煮沸约15分钟，趁热滤过脱炭。滤液加注射用水稀释至全量，测定pH及含量合格后，反复过滤至澄明即可灌装封口，115℃、30分钟热压灭菌。

【注意】

（1）葡萄糖注射液是调节水盐、电解质及酸碱平衡药。可以补充能量和体液；用于各种原因引起的进食不足或大量体液丢失（呕吐、腹泻等），全静脉内营养，饥饿性酮症，低糖血症，高钾血症，以及高渗溶液用作组织脱水剂、配制腹膜透析液、药物稀释剂、静脉法葡萄糖耐量试验、配制GIK（极化液）。

（2）本品采用浓配法，可以避免由于葡萄糖中未完全糖化的糊精继续水解为葡萄糖或

少量杂质引起的澄明度不合格。

（3）加入盐酸的密度是使糊精继续水解为葡萄糖，以改善输液剂的澄明度。

（4）活性炭可以吸附溶液中的蛋白质，保证溶液的澄明度。

五、营养输液剂

营养输液剂是通过静脉途径将人体必需的碳水化合物(糖)、脂肪、氨基酸、维生素以及微量元素等营养素输入到人体内，适用于不能正常进食或超高代谢的患者。包括碳水化合物输液、氨基酸输液、脂肪乳输液、维生素和微量元素输液等。

1. 碳水化合物(糖类)输液 糖类输液主要是提供机体代谢所需的热能和生物合成所需的碳原子，可用作静脉用有单糖(葡萄糖、果糖)、糖醇类(山梨醇、木糖醇)、双糖(麦芽糖)以及乙醇和甘油。糖类中应用最广的是葡萄糖，因为它是糖类中最符合人体生理要求，为大脑所必需，也能被人体所有器官所利用，一直是静脉营养主要热能来源。

2. 脂肪乳输液 静脉注射脂肪乳输液是以植物油脂为主要成分，加乳化剂与注射用水而制成的水包油型乳剂。主要提供高热量和人体必需脂肪酸，每克脂肪代谢能产生 9.1 千卡热量。临床上用于严重烧伤或术后大量热能补充和长期 TPN 患者的必需脂肪酸缺乏症的治疗或用于提高氨基酸输液在体内的利用率。静脉用脂肪乳常用的是长链脂肪乳。配方中大多采用精制大豆油为原料，也有用芝麻油、红花油；乳化剂以蛋黄磷脂为优，也可用大豆磷脂，另用甘油作等渗剂，也可用葡萄糖、山梨醇及木糖醇。可供静脉注射，能完全被机体代谢与利用。

制备静脉注射脂肪乳剂的关键是选用高纯度原料、毒性低、乳化力强的乳化剂。通过采用合理的处方、严格的制备技术和必要的设备，可以制得油滴大小适当、粒度均匀、质量稳定的脂肪乳剂。

3. 氨基酸输液 临床上主要用于提高机体合成蛋白质所需要氮源，这类制剂配方组成应符合特定模式，符合公认模式而且用于营养的称之为平衡氨基酸输液，由于结晶氨基酸输液具有灵活调节配比量的优点，可根据各种疾病和年龄对氨基酸种类和需要量的不同设计出专供创伤用、肝病用、肾病用、肿瘤用以及小儿用的氨基酸输液。

4. 维生素和微量元素输液 在长期 TPN 营养支持疗法中，由于人们充分认识到补充多种维生素和微量元素的重要性，国外大多采用将脂溶性维生素(A、D、E、K)制成乳剂或亲水性非水溶媒注射液。水溶性维生素(C、B_1、B_2、B_6、B_{12}、NAA、叶酸、生物素、泛醇)制成冻干粉剂。

六、血浆代用液

血浆代用液是在大失血等应急情况，用于扩充血容量、改善微循环的静脉输入体内的大剂量的胶体型注射剂。具有代替血浆的作用，但不能代替全血。国内外研究的代血浆种类已达 30 多种，但临床实际应用仅为 5~6 种，主要有右旋糖酐、羟乙基淀粉以及改性明胶等。右旋糖酐中按分子量大小可分中、低、小三种。中分子(6% M7 万)和低分子(10% M4 万)，主要用于增加血容量，防止失血性休克。低、小分子(10% M2 万)，主要用于降低血液黏度，改善微循环，防止血栓形成。质量要求除符合注射剂的质量要求外，还应不妨碍血型试验；不妨碍红细胞的携氧功能；在血液循环系统内保留较长时间，但不得在脏器组织中蓄积。

例 右旋糖酐输液（血浆代用品）

【处方】	右旋糖酐（中分子）	60g
	氯化钠	9g
	注射用水	加至1000ml

【制法】 将注射用水加热至沸，加入处方量的右旋糖酐，搅拌使溶解，配制成12%~15%的溶液，加入1.5%的活性炭，保持微沸1~2小时，加压过滤脱炭，加注射用水稀释成6%的浓度，然后加入氯化钠使溶解，冷却至室温，测定含量和pH，pH应控制在4.4~4.9，再加活性炭0.5%，加热至70~80℃，过滤至药液澄明后灌装，112℃灭菌30分钟即得。

【注意】

（1）血浆代用液在有机体内有代替血浆的作用，但不能代替全血，对于血浆代用液的质量，除应符合注射剂有关规定外，还应不妨碍血型试验，不得在脏器中蓄积。

（2）因右旋糖酐经生物合成而得，易夹杂热原，故活性炭用量较大。同时因本品黏度较大，故需在高温下过滤。但本品灭菌一次，其分子量下降3000~5000，故受热时间不能过长，以免产品变黄。

第八节 注射用无菌粉末

扫码"学一学"

一、概述

注射用无菌粉末简称粉针。临用前用灭菌注射用水溶解后注射，是一种较常用的注射剂型。凡是在水溶液中不稳定的药物或对热敏感的药物，如青霉素、头孢菌素类及一些酶制剂（胰蛋白酶、辅酶A）等生物制剂，均需制成注射用无菌粉末。

（一）粉针剂的分类

根据生产工艺不同，粉针剂分为以下两种。

1. 注射用冷冻干燥制品 是将药物制成无菌水溶液，进行无菌灌装，再经冷冻干燥，在无菌的条件下封口制成的粉针剂。常见于生物制品，如辅酶类、疫苗等。

2. 注射用无菌分装制品 是将已经用灭菌溶剂法或喷雾干燥法精制得到的无菌药物粉末，在无菌操作条件下直接分装于洁净灭菌的小瓶或安瓿中，密封制成的粉针剂。常见于抗生素药品，如青霉素。

（二）粉针剂生产注意事项

1. 粉针剂是需要在无菌条件下分装的药品，大多数不耐热，对制成品不能使用灭菌工艺。必须在生产的全过程中，强调无菌操作，来达到防止污染药品和异物的落入。

2. 粉针剂，特别是冷冻干燥制品，吸湿性极强，因而在生产过程中，要特别强调房间、用具、容器干燥的重要性和成品的严密性。

3. 无菌分装制品采用的是容积定量分装。由于原料的比容、流动性、晶形各有不同，装量差异变化很大，这就需要经常调整装量，使产品合格。

（三）粉针剂的质量要求

粉针剂为非最终灭菌药品，其生产必须采用无菌操作。注射用无菌粉末的质量应符合

《中国药典》（2015年版）关于注射用药物的各项规定，并符合注射用无菌粉末的各项检查，如：

1. 粉末无异物，配成溶液或混悬液后澄明度检查合格。

2. 粉末细度或结晶度应适宜，便于分装。

3. 无菌、无热原。

由于多数情况下，制成粉针的药物稳定性较差，因此，粉针的制备一般没有灭菌的过程，因而对无菌操作有较严格的要求，特别在灌封等关键工序，最好采用层流洁净措施，以保证操作环境的洁净度。

（四）对强致敏性无菌分装注射剂的特殊要求

1. 强致敏性药物（如青霉素）分装车间必须与其他生产车间严格分开，不得混杂在一起。车间门口设置有空气过滤装置的风幕，并设置浸渍1%碳酸钠的净鞋垫。

2. 强致敏性药物（如青霉素）分装车间的空调净化系统，应单独设置，不得与一般空调混用。其排风口应与其他空调系统排风口有一定距离，并装置高效空气过滤器。如采用循环式空调系统，送风口和回风口均应安装高效空气过滤器，并每半个月在排风口做1次强致敏性药物（如青霉素）的测定，其含量应符合规定。否则，应对高效空气过滤器进行处理后，重新安装。

3. 分装并盛装过强致敏性药物（如青霉素）的容器、用具、废瓶、废胶塞等，应用0.5%～1%氢氧化钠液浸泡、刷洗、冲净后，方可送出分装车间。

4. 强致敏性药物（如青霉素）分装车间，不得生产其他产品。如因长期停产而要转换品种时，必须对残留青霉素进行彻底处理，检测合格后，方可生产其他产品。转产后的第1批产品，需抽样测试，无微量青霉素时，才准予出厂。

5. 强致敏性药物（如青霉素）的分装室，应保持相对的负压。

二、注射用冷冻干燥制品

（一）工艺流程

药品的冷冻干燥生产过程可根据制品的要求分为以下几种。

1. 玻璃小瓶冻干制剂 玻璃小瓶冻干制剂是注射剂中的一种常见的冻干制剂，通常的制备方法如下。

药液的制备→经过除菌过滤的药液→制品的内包装容器→药液灌装→冻结真空干燥→冻干机干燥箱体内密封容器。玻璃小瓶冻干制剂生产工艺流程如图12-22所示。

2. 托盘原料粉冻干制品 托盘原料粉冻干制品主要是用冷冻干燥方法对原料药进行精制干燥，得到的是用于制剂的无菌粉状原料。通常的制备方法如下。

药液的配制→经过除菌过滤的药液→制品容器（托盘）→药液分装→冻结真空干燥→粉碎过筛→混合装入无菌容器→另外的装置密封容器。

3. 预灌装注射器冻干制剂 预灌装注射器冻干制剂是将冻干制剂和助溶剂，由密封材料隔断并组合在一起的制剂。使用时，推注射器使助溶剂进入冻干粉针剂的空间，并迅速溶解成为注射液的制剂。其主要工艺过程如下。

药液的配制→经过除菌过滤的药液→注射器形式的内包装容器→药液灌装→冻结真空干燥→冻干机干燥箱体内注射器中部密封→再将另外制造的溶解液灌装在与冻干药品存放

腔室相邻的腔室内→注射器密封。

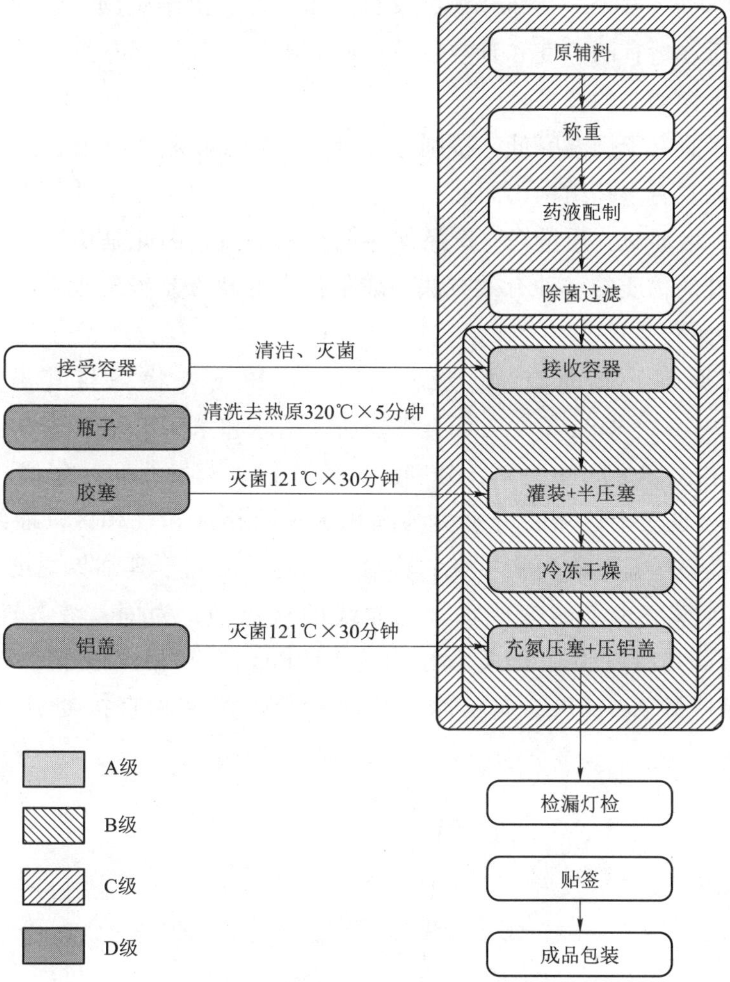

图 12-22　玻璃小瓶冻干制剂生产工艺流程

（二）注射用冷冻干燥制品的制备

1. 瓶、塞、盖的处理　粉针剂的容器大致可分为西林瓶、直管瓶和安瓿瓶三种类型。就产量而言，西林瓶分装占粉针产量的绝大部分，直管瓶分装占少量，而安瓿瓶分装极少，主要供冷冻干燥制品用。

（1）玻瓶的处理　玻瓶的处理工作过程及原理同安瓿瓶。用西林瓶洗瓶机或超声波洗瓶机刷洗西林瓶。洗净的西林瓶必须尽快干燥和灭菌，以防污染。灭菌设备一般采用隧道式灭菌烘箱。洗净的西林瓶在隧道式灭菌烘箱中干燥与灭菌后即送入冷却装置冷却后，立即送入灌装工序进行灌装。

对无菌分装粉针剂，由于不再经过加热灭菌工序，因此对容器的洁净度要求更高。

（2）胶塞的处理　胶塞的处理同输液剂。

（3）铝盖的处理　铝盖用洗涤剂洗涤→去离子水冲洗→121℃，1 小时干燥灭菌或用 75% 酒精搅动清洗 30 分钟，取出放入烘箱中 121℃烘干备用。

2. 冻干用原料的配制与过滤　冻干用原料的配制方法同输液剂的配制方法，过滤采用无菌过滤法。

3. 灌装 药液灌注后，在西林瓶上需要半加塞，然后放入冻干机中进行冻干。

4. 冷冻干燥 冻干即真空冷冻干燥，又称升华干燥、冻结干燥，就是将含水物质预先冻结成固态，而后在适宜的温度和真空度下，使其中的水分从固态直接升华变成气态，以除去其中水分而干燥物质的技术。

由于冻干技术具有干燥温度低，特别适合于高热敏性物料的干燥；能保持原物料的外观形状；冻干制品具有多孔结构，因而有理想的速溶性和快速复水性；冷冻干燥具有脱水彻底(一般低于2%~5%)、质量轻、产品保存期长的特点，因此是用来干燥热敏性物料和需要保持生物活性的物质的一种有效方法。冻干技术的缺点是投资大、维护费用高，因而产品成本高。

(1) 冻干的原理 物质有固、液、气三态，物质的状态与其温度和压力有关(图12-23)。图中OA、OB、OC三条曲线分别表示冰和水、水和水蒸气、冰和水蒸气两相共存时其压力和温度之间的关系，分别称为溶化线、蒸发线和升华线。此三条曲线将图面分为Ⅰ、Ⅱ、Ⅲ三个区域，分别称为固相区、液相区和气相区。曲线OB的顶端有一点B，其温度为374℃，称为临界点。若水蒸气的温度高于其临界温度374℃时，无论怎样加大压力，水蒸气也不能变成水。三曲线的交点O，为固、液、气三相其存的状态，称为三相点，其温度为0.01℃，压力为610Pa。在三相点以下，不存在液相。若将冰面的压力保持低于610Pa，且给冰加热冰就会不经液相直接变成气相，这一过程称升华。

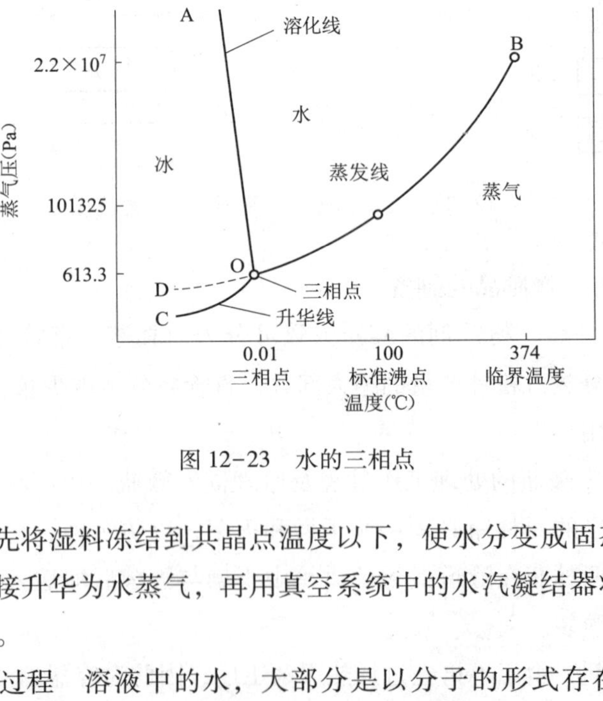

图12-23 水的三相点

真空冷冻干燥是先将湿料冻结到共晶点温度以下，使水分变成固态的冰，然后在较高的真空度下，使冰直接升华为水蒸气，再用真空系统中的水汽凝结器将水蒸气冷凝，从而获得干燥制品的技术。

(2) 冻干的一般过程 溶液中的水，大部分是以分子的形式存在于溶液中的自由水(约占90%)，少部分是以分子吸附在固体物质晶格间隙中或以氢键方式结合在一些极性基团上的结合水(约占10%)。冻干就是在低温、真空环境中除却物质中的自由水和一部分的结合水。因此，冻干过程分为预冻、升华(第一阶段干燥)、解析干燥(第二阶段干燥)三个阶段，每一个阶段都有相应的要求，不同的物料其要求各不相同，制品的浓度、罐装厚度、容器的形状、容量、口径及热传导不同，各阶段工艺设计及控制手段的差异直接关系冻干产品的质量。冻干的一般过程如图 12-24 所示。

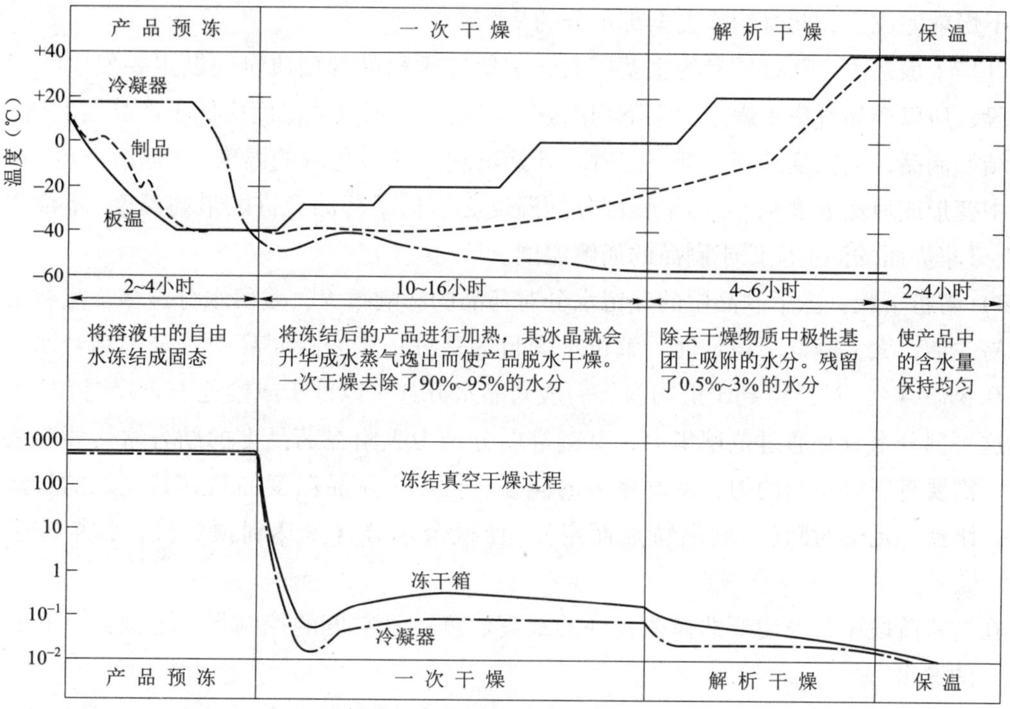

图 12-24　冻干的一般过程

1）预冻阶段：预冻首先要把原料进行冻结，使物料温度迅速降低至其共晶点（其内部不同成分同时冻结的温度）之下（一般低 10~20℃），将溶液中的自由水固化，为下阶段的升华做好准备。预冻是冷冻干燥的第一步，若预冻没有冻好，产品冻结不实，在进入第一阶段升华干燥时，产品可能出现“沸腾”现象而引起喷瓶，或冻干后制品表面凹凸不平，影响外观；如果冷的过低，则不仅浪费了能源和时间。而且对某些产品还会降低存活率。

预冻方法有两种：冻干箱内预冻法和箱外预冻法。

箱内预冻法是直接把产品放置在冻干机内的多层搁板上，由冻干机的冷冻机来进行冷冻，大量的小瓶和安瓿进行冻干时为了进箱和出箱方便，一般把小瓶或安瓿分放在若干金属盘内，再装进箱子，为了改善热传递。有些金属盘制成可抽活底式，进箱时把底抽走，让小瓶直接与冻干箱的金属板接触；对于不可抽底的盘子，要求盘底平整，以获得产品的均一性。

箱外预冻法有两种方法。有些小型冻干机没有进行预冻产品的装置，只能利用低温冰箱或酒精加干冰来进行预冻。另一种是专用的旋冻器，它可把大瓶的产品边旋转边冷冻成壳状结构，然后再进入冻干箱内。

2）升华阶段：升华干燥是冷冻干燥的主要过程，其目的是将物料中的冰通过升华而逸出，以除去制品中的大量的自由水及少量的结合水。产品在升华干燥时要吸收热量，一克冰全部变成水蒸气大约需要吸收 670 卡的热量，因此升华阶段必须对产品进行加热。将冻结后的产品置于密闭的真空容器中，当冻干箱内的真空度降至 10Pa（可根据制品要求而定）以下开始给制品加热，其冰晶就会升华成水蒸气从制品表面逸出而使产品脱水干燥，溢出的水蒸气进入真空冷凝器（水分捕集器，即冷阱）中凝结成冰。整个过程中冻干箱内的真空度应控制在10~30Pa，因其最有利于热量的传递，利于升华的进行。当全部冰晶除去时，升华干燥就完成了，此时约除去全部水分的90%。

升华干燥是决定剂型质量的主要因素，一般冻干药品剂型质量问题主要发生在升华干燥阶段，所以产品升华干燥应注意下列因素：产品冰层部分的温度应低于产品的共熔点（完全冻结的制品，当温度升高到某一点时，开始出现冰晶溶化时的温度）或崩解温度（在干燥过程中变形或坍塌温度）；产品干燥部分的温度必须低于药品允许的最高温度（不烧焦或变性）；升华界面的温度应低于制品的崩解温度。

3）解析干燥：冻干制品中的残留水分对药品的影响很大，残留水分过多，生物活性物质容易失活，大大降低了稳定性。解析干燥目的是进一步去除制品中残余的结合水，使其达到0.5%~4%，最终得到干燥物料。一般药品水分含量以低于或接近于2%较为理想。

这一部分水分是通过范德华力、氢键等弱分子力吸附在药品上的结合水，要除去这部分水，需要克服分子间的力，需要更多的能量。可以把制品温度加热到其允许的最高温度以下，维持一定的时间（由制品特点而定），使残余水分含量达到预定值，整个冻干过程结束。

在这一阶段中，温度要选择能允许的最高温度；真空度的控制尽可能提高，有利于残留水分的逸出。

（3）冻干保护剂　蛋白质在冷冻时由于冰晶的挤压和在干燥时由于水分子的流失，均会受到应力。细胞在冷冻时，因细胞外溶质浓度的升高而改变了的渗透压，亦能使细胞膜受到相应的应力。这些应力会破坏蛋白质的结构或使细胞膜破损，从而使生物制品失去活性。

冻干保护剂是一类能防止蛋白质和活细胞在冷冻干燥时受到破坏的物质。因其用途的不同，冻干保护剂可分为冷冻保护剂和干燥保护剂两类。前者可使制品在冷冻时不形成晶体，保持无定型状态，保护活性物质免受晶体所形成的应力而变形失活，如牛血清白蛋白、聚乙二醇等；后者可保护蛋白质在干燥时不因失水而改变二级或三级结构，避免发生变性而沉淀，如葡萄糖、麦芽糊精、山梨醇加明胶等。有许多糖类化合物如蔗糖、麦芽糖、海藻糖和葡聚糖等，既是冷冻保护剂又是干燥保护剂。

5. 加塞　冷冻干燥后，立即压塞，即全加塞，以免水分进入西林瓶中。

6. 压盖（轧盖、锁口）　用自动压盖机，将铝盖锁牢在玻瓶口上。

压盖后的产品，必须目测检查。检查员视力不低于0.9，每年检查一次视力。随时检查压盖的紧密度。

7. 贴签与包装　将轧完盖的粉针剂分布进行贴签、装盒、装箱操作。

（三）工艺的特殊点

1. 可以克服最终灭菌方法生产无菌液体注射剂的不稳定状态，防止药品在水中降解。

2. 工艺过程对组分的破坏程度最小，对热处理过程敏感的药物制造特别适用。

3. 用注射用水调配且通过除菌过滤、灌装可以有效地防止外来微粒的混入，定量分装比粉剂或片剂精度高。

4. 制品为多孔结构，质地疏松，较脆，复水性好，复溶迅速完全，便于临床使用。

5. 干燥后真空密封或充氮密封，消除了氧气对药品组分的氧化作用，从而使药物制剂的贮藏稳定性大为改善。

（四）冷冻干燥中存在的问题及处理方法

1. 含水量偏高　装入容器的药液过厚，升华干燥过程中供热不足，冷凝器温度偏高或真空度不够，均可能导致含水量偏高。可采用旋转冷冻机及其他相应的方法解决。

2. 喷瓶　如果供热太快，受热不匀或预冻不完全，则易在升华过程中使制品部分液化，在真空减压条件下产生喷瓶。为防止喷瓶，必须控制预冻温度在共熔点以下 10~20℃，同时加热升华，温度不宜超过共熔点。

3. 产品外形不饱满或萎缩　一些黏稠的药液由于结构过于致密，在冻干过程中内部水蒸气逸出不完全，冻干结束后，制品会因潮解而萎缩，遇这种情况通常可在处方中加入适量甘露醇、氯化钠等填充剂，并采取反复预冻法，以改善制品的通气性，产品外观即可得到改善。

三、注射用无菌分装制品

粉针剂是指采用无菌操作法或冻干技术制成的注射用无菌粉末或块状制剂。粉针剂是非最终灭菌的注射剂，具有无菌、无热原和高纯度等特性，相对其他剂型而言，对产品的质量要求最高，产品的无菌保证水平很大程度上依赖于原辅材料的无菌保证水平。

（一）工艺流程

注射用无菌分装制品的生产工艺流程如图 12-25 所示。

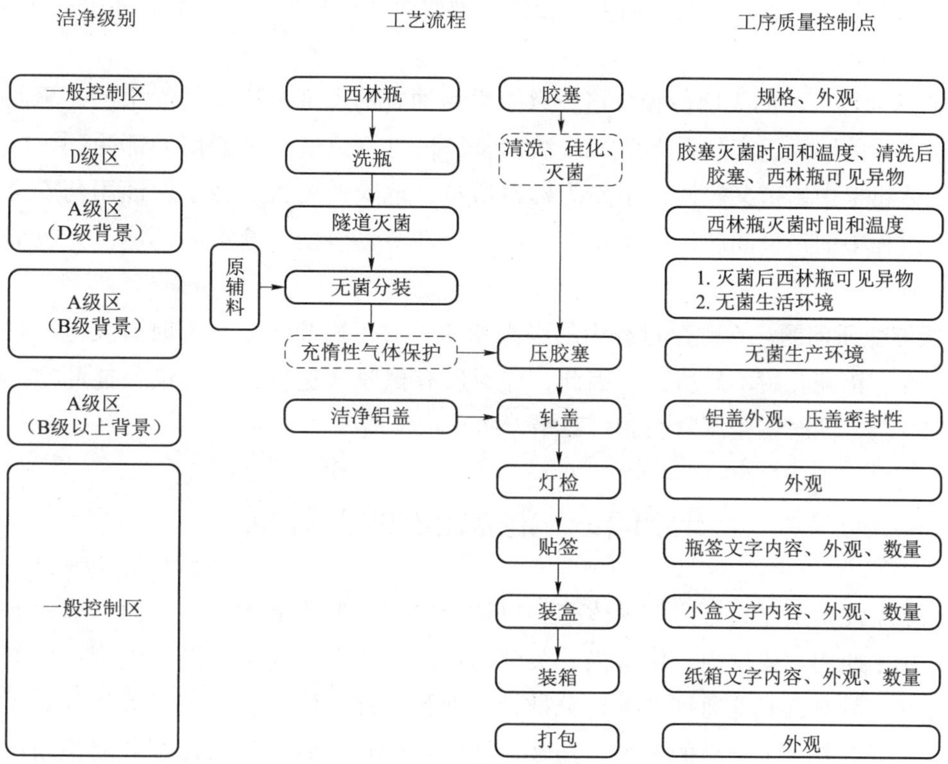

图 12-25　注射用无菌分装制品生产工艺流程

（二）注射用无菌分装制品的制备

1. 包材的清洗灭菌　西林瓶常用全自动西林瓶超声波清洗机进行清洗，粗洗后需经纯化水或注射用水冲洗，最终淋洗水为注射用水，残水用无菌压缩空气吹干，通过隧道烘箱进行干热灭菌、除热原。

胶塞按照清洗、硅化、灭菌的步骤进行处理，最好采用一体化设备，以减少过程的污染。也可采用免洗胶塞，采用免洗胶塞时也应按照要求进行灭菌。湿热灭菌工艺一般为121℃灭菌15分钟以上。

铝盖应按规定方式进行处理。

2. 无菌粉末的制备 原料根据处方进行配制与无菌过滤(方法同输液剂)，无菌注射液在无菌条件下，用灭菌结晶法或喷雾干燥法制备符合注射用的无菌粉末(必要时需进行粉碎、过筛等操作)。

3. 分装 无菌药粉通过分装机充填到灭菌西林瓶中，并立即压塞。必要时可以在充填加塞间使用氮气或其他惰性气体进行置换。

4. 轧盖 用铝盖将胶塞紧固密封，确保产品处于密闭状态。

5. 灯检 检查西林瓶完好情况，瓶内是否存在异物，胶塞及铝盖紧密情况等。

6. 包装 进行贴签、装盒、放说明书、装箱，打包入库。

（三）无菌分装工艺中存在的问题及解决办法

1. 装量差异 物料流动性差是其主要原因。物料含水量和吸潮以及药物的晶态、粒度、比容以及机械设备性能等均会影响流动性，以致影响装量，应根据具体情况分别采取措施。

2. 澄明度问题 由于制备药物粉末的工艺步骤多，以致污染机会增多，易使药物粉末溶解后出现毛毛、小点，以致澄明度不合格。因此应从原料的处理开始，主要是环境控制，严格防止污染。

3. 无菌问题 药品无菌检查合格，只能说明抽查的那部分产品是无菌的，不能代表全部产品完全无菌。由于产品系无菌操作法制备，稍有不慎就有可能使局部受到污染，而微生物在固体粉末中繁殖又较慢，不易为肉眼所见，危险性更大。为了保证用药安全，解决无菌分装过程中的污染问题，应注意生产的各个环节，包括无菌室的环境，一般都采用层流净化装置。

4. 吸潮变质问题 在贮存过程中的吸潮变质，对于瓶装无菌粉末时有发生，是由橡胶塞的透气性、铝盖轧封不严所致。因此，应对所有橡胶塞进行密封防潮性能测定，选择性能好的橡胶塞，同时铝盖压紧后瓶口烫蜡，防止水气透入。

第九节　混悬液型注射剂

扫码“学一学”

混悬液型注射剂是指难溶性固体药物以微粒状态分散于液体介质中而形成的非均相注射制剂，用于肌内、皮层内、伤口内、关节内或皮下给药。通常，混悬液型注射剂要求颗粒大小适宜，具有良好的通针性和再分散性，而且不能沉降太快。注射混悬剂对于缓释或“储库式”释药是一个理想的剂型。药物以水性或油性混悬剂注入皮下或肌肉组织，使药物存储于注射部位。储库作为储藏室，缓慢地以一定速率释放药物(此速率与药物本身在水中的溶解度及水性或油性混悬介质类型有关)，这样可以达到延长药物从注射部位吸收进入全身的目的。将药物制成混悬液型注射剂不仅解决了难溶性药物注射给药的问题，而且混悬液型注射剂给药后吸收延缓，可以显著延长疗效。

一般对于无适当溶剂可溶解的不溶性固体药物、在水溶液中不稳定而制成的水不溶性衍生物、药物需在体内定向分布及发挥长效作用时，都可以制成混悬液型注射剂，但必须指出，上述情况必须以固体药物能被机体吸收为前提。

一、混悬液型注射剂的质量要求

混悬液型注射剂的质量要求除无菌、pH、安全性、稳定性等与溶液型注射剂相同外，还有以下特殊要求。

1. 混悬液型注射剂不得用于静脉注射或椎管注射。

2. 注射混悬剂中固体量为 0.5%～5%，要严格控制药物颗粒的大小。

除另有规定外，混悬液型注射剂的微粒粒径应小于 15μm，含 15～20μm 微粒者不应超过 10%；若有可见沉淀，振摇时应容易分散均匀。

3. 应有良好的“适针性”和“通针性”。“适针性”是指产品从容器抽入针筒时不易堵塞与发泡，保证剂量正确的特性；“通针性”是指注射时能顺利进入体内。

4. 混悬粒子在运输、贮存后不应增大，粒子沉降不能太快，沉降物易分散。

5. 在振摇和抽取时，药液无持久的泡沫。

6. 黏度要足够小以满足注射要求。

二、混悬液型注射剂的制备

1. 原料与附加剂的选择

（1）原料　原料必须用超细粉。减小混悬剂粒子的大小可以提高药物的生物利用度。而且，当注射给药时，药物粒子小于 20μm 可减轻疼痛和组织刺激。制备粒径小、相当均一的药物粒子的方法有微粉化法、流能磨法、控制沉淀法和喷雾干燥法。将原料粉碎至所需粒度，粒度检测使用激光光散射粒径测定仪等可检测微小粒子的仪器。

（2）溶剂　为注射用水或注射用油。

（3）附加剂　附加剂的选择基本与非注射型混悬剂类似(见第十一章第八节)，除了主药外，还需添加其他附加剂。它们有的成为混悬系统的组分，如润湿剂、分散剂或反絮凝剂、絮凝剂、增稠剂；还有的作为混悬介质或外相组分，如 pH 控制剂和缓冲剂、渗透压调节剂、抑菌剂等。

但注射型混悬剂通常具有和其他混悬剂不完全相同的特征，如易再分散、抽取；不能有外来的微粒物质和热原；易通针性(即注射溶液或混悬剂容易通过皮下注射针，特别是在注射前，产品从药瓶中转移至皮下注射器中的能力。介质黏度、密度的增加，混悬粒子粒径及浓度的增大，都会使这种转移变得更困难)，因此在原料与附加剂的选择与制剂生产中还要考虑这些因素。

2. 制备方法　混悬液型注射剂的制备常用方法有两种。

（1）分散法　采用无菌生产工艺，无菌药物粉末分散在灭菌介质中。首先将固体药物以适当方法制备成一定细度的粉末(符合混悬微粒分散度要求)，再分别将活性药物和混悬介质进行灭菌及除热原(混悬介质的灭菌同溶液型注射剂)，然后用一部分无菌的介质在无菌条件下润湿无菌药物粉末，将二者分散均匀(用乳匀机搅匀)，再加入剩余无菌介质至全量，最后将制备好的混悬剂无菌灌装进无菌容器中。

分散法制备混悬剂与药物的亲水性有关，亲水性药物制备时一般不加助悬剂，疏水性药物制备时应酌情添加润湿剂和助悬剂。

（2）灭菌溶液重结晶法　一般将药物制成热饱和溶液，在搅拌下加至另一种不同性质的液体中，使药物快速结晶，可制成10μm以下（占80%～90%）微粒，再将微粒分散于适宜介质中制成混悬剂。

三、举例

例　醋酸可的松混悬液型注射剂

【处方】	醋酸可的松微晶	25g
	硫柳汞	0. 01g
	氯化钠	3g
	吐温80	1. 5g
	CMC-Na	5g
	注射用水加到	1000ml

【制法】

1. 取总量30%的注射用水，加硫柳汞、CMC-Na溶液，用布氏漏斗垫200目尼龙布滤过，密闭备用。

2. 氯化钠溶于适量注射用水中，经G4号垂熔玻璃漏斗滤过。

3. 将1项下滤液置水浴中加热，加入2项下滤液及吐温80搅匀，使水浴沸腾，加醋酸可的松，搅匀，继续加热30分钟。

4. 取出冷至室温，加注射用水至足量，用200目尼龙布过滤两次，于搅拌下分装于瓶内，盖塞轧口密封。用100℃、30分钟振摇下灭菌。

【注意】

1. 将固体药物分散成粒度大小适宜、分散性良好的颗粒是制备混悬液型注射剂的关键；为防止微粒沉降、凝固、结块，常加入助悬剂、润湿剂，如CMC-Na、吐温80等。

2. 本处方中CMC-Na作为助悬剂，吐温80作为润湿剂。

第十节　滴眼剂

扫码“学一学”

一、概述

眼用制剂系指直接用于眼部发挥治疗作用的无菌制剂。眼用制剂可分为眼用液体制剂（滴眼剂、洗眼剂、眼内注射溶液）、眼用半固体制剂（眼膏剂、眼用乳膏剂、眼用凝胶剂）、眼用固体制剂（眼膜剂、眼丸剂、眼内插入剂）等。眼用液体制剂也可以固态形式包装，另备溶剂，在临用前配成溶液或混悬液。

滴眼剂系指原料药物与适宜辅料制成的供滴入眼内的无菌液体制剂。可分为水性或油性溶液、混悬液或乳状液。常用于杀菌、消炎、收敛、麻醉或诊断，有的还有润滑或代替泪液之用。

二、滴眼剂的质量要求

滴眼剂虽属于外用制剂，但也是无菌制剂，其质量要求类似注射剂，只是严格程度有所不同。具体的质量要求如下。

1. 滴眼剂中可加入调节渗透压、pH、黏度以及增加药物溶解度和制剂稳定的辅料，并可加适宜浓度的抑菌剂和抗氧剂。所用辅料不应降低药效或产生局部刺激。

2. 眼用制剂的含量均匀度等应符合要求。

3. 除另有规定外，每个容器的装量应不超过 10ml。

4. 包装容器应无菌、不易破裂，其透明度应不影响可见异物检查。

5. 除另有规定外，眼用制剂应遮光密封贮存。

6. 眼用制剂在启用后最多可使用 4 周。

7. 除另有规定外，眼用制剂应进行以下相应检查。

（1）可见异物　除另有规定外，滴眼剂按照可见异物检查法（通则 0904）滴眼剂项下的方法检查，应符合规定，即被检查的供试品中，均不得检出金属屑、玻璃屑、色块、纤维等明显可见异物。

（2）渗透压摩尔浓度　除另有规定外，滴眼剂应与泪液等渗。眼球能耐受的渗透压范围相当于 0.6%～1.5% 的氯化钠溶液，超过 2% 就会有明显不适。水溶液型滴眼剂按各品种项下的规定，照渗透压摩尔浓度测定法（通则 0632）检查，应符合规定。

（3）无菌　滴眼剂属于无菌制剂，按照无菌检查法（通则 1101）检查，应符合规定。

（4）pH　正常眼睛可耐受的 pH 为 5.0～9.0，pH 6～8 时无不适感觉，小于 5.0 或大于 11.4 有明显的刺激性。在尽可能考虑药物的溶解性、稳定性、刺激性、吸收性及药效的基础上，通常滴眼剂的 pH 为 6.5～7.5。

（5）黏度　滴眼剂的黏度适当增大可使药物在眼内停留时间延长，从而增强药物的作用，同时黏度增加后减少刺激作用，也能增加药效。适宜黏度为 4.0～5.0mPa·s。

三、滴眼剂的附加剂

（一）附加剂的选择

滴眼剂主要通过经角膜吸收（药物→角膜→前房→虹膜）和结膜吸收（药物→结膜→巩膜），角膜前的薄膜层与水溶性或脂溶性的眼用制剂均能相溶，因此两相都能溶解的药物易通过角膜。水溶性药物容易通过巩膜，而脂溶性药物则容易通过虹膜。因此，滴眼剂在设计处方时，在选择溶解性好的药物的同时，对于溶解性稍弱的药物，要考虑通过添加助溶剂、pH 调节剂等附加剂增强药物的溶解性。

眼睛为娇嫩的器官，任何因素引起的刺激，都可增加泪液的分泌，导致药物迅速流失，甚至损伤角膜。因此，要添加 pH 调节剂调节药液 pH 为眼睛舒适 pH；添加渗透压调节剂调解使药液渗透压与泪液等渗。

滴眼剂为无菌制剂，但滴眼剂多数为多剂量制剂，在使用过程中无法始终保持无菌，因此选择适当、有效抑菌剂十分必要。但用于眼外伤或眼部手术用的滴眼剂要绝对无菌，不得加抑菌剂，为单剂量包装。抑菌剂的选择，最好从以下几个方面考虑：①作用迅速（在 1 小时内能将铜绿假单胞菌与金黄色葡萄球菌杀死）；②无刺激性；③药物稳定性好；④不与主药与辅料发生配伍禁忌；不同抑菌剂联合使用效果会更好。

为使药物在眼睛中停留适宜的时间，需要添加黏度调节剂。如果主药中有不稳定的药物成分，则还要添加稳定剂等。

（二）滴眼剂常用的附加剂

1. pH 调节剂　滴眼剂常用的 pH 调节剂如表 12-7 所示。

表 12-7　常用的 pH 调节剂的配制方法及 pH 值

缓冲液	配制方法	缓冲液 pH 值	适用范围
磷酸缓冲液	分别将无水磷酸二氢钠 8g 与无水磷酸氢二钠 9.47g 配制成 1000ml 的水溶液，然后不同比例配合	5.9~8.0	适用于抗生素、阿托品、麻黄碱、毛果芸香碱、后马托品、东莨菪碱等
硼酸盐缓冲液	先配制 1.24% 硼酸溶液和 1.91% 硼砂溶液，再将二者以不同比例配合	6.7~9.1	适用于磺胺类药物的钠盐
硼酸溶液	硼酸 1.9g 溶于 100ml 注射用水	5	适用于盐酸可卡因、盐酸普鲁卡因、盐酸丁卡因、去氧肾上腺素、盐酸乙基吗啡、甲基硫酸新斯的明、水杨酸毒扁豆碱、肾上腺素、硫酸锌等

2. 等渗调节剂　低渗透压溶液可以选择氯化钠、葡萄糖、硼酸等调成等渗，等渗的计算参照注射剂调节等渗的方法。如果因治疗需要确实需要用高渗溶液，如 30% 磺胺醋酰钠滴眼剂，可不加调整。

3. 抑菌剂　滴眼剂常用的抑菌剂有有机汞类、季铵盐类、醇类、酯类、酸类等，其常用浓度及性质及作用见表 12-8。

表 12-8　滴眼剂常用的抑菌剂

类型	常用抑菌剂	适用范围
有机汞类	硝酸苯汞	在 pH 6.0~7.5 作用最强，与氯化钠、碘化物、溴化物有配伍禁忌
	硫柳汞	弱酸或弱碱溶液中效果好
季铵盐类	苯扎氯铵、苯扎溴铵	性质稳定，抑菌效果好，但存在较多配伍禁忌
醇类	三氯叔丁醇	适于弱酸溶液，与碱有配伍禁忌
	苯氧乙醇	对铜绿假单胞菌有特殊抑菌力
	苯乙醇	配伍禁忌少，最好与其他抑菌剂联合使用
酯类	羟苯甲酯	对真菌效果好
	乙酯	对真菌效果好
	甲酯与丙酯混合物	在弱酸中作用强
酸类	山梨酸	对真菌有较好的抑菌力

4. 黏度调节剂　常用的有甲基纤维素（MC）、聚乙二醇（PEG）、聚乙烯醇（PVA）、羟丙甲纤维素（HPMC）等。羧甲基纤维素钠（CMC-Na）不常用，因其与生物碱盐及氯己定有配伍禁忌。

四、滴眼剂的制备方法

（一）工艺流程

滴眼剂的生产工艺流程见图 12-26。

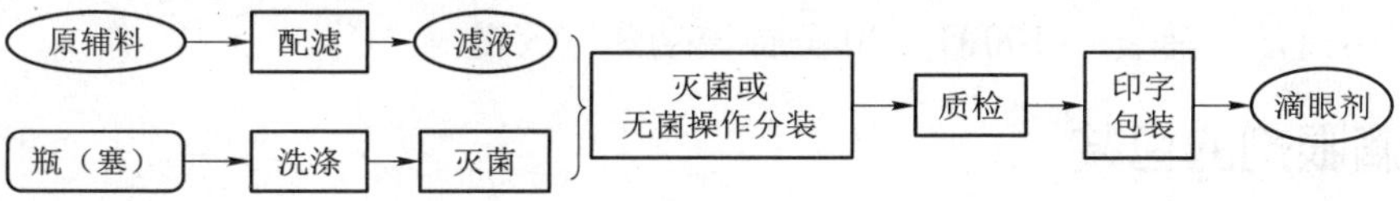

图 12-26　滴眼剂的生产工艺流程

（二）滴眼剂的制备

1. 容器及附件的处理　能够用于滴眼液灌装的材料有玻璃瓶和塑料瓶两种。目前绝大多数企业均采用塑料瓶包装。塑料瓶由吹塑制成，灌装后立即封口，不易污染。塑料瓶体软而有弹性、不易破裂、容易加工、包装价廉、轻便。但应注意与药液之间的相互作用，如吸收或吸附某些成分，会使抑菌剂浓度降低，不能起抑菌作用；吸收或吸附某些主药，使主药含量降低，影响疗效；塑料瓶具有一定的透气性，不适宜盛装对氧敏感的药物溶液；塑料中的增塑剂或其他成分也会溶入药液中，对药品质量产生影响等。因此通过试验后才能确定能否选用。塑料瓶的灭菌可以采用灭菌蒸馏水洗涤后甩干的方法灭菌，也可以采用吹气法灭菌。

2. 药液的配制与灌装　滴眼剂药液的配制与注射剂工艺过程几乎相同。对热稳定的药物，配液，过滤，然后将滤液灭菌后进行无菌灌装。对热不稳定的药物，要全程无菌操作，将无菌的药物用已经灭菌后的溶剂在无菌环境下配制成溶液，然后直接无菌灌装至适宜的容器中。

目前生产上均采用减压灌装，灌装过程全程无菌，灌装方法要随瓶的类型和生产量的大小而改变。

3. 质量检查　应检查澄明度、主药含量、抽样检查铜绿假单胞菌及金黄色葡萄球菌。

五、举例

例 1　氯霉素滴眼剂

【处方】	氯霉素（主药）	0. 25g
	氯化钠(渗透压调节剂)	0. 9g
	尼泊金甲酯(抑菌剂)	0. 023g
	尼泊金丙酯(抑菌剂)	0. 011g
	蒸馏水	加至 100ml

【制法】 尼泊金甲酯、尼泊金丙酯→沸蒸馏水→60℃，加入氯霉素、氯化钠→过滤→加蒸馏水至全量，灌装→ 100℃，30 分钟流动蒸汽灭菌。

例 2　人工泪液

【处方】	羟丙甲纤维素（增稠剂）	0. 25g
	氯化钠(渗透压调节剂)	4. 5g
	氯化钾(渗透压调节剂)	3. 7g

硼酸(缓冲对)　　1.9g

硼砂(缓冲对)　　1.9g

氯化苯甲烃铵溶液(抑菌剂)　　0.2ml

蒸馏水　　加至1000ml

【制法】 羟丙甲纤维素→适量蒸馏水→硼酸、硼砂、氯化钾、氯化苯甲烃铵溶液→加蒸馏水至全量→过滤，灌装→ 100℃，30 分钟流动蒸汽灭菌。

六、滴眼剂的包装

滴眼剂的包装形式很多，应按具体条件选用。药房内配置的洗眼剂，按输液包装处理就可合格。滴眼剂的包装，应以眼外伤有无为前提，有眼外伤的要严格无菌，不用多剂量包装，包装容量要小，用过一次就废弃。在包装材料上，也要根据具体情况来选择，目前用于滴眼剂包装的材料有玻璃、橡胶和塑料。中性玻璃对药液的影响小，是最好的包装材料，配有滴管的小瓶，可使滴眼剂保存时间较长。塑料瓶包装价廉、不易碎、轻便，但是塑料瓶会吸收、吸附某些药物如抑菌剂，使其浓度降低，不能抑菌，也可能会吸收或吸附某些主药，使其含量降低，对于高浓度的药物影响不大。塑料瓶有一定的透气性，不适宜盛装对氧敏感的药物溶液。

扫码“练一练”

思考题

1. 什么是注射剂？注射剂的类型有哪些？
2. 注射剂有什么特点？
3. 注射剂的给药途径有哪些？
4. 注射剂的质量要求是什么？
5. 什么是热原？生产中如何去除热原？
6. 注射剂常用的溶剂和附加剂有哪些？
7. 简述最终灭菌小容量注射剂的制备过程。
8. 注射用无菌粉末工艺的特殊点是什么？
9. 中药注射剂存在哪些问题？如何解决？
10. 滴眼剂的质量要求是什么？

实训　维生素 C 注射剂的制备

一、实训目的

1. 掌握注射剂(水针)的制备方法及工艺过程中的操作要点。
2. 熟悉影响药物氧化速度的因素。
3. 了解维生素 C 溶液的有关化学性质。

二、实训准备

1. 仪器　烧杯，量筒，天平，G4 垂熔玻璃漏斗，安瓿(2ml)，灌装器，熔封器等。

2. 材料　维生素 C，碳酸氢钠，二氧化碳钢瓶，注射用水等。

三、实训内容

【处方】维生素 C　5g　　亚硫酸氢钠 0.2g　　碳酸氢钠 2.33g

EDTA-2Na　0.005g　　注射用水 100ml

【制法】

（1）配液　取注射用水 80ml，加入维生素 C 溶解，再依次加入碳酸氢钠、亚硫酸钠、EDTA-2Na溶解，加注射用水至 100ml，测定 pH(5.8~6.2)，备用。

（2）过滤　取上述溶液，用 G4 垂熔玻璃漏斗滤过。

（3）灌封　在无菌室内，用灌注器灌装，每支 2ml，以双火焰拦腰封口。

（4）灭菌　煮沸灭菌，100℃，15 分钟。

（5）检漏　将安瓿趁热转至亚甲蓝溶液中，检漏，剔除漏气安瓿。

（6）灯检　剔除有白点、色点、纤维、玻璃屑及其他异物安瓿。

（7）印字，包装。

四、拓展提高

1. 影响药物氧化的因素有哪些？如何防止？
2. 调节维生素 C 注射液的 pH 时，应注意什么问题？为什么？

（刘黎红）

第十三章

气雾剂、喷雾剂、粉雾剂

学习目标

知识目标

1. 掌握气雾剂的概念、特点、组成和制备。
2. 熟悉喷雾剂和粉雾剂的概念、特点；气雾剂、喷雾剂和粉雾剂的质量评价。
3. 了解喷雾剂的喷雾装置。

能力目标

1. 能够准确区分气雾剂、喷雾剂和粉雾剂。
2. 能够学会气雾剂的制备方法。

素质目标

1. 具有团结协作的能力。
2. 具有沟通交流的能力。

扫码"学一学"

第一节　概　述

一、概念

气雾剂（aerosol）、喷雾剂（spray）与粉雾剂（powder aerosol）系指药物以特殊给药装置给药后，经呼吸道深部、腔道黏膜或皮肤等发挥全身或局部作用的制剂。该类制剂按用药途径分为吸入、非吸入和外用。吸入气雾剂、吸入喷雾剂和吸入粉雾剂可单剂量或多剂量给药。

气雾剂（aerosol）系指原料药物或原料药物和附加剂与适宜的抛射剂共同装封于具有特制阀门系统的耐压容器中，使用时借助抛射剂的压力将内容物呈雾状物喷出，用于肺部吸入或直接喷至腔道黏膜、皮肤的制剂。气雾剂雾滴一般小于 50μm，主要通过肺部吸入或直接喷至腔道黏膜、皮肤起治疗及空间消毒作用。药物喷出状态多为雾状气溶胶，也可为泡沫状或微细粉末状。

气雾剂的概念最早源于 1862 年 Lynde 用气体的饱和溶液制备加压包装，1931 年 Rotheim 用液化气体制备了具有现代意义的气雾剂原形，1947 年杀虫气雾剂上市，1955 年气雾剂被用于呼吸道给药，至此气雾剂作为一种新型的给药系统迅速发展起来。目前，气雾剂在国内外应用较为普遍，品种也很多，如抗生素、抗组胺药、支气管扩张药、心血管药、解痉药和治疗烧伤的药物等。其后，气雾剂及其技术快速发展，与气雾剂类似的剂型，如喷雾剂与粉雾剂，同样也迅速发展。喷雾剂(sprays)系指含药溶液、乳状液或混悬液填充于特制的装置中，使用时借助手动泵的压力、高压气体、超声振动或其他方法将内容物呈雾状物释出，用于肺部吸入或直接喷至腔道黏膜、皮肤及空间消毒的制剂。粉雾剂(powder aerosols)系指一种或一种以上的药物粉末经特殊的给药装置后，以干粉形式进入呼吸道，发挥局部或全身作用的一种给药系统。

知识拓展

吸入制剂和非吸入制剂的区别

气雾剂、喷雾剂和粉雾剂均为常见的吸入制剂类型。与普通口服制剂相比，吸入制剂的药物可直接到达吸收或作用部位，无胃肠道降解作用，起效快，并可避免肝脏首关效应，减少用药剂量；与注射制剂相比，吸入制剂可提高患者依从性，同时可减轻或避免部分药物的不良反应，特别适用于需长期注射治疗的患者。

二、肺部吸收药物的特点

（一）肺部的吸收

通过肺部吸收的药物吸收速度非常迅速，不亚于静脉注射。肺部吸收迅速的原因主要是肺部具有巨大的吸收面积。肺由气管、支气管、细支气管、肺泡管和肺泡囊组成。其中肺泡囊的数目估计达3亿~4亿，总表面积可达70~100m^2，为体表面积的25倍；并且肺泡囊壁由单层上皮细胞所构成，这些细胞紧靠着致密的毛细血管网(毛细血管总表面积约为90m^2，且血流量大)，细胞壁或毛细血管壁的厚度只有0.5~1μm，肺泡囊是气体与血液进行快速交换的部位，也是药物在肺部吸收的主要部位，药物到达肺泡囊后可迅速吸收显效。例如，通过吸入给药的异丙肾上腺素气雾剂，患者吸入后1~2分钟即可起平喘作用。

（二）影响药物在呼吸系统分布的因素

影响肺部吸收药物吸收的因素较多，其中主要因素如下。

1. 呼吸道的气流　正常人每分钟呼吸15~16次，每次吸气量为500~600cm^3，其中约有200cm^3存在于咽、气管和支气管之间，气流常呈湍流状态，呼气时可被呼出。当空气进入支气管以下部位时，气流速度逐渐减慢，多呈层流状态，易使气体中所含的药物细粒沉积。药物在呼吸系统的分布还与呼吸量及呼吸频率等相关，通常药物粒子的沉积率与呼吸量成正比，与呼吸频率成反比。

2. 药物微粒的大小　药物微粒大小是影响药物能否深入肺泡囊的主要因素。较粗的微粒，大部分容易落在上呼吸道黏膜上，吸收少而慢；微粒太小，则进入肺泡囊后大部分由呼气排出，而在肺部的沉积率很低。通常吸入气雾剂的微粒大小以在0.5~5μm范围内最为适宜。《中国药典》（2015年版）规定吸入气雾剂的雾滴(粒)大小应控制在10μm以下，其中大多数应为5μm以下。

3. 药物的性质 吸入的药物最好能溶解于呼吸道的分泌液中，否则将成为异物，对呼吸道产生刺激。药物从肺部吸收是被动扩散，吸收速率与其分子量和脂溶性有关。小分子药物易通过肺泡囊表面细胞壁的小孔，因此吸收快，而分子量大的药物则难以由肺泡囊吸收；脂溶性药物主要通过脂质双分子膜扩散吸收，故脂水分配系数较大的药物吸收较快。另外，若药物的吸湿性大，药物微粒通过湿度很高的呼吸道时会聚集增大，会妨碍药物的吸收。

扫码“学一学”

第二节 气雾剂

一、概述

（一）气雾剂的特点

1. 气雾剂的主要优点 ①具有速效和定位作用：气雾剂可使药物直接到达作用或吸收部位，分布均匀，奏效快；②提高药物的稳定性：药物密闭于不透明的容器中，避光且不与空气中的氧或水分直接接触，也不易被微生物污染，稳定性好；③提高生物利用度：药物不经胃肠道吸收，可避免胃肠道的破坏和肝脏的首关效应，生物利用度高；④剂量准确：气雾剂可通过定量阀门准确控制剂量，且喷出物分布均匀，使用时只需按动推动钮，药液即可喷出，方便使用；⑤减小对创面的刺激性：药物以细小雾滴等形式喷于用药部位，机械刺激性小，并可减少局部涂药的疼痛与感染，尤其适用于外伤和烧伤患者。

2. 气雾剂的主要缺点 ①气雾剂需要耐压容器、阀门系统和特殊的生产设备，故成本较高；②抛射剂因其高度挥发性而具有制冷效应，多次用于受伤皮肤上可引起不适与刺激；③气雾剂如封装不严密，可因抛射剂的泄漏而失效，另外，容器内具有一定的压力，遇热或受撞击也可能发生爆炸；④吸入气雾剂因肺部吸收干扰因素多，往往吸收不完全且变异性较大。

（二）气雾剂的分类

1. 按分散系统分类 可分为溶液型气雾剂、混悬型气雾剂和乳剂型气雾剂。

（1）溶液型气雾剂 指药物（固体或液体）溶于抛射剂中或在潜溶剂的作用下与抛射剂混合而成的均相分散体（溶液），喷出后抛射剂挥发，药物以固体或液体微粒状态到达作用部位。

（2）混悬型气雾剂 药物（固体）以微粒状态分散在抛射剂中形成非均相分散体（混悬液），喷出后抛射剂挥发，药物以固体微粒状态到达作用部位，故此类气雾剂又称为粉末气雾剂。

（3）乳剂型气雾剂 药物（液体）或药物溶液与抛射剂经乳化形成的非均相分散体（乳状液），其类型有O/W和W/O型。O/W型乳液在喷射时会随着内相抛射剂的气化而以泡沫形式喷出，故又称为泡沫气雾剂；W/O型乳液在喷射时会随着外相抛射剂的气化而形成液流。

2. 按气雾剂组成分类 可分为二相气雾剂和三相气雾剂。

（1）二相气雾剂 一般指溶液型气雾剂，由气-液两相组成。气相是抛射剂部分挥发产生的蒸汽，液相是药物与抛射剂形成的均相溶液。

（2）三相气雾剂　一般指混悬型气雾剂和乳剂型气雾剂。混悬型气雾剂由气-液-固三相组成，其中气相是抛射剂部分挥发产生的蒸汽，液相是抛射剂，固相是不溶性药粉。乳剂型气雾剂由气-液-液三相组成，其中气相是抛射剂部分挥发产生的蒸汽，互不相溶的药液与抛射剂形成液-液两相，分为O/W或W/O型。

3. 按用药途径分类　分为吸入气雾剂、非吸入气雾剂和外用气雾剂。

（1）吸入气雾剂　系指经口吸入沉积于肺部的制剂，通常也被称为压力定量吸入剂。揿压阀门可定量释放活性物质。使用时将内容物呈雾状喷出并随呼吸吸入肺部的气雾剂，可发挥全身或局部治疗作用。

（2）非吸入气雾剂　系指使用时将内容物直接喷至腔道黏膜（阴道、鼻腔、口腔等）的气雾剂。非吸入气雾剂多为阴道黏膜用气雾剂，主要用于治疗由微生物、寄生虫等引起的阴道炎，也可用于节制生育；鼻黏膜用气雾剂主要是一些蛋白类药物，用于发挥全身作用。

（3）外用气雾剂　系指用于皮肤和空间消毒用的气雾剂。皮肤用气雾剂主要用于保护创面、清洁消毒、局部麻醉及止血等，要求应无刺激性；空间消毒用气雾剂主要用于杀虫、驱蚊及室内消毒，要求喷出的粒子极细（直径不超过50μm），一般在10μm以下，使其在空气中能悬浮较长的时间。

此外，可按医疗用途进行分类，分为呼吸道吸入用气雾剂、皮肤与黏膜用气雾剂以及空间消毒与杀虫用气雾剂；也可按给药定量与否进行分类，分为定量气雾剂和非定量气雾剂。

（三）气雾剂的组成

气雾剂由抛射剂、药物与附加剂、耐压容器和阀门系统组成。

1. 抛射剂（propellants）

（1）抛射剂的概念　抛射剂是提供气雾剂动力的物质，有时可兼作药物的溶剂或稀释剂。抛射剂多为液化气体，在常压下沸点低于室温，因此需装入耐压容器中，由阀门系统控制。当阀门开启时，借助抛射剂急剧汽化所产生的压力将容器内的药液以雾状喷出到达用药部位。抛射剂喷射能力的大小直接受其种类和用量的影响，同时也要根据气雾剂的用药目的和要求选择合适的抛射剂。

（2）抛射剂的要求　①在常温下的蒸气压大于大气压；②无色、无味、无臭；③无毒、无刺激性和致敏性；④惰性，不与药物等发生反应；⑤不易燃、不易爆；⑥价廉易得。往往一种抛射剂难以同时满足以上所有要求，应根据具体情况进行适当选择与配伍使用。

（3）抛射剂的分类　目前常用的抛射剂主要有氢氟烷烃类（hydrofluorocarbon，HFC或hydrofluoroalkane，HFA）、碳氢化合物、压缩性气体和二甲醚（DME）等。传统抛射剂为氟氯烷烃类（chlorofluorocarbons，CFC），又称氟利昂（Freon），特点为沸点低，常压下蒸气压略高于大气压，性质稳定，不易燃烧，无味，基本无臭，毒性较小，但由于其对大气臭氧层有破坏作用，国家药品监督管理部门规定自2007年7月1日起停止使用CFC作为生产外用气雾剂的药用辅料，2010年1月1日起停止使用CFC作为生产吸入型气雾剂的药用辅料。为此，国内外药学工作者积极研究开发CFC的替代品，目前得到了一些不含氯的氢氟烷烃类和低分子量可液化的烷烃类。

1）氢氟烷烃类：第一个以氢氟烷烃类为抛射剂的沙丁胺醇定量气雾剂于1996年在欧洲批准上市。特点：氢氟烷烃类在体内残留少，毒性小，不含氯，不破坏大气臭氧层，对全球气候变暖的影响也明显低于氟氯烷烃类，因此，目前被认为是氟利昂最适合的替代品，应用前景广阔；常用类型：主要有四氟乙烷（HFA_{134a}）和七氟丙烷（HFA_{227ea}），其性状、沸点与氟利昂类似，但化学稳定性较差；应用注意：由于 HFA 与 CFC 在理化性质方面存在差别，因此以 HFA 替代 CFC 作为抛射剂制备气雾剂时，需要进行多方面的考察，主要包括处方的重新筛选、新制剂的药效学和毒理学评价以及耐压容器、定量阀门和生产设备的重新调整等。

2）碳氢化合物类：作为抛射剂使用的碳氢化合物主要有丙烷、正丁烷和异丁烷等。此类抛射剂化学性质稳定，毒性较小，密度低，一般为 0.5~0.6g/ml，沸点也较低，但易燃、易爆，不宜单独使用，常与其他抛射剂合用，以降低其可燃性。

3）二甲醚：目前研究证明，二甲醚是一个优良的 CFC 替代产品，使用安全，对臭氧层破坏系数为零，不污染环境。二甲醚在常温常压下是一种无色、有轻微醚香味的气体；常温下具有惰性，无腐蚀性和致癌性；在水中溶解度为 34%，如果含 6% 的乙醇，则可与水混溶，对各种树脂也有极高的溶解能力，具有优良的水溶性和溶解性；易压缩、冷凝或气化。但二甲醚属于可燃性气体，需要利用其与水的高互溶性，加入适量阻燃剂（如水、氟制剂）使其变为弱燃性或不燃性。目前，在国外气雾剂工业中已得到广泛应用，在西欧各国民用气雾剂中的使用仅次于烷烃类抛物剂。

4）压缩性气体：作为抛射剂使用的压缩气体主要有二氧化碳、氮气和一氧化氮等。此类抛射剂化学性质稳定，一般不与药物发生反应，不燃烧，但液化后沸点均较上述二类低得多，常温时蒸气压过高，对容器的耐压性能要求高（需小钢球包装）；若在常温下充入非液化压缩气体，则压力易迅速降低，达不到持久的喷射效果，故在气雾剂中基本不用，多用于喷雾剂。

（4）抛射剂的用量　气雾剂喷射能力的强弱取决于抛射剂的用量和自身蒸气压，一般情况下，用量大，蒸气压高，喷射能力强，反之则弱。根据医疗要求选择适宜的抛射剂组分和用量，一般多采用混合抛射剂，并通过调整用量和蒸气压以达到调整喷射能力的目的。

通常抛射剂的用量与气雾剂的种类、用途有关，包括以下三种情况。

1）溶液型气雾剂：抛射剂的种类及用量比会直接影响雾滴大小。一般用量比越大，雾滴粒径越小，故可根据所需粒径调节抛射剂用量。如发挥全身治疗作用的吸入气雾剂，雾滴要求较细，以 1~5μm 为宜，则抛射剂用量较多；皮肤用气雾剂的雾滴可粗些，直径为 50~200μm，则抛射剂用量较少。

2）混悬型气雾剂：抛射剂的用量较高。如用于腔道给药时，抛射剂用量为 30%~45%（g/g）；用于吸入给药时，抛射剂用量高达 99%（g/g），以确保喷射时药物微粉能均匀地分散。另外，抛射剂与混悬的固体药物的密度应尽量相近，常以混合抛射剂调节密度。

3）乳剂型气雾剂：抛射剂用量一般为 8%~10%（g/g），有的高达 25% 以上。此外，产生泡沫的性状取决于抛射剂的性质和用量：若抛射剂蒸气压高且用量大时，则产生具有黏稠性和弹性的干泡沫；若抛射剂的蒸气压低而用量少时，则产生柔软的湿泡沫。

2. 药物与附加剂

（1）药物　液体、半固体和固体药物均可用于制备气雾剂，目前应用较多的药物有呼吸系统用药、心血管系统用药、解痉药和烧伤用药等。近年来，研究多肽类药物气雾剂的报道越来越多。

（2）附加剂　为制备质量稳定的溶液型、混悬型或乳剂型气雾剂需加入适宜的附加剂。在溶液型气雾剂中，可加入适量乙醇、丙二醇或聚乙二醇等作潜溶剂，使药物与抛射剂混合成均相溶液；在混悬型气雾剂中，可加入固体润湿剂如滑石粉、胶体二氧化硅等，以使药物微粉易分散混悬于抛射剂中；在乳剂型气雾剂中，应加入适当的乳化剂，如聚山梨酯、三乙醇胺硬脂酸酯或司盘类等，若药物不溶于水或在水中不稳定时，可用甘油、丙二醇代替水。此外，根据药物的性质可加入适量的抗氧剂，如维生素 C、焦亚硫酸钠等。

3. 耐压容器　气雾剂的容器必须不与药物和抛射剂发生反应，具有一定的耐压性、耐冲击性、耐腐蚀性，轻便，价廉等。目前耐压容器有玻璃容器、金属容器和塑料容器。

（1）玻璃容器　玻璃容器化学性质稳定，较常用。但耐压和耐撞击性差，故常在玻璃容器外搪上塑料防护层以弥补这一缺陷。

（2）金属容器　金属容器常以铝、不锈钢、马口铁等为材料，耐压性强，但对药液不稳定，常需内涂聚乙烯或环氧树脂等。

（3）塑料容器　塑料容器质地轻而耐压，抗撞击性和耐腐蚀性均较好，但因通透性较高以及塑料添加剂可能存在的影响，应用尚不普遍。

4. 阀门系统　气雾剂的阀门系统是控制药物和抛射剂从耐压容器中喷出的主要部件，主要有供呼吸道吸入用的定量阀门、供腔道或皮肤用的泡沫阀门、非定量阀门等。一般由推动钮、阀门杆、橡胶封圈、弹簧、定量杯、浸入管等组成。阀门系统应坚固、耐用、结构稳定，所用材料必须对内容物为惰性，其加工也应精密。下面主要介绍目前使用最多的定量型吸入气雾剂阀门系统的结构和组成部件(图 13-1)。

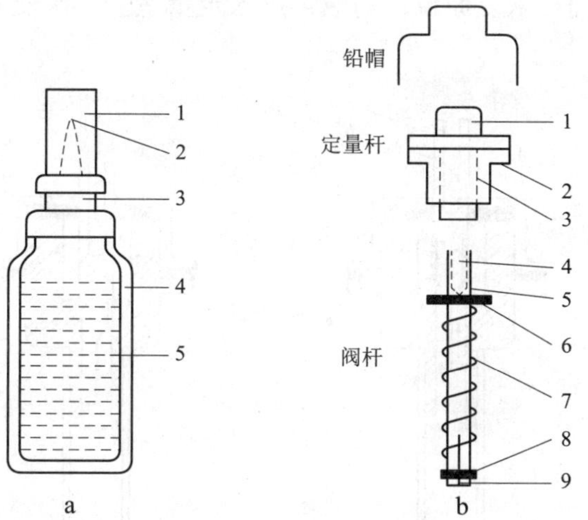

图 13-1　气雾剂外形及定量阀门系统结构与组成部件

a. 气雾剂外形：1. 推动钮；2. 喷出孔；3. 定量阀门；4. 塑料套；5. 玻璃瓶。

b. 定量阀门系统：1. 定量室；2. 橡胶垫圈；3. 小孔；4. 膨胀室；5. 内孔；6. 出液弹体封圈；7. 弹簧；8. 进液弹体封圈；9. 引液槽(轴心槽)

（1）封帽　通常为铝制品，用来将阀门固封在容器上，必要时涂上环氧树脂等薄膜。

（2）阀门杆(轴芯)　简称阀杆，常由尼龙或不锈钢制成。顶端与推动钮相连，其上端有内孔和膨胀室，下端有一段细槽或缺口以供药液进入定量室。

1）内孔：即出药孔，是阀门沟通容器内外的极细小孔，其大小关系到气雾剂喷射雾滴的粗细。内孔位于阀门杆之旁，平常被橡胶封圈封在定量室之外，使容器内外不沟通。当揿下推动钮时，内孔进入定量室，与药液相通，药液即通过它进入膨胀室，然后从喷嘴喷出。

2）膨胀室：在阀门杆内，位于内孔之上。药液进入此室时，部分抛射剂因减压汽化而骤然膨胀，以致使药液雾化并从喷嘴喷出，进一步形成细雾滴。

（3）橡胶封圈　通常由丁腈橡胶制成，具有较好的弹性，分为进液橡胶封圈和出液橡胶封圈两种。进液橡胶封圈紧套于阀门杆下端，在弹簧之下，它的作用是托住弹簧，同时随着阀杆的上下移动而使进液槽打开或关闭，且封闭定量室下端，使杯室药液不致倒流；出液橡胶封帽紧套于阀门杆上端，在内孔之下，弹簧之上，它的作用是随着阀杆的上下移动而使内孔打开或关闭，同时封闭定量室上端，使杯室内药液不致溢出。

（4）弹簧　由不锈钢制成，套于阀杆，位于定量室内，其作用是为推动钮提供上升的弹力。

（5）定量室　也称定量杯，由塑料或金属制成。定量室的容积决定气雾剂的剂量，其容量一般为 0.05~0.2ml，由上下封圈控制药液不外溢，使喷出准确的剂量。

（6）浸入管　浸入管一般由塑料制成，是将容器内药液向上输送到阀门系统的通道（图 13-2），药液向上的动力是容器的内压。国产药用吸入型气雾剂不用浸入管，而用具有引液槽的阀门杆（图 13-3），故使用时需将容器倒置，使药液通过阀门杆上的引液槽进入阀门系统的定量室。喷射时，按下揿钮，阀门杆在揿钮的压力下顶入，弹簧受压，内孔进入出液橡胶封圈以内，定量室内的药液由内孔进入膨胀室，部分汽化后自喷嘴喷出。同时引液槽全部进入瓶内，进液橡胶封圈封闭了药液进入定量室的通道。推动钮压力解除后，在弹簧的作用下，又使阀门杆恢复原位，药液再进入定量室。再次使用时，又重复这一过程。

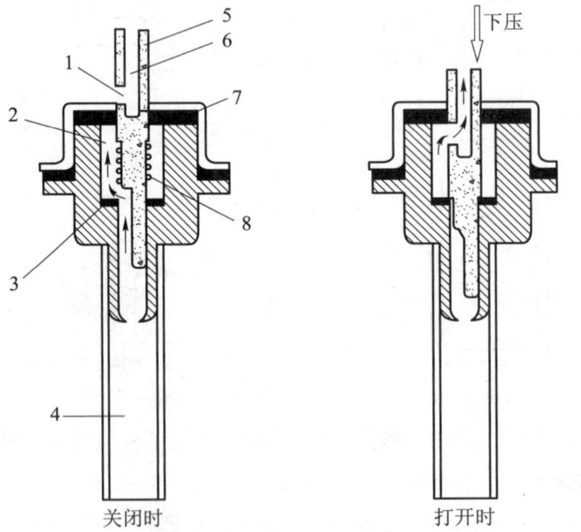

图 13-2　有浸入管的定量阀门

1. 内孔；2. 定量室；3. 进液弹体封圈；4. 浸入管；5. 阀杆；6. 膨胀室；7. 出液弹体封圈；8. 弹簧

（7）推动钮　常由塑料制成，装在阀门杆的顶端，其作用是推动阀门杆以开启或关闭气雾剂阀门，上有喷嘴，可控制药液喷出的方向。喷嘴有多种类型，可根据需要选择合适的推动钮。

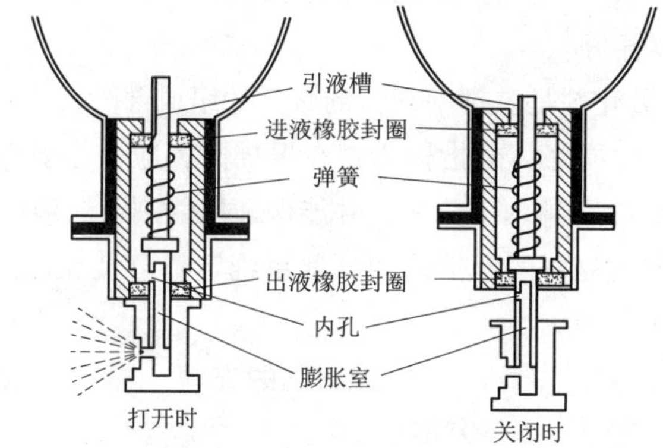

图 13-3　气雾剂阀门启闭示意图

二、气雾剂的制备

气雾剂应在避菌条件下制备，各种用具、容器等均需进行清洁、灭菌，整个操作过程都应避免微生物的污染。气雾剂的制备过程主要可分为容器和阀门系统的处理与装配、药物的配制与分装、抛射剂的充填三部分(图 13-4)，最后经质量检查合格后为气雾剂成品。

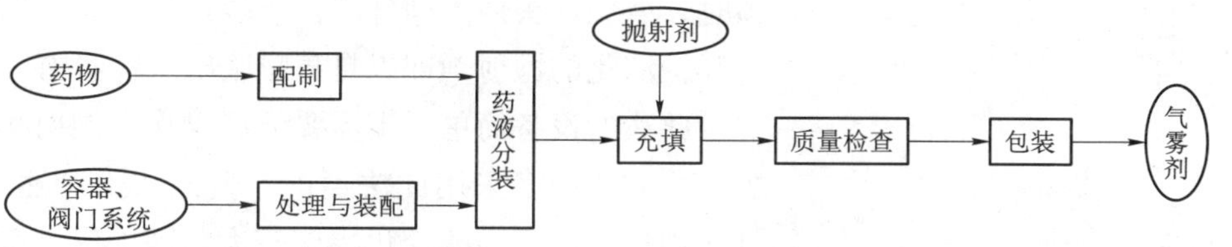

图 13-4　气雾剂的制备工艺流程

（一）制备工艺

1. 容器和阀门系统的处理与装配

（1）玻璃搪塑　先将玻瓶洗净烘干，预热至 120~130℃，趁热浸入塑料黏浆中，使瓶颈以下黏附一层塑料浆液，倒置，在 150~170℃烘干 15 分钟，备用；塑料涂层应能均匀地紧密包裹玻瓶，以避免爆瓶时玻片飞溅，外表平整、美观。

（2）阀门系统的处理与装配　将阀门的各种零件分别处理：橡胶制品可在 75% 乙醇中浸泡 24 小时，以除去色泽并消毒，干燥备用；塑料、尼龙零件洗净后浸泡在 95% 乙醇中备用；不锈钢弹簧在 1%~3% 氢氧化钠碱液中煮沸 10~30 分钟，用水洗涤数次，然后用纯化水洗 2~3 次，直至无油腻为止，浸泡在 95% 乙醇中备用。最后将上述处理好的零件，按照阀门系统的结构进行装配。

2. 药物的配制与分装

（1）药物的配制　应按照处方组成及所要求的气雾剂类型进行配制。

1）溶液型气雾剂：为制成澄清溶液，常需加入适量潜溶剂，但应注意所加入的潜溶剂的量对肺部的刺激性及对气雾剂稳定性的影响，必要时需加入抗氧剂、防腐剂等。

2）混悬型气雾剂：应将药物微粉化并保持干燥状态，严防药物微粉吸附水蒸气。制备时常需加入表面活性剂作为润湿剂、分散剂和助悬剂，以使药物微粒分散均匀并稳定，还应控制以下几个环节：通常应控制在 0. 005% 以下；药物的粒度应不得超过 10μm；药物的溶解度在生理活性相同的条件下，应选用在抛射剂中溶解度最小的药物衍生物；应尽量使抛射剂和混悬固体的密度相等。

3）乳剂型气雾剂：乳化剂是乳剂型气雾剂必需的组成部分，为制成稳定的乳剂，乳化剂的选择很重要。其乳化性能好坏的指标为：在振摇时，应完全乳化成很细的乳滴，外观白色，较稠厚，至少在1~2分钟内不分离，并能保证抛射剂与药液同时喷出。

（2）药液的分装　将配制好的合格药物分散系统定量分装在已准备好的容器内，安装阀门，轧紧封帽。

3. 抛射剂的充填　抛射剂的充填方法有压灌法和冷灌法两种。

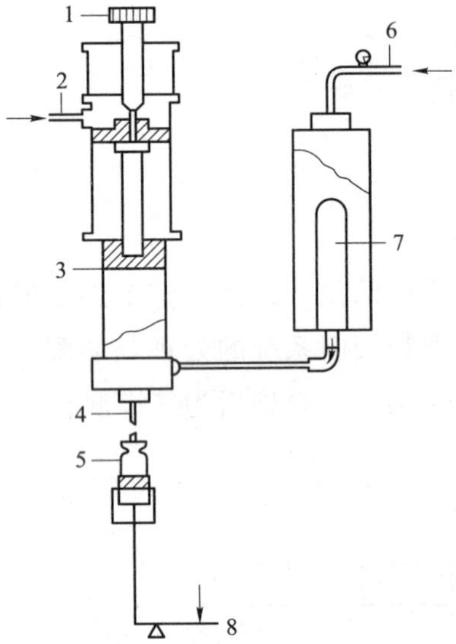

图 13-5　抛射剂压装机示意图

1. 装置调节器；2. 压缩空气进口；3. 活塞；4. 灌装针；5. 容器；6. 抛射剂进口；7. 滤棒；8. 脚踏板

（1）压灌法　先将配好的药液于室温下灌入容器内，再装上阀门并轧紧封帽，然后通过压装机(图 13-5)压入定量的液化抛射剂(最好先将容器内的空气抽去)。液化抛射剂经砂棒滤过后进入压装机。操作压力以 68.65~105.975kPa 为宜。压力低于 41.19kPa 时，充填无法进行。当压力偏低时，可通过将抛射剂钢瓶用热水或红外线等加热提高压力的方法使其达到工作压力。当容器上顶时，灌装针头伸入阀杆内，压装机与容器的阀门同时打开，液化的抛射剂即以自身膨胀压入容器内。

此法的设备简单，不需要低温操作，抛射剂损耗较少，目前我国多采用此法生产，但该法生产速度较慢，且使用过程中压力的变化幅度较大。国外气雾剂的生产主要采用高速旋转压装抛射剂工艺，可大大提高生产效率，且产品质量稳定。

（2）冷灌法　先将药液冷却至-20℃左右后灌入容器内，随后加入冷却至沸点以下至少 5℃的抛射剂(也可两者同时灌入)，立即装上阀门并轧紧，操作必须迅速完成，以减少抛射剂的损失。

此法工艺较简单，对阀门无影响，能适用于任何接在药瓶上的阀门系统，成品压力较稳定，但需制冷设备和低温操作，且抛射剂的损失较多；由于是在抛射剂沸点之下工作，故处方中含水的产品不宜用此法。

（二）举例

例 1　溴化异丙托品气雾剂(溶液型气雾剂)

【处方】	溴化异丙托品(一水合物)	0.37g	纯化水	5.00g
	无水乙醇	150.00g	枸橼酸	0.04g
	HFA_{134a}	844.59g	共制	1000g

【制法】①将溴化异丙托品、枸橼酸和纯化水溶于无水乙醇制成溶液；②将药液分装于气雾剂容器中，然后用氮气或 HFA_{134a} 蒸气清洗容器上部空间并用阀门密封；③充装抛射剂 HFA_{134a}，即得。

【注意】①溴化异丙托品为抗胆碱能的支气管扩张药，用于治疗可逆性支气管痉挛，如支气管哮喘、伴发肺气肿的慢性支气管炎；②纯化水可降低药物因脱水引起的分解；③无水乙醇为潜溶剂，可增加药物的溶解度以达到有效治疗量；④枸橼酸用于调节 pH，抑制药物分解。

例2　硫酸左旋沙丁胺醇气雾剂(混悬型气雾剂)

【处方】	硫酸左旋沙丁胺醇	0.85g	卵磷脂	0.08g
	甘油	30g	二甲醚	150g
	四氟甲烷	819.07g	共制	1000g

【制法】①将硫酸左旋沙丁胺醇真空干燥后经气流粉碎机粉碎至适宜的粒度，置干燥器中备用；②将干燥至恒重的无水硫酸钠加入甘油和卵磷脂中脱水不少于24小时；③将处方量的原辅料共同置于密封的配制罐中高速均质后分装于耐压容器中，封接阀门系统；④充装二甲醚和四氟甲烷，即得。

【注意】①硫酸左旋沙丁胺醇是特异性支气管平滑肌 β_2 受体激动剂，是治疗支气管炎哮喘等疾病的有效药物；②将药物微粉化、控制含水量目的是提高混悬液的稳定性；③卵磷脂为表面活性剂，甘油为助悬剂，可使药物均匀分散并稳定。

三、气雾剂的质量评价

气雾剂在生产与贮藏期间应符合《中国药典》（2015年版）四部通则的有关规定。除另有规定外，气雾剂应进行以下项目的检查，具体检查方法参见《中国药典》（2015年版）四部通则0113。

1. 每瓶总揿次和每揿主药含量　定量气雾剂照吸入制剂(通则0111)相关项下方法检查，每瓶总揿次应符合规定；每揿主药含量照气雾剂(通则0113)检查，应为每揿主药含量标示量的80%~120%。

2. 递送剂量均一性　定量气雾剂照吸入制剂（通则0111）相关项下方法检查，递送剂量均一性应符合规定。

3. 喷射速率和喷出总量　非定量气雾剂依法检查，喷射速率均应符合各品种项下的规定；每瓶喷出量均不得少于标示装量的85%。

4. 每揿喷量　定量气雾剂依法检查，应符合规定。

5. 粒度　除另有规定外，中药吸入用混悬型气雾剂若不进行微细粒子剂量测定，应作粒度检查。

6. 装量　非定量气雾剂照最低装量检查法（通则0942）检查，应符合规定。

7. 无菌　用于烧伤、严重创伤或临床必须无菌的气雾剂，照无菌检查法(通则1101)检查，应符合规定。

8. 微生物限度　除另有规定外，照微生物限度检查法(通则1105、1106、1107)检查，应符合规定。

第三节　喷 雾 剂

一、概述

（一）喷雾剂的特点与分类

1. 特点

(1) 优点　①喷雾剂不含抛射剂，可避免大气污染；②生产处方和工艺简单，产品成

扫码“学一学”

本较低；③仅需很小的触动力即可达到全喷量，适用范围广。

（2）缺点　随着使用次数的增加，压缩气体的消耗，容器压力也随之降低，致使喷出的雾滴（粒）大小及喷射量难以维持恒定，因此药效强、安全指数小的药物不宜制成喷雾剂。

2. 分类

（1）按用药途径分类　可分为吸入喷雾剂、非吸入喷雾剂和外用喷雾剂。

（2）按分散系统分类　可分为溶液型喷雾剂、乳剂型喷雾剂和混悬型喷雾剂。

（3）按给药定量与否分类　可分为定量喷雾剂和非定量喷雾剂。

（二）喷雾装置

喷雾装置通常由容器和阀门系统（手动泵）两部分构成。

1. 容器　喷雾剂容器常由不锈钢或马口铁为材料制成，后者内壁涂有聚乙烯为底层、环氧树脂为外层的混合保护层，用来提高其耐腐蚀性。

2. 阀门系统　喷雾剂的阀门系统与气雾剂相似，只是阀杆的内孔一般为 3 个，且比较大，以便于物质的流动。图 13-6 所示为国产喷雾剂的非定量阀门系统示意图，有的也装有定量阀门。

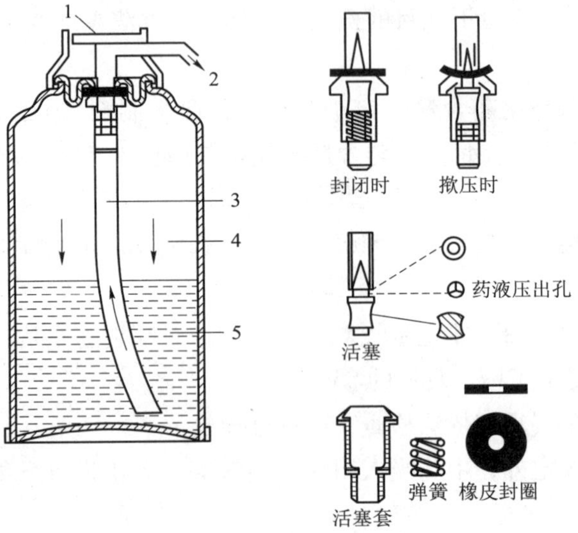

图 13-6　国产喷雾剂的非定量阀门系统示意图

1. 揿压处；2. 出气管；3. 导管；4. 压缩气体；5. 药液

（三）举例

例　缩宫素鼻喷雾剂

【处方】 缩宫素	4 万 USP 单位	甘油	13ml
氯化钠	4.5g	枸橼酸	适量
碳酸钠	适量	纯化水	加至 1000ml

【制法】 将辅料溶于水中，过滤后加入缩宫素，使溶解，再加水至全量，搅匀后装于喷雾装置中，即得。

【注意】 ①本品主要用于催乳；②甘油具有润湿和稳定作用，并与氯化钠共同调节渗透压，以减少对鼻黏膜的刺激，促进药物吸收；③枸橼酸和碳酸钠为 pH 调节剂，可调节 pH 处于 6.5~7.5。

二、喷雾剂的质量评价

喷雾剂在生产与贮藏期间应符合《中国药典》（2015 年版）四部通则的有关规定。除另有规定外，喷雾剂应检查的项目有每瓶总喷次、每喷喷量、每喷主药含量、递送剂量均一性、微细粒子剂量、装量差异、装量、无菌、微生物限度等，均应符合规定[具体检查方法见《中国药典》（2015 年版）四部通则 0112]。

扫码“学一学”

第四节　粉雾剂

一、概述

粉雾剂是在气雾剂的基础上，为克服气雾剂的不足，综合粉体工学的知识而发展起来的一种新剂型。

（一）粉雾剂的分类

按其途径可分为吸入粉雾剂、非吸入粉雾剂和外用粉雾剂。

1. 吸入粉雾剂　系指微粉化药物或与载体以胶囊、泡囊或多剂量贮库形式，采用特制的干粉吸入装置，由患者主动吸入雾化药物至肺部的制剂，亦称干粉吸入剂。

2. 非吸入粉雾剂　系指药物或与载体以胶囊或泡囊形式，采用特制的干粉给药装置，将雾化药物喷至腔道黏膜的制剂。

3. 外用粉雾剂　系指药物或与适宜的附加剂灌装于特制的干粉给药器具中，使用时借助外力将药物喷至皮肤或黏膜的制剂。

近年来，关于吸入粉雾剂的研究和开发不断深入，其应用也越来越广泛，故本节重点介绍吸入粉雾剂的相关知识。

（二）吸入粉雾剂的特点

1. 与口服给药相比　吸入粉雾剂具有与气雾剂相似的优点，如药物直接到达作用部位，起效快，可避免胃肠道的破坏和肝脏的首关效应，生物利用度高等。

2. 与气雾剂及喷雾剂相比　吸入粉雾剂具有以下优点：①患者主动吸入药粉，不存在给药协同配合问题，顺应性好，特别适用于原需进行长期注射治疗的患者；②药物可以胶囊或泡囊形式给药，剂量准确；③不含防腐剂及乙醇等溶媒，对病变黏膜无刺激性；④药物呈干粉状，稳定性好，尤其适用于多肽和蛋白类药物。

（三）吸入粉雾剂的组成

1. 干粉吸入装置　理想的干粉吸入装置应具备以下要素：粉体离散性好，给药与呼吸肌力量大小无关，100% 肺内沉积率，用法简单易被患者接受，多剂量时可重复给药，对环境无污染，耐潮湿性能好，明显的剂量指示功能，体积小、便于携带且价格合理等。吸入装置的选择，应根据主药特性选择适宜的给药装置，需长期给药的宜选用多剂量贮库型吸入装置，主药性质不稳定的宜选用单剂量给药装置。下面以较常见的胶囊型粉末雾化器（图 13-7）为例进行介绍。

粉末雾化器也称吸纳器，是简单的粉末药物吸入装置。其原理是患者吸气时使内含胶囊转动，药物粉末经打了孔的胶囊两端释出并随气流被患者吸入肺中。装置结构主要由雾

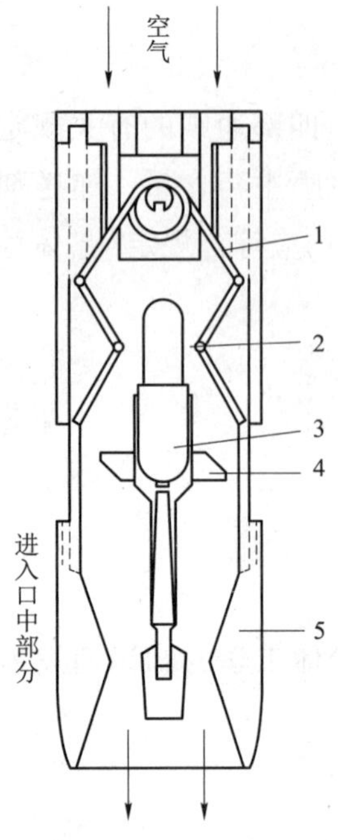

图 13-7 粉末雾化装置

1. 弹簧杆；2. 不锈钢弹簧节；3. 药物胶囊；4. 扇叶推进器；5. 口吸器

化器的主体、扇叶推进器和口吸器三部分组成。在主体外套有能上下移动的套筒，套筒内上端装有不锈钢针；口吸器的中心也装有不锈钢针，作为扇叶推进器的轴心及胶囊一端的致孔针。使用方法为：将组成的三部分卸开，先将扇叶套于口吸器的不锈钢针上，再将装有极细粉的胶囊的深色盖端插入推进器扇叶的中孔中，然后将三部分组成整体，并旋转主体使与口吸器连接并试验其牢固性，接着压下套筒，使胶囊两端刺入不锈钢针；再提起套筒，使胶囊两端的不锈钢针脱开，扇叶内胶囊的两端已致孔，并能随扇叶自由转动，即可供患者使用。使用时将装置夹于中指与拇指之间，在口吸器吸用前先呼气，然后将口吸器置于唇齿间，深吸并屏气 2~3 秒钟后再呼气（当吸嘴端吸引时，空气由另一端进入，经过胶囊将粉末带出，并由推进器扇叶扇动气流将粉末分散成气溶胶后吸入呼吸道起作用），反复操作 3~4 次，使胶囊内粉末充分吸入，以提高治疗效果。最后清洁粉末雾化器，并保持干燥状态。

2. 药物与辅料

（1）药物　由于药物粒子的粒径很大程度上影响所制备吸入粉雾剂的疗效，因此应通过微粉化工艺使药物粒子的粒径达到规定的范围。

（2）辅料　①载体：微粉化的药物属于热力学不稳定体系，粒子的表面自由能大、聚集的趋势强、流动性差，加入载体后，药物可吸附于载体表面形成微粒，可阻止药粉的聚集并改善其流动性，并兼有稀释剂的作用。常用的载体物质有乳糖、木糖醇、甘露醇、氨基酸和磷脂等。②其他辅料：吸入粉雾剂除了加入一定量的载体外，有时为了改善粉末的流动性与分散性，也可在处方中加入少量的润滑剂、助流剂及抗静电剂等。

二、粉雾剂的制备

吸入粉雾剂制备时应在避菌环境中配制，各种用具、容器等须用适宜的方法清洁、消毒，操作过程中应注意防止微生物的污染。其制备工艺流程如下：

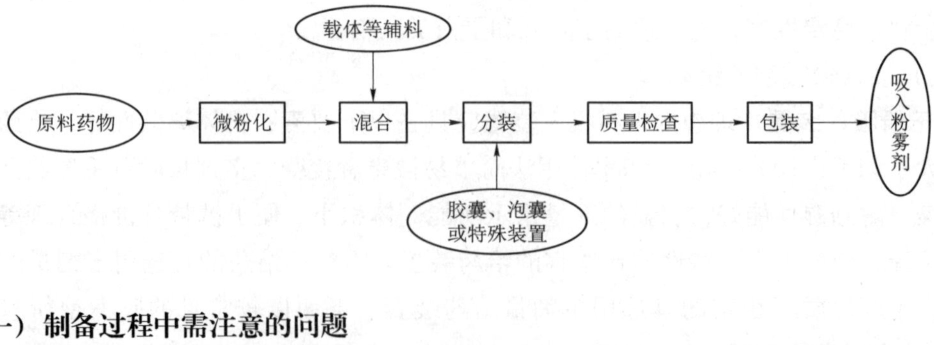

（一）制备过程中需注意的问题

1. 药物的微粉化　常用的微粉化工艺有研磨法（球磨机、流能磨）、喷雾干燥法以及重结晶法，应根据主药的理化性质选择合适的微粉化工艺。此外，由于药物的微粉化粉末之间、粉末与辅料以及与容器系统之间复杂的相互作用可能直接关系到制剂的质量，故经微粉化处理后的药物粉末需进行粉体学测定。

2. 载体的粉碎　改善粉末流动性最常用的方法就是加入一些粒径较大的颗粒作为载体。不同粒度的载体对微粉化药物的吸附力不同，故需对载体的粉碎粒度进行筛选，以满足粉末流动性和给药剂量均匀性的要求。

3. 水分和环境湿度的控制　若处方中水分含量较高，则粉末流动性降低，粒度增大，从而影响制剂的质量，故需控制药物与辅料的含水量。另外，在混合和分装过程中应注意控制环境的相对湿度，使其低于药物与辅料的临界相对湿度。

此外，药物与辅料的比例、混合方式和混合时间等均会影响制剂的质量，故在制备过程中应注意观察和控制。

（二）举例

例　色甘酸钠粉雾剂

【处方】 色甘酸钠　　20g　　乳糖　　20g

共制　　1000 粒

【制法】 将色甘酸钠用适当方法制成极细的粉末，与乳糖充分混合均匀，分装到空心胶囊中，使每粒含色甘酸钠 20mg，即得。

【注意】 本品为胶囊型粉雾剂，色甘酸钠为抗变态反应药，用于预防各种类型哮喘的发作，处方中的乳糖为载体。

三、粉雾剂的质量评价

粉雾剂在生产与贮藏期间应符合《中国药典》（2015 年版）四部通则的有关规定。除另有规定外，应进行递送剂量均一性、微细粒子剂量、多剂量吸入粉雾剂总吸次、微生物限度等检查，均应符合规定。具体检查方法参见《中国药典》（2015 年版）四部通则 0111。

思考题

1. 比较气雾剂、喷雾剂和吸入粉雾剂的异同。
2. 影响药物在肺部快速吸收的因素主要有哪些？
3. 抛射剂有何作用？
4. 常用的抛射剂有哪些？
5. 气雾剂有哪些特点？
6. 气雾剂由哪几部分组成？
7. 气雾剂怎么制备？
8. 喷雾剂有哪些特点？
9. 盐酸异丙肾上腺素为 β 受体激动剂，用于支气管哮喘及心脏房室传导阻滞。其气雾剂处方如下：

扫码“练一练”

盐酸异丙肾上腺素	2.5g
维生素 C	1.0g
乙醇	296.5g
二氯二氟甲烷	适量
制成	1000g

试分析该处方中各辅料成分的作用。

（马思提）

第十四章

微囊、微球与脂质体

扫码“学一学”

学习目标

知识目标

1. 掌握微囊、微球与脂质体的制备技术。
2. 熟悉微囊、微球与脂质体的特点及制备原理。

能力目标

1. 学会微囊、微球与脂质体的制备方法。
2. 能够在实验室完成微囊、微球与脂质体简单的制备。

素质目标

通过学习，激发学生对于现代制剂新材料、新设备、新工艺学习的兴趣，掌握现代制剂技术的发展方向，增强学生的创新意识。

第一节 微 囊

一、概述

微型包囊是近二十多年来应用于药物的新工艺、新技术，其制备过程通称微型包囊术（microencapsulation），简称微囊化，系利用高分子材料或共聚物（囊材）作为囊膜壁壳，将固态药物或液态药物（囊心物）包裹，使其成为半透明、封闭的微型胶囊，简称微囊（microcapsules）。该微囊一般直径在5~400μm之间。

药物微囊化的目的有：①掩盖药物的不良气味及口味；②提高药物的稳定性（易水解阿司匹林经过微囊化可以防止降解）；③防止药物在胃肠道内失活，减少药物对胃肠道的刺激；④使液态药物固态化便于应用与贮存（软胶囊、滴丸、固体分散体）；⑤减少复方药物的配伍变化；⑥可制备缓释或控释制剂；⑦使药物浓集于靶区，提高疗效，降低毒副作用；⑧可将活细胞或生物活性物质包囊。

目前，采用微囊化技术的药物已有30多种，主要为解热镇痛药、抗生素、多肽、避孕药、维生素、抗癌药以及诊断用药等。尽管微囊化的药物制剂商品还不多，但药物微囊化技术的研究却是突飞猛进。特别是蛋白质、酶、激素、肽类等生物技术药物的口服活性低或注射的生物半衰期短，将药物微囊化后通过口服或非胃肠道缓释给药，可减少活性损失或变性，这对新药的开发具有特殊意义。

二、囊心物与囊材

（一）囊心物

微囊的囊心物(core material)可以是固体或液体，除了主药外，还包括为提高微囊化质量而加入的附加剂，如稀释剂、稳定剂、促进剂以及改善囊膜可塑性的增塑剂、控制释放速率的阻滞剂等。通常是将主药与附加剂混匀后再微囊化；亦可先将主药单独微囊化，再加入附加剂。若有多种主药存在时，可将多种主药均匀混合后再微囊化，亦可分别微囊化后再混合，这取决于设计要求、药物、囊材和附加剂的性质及工艺条件等。如用相分离凝聚法时囊心物一般不应是水溶性的，而界面缩聚法则要求囊心物必须是水溶性的。

（二）囊材

用于包囊所需的材料称为囊材(coating material)。对囊材的一般要求是：①性质稳定；②有适宜的释放速率；③无毒、无刺激性；④能与药物配伍，不影响药物的药理作用及含量测定；⑤有一定的强度及可塑性，能完全包封囊心物；⑥具有符合要求的黏度、穿透性、亲水性、溶解性、降解性等特性。

常用的囊材包括天然高分子囊材、半合成高分子囊材和合成高分子囊材三类。

1. 天然高分子囊材 天然高分子材料的囊材，无毒、成膜性好。

（1）明胶 明胶平均分子量 M_{av} 在 15 000~25 000。因制备时水解方法的不同，明胶分酸法明胶(A 型)和碱法明胶(B 型)。A 型明胶等电点为 7~9，B 型明胶等电点为 4.7~5.0，两者成囊性无明显差别。通常根据药物的酸碱性要求选用 A 型或 B 型，用量为 20~100g/L。

（2）阿拉伯胶 常用来制作粉末油脂，经常与明胶等量配合使用，因为它很好的水溶性和乳化性，在包埋的过程中可以使包埋物的微胶囊化效率增加。它作囊材的用量为 20~100g/L，亦可与白蛋白配合作复合材料。

（3）海藻酸盐 系多糖类化合物，从褐藻中提取而得。海藻酸钠可溶于不同温度的水中，不溶于乙醇、乙醚及其他有机溶剂。海藻酸钙不溶于水，故海藻酸钠可用 $CaCl_2$ 固化成囊。

（4）壳聚糖 壳聚糖是由甲壳素脱乙酰化后制得的一种天然聚阳离子多糖，可溶于酸或酸性水溶液，无毒、无抗原性，在体内能被溶菌酶等酶解，具有良好的生物相容性和生物可降解性，近年来壳聚糖微胶囊已经用来运载生物大分子活性物质。

2. 半合成高分子囊材

（1）羧甲基纤维素盐 羧甲基纤维素钠(CMC-Na)常与明胶配合作复合囊材，一般分别配 1~5g/L CMC-Na 及 30g/L 明胶，再按体积比 2∶1 混合。CMC-Na 遇水溶胀，体积可增大 10 倍，在酸性溶液中不溶。水溶液黏度大，有抗盐能力和一定的热稳定性，不会发酵，也可以制成铝盐 CMC-Al 单独作囊材。

（2）邻苯二甲酸醋酸纤维素(CAP) CAP 在强酸中不溶解，可溶于 pH 大于 6 的水溶液。用作囊材时可单独使用，用量一般为 30g/L，也可与明胶配合使用。

（3）乙基纤维素(EC) 乙基纤维素化学稳定性高，不溶于水、甘油和丙二醇，可溶于乙醇，遇强酸易水解，故对强酸性药物不适宜。

（4）甲基纤维素（MC）　甲基纤维素用作微囊囊材的用量为10~30g/L，亦可与明胶、CMC-Na、聚维酮（PVP）等配合作复合囊材。

（5）羟丙甲纤维素（HPMC）　羟丙甲纤维素能溶于冷水成为黏性溶液，不溶于热水，长期贮存稳定，有表面活性。

3. 合成高分子囊材　作囊材用的合成高分子材料有生物不降解的和生物可降解的两类。生物不降解且不受 pH 影响的囊材有聚酰胺、硅橡胶等，在一定 pH 条件下可溶解的囊材有聚丙烯酸树脂、聚乙烯醇等。近年来，生物可降解的材料得到了广泛应用，如聚碳酯、聚氨基酸、聚乳酸（PLA）、丙交酯乙交酯共聚物（PLGA）、聚乳酸-聚乙二醇嵌断共聚物（PLA-PEG）等，它们的成膜性好、化学稳定性高，可用于注射。其中：PLA 和 PLGA 是美国食品药品管理局批准用于人体的可降解生物材料，生物大分子药物用上述聚合物为骨架材料制成的微球或微囊后给药，可以达到缓释或控释的目的。

三、微囊的制备方法

微囊的制备方法可归纳为物理化学法、物理机械法和化学法三大类，根据药物、囊材的性质和微囊的粒径、释放要求以及靶向性的要求进行选择。

（一）物理化学法

在液相中进行，采用适宜方法使囊材的溶解度降低，自液相中凝聚出来，产生一个新的相，故又称相分离法（phase separation），其微囊化步骤大体可分为囊心物的分散、囊材的加入、囊材的沉积和囊材的固化四步。相分离法分为单凝聚法、复凝聚法、溶剂-非溶剂法、改变温度法和液中干燥法，它所用设备简单，高分子材料来源广泛，可将多种类别的药物微囊化，成为药物微囊化的主要工艺。

单凝聚法是将一种凝聚剂加入某种水溶性囊材的溶液中，由于大量的水分与凝聚剂结合，使体系中囊材的溶解度降低而凝聚出来，最后形成微囊。或将药物分散在含有纤维素衍生物的与水混合的有机溶剂中，后加无机盐类的浓溶液，使囊材凝聚成膜而形成微囊。

复凝聚法是利用两种聚合物在不同 pH 时，电荷的变化（生成相反的电荷）引起相分离-凝聚。复凝聚法是经典的微囊化方法，操作简便，适合于难溶性药物的微囊化。

可作复合材料的有明胶与阿拉伯胶（或 CMC 或 CAP 等多糖）、海藻酸盐与聚赖氨酸、海藻酸盐与壳聚糖、海藻酸与白蛋白、白蛋白与阿拉伯胶等。

液中干燥法亦称溶剂挥发法，是将药物均匀混悬或乳化于溶有囊材的有机溶剂中，然后将混合液加热挥散有机溶剂，由于囊材沉积而形成微囊。

（二）物理机械法

将固体或液体药物在气相中进行微囊化的方法，包括：喷雾干燥法、喷雾冻凝法、空气悬浮包衣法等。

喷雾干燥法是将芯料分散于囊材的溶液中，将此混合物用汽流雾化，使溶解囊材的溶剂迅速蒸发至使囊膜凝固，将芯料包裹而成微囊。

喷雾冻凝法是将芯料分散于熔融的囊材中，然后将此混合物喷雾于冷气流中，则使囊膜凝固而成微囊。凡蜡类、脂肪酸和脂肪醇等，在室温为固体，但在较高温度能熔融的囊材，均可采用此方法。

（三）化学法

化学法是在液相中发生化学反应而形成微囊，可分为界面缩聚法和辐射交联法。

辐射交联法系采用乙烯醇（或明胶）为囊材，以 γ 射线照射，使囊材在乳浊液状态发生交联，经处理得到聚乙烯醇（或明胶）的球形微囊。然后将微囊浸泡在药物的水溶液中，使其吸收，待水分干燥后，即得含有药物的微囊。

四、微囊的性质

（一）微囊的结构与大小

1. 微囊的结构 理想的微囊应是大小均匀的球形，囊与囊之间互不粘连，分散性好，便于制成各种制剂。微囊的结构因制备工艺条件不同而有显著差异，通常单、复凝聚法所制得的微囊是球形镶嵌型，且是多个囊心物微粒分散镶嵌于球形体内。采用物理机械法、溶剂-非溶剂法以及界面缩聚法所制得的微囊是球形单层或多层膜壳型。

微囊本身应具有一定的可塑性和弹性。若用明胶为囊材，加入 10% 左右的甘油可以显著改善明胶囊材的弹性。若用乙基纤维素为囊材，应加入增塑剂改善其可塑性。

2. 微囊的大小 微囊的直径大小直接影响药物的释放、生物利用度、含药量、有机溶剂残留量以及体内分布的靶向性。如以丙交酯-乙交酯（85：15）共聚物为囊材制备的炔诺酮胶囊，在 37℃和 27.5%（g/ml）乙醇液中的体外释放量随着微囊的囊径增大而减少。

影响微囊大小的因素有：囊心物大小、囊材的用量、制备方法、制备温度、搅拌速度、附加剂浓度等因素。

（二）微囊中药物的释放

1. 微囊中药物的释放机制 药物微囊化后，一般要求药物能定量地从微囊中释放，研究其释放速度规律，应首先考虑其释放机制。一般认为有以下三种情况。

（1）扩散 系指药物透过囊壁而扩散，属于物理过程。在体内，体液向微囊中渗透并逐渐使药物溶解经囊壁扩散出来。

（2）囊壁的溶解 囊壁的溶解也属于物理化学过程，囊壁溶解的速度取决于囊材的性质、体液的体积、组成、pH 及温度等。

（3）囊壁的消化与降解 这是在体内酶的作用下的生化过程，当微囊进入机体内，囊壁会受到蛋白酶或其他酶的消化与降解成为体内的代谢产物，使药物从中释放出来。但实际上，往往在聚合物降解之前，药物早已开始释放。

2. 微囊中影响药物释放速度的因素

（1）囊壁厚度的影响 囊壁的厚度与控制药物释放及保护药物作用密切相关。囊壁厚度可用光学显微镜或电子显微镜直接测得，也可以通过测定微囊的重量、密度等值进行计算。一般来说，囊壁越厚释药速度越慢。如磺胺噻唑微囊，以乙基纤维素为囊材，囊壁厚度分别为 5.04μm、12.07μm、20.12μm。在人工胃液中作体外释放度测定，释放 50% 药物所需时间分别为 11 分钟、16 分钟、30 分钟，这一点说明囊壁厚度越厚，释放速度越小。

（2）囊材的影响 不同囊材形成的囊壁具有不同的物理化学性质。如明胶所形成的囊壁具有网状结构，药物嵌入网状空隙中，空隙越大，释药速度越快。常用的几种囊材形成的囊壁释药速度的次序如下：

明胶>乙基纤维素>苯乙烯马来酸共聚物>聚酰胺

（3）药物溶解度的影响　药物的溶解度与药物释放速度有密切关系，在其他条件相同时，可溶性药物释放速度较快。例如用乙基纤维素为囊材，分别制成巴比妥钠、苯甲酸及水杨酸微囊，这三种药物在37℃水中的溶解度分别为0.255g/ml、0.009g/ml、0.0068g/ml，药物从微囊中释放的速度以巴比妥钠最快。

与溶解度类似，药物在囊壁与水之间的分配系数大小也影响其释放速度。因此，欲使药物缓释达到长效的目的，可将药物先制成溶解度较小的衍生物如酯类后再进行微囊化。

（4）囊芯物与囊壁的质量比的影响　例如沙丁胺醇乙基纤维素微囊，随着囊芯物与囊壁厚的质量比不同，释放速度也可有很大差异，含药量越高，释放速度越快。

（5）附加剂的影响　为了延缓药物释放，可加入疏水性物质如硬脂酸、蜂蜡、鲸蜡醇以及巴西棕榈蜡等。

（6）工艺条件与剂型的影响　成囊时虽然采取相同的工艺，但干燥条件不同，则释药速度也不相同，例如冷冻干燥或喷雾干燥的微囊，其释药速度比烘箱干燥的微囊快，可能是后者每个干燥颗粒中所包含的微囊个数比前两者多得多，表面积大大减小，因此影响了释药速度。

（7）pH的影响　在不同pH条件下微囊释药速度也可能不同。如氯噻嗪微囊，以明胶-阿拉伯胶为囊材，体外试验表明：在pH 2的释放介质中，40分钟内氯噻嗪释放率达到100%，但在pH 9的介质条件下，120分钟释放量低于80%。

（8）释放介质离子强度的影响　释放介质离子强度的不同，微囊中药物的释放速度也可能不同。

五、微囊制剂的质量评定

微囊系一种新的释药系统，需制成不同剂型用于临床使用，对于微囊本身的质量控制可直接影响制剂的质量，所以，微囊的质量评定不仅要求其相应制剂符合药典规定，还需从以下三个方面予以评价。

（一）微囊的囊形与大小

微囊的外形一般应为圆球形或卵圆形，有时也可以是不规则形。大小应该比较均匀，分散性好。

可采用光学显微镜、扫描或电子显微镜观察形态；用自动粒度测定仪，Coulter计数仪测粒径大小；用以粒径为横坐标、频率为纵坐标的直方图或者跨距来表示粒度分布。

（二）微囊中药物的含量测定

微囊中药物含量测定时，应注意囊壁对药物包封的影响，微囊膜不完全破坏，主药提取可能不彻底，进而影响含量测定的准确性，因此需要根据囊材及囊芯物的性质分别用不同方法处理。根据药物的性质，常用的溶剂提取方法有以下三种。

1. 蒸馏法或索氏提取器提取法　含挥发油类药物的微囊一般采取提油法，如牡荆油微囊片的含量测定，样品先用37℃人工肠液消化，使油完全释放，然后用蒸馏法或索氏提取器提取挥发油，计算每片含挥发油量。

2. 溶剂提取法　一些脂溶性药物微囊可选用不同种类的有机溶剂提取。常用的溶剂有乙醚、三氯甲烷、甲醇、乙醇等。如鹤草酚微囊含量的测定，先用消化酶消化明胶-阿拉伯胶膜，显微镜下观察微囊膜完全消失，再用三氯甲烷提取主药鹤草酚，提取后用紫外-可见分光光度法测定其含量。

3. 水提取法 被包裹药物如果是水溶性的，常采用水提取药物。

（三）微囊中药物的释放度测定

根据微囊的特点，可采用《中国药典》释放度测定法中的第二法（桨法）进行测定，亦可将微囊置薄膜透析管内，再按第一法（转篮法）进行测定。

第二节 微 球

一、概述

使药物溶解或分散在高分子材料基质中，形成微小球状实体称为微球。微球粒径范围一般为1～500μm，小的可以是几纳米，大的可达800μm，其中粒径小于50nm的，通常又称为纳米球或纳米粒。

制备微球的载体材料有很多，主要分为天然高分子微球（淀粉微球、白蛋白微球、明胶微球等）和合成聚合物微球（如聚乳酸微球）。

二、微球的制备方法

根据载体材料的性质，微球释放性能以及临床给药途径可选择不同的微球制剂的制备方法。目前，微球制剂常用的制备方法主要有四种。

乳化-化学交联法是利用带有氨基的高分子材料易和其他化合物相应的活性基团发生反应的特点，交联制得微球。这些高分子材料包括明胶、淀粉、壳聚糖等。

乳化-加势固化法是利用蛋白遇热变性的性质制备的微球，将含药白蛋白水溶液缓慢滴入油相中乳化，再将乳浊液滴入已经预热至120～180℃的油中，搅拌固化、分离、洗涤、即得微球，如氟尿嘧啶蛋白微球的制备。

液中干燥法（乳化-溶剂蒸发法）的基本原理是将不相混溶的两相通过机械搅拌或超声乳化方式制成乳剂，内相溶剂挥发除去，成球材料析出，固化成微球。常用于聚乳酸（PLA）、聚乳酸-乙醇酸共聚物（PLGA）等羟基酸类微球的制备，如亮丙瑞林微球的制备。此法的工艺流程见图14-1。

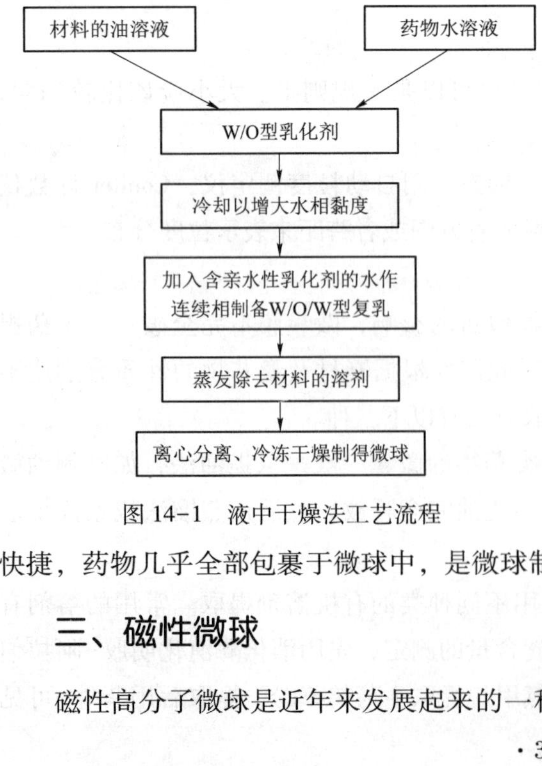

图14-1 液中干燥法工艺流程

喷雾干燥法以白蛋白为材料，将药物分散在材料的溶液中，再用喷雾法将此混合物喷入热气流中使液滴干燥固化得到微球。此法已成功用于白蛋白微球的制备，方法简便快捷，药物几乎全部包裹于微球中，是微球制备工业化最有希望的途径之一。

三、磁性微球

磁性高分子微球是近年来发展起来的一种新型磁性材料，是通过适当方法将磁性无机粒子与有机高分子结合形成的具有一定磁性及特殊结构的复合微球。此类微球不仅具有普通高分子微球的众多特性，还具有磁响应性，所以不仅能够通过共聚及表面改性等方法赋予其表面功能基团，还能在外加磁场作用下具有导向功能。目前，磁性微球已广泛应用于生物学、细胞学等现代科学领域。

制备磁性微球的高分子材料主要有天然高分子材料和合成高分子材料。天然高分子材料有纤维素、明胶等。合成高分子材料有聚苯乙烯、聚丙烯酸等。主要的制备方法有包埋法、乳液聚合法、分散聚合法等。

磁性高分子微球作为药物载体，被注射到动物体内，在外加磁场下，通过纳米粒子的导航，移向病变区，这就是磁性纳米粒子在药物中应用的基本原理。用磁性高分子微球作为药物载体可以提高药效，降低药物对正常细胞的伤害，这是目前全世界科研最热门的课题之一。

第三节　脂质体

一、概述

脂质体(liposome)系指将药物包封于类脂质双分子层内而形成的微型泡囊。类脂双分子层厚度约 4nm。根据脂质体所包含类脂质双分子层的层数，分为单室脂质体和多室脂质体。含有单双分子层的泡囊称为单室脂质体或小单室脂质体，粒径为 0.02~0.08μm；大单室脂质体为单层大泡囊，粒径为 0.1~1μm；含有多层双分子层的泡囊称为多室脂质体，粒径为 1~5μm，每层均可包封药物，水溶性药物包封于泡囊的亲水基团夹层中，而脂溶性药物则分散于泡囊的疏水基团的夹层中，有包封脂溶性药物或水溶性药物的特性。目前，国内外已经上市的脂质体药物载体有多柔比星脂质体、顺铂脂质体、苯硫咪唑脂质体、庆大霉素脂质体等。脂质体结构示意图见图 14-2。

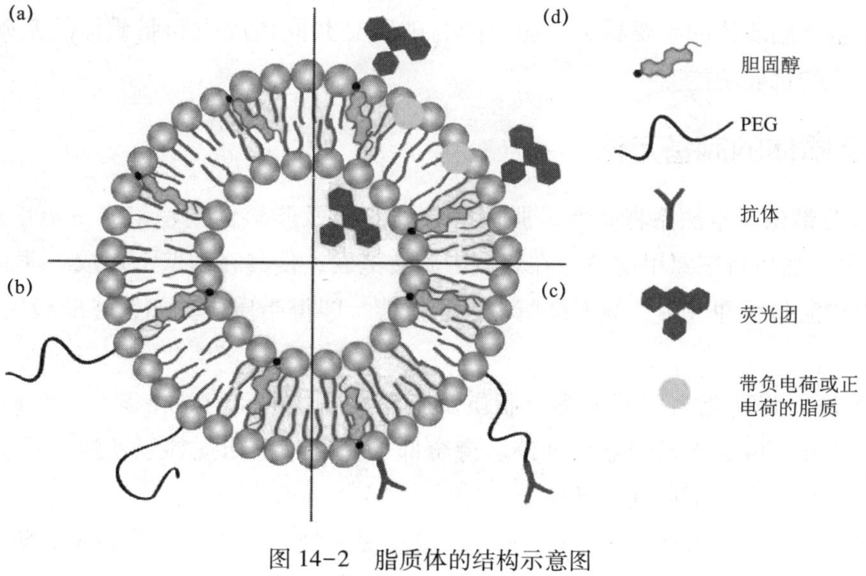

图 14-2　脂质体的结构示意图

二、脂质体的作用特点

1. 淋巴系统定向性 脂质体可被巨噬细胞作为外界异物而吞噬，因而具有淋巴系统定向性。抗癌药物包封于脂质体中，定向于淋巴系统，可治疗肿瘤和防止肿瘤扩散转移，以及肝寄生虫病、利什曼病等单核-巨噬细胞系统疾病。

2. 靶向性 肿瘤细胞中含有比正常细胞较高浓度的磷酸酶及酰酶，由于酶使脂质体药物容易释放出来，因此促使药物在肿瘤细胞部位积蓄。

3. 缓释性 将药物包封成脂质体，可减少肾排泄和代谢而延长药物在血液中的滞留时间，使药物在体内缓慢释放，从而延长了药物的作用时间。如将白蛋白、放线菌素 D 和氟尿嘧啶包封于经超声处理的脂质体中，注射于小白鼠中，能延缓释药。

4. 细胞亲和性与组织相容性 因脂质体是类似生物膜结构的泡囊，对正常细胞和组织无损害和抑制作用，并可长时间吸附于靶细胞周围，使药物能充分向靶细胞、靶组织渗透。脂质体也可通过融合进入细胞内，经溶酶体消化释放药物。如将抗结核药物包封于脂质体中，可将药物载入细胞内杀死结核菌，提高疗效。

5. 降低药物毒性 脂质体主要被单核-巨噬细胞系统的巨噬细胞所吞噬而摄取，且在肝、脾和骨髓等单核-巨噬细胞较丰富的器官中浓集，而使药物在心、肾中累积量低得多，因此降低药物的心、肾毒性。如两性霉素 B 脂质体，可使两性霉素 B 的毒性大大降低而不影响抗真菌活性。

6. 保护药物提高稳定性 不稳定的药物被脂质体包封后，可受到脂质体双层膜的保护。如酸不稳定的青霉素 G 钾盐，口服容易被胃酸破坏，如制成脂质体，则可改善其口服吸收效果。

三、制备脂质体的材料

制备脂质体常用的膜材有：磷脂类材料和胆固醇。其中磷脂类材料包括：卵磷脂、脑磷脂、大豆磷脂。我国研究脂质体，以采用大豆磷脂最为常见，因其成本廉价、乳化能力强，是工业生产脂质体的重要材料。胆固醇与磷脂是共同构成膜和脂质体的基础物质。胆固醇具有一定的抗癌功能。

四、脂质体的制备方法

1. 薄膜分散法 本法系将磷脂、胆固醇等类脂质及脂溶性药物溶于三氯甲烷(或其他有机溶剂)中，然后将三氯甲烷溶液在烧瓶中旋转蒸发，使其在内壁上形成一薄膜；将水溶性药物溶于磷酸盐缓冲液中，加入烧瓶中不断搅拌，即得脂质体。如紫杉醇脂质体的制备，见图 14-3。

2. 注入法 将磷脂与胆固醇等类脂质及脂溶性药物溶于有机溶剂(一般多采用乙醚)中，然后再将此药液注入磷酸盐缓冲液，待全部加完后，不断搅拌至乙醚全部除尽。此法所得脂质体粒径较大，不适宜静脉注射。

3. 超声波分散法 将水溶性药物溶于磷酸盐缓冲液中，加入有机溶液(溶有磷脂、胆固醇、脂溶性药物)，搅拌蒸发除去有机溶剂残液，以超声波处理，然后分离出脂质体再混悬于磷酸盐缓冲液中，制成脂质体的混悬型注射剂。

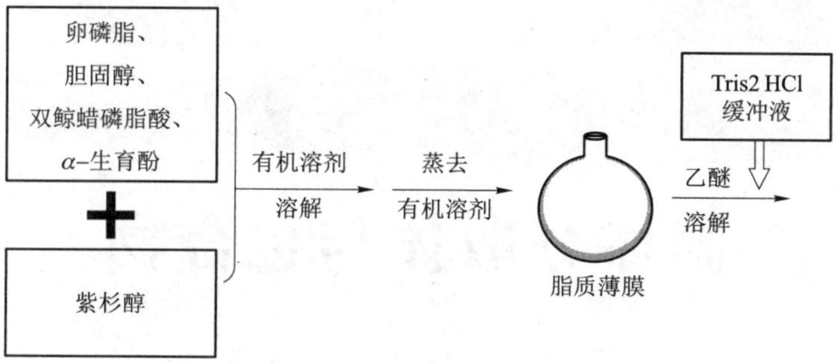

图 14-3　紫杉醇脂质体的制备过程

4. 冷冻干燥法　脂质体亦可用冷冻干燥法制备，对遇热不稳定的药物尤为适宜。先按上述方法制成脂质体悬浮液后分装于小瓶中，冷冻干燥制成冻干剂。

5. 其他方法　熔融法、离心法、逆相蒸发法等。

思考题

1. 概述微囊、微球、脂质体的概念。
2. 简述药物微囊化的目的。
3. 简述囊材的一般要求。
4. 简述囊材的分类。
5. 简述微囊的制备方法。
6. 简述影响微囊中药物释放速度的因素。
7. 简述微囊制剂的质量评定。
8. 简述微球剂常用的制备方法。
9. 简述脂质体的作用特点。
10. 简述脂质体的制备方法。

（李思阳）

扫码“练一练”

扫码“学一学”

第十五章 固体分散体与包合物

学习目标

知识目标

1. 掌握固体分散技术和药物包合技术的概念；固体分散体和包合物的制备方法。
2. 熟悉固体分散技术和药物包合技术的主要类型、分类及应用。

能力目标

1. 知道固体分散体的制法。
2. 知道β-环糊精包合物的制备方法。

素质目标

通过学习，激发学生对于现代制剂新材料、新设备、新工艺学习的兴趣，为掌握现代制剂技术常见的新技术和新剂型奠定基础。

第一节 固体分散体

一、概述

20 世纪 90 年代以来，随着生命科学、材料科学与纳米科学及其相关技术的发展，生物技术药物与制剂新材料、新设备、新工艺不断涌现，新型给药系统的研究进一步深入和普及，药物制剂的新技术和新剂型正发挥越来越重要的作用，其中在固体分散技术下制成的新型制剂已经越来越受到人们的关注。

固体分散技术(solid dispersion)是将难溶性药物高度分散在另一种固体载体中的新技术。药物通常是以分子、胶态、微晶或无定形状态分散在另一种水溶性、难溶性或肠溶性材料中，呈固体分散体状态。根据 Noyes-Whitney 方程可知，药物的溶出速率随分散度的增加而提高。因此，采用微粉化或机械粉碎等技术，使药物颗粒程度降低，从而扩大比表面积，加速药物的溶出。固体分散技术能够使药物高度分散，形成分子、胶体、微晶或无定形状态，若载体材料为水溶性的，可大大改善药物的溶出与吸收，提高药物的生物利用度，降低药物的毒副作用，使其成为一种高效、速效制剂。例如：以 PEG 2000 为载体制备的阿司匹林-PEG2000（1∶9）固体分散体，其药物溶出速度显著高于原料药及物理混合物，生物利用度大大提高。固体分散体可看作是中间体，用于制备药物的速释或缓释制剂，也可制备肠溶制剂。如以肠溶性材料为载体、用溶剂法制备的硝苯地平固体分散体就有较好的缓释作用。

二、常用载体

固体分散体的溶出速率在很大程度上取决于所用载体材料的特性。载体材料应具有下列条件：廉价易得、无毒、稳定、不与药物发生化学反应，不影响药物的疗效与含量检测，能使药物得到最佳分散状态或缓释效果等。常用载体材料分为水溶性、难溶性和肠溶性三大类。几种载体材料可联合应用，以达到要求的速释或缓释效果。

（一）水溶性载体材料

常用的有高分子聚合物、表面活性剂、有机酸、糖类以及纤维素衍生物等。

1. 聚乙二醇类（PEG） 具有良好的水溶性，亦能溶于多种有机溶剂，可使某些药物以分子状态分散，可有效防止药物聚集。最常用的是 PEG 4000 和 PEG 6000，它们的熔点低（50~63℃），毒性小，化学性质稳定。当药物为油类时，宜用 PEG 12000 或 PEG 6000 与 PEG 20000 的混合物。采用滴制法成丸时，可加硬脂酸调节熔点。

2. 聚维酮类（PVP） 为无定形高分子聚合物，熔点较高、对热相对稳定（150℃变色），易溶于水和多种有机溶剂（乙醇等），对许多药物有较强的抑晶作用，但贮存过程中易吸湿而析出药物结晶。PVP 类的规格有：PVP_{k15}（平均相对分子量 M_{av} 约 1000）、PVP_{k30}（M_{av} 约 4000）及 PVP_{k90}（M_{av} 约 360000）等。

3. 表面活性剂类 作为载体材料的表面活性剂大多含聚氧乙烯基，溶于水或有机溶剂，载药量大，在蒸发过程中可阻滞药物产生结晶，是较好速效载体材料。常用泊洛沙姆 188（poloxamer 188，即 pluronic F68）等。

4. 有机酸类 该类载体材料的分子量较小，如枸橼酸、酒石酸、琥珀酸、胆酸及脱氧胆酸等，易溶于水而不溶于有机溶剂，不适用于对酸敏感的药物。

5. 糖类与醇类 作为载体材料的糖类常用的有壳聚糖、右旋糖、半乳糖和蔗糖等，醇类有甘露醇、山梨醇、木糖醇等。特点是水溶性强，分子中有多个羟基，可与药物以氢键结合生成固体分散体，适用于剂量小、熔点高的药物。

6. 纤维素衍生物 如羟丙纤维素（HPC）、羟丙甲纤维素（HPMC）等，与药物制成的固体分散体难以研磨，需加入适量乳糖、微晶纤维素等加以改善。

（二）难溶性载体材料

1. 纤维素类 常用的如乙基纤维素（EC），其特点是溶于有机溶剂，它是一种有较强的黏性、载药量高、稳定性好、不易老化的理想载体材料，广泛地应用于制备缓释固体分散物。如盐酸氧烯洛尔-EC 固体分散体，释药不受 pH 的影响；以 EC 为载体制备的消炎镇痛药酮洛芬缓释固体分散体，实验表明：随着 EC 黏度的增加，药物释放速度降低，具有明显的缓释效果。

2. 聚丙烯酸树脂类 含季铵基的聚丙烯酸树脂（Eudragit 包括 E、RL 和 RS 等几种）在胃液中可溶胀，在肠液中不溶，不被吸收，对人体无害，也被广泛用于制备具有缓释性的固体分散体。有时为了调节释放速率，可适当加入水溶性载体材料如 PEG 或 PVP 等。如萘普生-Eudragit RL 和 RS 固体分散体，Eudragit RL 可调节释放速率；以 Eduragitl 100 和 EC 45 为载体，用溶剂法制备的盐酸维拉帕米缓释固体分散物，有良好的缓释效果。

3. 其他类 常用的有胆固醇、β-谷甾醇、棕榈酸甘油酯、胆固醇硬脂酸酯、蜂蜡、巴西棕榈蜡及氢化蓖麻油、蓖麻油蜡等脂质材料，可制成缓释固体分散体，可以延缓药物的释放；亦可加入表面活性剂，糖类、PVP 等水溶性材料，以适当提高释放速率。水微溶或缓慢溶解的表面活性剂如硬脂酸钠、硬脂酸铝、三乙醇胺和十二烷基硫代琥珀酸钠等，具有中等缓释效果。

（三）肠溶性载体材料

1. 纤维素类 常用的有邻苯二甲酸醋酸纤维素（CAP）、邻苯二甲酸羟丙甲纤维素（HPMCP，商品有 HP-50、HP-55 两种规格）以及羧甲乙纤维素（CMEC）等，均能溶于肠液，可用于胃中不稳定药物在肠道的释放和吸收。CAP 与 PEG 联用制成的固体分散体，可控制释放速率。

2. 聚丙烯酸树脂类 常用 Eudragit L100 和 Eudragit S100，分别相当于国产Ⅱ号及Ⅲ号聚丙烯酸树脂。前者在 pH 6 以上的介质中溶解，后者在 pH 7 以上的介质中溶解，有时两者联合使用，制成缓释固体分散体。如以聚丙烯酸树脂Ⅱ号和 PEG 2000 为混合载体、用溶剂法制备的盐酸尼卡地平肠溶缓释固体分散体等。

三、固体分散体的类型

固体分散体的主要类型如下。

1. 简单低共熔混合物 药物与载体材料两者共熔后，骤冷固化时，如若两者的比例符合低共熔物的比例，则可以完全融合而形成固体分散体，此时药物仅以微晶形式分散在载体材料中，但不能或很少形成固体溶液。

2. 固态溶液 药物在载体材料中以分子状态分散时，称为固态溶液。按药物与载体材料的互溶情况，分完全互溶与部分互溶。如水杨酸与 PEG 6000 的固态溶液，当 PEG 6000 含量较多时，则可形成水杨酸完全互溶的固态溶液；当水杨酸的含量较多时，则形成 PEG 6000 溶于水杨酸的固态溶液。

3. 共沉淀物 共沉淀物，也称共蒸发物，是由药物与载体材料以适当比例混合，形成共沉淀无定形物，有时也称玻璃态固熔体，因其有如玻璃的质脆、透明、无确定的熔点。常用载体材料为多羟基化合物，如枸橼酸、蔗糖、PVP 等。

固体分散体的类型可因不同载体材料而不同，如联苯双酯与不同载体材料形成的固体分散体，联苯双酯与尿素形成的是简单的低共熔混合物，即联苯双酯以微晶形式分散于载体材料中。而联苯双酯与 PVP 的固体分散体中，联苯双酯形成无定形粉末状共沉淀物。联苯双酯与 PEG 6000 形成的固体分散体中，部分联苯双酯以分子状态分散，而另一部分是以微晶状态分散。固体分散体的类型还与药物同载体材料的比例以及制备工艺等有关。

四、固体分散体的制法

药物固体分散体的常用制备方法很多。采用何种固体分散技术，主要取决于药物的性质和载体材料的结构、性质、熔点及溶解性能等。常用的制备方法有熔融法、溶剂法、溶剂-熔融法、溶剂-喷雾（冷冻）干燥法、研磨法和双螺旋挤压法等。

1. 熔融法　熔融法即将药物与载体材料混匀，加热至熔融，在剧烈搅拌下迅速冷却成固体，或将熔融物倾倒在不锈钢板上成薄层，用冷空气或冰水骤冷成固体，再将此固体在一定温度下放置变脆成易碎物。如药物-PEG类固体分散体只需在干燥器内室温放置1到数日即可。为了缩短药物的加热时间，可将载体材料先加热熔融后，再加入已粉碎的药物（60~80目筛）。

本法简易、成本低，适用于对热稳定的药物。多用熔点低、不溶于有机溶剂的载体材料，如PEG类、枸橼酸、糖类等。如用熔融法制备的以乳糖为载体的萘普生固体分散体，其溶解速率显著高于原料粉。此外，也可将熔融物滴入冷凝液中使之迅速收缩、凝固成丸，这样制成的固体分散体俗称滴丸。

2. 溶剂法　溶剂法亦称共沉淀法或共蒸发法。将药物与载体材料共同溶解于有机溶剂中，蒸去有机溶剂后使药物与载体材料同时析出，得到药物与载体材料混合而成的共沉淀物，经干燥即得。常用的有机溶剂有三氯甲烷、乙醇、丙酮等。

本法的优点为避免高热，适用于对热不稳定或易挥发的药物。可选用能溶于水或多种有机溶剂、熔点高、对热不稳定的载体材料，如PVP类、半乳糖、甘露糖、胆酸类等。但有机溶剂的用量较大，成本高，且有时有机溶剂难以完全除尽。残留的有机溶剂除对人体有危害外，还易引起药物重结晶而降低药物的分散度。

3. 溶剂-熔融法　先将药物用少量有机溶剂溶解；再与熔融的载体混合均匀，蒸去溶剂并冷却固化。本法适用于热稳定性差的药物，也适用于液体药物（鱼肝油、维生素A等），但仅限于小剂量药物，一般剂量在50mg以下。

五、固体分散体的速释原理

1. 速释原理　药物以分子状态、胶体状态、亚稳定态、微晶态以及无定形态在载体材料中的高度分散状态存在，药物被可溶性载体材料包围，阻止已分散的药物聚集粗化，保证了药物的高度分散性，使疏水性或亲水性弱的难溶性药物具有良好的可润湿性。遇胃肠液后，载体材料很快溶解，因此加快药物的溶出与吸收。

2. 缓释原理　药物采用疏水或脂质类载体材料制成的固体分散体具有缓释作用，载体材料形成网状骨架结构，药物以分子或微晶状态分散于骨架内，药物的溶出必须首先通过载体材料的网状骨架扩散，故释放缓慢。如乙基纤维素（EC）缓释固体分散体、聚丙烯酸树脂缓释固体分散体、肠溶材料缓释固体分散体、聚乙二醇类缓释固体分散体、脂质缓释固体分散体等，这些固体分散体在缓释制剂中得到了广泛的应用。

知识拓展

固体分散体的展望

固体分散体有显著增加难溶性药物的溶出度，提高其生物利用度并延迟吸收，减小服药剂量等特点，但也存在一些问题，如载体用量较大、固体分散体易老化等。随着技术的不断发展和制备工艺日益成熟完善，探索如何制备定向性、靶向性的缓、控释固体分散体制剂，以增加固体分散体应用的新途径，该类药物将在工业化药品生产中具有更广阔的应用前景。

第二节 包合物

一、概述

包合技术系指一种分子被部分或全部包嵌于另一种分子的空穴结构内，形成包合物的技术。这种包合物是由主分子(host molecules)和客分子(guest molecules)两种组分组成，其中具有包合作用的外层分子称为主分子；被包合到主分子空穴中的小分子物质，称为客分子。主分子即是包合材料，具有较大的空穴结构，足以将客分子(药物)容纳在内，形成分子囊(molecular capsules)。主分子通常用环糊精、胆酸、淀粉、纤维素、蛋白质等，最常用的是环糊精及其衍生物。

药物作为客分子经包合后，溶解度增大，稳定性提高，液体药物可粉末化，可防止挥发性成分挥发，掩盖药物的不良气味或味道，调节释放速率，提高药物的生物利用度，降低药物的刺激性与毒副作用等。如难溶性药物前列腺素 E_2 经包合后溶解度大大提高，并可制成注射用粉末。盐酸雷尼替丁具有不良臭味，制成包合物加以改善，提高患者用药的顺应性。陈皮挥发油制成包合物后，可粉末化且可防止挥发。诺氟沙星制成 β-环糊精包合物胶囊后，起效快，相对生物利用度提高到141.6%。维A酸制成 β-环糊精包合物后，稳定性明显提高，副作用明显降低。目前利用包合技术生产上市的产品有碘口含片、吡罗昔康片、螺内酯片以及可减小舌部麻木副作用的磷酸苯丙哌林片等。

包合原理：药物形成包合物的过程是药物分子借分子间作用力进入包合材料分子空穴的物理过程，不发生化学反应，不形成共价键。其形成过程与立体结构和极性有关，客分子的大小和形状如与主分子的空穴相适应，则易形成包合物，而包合物的稳定性主要取决于两者的极性和分子间作用的强弱。

二、环糊精的结构与性质

常用的包合材料有环糊精、胆酸、淀粉、纤维素、蛋白质、核酸等，目前在制剂中常用的是环糊精及其衍生物。

环糊精(cyclodextrin，CYD) 环糊精系淀粉用嗜碱性芽孢杆菌经培养得到的产物，是由6~12个D-葡萄糖分子以1,4-糖苷键连接的环状低聚糖化合物，为水溶性的非还原性白色结晶性粉末。常见的环糊精有 α、β、γ 三种环糊精，分别是由6个、7个、8个葡萄糖分子通过 α-1,4-糖苷键链接而成。它们的化学结构及立体结构如图15-1。它们空穴内径与物理性质都有较大的差别，以 β-环糊精为常用。环糊精包合药物的状态与环糊精的种类、药物分子的大小、药物的结构和基团性质等有关。

环糊精的立体结构是上窄下宽两端开口环状中空圆筒形状，空洞外部分和入口处为椅式构象的葡萄糖分子上的伯醇羟基，具有亲水性，空洞内部由碳-氢键和醚键构成，呈疏水性，故能与一些小分子药物形成包合物。环糊精所形成的包合物通常是药物在单分子空穴内包入，而不是在材料晶格中嵌入，客分子必须和主分子的空穴形状和大小相适应，大多数环糊精与药物可以达到摩尔比1∶1包合。被包合的有机药物应符合下列条件之一：①药物分子的原子数大于5；②如具有稠环，稠环数应小于5；③药物相对分子量为100~400；

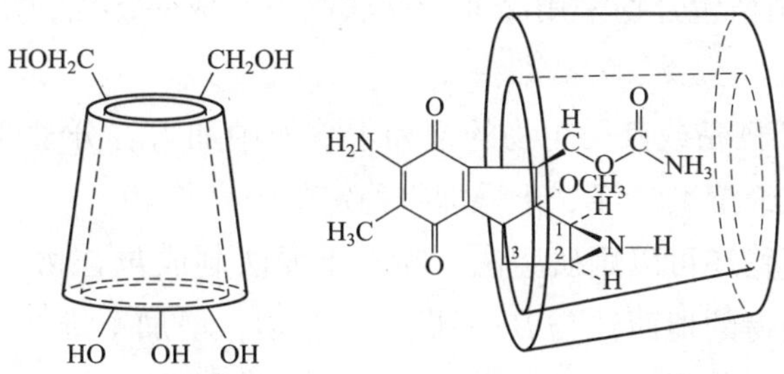

图 15-1　环糊精的立体结构及包封药物结构示意图

④水中溶解度小于 10g/L，熔点低于 250℃，无机药物大多不宜用环糊精包合。

近年来，在环糊精母体结构基础上，合成了各种环糊精衍生物，其中研究最多的是β-环糊精的衍生物。

三、β-环糊精包合物在药剂学上的应用

环糊精衍生物更容易容纳客分子，并可改善环糊精的某些性质。近年来主要将甲基、乙基、羟乙基、羟丙基、葡糖基等基团引入β-环糊精中，对β-环糊精的分子结构进行修饰（取代羟基上的 H）。引入这些基团，破坏了β-环糊精分子内的氢键，改变了其理化性质。

1. 水溶性环糊精衍生物　常用的有葡萄糖衍生物、羟丙基衍生物、甲基衍生物等。

（1）葡萄糖衍生物　是在环糊精分子中引入葡糖基后其水溶性发生了显著改变，如 25℃时，G-β-CYD、2G-β-CYD 溶解度分别为 970g/L、1400g/L，而β-CYD 为 18.5g/L。G-β-环糊精为常用的包合材料，包合后可增大难容药物的溶解度，促进药物的吸收，降低溶血活性，还可作为注射剂的包合材料。如雌二醇-葡糖基-β-CYD 包合物的水溶性大，可制成注射剂。β-环糊精口服安全，胃肠外给药有一定毒性，经肌内给药后能形成溃疡，静脉给药可导致肾脏毒性。

（2）羟丙基衍生物　3-羟丙基-β-CYD 可促使一些难溶性药物增加溶解度和稳定性，降低局部刺激性和溶血性。

（3）甲基衍生物　甲基-β-CYD 的水溶性较β-CYD 大，如二甲基-β-CYD 既溶于水，又溶于有机溶剂，但刺激性也较大，不能用于注射与黏膜给药。

2. 疏水性环糊精衍生物　常用做水溶性药物的包合材料，以降低水溶性药物的溶解度，使具有缓释性。常用的有β-CYD 分子中羟基的 H 被乙基取代的衍生物，取代程度越高，产物在水中的溶解度越低。如乙基-β-CYD 微溶于水，比β-CYD 的吸湿性小，具有表面活性，在酸性条件下比β-CYD 稳定。

四、β-环糊精包合物的制备方法

1. 饱和水溶液法　将环糊精配成饱和水溶液，加入药物（难溶性药物可用少量丙酮或异丙醇等有机溶剂溶解）混合 30 分钟以上，药物与环糊精形成包合物后析出。水中溶解度大的药物，其包合物仍可部分溶解于溶液中，此时可加入有机溶剂，促使包合物析出。将析出的包合物过滤，用适当的溶剂洗净、干燥即得。此法亦称为重结晶法或共沉淀法。如檀香挥发油β-环糊精包合物的制备。

2. 冷冻干燥法　此法适用于制成包合物后易溶于水且在干燥过程中易分解、变色的药

物。肉桂挥发油β-环糊精包合物采用冷冻干燥法制备，成品疏松，溶解度好，可制成注射用粉末。

3. 超声波法 将环糊精或其衍生物的饱和水溶液中加入客分子药物，混合溶解后用超声波处理，将析出沉淀经溶剂洗涤、干燥即得稳定的包合物。

此外，难溶性的药物还可以用研磨法、喷雾干燥法制成包合物。如研磨法制备维 A 酸包合物，喷雾干燥法制得的地西泮与β-环糊精包合物，增加了维 A 酸和地西泮的溶解度，也提高了地西泮的生物利用度。

扫码“练一练”

思考题

1. 简述固体分散体技术的概念。
2. 简述固体分散体常用载体材料。
3. 简述固体分散体的常见类型。
4. 简述固体分散体的制备方法。
5. 简述固体分散体的速释原理和缓释原理。
6. 简述包合技术、包合物、分子囊的概念。
7. 简述包合技术的原理。
8. 简述环糊精的结构。
9. 简述β-环糊精包合物在药剂学上的应用。
10. 简述β-环糊精包合物的制备方法。

（李思阳）

第十六章

缓释与控释制剂

扫码"学一学"

学习目标

知识目标

1. 掌握缓、控释制剂的基本概念和特点；缓、控释制剂的释药原理和方法。
2. 熟悉缓、控释制剂的制备；缓、控释制剂的剂型组成和分类；缓、控释制剂的设计原则。
3. 了解缓、控释制剂的常见种类。

能力目标

1. 知道药物制成缓、控释制剂的目的。
2. 知道缓、控释制剂的应用特点。
3. 知道缓、控释制剂的各组成的作用。

素质目标

通过学习，激发学生对现代制剂技术的学习兴趣，为现代药物制剂新技术的学习及科研工作奠定基础。

第一节　概　述

一、缓释与控释制剂的定义

缓释、控释制剂系指与普通制剂相比较，服用次数减少、毒副作用低、药物在体内治疗作用持久、生物利用度高的制剂。如口服制剂可从每日用药 3 次减少至 1 次，如克拉霉素缓释片、布洛芬缓释胶囊等药物每日只需服用 1 次。

另外，普通制剂不论口服给药或注射给药，常需一日几次，不仅使用不便，给患者带来不必要的痛苦，更重要的是通过药代动力学的监测发现，血药浓度在体内有较大的起伏，有"峰谷"现象。血药浓度高(峰)时，有可能产生较强的副作用甚至药物中毒；低浓度(谷)时，往往导致不能充分发挥药物疗效。而缓释和控释制剂恰可以克服上述现象，提供平衡持久的有效浓度(图 16-1)。这对于需要长期用药的患者，如高血压患者、糖尿病患者来说，具有更显著的临床意义。

缓释制剂(sustained-release preparations)系指在规定释放介质中，按要求缓慢地非

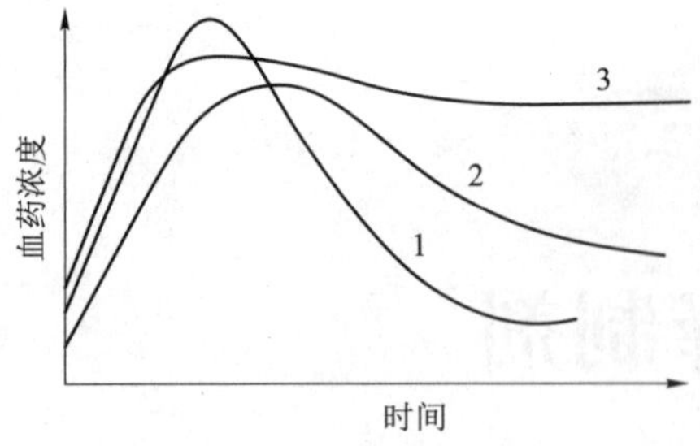

图 16-1　三类制剂血药浓度曲线比较示意图
1. 常规制剂；2. 缓释制剂；3. 控释制剂

恒速释放药物，与相应的普通制剂相比，给药频率比普通制剂减少一半或给药频率比普通制剂有所减少，且能显著增加患者的顺应性的制剂。如克拉霉素缓释片、盐酸多柔比星脂质体等，通过降低药物在机体内的释放速度，从而提高机体对药物的有效吸收，减少用药次数，提高药物的生物利用度，从而起到更佳的治疗效果。缓释制剂中药物的释放速度受外界及机体内环境的影响，如机体的生理环境的变化（胃肠道的 pH 的变化）。

控释制剂（controlled-release preparations）系指在规定释放介质中，按要求缓慢地恒速释放药物，与相应的普通制剂比较，给药频率比普通制剂减少一半或给药频率比普通制剂有所减少，血药浓度比缓释制剂更加平稳，且能显著增加患者的顺应性的制剂。如传统口服制剂氯化钾渗透泵片等，通过延缓药物的释放速度，从而起到更佳的治疗效果。如叶酸靶向制剂、磁性纳米粒子缓释制剂等，这些新型制剂虽然在临床上没有得到广泛应用，但是前期研究表明，这些制剂能够靶向识别特定的细胞，从而能够控制药物在特定位置的有效释放，降低对机体的危害，提高药物的利用率。

二、缓释与控释制剂的特点

缓释、控释制剂的研究近年来有了飞跃的发展，目前已广泛应用于临床，2010 年版《中国药典》二部增加数种缓、控释制剂品种。而 2015 年版《中国药典》，缓、控释制剂品种又有所增加。这些制剂具有以下特点。

1. 对于半衰期短的需要频繁给药的药物，可以减少服用次数，使用方便、降低成本，这样可大大提高患者服用的依从性，特别适用于需要长期服药的慢性疾病患者。

2. 使药物在机体内的吸收更为平稳，可有效地避免或降低出现峰谷现象的频率，有利于减小药物的毒副作用，提高用药安全性。

3. 可以减少药物的总剂量，因此可以实现小剂量用药，最大化治疗效果。

然而，缓、控释制剂也存在一些不足之处，如平衡药物释放速率与药物吸收速率，这一现象在口服制剂中较为明显；这类制剂往往生产工艺较为复杂、原辅料造价高，导致制剂成品价格昂贵，使得一些患者无法承受药品的价格；此外，某些药物不宜制成缓、控释制剂。因此，该类制剂的推广应用具有一定的局限性。

三、缓释与控释制剂的主要类型

缓释、控释制剂类型很多，根据其释药原理不同和制备技术不同可分为膜控型制剂、骨架型制剂和渗透泵型制剂三大类。每一类型制剂按照结构特点、生产工艺、材料性质和用途又可划分为不同类别。随着科学技术水平的提高，又相继出现了植入型经皮给药制剂和脉冲式释药系统或自调式释药系统等，不同类型缓释、控释制剂的制备方法也有很大区别。

四、缓释与控释制剂药物的选择

虽然缓释、控释制剂有其优越性，然而，缓释与控释制剂是在传统普通制剂生产基础上研发出的一类新型制剂，并非所有药物均适合用于制备缓释、控释制剂，通常要考虑药物的临床应用要求、药物自身的理化特性及药物动力学的特性等因素。

一般来说，半衰期短（$t_{1/2}$为2~8小时）的药物适用于制成缓释、控释制剂，如硝酸异山梨酯（$t_{1/2}$为5小时）等抗心绞痛药；另外，抗心律失常药、抗组胺药、支气管扩张药、解热镇痛药、抗溃疡药等均适于制成该类制剂。

剂量很大（大于1g）、生物半衰期很短（<1小时）或很长（>24小时）、不能在小肠下端有效吸收的药物，一般不适于制成口服缓释制剂。对口服缓释制剂，一般要求在整个消化道都有药物的吸收，因此具有特定吸收部位的药物如维生素B_2，制成口服缓释制剂的效果不佳。此外，抗生素类药物，由于其抗菌效果依赖于峰浓度，故一般不宜制成缓释、控释制剂；对于溶解度极差的药物制成缓释制剂也不一定有利，往往会降低机体对于药物的吸收。

第二节　缓释与控释制剂释药原理和方法

一、溶出原理

根据Noyes-Whitney方程，通过降低药物的溶解度，增大粒径，以降低药物的溶出速度，从而达到长效缓释效果。①制成溶解度小的盐或酯，如睾丸素丙酸酯以油注射液供肌内注射，药效延长2~3倍；②与某些高分子化合物生成难溶性盐，可降低药物本身从载体中释放的速率，从而达到缓释效果，如胰岛素制成鱼精蛋白锌胰岛素，药效可维持18~24小时；③增加难溶性药物的粒径。如超慢性胰岛素中所含胰岛素锌晶粒子，大部分超过10μm，作用可长达30小时；晶粒粒子不超过2μm的半慢性胰岛素锌，作用时间则为12~14小时。

二、扩散原理

药物溶解后从制剂中扩散出来进入体液，释药受扩散速率的控制。

1. 包衣　将药物小丸、药物颗粒或片剂用阻滞材料包衣，使药物以恒定或接近恒定的速率通过包衣膜释放出来，达到缓释或控释目的。阻滞材料有蜡质包衣材料、微孔包衣材料、肠溶材料和水不溶性高分子材料等。如肠溶性包衣材料醋酸纤维素酞酸酯（CAP）等。

2. 制成微囊　微囊膜为半透膜，囊膜厚度、微孔孔径等决定药物的释放速度，如以高分子材料壳聚糖和海藻酸钠制成的喜树碱缓释微胶囊，大大提高了喜树碱的生物利用度，延缓了药物在体内的释放。

3. 制成不溶性骨架　药物与以水不溶性材料，如聚乙烯、聚乙烯乙酸酯、聚甲基丙烯酸酯、硅橡胶等混合压制成的片剂，制备成的骨架型缓释、控释制剂，该方法适于水溶性药物，在整个释放药物的过程中，骨架几乎没有变化，随粪便排出体外。

4. 增加黏度以减少扩散速度　主要用于注射液或其他液体制剂。如CMC（1%）用于盐酸普鲁卡因注射液(3%)，可使作用延长至约24小时。

5. 制成植入型给药剂型 系将水不溶性药物熔融后倒入模型中形成，用外科手术埋藏于皮下，药效可长达数月甚至数年，如孕激素植入剂。

6. 制成乳剂 水溶性药物以精制羊毛醇和植物油为油相，制成W/O乳剂型注射剂。在体内(肌内)，水相中的药物向油相扩散，再由油相分配到体液，因此有长效作用。

三、溶蚀与扩散、溶出结合

实际上，释药系统不只取决于溶出或扩散。如生物溶蚀型骨架系统、亲水凝胶骨架系统，不仅药物可从骨架中扩散出来，骨架本身也处于溶蚀的过程。

四、渗透压原理

利用渗透压原理制成的控释制剂，能均匀恒速地释放药物，释药速率与pH无关，在胃中与在肠中的释药速率相等。

口服渗透泵型片剂的原理与构造：片心为水溶性药物和水溶性聚合物或含有其他辅料；外包有不溶性聚合物(醋酸纤维素、EC或EVA)衣层为半渗透膜壳，水可渗透进入，药物不能渗透出；片剂的一侧壳顶用适当方法(如激光)开一小孔，当水通过半透膜进入片心后，药物溶解成饱和溶液，渗透压为4053~5066kPa，而体液为760kPa，由于渗透压的差别，药物由小孔释放药物，直至膜内外渗透压平衡。半透膜的厚度、孔径和孔率、片心处方及释药小孔的直径是制备渗透泵型片剂的关键，释药小孔直径小，释药慢，反之则快。

五、离子交换原理

药物结合于水不溶性交联聚合物组成的树脂上，与带有适当电荷的离子接触时，通过离子交换将药物游离释放出来。如多柔比星羧甲基葡聚糖微球在体内与体液中的阳离子进行交换，多柔比星逐渐释放发挥作用。

第三节　缓释与控释制剂的制备

一、骨架型缓释与控释制剂

骨架型缓、控释制剂主要研究的是骨架片。骨架片是指药物与一种或多种惰性固体骨架材料混合、通过压制法制成的片剂。由于所用骨架材料的不同，故可将缓、控释骨架片分为亲水凝胶骨架片、溶蚀性骨架片和不溶性骨架片三大类。

1. 亲水凝胶骨架片 选择以亲水性高分子聚合物为骨架材料，以乳糖等为稀释剂制成制剂，该方法是目前口服缓、控释制剂的主要类型之一。亲水凝胶骨架片在体内的释药过程是骨架溶蚀和药物扩散二者的综合作用过程，但水中溶解度较小的药物的释放速度主要取决于凝胶层的溶蚀速度，而水溶性药物的释放速度主要取决于该药物通过凝胶层的扩散速度。

亲水凝胶骨架材料可分为四大类：①天然凝胶如海藻酸钠、明胶、琼脂等。②纤维素衍生物类如甲基纤维素(MC)、羧甲基纤维素钠(CMC-Na)和羟丙甲纤维素(HPMC)等。

③非纤维素多糖类如壳多糖、甘露聚糖、半乳糖等。④高分子聚合物如乙烯聚合物、聚乙烯醇(PVA)和聚维酮(PVP)等。

其制备工艺与普通片剂相同，主要区别是所用辅料不同。这类骨架片的主要辅料为骨架材料羟丙甲纤维素(HPMC)，HPMC 遇水后形成凝胶，用湿法制粒压片。

例　盐酸二甲双胍缓释片

【处方】	盐酸二甲双胍	250g	羧甲基纤维素钠	25g
	HPMC(K100M)	172g	HPMC(E5M)	5g
	微晶纤维素	50g	硬脂酸镁	5g
	制成 500 片			

【制法】将盐酸二甲双胍与羧甲基纤维素钠均匀混合，95% 乙醇用作润湿剂制成软材，制粒，干燥；再加入 HPMC(K100M)、HPMC(E5M)和微晶纤维素均匀混合、整粒，加硬脂酸镁混合后，压片制成片剂。

胃内滞留片系指一类能滞留于胃液中，延长药物在消化道内的释放时间，改善药物吸收，有利于提高药物生物利用度的片剂。一般可在胃内滞留达 5~6 小时。此类片剂由药物和一种或多种亲水胶体及其他辅料制成，又称胃内漂浮片，实际上是一种不崩解的亲水性凝胶骨架片。为提高滞留能力，加入疏水性而相对密度小的酯类、脂肪醇类、脂肪酸类或蜡类，如单硬脂酸甘油酯、鲸蜡酯、硬脂醇、硬脂酸等。乳糖、甘露糖等的加入可加快释药速率，聚丙烯酸酯等加入可减缓释药，有时还加入十二烷基硫酸钠等表面活性剂增加制剂的亲水性。

2. 溶蚀性骨架片　亦称为生物溶蚀骨架片，是指药物与蜡质、脂肪酸及其酯等物质混合制成的缓、控释片。药物是通过骨架中的孔道扩散或借助骨架材料的逐渐溶蚀而释放出来的。由于在释放的过程中，骨架的释药面积不断发生变化，故药物很难维持零级速率持续释放，通常呈现一级速率释药特性。其释药过程是通过溶蚀-扩散-溶出的过程来实现的。

常用的骨架材料有：蜂蜡、硬脂酸、硬脂醇、单硬脂酸甘油酯、硬脂酸丁酯、氢化植物油等。为了增加这类骨架片中药物的释放效果，常常加入某些表面活性剂如硬脂酸钠等。常用的制备技术为熔融技术、溶剂蒸发技术等。

例　硝酸甘油缓释片

【处方】	硝酸甘油	2.6g(10% 乙醇溶液 29.5ml)		
	硬脂酸	60g	鲸蜡醇	66g
	聚维酮 K30	31g	微晶纤维素	58.8g
	微粉硅胶	5.4g	乳糖	49.8g
	滑石粉	24.9g	硬脂酸镁	1.5g
	制成 1000 片			

【制法】首先，将 PVP 溶于硝酸甘油乙醇溶液中，加微粉硅胶混匀，加硬脂酸镁与鲸蜡醇，水浴加热到 60℃，使熔融。将微晶纤维素、乳糖、滑石粉的混合物均匀加入上述熔化的系统中，搅拌 1 小时。其次，将上述黏稠的混合物摊于物料盘中，室温放置 20 分钟，待成团状时，用 16 目筛制粒。30℃ 干燥，整粒，加入硬脂酸镁，压片制成片剂。

3. 不溶性骨架片　是指药物与不溶于水或水溶性极小的高分子聚合物、无毒塑料等骨架材料混合压制而成的片剂。本类骨架片适于水溶性药物，当药片进入胃肠到后，体内的消化液会逐渐渗入至骨架空隙内，将药物溶解并通过骨架中错综复杂的孔道缓慢扩散和释放出来。整个释药过程中，骨架几乎没有发生变化，随大便排出体外。

常用的不溶性骨架材料有：乙基纤维素(MC)、聚乙烯、聚甲基丙烯酸酯、乙烯-醋酸乙烯共聚物(EVA)等。

例如乙基纤维素用乙醇溶解，然后按湿法制粒，压片。这类骨架片现已很少应用。

二、膜控型缓释与控释制剂

膜控型缓、控释制剂，亦称包衣型缓控释制剂，系指用一种或多种包衣材料对药物颗粒、小丸和片剂的表面进行包衣，使药物以恒定或接近恒定的速率通过包衣膜释放出来，从而达到缓释或控释的目的。此类型缓、控释制剂主要在于灵活应用包衣方法，不仅可以保证药物的长效释放，同时可以保证药物在机体内平稳的血药浓度变化。如将待压片的干燥颗粒分为若干份，在包衣的过程中通过增重的控制或包衣材料的选择，然后制成片剂。当药物进入机体内，未包衣的颗粒中的药物能够迅速释放而达到有效血药浓度，包有不同厚度或不同释药性能包衣材料的颗粒则按照药物在体内代谢消除的需求缓慢持续释放，从而使血药浓度维持在某一理想水平。

根据包衣材料的性质和用途不同可大致分为以下类别。

1. 蜡质包衣材料 常用的有鲸蜡、硬脂酸、氢化植物油和巴西棕榈蜡等。这些包衣材料常用于各种含药颗粒或小丸包裹不同厚度的衣层，以获得不同释放速率。之后将这些颗粒或小丸制成片剂。

2. 微孔包衣材料 常用的微孔包衣材料有乙基纤维素、醋酸纤维素等多种不溶性聚合物，在这些膜材料中可加入可溶性物质如微粉化糖粉，或其他可溶性高分子材料如聚乙二醇，用以调节释药速率。

通常将水溶性药物按照一般片剂工艺要求制备成片心，包衣液包裹在普通片剂上即成微孔膜包衣片。包衣液的组成可能有衣膜材料(常为胃肠道中不溶解的聚合物，醋酸纤维素、乙基纤维素等)、致孔剂(PEG类、PVP等)、水不溶性的粉末(滑石粉、二氧化硅等)等。当微孔膜包衣片与胃肠消化液接触时，膜上的致孔剂遇水就会部分溶解或脱落，从而在膜上形成无数微孔或弯曲孔道，使得衣膜具有通透性。胃肠消化液通过这些微孔和孔道渗入膜内，逐渐使片心溶解，使膜内外产生一定的渗透压，药物分子便能顺利通过这些微孔向膜外持续扩散释放，只要膜内药物维持饱和浓度且膜内外处于漏槽状态，则可获得恒速或接近恒速的药物释放速率。包衣膜在胃肠道内不被破坏，最后排出体外。

如磷酸丙吡胺缓释片，先按常规制成每片含丙吡胺100mg的片心，然后用低浓度乙基纤维素、醋酸纤维素及聚甲基丙烯酸酯为包衣材料，PEG类为致孔剂，蓖麻油为增塑剂，以丙酮为溶剂配置成包衣液进行包衣，控制形成的微孔膜厚度，调节释药速度。

3. 胃溶性包衣材料 常用的有羟丙基纤维素，羟丙甲纤维素和二甲氨基乙酯-中性甲基丙烯酸酯共聚物等。

4. 肠溶性包衣材料 不溶于胃液而溶于肠液的薄膜包衣材料，可制成肠溶性包衣缓释制剂。常用的有醋酸纤维素酞酸酯(CAP)、羟丙甲纤维素酞酸酯(HPMCP)、醋酸羟丙甲纤维素琥珀酸酯(HPMCAS)等材料。

如阿司匹林类药物如果长期直接服用能够导致胃部出现多种病症，这主要是由于其本身对胃的刺激作用而产生，通过在阿司匹林表面包被肠溶性的包衣材料，制成的阿司匹林肠溶片不但可以降低对胃的刺激，同时能够起到长效缓释效果。

三、渗透泵片

渗透泵型控释制剂系利用渗透压原理制成的一类制剂。口服渗透泵片以其独特的释药方式和稳定的释药速率引起了人们的高度重视，是目前口服控释制剂中最为理想的一类制剂，按其结构特点可分为单室渗透泵片和双室渗透泵片两类。

1. 单室渗透泵片 单室渗透泵片由片心、包衣膜和释药小孔组成。片心包含药物和促渗透剂；包衣膜由水不溶性聚合物如 CA、EC、EVA 等组成，在胃肠液中形成半渗透膜；释药小孔由激光在包衣膜上开了一个或数个小孔。渗透泵片经过口服后，胃肠道消化液中的水分通过半透膜进入片心，形成药物的饱和溶液或混悬液，加之高渗透性辅料的溶解，使膜内外存在较大的渗透压差，将药物以恒定速率从释药孔挤出，并持续释放，其流出量与渗透进入膜内的水量相等，直到片心药物溶尽为止。

2. 双室渗透泵片 双室渗透泵片的片心为双层，一层含有药物和可溶性辅料，称为药室；另一层为遇水可膨胀的促渗透聚合物，称为渗透室；两个药室以一柔性聚合物膜隔开。片外再包以半透膜，在靠近药室的片面上用激光打一小孔。在胃肠道内，药室内的药物遇到水后形成混悬液或溶液，渗透室内的膨胀剂吸水后会溶解膨胀产生压力，推动隔膜将药室中的药顶出释药孔。此技术既适合于水溶性大的药物，也适合于难溶性药物。对有配伍禁忌的药物可采用制备双室渗透泵片的技术将两种药物分别存放于两个药室中，如图 16-2 所示，这样既可以避免药物之间的配伍变化，又可达到满意的释药效果。

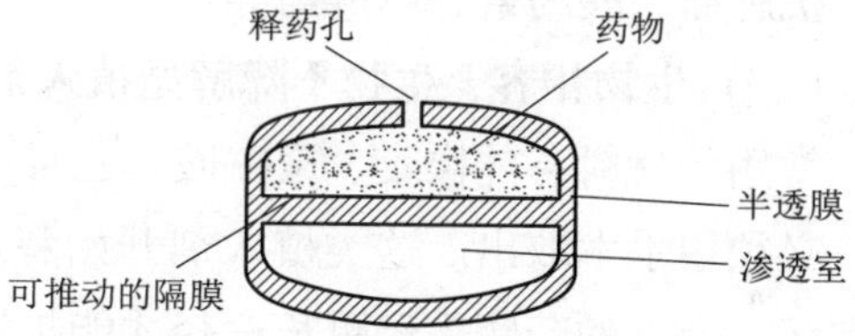

图 16-2 双室渗透泵片原理示意图

渗透泵片由药物、半透膜材料、渗透压活性物质和推动剂等组成。常用的半透膜材料有醋酸纤维素、乙基纤维素等。渗透压活性物质主要起调节药室内渗透压的作用，常用乳糖、果糖、葡萄糖等混合制成；推动剂亦称促渗透聚合物或助渗剂，能吸水膨胀，产生推动力，将药物层的药物推出释药小孔，常用聚羟甲基丙烯酸烷基酯和 PVP 等。除上述组成外，渗透泵片还可加入助悬剂、黏合剂、润滑剂等。

制备过程包括片心制备、包控释衣膜和激光打孔。前两个步骤与普通制剂制备操作相同，激光打孔是采用特殊的激光打孔机器在片面上打出释药小孔，其大小与药物的释放速率有直接的关系。

例 维拉帕米渗透泵片

【处方】 片心处方

盐酸维拉帕米(40 目)	2850g	甘露醇(40 目)	2850g
聚环氧乙烷(40 目、相对分子量 500 万)	60g	聚维酮	120g
乙醇	1930ml	硬脂酸(40 目)	115g

包衣液处方(用于每片含 120mg 的片心)

醋酸纤维素(乙酰基值 39.8%)	47.25g	羟丙基纤维素	22.5g

醋酸纤维素(乙酰基值32%)	15.75g	聚乙二醇3350	4.5g
二氯甲烷	1755ml	甲醇	735ml

【制法】将片心处方中前三种组分置于混合器中，混合5分钟；将PVP溶于乙醇，缓缓加至上述混合组分中，搅拌20分钟，过10目筛制粒，于50℃干燥18小时，经10目筛整粒后，加入硬脂酸混匀，压片。制成每片含主药120mg、硬度为9.7kg的片心。

包衣：用空气悬浮包衣技术包衣，进液速率为20ml/min，包至每个片心上的衣层增重为15.6mg。将包衣片置于相对湿度50%、50℃的环境中45~50小时，再在50℃干燥箱中干燥20~25小时。

打孔：在包衣片上下两面对称处各打一释药小孔，孔径为254μm。

此渗透泵片在人工胃液和人工肠液中的释药速率为7.1~7.7mg/h，可持续释药17.8~20.2小时。

四、植入型给药新剂型

植入剂是主要用于皮下植入的制剂。用植入方式给药，药物易到达体循环，因此其生物活性高；释放速率较低且速率均匀，释放为吸收的限速过程，故血药浓度较平稳，又可持续数月甚至数年；皮下神经分布较少，对外来异物的反应小，植入后的刺激和疼痛较低；一旦将植入物取出，机体可以恢复。

按照释药机制可分为膜控型、骨架型、渗透压驱动释放型。主要用于避孕、治疗关节炎、抗肿瘤、胰岛素、麻醉药等。

（一）生物相容、生物不降解型植入剂

常用的材料有硅橡胶、聚酰胺、乙烯-乙酸乙烯共聚物(EVA)等。在药物基本释放完全后，必须用手术取出。这类植入剂开始释药速度略快，部分释药以后，在不降解材料内形成空区，余下的药物需经更长途径才能扩散释放，释药速率不断缓慢降低。

（二）生物降解型植入剂

常用的生物降解材料有聚乳酸、壳聚糖、丙交酯-乙交酯共聚物等，这类植入剂在药物释放完全时，材料也基本降解完全，故生物降解型植入剂无须在药物释放完全后手术取出，患者的顺应性好，而且随着药物的释放，植入剂材料也逐渐降解、溶蚀，使整个释药过程更接近零级释放。

（三）微型泵植入剂

微型泵植入剂是具有微型泵的植入剂，能按要求自动缓慢输注药物。理想的微型泵植入剂应具备以下条件：能长期缓慢输注药物且能调节释放速度；动力源可长期使用和埋植；可通过简单的皮下注射向泵中补充药液；药液贮存室大小适宜，太大不利于埋植，太小需频繁补液；可长期同组织相容。

例 氟尿嘧啶聚乳酸植入型微球的研制

【处方】		
	氟尿嘧啶(微晶)	1.5g
	10%聚乳酸乙酸乙酯溶液	10ml
	氟尿嘧啶饱和1%PVA水溶液	350ml

【制法】首先，将氟尿嘧啶加入10%聚乳酸乙酸乙酯溶液，超声混悬均匀，用16号针头缓慢注入预冷至10℃以下氟尿嘧啶饱和1%PVA水溶液；搅拌乳化10分钟后改用四叶搅

拌浆以 300 转/分钟速率搅拌 5 小时，静止 24 小时，过滤，纯化水洗涤三次，抽干后真空干燥 48 小时，即得。

五、脉冲式给药系统

脉冲式给药系统又称为定时释放系统，是根据人体的生物节律变化特点，按时辰药理学和时辰治疗学原理设计的新型控释给药系统。根据生理治疗需要，在疾病发作前按预定时间单次或多次释放药物，可有效地预防和治疗疾病，减少药物可能引发的副作用，避免某些药物因持续高浓度造成的受体敏感性降低和细菌耐药性的产生。

脉冲式给药适用于多种给药途径，在口服、注射、埋植和眼用等方面都有新剂型被开发出来。因技术不同，可将口服脉冲制剂分为渗透泵定时释药系统、包衣脉冲和定时脉冲塞胶囊等。目前，脉冲释药制剂只有单次或两次脉冲释放剂型，只能满足部分昼夜节律疾病的治疗需要，随着时辰药理学、时辰治疗学等相关学科的发展，其研究和开发将取得新的进展，口服脉冲制剂将成为新剂型研究的重要方向之一。

思考题

1. 简述缓释制剂和控释制剂的概念。
2. 简述缓、控释制剂的特点。
3. 简述缓、控释制剂药物的选择要求。
4. 简述缓释与控释制剂释药原理和方法。
5. 简述缓、控释骨架片的分类及制备。
6. 简述包衣材料的分类与用途。
7. 简述渗透泵型控释制剂的分类及制备。
8. 简述植入剂的分类。

扫码“练一练”

（李思阳）

扫码"学一学"

第十七章 膜剂

学习目标

知识目标

1. 掌握膜剂的概念、特点、分类。
2. 熟悉膜剂的处方组成和制备工艺。
3. 了解膜剂的成膜材料。

能力目标

1. 能生产出合格的膜剂。
2. 能对膜剂进行合格品的判断。

素质目标

1. 具有团结协作的能力。
2. 具有沟通交流的能力。

第一节 概 述

一、膜剂的特点与分类

膜剂系指原料药物与适宜的成膜材料经加工制成的膜状制剂。供口服或黏膜用。膜剂可适用于口服、舌下、眼结膜囊、口腔、阴道、体内植入、皮肤和黏膜创伤、烧伤或炎症表面等各种途径和方法给药，以发挥局部或全身作用。

膜剂的特点有：①膜剂体积小、质量轻，应用、携带及运输方便；②可制成不同释药速度的膜剂；③生产工艺简单，易于自动化和无菌生产，生产中没有粉尘飞扬；④药物含量准确，质量稳定；⑤缺点是载药量小，只适合于小剂量的药物。

根据膜剂的结构类型分类，有单层膜剂、夹心膜剂、多层复方膜剂。

根据膜剂的外观分类，有透明膜和不透明膜。

根据膜剂给药途径分类，有口服膜剂、口腔膜剂、眼用膜剂、阴道用膜剂、皮肤用膜剂、黏膜用膜剂、植入膜剂。

二、膜剂的规格与质量要求

膜剂的形状、大小和厚度等视用药部位的特点和含药量而定。一般膜剂厚度为 0.1~0.2mm，面积为 $1cm^2$的可供口服和黏膜用，$0.5cm^2$的供眼用。

膜剂可供口服和黏膜外用，在质量要求上，除要求主药含量合格外，应符合下列质量要求：①膜剂外观应完整光洁，厚度一致，色泽均匀，无明显气泡。②多剂量的膜剂，分格压痕应均匀清晰，并能按压痕撕开；③膜剂所用的包装材料应无毒性、能够防止污染、方便使用，并不能与药物或成膜材料发生理化作用；④除另有规定外，膜剂应密封保存，防止受潮、发霉、变质，并应符合微生物限度检查要求；⑤膜剂的重量差异应符合要求。

第二节 膜剂原辅料的要求

一、原料的要求

膜剂原料的质量规格必须符合药用标准规格。药物如为水溶性，应与成膜材料制成具有一定黏度的溶液；药物如为水不溶性，应粉碎成极细粉，并与成膜材料等混合均匀。处方中量较大的中药应选用水提醇沉法、渗漉法等方法提取与纯化，再浓缩成稠膏或制成干粉后备用。含芳香性成分的中药一般采用双提法提取，备用。

二、辅料的要求

（一）成膜材料

成膜材料的性能、质量不仅对膜剂的制备工艺有影响，而且对膜剂的质量及药效产生重要影响。理想的成膜材料应符合下列要求：①无毒、无刺激性、性质稳定、与药物兼用性良好；②用于皮肤、黏膜、创伤、溃疡或炎症部位，应不妨碍组织愈合，吸收后不影响机体正常的生理功能。长期使用无致癌、致畸、致突变等不良反应；③成膜性和脱膜性良好，成膜后具有一定的机械强度、柔性和弹性；④价格便宜，来源丰富，使用方便。

常用的成膜材料如下。

1. 天然的高分子化合物 目前常用的天然高分子材料有淀粉、糊精、纤维素、明胶、虫胶、琼脂、阿拉伯胶、海藻酸、白芨胶等。此类成膜材料多数可降解或溶解，但成膜性能较差，故常与其他成膜材料合用。

2. 合成的高分子化合物 合成高分子材料常用的有纤维素衍生物、聚乙烯胺类、乙烯-醋酸乙烯衍生物、聚维酮、聚乙烯醇等。其中聚乙烯醇的成膜性能及膜的抗拉强度、柔韧性、吸湿性和水溶性最佳。

（1）聚乙烯醇（polyvinyl alcohol，PVA） 是由醋酸乙烯酯聚合后，经氢氧化钾醇溶液降解后制得的高分子物质，为白色或黄白色粉末状颗粒。PVA 的性质主要由其聚合度和醇解度来决定，其聚合度和醇解度不同则有不同的规格和性质。国内常用的 PVA 有 05-88 和 17-88 两种规格，其中“05”和“17”分别表示平均聚合度为 500~600 和 1700~1800，“88”表示醇解度为 88%±2%。两种 PVA 均能溶于水，PVA 05-88 聚合度小，水溶性大，柔韧性差；PVA 17-88 聚合度大，水溶性小，柔韧性好。通常两者可以以适当比例

(如 1∶3)混合使用能制得很好的膜剂。

PVA 对眼黏膜和皮肤无毒、无刺激，是一种安全的外用辅料。口服后在消化道中很少吸收，80%的 PVA 在 48 小时内随大便排出。

(2) 乙烯-醋酸乙烯共聚物(ethylene vinylacetate copolymer，EVA) 是乙烯和醋酸乙烯在过氧化物或偶氮异丁腈引发下共聚而成的水不溶性高分子聚合物，为透明、无色粉末或颗粒。EVA 的性能与其分子量及醋酸乙烯含量有很大关系。随着分子量的增加，共聚物玻璃化温度和机械强度也增大。在分子量相同时，则醋酸乙烯比例越大，材料的溶解性、柔韧性和透明度越大；反之，若共聚物中醋酸乙烯量下降，则其性质向聚乙烯转化。控释膜多用本品作膜材。

(二) 增塑剂

常用的有甘油、三醋酸甘油酯、山梨醇等。能使制得的膜柔软并具有一定的抗拉强度。增塑剂的质量标准应符合药用标准规格。

(三) 其他辅料

有着色剂、填充剂、表面活性剂等。着色剂常用使用色素；填充剂有碳酸钙($CaCO_3$)、二氧化硅(SiO_2)、淀粉等。表面活性剂常用的有聚山梨酯 80、豆磷脂等。除食用色素应符合食用规格外，其他辅料都应符合药用规格。

第三节 膜剂的制备

一、膜剂的处方组成

膜剂的处方由药物、成膜材料和附加剂三部分组成。常用的附加剂有：增塑剂、表面活性剂、填充剂、着色剂等。

膜剂一般组成：

主药	0~70%(W/W)
成膜材料(PVA 等)	30%~100%
增塑剂(甘油、山梨醇等)	0%~20%
表面活性剂(聚山梨酯 80、豆磷脂等)	1%~2%
填充剂(淀粉、SiO_2等)	0%~20%
着色剂(色素、二氧化钛等)	0%~2%(W/W)
脱膜剂(液体石蜡)	适量

二、膜剂的制法及举例

(一) 制备方法

1. 匀浆流延成膜法 其工艺过程为：将成膜材料溶解于水，过滤，将主药加入，充分搅拌溶解。不溶于水的主药可以预先制成微晶或粉碎成细粉，用搅拌或研磨等方法均匀分散于浆液中，脱去气泡。小量制备时倾于平板玻璃上涂成宽厚一致的涂层，大量生产可用涂膜机涂膜。烘干后根据主药含量计算单剂量膜的面积，经烫封、打格、切割、包装即得。

2. 热塑制膜法 将药物细粉和成膜材料颗粒相混合，用橡皮滚筒混炼，热压成膜；或将成膜材料在热熔状态下加入药物细粉，使溶入或均匀混合，涂膜，在冷却过程中成膜。

3. 复合制膜法 以不溶性的热塑性成膜材料(如EVA)为外膜，分别制成具有凹穴的底外膜带和上外膜带，另用水溶性的成膜材料(如PVA)用匀浆流延成膜法制成含药的内膜带，剪切后置于底外膜带的凹穴中。也可用易挥发性溶剂制成含药匀浆，以间隙定量注入的方法注入底外膜带的凹穴中。经吹风干燥后，盖上外膜带，热封即成。此法一般适用于缓释膜剂的制备。

（二）举例

例1 复方替硝唑口腔膜剂

【处方】	替硝唑	0.2g
	氧氟沙星	0.5g
	聚乙烯醇	3.0g
	羧甲基纤维素钠	1.5g
	甘油	2.5g
	糖精钠	0.05g
	纯化水	加至100g

【制法】

（1）先将聚乙烯醇、羧甲基纤维素钠分别浸泡过夜，溶解成胶浆，备用。

（2）将替硝唑溶于15ml热水中，氧氟沙星加适量稀硝酸溶解后加入胶浆中，加糖精钠、纯化水至足量，慢慢搅拌均匀。

（3）放置，待气泡除尽后，在玻璃板上铺成20cm×20cm的膜。

（4）于50℃左右干燥脱膜。切成1cm×1cm的药膜。

（5）在紫外灯下照射15分钟灭菌，分装于塑料袋中，每格含替硝唑0.5mg，氧氟沙星1mg。

【适应证】 抗厌氧菌感染，治疗复发性口腔溃疡及牙周炎。

【用法与用量】 患者用生理盐水漱口，将药膜贴于患处或置于牙周间隙，每天三次，连续用药不超过3天。

例2 硝酸毛果芸香碱眼用膜剂

【处方】	硝酸毛果芸香碱	15g
	聚乙烯醇	28g
	甘油	2g
	纯化水	30ml

【制法】

（1）称取聚乙烯醇，加纯化水、甘油，搅拌溶胀后于90℃水浴上加热溶解，趁热将溶液用80目筛网过滤。

（2）滤液放冷后加入硝酸毛果芸香碱，搅拌使溶解，静置脱气。

（3）涂膜，干燥。制成宽约10mm、厚约0.15mm、含主药约30%的药带，经含量测定后划痕分格，每格含硝酸毛果芸香碱2.5mg。

（4）最后用紫外灯消毒30分钟(正反面各15分钟)，包装，即得。

【适应证】 治疗青光眼。

【用法与用量】 每天用药膜2~3格。

第四节　膜剂的质量评定

一、外观性状

膜剂外观应完整光洁，厚度一致，色泽均匀，无明显气泡。

二、重量差异

膜剂的重量差异限度，应符合下列规定(表 17-1)。

表 17-1　膜剂的重量差异限度

平均重量	重量差异限度
0.02g 及 0.02g 以下	±15%
0.02g 以上至 0.2g	±10%
0.2g 以上	±7.5%

检查法：除另有规定外，取供试品 20 片，精密称定总重量，求得平均重量，再分别精密称定各片的重量。每片重量与平均重量相比较，超出重量差异限度的不得多于 2 片，并不得有 1 片超出限度的 1 倍。

凡检查了含量均匀度的膜剂，一般不再进行重量差异检查。

三、微生物限度

除另有规定外，照非无菌产品微生物限度检查：微生物计数法(通则 1105)和控制菌检查法(通则 1106)及非无菌药品微生物限度标准(通则 1107)检查，应符合规定。

扫码“练一练”

思考题

1. 简述膜剂的特点。
2. 理想的成膜材料应符合哪些要求?
3. 膜剂应符合哪些质量要求?
4. 简述常用的成膜材料及其性质。
5. 简述匀浆流延成膜法制备膜剂的工艺流程。

(夏　清)

第十八章

药物制剂的稳定性

学习目标

知识目标

1. 掌握影响药物制剂降解的因素及稳定化方法。
2. 熟悉药物稳定性试验方法。
3. 了解制剂中化学降解的途径。

能力目标

1. 能解释药物制剂制备和储存中药物不稳定因素及稳定化方法。
2. 具有分析判断的能力。

素质目标

1. 具有严谨的学习态度。
2. 具有创新知识的能力。

第一节　概　述

扫码“学一学”

一、稳定性研究的意义与范围

药物制剂稳定性是指药物制剂从制备到使用期间质量发生变化的速度和程度，是评价药物制剂质量的重要指标之一。药物制剂生产之后须经检验符合标准后方可出厂，在运输、贮存、销售直至临床使用之前也必须符合同一质量标准。药物制剂稳定性研究的内容包括考察制剂在制备和保存期间可能发生的物理化学变化，探讨其影响因素，寻找避免或延缓药物降解、增加药物制剂稳定性的各种措施，预测制剂在贮存期间符合质量标准的最长时间即有效期。

药物制剂的基本要求是安全、有效、稳定。如果临床应用前药物制剂在体外不具备一定的稳定性，药物发生降解变质，不仅使药效降低，有些甚至产生不良反应。这样就难以保证用药后体内的安全性和有效性。另一方面在制剂生产中，若产品因不稳定而变质，则可能在经济上造成巨大损失。

某些药物如生化制剂、抗生素制剂及某些液体制剂的稳定性问题比较突出，注射剂的稳定性研究更具有实际意义。一个新产品，从原料合成、制剂处方工艺设计到制剂生产，稳定性研究始终贯穿其中。在新药研究和申报过程中，必须考察处方因素和环境因素对药物制剂稳定性的影响，呈报稳定性研究资料。为了合理地进行剂型设计，提高制剂质量，保证患者用药的安全与有效，获得更好的社会效益和经济效益，必须重视药物制剂稳定性的研究。

药物制剂的稳定性主要包括化学和物理两个方面。化学稳定性是指药物由于水解、氧化等因素发生化学降解，造成药物含量(或效价)下降、产生有毒或副作用的降解产物、色泽发生变化等。物理稳定性是指制剂的物理性质发生变化，如混悬剂的结块、结晶生长，乳剂的分层、破裂，片剂的崩解度、溶出速度改变等。关于物理稳定性，在本书的有关章节已作了介绍，本章主要讨论药物制剂的化学稳定性。内容包括制剂中药物降解的途径，影响药物稳定性的因素及稳定化方法、固体制剂的稳定性及稳定性试验方法等。

二、稳定性的化学动力学基础

20 世纪 50 年代初期 Higuchi 等用化学动力学的原理来评价药物的稳定性。化学动力学是研究化学反应的速度及其影响因素的科学。药物降解的速度与药物的性质、浓度、温度、pH、离子强度、溶剂等因素有关。运用化学动力学的原理可以研究药物的降解速度，预测药物及其制剂的贮存有效期，也可以研究影响反应速度的因素及防止药物降解的措施。

研究药物降解的速度，首先遇到的问题是浓度对反应速度的影响。反应级数可用来阐明反应物浓度与反应速度之间的关系。反应级数有零级、一级、伪一级及二级反应；此外还有分数级反应。在药物制剂的降解反应中，多数药物可按零级、一级、伪一级反应处理，其反应速度的积分式、半衰期及有效期公式列于表 18-1。

表 18-1　零级、一级(伪一级)反应速度方程式、半衰期和有效期计算公式

反应速度	反应速度积分式	半衰期($t_{1/2}$)	有效期($t_{0.9}$)
零级	$C-C_0=-kt$	$C_0/2k$	$C_0/10k$
一级、伪一级	$\lg C=-(k/2.303)t+\lg C$	$0.693/k$	$0.105\ 4/k$

注：C_0为 $t=0$ 时反应物的浓度；C 为 t 时反应物浓度；k 为反应速度常数；$t_{1/2}$为药物降解 50% 所需的时间，即半衰期；$t_{0.9}$为药物降解 10% 所需的时间，即有效期。

表 18-1 中公式在预测药物稳定性时经常使用。

三、制剂中药物化学降解的主要途径

药物由于化学结构不同，其降解反应途径也不尽相同。水解和氧化是药物降解的两个主要途径，其他如异构化、聚合、脱羧等反应，在某些药物中也有发生，有时一种药物可能同时产生两种或两种以上的降解反应。

1. 水解　水解是药物降解的主要途径之一，属于这类降解的药物主要有酯类(包括内酯)、酰胺类(包括内酰胺)等。

(1) 酯类药物　含有酯键的药物在水溶液中或吸收水分后很易水解，生成相为酸和醇。在 H^+、OH^-或广义酸碱的催化下，水解反应速度加快。一般而言 OH^-的催化作用大于 H^+，这是因为在碱性溶液中，生成的酸进一步与 OH^-反应，可使反应进行完全。酯类药物的水解常用伪一级反应处理。

盐酸普鲁卡因和阿司匹林的水解反应可作为这类药物反应的代表。其他结构中具酯键的药物如盐酸丁卡因、盐酸可卡因、溴丙胺太林、硫酸阿托品、氢溴酸后马托品等均有水解性。

羧酸酯(RCOOR′)水解的难易程度与分子结构中的R及R′的结构有关，在R及R′中有吸电子基存在时，水解速度增加。若R或R′体积较大，由于空间位阻的影响，水解速度可减慢，如盐酸丙氧普鲁卡因比盐酸普鲁卡因稳定。低分子量脂肪族酯类药物，在水中的水解速度较快。酯类水解产生酸性物质，往往使溶液的pH下降，有些酯类药物灭菌后pH下降，即提示有水解可能。

内酯与酯相同，在碱性条件下易水解开环。毛果芸香碱、华法林等均有内酯结构，可发生水解反应。

(2) 酰胺类药物　酰胺类药物与酯类药物相似，但一般情况下较酯类稳定。水解以后生成相应的酸与胺，有内酰胺结构的药物，水解后易开环失效。属于这类的药物有氯霉素、青霉素类、头孢菌素类、巴比妥类等药物。此外利多卡因、对乙酰氨基酚等也属于此类药物。

青霉素类的结构通式见图18-1。

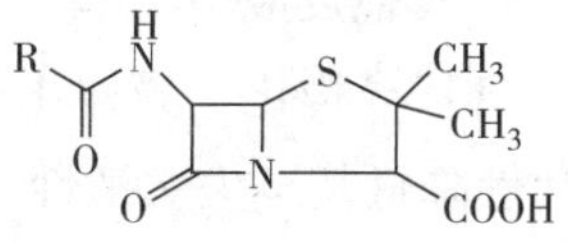

图18-1　青霉素类药物的结构通式

这类药物的分子中存在不稳定的β-内酰胺环，在H^+和OH^-影响下，很易裂环失效。如氨苄西林水溶液最稳定pH为5.8。pH 6.6时，$t_{1/2}$仅为39天。故本品宜制成固体剂型(注射用粉针剂)，临用前可用0.9%氯化钠注射液溶解后静脉滴注。10%葡萄糖注射液对本品有一定影响，最好不要配合使用，若两者配合使用，也不宜超过1小时。乳酸钠注射液对本品水解有显著的催化作用，二者不能配合。

2. 氧化　氧化也是药物降解最常见的反应之一。失去电子为氧化，因此在有机化学中常把脱氢称为氧化。药物的氧化通常为自氧化过程。即在大气中氧的影响下自动进行的缓慢的氧化过程。有些药物可以直接与大气中的氧起反应，但多数情况是药物在催化剂、热或光等影响下，与氧形成游离基，然后产生游离基的链反应。微量金属离子是游离基自氧化反应的催化剂。自氧化过程包括链开始、链传播、链终止三个阶段。

开始期：有机药物RH，在热、光或其他游离基的影响下，开始形成烃基游离基R·：

$$RH \longrightarrow R\cdot + H\cdot$$

传播期：烃基游离基R·与氧分子形成烃过氧游离基ROO·，ROO·从另一有机药物RH中夺取H生成氢过氧化物ROOH，同时生成新的烃基游离基：

$$ROO\cdot\ RH \longrightarrow ROOH + R\cdot$$

新生成的烃基游离基再与氧分子反应，链反应继续进行，金属离子能催化此传播过程。

终止期：理论上讲，传播期可以一直反应下去直至有机物完全氧化为止，实际上，某些游离基可以互相结合。产生非游离基的稳定物，游离基抵制剂也可与游离基结合生成非活性产物：

$$\left.\begin{array}{l} R\cdot + R\cdot \\ ROO\cdot + R\cdot \\ ROO\cdot + ROO\cdot \end{array}\right\} \text{非活性产物}$$

ROO · +X ——→非活性产物

氧化过程一般比较复杂，有时一个药物可同时发生氧化、水解、光解等反应。氧化反应的结果不仅使效价损失，而且可能产生颜色加深、沉淀或不良气味，严重影响药品的质量，甚至成为废品。对于易氧化物要特别注意光、氧、金属离子对它们的影响，以保证产品质量。

药物的氧化作用与其化学结构有关，酚类、烯醇类、芳胺类、吡唑酮类、噻嗪类药物较易氧化。

（1）酚类药物　肾上腺素、左旋多巴、吗啡、阿扑吗啡、水杨酸钠等药物分子中都具有酚羟基，极易被氧化。如肾上腺素氧化后先生成肾上腺素红，最后变成棕红色聚合物或黑色素。左旋多巴氧化后生成有色物质，最后产物为黑色物质。

（2）烯醇类药物　维生素 C 是这类药物的代表，分子中含烯醇式羟基，极易被氧化，且氧化过程较为复杂。

（3）其他类药物　易发生氧化降解反应的药物还有芳胺类如磺胺嘧啶钠，吡唑酮类如氨基比林、安乃近，噻嗪类如盐酸氯丙嗪、盐酸异丙嗪等。

3. 其他反应

（1）异构化　异构化一般分为光学异构化和几何异构化两种。通常药物异构化后，生理活性降低甚至失去活性。

光学异构化可分为外消旋化和差向异构化，左旋肾上腺素具有生理活性，外消旋化以后，生理活性降低 50%。左旋肾上腺素水溶液在 pH<4 时外消旋化速度较快，同时肾上腺素又是易氧化药物，故要从含量、色泽、pH 等方面全面考察质量。毛果芸香碱在碱性下，发生差向异构化，生成异毛果芸香碱。麦角新碱差向异构化后生成活性较低的麦角炔春宁。

有些药物的反式异构体与顺式几何异构体的生理活性有差异。如维生素 A 的活性形式是全反式，若发生几何异构化转化为 2,6-顺式异构体，生理活性降低。

（2）聚合　聚合是指两个或多个药物分子结合在一起形成复杂分子的反应，氨苄青霉素的浓水溶液在贮存过程中可发生聚合反应，形成二聚物，此过程可继续下去形成高聚物，这种高聚物能诱发过敏反应。

（3）脱羧　对氨基水杨酸钠在光、热、水分存在的条件下很易脱羧，生成间氨基酚，后者又可进一步氧化变色。普鲁卡因水解产物对氨基苯甲酸的脱羧，也属于此类反应。

第二节　影响药物制剂稳定性的因素及稳定化方法

影响药物制剂化学稳定性的因素很多，主要可以分为处方因素与外界因素两个方面。

扫码“学一学”

一、处方因素的影响及解决方法

药物制剂的组成相当复杂，除主药外，还加入大量辅料，处方组成对制剂的稳定性影响较大。环境中的 pH、缓冲剂、溶剂、离子强度、表面活性剂、赋性剂与附加剂等都可能影响主药的稳定性。特别是液体型药物制剂中，处方因素影响更明显。

1. pH 的影响　药物溶液的 pH 不仅影响药物的水解，而且影响药物的氧化反应。研究液体制剂 pH 对稳定性的影响，具有重要意义。

许多酯类、酰胺类药物的水解受 H^+ 或 OH^- 的催化，这种催化作用称为专属酸碱催化或特殊酸碱催化，其水解速度主要由溶液的 pH 决定，pH 对反应速度的影响可用下式表示：

$$k=k_0+k_{H^+}[H^+]+k_{OH^-}[OH^-] \tag{18-1}$$

式中，k_0、k_{H^+}、k_{OH^-} 分别表示参与反应的水分子、H^+、OH^- 的催化速度常数。当 pH 很低时，主要是酸催化，上式可简化为：

$$\lg k=\lg k_{H^+}-pH \tag{18-2}$$

以 $\lg k$ 对 pH 作图得一直线，斜率为-1。当 pH 较高时，主要是碱催化，若以 k_w 表示水的离子积即 $k_w=[H^+][OH^-]$，则：

这时以 $\lg k$ 对 pH 作图得一直线，斜率为+1。

根据上述动力学方程可绘制反应速度常数与 pH 关系的图形，称为 pH-速度图。典型的 pH-速度图是 V 形曲线，药物水解真正符合 V 形曲线的并不多见，许多药物的 pH-速度图有不同的形状。如盐酸普鲁卡因、青霉素 G 在一定 pH 范围内与 V 形相似，苯巴比妥的 pH-速度曲线近似 S 形，硫酸新霉素的 pH-速度曲线呈钟形。图 18-2 为典型的 V 形曲线，曲线最低点所对应的 pH 为最稳定 pH，以 pH_m 表示。

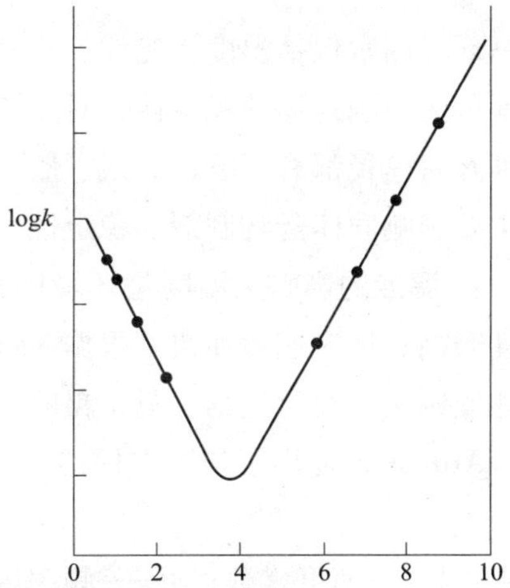

图 18-2　pH 与反应速度的关系

pH_m 为药物降解反应速度最慢时溶液的 pH，可以通过以下实验求得：在保持处方中其他成分不变的条件下，配制一系列不同 pH 的溶液，在较高的温度（如 60℃）下进行恒温加速实验。求出各种 pH 溶液的速度常数 k，然后以 $\lg k$ 对 pH 作图，曲线最低点对应的 pH 即为 pH_m。在较高温度下求得的 pH_m，一般适用于室温条件下。

一些药物的氧化反应也受药液 pH 的影响。因为氧化还原反应的难易程度取决于氧化-还原电位，而有些氧化反应的氧化还原电位受 pH 影响。

2. 广义酸碱催化　按照 Broönsted-Lowy 酸碱理论，给出质子的物质称为广义酸，接受质子的物质称为广义碱。受广义酸碱催化的反应称为广义酸碱催化或一般酸碱催化。液体制剂处方中，为了保持制剂的 pH 稳定，常需要加入大量缓冲剂。常用的缓冲剂如磷酸盐、醋酸盐、硼酸盐、枸橼酸盐及其相应的酸均为广义酸碱，往往会对某些药物的水解产生催化作用。如磷酸盐、醋酸盐缓冲溶液对青霉素 G 钾盐、苯氧乙基青霉素有催化作用。一般缓冲剂的浓度越大，催化速度也越快。在药物制剂处方设计中应考虑广义酸碱的催化作用，尽量选择没有催化作用的缓冲系统，或者降低缓冲盐的浓度。

3. 溶剂的影响　溶剂作为化学反应的介质，其极性对药物的水解反应影响很大，可用介电常数来解释这种影响。

4. 离子强度的影响　制剂处方中往往需要加入一些无机盐，如加入电解质调节等渗，加入抗氧剂防止氧化，加入缓冲剂调节 pH 等，这些电解质的离子强度增大可能导致药物降解速度改变，因此存在离子强度对药物降解速度的影响。

5. 表面活性剂的影响　溶液中加入表面活性剂可能影响药物稳定性。一些容易水解的药物加入表面活性剂可使稳定性提高。如苯佐卡因溶液加入 5% 月桂醇硫酸钠，30℃时 $t_{0.9}$ 由原来的 64 分钟增加为 1150 分钟。原因是当表面活性剂在溶液中浓度达到临界胶束浓度以上时，在溶液中形成胶束，药物被增溶在胶束内部，形成了所谓的“屏障”，阻止了 OH^- 进入胶束内部，减少了 OH^- 对酯键的进攻，从而提高了苯佐卡因的稳定性。但应注意，有时表面活性剂也会加快药物的降解，如聚山梨酯 80 可使维生素 D 稳定性降低。应在实验的基础上，正确选择表面活性剂。

6. 处方中辅料的影响 一些制剂处方中的辅料对药物稳定性有很大的影响，如片剂润滑剂硬脂酸镁能够促进阿司匹林水解，故只能用滑石粉或硬脂酸作阿司匹林片剂的润滑剂。软膏基质聚乙二醇可使氢化可的松降解加快，导致氢化可的松软膏的有效期只有 1 个月。

二、环境因素的影响及解决办法

环境因素包括温度、光线、空气中的氧、金属离子、湿度和水分、包装材料等。这些因素可能影响药物的稳定性，对于制订产品的生产工艺条件和包装设计十分重要。温度对各种降解途径都有影响，光线、空气中的氧、金属离子对易氧化药物影响较大。湿度、水分主要影响固体药物制剂的稳定性，包装材料是各种产品应考虑的普遍问题。

1. 温度的影响 温度是环境因素中影响药物制剂稳定性的重要因素之一。一般说来，温度升高，反应速度加快。根据 Van't Hoff 规则，温度每升高 10℃，反应速度增加 2~4 倍。上述规则是一经验规则，只是粗略估计温度对反应速度的影响。关于温度对反应速度的影响，Arrhenius 提出了如下方程：

$$k = Ae^{-E/RT} \tag{18-3}$$

式中，k——速度常数；A——频率因子；E——活化能；R——气体常数；T——绝对温度。Arrhenius 公式定量地描述温度与反应速度之间的指数关系，是药物制剂稳定性预测的主要理论依据。

由于降低温度可使药物降解的速度减慢，故某些对热敏感的药物，在加热溶解、干燥、灭菌、储存和运输中须选择适宜温度，减少受热时间。如某些生物类药物制剂或抗生素，常常采用冷冻干燥、无菌操作等工艺来避免温度对药物稳定性的不良影响。必要时须贮存于冰箱中。

2. 光线的影响 光是一种辐射能，光线的波长越短，能量越大，故紫外线更易激发化学反应，加速药物的降解。有些药物分子受光辐射作用，使分子活化而降解，这种反应称为光化降解，其降解速度与系统的温度无关。这种易被光降解的物质叫作光敏感物质。如浓度为 2% 的强效速效降压药硝普钠可耐受 115℃ 热压灭菌，但对光极为敏感，临床上用 5% 葡萄糖配制成 0.05% 的硝普钠溶液静脉滴注，在阳光下 10 分钟就分解 13.5%，室内光线条件下，半衰期为 4 小时。

药物结构与光敏感性有一定关系，如酚类药物和分子结构中有双键的药物，一般对光敏感。光化反应可伴随着氧化，氧化反应也可由光引发。对光敏感的药物制剂，制备过程中要避光操作，选择适宜的包装材料也非常重要。另外，还要避光保存。

3. 空气(氧)的影响 空气中的氧是引起药物制剂氧化的重要因素。空气中的氧主要通过两种途径进入制剂，一方面氧在水中有一定的溶解度，在平衡时，0℃为 10.19ml/L，25℃为 5.75ml/L，50℃为 3.85ml/L，100℃水中几乎没有氧存在。另一方面在药物容器空间的空气中也存在一定量的氧。因此对于易氧化的药物，除去氧气是防止氧化的根本措施。注射液生产上一般在配液时使用新鲜煮沸放冷的注射用水，在溶液中和容器空间通入惰性气体如二氧化碳或氮气，置换其中的氧气。在水中通二氧化碳至饱和时，残存氧气为0. 05ml/L；通氮气至饱和时，残存氧气约为0. 36ml/L。另一重要抗氧措施是加入抗氧剂。一些抗氧剂本身为强还原剂，它首先被氧化而保护主药免遭氧化。另一些抗氧剂是链反应的阻化剂，能与游离基结合，中断链反应的进行。抗氧剂可分为水溶性抗氧剂与油溶性抗氧剂两大类。水溶性抗氧剂焦亚硫酸钠、亚硫酸氢钠常用于偏碱性药液，亚硫酸钠常用于偏碱性液，硫代硫酸钠在偏酸性溶液中可析出硫的沉淀，故只能用于碱性药液中。油溶性抗氧剂常用叔丁基对羟基茴香醚（BHA）、二丁甲苯酚（BHT）、生育酚等。酒石酸、枸橼酸、磷酸等能显著增强抗氧剂的效果，通常称为协同剂。近年来氨基酸抗氧剂受到重视，如半胱氨酸配合焦亚硫酸钠能延长25%的维生素C注射液的贮存期。

4. 金属离子的影响 制剂中微量金属离子主要来源于原辅料、溶剂、容器以及操作过程中使用的工具等。微量金属离子对自氧化反应有显著的催化作用，它们主要是缩短氧化作用的诱导期，提高游离基生成的速度。如0. 0002mol/L的铜离子能使维生素C氧化速度增大1万倍。铜、铁、钴、镍、锌、铅等离子都能促进药物氧化。要避免制剂中金属离子的影响，应使用纯度较高的原辅料，操作过程中避免使用金属器具，还可加入金属螯合剂如依地酸盐或枸橼酸、酒石酸、二巯乙基甘氨酸等附加剂，依地酸二钠常用量为0. 005%~0. 05%。有时螯合剂与亚硫酸盐抗氧剂合用效果更佳。

5. 湿度和水分的影响 湿度和水分对于固体药物制剂稳定性的影响很大，有关内容将在固体药物剂型的稳定性部分介绍。

6. 包装材料的影响 药品的包装材料应考虑药物的稳定性。药物制剂通常贮存在室温环境中，主要受热、光、湿度、空气等影响。包装材料的选用及包装设计应以排除这些因素为目的。同时包装材料与药物制剂的相互作用，也会影响药物制剂的稳定性。常用的包装材料有玻璃、塑料、橡胶及一些金属。玻璃理化性质稳定，应用也较多，但由于玻璃中所含成分不同，对药物制剂的稳定性也有影响。如普通的钠钙玻璃能释放碱性物质和脱落不溶性碎片，一般不能用作注射液的容器。塑料为聚氯乙烯、聚苯乙烯、聚乙烯、聚丙烯、聚酯等高分子材料的总称。为了便于成型或防止老化等原因，塑料中常加入增塑剂、防老剂等附加剂。有些附加剂具有毒性。药用包装塑料应选用无毒塑料，塑料的主要问题是：有透气性，可导致容器中的药物变质；有透湿性，可导致药物吸湿降解；有吸着性，药液中物质可被塑料吸着，塑料中的物质也可迁移加入药液。高密度聚乙烯容器，刚性、表面硬度、拉伸强度增大，水蒸气与气体透过速度下降，可作为片剂、胶囊剂的包装材料。

鉴于包装材料与药物制剂稳定性的关系较大，因此在产品试制、包装设计过程中，要进行“装样试验”，在一定的贮存条件下进行加速试验，对各种包装材料进行认真选择，确定合适的包装材料。

三、固体药物制剂稳定性的特点

（一）固体药物制剂稳定性的一般性特点

药物的固体剂型一般均较水溶液剂型稳定，但药物在固体状态时发生化学反应，反应机制一般比溶液状态复杂，影响反应速度的因素也较多，使试验条件不易控制。固体药物制剂稳定性具有如下特点：①一般属于多相体系的反应，反应系统中可能包括气相(空气和水汽)、液相(吸附的水分)和固相，常常在不同的物相间发生几种类型的反应如氧化、水解等；②固体药物降解速度一般较缓慢。需要较长时间和精确的分析方法；③降解反应一般始于固体表面，反应过程中，内部分子受到已反应的外部分子保护，造成表里变化不一；④固体药剂中的均匀性较液体药剂差，实验测定结果重现性不如液体制剂，另外固体制剂中加入的辅料，也可能影响药物稳定性，这样就使研究固体制剂的稳定性更趋复杂；⑤药物的固体剂型在降解过程中常出现平衡现象，此时温度与反应速度的关系不宜使用 Arrhenius 公式，而要应用 Van't Hoff 方程来处理：

$$\ln K=-\Delta H/\mathrm{R}T+\alpha \qquad (18-4)$$

式中，$\ln K$——高温时各个温度下求出的平衡常数；ΔH——反应热；α——常数。以 $\ln K$ 对 $1/T$ 作图，得一直线。将直线外推至室温：可求出室温时的平衡常数及平衡浓度，就能进一步估计药物在室温时的降解限度。

（二）固体药物制剂稳定性的影响因素

1. 固体药剂的晶型变化与稳定性的关系 物质在结晶时受各种因素影响，常常由于结晶条件不同，造成分子间键合方式改变，分子相对排列发生变化，结晶内部形成了不同的晶体类型，称为晶型。不同晶型的药物，其理化性质如熔点、溶解度、密度、光学和电学性质有很大差异，故化学稳定性也可能出现差异。一些药物如利福平、氨苄西林、维生素 B 等的稳定性与晶型有关。甲泼尼松Ⅱ型暴露于一定温度和湿度时发生降解，而Ⅰ型比较稳定。制剂制备中，粉碎、加热、熔融、冷却、湿法制粒等工艺过程都可能发生晶型改变，因此有必要对晶型进行研究。研究晶型的方法有差示热分析(DTA)和差示扫描量热(DSC)、X 线单晶衍射、X 线粉末衍射、红外光谱、核磁共振、偏光显微镜、溶出速度测定等。

2. 固体药物制剂的吸湿 水是化学反应的介质，固体药物吸收水分后，在表面会形成一层液膜，降解反应就在膜中进行。无论是水解反应还是氧化反应，微量的水分均可加速药物的降解。如阿司匹林、青霉素 G 钠、氨苄西林、硫酸亚铁等固体制剂或粉针剂的降解。生产中这类制剂的原料药水分含量一般应控制在 1% 以下。水分含量愈高，药物降解速度愈快。

有些固体药剂由于包装、贮存、生产工艺或剂型不合适，制剂吸湿而产生固结、流动性降低、潮解、晶型改变等现象，进而使含量下降、颜色变化、组分间产生配伍变化。所以，必须重视吸湿对药物稳定性的影响，各国药典已将引湿性作为固体药物及其制剂的重要性质来研究。

为探讨固体制剂的吸湿性能，需进行湿度加速实验，即在各种湿度条件下测定其吸湿速度和平衡吸湿量。绘制吸湿曲线或吸湿平衡图，求出临界相对湿度(CRH)。对于 CRH 值较小的药物，制剂中应采取适宜的防止吸湿措施。如生产场所要求控制低湿度、加入适宜辅料或吸水剂、采用防湿包衣、采用防湿包装等。

3. 固体药物制剂之间的相互作用 固体剂型中可供选择的辅料很多。常用的有稀释剂、崩解剂、助流剂、黏合剂等。药物与药物、药物与辅料配伍后，各组分之间的相互作用可能导致药物的降解，如头孢拉定欲制成粉针剂，选用磷酸钠、无水碳酸钠、三羟甲基氨基甲烷等碱性物质使之成盐而增加溶解度。稳定性研究发现该药物只能与无水碳酸钠配合，与其他碱性物质配伍后，DTA 曲线上头孢环己烯胺特征峰消失。因此固体剂型处方筛选时需要进行辅料与药物相互作用研究，一般是将药物与辅料按比例配合，在热、光、湿气等条件下进行加速试验，考察药物与辅料之间是否有相互作用发生。DTA 和 DSC 法常用于研究药物与辅料之间的相互作用。其他方法有漫反射光谱法、薄层色谱法等。

四、药物制剂稳定化的其他方法

（一）改进剂型与生产工艺

1. 制成固体剂型 在水溶液中不稳定的药物，制成固体剂型可提高其稳定性。如注射用灭菌粉针剂，是目前青霉素类、头孢菌素类抗生素的基本剂型。其他药物还可制成片剂、胶囊剂、颗粒剂、膜剂等。

2. 制成微囊或包合物 某些药物制成微囊后可增加药物的稳定性，如 β-胡萝卜素、维生素 C、硫酸亚铁制成微囊后，稳定性都较原药提高。包合物也可增加药物的稳定性，如见光易分解的维生素 A 制成 β-环糊精包合物后，稳定性明显提高。

3. 采用直接压片或包衣工艺 对一些遇湿热不稳定的药物压片时，为避免高温和水分对药物稳定性的影响，可采用直接压片或干法制粒压片等工艺。包衣也可改善药物对光、湿、热的稳定性，是解决片剂稳定性的常规方法之一。

（二）制成稳定衍生物

对不稳定的药物进行结构改造，如制成难溶性盐、酯类、酰胺类或高熔点衍生物，可以提高其稳定性。一般水溶性越小，稳定性越好。

（三）加入干燥剂及改善包装

易水解药物可与某些吸水性较强的物质混合压片，这些物质起到干燥剂的作用，能够吸走药物所吸附的水分，提高药物稳定性。

第三节 药物稳定性的试验方法

扫码“学一学”

稳定性研究是保证药品质量的重要手段。《中国药典》（2015 年版）收载了原料药与药物制剂稳定性试验指导原则。规定新药申报必须进行稳定性研究，其目的是考察原料药或药物制剂在温度、湿度、光线的影响下随时间变化的规律，为药品的生产、包装、贮存、运输条件提供科学依据，同时通过试验建立药品的有效期。

稳定性试验的基本要求是：①稳定性试验包括影响因素试验、加速试验与长期试验，影响因素试验适用于原料药和制剂处方筛选时稳定性考察，用一批供试品进行。加速试验与长期试验适用于原料与药物制剂，要求用三批供试品进行；②原料药供试品应是一定规模生产的，供试品的量相当于制剂稳定性试验所要求的批量，原料合成工艺路线、方法、步骤应与大生产的一致，药物制剂供试品应是放大试验的产品，其处方与生产工艺应与大生产一致；③供试品的质量标准应与临床前研究及临床验证和规模生产所使用的供试品质量标准一致；④加速试验与长期试验所用供试品的包装应与上市产品一致；⑤要采用专属性强、准确、精密、灵敏的药物分析方法与有关物质（含降解产物及其他变化所生成的产物）的检查方法，并对方法进行验证，以保证药物稳定性试验结果的可靠性。在稳定性试验中，应重视降解产物的检查；⑥由于放大试验比规模生产的数量要小，故申报者应承诺在获得批准后，从放大试验转入规模生产时，对最初通过生产验证的三批规模生产的产品仍需进行加速试验与长期稳定性试验。

一、影响因素试验

影响因素试验，又称强化试验，需要在比加速试验更激烈的条件下进行。原料药及制剂处方研究要求进行此项试验，其目的是探讨药物的固有稳定性，了解影响其稳定性的因素及可能的分解途径与分解产物，为制剂生产工艺、包装、贮存条件提供科学依据。供试品可以用一批未包装样品进行。

（一）高温试验

供试品开口置适宜的洁净容器中，60℃温度下放置10天，于第5天和第10天取样，按稳定性重点考察项目检测。若供试品含量低于规定限度则在40℃条件下同法进行试验。若60℃无明显变化，不再进行40℃试验。

（二）高湿度试验

供试品开口置恒湿密闭容器中，在25℃分别于相对湿度(90±5)%条件下放置10天，于第5天和第10天取样，按稳定性重点考察项目要求检测，同时准确称量试验前后供试品的重量，以考察供试品的吸湿潮解性能。若吸湿增重5%以上，则在相对湿度(75±1)%条件下，同法进行试验；若吸湿增重5%以下，其他考察项目符合要求，则不再进行此项试验。恒湿条件可在密闭容器如干燥器下部放置饱和盐溶液，根据不同湿度的要求，可以选择NaCl饱和溶液［相对湿度（75±1)%，15.5～60℃］、KNO_3饱和溶液（相对湿度92.5%，25℃）。

（三）强光照射试验

供试品开口放在装有日光灯的光照箱或其他适度的光照装置内，于照度为(4500±500)lx的条件下放置10天，于第5天和第10天取样，按稳定性重点考察项目进行检测，特别要注意供试品的外观变化。

二、加速试验

（一）加速试验

加速试验是在加速条件下进行。其目的是通过加速药物的化学或物理变化，探讨药物的稳定性，为制剂设计、包装、运输、贮存提供必要的资料。原料药和制剂均需进行此项试验。供试品要求3批，按市售包装，在温度(40±2)℃，相对湿度(75±5)%条件下放置6个月。所用设备应能控制温度±2℃，相对湿度±5%，并能对真实温度与湿度进行监测。试验期间第1、2、3、6个月月末分别取样一次，按稳定性重点考察项目检测。在上述条件下，如6个月内供试品经检测不符合制订的质量标准，则应在中间条件下即在温度(30±2)℃、相对湿度(60±5)%的情况下(可用$NaCrO_4$饱和溶液，30℃，相对湿度64.8%)进行加速试验，时间仍为6个月。

对温度特别敏感的药物制剂，预计只能在冰箱(4～8℃)保存，此类药物的加速试验，可在温度(25±2)℃、相对湿度(60±10)%的条件下进行，时间为6个月。

乳剂、混悬剂、软膏剂、乳膏剂、糊剂、凝胶剂、眼膏剂、栓剂、气雾剂、泡腾片及泡腾颗粒宜直接采用温度(30±2)℃、相对湿度(65±5)%的条件进行试验，其他要求与上述相同。

对于包装在半透性容器中的药物制剂，如低密度聚乙烯制备的输液袋、塑料安瓿、眼用制剂容器等，则应在(40±2)℃、相对湿度(25±5)%的条件下(可用 $2CH_3COOK \cdot 3H_2O$ 饱和溶液)进行试验。

（二）药品的有效期以及贮藏条件

按我国国家有关规定，药品的包装标签上必须标明有效期，其表达方式按年、月、日顺序。有效期的年份要用四位数字表示，1 至 9 月份数字前须加 0 以两位数表示月份。一般表达，可用有效期至某年某月或只用数字表示。如有效期至 2002 年 11 月或表示为有效期至 2002. 11、2002 11、2002—11 等形式。

根据稳定性试验结果，药物的贮藏条件可分为冷处保存、阴凉处或凉暗处保存、遮光保存等，其中阴凉处系指不超过 20℃，凉暗处系指避光并不超过 20℃，冷处系指 2～10℃。对每种药品，均应根据其贮藏温度要求，分别储存于冷库(2～10℃)、阴凉库(不高于 20℃)或常温库(0～30℃)内。各库房的相对湿度均应保持在 45%～75%。还应根据其贮藏条件的其他要求，注意避光储存。有些特殊药品根据其稳定性药典中另外规定了特殊的贮存要求，如重组人生长激素要求密闭，2～8℃保存。重组人胰岛素要求遮光，密闭，在冷冻库下保存，而重组人胰岛素注射液则要求在冷处保存，避免冻结。

三、中药制剂稳定性实验的技术要求

中药制剂稳定性的考核必须根据实验目的，通过一系列的实验，了解影响其稳定性的主要因素，从而改进处方和制备工艺，确定储存条件，以确保中药制剂的稳定性。中药制剂稳定性的考核方法有留样观察法、比较实验法和化学动力学法。不管采用哪种方法，首先要解决哪些是被考核药物的稳定性试验指标。制剂中药物含量的变化是稳定性考核的重点之一。由于目前很多中药制剂的有效成分尚不明确，或仅了解其中一个或几个化学成分，而这些化学成分又未必能充分体现中药制剂的药物作用。因此，须在中医整体观理论指导下，选择具有代表性、能反映治疗活性，特别是其中不稳定的成分作为考核指标。试验时须进行适当的提纯分离，排除制剂中共存成分以及不稳定成分的分解产物对被测成分的干扰。若限于条件无法进行彻底分离即行测定含量时，其结果仅能作为参考控制项目。

（一）中药制剂稳定性考核的项目与要求

试验要求，中药制剂稳定性考核的项目见表 18-2。

表 18-2　中药制剂稳定性考核项目

剂型	稳定性考核项目	正常室温考核时间
1. 药材	性状、鉴别、浸出物、含量测定、霉变、虫蛀	2.0 年
2. 注射剂	性状、鉴别、澄明度、pH、无菌、热原、溶血、刺激性、含量测定	1.5 年
3. 合剂(口服液)	性状、鉴别、澄明度、相对密度、pH、含量测定、卫生学检查	1.5 年
4. 糖浆剂	性状、鉴别、相对密度、pH、含量测定、卫生学检查	1.5 年
5. 酒剂、酊剂	性状、鉴别、含乙醇量、总固体、含量测定、卫生学检查	1.5 年
6. 丸剂	性状、鉴别、溶散时限、水分、总固体、含量测定、卫生学检查	1.5 年
7. 散剂	性状、鉴别、均匀度、水分、粉末细度、含量测定、卫生学检查	1.5 年

续表

剂型	稳定性考核项目	正常室温考核时间
8. 煎膏剂(膏滋)	性状(反砂、分层)、鉴别、相对密度、溶化性检查、pH、含量测定、卫生学检查	1.5年
9. 胶囊剂(胶丸)	性状、鉴别、水分(胶丸不考核)、溶散时限、含量测定、卫生学检查	1.5年
10. 片剂	性状、鉴别、硬度、崩解时限、含量测定、卫生学检查	1.5年
11. 流浸膏	性状、鉴别、pH、含乙醇量、总固体、含量测定、卫生学检查	2.0年
12. 浸膏	性状、鉴别、含量测定、卫生学检查	1.5年
13. 乳剂	性状(乳析、破乳、分散相粒度)、鉴别、含量测定、卫生学检查	1.0年
14. 颗粒剂(冲剂)	性状(吸潮软化)、鉴别、水分、粒度检查、含量测定、卫生学检查	1.0年
15. 混悬剂	性状(微粒大小、沉降速度、沉降容积比)、鉴别、含量测定、卫生学检查	1.0年
16. 软膏剂	性状(酸败、异臭、变色、分层、涂展性)、鉴别、含量测定、卫生学检查	1.5年
17. 膏药	性状、鉴别、软化点、含量测定、皮肤刺激性试验	1.0年
18. 橡胶膏药	性状、鉴别、拉力、含膏量、皮肤刺激性试验、耐寒耐热性试验、卫生学检查	2.0年
19. 胶剂	性状、水分、鉴别、含量测定、卫生学检查	2.0年
20. 栓剂	性状、鉴别、含量测定、融变时限、pH、卫生学检查	2.0年
21. 气雾剂	性状(沉淀物、分层)、鉴别、喷射效能、异臭、刺激性、含量测定、卫生学检查	1.0年
22. 膜剂	性状、融溶时间、刺激性、pH、含量测定、卫生学检查	1.0年

注：1. 中药制剂的稳定性考核项目，可根据该药品质量标准(草案)，结合上述对应剂型稳定性考核项目拟定。

2. 初步稳定性实验，室温考核时间应不少于3个月；药品稳定性实验，考核时间为1年半到2年；个别品种因稳定性较差，又为临床用药需要，考核时间为1年。

3. 研制新药报送的稳定性实验资料，应包括实验方法、数据、结论及文献资料。

4. 药物稳定性实验至少观察3批以上样品。

(二) 中药制剂稳定性考核的方法

中药制剂稳定性考核的方法目前主要有留样观察法、比较实验法、化学动力学法等。一般在制剂处方筛选和制剂工艺研究中用比较实验法较多，而对成品则采用留样观察法和化学动力学法考核。

1. 留样观察法 留样观察法是对制剂成品在通常包装与贮藏条件下进行考核。方法是将样品置于室温或分别置放于3~5℃、20~25℃、33~37℃的恒温箱中，按剂型要求，定期检查有关的稳定性指标，逐项记录结果，及时总结。以片剂为例，稳定性考核项目包括性状、鉴别、硬度、崩解时限、含量测定、卫生学检查。为模拟不同地区用药和季节气候环境，需要将样品改变在不同温度、湿度和光照条件下储存，根据观察和测试的数据，获得影响制剂稳定性的主要因素，确定该样品的有效期。鉴于包装容器、储存条件能影响制剂的稳定性，留样观察实验法应与商品包装、储存条件一致。此法简单易行，能反映出制剂在储存时产生不稳定性的真实情况，国内许多药厂都设有留样观察室。但留样观察法费时间，尤其对变化较慢的制剂，不易及时发现和及时纠正出现的质量问题。

2. 比较实验法 比较实验法是单项因素考察法，对那些暂时无法建立一个准确、灵敏专一的化学测定方法，或虽然建立了含量测定方法，但尚未掌握有效成分分解规律的中药制剂，可采用比较实验法。该方法在实验过程中固定一些因素，仅改变某个因素，观察所改变的因素对稳定性的影响。然后再逐个改变另外的因素进行实验，观察其变化情况。在此基础上再比较不同处方的疗效、毒副作用和稳定性，以确定最优条件，为最后筛选出最优处方和制备工艺提供可靠依据。

3. 化学动力学法 留样观察法费时过长，不利于及时发现问题，提高产品质量及新产品的研制开发。因此在药物制剂研究中，根据化学动力学原理，广泛采用加速试验法预测制剂在室温下的稳定性。

应用化学动力学的原理与方法研究制剂的稳定性，可以测定药物分解的速度，预测药品的有效期和了解影响反应速度的因素，从而采取有效措施，防止和延缓中药制剂的降解变质。由于多数药物的降解速度随温度的升高而显著加快，所以通常在较高的温度下进行试验。若光对降解速度有显著影响，则可在强光照射下进行耐光性加速试验。加速试验在中药制剂研究中可用于以下几种情况：①在制剂试制过程中用以筛选处方，在生产过程中用以改进处方和制剂工艺；②对于不稳定产品可用加速试验法确定应增加的投料量；③制剂原料与辅料规格改变时，可用加速试验作为各批成品稳定性的相关试验；④可确定产品在试验条件下的稳定性，预测使用期与有效期。

（1）常规试验法(经验法) 将一定数量的3批制剂于37~40℃、相对湿度75%的条件下放置3个月，每个月取样分析。如3个月末所测得的考察项目指标仍在所要求的范围内，此产品可暂定使用期或有效期为2年。有些国家规定在温度40℃、相对湿度75%条件下加速试验6个月，若质量符合要求，认为与室温下3年有效期相当。该类试验一般要求将原料药摊成小于等于5mm厚薄层，疏松原料药摊成小于等于10mm厚薄层，制剂应除去包装平摊皿中。并将一定数量3批样品放在盛置饱和氯化钠溶液(40℃相对湿度74.7%)或按规定配制的恒湿溶液的密闭器皿上部，再将密闭器皿置于规定温度的隔水式电热恒温培养箱中。定时取样测定，对结果也要进行统计处理，此项试验比较符合实际。如果供试品在上述条件下不稳定，则应改进制剂处方或改良包装或在容器内加干燥剂等。

（2）经典恒温法 经典恒温法的理论是前述 Arrhenius 的指数定律 $k=Ae^{-E/RT}$，Arrhenius 公式的对数形式为：

$$\lg k=-\frac{E}{2.303\mathrm{R}}\cdot\frac{1}{T}+\lg A \qquad (18-5)$$

式(18-5)是以 $1/T$ 为自变量，$\lg k$ 为因变量的直线方程。以反应速度常数的对数($\lg k$)对反应绝对温度的倒数($1/T$)作图可得一条直线，此图即称为 Arrhenius 图，如图18-3所示，式中R为气体常数(R=8.314焦/度)，E 称为活化能，可从直线的斜率(斜率$=-E/2.303\mathrm{R}$)中求得。A 称为频率因子，纵轴上的截距为 $\lg A$。

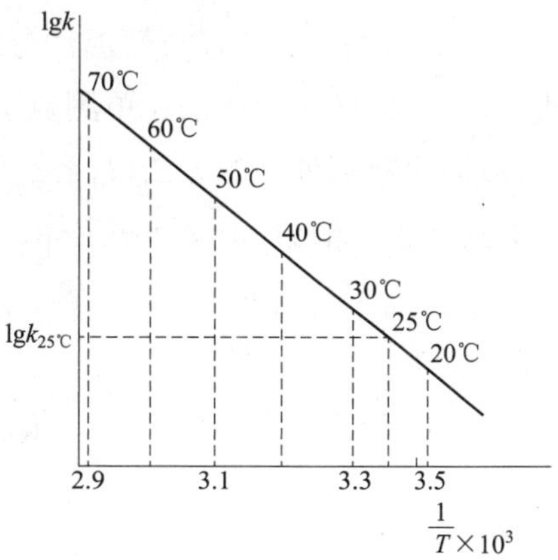

图18-3 预测室温稳定性的 Arrhenius 图

图18-3是根据式(18-5)绘制的预测室温时稳定性的 Arrhenius 图，只要将直线外延至室温，并在纵轴上找出 $\lg k_{25℃}$，由 $k_{25℃}$ 计算出分解10%所需的时间，即25℃时的有效期 $t_{0.9}$。或在25℃下存放

若干时间以后残余药物的浓度。

实验设计中，除了首先确定含量测定方法外，还要进行预试验，以便对制剂的稳定性有一个基本的了解，然后确定加速试验温度与取样时间。计划好后，将样品放入各种不同温度的恒温水浴中，定时取样测定其浓度(含量)，得到一系列基本数据，求出各温度下不同药物的浓度变化。以药物的浓度或浓度的其他函数对时间作图，以判断反应级数。若以 $\lg c$ 对 t 作图得一直线，则为一级反应。进而求出直线斜率，再由直线的斜率求出各温度下的速度常数

$$k=-2.303\times\text{直线斜率}=-2.303\times\frac{\lg c_2-\lg c_1}{t_2-t_1}$$

然后按前述方法，求出活化能和有效期(或使用期) $t_{0.9}$。经典恒温法的加速试验温度一般是4~5个，每个温度需作3次以上的取样分析。此法准确，但分析工作量大。

制剂稳性试验要得到预期的结果，除了精心设计外，很重要的问题是对测得的数据进行正确的处理。化学动力学参数(如反应级数和 k、E、$t_{1/2}$ 等)的计算有图解法和统计学法，后一种方法较为准确、合理，故近年来在稳定性的研究中被广泛采用。

例 配制每毫升含有800单位的某抗生素溶液，25℃下放置。经一个月后，分析其含量测得每毫升含量为600单位。若此抗生素的降解服从一级反应，求：①经40天后其含量为多少？②半衰期为多少？③有效期为多少？

解 ①求 k：

$$k=\frac{2.303}{30}\log\frac{800}{600}=0.0096\ \text{天}^{-1}$$

$$0.0096=\frac{2.303}{40}\log\frac{800}{c}$$

$$c=545\ \text{单位}$$

②半衰期

$$t_{1/2}=\frac{0.693}{0.0096}=72.2\ \text{天}$$

③有效期

$$t_{0.9}=\frac{0.1054}{0.0096}=11\ \text{天}$$

(3) 简便法　由于经典恒温法分析工作量大，费时太多，所以出现不少简便的恒温法，如减少取样次数(初均速法、单测点法)，或减少加速试验的温度数(温度系数法、温度指数法)或简便数据处理的方法($t_{0.9}$法、活化能估算法)等。这些方法都可使工作量减少。

单测点法　根据 Arrhenius 定律，有：

$$\lg k_1=\lg A-\frac{E}{2.303\mathrm{R}}\cdot\frac{1}{T_1}$$

$$\lg k_2=\lg A-\frac{E}{2.303\mathrm{R}}\cdot\frac{1}{T_2}$$

两式相减，得：

$$\lg\frac{k_2}{k_1}=\frac{\mathrm{R}}{2.303\mathrm{R}}\cdot\frac{T_2-T_1}{T_1T_2}$$

因反应速度常数 k 与有效期成反比，即

$$\frac{k_2}{k_1}=\frac{\tau_1}{\tau_2}$$

则上式可写成

$$\lg\frac{\tau_1}{\tau_2}=\frac{E}{2.303\mathrm{R}}\cdot\frac{T_2-T_1}{T_1T_2}$$

若已知反应活化能，应用公式，稳定性试验可在只取 1 个加速温度下进行。

（4）台阶型变温法　台阶型变温法结合恒温与变温方法，按台阶升温规律升温，工作量较经典恒温法明显减少，数据处理简单，并可达到一定的精确度，根据 Arrhenius 指数规律，台阶型变温法动力学方程可表示为：

$$\ln k=\ln A-E/\mathrm{R}T \tag{18-6}$$

由此可外推室温下的 ln$k$ 值。

实验设计需选择变温的起始和终了温度、恒温段时间间隔，以及台阶升温的温度间隔。在每个台阶开始及终了时分别取样分析。

思考题

1. 延缓药物制剂中有效成分水解的方法有哪些？
2. 制剂中药物降解的化学途径主要有哪些？
3. 影响药物制剂降解的因素有哪些？
4. 固体药物与固体剂型稳定性的一般特点有哪些？
5. 药物制剂稳定性试验的基本要求是什么？
6. 药物制剂稳定性研究的意义、范围是什么？
7. 经典恒温法的原理是什么？操作过程如何？
8. 延缓药物制剂中有效成分氧化的方法有哪些？

扫码“练一练”

（陈蔚蔚）

第十九章

生物药剂学与药物动力学

学习目标

知识目标

1. 掌握生物药剂学与药物动力学的基本概念；影响药物吸收、分布、代谢、排泄的因素及药物相互作用；隔室模型理论及应用隔室模型理论求算药动学参数。
2. 熟悉药物的分布、代谢和排泄；非线性动力学的特点。
3. 了解药物动力学的临床应用、各种动力学参数的求算、给药方案个体化等内容。

能力目标

1. 通过本章的学习，能综合运用所学的知识解决实际中问题。
2. 通过本章的学习，能举一反三。

素质目标

1. 具备独立思考和解决问题的能力。
2. 具备与时俱进的创新能力。

扫码“学一学”

第一节　生物药剂学概述

一、生物药剂学的概念

生物药剂学是20世纪60年代以后迅速发展起来的一门药剂学分支学科。研究药物及其剂型中的药物在体内的吸收、分布、代谢与排泄过程，阐明药物的剂型因素、用药对象的生物因素与药效(包括疗效、副作用和毒性)之间的关系的科学。其目的是为了正确地评价和改进药剂质量，合理地设计剂型、处方和生产工艺，为临床给药方案设计和合理用药提供科学依据，以保证用药的有效性与安全性。

生物药剂学中研究的剂型因素，不是仅指片剂、注射剂、软膏剂等狭义的剂型概念，而是广义地包括与剂型有关的各种因素，它主要包括：①药物的某些化学性质，如同一药物的不同酯、盐、复盐、络合物或前体药物等，即药物的化学形式；②药物的某些物理性状，如粒径大小、晶型、溶解度、溶出速率等；③药物的剂型及用药方法；④制剂的处方组成，如各种辅料或添加剂的性质及用量，处方中其他药物的性质等；⑤制剂的工艺过程、操作条件及贮存条件。

生物药剂学中的生物因素包括：①种族差异，指不同的生物种类，如兔、鼠、猫、犬和人的差异，以及同一生物在不同的地理区域和生活条件下形成的差异，如不同人种的差异；②性别差异，指动物的雌雄差异和人的性别差异等；③年龄差异，新生儿、婴儿、青壮年和老年人的生理功能可能有差异，因此药物在不同年龄个体中的处置与对药物的反应可能不同；④遗传因素，人体内参与药物代谢的各种酶的活性可能存在很大个体差异，这些差异可能由遗传因素引起；⑤生理与病理条件的差异，生理因素如妊娠，各种疾病引起的病理因素能导致药物体内过程的差异。

生物药剂学主要是研究药物及其制剂给药以后在体内的过程。除血管内给药以外，其他给药途径给药后，都要经过吸收过程，即药物从用药部位进入体循环的过程。药物进入体循环后向各组织、器官或者体液转运的过程称分布。药物在吸收过程或进入体循环后，受肠道菌丛或体内酶系统的作用，结构发生转变的过程称代谢或生物转化。药物及其代谢产物排出体外的过程称排泄。药物的吸收、分布和排泄过程统称为转运，而分布、代谢和排泄过程称为处置。代谢与排泄过程合称为消除。

为了定量研究给药后药物从吸收到消除的整个体内过程的规律，以及影响体内过程的因素，必须运用动力学的原理及数学处理方法来研究药物在机体内的转运规律，这就是药物动力学。它是生物药剂学的理论基础和研究手段，且在内容上，它们也是互相渗透的。生物药剂学与生物化学、药理学、物理化学、药效学等学科也有密切的联系，并且互相渗透、补充。

二、药物的跨膜转运

作用于机体的药物从吸收部位到达作用部位必须经过许多屏障，这些屏障即是互相联络的细胞膜。药物通过生物膜(或细胞膜)的现象称为跨膜转运，跨膜转运在药物的吸收、分布以及排泄过程中十分重要，是不可缺少的重要生命现象之一。药物的吸收过程也就是一个跨膜转运的过程。因为药物必须先进入吸收部位中具有吸收功能的细胞，再从细胞另一侧中释放出来，进入附近的血管或淋巴管，在全身循环过程中要再次通过细胞膜，才能到达身体的其他部位。

体内具有吸收功能的主要组织为上皮组织，它是由上皮细胞组成的，上皮细胞膜是一种生物膜，其构造和性质决定药物吸收的难易程度。

（一）生物膜的结构与性质

生物膜包括细胞膜和各种细胞器的亚细胞膜。生物膜是一个复杂的结构，由类脂质、蛋白质和少量多糖等组成，具有半透膜特性。在20世纪30年代提出了有关生物膜结构的脂质双分子层模式学说。在20世纪70年代Singer等在双分子层模式的基础上提出了生物膜液晶流动镶嵌模式，该模型认为细胞膜是由流动着的液态类脂质双分子层构成膜的基本骨架。即两个类脂质分子(主要是磷脂)尾相连，脂质分子的极性部分暴露于膜的外面，非极性部分向内形成疏水区，形成对称的膜结构。膜中镶嵌着具有各种生理功能的蛋白质，如酶、泵和受体等。这些蛋白质有的附着于脂质双分子层表面，有的可嵌入甚至贯穿脂质双分子层。磷脂中的脂肪酸不饱和程度高，其熔点低于正常体温，呈液晶状态，故双分子层中的分子具有流动性。膜中蛋白质也可发生侧向扩散运动和旋转运动。膜的这种结构与物质转运关系密切。

在细胞膜分子间及膜蛋白分子内存在细微的含水孔道。微孔的直径因其部位不同而不同，空肠是 0.75nm，而回肠约 0.4nm。一般情况下水能自由通过小孔，一价离子和水溶性小分子也能通过膜孔。

生物膜的结构决定了生物膜具有以下性质：①流动性，由于磷脂中的脂肪酸不饱和程度较高，其熔点低于正常体温，故脂质双分子层具有一定的流动性，但又能保持生物膜的完整性和稳定性；②结构的不对称性，蛋白质、脂类及糖类物质在生物膜上的分布是不对称的；③半透性，由于膜的流动脂质结构，使得脂溶性化合物容易透过，小分子水溶性物质可经含水微孔透过。生物膜的结构和性质与膜上的物质转运关系密切。

（二）药物通过生物膜的转运方式

各种药物由于性质不同，通过生物膜转运的方式也不同，主要有以下几种。

1. 被动扩散 被动扩散又称为被动转运，大多数药物通过这种方式透过生物膜，即服从浓度梯度由高浓度区向低浓度区转运。服药以后，药物在胃肠液中浓度高，细胞浆液内浓度低，药物能被动扩散透过生物膜，又以相似的机理转运到血液中完成吸收过程。被动扩散的特点是：从高浓度区（吸收部位）向低浓度区域（血液）顺浓度梯度转运，转运速度与膜两侧的浓度差成正比，呈现表观一级速度过程。扩散过程不需要载体，也不消耗能量，故又称单纯扩散。膜对通过的物质无特殊选择性，不受共存的类似物的影响，即无饱和现象和竞争抑制现象，一般也无部位特异性。药物大多数以这种方式吸收。

被动扩散有两条途径：①溶解扩散（类脂途径），由于生物膜为脂质双分子层，脂溶性药物可以溶于液态脂质膜中，然后扩散透过脂质层，因此较易穿过细胞膜。对于弱酸或弱碱性药物，这个过程是 pH 依赖性的。在体液 pH 下一部分药物分子可解离成离子型，与非解离型的分子型呈平衡状态，分子型药物脂溶性较大，易通过脂质双分子层，离子型药物脂溶性小，不易透过生物膜。所以解离度小、脂溶性大的药物易被吸收。但脂溶性太强时，转运亦可减少。药物进入类脂层的难易与药物的脂溶性大小和油/水分配系数有关。②限制扩散（微孔途径），细胞膜上有许多微孔，一般分子小于 0.4nm，相对分子量小于 100 的物质可以通过膜上的微孔吸收，水和许多水溶性的小分子物质可由此扩散通过。孔径大小对药物吸收有一定影响，分子小于膜孔的药物吸收较快。微孔途径对于药物吸收仅占次要地位。

2. 主动转运 一些生命必需物质（K^+、Na^+、I^-、单糖、氨基酸、水溶性维生素）和有机酸、碱等弱电解质的离子型等，通常不能通过微孔途径和类脂途径通过生物膜转运，必须借助载体或酶促系统，从膜的低浓度一侧向高浓度一侧转运，这种过程称为主动转运。

主动转运有如下特点：①逆浓度梯度转运；②需要消耗机体能量，能量的来源主要由细胞代谢产生的 ATP 提供；③主动转运药物的吸收速度与载体数量有关，可出现饱和现象；主动转运药物吸收的速度可用米氏（Michaeli-Menten）方程式描述。主动吸收与被动扩散的速度示意图 19-1。

3. 促进扩散 促进扩散又称中介转运或易化扩散，是指一些物质在细胞膜载体的帮助下，由膜的高浓度一侧向低浓度一侧扩散或转运的过程，其转运的速率大大超过被动扩散。

促进扩散具有载体转运的各种特征：有饱和现象，透过速度符合米氏动力学方程，对转运物质有结构特异性要求，可被结构类似物竞争性抑制。与主动转运不同之处在于：促进扩散不消耗能量，而且是顺浓度梯度转运。

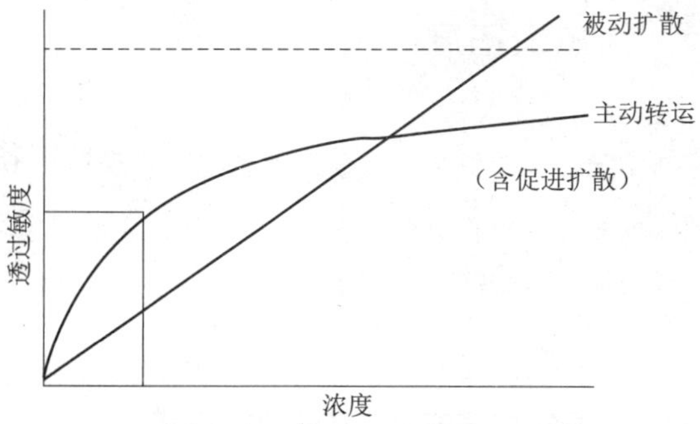

图 19-1　主动转运与被动扩散吸收速度示意图

4. 胞饮和吞噬　一些大分子物质（如蛋白质、脂肪）与细胞膜上的蛋白质有特殊的亲和力而附着于细胞膜上，细胞膜凹陷呈小泡，断裂进入细胞内，释放药物。这种过程称为胞饮。

5. 膜动转运　指通过细胞膜的主动变形将药物摄入细胞内或从细胞内释放到细胞外的过程。膜动转运是细胞膜摄取物质的一种形式，与生物膜流动性特征有关。膜动转运可分为胞饮和吞噬作用。摄取的药物为溶解物或液体称为胞饮，摄取的物质为大分子或颗粒状物称为吞噬作用。某些微粒制剂可通过吞噬作用摄入体内。某些高分子物质，如蛋白质、多肽类、脂溶性维生素等，可按胞饮方式吸收。膜动转运对蛋白质和多肽的吸收非常重要，并且有一定的部位特异性，但对一般药物的吸收不是十分重要。

第二节　药物的吸收

扫码“学一学”

一、胃肠道吸收

吸收是指药物从给药部位进入体循环的过程。除血管内给药（如静脉注射给药）不涉及吸收过程以外，非血管内给药（胃肠道给药、肌内注射，透皮给药等）都存在吸收过程。吸收是药物发挥治疗作用的先决条件，亦即只有药物吸收进入体循环，才能发挥其应有的治疗作用。

口服给药的吸收部位是胃肠道。胃肠道由胃、小肠和大肠三部分组成。由于胃没有绒毛，有效面积比小肠小得多，因此不是药物吸收的主要部位，但一些弱酸性药物可在胃中吸收。液体剂型能与胃壁很好地接触，有利于药物通过胃黏膜上皮细胞，故吸收较好。药物在胃中的吸收机制主要是被动扩散。口服制剂在胃内的停留过程中大部分可被崩解、分散或溶解，对药物制剂的生物利用度有重要贡献。

小肠（特别是十二指肠）是药物、食物等吸收的主要部位，药物吸收的途径可以通过毛细血管被血液带走，也可通过乳糜淋巴管到淋巴系统，但淋巴系统由于其流速度慢，在吸收过程中作用很小。小肠中药物的吸收以被动扩散为主，同时也存在其他吸收机制，如小肠也是某些药物主动转运的特异部位。

大肠对药物的吸收不起主要作用。结肠段药物降解酶较少，活性较低，有可能是蛋白质多肽类药物吸收较理想的部位。直肠下端接近肛门部分，血管相当丰富，是直肠给药（如栓剂）的良好吸收部位。大肠中药物的吸收也以被动扩散为主，兼有胞饮和吞噬作用。

知识拓展

小肠由十二指肠、空肠和回肠组成。长度为6~7m，直径4cm，小肠表面有环状皱褶、绒毛和微绒毛，故吸收面积很大，约为70m^2，其中绒毛最多的是十二指肠，向下逐渐减少，因此小肠是药物、食物等吸收的主要部位。

二、影响胃肠道吸收的因素

（一）胃肠液的成分与性质

不同部位的胃肠液有不同的pH。胃的pH为1~3，十二指肠的pH为4~5，空肠和回肠的pH为6~7，大肠的pH为7~8，药物及病理状况会使胃肠道pH发生变化。

人每日分泌的胃液量为l.5~2.5L。胃液的pH约为1.0，有利于弱酸性药物吸收。水和食物会影响胃液pH，空腹时胃液pH为0.9~1.5，进食后pH可上升到3.0~5.0；疾病状态会影响胃液的pH；一些药物也会影响胃液的分泌和胃液的pH；胃液pH变化，可使弱酸性药物在胃中吸收发生变化。

从胃排出的酸性液到了十二指肠后，受胰腺分泌的胰液(pH 7.6~8.2)中的碳酸氢根离子中和，小肠的pH通常为5~7，有利于弱碱性药物的吸收。药物吸收部位的pH对很多药物，特别是有机弱酸或弱碱类药物的吸收至关重要。大多数有机药物都是弱酸性和弱碱性物质，消化道中的不同pH或其变化，都会影响药物的解离状态，从而影响药物制剂的吸收和生物利用度。主动转运吸收的药物是在特定部位由载体或酶促系统进行的，一般不受消化道pH变化的影响。

消化道内或者黏膜内存在着各种消化酶和药物代谢酶，另外还有肠内细菌丛产生的酶，因此有些药物尚未吸收就可能在消化道内被代谢、结合或者水解，从而使药物活性丧失。这也是一种首关效应，应给予足够的重视。

胃肠道黏膜表面覆盖有一层黏性的多糖-蛋白质复合体(糖蛋白)，它具有增加药物吸附和保护黏膜的作用，但某些药物可与之结合，使吸收不完全(如链霉素)，或不能吸收(季铵盐类药物)。另外，胆汁中的胆酸盐对难溶性药物有增溶作用，可促进吸收，但也可与新霉素和卡那霉素等生成不溶性物质而影响其吸收，还可使制霉菌素、多黏菌素和万古霉素失效。

胃肠疾病对药物吸收的影响也很大，原因非常复杂，可能与上述各种胃肠道影响因素的改变有关。

（二）胃排空与胃肠道蠕动

1. 胃排空速率 胃内容物从胃幽门部排至小肠上部称为胃排空，单位时间内胃内容物的排出量称为胃排空速率。药物在胃中的滞留时间和胃排空速率与药物的吸收有密切关系。

影响胃排空速率的因素很多，与内容物的物理性状和化学组成有关。胃内容物体积小(如空腹时)、黏度低、渗透压低时，一般胃排空速率较大；稀的软体食物、较稠的或固体食物的胃排空快；三种食物成分的排空时间顺序为糖类化合物<蛋白质<脂肪。混合食物由

胃全部排空通常需要 4~6 小时；十二指肠溃疡或胃酸过高时比正常人快；右侧向下卧睡时比左侧向下卧睡排出快；服用某些抗胆碱药物、抗组织胺药物、麻醉药物时，胃排空速率都可下降。

由于大多数药物在小肠中吸收好，所以胃排空加快，药物到达小肠部位时间缩短，吸收快，生物利用度提高，出现药效时间也快。少数主动吸收药物如核黄素等在十二指肠由载体转运吸收，胃排空速度快，大量的核黄素同时到达吸收部位，使吸收达到饱和，因而只有一小部分药物被吸收；若饭后服用，胃排空速率小，到达小肠吸收部位的核黄素量少，且连续不断的转运到吸收部位，主动转运不致产生饱和，使吸收量增加。

2. 胃肠道蠕动　胃本身有两种运动，一种是全胃性的紧张性收缩，另一种是以波形向前推进的蠕动运动。胃蠕动可使食物与药物充分混合，同时有粉碎和搅拌作用，使与胃黏膜充分接触，有利于胃中药物的吸收，同时将内容物向十二指肠方向推进。

肠运动主要有两种形式：推进运动（蠕动）与混合。小肠的固有运动可促进固体制剂的进一步崩解，使之与肠液充分混合溶解，增加药物与吸收黏膜表面的接触，有利于药物的吸收。一般药物与吸收部位的接触时间越长，吸收越好。小肠运动的快慢和正常与否直接影响药物通过的速率，从而影响药物的吸收过程。

（三）循环系统的影响

由消化道上皮细胞吸收的药物经循环系统运至身体各部位，因此循环系统的循环途径和流量的大小都对药物吸收及血药浓度产生影响。由胃、小肠和大肠吸收的药物都经门静脉进入肝脏。肝脏中丰富的酶系统对经过的药物具有强烈的代谢作用，有些药物大部分被代谢，在进入人体循环前就受到较大损失，即为药物的首关效应。药物的首关效应越大，药物被代谢的越多，有效血药浓度下降也越大，药效受到的影响越明显。

在胃的吸收中，血流量可影响胃的吸收速度，饮酒的同时服用苯巴比妥，其吸收量增加。这种现象在充足血流量的小肠中不起显著作用。

药物从消化道向淋巴系统中的转运，也是药物吸收转运的重要途径之一。但淋巴液的流速比血流慢得多，约为血流的 1/500~1/200。通常药物的淋巴系统的转运几乎可忽略。但一些难以进入毛细血管的脂肪及与脂肪结构相似的药物或大分子药物比较容易进入毛细淋巴管。淋巴液最后也进入全身循环，经淋巴系统吸收的药物不经肝脏，不受肝脏首关效应的影响。因而对在肝脏中首关效应强的药物及一些抗癌药，定向淋巴系统吸收和转运有很大的临床意义。

（四）食物的影响

食物对药物吸收的影响也是多种多样的。食物通常能够减慢药物的胃排空速率，主要在小肠吸收的药物多半会推迟吸收；食物可以延迟固体制剂的崩解与药物的溶出；食物存在还可增加胃肠道内容物的黏度，妨碍药物向胃肠道壁的扩散，也会使吸收变慢。

当食物中含有较多脂肪时，由于能够促进胆汁分泌，增加血液循环，特别是能增加淋巴液的流速，有时对溶解度特别小的药物如灰黄霉素能增加其吸收量。

食物除减缓一般药物的吸收外，尚能提高一些主动转运及有部位特异性转运药物的吸收率，如核黄素禁食时药物排泄率为 22%，不禁食时为 40%。

扫码“学一学”

第三节 剂型因素与吸收

一、剂型对吸收的影响

（一）药物的理化性质对吸收的影响

1. 药物的解离度与脂溶性的影响 胃肠上皮细胞膜的结构为脂质双分子层，对于以被动扩散机制吸收的药物，细胞膜犹如一个脂质屏障。未解离型的有机弱酸和有机弱碱由于脂溶性较大，比脂溶性小的解离型易吸收，因此消化道内已溶解药物的吸收速度常会受未解离型药物的比例及其脂溶性大小的影响，由于非解离型和解离型的比例与环境的 pH 直接相关。同时，脂溶性又与药物的油/水分配系数有关。这种以油水分配系数和解离状况决定药物吸收的假说。被称为 pH 分配假说。其关系可用 Henderson-Hasselbalch 缓冲方程式表示：

弱酸性药物：
$$pK_a - pH = \lg \frac{C_u}{C_i} \tag{19-1}$$

弱碱性药物：
$$pK_a - pH = \lg \frac{C_i}{C_u} \tag{19-2}$$

式中，C_u、C_i——未解离型和解离型药物的浓度。由上式可知，弱酸性药物在胃中主要以未解离型形式存在，故吸收较好。而弱碱性药物在 pH 较高的小肠中更有利于吸收。

对于某些胃肠道吸收不良的药物，将其分子结构稍加改造，使其 pK_a 和脂溶性发生改变，则可能增加吸收，例如口服红霉素丙酸酯的血药浓度高于红霉素的数倍，这是由于酯的 pK_a 与脂溶性均与原药物不同，酯的脂/水分配系数比原药物大 180 倍。红霉素的 $pK_a = 8.6$，红霉素丙酸酯 $pK_a = 6.9$，从理论计算的结果提示在小肠液的 pH 条件下，前者分子型与离子型的比值远远低于后者，所以红霉素丙酸酯在小肠内吸收较好。

需要注意的是，除了强碱性药物外，药物在胃中的吸收与 pH 分配假说相当一致。但是在药物的主要吸收部位小肠中，药物的吸收不一定与 pH 分配假说相吻合。一般情况下，小肠中的吸收比 pH 分配假说预测的值要高。其原因主要是肠黏膜具有巨大的表面积，另外解离型药物也能通过细胞膜上的含水微孔以及细胞旁路通道吸收。对于两性药物，则在等电点的 pH 时吸收最好。

2. 药物的溶出速度的影响 固体剂型如片剂、丸剂、胶囊剂等口服时，必须先经过崩解、释放，药物溶解于胃肠液后，才可能被上皮细胞膜吸收。尤其对难溶性药物或溶出速度很慢的药物及其制剂，药物从固体制剂中的释放溶出很慢，其溶出过程往往成为吸收过程的限速阶段，即药物的吸收速度受药物在体内的溶出速度所支配。

药物的溶出速度与药物的表面积、药物的溶解度和溶出速率常数成正比。

（1）粒子大小对药物溶出速度的影响 药物粒子大小和吸收速度有一定关系。相同重量的药物粉末，其表面积随粉末粒子直径的减少而增加。药物粒子越小，与体液的接触面积越大，药物的溶解速度就会越大。一般口服药物，需要在胃肠消化液中溶解后，才能在体内吸收而显效。所以难溶性药物的粉末越细，药物的溶出度就会越大，其在体内吸收速度就越快，在肠道的吸收总量也就越多。《中国药典》（2015 年版）规定生产螺内酯和灰黄霉素的原料必须进行粒度检查，并规定螺内酯片剂用微晶型（含 10μm 以下的粒子不得低于 90%）为原料，灰黄霉素原料的粒度限制为 5μm 以下粒度不得少于 85%，偶见 50μm 的颗粒。

为达到增加某些难溶性药物的溶解速度和吸收的目的，可采用药物微粉化技术，还可采用固体分散体技术和控制结晶法制备微晶。

用减小药物粒子增加药物吸收的措施对消化道中的吸收受溶解速度限制的药物是适用的。水溶性或弱碱性药物、在胃液中不稳定的药物如青霉素、红霉素等，对胃肠刺激性强的药物不宜采用微粉化技术制备制剂。

（2）多晶型对药物溶出速度的影响　化学结构相同的药物，可因结晶条件的不同而得到数种晶格排列不同的晶型，这种现象称之为多晶型。有机药物的多晶型现象极为普遍，多晶型中有稳定型、亚稳定型和不稳定型三种。各种晶型彼此之间的物理性质如密度、熔点、溶解度、溶出速率等往往不同，因而生物活性和稳定性也有所不同。在一定温度与压力之下，多晶型中稳定型熵值最小，熔点最高，化学稳定性最好，溶解度最小，溶出速率慢、药物在体内吸收较差；不稳定型与此相反，但易于转化成稳定型，实际应用不多；亚稳定型介于上述二者之间，处于高能态，与稳态相比，具有较大的熵值和较低的熔点、溶解度较大、溶出速率也较快、吸收较好，为有效晶型，且在常温下比不稳定型稳定，有利于制剂的制备。

晶型不同影响到药效的典型例子是棕榈氯霉素（无味氯霉素）。经研究证明，棕榈氯霉素有 A、B、C 三种晶型及无定型。其中亚稳定型 B 型（α 型）及无定型有效，A 型（β 型）及 C 型无效；A 型棕榈氯霉素口服后的最高血药浓度只有 1. 65μg/ml，B 型棕榈氯霉素的血药浓度可达 5. 03μg/ml。

（3）无定形对药物溶出速度的影响　药物除结晶型之外，还存在无定形（非晶型）形式，一般情况下，无定形药物溶解时不需要克服晶格能，所以溶解速度比结晶型快，在疗效上也出现强度不同的性质。故无定形新生霉素在狗体内的吸收快、到有效治疗浓度的时间短，而口服结晶型新生霉素无效。

（4）溶剂化物对药物溶出速度的影响　药物与溶剂缔合形成结晶称为溶剂化物。当溶剂为水时称为水合物。药物经溶剂化后，溶出速率将发生改变，一般溶出速率大小顺序为：有机溶剂化物>无水物>水合物。

（5）成盐对药物溶出速度的影响　难溶性的弱酸制成钾盐或钠盐、难溶性弱碱制成盐酸盐或其他强酸盐后，由于溶解度增加，能够在胃肠液中迅速溶解，可使制剂的溶出速度增大，生物利用度提高。

3. 药物在胃肠道中的稳定性的影响　某些药物由于胃肠道的 pH、消化道中的细菌以及消化道内皮细胞产生的酶的作用，往往会降解或失活而不能口服给药，只能采用注射或其他途径给药。如硝酸甘油在胃酸中水解失效，只能用舌下给药的方法；又如青霉素在 pH 为 1 时，半衰期是 33 秒钟，因此青霉素一般采用注射给药。红霉素在酸性溶液中也易失效，在胃酸中 5 分钟后只剩 3. 5% 的效价。故将红霉素制成难溶性的盐如依托红霉素（无味红霉素），使之在胃酸中不溶，直至转运到小肠再溶解，以保证有效剂量的吸收。

利用肠溶材料包衣等方法能防止某些胃酸中不稳定药物的降解和失活。制成药物的衍生物也是有效的方法之一，如青霉素衍生物氨苄西林在 pH=1 时半衰期为 5 小时，在胃酸中较稳定，可口服给药，还可以将药物制成前体药物，以改善药物在胃肠道中的稳定性。

（二）药物的剂型与给药途径对吸收的影响

剂型是药物应用的必要形式，也是一种给药体系。药物的药理作用必须通过剂型才能发挥效用。通常不同的剂型都是为不同的临床治疗需要所设计的。然而药物的吸收程度和速度随剂型不同而不同。剂型与吸收的关系可以分为药物从剂型中释放-溶解及药物通过生物膜吸收两个过程。前一个过程以剂型因素为主，后一个因素以生理因素为主，两者是紧密相关的。

药物制成各种剂型及制剂可以有不同的用药部位和给药途径，有不同的处方组成、理化性状和释药性能等。同一药物经加工制成不同的剂型后，往往可以呈现不同的效应，如药物的起效时间、作用强度、作用部位及持续时间、不良反应等都可因剂型而改变。有时由于剂型种类或处方、制剂工艺等不同，使药物在胃肠道的吸收速度和吸收量可以有 2~5 倍的差异甚至更多。常用剂型中药物的体内过程简单示意如图 19-2。

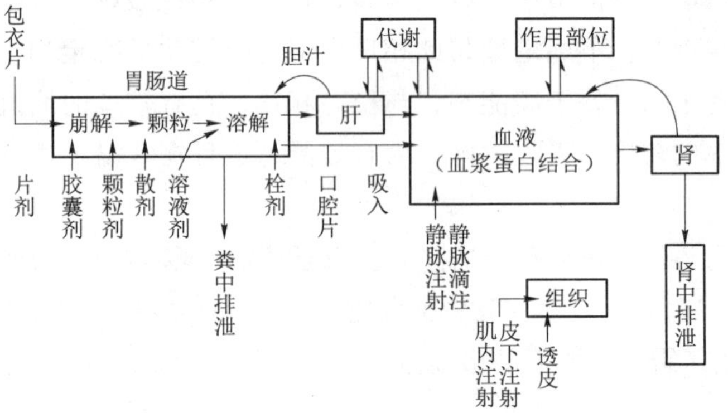

图 19-2　各种剂型中药物的体内过程

由图 19-2 可知，由于剂型不同，用药部位及给药途径不同，可以影响到药物在体内的吸收、分布、代谢及排泄过程，从而影响到药理效应。

药物通过静脉注射可直接进入体循环，不存在吸收过程，发挥药理作用最快，可以认为药物被机体百分之百利用。口服制剂如口服液体药剂、片剂、胶囊剂等吸收后必须通过肝脏，其中一部分药物受到肝脏中的药物代谢酶的代谢后，再进入体循环，吸收总量低于静脉注射给药；肌内及皮下注射液药效慢于静脉注射，但比口服给药起效快，吸收量多；气雾剂可以通过肺部吸收，被吸收的药物不经肝脏直接进入体循环，可避免首关效应，吸收速度和吸收量一般高于口服制剂；栓剂、舌下片、鼻腔给药剂型等经黏膜给药制剂可经吸收部位血液循环直接进入体循环，也可绕过肝脏首关效应。大多数皮肤给药制剂如软膏剂由于皮肤角质层的屏障作用，全身吸收很少，药效发挥较慢，故常用作局部治疗。

一般认为在口服剂型中，药物的吸收顺序大致为水溶液>混悬液>散剂>胶囊剂>片剂>包衣片剂。

二、辅料对吸收的影响

研究表明，无活性的辅料是不存在的。辅料可以影响药物剂型的理化性质，从而影响药物在体内的吸收；辅料还可以与药物发生各种化学变化，从而影响药物在体内的作用性质和强度。

三、工艺对吸收的影响

同一种剂型品种，不同生产厂家的产品之间，甚至同一个厂家的不同批次的产品之间，由于制剂工艺的不同而出现的差异，也会对成品的疗效产生较大的影响，例如制备片剂过程中粉末混合时间、制粒方法、湿粒干燥时间、压片压力大小、包衣方法和层数等，都会显著影响制剂的崩解、溶出和药效。

第四节　药物的分布、代谢和排泄

扫码“学一学”

一、药物的分布

药物的分布是指药物从给药部位吸收进入血液后，由循环系统运送至体内各脏器组织（包括靶组织）中的过程。由于药物的理化性质及用药者生理因素的差异，药物在体内分布是不均匀的，且处于动态平衡状态中，即随药物的吸收与排泄不断变化着。药物作用的发生常依赖于药物分子到达作用的部位，分布过程对作用的开始及作用的强度都起着非常重要的作用。

药物从血液向组织器官分布的速度取决于组织器官的血液灌流速度和药物与组织器官的亲和力。药物在作用部位的浓度主要与到达作用部位和离开作用部位的相对速度有关，另外还与肝脏的代谢速度、肾或胆汁的排泄速度有关。到达作用部位后，一部分通过药物-受体相互作用，与相应的受体结合，产生相应的药理效应。

体内产生的药理效应，可看作是与受体结合的最终结果。虽然大多数药物到达作用部位后通过与受体结合而发挥药效，但它们也能与一些与药理作用无关的细胞内非受体成分产生非特异结合。如有些药物能与血浆或组织蛋白高度结合，有些药物容易分布到脑、皮肤和肌肉组织，有些药物能通过胎盘进入胎儿体内，有些药物可通过乳腺分泌到乳汁中，有些药物可分布到脂肪组织再缓慢释放。

药物在体内分布后的血药浓度与药理作用有密切关系，不仅决定着药物作用的强度、速度、持续时间，还关系到药物在组织的蓄积和不良反应等安全性问题，故往往根据血药浓度来判断药效。

（一）表观分布容积

表观分布容积（V_d）是药动学的一个重要参数，是将全血或血浆中的药物浓度与体内药量联系起来的比例常数。它是指在药物充分分布的假设前提下，体内全部药物按血中同样浓度溶解时所需的体液总容积。表观分布容积不是指体内含药物的真实容积，也没有生理学意义，它只是一种比例因素。但表观分布容积与药物的蛋白结合及药物在组织中的分布密切相关，可以用来评价体内药物分布的程度，其单位通常以 L 或 L/kg 表示。

人的体液由细胞内液、细胞间液和血浆三部分组成。体重 60kg 的成人约有总体液 36L，其中血浆约 2. 5L，细胞间液约 8L，细胞内液约 25L。药物在体内的真实分布容积与体重有关，不能超过总体液。但绝大多数药物或者与血管内血浆蛋白，或者与血管外组织，或者与两者均有显著的结合。

当药物主要与血浆蛋白结合时，其表观分布容积小于其真实分布容积；而当药物主要与血管外的组织结合时，其表观分布容积大于它们的真实分布容积。不同的药物，其表观分布容积的下限为0.041L/kg（相当于血浆容积），而其上限可以超过20L/kg。

从某一药物所求出的V_d值，可以了解药物的分布程度，亦可以用来推测该药在体液中的分布量和组织摄取量。大多数药物由于本身理化性质及其与机体组织的亲和力差别，在体内的分布大致分以下三种情况。

（1）组织中的药物浓度与血液中的药物浓度几乎相等的药物，即在各组织内均匀分布的药物。如安替比林均匀分布在全身体液，其表观分布容积等于36L。

（2）组织中的药物浓度比血液中的药物浓度低，则V_d将比该药实际分布容积小。水溶性药物或与血浆蛋白结合率高的药物，例如水杨酸、青霉素、磺胺等有机酸类药物，主要存在于血液中，不易进入细胞内或脂肪组织中，故它们的V_d值通常较小，为0.15～0.3L/kg。

（3）组织中的药物浓度高于血液中的药物浓度，则V_d将比该药实际分布容积大。脂溶性药物易被细胞或脂肪组织摄取，血浆浓度较低，但是V_d值常超过体液总量，如地高辛的表观分布容积为600L。一般表观分布容积大药物，从体内排出较慢，比那些不能分布到深部组织中去的药物药效要强、毒性要大。

（二）影响分布的因素

1. 体内循环与血管透过性的影响 吸收的药物通过血液循环向体内各组织分布。药物穿过毛细血管壁的速度快慢，主要取决于血液循环的速度，其次为毛细血管壁的通透性。

人体各脏器组织的血流量有明显不同，按血液循环的速度，大致可分为：①循环速度较快的脏器，如脑、肝脏和肾脏等；②循环速度中等的脏器，如肌肉，皮肤等；③循环速度较慢的脏器，如脂肪组织、结缔组织等。若以单位重量的血流量来表示，肌肉、脂肪组织的血液循环最差，所以药物分布至肌肉和脂肪组织的速度也最慢。

药物必须先从毛细血管中渗出，才能从循环系统向组织转移。毛细血管壁是具有微孔的类脂质屏障，管壁很薄，未与血浆蛋白结合的游离型药物及相对分子量为200～800的小分子药物很容易透过毛细血管壁。随着药物分子量增大，膜孔透过性变小。

大多数药物通过被动扩散透过毛细血管壁，脂溶性药物可以扩散通过血管的内皮细胞（即类脂途径），小分子的水溶性药物分子可从毛细血管的膜孔中透出。毛细血管的透过性因脏器不同而存在差异，如肝中的肝窦毛细血管壁上有许多缺口，即使分子量较大的药物也比较容易通过。而脑和脊髓的毛细血管内壁结构致密，细胞间隙极小，水溶性药物及极性药物很难进入。

2. 与血浆蛋白的结合 进入血液中的药物，一部分以非结合的游离型状态存在，一部分与血浆蛋白结合成为药物-血浆蛋白结合物。人血浆有三种蛋白质与大多数药物结合有关，即白蛋白、α_1-酸性糖蛋白（AAG）和脂蛋白。生成药物-蛋白结合物的过程通常称为药物-蛋白结合。药物的蛋白结合不仅影响药物的体内分布，同时也影响药物的代谢和排泄。

药物与蛋白质结合后，不能透过血管壁向组织转运，不能经肝脏代谢，也不能由肾小球滤过。只有药物的游离型分子才能从血液向组织转运，并在作用部位发挥药理作用，进而进行代谢和排泄。故药物转运至组织主要决定于血液中游离型药物的浓度，其次也与该药物和组织结合的程度有关。

药物与血浆蛋白结合是一种可逆过程，有饱和现象。血浆中药物的游离型和结合型之间保持着动态平衡关系。当游离型药物随着转运和消除浓度降低时，一部分结合型药物就转变成游离型药物，使血浆及作用部位在一定时间内保持一定的浓度。从这个意义上来说，药物与蛋白结合也是药物贮存的一种形式。

药物与血浆蛋白可逆性结合，能降低药物的分布与消除速度，使血浆中游离型药物能够保持一定的浓度和时间，不致因很快消除而导致作用短暂。不良反应较大的药物与血浆蛋白结合可起到减毒和保护机体的作用。若药物与血浆蛋白结合率很高，药理作用将受到显著影响，特别是临床要求迅速起效的磺胺类和抗生素，形成蛋白结合物后往往会降低抗菌效力。

当药物的血浆蛋白结合率很高时，任何血浆蛋白结合率的改变都会对治疗效果产生显著影响。如临床应用蛋白结合率高的药物时，若同时服用另一种蛋白结合能力更强的药物，由于竞争作用将其中一个蛋白结合能力较弱的药物置换下来，这样就可能导致药物体内分布急剧变动，从而引起药理作用显著增强。对于不良反应较强的药物，易发生用药安全性问题。

药物与蛋白结合除了受药物的理化性质、给药剂量、药物与蛋白质的亲和力及药物相互作用等因素影响外，还与动物种差、性别差异、年龄差异以及病理状态等因素有关。

3. 组织结合与蓄积　药物在体内的选择性分布，除取决于生物膜的转运特性外，不同组织对药物亲和力的不同也是重要原因之一。除血浆蛋白外，其他组织细胞内存在的蛋白、脂肪、DNA、酶以及多糖类等高分子物质，亦能与药物发生非特异性结合，这种结合与药物和血浆蛋白结合的原理相同。一般组织结合也是可逆的，药物在组织与血液间仍保持着动态平衡关系。

当药物对某些组织具有特殊亲和性时，该组织往往起到贮库的作用。此时，药物进入组织的速度大于从组织中解脱进入血液的速度。如药物连续使用，该组织中药物浓度有逐渐上升的趋势，这种现象称为蓄积。假如蓄积部位也是药理作用的部位，就可能延长作用时间。但许多药物在体内大量蓄积的组织，往往不是药物发挥疗效的部位。如吩噻嗪、氯喹及砷沉积在头发中，四环素沉积在骨骼和牙齿中，其半衰期可达数月之久。因此药物在组织内的蓄积往往不是所期望的，应注意重复用药在体内蓄积过多而产生中毒。

（三）淋巴系统转运

血液循环与淋巴循环共同构成体循环，由于血流速度比淋巴流速快 200~500 倍，故药物主要通过血液循环转运。但药物的淋巴系统转运，在以下情况也是十分重要的：①某些特定物质如脂肪、蛋白质等大分子物质转运必须依赖淋巴系统；②传染病、炎症、癌转移等使淋巴系统成为靶组织时，必须使药物向淋巴系统转运；③淋巴循环可使药物不通过肝脏从而避免首关效应。

口服或直肠给药时，药物通过消化道上皮细胞被吸收后，由于血液和淋巴液两种循环流速的显著差异，一般 98% 以上的药物直接进入血液循环转运，只有 2% 以下很少一部分药物进入淋巴管转运。

肌内注射或皮下注射给药时，药物可通过组织液进入毛细血管，也可通过组织液进入毛细淋巴管，究竟循何种途径主要由药物的性质如分子量大小等决定。一般认为，相对分子量在 5000 以上的大分子物质，经淋巴管转运的选择性倾向很强。相对分子量在 5000 以下的低分子物质，几乎全部由血管转运。当然，由淋巴转运的大分子物质，最后也汇集于血液中。

（四）血脑屏障与胎盘屏障

脑和脊髓毛细血管的内皮细胞被一层致密的神经胶质细胞包围，形成了连续性无膜孔的毛细血管壁。神经胶质细胞富有髓磷脂（脑磷脂），脑血管的这种结构形成了较厚的脂质屏障，能够有效地阻挡水溶性和极性药物进入脑组织，而脂溶性较高的药物如三氯甲烷、硫喷妥等却能迅速向脑内转运，另外脉络丛细胞具有特殊的载体系统，可选择性地转运某些药物。脑组织这种对外来物质有选择地摄取的能力称为血脑屏障，血脑屏障的功能在于保护中枢神经系统使其具有更加稳定的化学环境。

药物向中枢神经系统的转运，取决于该药物在 pH 7.4 时的分配系数和解离度。即在 pH 7.4 的体液中，如该药物大部分以非解离型分子存在时，分配系数就大，药物转运至中枢神经系统的量也就多，相反，离子型药物向中枢神经系统转运则极其困难。

在血浆 pH 7.4 时，弱酸性药物主要以解离型存在，而弱碱性药物主要以非解离型存在，一般说来，弱碱性药物容易向脑脊液转运。除了药物在血液中的解离度和油/水分配系数外，药物与血浆蛋白结合程度也能在一定程度上影响血液-脑脊液间的药物分配，但只有药物的亲脂性才是药物能否透过血脑屏障的决定因素。吩噻嗪类的抗精神病药如氟丙嗪、阿利马嗪、氯丙嗪、氟吩嗪以及丙嗪等，均有很高的脂溶性，故均能迅速向脑内转运。

在母体循环系统与胎儿循环系统之间，存在胎盘屏障。胎盘屏障对母体与胎儿间的体内物质和药物交换，起着十分重要的作用。胎盘屏障的性质与其他生物膜相似，胎盘作用过程类似于血脑屏障。胎盘转运机制包括被动转运和主动转运，因为胎儿的脑组织和其他组织相比尚未成熟，血脑屏障也同样尚未成熟，因此许多药物易于透入胎儿脑内。大部分药物以被动转运通过胎盘。非解离型药物脂溶性越大，越易透过。相对分子量 600 以下的药物，容易透过胎盘，相对分子量 1000 以上的水溶性药物，则难以透过。脂溶性低，高度离子化的物质如季铵盐类转运极少。

当孕妇患有严重感染、中毒或其他疾病时，胎盘的正常功能受到破坏，药物的透过性也发生改变，甚至可使正常情况下不能渗透到胎儿体内的许多微生物和其他物质进入胎盘内。

二、药物的代谢

（一）药物代谢与药理作用的关系

药物代谢是指药物被机体吸收后，在体内酶以及体液环境作用下发生的化学结构的转化，又称为生物转化。药物代谢是伴随着药物的吸收、分布、排泄同时发生的。药物的代谢产物通常比原型药物的极性大，更有利于药物向体外的排泄，但是也有一些药物代谢产物的极性降低。药物在体内的代谢与其药理作用密切相关，主要表现在以下三个方面。

（1）代谢使药物失去活性或活性降低　代谢可以使药物作用钝化，即由活性药物变为无活性的代谢物，使药物失去治疗活性；代谢物活性明显下降，但仍具有一定的药理作用。如局麻药普鲁卡因，在体内被水解后，迅速失去活性；氯丙嗪的代谢产物去甲氯丙嗪，其药理活性比氯丙嗪差。

（2）代谢使药物活性增强或使药理作用激活　有些药物的代谢产物比其原药的药理作

用更强，如解热镇痛药非那西丁在体内转化为对乙酰氨基酚，其解热镇痛作用比非那西丁明显增强；还有一些药物本身没有药理活性，通过在体内代谢后产生有活性的代谢产物，即所谓的“前体药物”，如左旋多巴在脑内经酶解脱羧后生成多巴胺，而发挥治疗作用。

（3）代谢产生毒性代谢物　有些药物经代谢后可产生毒性物质，如异烟肼在体内的代谢物乙酰肼可引起肝脏的损害。

应该指出，并非所有药物进入体内后全部都经过代谢，有些药物在体内基本不代谢，主要以原型从尿中排出，大部分药物部分发生代谢。如氨基糖苷类抗生素在体内约 90% 以原型药物经肾排泄，肝代谢的比例很少。

（二）药物代谢酶和代谢部位

绝大多数药物在体内的代谢反应是在细胞内特异酶的催化作用下发生的，这些药物代谢酶主要位于细胞的内质网、线粒体、胞液、溶酶体以及核膜和胞浆膜中。通常把药物代谢酶分为微粒体酶系和非微粒体酶系两大类，微粒体酶系主要存在于肝脏的内质网膜，后者在肝脏、血液及其他组织中均有存在。

微粒体酶系主要存在于肝细胞或其他细胞（小肠黏膜、肾、肾上腺皮质细胞等）的滑面内质网的亲脂性膜上。肝组织匀浆先经高速离心去除线粒体、细胞核、组织碎片等后，再经高速离心得到的沉淀物就是微粒体成分。微粒体中含有丰富的药物代谢酶，其中最重要的是肝微粒体混合功能氧化酶系统或称单加氧酶系。该酶系催化的氧化反应类型极为广泛，大多数药物都是经过该酶系统催化进行生物转化的。混合功能氧化酶系的主要功能成分有细胞色素 P450（CYP450）、还原型烟酰胺腺嘌呤二核苷酸磷酸酯（NADPH，又称辅酶Ⅱ）、O_2、Mg^{2+}、黄素蛋白、非血红素铁蛋白等，其中细胞色素 P450 是具有很多同工酶亚型的大家族，其亚型决定了催化药物代谢反应的选择性和特异性。

非微粒体酶可存在于肝内、血浆、胎盘、肾及肠黏膜等，在体内除葡萄糖醛酸结合外的其他Ⅱ相代谢反应以及某些氧化、还原及水解等Ⅰ相代谢反应均为该酶系所催化，但该酶系催化的药物代谢反应较少，主要对内源性药物的代谢有较大意义。

药物代谢的主要部位是肝脏，肝脏具有高血流量，并含有大部分药物代谢酶，是最重要的代谢器官。口服制剂在吸收过程和吸收后进入肝转运至体循环过程中，部分药物被代谢，使进入体循环的原型药物量减少的现象，称为“首关效应”。有首关效应的药物生物利用度低。自消化道吸收的药物由门静脉进入肝脏，在肝细胞内，有的药物随胆汁排出，有的药物被酶转化为代谢产物。这种在肝细胞内随胆汁排出和由药酶转化成代谢产物的药物比例称肝提取率，它是指药物通过肝脏由门静脉血清除的分数，肝提取率介于 0～1 之间。肝提取率 0.5 表示从门静脉进入肝后有一半量被清除，其余通过肝进入大循环。

除肝以外最常见的代谢部位是胃肠道，小肠黏膜上很多药物代谢酶均有较高的表达水平，肠道菌丛产生的酶类也对药物有代谢作用，因此肠道代谢也是影响口服药物生物利用度及其个体差异的主要因素之一。现已有许多研究证明，药物在通过肠道时代谢率很高，例如环孢素口服生物利用度低的原因主要归咎于在肠道中发生代谢。这种肠道的首关效应已引起广泛注意，研究药物的肠道代谢已经成为不可忽视的部分。另外，有些代谢反应亦可在血浆、肺、皮肤、肾、鼻黏膜、脑和其他组织中进行。

（三）代谢反应的类型

代谢反应通常分为Ⅰ相反应和Ⅱ相反应。Ⅰ相反应是药物被氧化、还原、水解或异构化等，在药物结构中引入羟基、氨基或羧基等极性官能团，这些反应又称为引入官能团反应；Ⅱ相反应往往是结合反应，即药物及代谢物的极性官能团与内源性的葡萄糖醛酸、硫酸、甘氨酸等结合生成结合物，进一步增加了药物的极性和水溶性，使其更容易排泄。

应该强调的是，药物进入体内并不一定都经过代谢，有些药物在体内基本不代谢，而以原型直接从肾脏排泄，大多数药物可发生部分代谢。发生代谢的药物也并不一定都经历Ⅰ相和Ⅱ相反应，有些药物仅发生Ⅰ相反应，有些药物则只进行Ⅱ相反应。

（四）影响药物代谢的因素

1. 给药途径对药物代谢的影响 同一药物由于给药途径不同其代谢途径和代谢程度可能都有差异，这主要与药物代谢酶在体内的分布以及局部器官和组织的血流量有关。由于肝脏和胃肠道存在有众多的药物代谢酶，口服药物的首关效应明显，而其他给药途径可完全或部分避免首关效应。如临床实践证明抗心律失常药物普萘洛尔静脉给药的疗效往往不及口服给药。研究发现，普萘洛尔口服后在人体内可代谢为4-羟基普萘洛尔，该代谢物与普萘洛尔有同样的作用，且与普萘洛尔的血药浓度相当；而普萘洛尔静脉注射后，血液中未检测到活性代谢物4-羟基普萘洛尔；与同样浓度的普萘洛尔比较时，口服给药的药理作用比静脉注射时强2~5倍。

2. 给药剂量对药物代谢的影响 机体对药物的代谢能力主要取决于体内药物代谢酶的活性和数量，由于药物代谢酶的量是有限的，当给药剂量增加到一定程度，达到药物代谢酶的最大代谢能力时，代谢反应会出现饱和现象，即代谢速度达到最大，不再随剂量增加而增加。此时可导致体内血药浓度异常升高，引起中毒反应。有些药物在治疗剂量范围内，就会产生代谢饱和现象，必须引起重视。

3. 剂型对药物代谢的影响 剂型对代谢也有一定影响。口服不同剂型（溶液剂、混悬剂、颗粒剂）的水杨酰胺后，发生硫酸结合反应的程度不同。服用颗粒剂后，硫酸结合物尿中排泄量最多，混悬剂次之，溶液剂最少。这是由于混悬剂和溶液剂口服后，大量药物迅速到达胃肠吸收表面，很容易出现吸收部位药物代谢酶的饱和现象；而颗粒剂中的药物需要溶出后逐渐到达吸收表面，因而不易出现硫酸结合反应饱和的现象，最终导致尿中硫酸结合物排泄量较高。

4. 药物的光学异构特性对药物代谢的影响 许多药物存在光学异构现象，不同的异构体具有不同的药理活性和副作用，主要原因认为是体内的酶具有立体选择性，因此不同的异构体显示出明显的代谢差异，药物代谢的速度及蛋白结合的程度在不同的异构体之间往往是不一致的。如维拉帕米的代谢存在立体选择性，*S*-（-）维拉帕米的钙通道阻滞作用是*R*-（+）对映体的8~10倍，临床上使用的是维拉帕米消旋体，在体内*S*-（-）对映体优先代谢，且代谢速度较*R*-（+）对映体快，使前者口服生物利用度低于*R*-（+）对映体。

5. 酶抑制和酶诱导作用对药物代谢的影响 许多药物能对药物代谢酶产生抑制作用，从而使其他药物代谢减慢，导致药理活性及不良反应增加，这种现象称为酶抑制作用。还有些药物重复应用或在体内停留较长时间后，可促进酶的合成、抑制酶的降解，使酶活性或量增加，促进自身或其他合用药物的代谢，这种现象称为酶诱导作用。酶抑制作用往往使合用的其他药物代谢减慢，血药浓度升高，药理作用增强，甚至可能出现中毒，由于酶抑制作用引起的药物相互作用较为常见，且后果也比较严重。酶诱导作用往往导致药物作用减弱，可能会影响治疗。如抗组胺药物特非那定为前体药物，在人体内主要由CYP3A4

代谢为特非那定酸，此活性代谢产物发挥抗组胺作用，且心脏毒性比原型药物显著降低；当合用对 CYP3A4 有抑制作用的药物（红霉素、唑类抗真菌药物、H_2受体阻滞剂、皮质激素以及口服避孕药等）时，可使特非那定代谢受阻，血药浓度明显升高，心脏毒性加大，最终可能发生室性心动过速甚至致死。苯妥英钠具有酶诱导作用，能促进甾体类抗炎药地塞米松的代谢，使后者半衰期缩短约 50%。

6. 生理因素对药物代谢的影响　影响代谢的生理性因素主要包括年龄、性别、种族、疾病等。儿童和老年人对药物的代谢能力常常明显低于成年人，特别是胎儿及新生儿的药物代谢酶活性低，甚至缺乏某些酶，所以胎儿、新生儿用药时，容易产生毒性。药物在老年人体内的代谢表现为速度减慢，耐受性减弱。一般情况下，雄性动物的代谢活性比雌性动物高。

人群中药物代谢的个体差异是非常明显的，有遗传学差异和非遗传学差异两方面。遗传学差异主要是由种族或家族遗传特性所引起的，由于遗传缺陷可能缺乏某些酶导致代谢差异；非遗传学差异主要由年龄、性别、肝功能、药物代谢的时间周期节律、体温、营养状态以及环境因素（如接触药酶诱导剂或抑制剂）等引起的。如异烟肼在人体内的乙酰化代谢存在快乙酰化和慢乙酰化现象，约 52% 的高加索人为快乙酰化代谢型，亚裔人多为快乙酰化型，欧洲白种人慢乙酰化型比例较高。慢乙酰化型患者服用异烟肼后，多发性神经炎等副作用的发生率高。

7. 饮食对药物代谢的影响　饮食对药物代谢的影响主要取决于饮食中的糖、蛋白质、脂肪、微量元素和维生素等营养成分。

三、药物的排泄

排泄是指体内原型药物或其代谢物排出体外的过程。肾是药物排泄的主要器官，其次是胆汁排泄。还可经乳汁、唾液、呼气、汗腺等排泄，但排泄量很少。

（一）肾排泄

肾脏是人体排泄药物及其代谢物的最重要器官。药物的肾排泄是指肾小球滤过、肾小管分泌和肾小管重吸收的总和。

1. 肾小球的滤过作用　血液由入球小动脉进入肾小球，肾小球毛细血管内皮极薄，管壁上有很多直径 6~10nm 的小孔，通透性极高。由于肾小球滤过液中的溶质组成和血浆成分一致。故认为血液中除血细胞和血浆蛋白质，其他分子量小的物质不论药物、无机盐、葡萄糖、氨基酸、尿素、尿酸等不加选择地全部滤过进入肾小管中。肾小球滤过作用的大小可用肾小球滤过率表示。

2. 肾小管的重吸收　肾小管重吸收是指被肾小球滤过的药物，在通过肾小管时药物重新转运回到血液的过程。肾小球滤过的水分，99% 被重吸收回到血液。溶解于血浆中机体必需的成分及药物，也同样反复滤过和重吸收。

肾小管内的扩散在一定程度上像一种典型的类脂屏障，肾小管重吸收和消化道的吸收一样，也存在被动扩散和主动转运两种机制。身体必需物质如葡萄糖等，主要在近曲小管通过主动转运被全部重吸收。滤过的脂溶性药物分子在远曲小管区经被动重吸收进入血液。这些药物的排泄取决于下列因素，即 pK_a、脂溶性、与蛋白质结合程度以及化合物以原型排泄的程度等。弱电解质如苯巴比妥、水杨酸盐、苯丙胺和普鲁卡因等药物的重吸收高度依赖于尿液的 pH。如果药物主要以原型经尿排泄，则由尿液 pH 的变化而导致尿药排泄速度明显改变。如果药物大多数以代谢物经尿排泄时，因代谢物极性和水溶性较大，使肾小管重吸收减少，则 pH 对排泄速度影响不大。

3. 肾小管的分泌 肾小管分泌也是将药物转运至尿中的过程。肾小管的上皮细胞将某些物质从肾小管周围的组织液转运入管腔，称为分泌。肾小管分泌是主动转运过程，需要载体和能量，有饱和与竞争抑制现象。近曲小管中分别具备有机阴离子和有机阳离子输送系统。内源性物质如马尿酸、葡萄糖醛酸苷、组胺等，有机弱酸性药物如青霉素类、磺胺类以及有机弱碱性药物如普鲁卡因等都在近曲小管处由主动分泌排泄到尿中。

（二）影响肾排泄的因素

1. 血浆蛋白结合率 药物与血浆蛋白结合后，不能经肾小球滤过，只有未结合型药物才可以从肾小球滤过。

2. 尿液 pH 与尿量 尿液 pH 的变化能够改变药物的肾小管重吸收。通常尿液的 pH 约为 6.3，但受饮食、病理学因素以及合并用药的影响，可在一定范围内变化。对于弱酸性药物，尿液 pH 升高将增加药物解离程度，肾小管重吸收减少，肾排泄增加；弱碱性药物则相反。

大部分药物在肾小管中的重吸收是被动转运机制，其重吸收的速率依赖于肾小管腔液与血液间的浓度差。当尿量增加时，药物在尿液中的浓度下降，重吸收减少；而尿量减少时，药物浓度增大，重吸收量也增多。

3. 合并用药 合并用药可能影响尿液的 pH，也可能竞争肾小管的主动分泌过程，故而会影响药物的肾排泄。

4. 药物性质 药物的脂溶性大小直接影响在肾小管的重吸收；弱酸、弱碱性药物的 p*K* 与药物的解离程度有关，因而会影响肾排泄。

5. 肾脏疾病 肾小球肾炎会使肾小球滤过率明显下降；肾功能不全时，肾小管主动分泌和重吸收功能都显著下降。

（三）胆汁排泄

除肾脏排泄外，原型药物及其代谢物也可能由胆汁排泄。向胆汁转运的药物也是一种通过细胞膜的转运现象。转运机制也有被动扩散和主动转运等。药物的理化性质（化学结构、极性、分子量等）及某些生物因素（种属、性别、年龄、药物生物转化过程和酶诱导剂等）对药物从胆汁排泄的速度和程度有较大影响。从胆汁排泄的药物，需要一定化学结构和极性，对其分子量要求更严格。不同化学结构的药物及同一药物在不同的动物种属，从胆汁排泄的分子量要求不同。一般说来，当药物分子上存在极性强的基团时，经胆汁排泄的量较多；在人体，相对分子量为 300~500 的药物有较大的胆汁排泄率。胆汁排泄的主动转运也有饱和现象和竞争性抑制。通过主动转运从胆汁排泄的药物，随着投药量的增大，血药浓度上升，达到饱和现象后，血液中药物的消除时间随着投药量的增加而延长。

在胆汁中排泄的药物或代谢物，随胆汁排到十二指肠后，在小肠中转运期间又会被重新吸收而返回门静脉，这种现象称为肠肝循环。肠肝循环可延长药物在体内的停留时间。这类药物若与某些药物合用，或改变制剂工艺，或因病理原因使肠肝循环情况发生变化，会显著影响到药效和毒性。

扫码“学一学”

第五节　药物动力学基本概念

一、药物动力学定义及发展概况

药物动力学是研究药物体内药量随时间变化规律的科学。它采用动力学的基本原理和数学的处理方法，结合机体的具体情况，推测体内药量（或浓度）与时间的关系，并求算相应的药物动力学参数，定量地描述药物在体内的变化规律。20 世纪 70 年代药物动力学已发展为一门独立的学科。现在生物药剂学和药物动力学已成为药剂学的最主要的基础科学。对指导新药设计，优化给药方案，改进剂型，提供高效、速效、缓释、低毒、低副作用的制剂，发挥了重大作用。在探讨人体生理及病理状态对药物体内过程的影响、疾病状态的剂量调整、剂量与药理效应间的互相关系以及对药物相互作用的评价等方面也有重要作用。

二、血药浓度与药理作用

在药物动力学的研究中，常在给药后按不同时间间隔采血作药物浓度测定，以了解体内药物动力学规律性，也可测定尿液或唾液中的药物浓度来研究药物动力学的规律（当然也可以在给药后测定尿液或唾液中的药物浓度来研究药物动力学规律）。因为大多数药物的血药浓度与药理效应间呈平行关系。相同的血液浓度在不同的科属动物中得出的药理反应极为相似。所以研究血药浓度的变化规律对了解药理作用强度的变化极为重要，这是药物动力学研究的中心问题。

三、生物半衰期与消除速度常数

（一）生物半衰期

生物半衰期简称半衰期，即体内药量或血药浓度下降一半所需要的时间，以 $t_{1/2}$ 表示。单位为时间，如天、小时、分钟等。药物的生物半衰期与消除速度常数一样，可以衡量药物消除速度的快慢，它与消除速度常数之间的关系为：

$$t_{1/2}=\frac{0.693}{k} \qquad (19-3)$$

通常情况下药物都有固定的生物半衰期，即它是常数。各种药物的半衰期差别很大，即使具有相似药理作用、结构类似的药物，其生物半衰期也可能相差很大。药物的生物半衰期除与本身结构性质有关外，还与机体消除器官的功能有关。一般地说，正常人的药物半衰期基本上相似，如果药物的生物半衰期有改变，表明消除器官的功能有变化。肾功能、肝功能低下的患者，药物生物半衰期延长。

药物的生物半衰期长，表示它在体内消除慢，滞留时间长。因此，测定药物的生物半衰期，对于确切了解药物在体内的停留时间、蓄积程度，特别是确定多剂量给药间隔以及器官病变时给药方案的调整都有很大价值。依半衰期的长短可将药物分为：$t_{1/2}<1$ 小时，称为极短半衰期药物；$t_{1/2}$ 在 1～4 小时，称为短半衰期药物；$t_{1/2}$ 在 4～8 小时，称

为中等半衰期药物；$t_{1/2}$在 8~24 小时，称为长半衰期药物；$t_{1/2}$>24 小时，称为极长半衰期药物。

（二）消除速度常数

消除是指体内药物不可逆失去的过程，它主要包括代谢和排泄。大多数药物从体内的消除符合表观一级速度过程，其速度与药量之间的比例常数 k 称为表观一级消除速度常数，简称消除速度常数，其单位为时间的倒数，如分钟$^{-1}$、小时$^{-1}$或天$^{-1}$等。k 值大小可衡量药物从体内消除速度的快慢。

药物从体内消除途径有经肾脏排泄、胆汁排泄、肝脏代谢及肺部呼吸排泄等。药物消除速度常数等于各排泄和代谢过程速度常数之和：

即 $$k=k_b+k_e+k_{bi}+k_{lu}+\cdots\cdots \quad (19-4)$$

式中，k_e——肾排泄速度常数；k_b——肝代谢速度常数；k_{bi}——胆汁排泄速度常数；k_{lu}——肺排泄速度常数。因消除速度常数具加和性，所以可根据各个消除途径速度常数与 k 的比值，求出各个途径消除药物的分数。

四、隔室模型概念

药物的体内过程一般包括吸收、分布、代谢、生物转化和排泄过程。为了定量地研究药物通过上述过程的变化，首先要建立研究的模型。用数学模拟药物在体内吸收、分布、代谢和排泄的速度过程而建立的数学模型，称为药物动力学模型。

隔室模型是最常用的药物动力学模型。由于药物的体内过程十分复杂，要定量地研究其体内过程是十分困难的。故为了方便起见，常把机体划分成由一个、两个或两个以上的小单元构成的体系，然后研究一个单元内、两个或三个单元之间的药物转运过程。在药物动力学中把这些小单元称为隔室(亦称房室)，药物在体内的转运可看成是隔室间转运，这种理论称为隔室模型理论。

隔室概念比较抽象，无生理学和解剖学的直观性。但隔室的划分不是随意的，而是根据组织、器管、血液供应多少和药物分布转运的快慢确定的。事实上机体包含无数个小隔室，每一个细胞，甚至细胞的一部分都可认为是一个小隔室。然而，在药物动力学研究中，为了简化处理过程，常将那些分布转运速度相近的组织和器官划归为一个隔室。当然，这种划分也是相对的，还要取决于药物本身的性质。如其油/水分配系数，与各组织的亲的力等。例如对于一个易透过血脑屏障的脂溶性药物，脑属于中央室，而对于一个极性较大的药物，脑则是周边室。

1. 单隔室模型 单隔室模型是把机体视为由一个单元组成，即药物进入体循环后，迅速地分布于可分布到的组织、器官和体液中，并立即达到分布上的动态平衡，成为动力学上的所谓“均一”状态，此时，可视机体为单隔室模型或单室模型。其示意图见图 19-3，符合单隔室模型特征的药物称单隔室模型药物。

2. 二隔室模型 把机体看成药物分布速度不同的两个单元组成的体系，称为二隔室(或双室)模型。其中一个房室称中央室(中室)，它是由血液和血流非常丰富的组织、器官等组成，如心脏、肺脏、肝脏及肾脏等，药物在血液与这些组织间的分布迅速达分布上的平衡。另一隔室称为周边室(外室)，它是由血液供应不丰富的组织、器官等组成，如肌肉、皮肤、骨骼、皮下脂肪组织等，血中的药物向这些组织分布较慢，需要较长时间才能达到分布上的平衡。二隔室模型示意图见图 19-3，符合二隔室模型特征的药物称二隔室模型药物。

3. 多隔室模型　二隔室以上的模型叫多隔室模型，它把机体看成药物分布速度不同的多个单元组成的体系。如三隔室模型是在二隔室模型的基础上，将周边室进一步划分为周边一室（浅周边室）和周边二室（深周边室），分别代表完成分布较快和分布较慢的组织和器官。三隔室模型示意图见图 19-3。

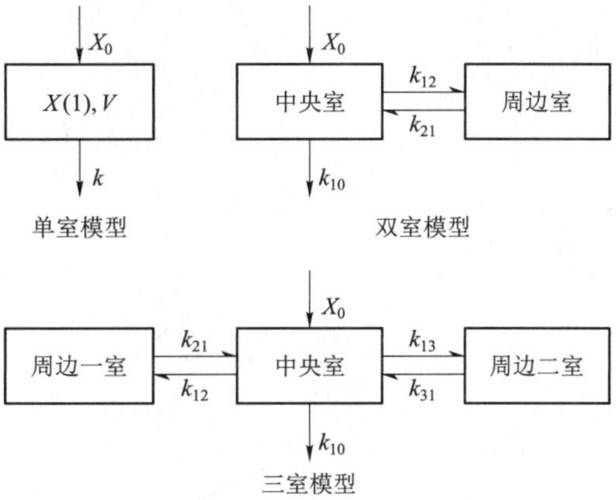

图 19-3　隔室模型示意图

扫码“学一学”

第六节　单室模型静脉给药

药物进入体内后迅速分布于可分布到的机体各部位，在血液、组织与体液之间处于一个动态平衡的“均一”状态，此种将整个机体作为一个隔室处理的模型叫单室模型。但要注意“均一”并不意味着各器官、组织或体液药物浓度相等，而只说明各组织或体液间达到了动态平衡。同时血浆中药物浓度的变化基本只受消除速度常数的影响。

一、静脉注射

血药浓度法进行药物动力学分析。

1. 药物动力学方程的建立　对于单室模型静脉注射给药，我们可以建立模型图，如图 19-4 所示。

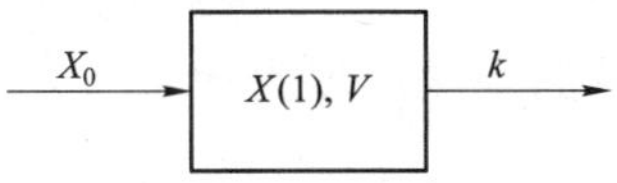

图 19-4　单室模型静脉注射给药体内过程示意图

X_0. 静注剂量；V. 表观分布容积；X. t 时间体内药量；k. 消除速度常数

由于静注给药药物在体内的过程只有消除，而消除过程按一级速度过程进行，即药物消除速度与体内药量的一次方成正比，故可得出如下微分方程：

$$\frac{dX}{dt}=-kX \tag{19-5}$$

式中，负号表示体内药量随时间而降低，将式（19-5）积分得：

$$X=X_0e^{-kt} \tag{19-6}$$

式（19-6）两边取对数得：

$$\log X=\left(-\frac{k}{2.303}\right)t+\log X_0 \tag{19-7}$$

式（19-6）、式（19-7）为单剂量静脉注射给药后体内药量随时间变化的关系式，因体内药量 X 不能直接测定，故以血药浓度表示，代入表观分布容积 V：

$$X=V\cdot C \text{ 及 } X_0=V\cdot C_0 \tag{19-8}$$

$$C=C_0e^{-kt} \tag{19-9}$$

$$\log C=\left(-\frac{k}{2.303}\right)t+\log C_0 \tag{19-10}$$

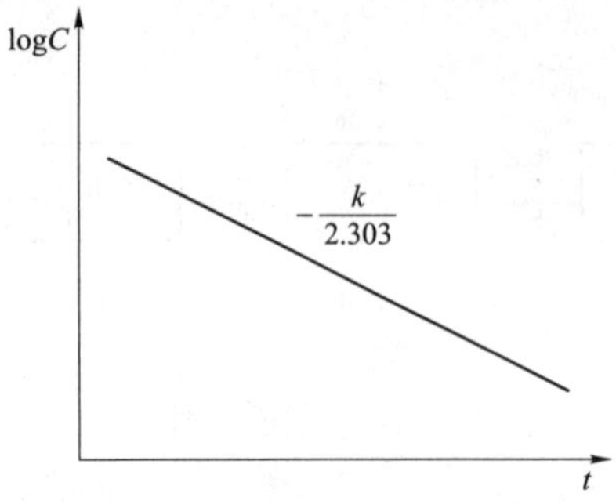

图 19-5　单室模型静脉注射 logC-t 图

式（19-9）、式（19-10）为单室单剂量静脉注射给药后血药浓度经时过程的基本方程式，尤以式（19-10）最为常用，它可用来求算动力学参数。

2. 药物动力学参数的求算　由式（19-10）可知：以 $\log C$ 对 t 作图可得一条直线(图 19-5)，其斜率为 $b=k/2.303$，由此可求得 k 值，再由式(19-10)求得生物半衰期(亦称为消除半衰期) $t_{1/2}=0.693/k$；其截距 $a=\log C_0$，由此可求得 C_0；再由式(19-8)求得 $V=X_0/C_0$。

二、静脉滴注给药

静脉滴注也称输液，是临床上抢救危重患者的一种有效的给药方式。下面讨论单室模型药物恒速静脉滴注给药动力学。

（一）以血药浓度法建立的药物动力学方程

恒速静脉滴注指药物以零级速度 k_0 输入体内，以一级速度 k 消除，其体内过程见图 19-6。

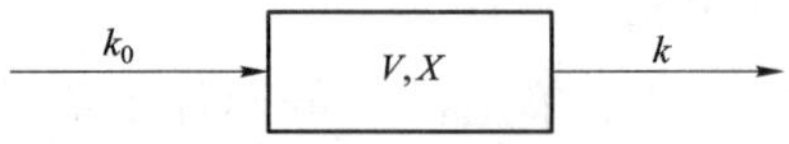

图 19-6　单室模型恒速静脉滴注给药体内过程示意图

药物恒速静脉滴注时体内药量的变化速度为：

$$\frac{dX}{dt}=k_0-kX \tag{19-11}$$

式中，k_0——零级滴注速度，以单位时间的输入量表示。为了求得体内药量与时间 t 的关系式，将式（19-11）进行积分得：

$$X=\frac{k_0(1-e^{-kt})}{k} \tag{19-12}$$

式（19-12）为恒速静脉滴注体内药量与时间的关系式。用血药浓度表示：

$$C=\frac{k_0(1-e^{-kt})}{Vk} \tag{19-13}$$

（二）稳态血药浓度

以血药浓度 C 为纵坐标，时间 t 为横坐标作图，其血药浓度-时间曲线见图 19-7。

由图 19-7 可见，在开始静滴后的一段时间内，体内血药浓度急剧上升，之后上升速度减慢，随着 t 的增大，血药浓度达到恒定，即滴注速度等于消除速度，这时的血药浓度称稳态血药浓度或坪浓度，以 C_{ss} 表示，由式（19-13）可得：

$$C_{ss}=\frac{k_0(1-e^{-kt})}{Vk}=\frac{k_0(1-0)}{Vk} \qquad (19-14)$$

即：
$$C_{ss}=\frac{k_0}{Vk}$$

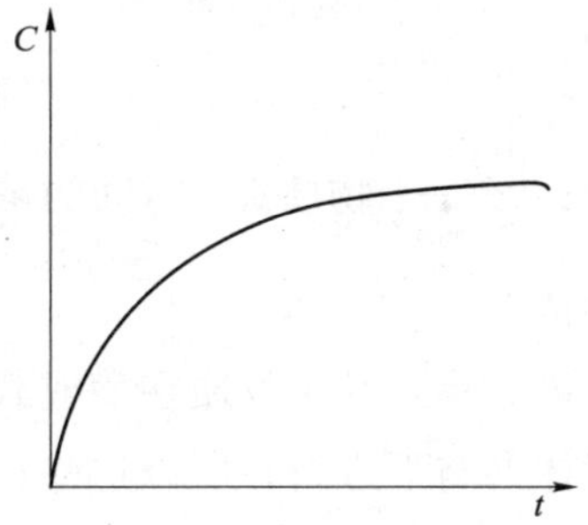

图 19-7　单室模型静脉滴注 $C-t$ 图

由式（19-14）可见，C_{ss}大小与k_0成正比，与k成反比。式（19-14）表明，随着滴注速度的增大，稳态血药浓度也增大。因而在临床上要获得理想的稳态血药浓度，就必须控制滴注速度，即控制给药剂量和滴注时间。

从静滴开始至达稳态血药浓度所需的时间长短取决于药物的消除速度k值的大小(或生物半衰期的长短)。

设X_{ss}为稳态开始至达稳态时的体内药量，则$C_{ss}=\frac{X_{ss}}{V}$，式（19-14）可以进一步变化为如下形式：

$$\frac{X_{ss}}{V}=\frac{k_0}{Vk}$$

即：
$$X_{ss}=\frac{k_0}{k} \qquad (19-15)$$

因此，稳态时血药浓度和体内药量保持恒定不变。

第七节　非线性药物动力学

一、非线性动力学的特点

临床上某些药物存在非线性的吸收或分布(如抗坏血酸、萘普生)时所需的载体也具有可饱和性，所以药物在体内的转运和消除速率常数呈现为剂量或浓度依赖性。还有一些药物以非线性的方式从体内消除，过去发现有水杨酸、苯妥英钠和乙醇等。这主要是由于酶促转化时药物代谢酶具有可饱和性，其次肾小管主动转运和消除呈现非一级过程，一些药动学参数如药物半衰期、清除率等不再为常数，AUC、C_{max}等也不再与剂量成正比变化。上述这些情况在药动学上被称之为非线性动力学。

非线性药物动力学的研究对临床上一些治疗指数较窄的药物(苯妥英等)来说意义非常重大，了解它们的药动学特征，有利于避免出现药物不良反应和保证临床疗效。目前新药的药动学研究中规定，必须对药动学的性质进行研究，即研究不同剂量下药物的药动学行为是否发生变化，有时还需研究药物在中毒剂量下的药动学性质。

二、米氏方程

（一）米氏方程式

一般认为非线性动力学是药物浓度超过某一临界值时，参与药物代谢的酶发生饱和现象所引起的。因此，可用描述酶动力学的米氏方程来进行研究。

1913 年，Michaelis-Menten 发表了描述酶参与的物质变化动力学过程，其方程式如下：

$$-\frac{dC}{dt}=\frac{V_m C}{(k_m+C)} \tag{19-16}$$

式中，$\frac{dC}{dt}$——物质在 t 时间的浓度下降速度；k_m——米氏常数；V_m——该过程的理论最大下降速度。

该方程式基于物质在酶或载体参与下形成另一化学物质。由于该过程需在某一特定酶或载体参与下进行，所以这些过程具有专属性强的特点。通常这些过程中酶的量有一定限度，而且往往比较少，因此当反应物的量增加到一定程度时，其反应速度并不能随反应物的量增加而加快，即其反应能力有一定限度，即使反应物再增加，反应速度亦不再加快，即反应能力达饱和。事实上，药物的生物转化、肾小管的分泌以及某些药物的胆汁分泌过程都有酶参与，所以具有非线性动力学特征。

（二）米氏过程的药物动力学特征

为了便于研究非线性动力学问题，我们来看一看米氏方程的两种极端情况。

第一种极端情况为：当 k_m 远大于 C 时，式（19-16）可简化为：

$$-\frac{dC}{dt}=\frac{V_m C}{k_m} \tag{19-17}$$

若用 k 表示$\frac{V_m}{k_m}$，则上式变为：

$$-\frac{dC}{dt}=kC \tag{19-18}$$

式（19-17）或（19-18）表明：在药物浓度很低时，血药浓度下降速度与血药浓度一次方成正比，这显然是线性药物动力学的过程，这种极端情况见图 19-7 中的曲线开始阶段，此段曲线近似为直线，其斜率为$\frac{V_m}{k_m}$。

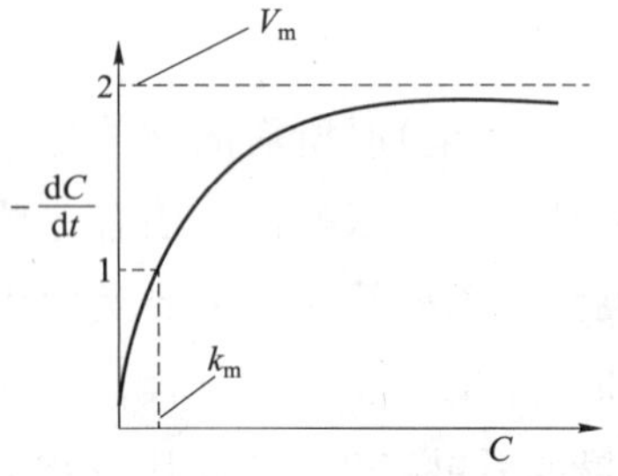

图 19-8　药物非线性消除示意图

米氏方程的另一极端情况为：药物浓度 C 远大于 k_m。此时式（19-16）可简化为：

$$-\frac{dC}{dt}=V_m \tag{19-19}$$

这种情况下，血药浓度下降的速度与药物浓度无关。即以一个恒定的速度 V_m 消除，如图 19-8 中的末端部分，它接近于 V_m，基本上是一条直线。

三、生物半衰期与剂量的关系

由式（19-11）：$\frac{dX}{dt}=-kx$，可知：$\frac{dC}{dt}=-kC$，即：$\frac{\left(-\frac{dC}{dt}\right)}{C}=k$

因此，对于具有单纯非线性消除特征的药物的生物半衰期。$t_{1/2}$ 为：

$$t_{1/2}=\frac{0.693}{k}=\frac{0.693}{\left[\frac{\left(-\frac{dC}{dt}\right)}{C}\right]}$$

将式（19-16）代入上式，得：

$$t_{1/2}=\frac{0.693}{\left[\frac{V_m}{(k_m+C)}\right]}=\frac{0.693(k_m+C)}{V_m} \tag{19-20}$$

当 $k_m \gg C$ 时(在浓度极低时)：

$$t_{1/2}=\frac{0.693k_m}{V_m} \tag{19-21}$$

该式与一级动力学类似，生物半衰期与血药浓度无关。

当 $C \gg k_m$ 时：

$$t_{1/2}=\frac{0.693}{\left[\frac{V_m}{(k_m+C)}\right]}=\frac{0.693C}{V_m} \tag{19-22}$$

则生物半衰期随血药浓度增大而延长(消除变慢)。

对于同时具有线性和非线性消除的药物，其生物半衰期为：

$$t_{1/2}=\frac{0.693V}{\frac{VV_m}{k_m+C}+k'V}=\frac{0.693}{\frac{V_m}{k_m+C}-k'} \tag{19-23}$$

因此凡具有非线性消除的药物，除非在浓度极低时($k_m \gg C$)，否则其生物半衰期并非为一定值，它随着浓度增高(往往出现副作用)而延长(消除变慢)。这类药物的生物半衰期亦会受酶促进剂或酶抑制剂的影响而变化。

四、AUC 与剂量的关系

在线性动力学中，血中药物浓度对时间的曲线下面积与给药剂量成正比。但当在单纯以非线性消除时，可推导出曲线下面积与剂量关系如下：

$$\mathrm{AUC}=\int_0^{\infty} C\mathrm{d}t=\frac{X_0}{VV_m}\left(k_m+\frac{X_0}{2V}\right) \tag{19-24}$$

显然上式中的 AUC 与剂量不成正比关系。

若 $k_m \gg C_0/2$ 时，上式可简化成：

$$\mathrm{AUC}=\int_0^{\infty} C\mathrm{d}t=\frac{k_m X_0}{VV_m} \tag{19-25}$$

得到与线性动力学相似的关系式，亦即曲线下总面积与剂量成正比。

若剂量增大到一定程度，即$\frac{C_0}{2}$并非远小于 k_m 的情况，此时曲线下总面积与剂量不成正比关系。

若剂量再增大时，即消除过程达饱和时，亦即 $C_0/2 \gg k_m$ 时，则：

$$\mathrm{AUC}=\int_0^{\infty} C\mathrm{d}t=\frac{C_0^2}{2V_m}=\frac{X_0^2}{2V^2V_m} \tag{19-26}$$

由式（19-26）可以看出：此时曲线下总面积与剂量的平方成正比，即当剂量增大不大时，其血药浓度-时间曲线下面积确有较大的增加。

由于具非线性消除的药物，其血药浓度-时间曲线下面积与剂量不成正比，因此估算其生物利用度时不能用血药浓度-时间曲线下面积来估算。

五、V_m 与 k_m 的求解

将式（19-16）移项后，其瞬时速度以平均速度表示，则以平均血药浓度 C_m 表示 C，即：

$$\frac{-1}{\frac{\mathrm{d}C}{\mathrm{d}t}}=\frac{k_m}{V_m C_m}+\frac{1}{V_m} \tag{19-27}$$

该式是一条直线方程，斜率为$\frac{k_m}{V_m}$，截距为$\frac{1}{V_m}$。故从各点的回归直线求得其斜率及截距，即可求得 k_m 及 V_m。

六、非线性动力学的判别

药物静脉注射后，作 $\log C$-t 图，若呈明显的上凸曲线可考虑为非线性动力学，若为直线或下凹曲线则可初步判断为线性动力学，见图 19-9 所示。

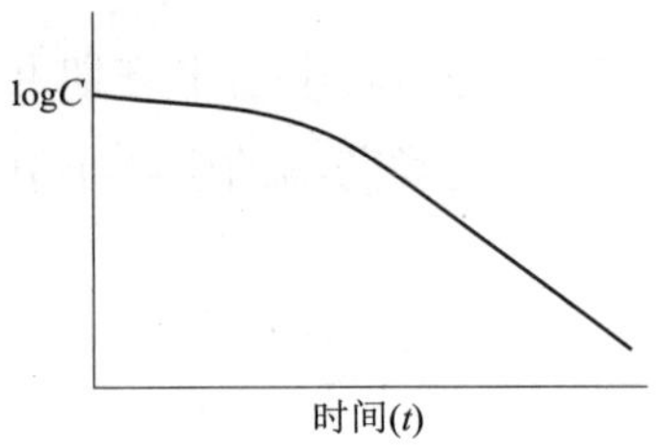

图 19-9　非线性动力学与线性动力学的 $\log C$-t 图比较

对同一受试者给予不同的剂量，分别计算 AUC 值，若 AUC 与 X_0 间呈比例，说明为线性，否则为非线性。若 AUC 随剂量增加较快，可考虑为非线性消除；若 AUC 随剂量增加较慢，血管外给药的情况下可考虑为吸收出现饱和，即非线性吸收。如图 19-10 所示。

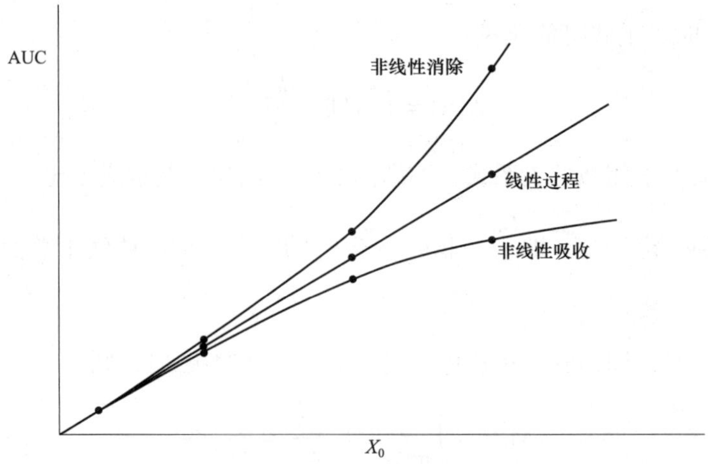

图 19-10　线性与非线性动力学的 AUC 与剂量 X_0 间的关系

扫码“学一学”

第八节　生物利用度

一、生物利用度的概念

生物利用度是指服用药物后，药物中的主药到达体循环的相对数量和在体循环中出现的相对速率。

由定义可知，生物利用度的指标包括两项参数：其一是生物利用度的程度(EBA)，即吸收程度或数量，是供试制剂与标准参比制剂吸收总量的相对比值；其二为生物利用度的速率(RBA)，是供试制剂与标准参比制剂吸收速度的相对比值。根据所选择的参比制剂不同，得到生物利用度的数据也不同。如参比制剂为静脉给药的注射剂时，因静脉注射后药物100%进入体循环，所得到的生物利用度称为绝对生物利用度(F_{Ab})。当采用口服溶液剂或市场认可、吸收较好的而且临床有效的制剂以血管外方式给药作为参比制剂，所测得的生物利用度为相对生物利用度(F_{rel})。

对于相同剂型但不同生产厂家或同一厂家不同批号的制剂，使用相同方式和剂量给药后它们的吸收速度与吸收数量可能不一样，血药浓度经时过程可有显著不同。因此，在临床上可能产生不同疗效甚至产生毒副作用。这种现象称为化学等值而生物不等效。

化学等值系指用数量和疗效均相同的主药制成相同的剂型，其质量符合现行法定标准；生物等效系指同一患者给药方案相同，服用化学等值的制剂后，有相同的生物利用度。由于客观上存在有化学等值、生物不等效的问题，为了保证用药的安全有效就需要测定生物利用度。

需测生物利用度的药物主要有以下三类。

(1) 用于预防、治疗严重疾病的药物，特别是治疗量与中毒剂量很接近的药物。

(2) 剂量-反应曲线陡峭或具有不良副作用的药物。

(3) 某些难溶性药物或在胃肠道成为不溶解性的药物(pH 为 1~8，水溶度小于 1%)；在胃肠液中的溶解度受粒子大小、多晶型等影响的制剂；赋形剂、附加剂等能改变主药特性的制剂。

二、生物利用度的实验设计

(一) 研究对象的选择

用来进行生物利用度研究的对象可以是人体或动物体。人体生物利用度实验结果是最有权威的资料。在新药开发中要求进行人体生物利用度研究。动物生物利用度研究以大动物(如狗)较适宜，所得数据仅供参考。此外，还设计了一些与人体有密切相关性的模拟实验方法，希望能制定出生物利用度的体外质量标准，如使用生理试验(如离体肠管)和物理试验(如片剂溶出度)。

(二) 实验分组与交叉实验安排

实验用动物或志愿者均应严格进行健康检查(如验血、检查肝肾功能)，随机分组。受试对象应在各种条件基本一致的情况下进行比较研究，比较研究时最好安排交叉试验。若对 A、B 两个制剂比较研究时，可安排两组交叉试验，受试者在两次试验中共 12 人。第一次试验，受试者1~6服A制剂，7~12服B制剂；间隔1周左右（洗净期，一般不少于$t_{1/2}$），再进行第二次试验。受试者1~6服B制剂，7~12服A制剂。受试者至少在2周前必须停服其他药物以排除药物诱导致使肝酶系的变化。一般在早上空腹服药，服药后2~4小时进食标准餐（受试者在试验期间有统一的食谱，并应注意饮食对测定方法的干扰）。若用尿药法测定则在试验期间须适量饮水以利收集尿样，记录收尿时间与尿量。如用血药法试验，应记录采血期、采血技术、血浆分离方法与血样储存方法等。

（三）取样时间与要求

取样时间间隔与数量等要求应按具体药物及制剂来安排。一般来说，测定血药浓度的取样时间至少要达到3倍的$t_{1/2}$，而尿药法收集尿样的时间至少要7倍的$t_{1/2}$对于血药浓度测定时间的具体安排，如血管外给药，通常在预计的峰浓度前至少有3次，峰浓度附近3次峰后4~5次，才能达到血药浓度-时间曲线绘制的精确度。

三、测定生物利用度的方法

（一）血药浓度法

1. 测定方法

（1）单剂量给药后，测定血中原型药物浓度。

（2）多剂量给药后，在稳态时的剂量间隔期内，测定血中原型药物的浓度。

2. 生物利用度的表示方法

（1）绝对生物利用度（F_{Ab}）

$$F_{\mathrm{Ab}}=\frac{\text{供试制剂药物吸收总量}}{\text{参比制剂药物吸收总量（静注）}}\times100\% \qquad (19\text{-}28)$$

$$=\frac{\mathrm{AUC}_{\mathrm{B}}^{0\to\infty}}{\mathrm{AUC}_{\mathrm{A}}^{0\to\infty}\text{（静注）}}\times100\%$$

（2）相对生物利用度（F_{rel}）

$$F_{\mathrm{rel}}=\frac{\text{供试制剂药物吸收总量}}{\text{参比制剂药物吸收总量（血管外）}}\times100\%$$

$$=\frac{\mathrm{AUC}_{\mathrm{B}}^{0\to\infty}}{\mathrm{AUC}_{\mathrm{A}}^{0\to\infty}\text{（血管外）}}\times100\% \qquad (19\text{-}29)$$

式（19-28）及式（19-29）中的$\mathrm{AUC}_{\mathrm{B}}^{0\to\infty}$与$\mathrm{AUC}_{\mathrm{A}}^{0\to\infty}$为供试制剂及参比制剂单剂量给药后血药浓度-时间曲线下的总面积，它们分别代表供试制剂和参比制剂药物吸收总量的多少。式（19-28）和式（19-29）是在供试制剂与参比制剂给药剂量相同的情况下F_{Ab}与F_{rel}的计算公式。

当剂量不同时，则为：

$$F_{\mathrm{Ab}}=\frac{\mathrm{AUC}_{\mathrm{B}}^{0\to\infty}\cdot X_0\text{（静注）}}{\mathrm{AUC}_{\mathrm{A}}^{0\to\infty}\cdot X_0\text{（试）}}\times100\% \qquad (19\text{-}30)$$

$$F_{\mathrm{rel}}=\frac{\mathrm{AUC}_{\mathrm{B}}^{0\to\infty}\cdot X_0(\mathrm{A})\cdot k_{\mathrm{B}}}{\mathrm{AUC}_{\mathrm{A}}^{0\to\infty}\cdot X_0(\mathrm{B})\cdot k_{\mathrm{A}}}\times100\% \qquad (19\text{-}31)$$

3. 生物利用度的计算　给药后定时抽血样，测血药浓度，以血药浓度（c）为纵坐标，以时间（t）为横坐标，绘制药时曲线，从曲线上可获得峰浓度（C_{m}）、达峰时间（t_{m}），并可用曲边梯形面积近似计算法，得到血药浓度-时间曲线下的总面积 $AUC_A^{0\to\infty}$，见图 19-11。

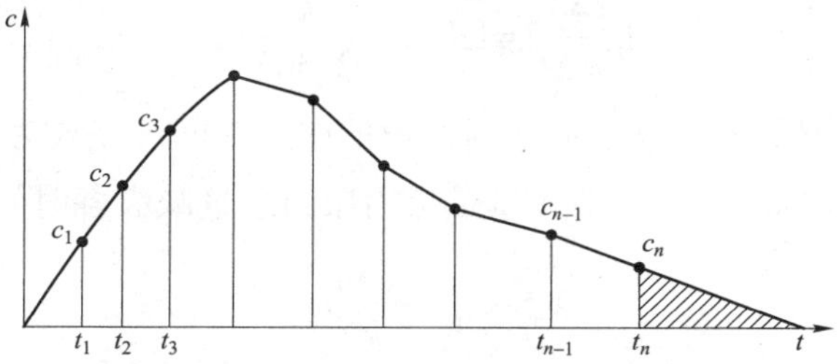

图 19-11　按梯形法则近似计算 AUC

$$AUC^{0\to\infty} = \sum_{i=0}^{n-1} \frac{c_i + c_{i+1}}{2}(t_{i+1} - t_i) + \frac{c_n}{k}$$
$$= AUC^{0\to t} + AUC^{t\to 0} \quad (19-32)$$

（二）尿药法

1. 测定方法

（1）单剂量给药后，测定尿中排泄的原型药物总量。

（2）单剂量给药后，测定代谢物的尿排泄总量。

（3）多剂量给药后，在稳态时的剂量间隔期，测定原型药物尿中排泄总量。

（4）多剂量给药后，在稳定时的剂量间隔期，测定代谢物尿中排泄总量。

2. 生物利用度的表示方法

（1）绝对生物利用度（F_{Ab}）

$$F_{Ab} = \frac{(X_u^\infty)_B}{(X_u^\infty)_A(\text{静注})} \times 100\% \quad (19-33)$$

（2）相对生物利用度（F_{rel}）

$$F_{rel} = \frac{(X_u^\infty)_B}{(X_u^\infty)_A(\text{血管外})} \times 100\% \quad (19-34)$$

式（19-33）及式（19-34）中的$(X_u^\infty)_B$和$(X_u^\infty)_A$分别为供试制剂及参比制剂在单剂量给药后的尿药总量。

式（19-33）与式（19-34）分别为供试制剂与参比制剂给药剂量相同时绝对生物利用度和相对生物利用度的计算公式。

3. 生物利用度的计算　当吸收入血液循环的药物主要由尿中排泄，或吸收入血的药量按原型药成比例地由尿中排泄时，可用尿药法计算生物利用度。

$$X_u^\infty = fFD \quad (19-35)$$

式中，f——血液中药物在尿中排泄的分数；F——吸收入血液的剂量分数；D——给药剂量。式（19-35）为单剂量给药后，在无限时间内，尿中排泄的原型药量的计算公式。

$$X_u^\infty = \frac{k_e X_0}{k} \quad (19-36)$$

式中，k_e——肾排泄速度常数；X_0——给药剂量；k——消除速度常数。

可通过下述方法求算 k_e 与 k。

（1）速率法　尿中药物的排泄不是恒速的，而是与血药浓度的变化成正比变化着的一种一级速度过程。尿药速率可表示为：

$$\lg \frac{\Delta X_u}{\Delta t}=\lg k_e X_0-\frac{k}{2.303}t_{中} \tag{19-37}$$

式中，ΔX_u 为 Δt 时间内尿药量；$t_{中}$为 Δt 时间段的中点时间。该式为速率法的工作方程式。

（2）总量减去法（亏量法） 所谓亏量是指用尿药总量减去各时间的累积尿药量。

$$X_u^{\infty}-X_u=\frac{k_e X_0}{k}e^{-kt} \tag{19-38}$$

以上各式中$(X_u^{\infty}-X_u)$即为尿药亏量。若以$(X_u^{\infty}-X_u)$对 t 作图可得一直线，直线的斜率为$-k/2.303$，可求得 k 值；直线的截距为 $\lg(k_e X_0/k)$，已知 X_0、k 后可求出 k_e的值。

扫码"练一练"

思考题

1. 如何从制剂因素来提高药物的口服吸收？

2. 从 pH-分配理论的观点，简述药物的理化性质对药物跨膜转运的影响，以及我们如何利用这个规律去提高药物的胃肠道吸收。

3. 简述影响软膏中药物透皮吸收的因素。

4. 如何通过制剂学方法来增加药物的淋巴转运？

5. 简述影响药物代谢的生理因素。

6. 如何利用药物代谢的规律来指导药物及其制剂设计？

7. 简述药物从肾脏排泄的机制，若患者苯巴比妥过量中毒，从肾脏排泄机制的角度如何指导医师进行解救。

8. 简述药物与血浆蛋白结合率的影响。

（陈蔚蔚）

第二十章

药物制剂的配伍变化

扫码“学一学”

学习目标

知识目标

1. 掌握药物制剂配伍变化的类型。
2. 熟悉药物的物理和化学的配伍变化。
3. 了解药物的相互作用；配伍变化的研究和处理方法。

能力目标

1. 能解决处方调配过程中药物的配伍变化。
2. 能指导患者正确用药。

素质目标

增强药品配伍使用的安全意识。

第一节 概 述

一、药物制剂配伍的目的

药物的合理配伍能达到以下目的：使药物之间产生协同作用，增强疗效；在提高疗效的同时，减少毒副作用；利用相反的药性或药物间的拮抗作用，克服药物的偏性和副作用等。药物配伍后有时只发生一种配伍变化，有时可发生几种配伍变化。药物配伍不合理，在体内发生相互作用，导致中毒或药物失效；在体外发生配伍变化，除使物理化学性质发生改变外，也可导致中毒或药物失效，影响药物的生物利用度。药物配伍有的虽在体外无可见的配伍变化，但进入体内却发生相互作用。因此，药物能否配伍应用，归根结底要看其对机体产生的影响。

二、配伍变化的类型

配伍变化可大致分为疗效的配伍的变化与物理化学的配伍变化。

1. 疗效的配伍变化 药物合并使用后，在机体内一种药物对另一种药物的体内过程或受体作用产生影响，而使其药理作用、性质和强度、副作用、毒性等有所改变。药物的这些相互作用有些利于治疗，如磺胺类药物与甲氧苄啶合并使用，疗效显著加强。而有些则不利于治疗，如异烟肼与麻黄碱或阿托品合并应用使副作用加强。药物配伍后在体内相互作用产生不利于治疗者属于疗效的配伍禁忌。

2. 物理化学的配伍变化 药物配伍后产生物理化学的改变，如物理状态、溶解性能、物理稳定性及化学稳定性的变化，这样也必然影响其作用和疗效。物理化学配伍变化还可再分为物理的以及化学的配伍变化。

（1）物理配伍变化 药物配伍时发生了物理性质的改变，如果得不到符合要求的制剂则属于禁忌。例如含树脂的醇性制剂在水性制剂中析出树脂，含共熔成分多的制剂失掉干燥均匀的结聚状态。吸湿性较强的固体粉末（活性炭、白陶土等）与剂量较小的生物碱盐配伍时，会因后者被吸附而在机体中不完全释放。微晶的药物（如醋酸可的松）在水溶液中由于某些物质的溶解能逐渐使之聚结成大晶型等。物理配伍变化一般属于外观上的变化，如果条件改变还可能恢复制剂的原来形式。

（2）化学配伍变化 是指药物之间发生了化学反应，使药物产生了不同程度的质的变化而失效。化学作用的产生一般表现在产生沉淀、润湿或液化、产生气体、爆炸或燃烧等现象上，但亦有许多药物的分解、取代、聚合、加成等化学变化难以从外观看出来。应注意并不应把有意进行的化学反应看作是配伍禁忌。应当着重指出，配伍禁忌往往是物理与化学的因素的相互影响而造成的，其结果也必然影响到疗效。所以在分析配伍禁忌处方时决不可单独考虑一方面而疏忽另一方面，特别是药理和疗效方面。许多药物配伍制成某些剂型后，在贮存及应用过程中发生物理的或化学的变化，而降低了它的稳定性。如青霉素G钠或钾盐与药物水溶液配伍时青霉素或多或少地发生变化，不过由于条件不同（pH、温度等）有时分解快些，有时分解慢些，只有在一定时间内变化的量达到一定程度后才不能用于临床。另外发生配伍上的变化也不都是不利的。临床上经常利用药物之间拮抗作用来解决药物中毒。如有机磷轻度中毒时采用与有机磷作用拮抗的阿托品来解毒。也有利用拮抗作用消除另一药物副作用，如麻黄碱治哮喘时，用巴比妥类药物对抗其中枢神经兴奋作用。因此判断药物配伍变化是否会影响制剂质量及治疗效果，需要对具体问题进行具体分析。

第二节 物理或化学的配伍变化

一、固体剂型中药物的物理或化学的配伍变化

固体状态下配伍的物理变化主要是配伍时出现润湿、液化、结块、变色、分解及产生气体等现象。

1. 润湿与液化 制造固体型时为了有利于成型，大多数成分保持固态，但有时两种或两种以上的固体药物配伍时在制造或贮存过程中发生润湿和液化，给制造带来困难和影响产品质量。造成润湿与液化的原因主要有四个。

（1）由于药物反应生成水 固体的酸类与碱类物间反应能形成水。如制造泡腾固体制剂时常用碳酸氢钠与有机酸（如枸橼酸），两者混合时在稍高湿度下会较快产生中和反应放出水分，使混合物润湿。

（2）含结晶水多的盐与其他药物发生反应后形成含结晶水少的盐而放出结晶水，如醋

酸铅与明矾混合则放出结晶水。

（3）混合物的临界相对湿度下降而吸湿　固体药物的吸湿度与空气相对湿度有关。一些水溶性药物在室温下其临界相对湿度高时则会出现润湿甚至液化。

（4）形成低共熔混合物　一些醇类、酚类、酮类、酯类药物如薄荷脑、樟脑、苯酚、水合氯醛等，在一定温度下低共熔混合物能否液化或润湿，除与混合物中的药物本身熔点等性质有关外还与混合物粒径有关。另外有研究表明形成低共熔混合物能促进一些药物的溶解速率。如65%阿司匹林与37%乙酰苯胺所形成的低共熔混合物比二者相同比例的混合物溶解快。氯霉素与尿素的低共熔混合物可加速氯霉素的溶解和吸收。这是由于这些固体的低共熔混合物是一种固体分散物。

2. 结块　散剂、颗粒剂由于药物吸湿而后又逐渐干燥会引起结块。结块会使这类剂型的质量变坏，有时会导致药物分解失效。

3. 变色　药物间发生氧化还原、聚合、分解等反应时，有时产生带色化合物或发生颜色上的变化，如含酚基化合物与铁盐间相互作用使混合物颜色有变化。有些药物容易氧化变色，而与另一药物配伍时则反应加速，如水杨酸盐与碱性药物配伍。有些药物在光线照射、高温及湿度下反应更快。

4. 产生气体　产生气体也是药物发生化学反应的结果。如碳酸盐、碳酸氢盐与酸类药物，铵盐与碱类药物混合时也可能产生气体。如溴化铵与尿素配伍可放出氯气。固体剂型中药物配伍变化特别是化学变化比在液体剂型中慢。药物分散程度越细则越容易引起反应。在空气干燥的情况下反应可能变得更慢些。

二、液体剂型中药物的物理或化学的配伍变化

各种液体剂型的药物配伍变化问题虽然各有些差别，但大致相同。目前药物治疗上广泛采用注射液给药而且常常多种注射液配伍在一起注射，因此本节以注射液配伍变化为主进行讨论。注射液的物理化学配伍变化主要出现混浊、沉淀、结晶、变色、水解等现象。如15%的硫喷妥钠水性注射液与非水溶媒制成的西兰注射液混合时可析出沉淀。又如多巴胺注射液配伍后逐渐变成粉红色至紫色。枸橼酸小檗碱注射液与等渗氯化钠混合时则析出结晶状沉淀等。肉眼看不到变化的配伍禁忌主要是在一些水溶液中不稳定的药物，一般都将加入一些溶媒或加入输液中，有时与其他注射液混合，在这种情况下原来条件(如pH)产生了变化，因而变得不稳定。如红霉素乳糖酸盐与葡萄糖氯化钠注射液配伍后(pH 4.5)6小时效价下降约12%。这种情况由于肉眼观察不到，所以带来的危害性往往是严重的。此外，有些药物与输液配伍，虽然用肉眼观察不到沉淀，但用微孔滤膜显微镜及电子显微镜法可观察到有大量的微粒或微晶存在。如先锋霉素Ⅰ号溶液在pH 4.9时为12 161粒/升，在pH 8时为2831粒/升。pH 4.9时微粒呈片状无晶体形大块沉淀物。而pH 6.9时呈无晶形大沉淀，具黏性，认为这些物质黏附在人体血管内壁可能性较大，故易引起局部刺激与静脉炎。

这类问题已引起人们的注意。注射液中产生配伍变化的因素很多，其中主要有以下四个方面。

1. 输液的组成　常用的输液有5%葡萄糖注射液、等渗氯化钠注射液、复方氯化钠注射液、葡萄糖氯化钠注射液、右旋糖酐注射液，转化糖注射液及各种含乳酸钠的制剂等，

这些单糖、盐、高分子化合物的溶液一般都比较稳定，常与注射液配伍。有些输液由于它的特殊性质，而不适于某些注射液的配伍。

（1）血液　血液不透明，在产生沉淀混浊时不易观察。血液成分极复杂，与药物的注射液混合后可能引起溶血、血细胞凝聚等现象。

（2）甘露醇　甘露醇注射液含20%以及25%甘露醇，为一过饱和溶液。甘露醇在水中的溶解度为1∶5.5。故20%已超过其溶解度，但一般不易析出结晶（如有结晶析出，可加温使之完全溶解后应用）。这种溶液加入某些药物如氯化钾、氯化钠等的溶液能引起甘露醇结晶析出。

（3）静脉注射用脂肪油乳剂　这种制品要求油的分散程度很细，油相直径在几个微米以下，这类制品与其他注射液配伍应慎重。因乳剂的稳定性受许多因素影响，加入药物往往能破坏乳剂的稳定性，产生乳剂破裂、油相合并或油相凝聚等现象。

2. 输液与添加注射液间的相互作用

（1）溶媒组成的改变　注射剂有时为了有利于药物溶解、稳定而采用非水性溶媒如乙醇、丙二醇、甘油等。当这些非水性溶媒的注射剂加入输液（水溶液）中时，由于溶媒组成的改变而析出药物。如氯霉素注射液（含乙醇、甘油等）加入5%葡萄糖注射液中时往往析出氯霉素。但输注液中氯霉素的浓度低于0.25%则不致析出沉淀。

（2）pH的改变　注射液pH是一个重要因素，在不适当的pH下，有些药物会产生沉淀或加速分解，如新生沉淀。5%硫喷妥钠10ml加于5%葡萄糖500ml中则产生沉淀。这都是由于pH下降而产生沉淀。许多抗生素类药物不同pH条件下其分解速度不同。如乳糖酸红霉素在等渗氯化钠中（pH约6.45）24小时分解3%，若在糖盐水中（pH约5.5）24小时则分解32.5%。输液本身pH是直接影响混合后pH的因素之一。而各种输液有不同的pH范围，而且所规定的pH范围较大。例如葡萄糖注射液的pH为3.2~5.5，如pH为3.2则与酸不稳定的抗生素配伍时会引起分解失效的百分数较大。如青霉素G在pH为4.5的溶液中4小时内损失10%，而在pH 3.6时，1小时即损失10%；4小时损失40%的效价。先锋霉素5号在5%葡萄糖注射液中与维生素C注射液配伍，24小时内含量下降8.9%。因此联合使用时间不可超过6小时。pH对药物稳定性影响极大。这是因为这些物质的分解速度与溶液中的$[H^{+}]$有关。pH相差一个单位则$[H^{+}]$最低抑制剂之间，$[H^{+}]$相差约200倍。而葡萄糖氯化钠注射液（pH 3.5~6.0）则$[H^{+}]$相差约320倍。很多药物在这种pH幅度中不适应。因此，对制剂pH及其范围应有足够的注意。

（3）缓冲容量　pH对于产生配伍禁忌影响虽然很大，但药液混合后的pH是受注射液中所含成分的缓冲能力决定的（有些加入缓冲剂）。缓冲剂抑制pH变化能力的大小称为缓冲容量。有些输液中含有阴离子如乳酸根等，它们有一定缓冲容量。在酸性溶液中沉淀的药物，在含有缓冲能力的弱酸溶液中常会出现沉淀。如5%硫喷妥钠10ml加入生理盐水或林格液（500ml）中不产生变化，但加入5%葡萄糖或含乳酸盐的葡萄糖液中则析出沉淀，这是由于具有一定低pH并有一定缓冲容量的溶液，使混合后的pH下降至药物沉淀的范围以内所致。

（4）离子作用　有些离子能加速某些药物的水解反应。如乳酸根离子能加速氨苄西林的水解。如氨苄西林在含乳酸的复方氯化钠注射液中4小时后可损失20%。乳酸根还能加速青霉素G的分解，pH为6.4时青霉素G的分解速度与乳酸根离子浓度（在0.1~0.5mol/L

之间）成正比，且其作用比枸橼酸根强。

（5）直接反应　某些药物可直接与输液中一种成分反应。如四环素与含钙盐的输液在中性或碱性下，由于形成螯合物而产生沉淀。但此螯合物在酸性条件下有一定的溶解度，故在一般情况下与复方氯化钠配伍时不至于出现沉淀。除 Ca^{2+} 外，四环素还能分别与 Fe^{3+} 形成红色、与 Al^{3+} 形成黄色、与 Mg^{2+} 形成绿色的螯合物。

（6）电解质的盐作用　例如两性霉素 B 在水中不溶，在强酸性及强碱性溶液中能溶解。本品的注射用水的溶液为胶体分散，只能加在 5% 葡萄糖注射液中静脉滴注。如果在大量电解质的输液中则能被电解质盐析出来，以致胶体粒子凝聚而产生沉淀。

（7）聚合反应　有些药物在溶液中可能形成聚合物。如氨苄西林虽贮于冷暗处，但放置期间 pH 稍有下降便出现变色，溶液变黏稠，甚至会产生沉淀。这是由于形成聚合物所致。有人认为青霉素的变态反应与形成聚合物有关。氨苄西林的聚合作用认为与 6-氨基青霉素酸相似。青霉素 G 与先锋霉素Ⅱ亦有类似的反应。聚合物会引起过敏与聚合物形成过程的时间及温度均有关。

（8）药物与机体中某些成分的结合　某药物如青霉素与蛋白质能结合。这种结合可能会增重变态反应，所以这种物质加入蛋白质类输液中使用是不妥当的。

3. 注射液之间的相互作用　除将两种以上的注射液混合以外，还常常将两种以上的注射液加入输液中一起静脉注射。这方面的配伍变化，大部分是由于 pH 改变的影响。由于两种注射液的 pH 稳定范围差较大，例如盐酸四环注射液的 pH 1.8~2.98，而磺胺嘧啶钠的注射液的 pH 8.5~10.5，所以混合容易产生配伍变化。

在输液中，加入两种以上的注射液，由于最后体积的增加而增加了溶解量以致有时不致出现沉淀。如氯茶碱注射液加于 5% 葡萄糖液（1g/L）时为 pH 8.5，再加盐酸四环素（0.5g/L）则 pH 下降到 4.0。这是由于盐酸四环素加了抗坏血酸作缓冲使 pH 变低。氨茶碱在 pH 8.0 以上是不稳定的。此混合液在 12 小时内无沉淀产生，但溶液颜色变暗。

4. 影响配伍变化的其他因素

（1）配合量　配合量的多少影响到浓度，混合物在一定浓度下才出现沉淀。

（2）反应时间　许多药物在溶液中的反应有时很慢，个别注射液混合后数小时才出现沉淀，所以在短时间内使用完是可以的。但输液的时间有长有短，一般在 4 小时内应输完。

（3）温度　反应速度受温度影响很大，一般每升高 10℃ 反应速度增 2~3 倍。

（4）氧气与二氧化碳的影响　有些药物制成注射液须在安瓿内充填惰性气体如 N_2 等，以防止药物被氧化。受 CO_2 的影响，如苯妥英钠、硫喷妥钠等注射液，因吸收空气中的 CO_2 使溶液的 pH 下降，故亦有析出沉淀的可能。

（5）光敏感性　有些药物对光是敏感的，如两性霉素乙的液体应以黑纸遮好，避免强光照射。

（6）混合的顺序　有些药物混合时产生沉淀现象可用改变混合顺序的方法来克服。如 1g 氨茶碱与 300mg 烟酸配合，先将氨茶碱用输液稀释至 100ml，再慢慢加入烟酸则可达到澄明的溶液，如先将两种药液混合后稀释则会析出沉淀。

（7）成分的纯度　有些制剂在配伍时发生的异常现象，并不是由于成分本身而是由于原辅料的不纯（含有杂质）所引起。

第三节　疗效的配伍变化

由于药物及制剂品种迅速增加，并且联合用药的机会越来越多。联合用药不但在体外可产生变化，有些药物在体内也发生相互作用而影响作用和疗效。相互作用主要是指药物联合使用后在机体内相互影响使疗效发生了变化。相互作用不但在药物之间而且与内源性物质及食物之间亦会发生。相互作用不一定发生在同时应用中，而可能发生于一种药应用后的一定时间内。引起药物相互作用的因素很多，主要有以下几方面：①胃肠道内或机体内药物间物理化学反应；②药物动力学方面：影响药物吸收过程；影响药物分布过程；影响药物代谢过程；影响药排泄过程；③影响药物在受体上的作用等。

药物在相互作用中能使其一种或两种的作用性质、强度、持续时间、副作用、毒性等有所改变。影响药物的作用主要有两个方面；一方面协同作用，一方面是拮抗作用。协同作用又可分为相加作用和增强作用。相加作用为两药物作用等于两药作用之和。增强作用为大于两药作用之和。药物的协同作用与拮抗作用不单纯性发生在治疗作用上，而且在毒副作用上也同样存在。

一、胃肠道和机体内药物之间的物理或化学反应

药物在胃肠道、机体内有时产生物理化学反应。一些金属解毒剂能与某些金属离子形成络合物，如依地酸钙钠、盐酸半胱酸、二巯丙醇、二巯丙磺酸等为铅、砷、汞、锑等金属离子解毒剂，它们与这些金属形成离子络合物、环状化合物等。这些药物同样可与其他一些治疗用金属离子或药物产生物理化学反应而起药物治疗作用。在胃肠道中药物与药物之间产生物理化学反而影响吸收。如络合物、复合物或吸附等原因。白陶土具有一定吸附作用，与林可霉素同时应用可降低林可霉素的吸收。降血脂药物考来烯胺为阴离子交换树脂，它不但能与一些阴离子型药物交换而且也能对一些中性药物具有吸附作用。有报道它与甲状腺素、洋地黄毒苷、华法林等药物配伍时，由于吸附作用影响这些药物吸收，认为如将这些药同时应用必须二者间隔 5 个小时以上服用。

二、影响药物吸收过程的配伍变化

1. 影响吸收的相互作用，在临床上由于吸收发生变化而影响疗效的主要表现在两个方面，一影响药物的吸收量；另一为影响药物的吸收速度。降低药物的吸收量等于减少给药剂量，这对临床的影响是显著的。影响吸收速度，对疗效也有影响。

2. 当要求迅速解除急性症状时，由于出现药效的时间大大延迟而影响效果。

3. 可能由于缓慢释放而吸收慢，使作用过度延长。对巴比妥类催眠剂则应在一定时间后作用消失，如果作用时间过长则在治疗上是不合适的。对于单剂量给药后可达到治疗目的的药物来说，如镇痛药阿司匹林、平喘药氨茶碱、催眠药戊巴比妥等，改变吸收速度通常不那么重要，因为在剂量下稳定态平均血药浓度受吸收量的影响，通常与吸收速度无关。如阿司匹林的吸收速度受到影响时，对于治疗头痛有意义，但在治疗关节炎时则不大。有许多途径能影响药物吸收速度与吸收量，如崩解时间、溶出速度、胃肠液 pH、胃排空速度、通过小肠时间等。

（1）改变胃肠道 pH　一种药物改变胃肠道的 pH 时，则会影响药物在胃道中的溶解、吸收。如碳酸氢钠能显著地降低四环素的吸收，因为四环素在 pH 5 左右溶解度是最小，当与碳酸氢钠配伍时胃液 pH 升高，使四环素溶解度下降及溶解速度变慢，也就影响四环素的吸收。

（2）胃排空速度　胃排空速度影响药物吸收速度和程度。能促进或抑制胃空速度的药物能影响另一药物吸收。

（3）改变肠蠕动　肠蠕动可因服用刺激性药物而加快，因服用抗胆碱药物而减慢。

（4）其他　如新霉素、对氨基水杨酸及秋水仙碱对小肠黏膜有毒性作用而影响某些药物的吸收。有些影响吸收的例子的机制尚不清楚。如氨基糖苷类抗生素（新霉素、卡那霉素、链霉素等）口服不同程度地影响维生素 B_{12}、铁剂吸收。

三、影响药物分布过程的配伍变化

在药物相互作用中对分布的影响最常见的是置换作用。置换是一种药物减少另一种药物与蛋白的结合。通常两种药物在蛋白链某一结合位置上进行竞争。亲和力大的把亲和力弱的药物置换出来，结果使被置换下来的药物其游离型药物浓度增加。药效是与游离型药物有关。因此药物与蛋白质结合率的改变直接影响药物的疗效与副作用。

四、影响药物代谢过程的配伍变化

药物在体内主要由药酶代谢。药酶也存在血、肾及其他部位，药酶作用具有一定专属性。从临床上发现有些药物对某些药酶的活性有影响，一种是激发药酶的作用，称为酶促作用。另一种为抑制药酶的作用即酶抑作用。

（1）52 例用抗凝剂治疗心脏病患者，其中 40 例配伍苯巴比妥，而所用抗凝剂的量有时需要加三倍才能出现抗凝效果。而且停用巴比妥后，有 2 例出血死亡。巴比妥类减少抗凝活性在 2~5 天最明显，可维持一周或更长。停用巴比妥类后，酶促作用需 2~3 个月才能消失。

（2）酶抑作用与上述情况相反，有些药物能抑制某些药物代谢酶的活性，使代谢作用减缓，因而使这些药物的药理作用增强或毒性增加。如双香豆素抑制甲苯磺丁脲在肝脏内羟基化反应酶的作用，使羟化反应不能顺利进行，而使甲苯磺丁脲在体内停留时间延长。还有少数药物在体内代谢上具有双向活性。羟基保太松对己巴比妥的代谢酶的作用，开始是酶抑作用，连续给药后则呈现酶促作用。

五、影响药物排泄过程的配伍变化

药物一般以原型药物或代谢物通过肾脏、肝胆系统、呼吸系统及皮肝汗腺分泌等途径排出体外，其中以肾脏排泄为主。当药物或其活性代谢产物的排泄受到影响时，则会影响药物或其代谢产物在体内的滞留时间，即影响药效持续时间的长短，如多剂量给药时会影响稳态平均血药浓度。药物通过肾脏排泄的速率与量受很多因素影响，其中主要有肾小球滤过、肾小管近端的分泌及肾小管远端的再吸收。在正常状态下相对分子量在 70000 以上的血浆蛋白及与蛋白结合的药物不能被过滤进入原尿中，而回到血液循环。如一些弱酸药物：青霉素 G、丙磺舒、保太松、双香豆素、氯磺丙脲、甲苯磺丁脲、对氨基水杨酸、水杨酸及内源性酸（马尿酸）。如碱类药物：阿的平、妥拉唑林、普鲁卡因等。一些在肾小管主支分泌的药物可相互竞争，即一种药物抑制另一种药物自肾小管的分泌，使该药的消除减慢，因而血药浓度相应地增高，作用增强。如青霉素G与羧苯磺能与青霉素在肾小管近端竞争分别进入尿中，结果通过肾小管近端分泌进入尿中那部分青霉素的量大大减少，因而青霉素消除减慢使血中青霉素的浓度较高而且保持较长时间。在治疗泌尿系统细菌感染时，尿pH对疗效影响很大。如红霉素一般对革兰阳性菌有效，但当与碳酸氢钠配伍后也可治疗泌尿系统革兰阴性菌感染。根据报道，大剂量维生素C易使尿液酸化，因而影响弱酸性和弱碱性药物排泄，酸性尿有增加对氨基水杨酸钠和某些磺胺形成结晶尿的可能性，并能降低三环类抗抑郁药和苯丙胺在肾小管的再吸收。此外尿道可出现尿酸盐沉淀和胱氨酸结晶，因此应避免给痛风患者应用大剂量维生素C。但亦有报道大剂量维生素C对尿液pH影响极微。食物也可影响尿液pH，从而影响药物的排泄，平衡蛋白质饮食可形成酸性尿（pH约为5.9），而低蛋白质饮食可造成碱性尿（pH约为7.5），它对苯丙胺的排泄影响极大。酸性尿在服药后8小时内排泄23%~56%，而碱性尿只排泄0.5%~3%。能引起碱性尿的药物有乙酰唑胺、乳酸钠、碳酸氢钠、枸橼酸钠、氯噻嗪类利尿药；能引起酸性尿的药物有氯化铵、氯化钙、盐酸精氨酸、维生素C等。

六、影响药物在受体上的作用

在作用部位上第二种药物可能分以下几种情况影响第一种药物的主要药理效应。

1. 改变受体。
2. 改变作用部位的其他成分。
3. 改变不同生理系统具有相同效应或相反效应的作用，使总的生物效应增强或减弱。

一种药物在受体上与另一种药物竞争，这在药理上已众所周知，如阿托品、筒箭毒碱及普萘洛尔只具有很小活性或不具有活性，但它具有阻断如乙酰胆碱或肾上腺素等活性物质的效应。人们用受体竞争解释患者吸入异丙肾上腺素而增加死亡率的原因。认为异丙肾上腺素的体内代谢产物3-甲基异丙肾上腺素可导致哮喘进一步恶化。有些药物可能在作用部位通过非对抗竞争改变作用的强度。体内失钾（如用利尿剂）使心脏对洋地黄强心苷更加敏感。由于阻断在受体部位的一些代谢酶如单胺氧化酶或乙酰胆碱酯酶，使作用部位的成分或成分量发生变化而引起作用改变，协同作用可由于两种药物分别作用于同一系统或不同系统的同样作用体上而引起。如乙醇、吩噻嗪、麻醉性镇痛药与巴比妥类间配伍可能由于它们作用于不同部位但作用相同而加强了止痛作用。药物相互作用还受生理条件影响。药物相互作用的机制是复杂的。有些目前还不清楚。

第四节　配伍变化的处理原则和方法

一、处理原则

为减少或避免药物制剂之间发生配伍变化，处理原则如下。

1. 审查处方，了解用药意图　发挥制剂应有的疗效，保证用药安全。在审查处方发现疑问时首先应该与医师联系。了解用药的意图，明确对象给药的途径是配发的基本条件。

例如患者的年龄、性别、病情及其严重程度、用药途径等。对有合并病的患者审方时应注意禁忌证。然而，配伍禁忌是相对的。必须根据具体对象与条件来判定。在明确用药意图和患者的具体情况后，再结合药物的物理、化学和药理等性质分析可能产生的不利因素和作用，对成分剂量、发出量、服用法等各方面加以全面的审查，确定克服方法，必要时还须与医师联系，共同确定解决方法，使药剂能在具体条件下，较好地发挥疗效并使患者服用方便。

2. 制备工艺和贮藏条件的控制　控制温度、光线、氧气、痕量重金属是延缓水解和氧化反应的基本条件。对于挥发油、酚类、醛类、醚类等易氧化的药物或酯类、酰胺类、皂苷类等易水解的药物，宜制成固体制剂增加其稳定性，并应注意控制水分含量，控制温度，避免湿法制粒等，如必须制备成注射液，可设法制成粉针剂，并注意附加剂和包装材料的影响。

二、处理方法

1. 改变贮存条件　有些药物在患者使用过程中，由于贮存条件如温度、空气、CO_2、H_2O、光线等影响会加速沉淀、变色或分解。故应在密闭及避光的条件下，贮于棕色瓶中，剂量不宜多。

2. 改变调配次序　改变调配次序往往克服一些不应产生的配伍禁忌。

3. 改变溶媒或添加助溶剂　改变溶媒是指改变溶媒容量或改变成混合溶媒。此法常用于防止或延缓溶液剂析出沉淀或分层。

4. 调整溶液 pH　$[H]^+$的改变能影响很多微溶性药物溶液的稳定性。

5. 改变有效成分或改变剂型。

第五节　配伍变化的研究方法

一、可见性配伍变化的实验方法

常用的方法是将两者注射液混合，在一定时间内，肉眼观察有无浑浊、沉淀、结晶、变色、产生气体等现象。实验中要注意混合比例、观察时间、浓度与 pH 等，条件不同会出现不同的结果。混合比例通常是 1∶1，也可采用 1∶2 或 1∶3。如果是大输液，最好是实际使用量，按比例缩小。观察时间可定为 2 小时、4 小时、24 小时等，根据给药方法来确定。静脉滴注一般定为 6 小时较为合适。粉末或冻干的安瓿按说明书指示的溶剂稀释后加入。有些制剂析出结晶或沉淀受条件影响反而比较慢，或结晶比较细，则可利用微孔滤膜将配伍后的药液滤过，在显微镜或电子显微镜下观察析出的微粒或结晶的情况。

二、测定变化点的 pH

许多配伍变化是由 pH 改变引起的，所以应将测定注射液变化点的 pH，作为预测配伍变化的依据之一。其方法如下。

取 10ml 注射液，先测其 pH。主药是有机酸盐时可用 0.1mol/L 的 HCl(pH = 1)，主药是有机碱盐时则可用 0.1mol/L 的 NaOH(pH = 13)，缓缓滴于注射液中，观察期间发生的变化(浑浊、变色等)。当发现有显著变化时，测其 pH，此 pH 即为变化点的 pH。记录所用酸碱的量。如果酸碱的用量达 10ml 还未出现变化，则认为酸碱对该注射液不引起变化。测定 pH 一般在室温下进行，并记录其 pH 移动的范围。

若 pH 移动范围大，说明该注射液不易产生变化；如果 pH 移动范围小，则说明容易产生 pH 配伍变化。从酸或碱的消耗量来考虑，当加入大量的酸或碱而该溶液的 pH 移动范围仍很小，则说明有较大的缓冲容量。一般具有较大缓冲容量的注射液与其他注射液配伍时，溶液的 pH 偏近于前者。

三、稳定性实验

稳定性较差的药物若需添加到输液中时，因临床输液的时间较长，药物加入输液后受 pH、光线或含有催化作用的离子等影响，往往可使一些药物的效价降低。若在规定的时间内药物效价或含量的降低不超过 10%者，一般认为是稳定的。

实验方法如下：将注射液按实际使用量和浓度，加入输液中(常用量在 100～500ml)或再加第二种、第三种注射液，混合均匀后，控制恒定温度，立即测定其中不稳定药物的含量或效价，并记录该混合液的 pH 与外观等。然后每隔一定时间取出适量进行定量或效价测定，并记录结果，以便了解药物在一定条件下的稳定性情况和测得下降或失效 10%所需要的时间。实验时应注意选择灵敏度高、不受混合液中其他成分干扰的合适的定量方法，也可用化学动力学的方法，了解药物的分解属于哪一级反应，求得反应速度常数后，分析各种因素(pH、温度、离子强度等)与药物配伍变化的关系。

扫码“练一练”

思考题

1. 药物制剂配伍的目的是什么？
2. 药物制剂配伍的类型有哪些？
3. 药物制剂配伍变化的处理方法和原则是什么？

(翟　莲)